はじめて使う弥生会計23

スタンダード&プロフェッショナル対応

株式会社スリーエス
嶋田 知子 著
税理士
前原 東二 監修

C&R研究所

■権利について

- 弥生会計は、弥生株式会社の登録商標です。
- 本書に記述されている製品名は、一般に各メーカーの商標または登録商標です。
  なお、本書では™、©、®は割愛しています。

■本書の内容について

- 本書は著者・編集者が実際に操作した結果を慎重に検討し、著述・編集しています。ただし、本書の記述内容に関わる運用結果にまつわるあらゆる損害・障害につきましては、一切の責任を負いませんのであらかじめご了承ください。
- 本書で紹介している各操作の画面は、「Windows 10(日本語版)」と「弥生会計 23 プロフェッショナル」を基本にしています。他のOSやバージョンをお使いの環境では、画面のデザインや操作が異なる場合がございますので、あらかじめご了承ください。
- 本書で紹介している各操作および画面は、書籍制作時(令和4年10月)の情報をもとにしているため、実際の「弥生会計 23(製品版や体験版)」と操作方法や画面が異なっている場合があります。また、今後、弥生株式会社から提供されるアップデートなどにより、画面の内容や操作方法が変更になる場合もあります。あらかじめご了承ください。

■練習問題について

- 本書の付録には、弥生会計による会計作業に慣れるための、実務に近い実践的な練習問題と、その解答例が用意されています。
- 練習問題の解答例を、弥生会計のデータとしてダウンロードすることもできます。詳細は、355ページを参照してください。
- サンプルデータの動作などについては、著者・編集者が慎重に確認しております。ただし、サンプルデータの運用結果にまつわるあらゆる損害・障害につきましては、一切の責任を負いませんのであらかじめご了承ください。
- サンプルデータの著作権は、著者である株式会社スリーエスが所有します。許可なく配布・販売することは固く禁止します。

●本書の内容についてのお問い合わせについて

この度はC&R研究所の書籍をお買いあげいただきましてありがとうございます。本書の内容に関するお問い合わせは、「書名」「該当するページ番号」「返信先」を必ず明記の上、C&R研究所のホームページ(https://www.c-r.com/)の右上の「お問い合わせ」をクリックし、専用フォームからお送りいただくか、FAXまたは郵送で次の宛先までお送りください。お電話でのお問い合わせや本書の内容とは直接的に関係のない事柄に関するご質問にはお答えできませんので、あらかじめご了承ください。

〒950-3122 新潟県新潟市北区西名目所4083-6　株式会社 C&R研究所　編集部
FAX 025-258-2801
『はじめて使う 弥生会計 23』サポート係

はじめに

令和5年10月から始まる消費税のインボイス制度、令和6年1月からは電子帳簿保存法改正による電子取引の電子データ保存の義務化適用など、令和5年以降会計の実務に大きな影響を与える法改正が控えています。

こういった法改正に後押しされ、長引くウイズコロナ体制での働き方改革の流れもあって、経理・会計業務を取り巻く環境も急速に様変わりをしており、今後もペーパーレス化、電子化はどんどん進んでいくと思われます。

電子帳簿保存対応のツールはAIを組み合わせて、電子データやスキャンデータなどを保存するとともに、自動で仕訳連携するような仕組みも出てきています。

弥生会計でも、スマート取引取込を使って銀行データの自動取得やスキャンデータ取込、スマホでのレシート取込など、人が入力する作業を省力化するツールが提供されています。効率化に向けてうまくシステムを利用していきたいですね。

本書では、はじめて弥生会計を使う方に向けて、一通りの操作から説明しています。便利な機能がたくさんあり、入力作業の敷居が低くなっている分、入力したデータが正しいのかをきちんとチェックすることが重要になります。

経理処理に慣れていない方からよく質問を受ける点などを中心に、実務的なワンポイントや、税理士からのアドバイスも各章で盛り込んでおります。少しでも皆様の会計実務にお役立ていただけると嬉しく思います。

本書の執筆に際して、多大なご協力を賜りました弥生株式会社の皆様、株式会社C&R研究所の皆様、株式会社スリーエスのスタッフの皆様、いつも締切ぎりぎりになってしまい申し訳ありません。

毎年最後までチェックしていただきありがとうございます。

この場をお借りしまして厚く御礼申し上げます。

令和4年10月

株式会社スリーエス
嶋田知子

本書の読み方・特長

本書の特長と各ページのレイアウトは、次のようになっています。

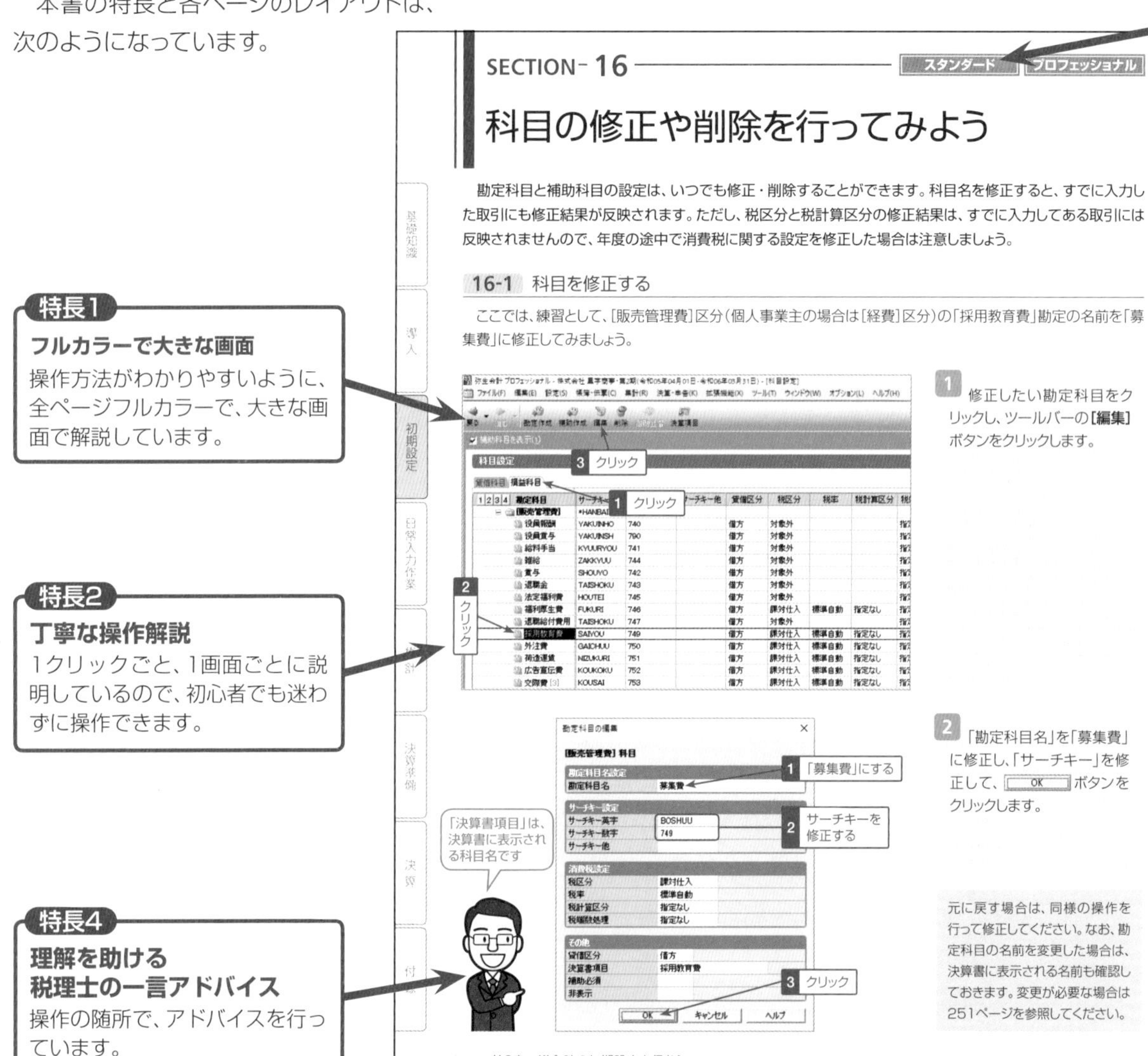

「はじめて使う 弥生会計 23 読者の広場」のページについて

C&R研究所のホームページには、「はじめて使う 弥生会計 23 読者の広場」のページが用意されています。このページでは、本書の344～354ページに掲載している練習問題の解答・解説データのダウンロードサービスや、サポート情報などを確認したりすることができます。

■ はじめて使う 弥生会計 23 読者の広場

URL https://www.c-r.com/reader/yayoi23.html

特長3

対応グレードが一目でわかる

スタンダードとプロフェッショナルの対応状況をマークで表しています。マークが薄い色になっているグレードのソフトは、対応していないことを表しています。

◉スタンダードに対応していない場合

スタンダード　プロフェッショナル

ONE POINT　サンプルデータを開いて勉強してみる

弥生会計をインストールすると、サンプルの「事業所データ」が自動的にパソコン内に保存されます。サンプルは、「株式会社　弥生トレーディング(法人)」と「文具事務機の弥生商店(個人)」というデータが用意されています。この「事業所データ」を開いて中身を見ることで、入力例を参考にしたり、入力練習用に使用することができます。

サンプルを開くには、デスクトップの**[弥生 マイポータル]**アイコンをダブルクリックし、製品別メニューの弥生会計より、**[その他のサポートツール]**アイコンをクリックして、「サンプルデータ」フォルダ内の**[サンプルデータ(法人)]**→**[サンプルデータ(法人)]**または**[サンプルデータ(法人・部門なし)]**をダブルクリックします。「バックアップファイルの復元」ダイアログボックスが表示されるので、復元先を指定し、[復元]ボタンをクリックします。

特長5

かゆいところに手が届く ワンポイント解説

テクニック的な説明や、プラスアルファの情報をわかりやすく解説しています。

消費税を意識した会計処理を行うことが大切

今の会計ソフトはとてもよくできていて、消費税申告書まで作成できるものが多くなっています。もちろん弥生会計でも消費税申告書作成機能が付いています。申告書そのものを作成する操作は非常に簡単ですが、問題はそこではなく「日常の会計処理」です。

仕訳データ入力の際に、消費税がかかる取引なのか、かからない取引なのかを区分し、また簡易課税方式を選択している場合は、売上事業区分ごとに売上取引を区分して入力することが大切なのです。また、消費税率が変更になった場合、長期請負契約や継続取引など一定の条件のもと、旧税率を適用する経過措置が講じられるものがあるため、内容によって旧税率と新税率の取引が混在するものがあり、軽減税率対象の取引の確認も含め、税率での区分も必要です。消費税と聞くと「難しい」というイメージがありますが、日常処理に関していえば、前述のような点を注意しながら取引内容に応じきちんと区分した入力ができればそれほど複雑ではありません。わからないことがあればどんどん税理士や税務署に確認しましょう。

補助科目の上手な運用

勘定科目の内訳を管理する「補助科目」は、設定しておくと、入力した取引を後から集計したり確認するのに役立ちます。「弥生会計 23 プロフェッショナル」や「弥生会計 23 ネットワーク」では「勘定科目の内訳書(法人のみ)」に補助科目ごとの残高を取り込める科目があります。よく見かける例としては、「預金科目」「売掛金」「買掛金」「未払金」「未払費用」「預り金」などに設定するケースがあります。

販売管理ソフトなどで「売掛金」や「買掛金」の管理を行っているような場合は、会計ソフトでは補助科目は必要ないかもしれませんが、内訳を管理したい科目や、後から集計して傾向を確認したい項目については、補助科目を設定しておくとよいでしょう。また、消費税の税区分や税率を補助科目ごとに分けて設定することもできますので、特に原則課税(本則課税)で計算する場合は便利です。

特長6

実践的で役に立つ 税理士からのコメント

税理士の先生による、具体的・実践的な情報を掲載しています。

基礎知識　導入　初期設定　日常入力作業　集計　決算準備　決算　付録

第3章●導入時の初期設定を行おう　83

最新情報について

本書の記述内容において、内容の間違い・誤植・最新情報の発生などがあった場合は、「C&R研究所のホームページ」にて、その情報をいち早くお知らせします。

URL　https://www.c-r.com　(C&R研究所のホームページ)

目次

はじめて使う 弥生会計 23 スタンダード&プロフェッショナル対応

第1章　あらかじめ知っておきたい基礎知識

第2章　「弥生会計 23」をパソコンで使う準備をしよう

第3章　導入時の初期設定を行おう

第5章　集計作業を行ってみよう

第6章　決算準備をしてみよう

付録1　知って得する知識と機能

第1章

あらかじめ知っておきたい基礎知識

SECTION-01

経理担当者はどんな仕事をしているの?

ここでは、会社の経理担当者はどのような業務を行っているのかを見てみましょう。

■取引で発生したお金を管理・記録する

会社の日常取引は、売上・仕入・経費支払の他にも、さまざまな取引が発生しています。これらの取引をすべて記録するのが、経理担当者の仕事の1つです。また、請求書や領収書などの書類を整理し、適切な支出かどうかのチェックなどを行います。

■現金や預金の入出金を管理する

経理担当者は、現金や預金の入出金と管理を行います。小口の現金による経費支払や、売上・仕入の際の入出金など、常に会社のお金の流れを把握しておかなくてはなりません。特に、手形のやり取りや、売掛・買掛による取引を行っている場合、手形の決済日や掛代金の回収・支払予定日を把握し、資金がショートしないように常に残高を管理することが必要です。いくら儲けが出ていても、売上代金を回収できずに、支払に充てるお金を用意できなければ会社は倒産に追い込まれてしまいます。ミスの許されない厳しい業務なのです。

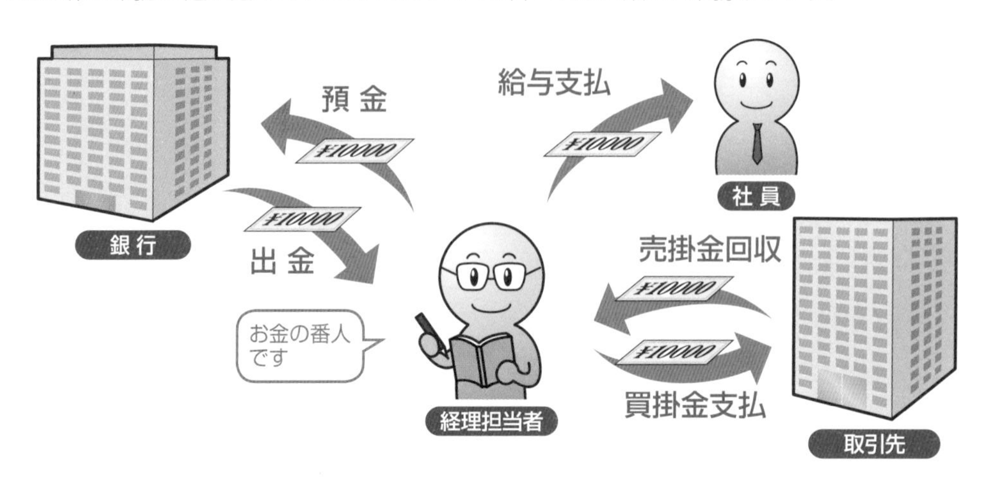

■会社の経営成績と財政状態を報告書にまとめる

税金を納めるため、銀行に提出するため、株主に報告するためなど、さまざまな目的で資料や報告書を作成するのも経理担当者の仕事です。特に、日々の取引をまとめて1年間で区切り、会計期末に行う「決算」の作業は、経理担当者にとって1年に1度の大仕事といえるでしょう。決算で作成する「決算書」は、「貸借対照表（たいしゃくたいしょうひょう）」「損益計算書（そんえきけいさんしょ）」「キャッシュ・フロー計算書」など、数種類の報告書で構成され、その作成にかかる作業量も膨大です。

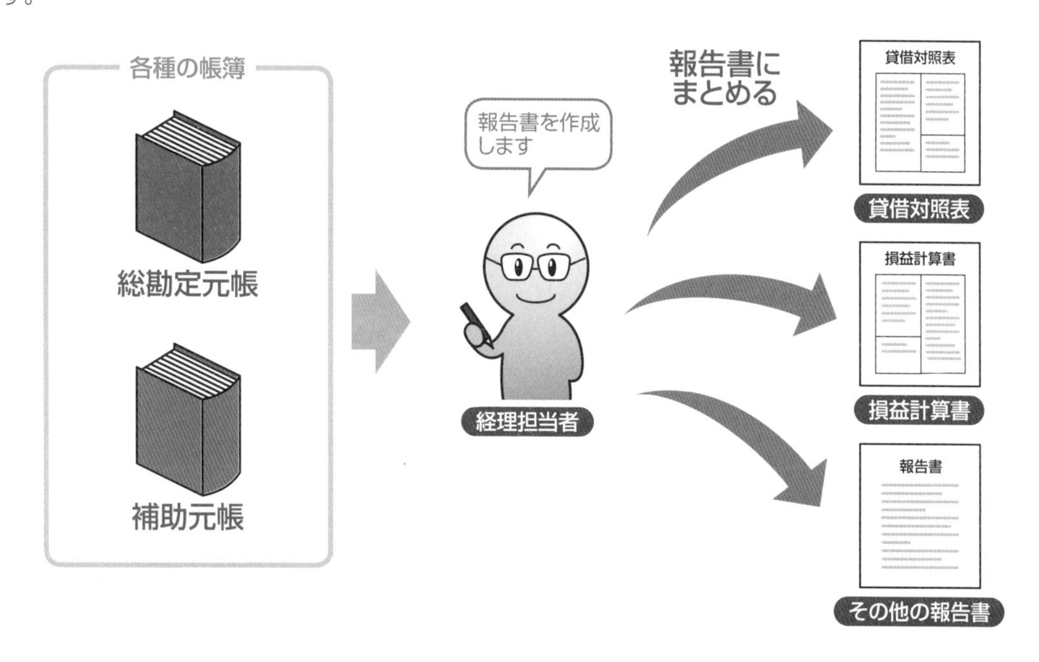

■管理会計の作業を行う

「管理会計」とは、過去の会社の実績をもとに、短期的・中長期的な経営計画の判断材料となる資料を作成し、経営者に提供する会計業務のことです。会社が今、儲かっているのか、損をしているのか、そして今後はどうなるだろうかということを、日次・月次・四半期・半期などの区切りで、傾向や推移の分析資料を経営者に提供します。取引先の与信管理も行い、早めに経営者に報告します。来期以降の予算立てや、設備投資の計画、経営分析を行ったりします。

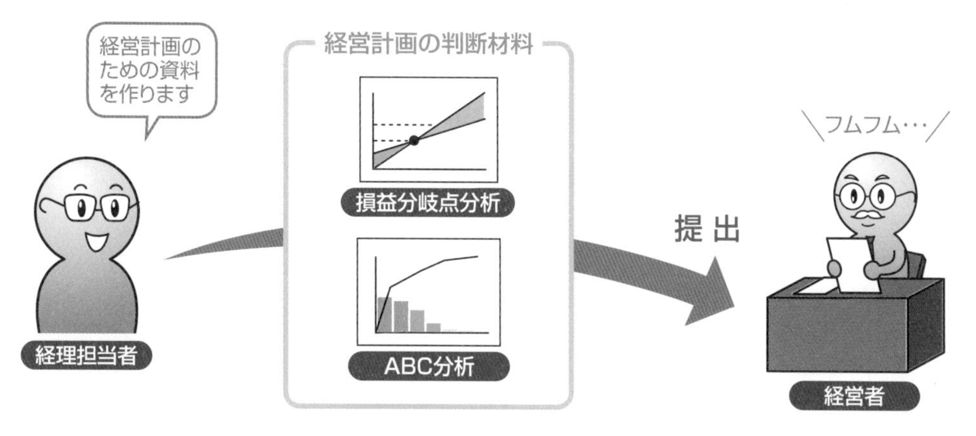

SECTION-02

「会計ソフト」って何?

ここでは、「会計ソフト」とはどんなソフトで、どのようなメリットがあるのかを見てみましょう。

■どうして会計ソフトを利用するの?

経理担当者の業務は、膨大な数の帳簿や伝票への記入・管理・計算などを行うため、すべてを手書きでやっていく場合、非常に手間と時間がかかります。また、取引で発生するさまざまな処理や資料を結び付けていくためには、簿記や会計の専門知識が必須であり、それらを覚えるだけでも大変です。

しかし、会計ソフトを使えば、パソコンが多少苦手という人でも、あまり経理の知識がない人でも、取引をきちんと入力さえできれば、ある程度までの会計データを簡単に作成することができるのです。

■転記や計算作業をしなくても集計資料がリアルタイムで作成できる

会計ソフトを使うと、取引を入力するだけで、関係する帳簿への転記や集計資料への反映まで自動で行うことができます。そのため、帳簿への転記間違いや計算間違いをするリスクが軽減でき、もし入力を間違えたとしても、修正作業は手書きの場合に比べて格段に簡単です。さらに、決算書の作成も簡単に行うことができます。

ONE POINT 会計ソフトの中で一番売れているのが「弥生会計」

会計ソフトの中で、実売数が一番多いのが「弥生会計」です。弥生会計は、BCN AWARD(全国の主要販売店におけるソフト実売統計)において、業務ソフト部門で23年連続、申告ソフト部門で18年連続で最優秀賞を受賞するという快挙を成し遂げています。

家電量販店の業務ソフトコーナーでもよく見かけると思いますが、業種を選ばず、今一番使われている会計ソフトです。

SECTION-03

「弥生会計 23」はどんなソフトなの?

弥生会計は、主要販売店での売上実績No.1を誇る会計ソフトです。ここでは、その最新版である「弥生会計23」の機能について見てみましょう。

■「弥生会計 23」とは

弥生会計は、弥生株式会社が開発・発売している会計ソフトです。

中小企業や個人事業主向けに作られており、バージョンアップのたびに利用者のニーズに合わせて操作性や機能を向上させてきました。

「弥生会計 23」には、主に次の4つの特長があります。

- 「クイックナビゲータ」という基本メニューにより操作が視覚的でわかりやすい
- 複式簿記がわからなくても記帳ができる機能が豊富
- 消費税改正など最新の法令に対応
- バンキングデータや領収書等のスキャンデータを自動仕訳で取り込む「スマート取引取込」に対応

■【特長1】アイコン表示でわかりやすい「クイックナビゲータ」が操作の入り口

「弥生会計 23」では、「クイックナビゲータ」というメニュー画面から操作を行います。作業の種類ごとに、関連する画面のショートカットアイコンが並べられており、パソコン初心者にも使いやすく、視覚的にわかりやすい構成になっています。クイックナビゲータについて、詳しくは68ページを参照してください。

◉クイックナビゲータ(プロフェッショナル版)

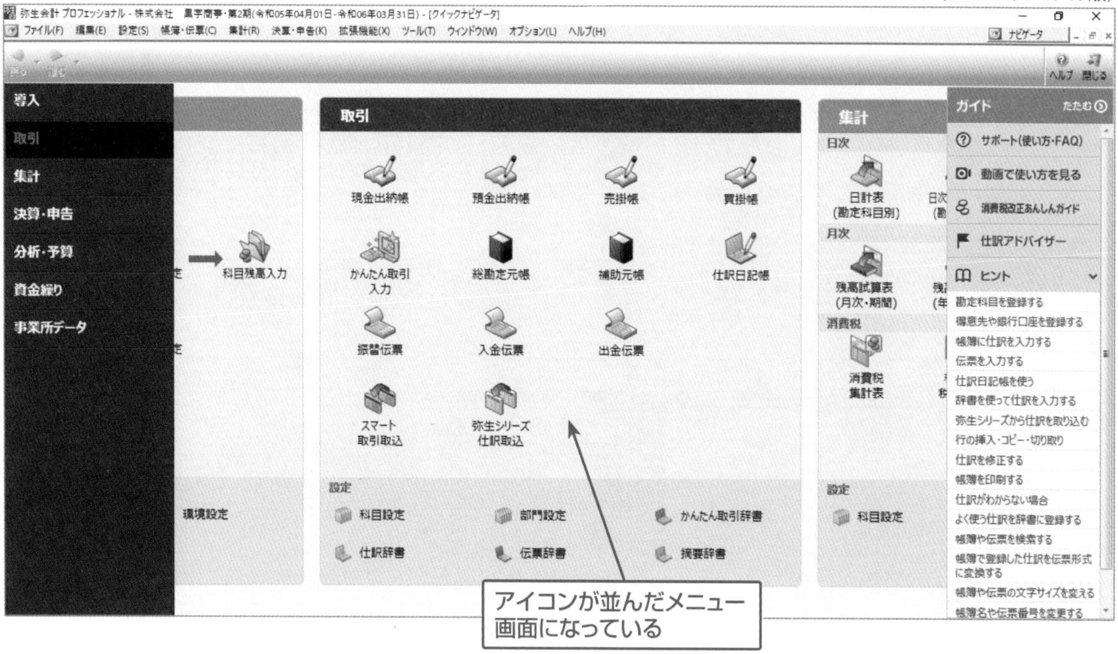

アイコンが並んだメニュー画面になっている

■【特長2】複式簿記がわからなくても簡単に入力できる画面が用意されている

お小遣い帳をつけるようなイメージで入力ができる「現金出納帳」や、直感的に入力操作が行える「かんたん取引入力」、仕訳・伝票・摘要などの定型パターンを登録しておき、入力の際に呼び出して入力の手間を軽減する各種の辞書機能があるので、簿記の知識がなくても経理処理を行うことができます。

◉現金出納帳

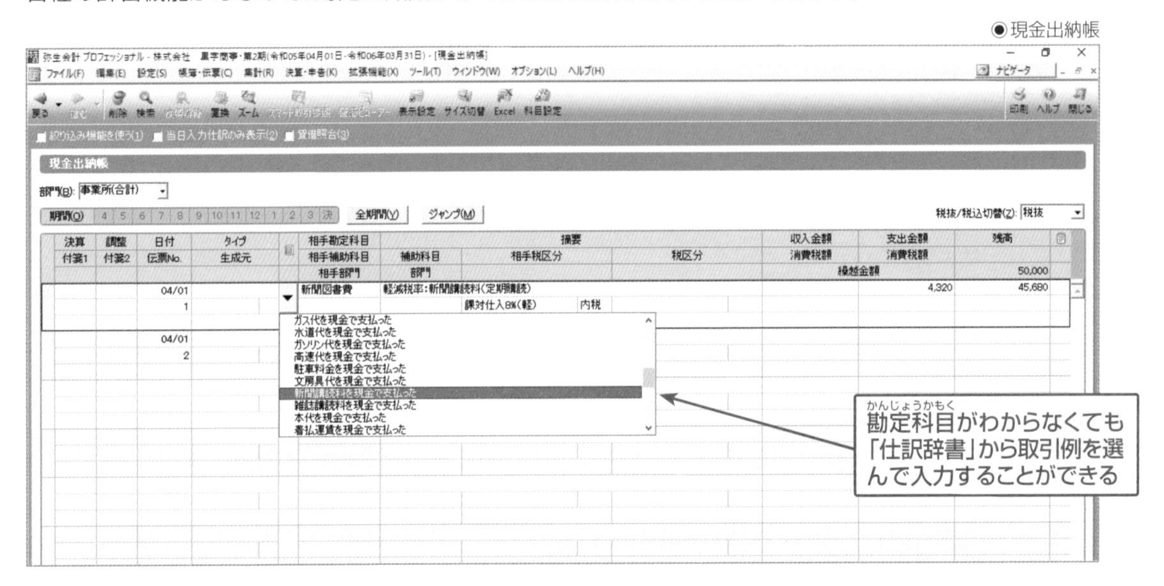

■【特長3】最新の法令に対応している

消費税改正に対応し、取引日付から消費税の税率を自動判定するので、最新の法令に基づいて経理処理を行うことができます。勘定科目に初期設定された税区分と税率から、入力の都度必要に応じて変更することができます。

◉現金出納帳

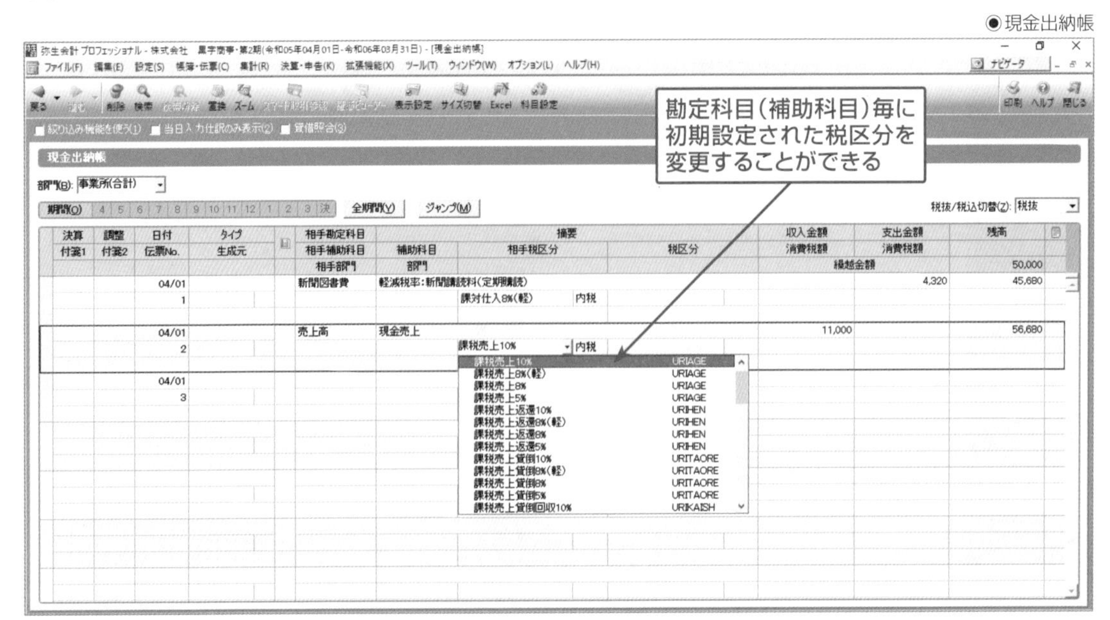

■【特長4】「スマート取引取込」機能で仕訳を自動作成することができる

連携サービスの銀行明細・クレジットカード・電子マネーなどの取引データをインターネット経由で取り込んだり、スキャナーで読み取った領収書などのスキャンデータを取り込み、自動仕訳を作成する機能を使用することができます。

◉「スマート取引取込」機能

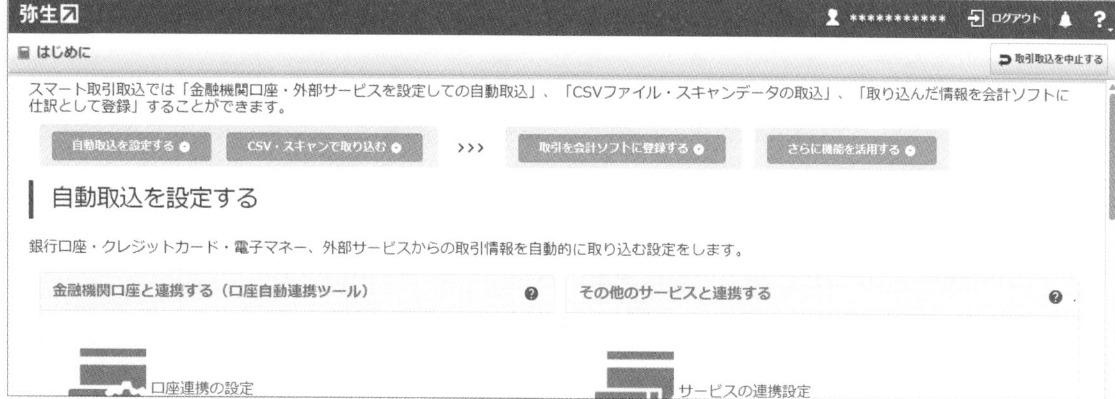

ONE POINT 「弥生会計」には「デスクトップアプリ」と「クラウドアプリ」がある

「デスクトップアプリ」とは、ソフトウエアを購入してパソコンにインストールして使用する製品のことで、組織の規模や利用目的によって、次の5つのグレード(種別)から選ぶことができます。本書では主にデスクトップアプリのプロフェッショナル版とスタンダード版について説明しています。

「クラウドアプリ」とは、パソコンにソフトウエアをインストールせずインターネット経由で年間利用料を支払って使用する製品を言い、「弥生会計 オンライン」などがあります。詳細は30ページのONE POINTをご参照ください。

※各グレードの価格は、オープン価格です。オンラインショップ(弥生ストア)の直販価格は、ホームページ(https://www.yayoi-kk.co.jp/ys/index.html)をご参照ください。

- **弥生会計 23 ネットワーク**(複数名で利用する中小企業向け)
  弥生会計の最上位モデルで、「弥生会計 23 プロフェッショナル」の機能を3台以上のパソコンで運用し、会計データをネットワークで共有することができます。サーバー(専用のコンピュータ)が必要です。
- **弥生会計 23 プロフェッショナル 2ユーザー**(中～小規模法人企業向け2台で運用)
  「弥生会計 23 プロフェッショナル」の機能を備え、2名の担当者で入力することができます。サーバー(専用のコンピュータ)は不要です。
- **弥生会計 23 プロフェッショナル**(中～小規模法人企業向け)
  「弥生会計 23 スタンダード」に、部門管理や経営分析機能、キャッシュ・フロー計算書などの機能を追加したグレードです。日常の記帳から決算までの一般的な機能だけでなく、会計データを利用した会社独自のさまざまな資料作成を行う応用機能も利用したい場合に便利です。
- **弥生会計 23 スタンダード**(小規模法人企業～個人事業主向け)
  会計処理に必要な機能は、一通り揃っています。初めて弥生会計を導入する場合は、このグレードを選ぶとよいでしょう。
- **やよいの青色申告 23**(個人事業主専用)
  名前に「弥生会計」は付きませんが、操作画面や使い勝手は弥生会計と同様です。ただし、農業所得の計算、製造原価管理には対応していません。個人事業主でこれらの機能が必要な場合は、スタンダード以上のグレードを選びましょう。

SECTION-04

簿記の基礎を知っておこう

会計ソフトを使えば、初心者でもある程度の会計データを作ることができます。しかし、そうはいっても、簿記の基礎知識がまったくゼロの状態では、パソコンが自動計算した帳票が正しいのかどうかもわかりません。ここでは、簿記の基本について簡単に学んでおきましょう。

■簿記には「単式簿記」と「複式簿記」がある

簿記には、「単式簿記」と「複式簿記」があり、法人や個人の青色申告では「複式簿記」で記録します。ここではまず、2つの簿記の方法について簡単に説明します。

●個人の「白色申告」は「単式簿記」で記帳する

◉単式簿記の例（仕入帳）

仕入帳

日付	摘要	仕入金額	値引·返品額	残高
1月10日	○○電機商会　パソコン部品仕入	105,000		105,000
1月12日	○○貿易　商品○○　輸入仕入	500,000		605,000
1月15日	○○航空運輸　○○貿易仕入分輸入諸経費	25,000		630,000
1月20日	○○電機商会　不良品の返品		21000	609,000
1月22日	○○商会　ネットワーク機器仕入	420,000		1,029,000
1月25日	○○紙業　製品梱包資材仕入	262,500		1,291,500

「単式簿記」は、物事を1つの側面からしか見ない帳簿の付け方のことです。たとえば、「バス代300円を現金で支払った」という取引を帳簿に記帳する場合は、経費帳に「旅費交通費の発生300円」という内容を記録します。「その結果、現金が減った」という、もう1つの側面は特に記帳する必要はありません。それでも現金管理だけは行っている、という会社も多いですが、単式簿記では「収益」と「費用」の発生（取消）のみ記帳していきます。つまり「収益」と「費用」の発生（取消）の結果増減する現金など、「資産」や「負債」の残高は管理しません。そのため、「損益計算書」は作成できますが、「貸借対照表」は作成できないのです。

個人事業主で、「白色申告」を行っている場合の記帳方法が「単式簿記」です。単式簿記では、「売上帳」「仕入帳」「経費帳」などの帳簿を用意します。右上の図では「仕入帳」の例を示しています。1年間でこの「仕入帳」の残高を見ると、1年間にどれだけの仕入が発生したのかを確認することができます。また、売上や経費もそれぞれの帳簿から、1年間の発生金額を確認します。このデータをまとめて「損益計算書」を作成します。

●個人の「青色申告」や法人は「複式簿記」で記帳する

「複式簿記」は、「収益」「費用」の発生（取消）によって、「資産」「負債」「資本（純資産）」がどのように変化したのかまでを記録していく帳簿の付け方です。

手書きで処理する場合の大まかな流れは、次の通りです。

❶ 取引を仕訳（24ページ参照）する

❷ 仕訳を総勘定元帳（168ページ参照）に転記する

❸ 総勘定元帳の各勘定を、月末や年度末で締め切り、残高試算表を作成し、さらに損益計算書と貸借対照表を作成する

◉複式簿記の例（振替伝票）

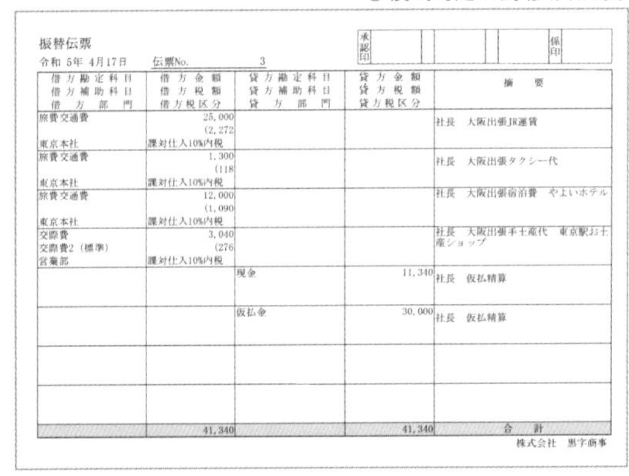

振替伝票

令和 5年 4月17日　伝票No. 3

承認印　係印

借方勘定科目 借方補助科目 借方部門	借方金額 借方税額 借方税区分	貸方勘定科目 貸方補助科目 貸方部門	貸方金額 貸方税額 貸方税区分	摘要
旅費交通費 東京本社	25,000 (2,272 課対仕入10%内税			社長　大阪出張JR運賃
旅費交通費 東京本社	1,300 (118 課対仕入10%内税			社長　大阪出張タクシー代
旅費交通費 東京本社	12,000 (1,090 課対仕入10%内税			社長　大阪出張宿泊費　やよいホテル
交際費 交際費2（標準） 営業部	3,040 (276 課対仕入10%内税			社長　大阪出張手土産代　東京駅お土産ショップ
		現金	11,340	社長　仮払精算
		仮払金	30,000	社長　仮払精算
	41,340		41,340	合計

株式会社　黒字商事

なお、弥生会計をはじめとした会計ソフトを利用した場合、❷と❸は自動的に会計ソフトが作成してくれます。

取引の発生から決算書までの流れ

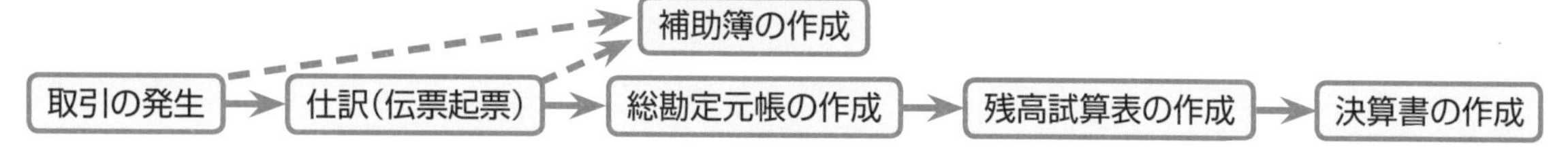

■簿記の5要素と勘定科目について

複式簿記では、「取引」が発生したときに、「勘定科目」を用いて「仕訳」という作業を行います。ここでは、簿記でいう「取引」と「勘定科目」について説明します。

● 簿記でいう「取引」とは

簿記は、「取引」を「帳簿」に記録していく作業です。ただし、簿記上でいう「取引」とは、世間一般にいう「取引」とは異なります。簿記上の「取引」は、「資産」「負債」「資本(純資産)」「収益」「費用」のいずれかが増減することを指します(これを簿記の5要素という)。

たとえば、「○○社から商品の注文を受けた」というような場合、営業活動的には「○○社と取引した」といえるかもしれませんが、簿記の立場で見ると、商品という「資産」が減ったわけでもなく、売上高という「収益」が増えたわけでもありません。つまり、この時点では、簿記では「取引」として記帳しないのです。この取引で仕訳が必要な時点は、「商品を納品して(売上計上)、その代金を受け取る権利が発生したとき(売掛金が発生)」となります。

逆に、「地震で倉庫が倒壊した」「泥棒に商品を盗まれた」というような、世間一般では「取引」といわないようなケースでも、「資産」が減ってしまうので「取引」が発生したとして「仕訳」を行います。

● 「勘定科目(かんじょうかもく)」とは

取引を記帳していく区分のことを「勘定(かんじょう)」といいます。勘定に付けられた名前が「勘定科目」です。勘定科目は「現金」や「売上高」などの一般的な科目だけでなく、会社の業種や規模によって勘定科目を追加し、独自の勘定科目体系に整えているところもあります。また、すべての勘定科目は「簿記の5要素」のいずれかに属しています。次の図は、勘定科目の一例と、それらが簿記の5要素のどこに含まれているかを示しています。

簿記の5要素と勘定科目の例

簿記の5要素	属している勘定科目の一例
資　産	・・・・・現金、預金、受取手形、売掛金、仮払金、建物、車両運搬具など
負　債	・・・・・支払手形、買掛金、借入金、未払金、預り金など
資本(純資産)	・・・・・資本金(法人)、元入金(個人)など
収　益	・・・・・売上高、雑収入など
費　用	・・・・・仕入高、給料手当、旅費交通費、通信費など

なお、たとえば、勘定科目の「現金」を表す場合、"「現金」勘定"と表現するのが一般的です。

■仕訳とは

複式簿記では、前述のように簿記の5要素が増えたり減ったりする取引をすべて帳簿や伝票に記録していきます。この記録の方法を「仕訳」といいます。ここでは、仕訳について説明します。

仕訳は、1つの取引をその取引の「原因」と「結果」に分けて記録していきます。「原因」と「結果」、つまり1つの取引を2つに分けて記録していくのです。複式簿記の「複式」の語源もここから来ています。

「仕訳」と聞くと「難しい・・・」と思われる方が多いかもしれませんが、慣れればそう難しいものではありませんし、仕訳にはいくつかの「ルール」がありますので、それをマスターすれば大概の仕訳は作成できるようになります。

それでは、次のような例を用いて、順を追って説明しましょう。

> バス代300円を現金で支払った。

まずは、上記の例を仕訳すると、次のようになります。

借方		貸方	
旅費交通費	300	現金	300

左側と右側に分けて記録していますが、左側のことを「借方」、右側のことを「貸方」と呼びます。「借りる」「貸す」は関係ありません。これも「ルール」の1つです。

● 仕訳のルール(1)・・・取引を「原因」と「結果」に分けて勘定科目に当てはめる

仕訳は、1つの取引をその取引の「原因」と「結果」に分けて記録していきますが、それでは「原因」と「結果」とはどう考えればいいのでしょうか。

上記の例は次のように言い換えることができます。

> バスに乗った　　だから　　現金が300円減った

上記を「原因」と「結果」に分けると、次のようになります。

- 原因：バスに乗った
- 結果：現金が300円減った

これで1つの取引を2つに分けることができました。これを図解し、勘定科目を当てはめると、次のようになります。

原因

バス代300円の経費がかかった

これは、「簿記の5要素」の「費用」が発生したことを意味します。バス代は交通費なので、「勘定科目」は「旅費交通費」を使用します。

結果

現金300円を支払った

これは、「簿記の5要素」の「資産」が減少したことを意味します。現金を払ったので、「勘定科目」は「現金」です。

交通費は「旅費交通費」勘定、現金は「現金」勘定を使って記録をします

● 仕訳のルール(2)・・・借方と貸方に分けてそれぞれ記録する

2つ目のルールは、「2つの勘定科目を借方と貸方のどちらに書くか?」になります。

複式簿記では、「資産」「負債」「資本(純資産)」「収益」「費用」の5つに分類される「簿記の5要素」があります。この要素は、数字が増えた(発生した)ときに、借方(左側)に記入するか、貸方(右側)に記入するかが決められています。

このルールは、次の図のようになっています。

増えたときに借方（左側）に記入する要素
- 資産
- 費用

増えたときに貸方（右側）に記入する要素
- 負債
- 資本（純資産）
- 収益

これらの要素は、減ったときは、左右逆の欄に記入します。

上の図から、「バス代300円を現金で支払った」ときの勘定科目を書く位置は、次のようになることがわかります。

- 旅費交通費の発生 ➡ 費用の発生 ➡ 借方に記入
- 現金の減少 ➡ 資産の減少 ➡ 貸方に記入

このため、借方が「旅費交通費」、貸方が「現金」となり、前ページの仕訳例のようになるのです。ここで貸借を逆に記入するとまったく逆の意味合いになるため、充分に注意が必要です。

すべての取引を、この表を見ながら、「借方」と「貸方」に当てはめて、記録していく作業が「仕訳」となります。

● 仕訳のルール(3)・・・借方と貸方の合計金額は一致する

仕訳のルールの最後は金額についてです。「借方」の金額と「貸方」の金額は必ず一致します。仕訳の例をもう一度見てください。「旅費交通費が300円発生」した結果、「現金が300円減少」しています。発生した旅費交通費と、そのために減った現金の金額は一致するのです。

実務上の取引の中には、原因と結果が1対1ではなく、いくつかの原因がいくつかの結果につながるような、もう少し複雑な取引が出てくることがあります。そのような場合でも、「借方側の合計金額」と「貸方側の合計金額」は必ず一致します。

これらの3つのルールをふまえ、次ページでは仕訳の例を紹介します。よく、仕訳は「習うより慣れろ」といいます。まずは数をこなして、慣れていきましょう。

3,000円の事務用品を購入し、現金で支払った。

- 原因：事務用品費（費用）の発生 ・・・ 借方へ
- 結果：現金（資産）の減少 ・・・ 貸方へ

（借方からみると・・・）事務用品を購入（事務用品費が発生）した結果、現金3,000円が減少しました。

（貸方からみると・・・）現金が3,000円減少した原因は、事務用品を購入（事務用品費が発生）したからです。

借方		貸方	
事務用品費	3,000	現金	3,000

銀行より100,000円を借り入れ、普通預金に入金された。

- 原因：借入金（負債）の増加・・・貸方へ
- 結果：普通預金（資産）の増加・・・借方へ

（借方からみると・・・）普通預金が増えたのは、100,000円を銀行から借り入れたからです。

（貸方からみると・・・）銀行から借り入れした100,000円は、普通預金に預け入れ、その結果普通預金が増加しました。

借方		貸方	
普通預金	100,000	借入金	100,000

得意先Aに31,500円の商品を発送した。翌月末に入金予定となる。

- 原因 ： 売上（収益）の発生 ・・・ 貸方へ
- 結果 ： 売掛金（資産）の増加 ・・・ 借方へ

（借方からみると・・・）売掛金が増えたのは、売上が31,500円あったからです。

（貸方からみると・・・）売上31,500円は掛で売り上げました。その結果売掛金が増加しました。

借方		貸方	
売掛金	31,500	売上高	31,500

得意先Aより掛代金が普通預金に振り込まれた。31,500円の商品代金に対して、105円の振込手数料が差し引かれていた。

- 原因：売掛金（資産）の減少・・・貸方へ
  支払手数料（費用）の発生・・・借方へ
- 結果：普通預金（資産）の増加・・・借方へ

（借方からみると・・・）普通預金に振り込まれた31,395円と支払手数料105円は、売掛金の回収があったためにそれぞれ増加・発生しました。また売掛金がその分減少しました。

（貸方からみると・・・）回収された（減少した）売掛金31,500円は、手数料105円を差し引かれ残りは普通預金に31,395円振り込まれました。その分普通預金が増加し、支払手数料が発生しました。

借方		貸方	
普通預金	31,395	売掛金	31,500
支払手数料	105		

1月分給与300,000円のうち、社会保険料10,000円、源泉所得税5,000円を控除し、差引支給分285,000円を現金で支払った。

● 原因：給料手当(費用)の発生・・・借方へ
● 結果：預り金(負債)の増加・・・貸方へ
　　　　現金(資産)の減少・・・貸方へ

(借方からみると・・・)給与の支払いが総額300,000円あり、社会保険料・源泉所得税の会社預かりがあったので、預り金が10,000円と5,000円増加し、支払いに充てた現金が285,000円減少しました。
(貸方からみると・・・)預り金が10,000円と5,000円増加し、現金285,000円減少したのは給与の支払いが総額300,000円発生したからです。

借方		貸方	
給料手当	300,000	現金	285,000
		預り金	10,000
		預り金	5,000

ONE POINT 勘定科目の使い分け

「日常の取引をどういう勘定科目で記録したらいいのかわからないのですが・・・」というお話をよく聞きます。そもそも最初のスタートのところから迷ってしまうと、「やっぱり仕訳って難しい」と思ってしまうかもしれません。そんなときは、弥生会計の勘定科目一覧表を眺めてみましょう。勘定科目の名前は、その取引を連想するようなわかりやすい名前が付いていると思います。

それでも、中には判断に迷うものもあるでしょう。たとえば「ガソリン代」もわかりにくい取引の1つです。弥生会計では「旅費交通費」「燃料費」「車両費」など、どこに入っていてもおかしくないような勘定科目が用意されています。どれが正しいのでしょうか?　実はどれも正しいのです。一般的に妥当だと判断される科目の呼び方が何種類かあったら、どれを選択してもOKです。ただし、一度「燃料費」を使うというルールを決めたら、みだりに変更してはいけません。弥生会計では、勘定科目の名前を自由に登録することができるのですが、ある程度決められた(一般に使われている)勘定科目の範囲から、その会社なりのルールを決めて勘定科目の設定を行いましょう。

ONE POINT 「借方」と「貸方」の左右の覚え方

「借」と「貸」、読み方も漢字もなんとなく似ているため、最初のうちは区別がつかなかったりします。簿記を勉強したての受講生から「借方って右側のことだっけ?　左側のことだっけ?」という質問が飛び交ったりもします。

そのときの覚え方をここでご紹介します。

● 「借方(かりかた)」の「り」は左カーブ、だから借方は左側
● 「貸方(かしかた)」の「し」は右カーブ、だから貸方は右側

この覚え方は、「一度聞いたら意外と忘れない」と、セミナーでは好評です。

借方　貸方
り　し
左カーブ　右カーブ

■帳簿への転記と試算表の作成

仕訳ができたら、次の作業は「帳簿」へ取引を書き写す「転記」の作業を行います。この「帳簿」が「総勘定元帳（そうかんじょうもとちょう）」です。総勘定元帳の残高をまとめた報告書が「残高試算表」や「決算書」となります。総勘定元帳は別名「元帳（もとちょう）」とも呼ばれ、会計帳簿の基本となる大切な帳簿です。総勘定元帳には、勘定科目ごとにページが設定されており、「日別」「取引別」に記録されて、総勘定元帳を見れば「いつ」「どんな取引をしていたのか」が一目瞭然にわかります。

弥生会計では、総勘定元帳への転記作業や、試算表や決算書への集計作業は自動で行いますが、ここでは手書きで作業をした場合の流れを確認してみましょう。

① 総勘定元帳への転記

仕訳で「借方（かりかた）」に書いた勘定科目は、総勘定元帳のその勘定科目のページの「借方」欄に金額を書き写し、その金額の増減の原因となった「相手勘定科目（あいてかんじょうかもく）」を記入します。摘要には、取引の内容を簡潔にまとめて記入します。同様に仕訳で「貸方（かしかた）」に書いた勘定科目は、その勘定科目のページの「貸方」欄に金額を書き写し、その金額の増減の原因となった「相手勘定科目」を記入し、摘要を記入します。

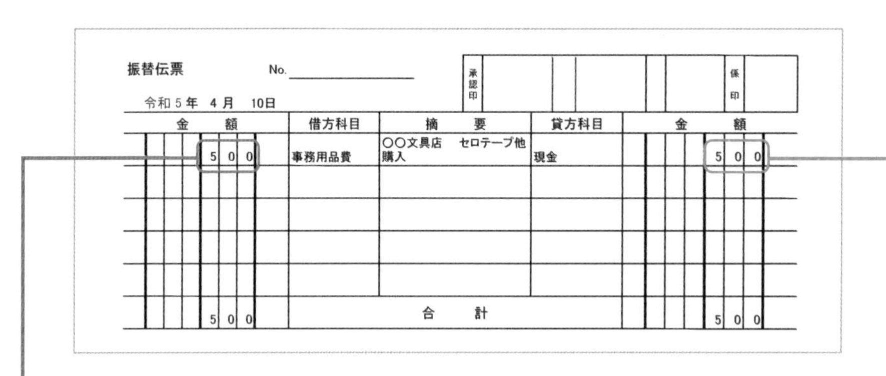

振替伝票　No.

令和５年　４月　10日

承認印　係印

金額	借方科目	摘要	貸方科目	金額
500	事務用品費	○○文具店　セロテープ他購入	現金	500
500		合計		500

事務用品費

日付	相手勘定科目	摘要	借方金額	貸方金額	残高
	前期より繰越				
4.1	現金	○○商事　コピー用紙	10,500		10,500
4.5	普通預金 A銀行	A銀行　小切手帳	630		11,130
4.10	普通預金 A銀行	アスコイ　3月購入分引落し	8,400		19,530
4.10	現金	○○文具店　セロテープ他購入	500		20,030
	当期累計		20,030		20,030

現金

日付	相手勘定科目	摘要	借方金額	貸方金額	残高
	前期より繰越				50,000
4.1	売上高	現金売上	52,500		102,500
4.1	事務用品費	○○商事　コピー用紙		10,500	92,000
4.5	普通預金 A銀行	預入れ		50,000	42,000
4.10	事務用品費	○○文具店　セロテープ他購入		500	41,500
	当期累計		52,500	61,000	41,500

② 試算表の作成

総勘定元帳の合計もしくは残高を集計し、一覧表にしたものが試算表です。試算表については次の3つがあります。

- 合計試算表(各勘定科目の借方合計/貸方合計を集計したもの)
- 残高試算表(各勘定科目の残高を集計したもの)
  ※残高とは各勘定科目の借方合計と貸方合計との差額をいいます。
- 合計残高試算表(上記2つの試算表をミックスさせたもの)

試算表を作成するタイミングは特に決まっていませんが、特に月末・四半期ごと・半期ごと・年度末などが多く使用されます。

なお、弥生会計では合計残高試算表が採用されています。

「売掛金」勘定の例

売掛金

日付	相手勘定科目	摘要	借方金額	貸方金額	残高
前期より繰越					200,000
1.10	売上高	○○物産1月分	262,500		462,500
1.10	売上高	△△商会1月分	2,472,500		2,935,000
1.31	普通預金 A銀行	掛代金回収 ○○物産		1,050,000	1,885,000
1.31	普通預金 A銀行	掛代金回収 △△商会		200,000	1,685,000
1.31	普通預金 B銀行	掛代金回収 ××工業		450,000	1,235,000
2.10	売上高	◇◇商事 2月分	10,000		1,245,000
2.20	受取手形	××工業 掛代金回収手形 5月31日		10,000	1,235,000
当期累計			2,745,000	1,710,000	1,235,000

合計残高試算表

借方残高	借方合計	勘定科目	貸方合計	貸方残高
876,980	1,750,000	現金	873,020	
1,244,100	4,260,000	普通預金	3,015,900	
1,235,000	2,945,000	売掛金	1,710,000	
6,500,000	6,500,000	商品		
3,883,000	3,883,000	車両運搬具		
2,880,000	2,880,000	工具器具備品		
	1,000,000	買掛金	5,300,000	4,300,000
	227,000	短期借入金	3,000,000	2,773,000
		預り金	770,000	770,000
		資本金	7,500,000	7,500,000
		売上高	3,095,000	3,095,000
200,000	200,000	仕入高		
1,200,000	1,200,000	給料手当		
11,000	11,000	交際費		
68,800	68,800	旅費交通費		
46,000	46,000	通信費		
38,000	38,000	消耗品費		
250,000	250,000	水道光熱費		
5,120	5,120	雑費		
18,438,000	25,263,920		25,263,920	18,438,000

「売掛金」勘定は「資産」ですから、増えたら借方になり、残高も借方になります。

借方合計は前期繰越+当期の借方合計を書き写します。

貸方合計は当期の貸方合計を書き写します。

残高は借方合計と貸方合計の差額です。この「売掛金」勘定の例では、借方合計の方が多いので、借方残高に差額を書き写します。

ONE POINT 「弥生会計 オンライン」について

インターネット経由で会計処理を行うクラウドアプリは、バージョンアップ不要でインターネット環境さえあればどこでも入力できることが最大のメリットで、次のシリーズが用意されています。ただし、機能はデスクトップアプリ版と比較すると制限があります。

「かんたん取引入力」画面はデスクトップアプリ版の弥生会計と似ていますが、それ以外は画面や機能も大きく異なります。期首残高と取引の「エクスポート」「インポート」でデスクトップアプリ版と連携することが可能です。また、弥生PAPに加入している会計事務所と顧問契約をしている場合はデータを共有することができます。

詳細は、弥生株式会社のホームページをご確認ください。

- 弥生会計 オンライン[法人用]
- やよいの青色申告 オンライン[個人事業主(一般)青色申告専用]
- やよいの白色申告 オンライン[個人事業主(一般)白色申告専用]

※農業所得の計算には対応していません。

電子帳簿保存法への対応

税法で保存が義務付けられている帳簿や領収書などを紙で保存するのではなく、電子データとして保存することを電子帳簿保存と言います。

令和3年度の電子帳簿保存法の改正により、帳簿書類の電子保存を進めるための大幅な条件緩和が行われたため、領収書等のスキャナ保存等を進めてペーパーレス化に取り組みたい事業者にとっては敷居が低くなり、導入を進めやすい環境になりました。

一方で、もともと紙に出力せず電子データでやり取りされる「電子取引」については、電子データとして保存することが義務化されたため、会社の規模を問わず従来通り紙で保存を希望している事業者も、電子取引については必ず電子データで保存しなければいけなくなります。(令和6年1月1日より義務化)

電子データの記録に改ざん等がされた場合には、通常課される重加算税よりさらに重いペナルティーが課されることになり、また、電子取引の電子データ保存義務化に対応していなかった場合、青色申告の取り消し処分が課される可能性があります。

必ず対応しなければいけない電子取引の電子データ保存については制度をよく理解し早めに対策を行うとともに、上手にペーパーレス化に取り組んでテレワーク推進やバックオフィス業務を効率化を進めましょう。

電子帳簿保存法の詳細は国税庁ホームページの特設サイト(https://www.nta.go.jp/law/joho-zeikaishaku/sonota/jirei/tokusetsu/index.htm)や弥生株式会社の「2大改正あんしんガイド」のページをご参照ください。(https://www.yayoi-kk.co.jp/lawinfo/2daikaisei/index.html)

第2章

「弥生会計 23」をパソコンで使う準備をしよう

SECTION-05

使っているパソコンで「弥生会計 23」を利用できるかどうかを確認しよう

弥生会計をパソコンに導入するには、そのパソコンが弥生会計の動作する性能を満たしている必要があります。ここでは、お使いのパソコンで弥生会計を使うことができるかどうか、チェックしてみましょう。

※本書では、Windows10での操作手順を中心に解説しています。

■「弥生会計 23」を利用するために最低限必要なパソコンの性能

「弥生会計 23」を利用するためには、次の表のような性能を満たしたパソコンが必要になります。

※この表では、「弥生会計 23 スタンダード」「弥生会計 23 プロフェッショナル」を基準に説明しています。「弥生会計 23 プロフェッショナル 2ユーザー」「弥生会計 23 ネットワーク」では動作環境が異なる項目があります。詳しくは弥生株式会社のホームページをご参照ください(https://www.yayoi-kk.co.jp/)。

機器・機能	動作条件
日本語OS	Windows 11(32bit、64bitの両方に対応) Windows 10(32bit、64bitの両方に対応) Windows 8.1(32bit、64bitの両方に対応) ※Windows RT8.1は除く ※インターナショナル版・日本語ランゲージパックは動作対象外です。 ※2022年10月時点でMicrosoft社のサポートが切れているWindowsのバージョンはシステム要件外です。
ブラウザ	Microsoft Edge、Google ChromeまたはMozilla Firefox必須。各OSでサポートされている最新のバージョンをご利用ください。
対応機種	1GHz以上で2コア以上のインテルプロセッサまたは互換プロセッサ ※スマートフォンやタブレットPC(Android、iPad等)ではご利用いただけません。
メモリ容量	2GB以上(32bit版) / 4GB以上(64bit版)
ディスプレイ(モニタ)	本体に接続可能で、上記日本語OSに対応したディスプレイ 1366×768(WIDEXGA)以上必須
ハードディスク	空き容量は400MB以上が必須 ※データ領域分は別途必要です。 ※2ユーザー版でデータベースをインストールする場合は別途容量が必要です。
マウス・キーボード	上記の日本語OSで使用可能なマウス・キーボード
日本語入力システム	上記の日本語OSに対応した日本語入力システム(IMEやATOKなど) (対応文字コードはJISコード第一水準、第二水準)
プリンター	上記の日本語OSに対応したプリンター
必要なソフトウェア	VC++2019ランタイムおよびMicrosoft .NET Framework 3.5 SP1以降が必要 ※「SP」は「Service Pack」の略です。

05-1 ディスプレイの解像度やOSのバージョン、メモリ容量を確認する

お使いのパソコンのディスプレイの解像度やOS（パソコンの基本システム）のバージョンやメモリ容量が、「弥生会計 23」の動作条件を満たしているかどうかを確認してみましょう。（画面例はWindows10の場合）

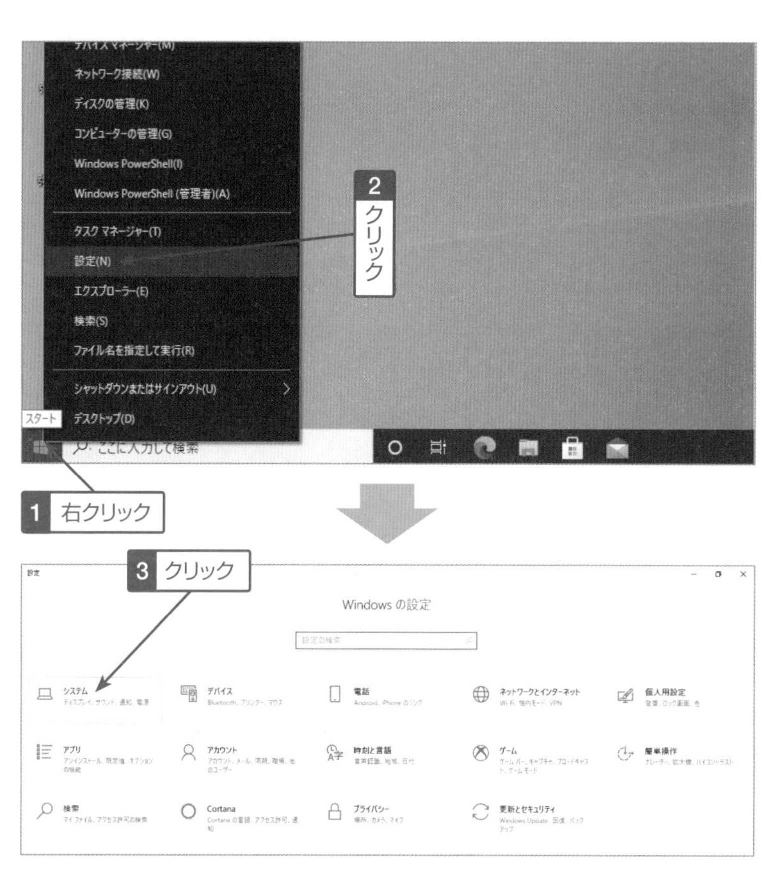

1 スタートボタンを右クリックして**[設定]**をクリックし、表示されるWindowsの設定画面から、**[システム]**アイコンをクリックします。

1 解像度を確認する

2 ディスプレイの設定画面が表示されるので、解像度を確認します。

Windows8.1の場合、デスクトップ上のアイコンがないところで右クリックし、ショートカットメニューから**[画像の解像度(C)]**をクリックします。

基礎知識
導入
初期設定
日常入力作業
集計
決算準備
決算
付録

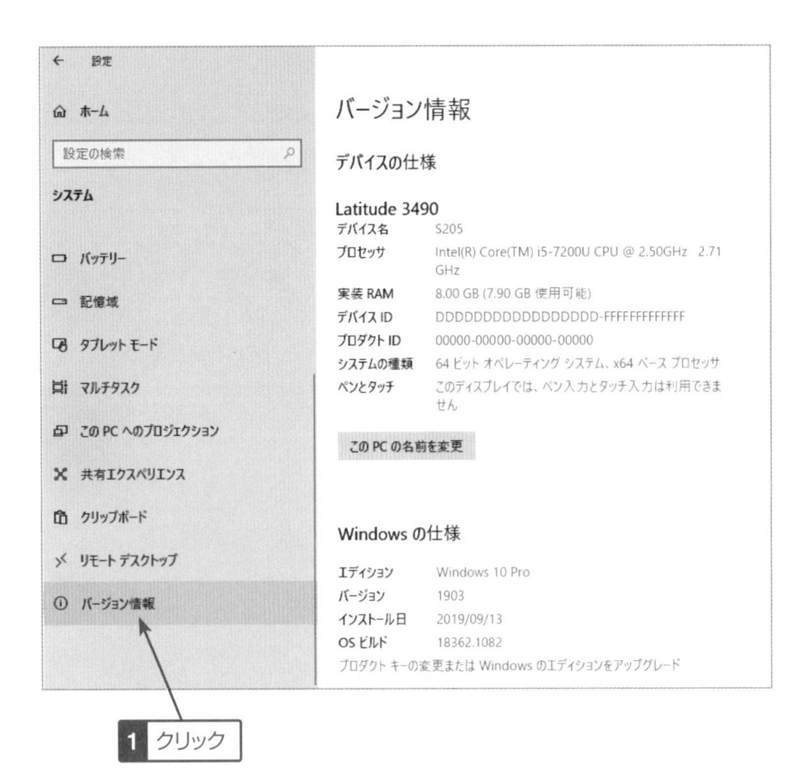

3 画面をスクロールして、システムの設定の一番下の **[バージョン情報]** をクリックします。

設定
ホーム
設定の検索
システム
バッテリー
記憶域
タブレット モード
マルチタスク
この PC へのプロジェクション
共有エクスペリエンス
クリップボード
リモート デスクトップ
バージョン情報
バージョン情報
デバイスの仕様
Latitude 3490
デバイス名 S205
プロセッサ Intel(R) Core(TM) i5-7200U CPU @ 2.50GHz 2.71 GHz
実装 RAM 8.00 GB (7.90 GB 使用可能)
デバイス ID DDDDDDDDDDDDDDDDD-FFFFFFFFFFFF
プロダクト ID 00000-00000-00000-00000
システムの種類 64 ビット オペレーティング システム、x64 ベース プロセッサ
ペンとタッチ このディスプレイでは、ペン入力とタッチ入力は利用できません
この PC の名前を変更
Windows の仕様
エディション Windows 10 Pro
バージョン 1903
インストール日 2019/09/13
OS ビルド 18362.1082
プロダクト キーの変更または Windows のエディションをアップグレード
1 動作条件を確認する

4 「デバイスの仕様」のメモリ容量(実装RAM)と、32bitか64bit(システムの種類)の確認をして、「Windowsの仕様」のエディションとバージョンを確認します。

インストール時にシステム要件を満たさないOSである警告が表示される場合は、Windowsのアップデートが必要な古いバージョンのままである可能性があります。

Windows8.1の場合、スタート画面に表示されるメニュー内の **[PC]** または **[コンピュータ]** を右クリックし、ショートカットメニューから **[プロパティ(R)]** をクリックします。

05-2 ハードディスクの空き容量を調べる

お使いのパソコンの、ハードディスクの空き容量を確認してみましょう。ここでは、Cドライブに弥生会計をインストール(導入)することを前提に操作を行っています。

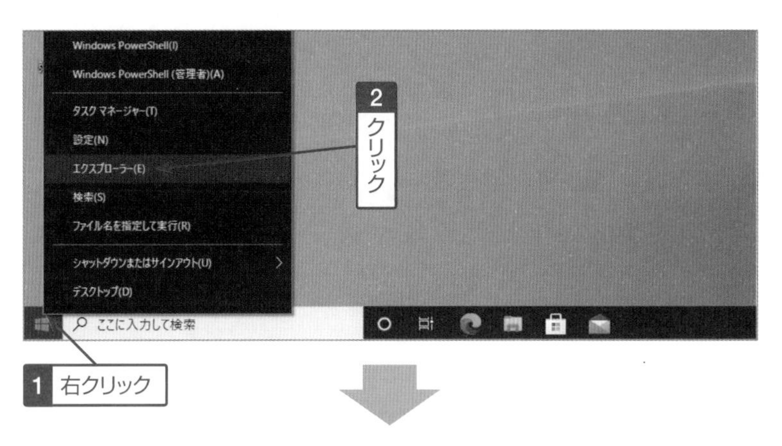

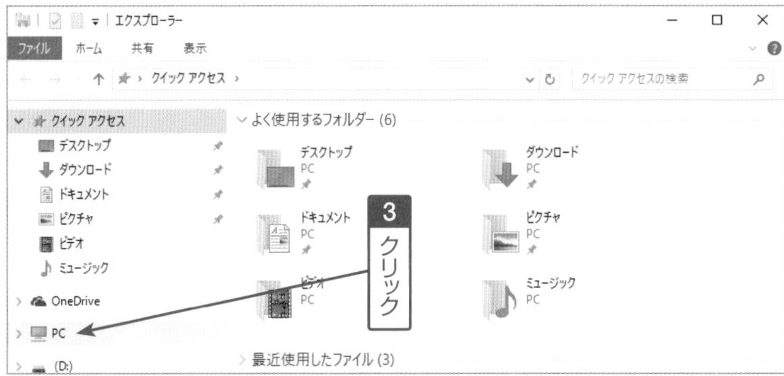

1 Windowsのスタートボタンを右クリックして表示されている**[エクスプローラ]**をクリックし、さらに**[PC]**アイコンをクリックします。

Windows8.1の場合、スタート画面に表示されるメニュー内の**[PC]**、または**[コンピューター]**をクリックします。

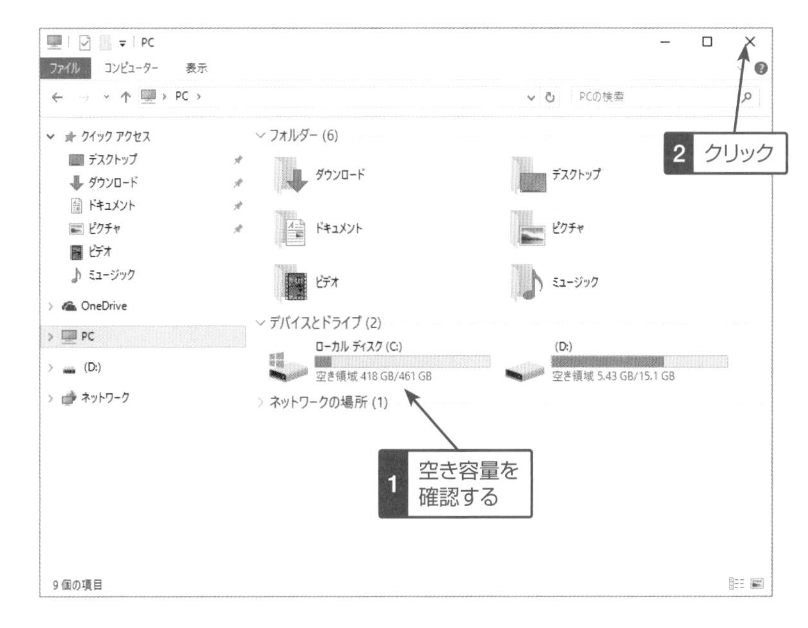

2 目的のハードディスクの空き容量を確認します。画面を閉じるには、× ボタンをクリックします。

ハードディスクの空き容量は400MB以上が必須です。なお、1GBは約1000MBに相当します。

ONE POINT マウスの基本的な使い方

デスクトップ画面上に表示される白い矢印（マウスポインタ）が、マウスで操作するときの目印になります。マウスポインタの先端が操作対象になるので、これを目印にマウスを動かします。

また、マウスで画面操作を行うための動かし方には、「クリック」「ダブルクリック」「ドラッグ」「右クリック」などがあります。慣れないうちはゆっくりでもかまいませんので、確実に操作できるようにしましょう。

◉クリック

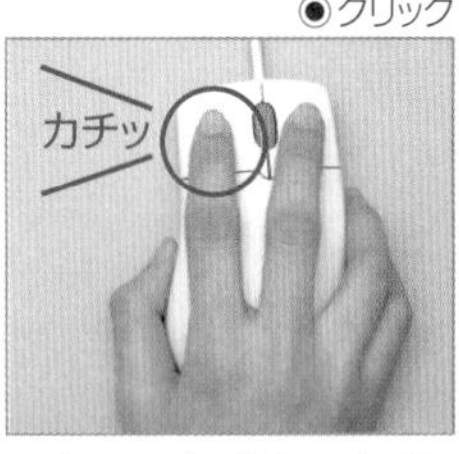

マウスの左ボタンを1回だけ押します。

◉ダブルクリック

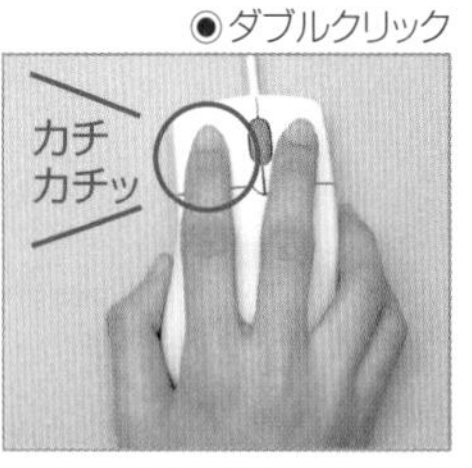

マウスの左ボタンを素早く2回押します。

◉ドラッグ（ドラッグ&ドロップ）

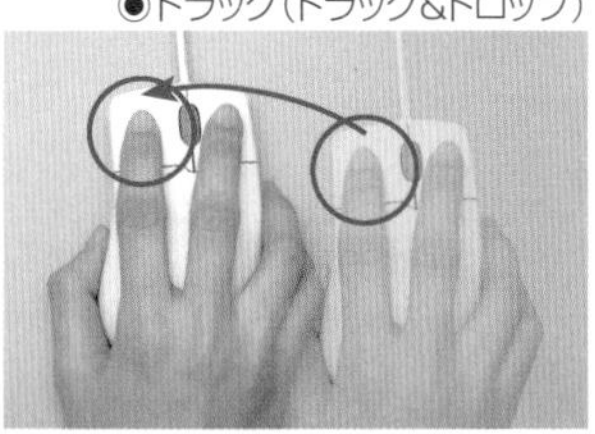

マウスの左ボタンを押しながらマウスを動かし、目的の場所で左ボタンを離します（離すことを「ドロップ」と呼ぶ）。

◉右クリック

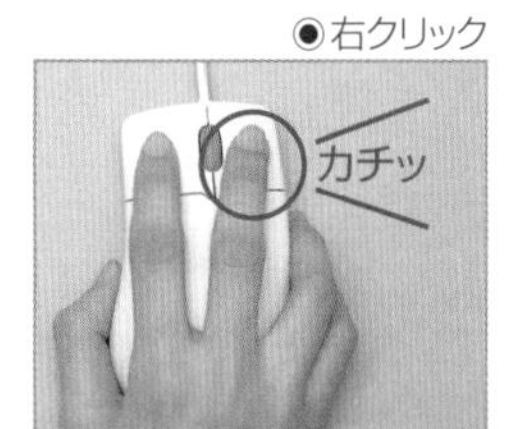

マウスの右ボタンを1回だけ押します。

基礎知識
導入
初期設定
日常入力作業
集計
決算準備
決算
付録

SECTION-06

「弥生会計 23」をパソコンにインストールしよう

ここでは、製品版(パッケージ版)の「弥生会計 23 プロフェッショナル」のインストール方法を解説します。

■弥生会計のプログラムについて

弥生会計のデスクトップアプリは、弥生ストアからダウンロードで購入する「ダウンロード版」と家電量販店などで購入できる「パッケージ版」があります。現在、パッケージ版でもDVDは提供されずすべてダウンロードでインストールするようになりました。

プログラムの内容はダウンロード版もパッケージ版も変わりなく、パッケージ版にはインストール後の製品認証時に必要な情報が印刷物で提供されており、ダウンロード版の場合はメールやWebで確認します。

プログラムをダウンロードするためには、インターネットに接続している必要があり、ダウンロードするファイルの容量が大きいため、光ファイバー通信などの高速通信が可能なインターネット回線でダウンロードすることをお勧めします。

06-1 弥生会計のプログラムをダウンロードして、インストールする

ここでは、パッケージ版を購入し、弥生会計のプログラムをダウンロードして、インストールする手順を確認します。

※あらかじめ33ページの要領で、お使いのパソコンが「弥生会計 23」の動作条件を満たしているか確認し、管理者権限のあるユーザーでログインした状態で、インストールを作業を行ってください。

1 弥生株式会社のホームページの以下のURLをブラウザから開き、［ダウンロード］ボタンをクリックしてプログラムをダウンロードします。

- **弥生会計 23 スタンダード版の場合:https://support.yayoi-kk.co.jp/23/kaistd**
- **弥生会計 23 プロフェッショナル版の場合:https://support.yayoi-kk.co.jp/23/kaipro**

●Microsoft Edgeの場合

Microsoft Edgeの場合、[ダウンロード] ボタンをクリックすると、画面右上にダウンロードの状態が表示されるので、ダウンロードが完了したら**[ファイルを開く]**をクリックします。

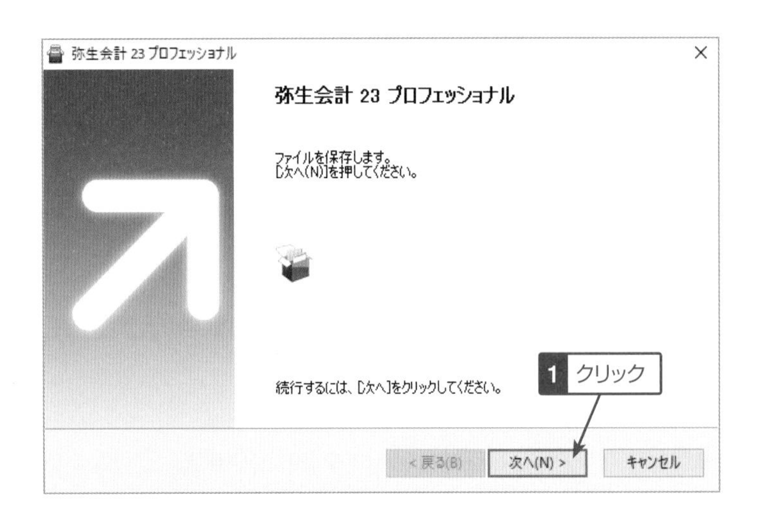

2 ダウンロードされたファイルをダブルクリックすると自己解凍ファイルが表示されるので、[次へ(N) >] ボタンをクリックします。

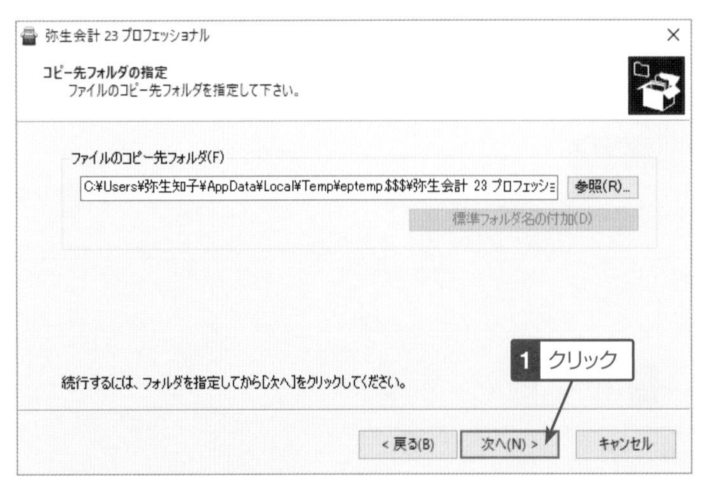

3 解凍ファイルの一時保存場所等を確認し、[次へ(N) >] ボタンをクリックします。

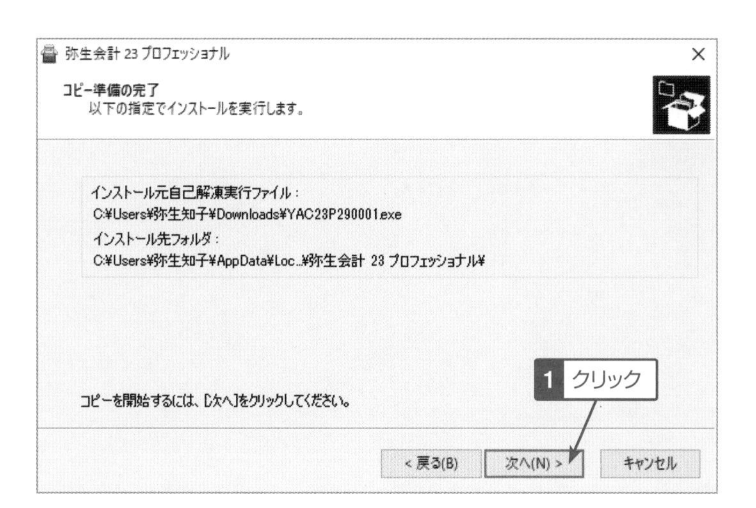

4 コピーの準備が完了したら、次へ(N) > ボタンをクリックし、コピーを開始します。

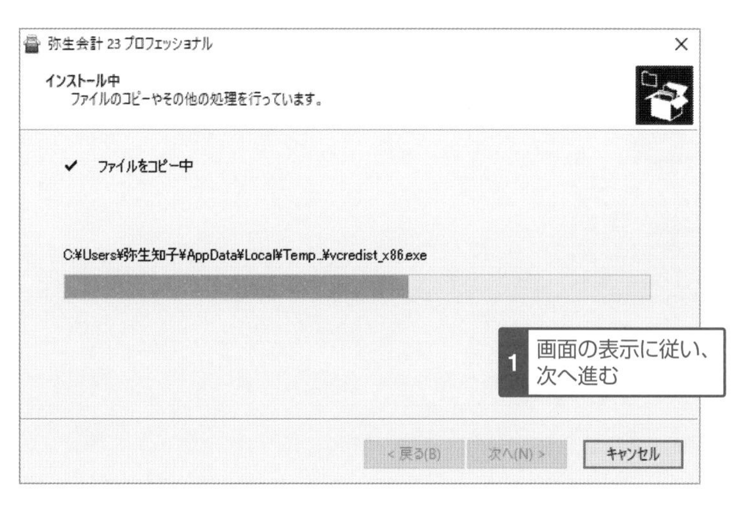

5 画面の表示に従い、コピーを完了します。

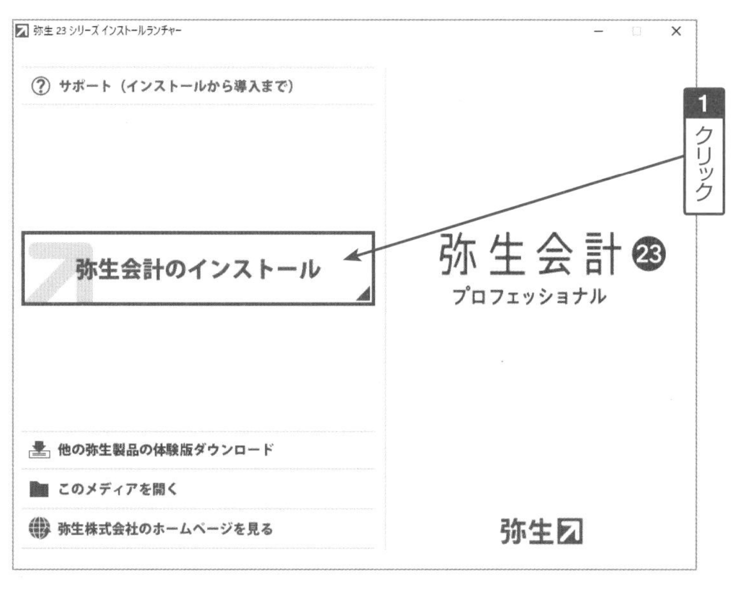

6 「インストールランチャー」の画面が表示されたら、**[弥生会計のインストール]**をクリックします。

この後、ユーザーアカウント制御に関するメッセージが表示された場合は、はい をクリックしてインストールを続けてください。

7 インストールコンポーネントと状態が表示されるので、インストール開始(S) ボタンをクリックします。

弥生シリーズセットアップ

使用許諾契約

次の製品使用許諾契約を注意深くお読みください。

使用許諾契約書

重要 ― 以下の使用許諾契約書を注意してお読みください。本使用許諾契約書（以下、「本契約書」といいます。）は、弥生ソフトウェア製品（以下、「本ソフトウェア製品」といいます。）に関してお客様（個人または法人のいずれであるかを問いません。）と弥生株式会社との間で締結される法的な契約書です。お客様が本ソフトウェア製品のインストール、複製、または使用をした場合には、お客様は本契約書の条項に拘束されることに同意されたものとみなされます。本契約書の条項に同意されない場合、弥生株式会社は、お客様に本ソフトウェア製品のインストール、複製または使用のいずれも許諾できません。そのような場合、速やかに本ソフトウェア製品の入手先にご返品の上、本ソフトウェア製品を返却または廃棄してください。また、弥生株式会社は、本ソフトウェア製品を不正コピーその他の不正な手段により取得した者または本契約書に違反する態様で取得した者に対して、いかなる場合においても本ソフトウェア製品のインストール、複製または使用のいずれも許諾しません。

ソフトウェア製品ライセンス

本ソフトウェア製品は、著作権法および著作権に関する条約をはじめ、その他知的財産権に関する法律および条約によって保護されています。

☑ 使用許諾契約の条項に同意します。(A)

< 戻る(B)　次へ(N) >　キャンセル

1 ONにする

2 クリック

8 使用許諾契約書を確認し、**[使用許諾契約の条項に同意します。(A)]** をONにして 次へ(N) > ボタンをクリックします。

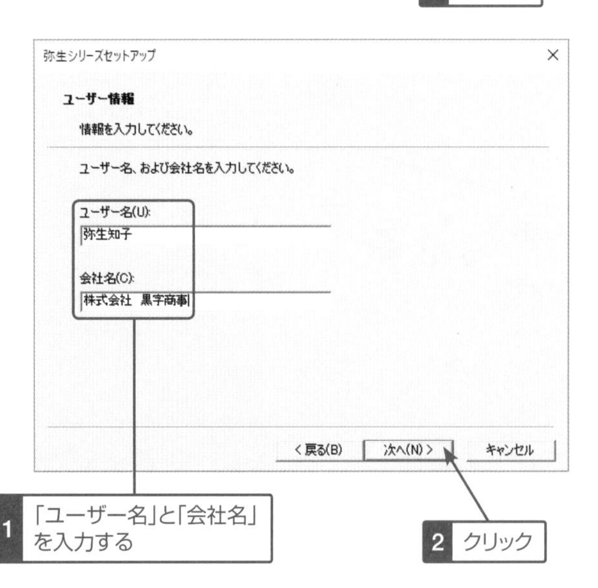

9 「ユーザー名」と「会社名」を入力して、次へ(N) > ボタンをクリックします。

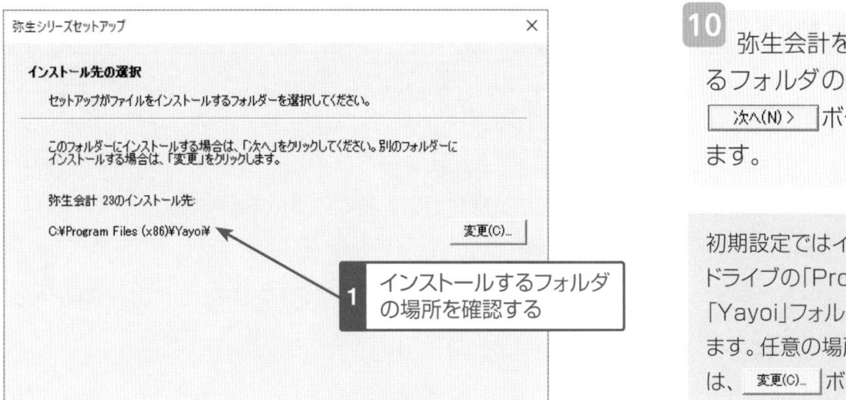

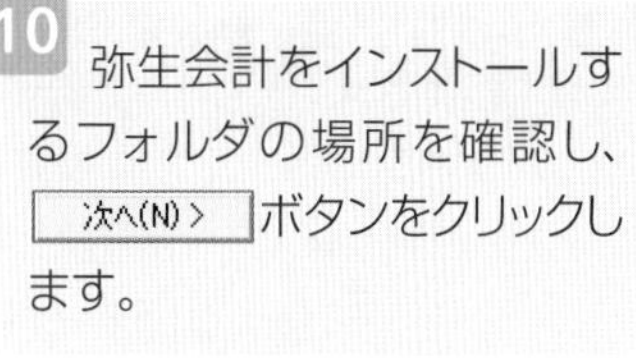

10 弥生会計をインストールするフォルダの場所を確認し、 次へ(N) > ボタンをクリックします。

初期設定ではインストール先がCドライブの「Program Files」の「Yayoi」フォルダが指定されています。任意の場所に変更する場合は、 変更(C)... ボタンをクリックし、インストール先を指定します。

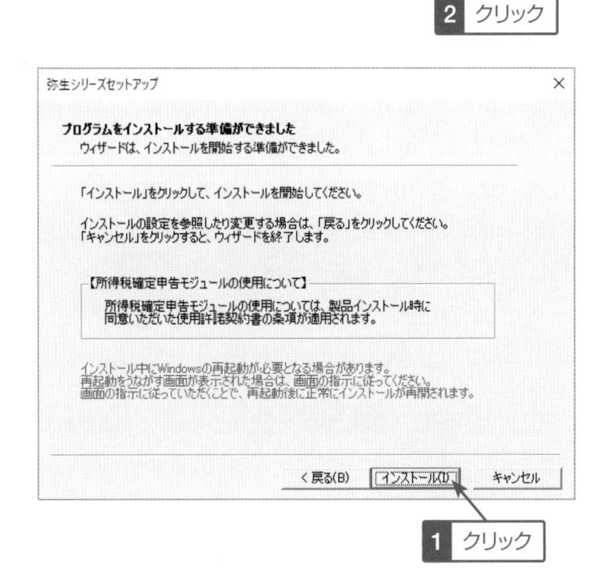

11 インストール(I) ボタンをクリックするとインストールが開始されます。内容を確認したり変更したい場合は、 < 戻る(B) ボタンをクリックし、該当の場所まで戻って設定し直してください。

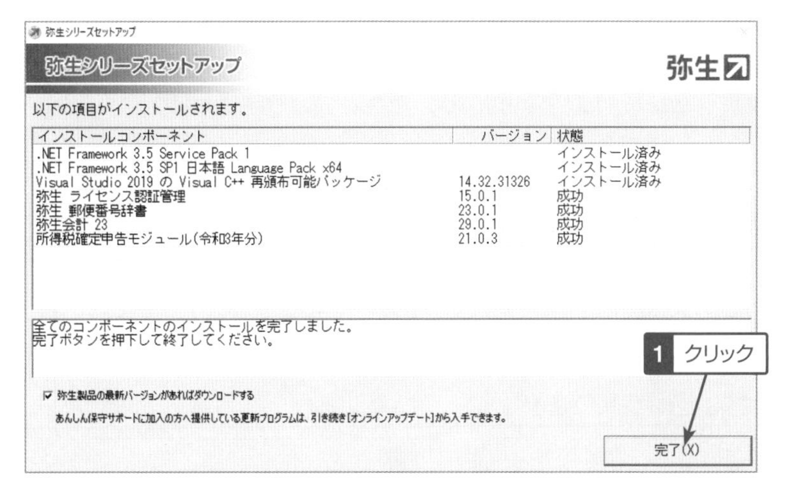

12 インストールが完了しました。 完了(X) ボタンをクリックし、デスクトップ上に弥生会計の起動用のショートカットアイコンが作成されていることを確認します。

ONE POINT 弥生IDを登録しよう

バンキングデータや領収書等のスキャンデータなどを取り込んで自動仕訳を作成する**[スマート取引取込]**機能や、インターネット上のドライブ（弥生ドライブ）にデータをバックアップしたり、そのデータを他のユーザーと共有する**[データ共有サービス]**など、弥生のインターネットサービスを利用する場合は、あらかじめ弥生株式会社のホームページから**[弥生ID]**を登録しておく必要があります。

❶ 弥生株式会社ホームページ上部より、「マイポータル」のリンクをクリックします。

❷ マイポータルのトップ画面から、初めて弥生IDを登録する場合は 弥生ID新規登録 ボタンをクリックします。

❸ メールアドレスをIDとして入力すると弥生ID新規登録用のメールが送信されます。送信メールの記載に従い、登録を行ってください。

※弥生株式会社のホームページからユーザー登録を行った場合は、ユーザー登録時に登録したメールアドレスが弥生IDとして登録されていますので、別途新規に登録する必要はありません。

ONE POINT 1つのライセンスで運用できるのはパソコン1台分

弥生会計は、1つのライセンスで1台のパソコンにのみ運用が許可されています。「弥生会計 10」からライセンス認証の機能が搭載されましたが、それより前のバージョンでは、複数台分のライセンスがなくても、ライセンスを使いまわすことで複数台のパソコンにインストールして運用しているユーザーがみられました。しかし、これはもちろんライセンス違反です。きちんとライセンス認証をして、正規の方法で弥生会計を運用しましょう。ただし、バックアップなど業務を円滑に実施することを目的として、同時に使用しないことを条件にパッケージ1単位ごとに1台のみ追加でソフトウェアをインストールすることは可能です。これらのPCにインストールしたソフトウェアは、本来の業務用PCで弥生製品を使用していないときに限り、使用することが可能です。

「弥生会計 23」では、ユーザー登録やライセンス認証を行ったユーザーは、インターネット経由でさまざまな情報の提供を受けることができます。「会計用のパソコンは、安全面からインターネットに接続したくない」と考えているユーザーもいるので、弥生会計はオフラインでの運用も問題なくできるようになっていますが、せっかくオンラインで最新の法令対応や仕訳例などの情報を利用できるのですから、これを活用して業務効率アップに役立てるのも手ではないでしょうか。

なお、ライセンス認証を行わない間は、体験版としての利用になり、次のような制限があります。

- 体験版は、初めて起動した日から30日間だけ使用することができます。30日を過ぎると、製品版を購入してライセンス認証を行わない限り、起動することができなくなります。
- ライセンス認証を行わないと利用できない機能（決算・申告に関わる機能など）は使用できません。
- ユーザー認証を行わないと利用できない機能（「データバックアップサービス」や「スマート取引取込」、「サポート問い合わせ」など）は使用できません。

第3章

導入時の初期設定を行おう

SECTION－07 スタンダード プロフェッショナル

「弥生会計 23」の初期設定の手順を確認しよう

「弥生会計 23」をパソコンにインストールした後は、自分の会社に合わせて初期設定を行う必要があります。ここからの作業は、ほとんどが初めに一度だけ行う作業です。まずは初期設定の手順を確認してみましょう。

■「弥生会計 23」の初期設定を行うための手順

よく、会計ソフトを導入した方から「使ってないよ」とか「もう難しくて……」という声を聞いたことはありませんか？　それはこの導入設定がうまくいかなかった方から多く聞かれるようです。基本的に、会計ソフトの導入設定は、さほど難しくありません。

難しく感じるのは「導入途中でわからなくなったり面倒になった」「どうしても数字や簿記特有の言葉になじめない」という方でしょう。特にパソコン操作が苦手な方は、日常の入力がしやすいように初期設定を整えておかないと、不便さを感じたり、うまく軌道に乗らない可能性があります。

この導入処理のポイントは下記の③と④です。特にここの部分についてはしっかり学びましょう。

① 事業所データの作成 (54ページ参照)

データファイルを新規に作成します。

② 基本情報の登録 (63～67ページ参照)

作成したデータファイルに基本情報を登録します。住所情報、消費税基本設定などを設定します。

③ 勘定科目・補助科目体系の登録、部門の登録 (69～88ページ参照)

あらかじめ勘定科目は登録されていますが、必要に応じて追加、修正、削除など、自社にあわせて設定します。勘定科目の内訳を管理する補助科目も必要に応じて追加設定を行います。また、部門管理を行う場合、部門を登録します。

※部門管理は、「弥生会計 23 プロフェッショナル」「弥生会計 23 ネットワーク」のみの機能です。

④ 開始残高の登録 (89ページ参照)

新規開業の場合は必要ありませんが、すでに事業を行っていて、今まで他の会計ソフトや手書きにて会計処理をしていた場合は、導入前までの残高を設定する必要があります。69ページの「得意先 銀行等の設定」で入力できる「現金」「預貯金」「売掛金」「買掛金」以外の残高は手入力します。

「弥生会計 23」を起動しよう

ここでは、旧バージョンの弥生会計をインストールしていないパソコンで、新規に「弥生会計 23」を起動する流れを説明します。

08-1 「弥生会計 23」の起動

ここでは、「弥生会計 23」を起動してみましょう。

1 マイポータルの **[製品を起動]** ボタンをクリックして「弥生会計 23」を起動します。

ONE POINT アプリから起動する方法

「弥生会計 23」を起動するには、マイポータルの **[製品を起動]** ボタンから起動する他に、デスクトップのアイコンをクリックする方法とアプリから起動する方法があります。

❶ 画面左下のスタートボタンをクリックし、スタートメニュー画面の「よく使うアプリ」や「最近追加されたもの」の中に「弥生会計 23」のアイコンがあればクリックします。

❷ 左下の「ここに入力して検索」をクリックし、「弥生会計 23」と入力して検索します。

※サンプルデータを開きたい場合は、「サポートツール」と入力して検索すると表示される「弥生会計 23サポートツール」アイコンをクリックします。

◉「最近追加されたもの」や「よく使うアプリ」の中から起動する場合

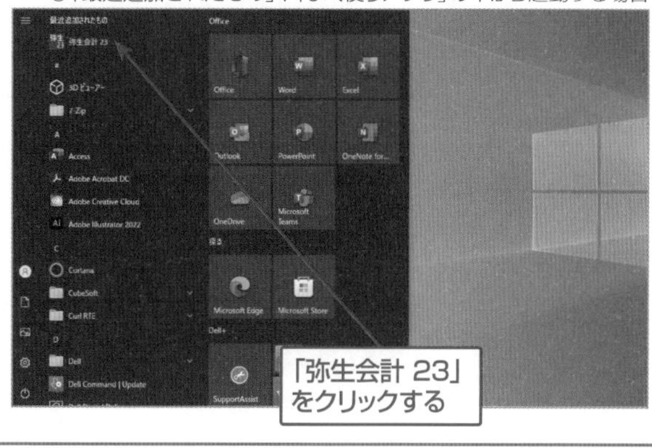

◉キーワードを入力して検索する場合

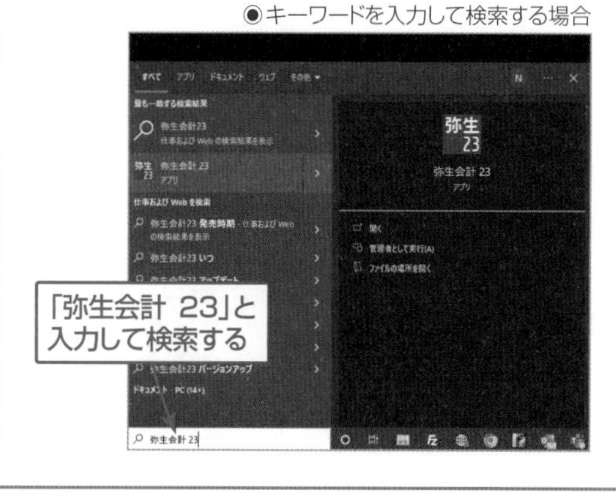

08-2 ライセンス認証を行う

弥生会計を起動すると、ライセンス認証画面が表示されます。ライセンス認証とは、不正コピーを防止し、正規に使用を許可されたソフトウェアであることを確認するためのものです。弥生会計は1台のコンピュータに1つのライセンスが必要です。ライセンス認証を行なわないと、初回起動日から30日間は弥生会計を使用することができますが、30日を過ぎると起動ができません。また、「決算・申告」に関する画面は、ライセンス認証を行っていないと開くことができません。インストール後、すぐに認証作業を行いましょう。

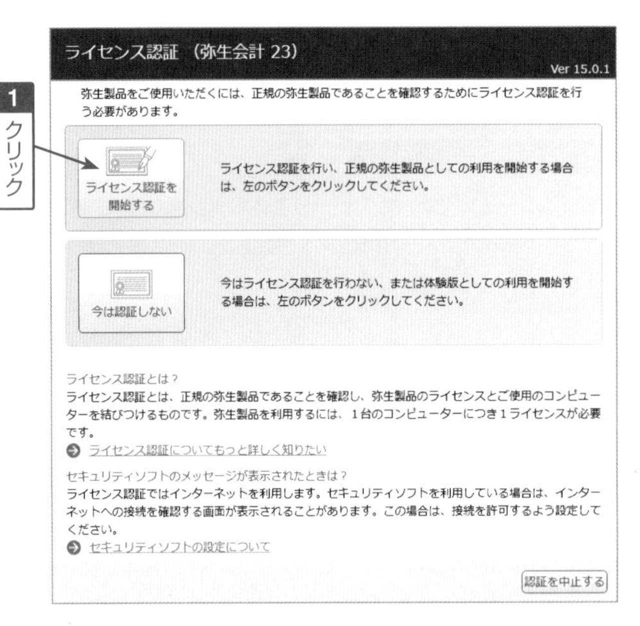

1 （ライセンス認証を開始する）ボタンをクリックします。

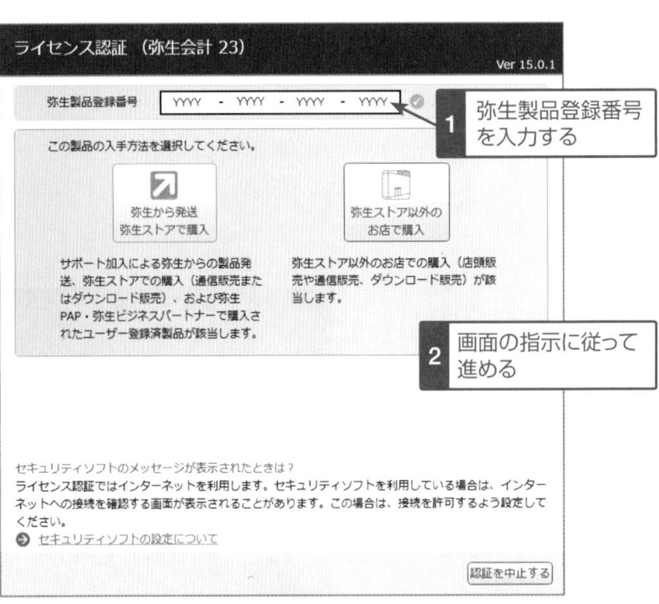

2 弥生製品登録番号と製品入手方法をクリックします。弥生製品登録番号や製品シリアル番号は、パッケージ版の場合は同梱されている文書で確認できます。ダウンロード版の場合は、購入時の電子メールで確認してください。

表示される項目が異なる場合があります。画面の指示に従い設定を進めてください。

※ここでは、架空の番号を入力しています。実際の操作では、お手持ちの「弥生会計23」の弥生製品登録番号を入力してください。

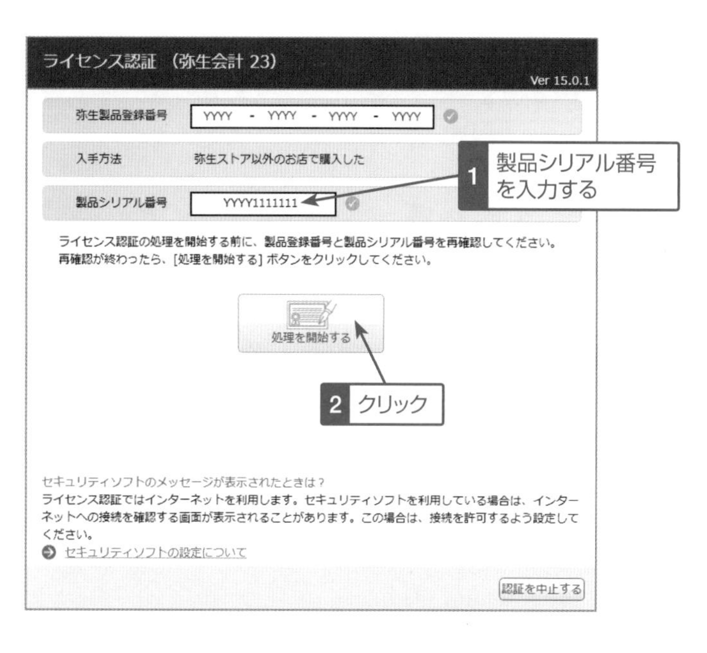

3 「製品シリアル番号」を入力し、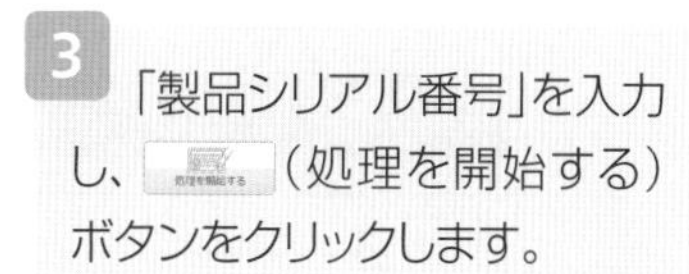（処理を開始する）ボタンをクリックします。

この後、ライセンス認証が行われます。

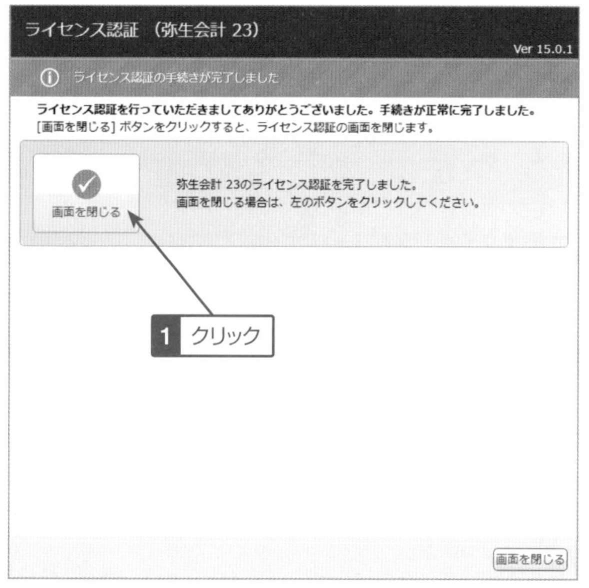

4 ライセンス認証が完了したら、（画面を閉じる）ボタンをクリックします。なお、ライセンス認証は、インターネットを通じて行うため、インターネットに接続する環境がない場合は、認証エラーの画面が表示されるので、画面の案内に従って電話で認証を行うようにしてください。

この後、ユーザー登録画面が表示されます（ユーザー登録済み製品などの場合は表示されない場合もある）。ユーザー登録については、342ページを参照してください。

ONE POINT 「マイポータル」について

初期設定では、弥生会計の起動時に「マイポータル」が立ち上がります。マイポータルの製品別メニュー（弥生会計）では、弥生株式会社の**[サポート（使い方・FAQ）]**へのリンクやオンラインアップデートなどサポートツールが用意されています。弥生ドライブを利用する場合は弥生IDでログインが必要になります（※インターネットに接続できる環境が必要です）。

◉マイポータル

「弥生からのお知らせ」欄は法令改正に関する情報や製品に関する最新情報が掲載されています。クリックすると弥生株式会社のホームページにリンクしています。

ONE POINT 「弥生ドライブ」について

「弥生ドライブ」とは、弥生株式会社が提供するオンラインストレージサービスです。
「弥生ドライブ」では、次のことができます。

◉弥生ドライブ

- 「弥生ドライブ」のデスクトップアプリケーションを使って、弥生製品で保存したファイルや写真、書類など、さまざまなファイルをアップロードして管理することができます。
- 弥生製品のバックアップファイルのコピーを、弥生製品から「弥生ドライブ」にアップロードして管理できる「データバックアップサービス」を利用できます。
- 「弥生ドライブ」に保存しているデータを他のユーザーと共有できる、「データ共有サービス」を利用できます。
- 弥生会計プロフェッショナルおよびスタンダードのスタンドアロン製品の事業所データや、やよいの青色申告の事業所データであれば、「弥生ドライブ」に事業所データを保存した上で、そのデータを直接開いて編集することができます。

※データを共有するには、共有相手が弥生IDを取得しており、「弥生ドライブ」を利用できる状態である必要があります。詳細は弥生株式会社のホームページで公開されているサポート情報より「弥生ドライブ」をご確認ください。

ONE POINT ライセンス認証の解除方法

弥生会計をアンインストール（パソコンから削除）する場合は、事前にライセンス認証の解除を行う必要があります。ライセンス認証を解除せずにアンインストールしてしまうと別のパソコンにインストールしてもライセンス認証を行うことができなくなります。

パソコンを買い替えたり、弥生会計を使用するパソコンを別のパソコンに変更する場合、OSの再インストールを行う場合などは以下のライセンス認証の解除を行いましょう。

❶ デスクトップの **[弥生 マイポータル]** アイコンをダブルクリックし、画面右上の ⚙設定 ボタンから **[弥生 ライセンス認証管理]** をクリックします。

❷ ライセンス認証解除を行う製品を選択します。

❸ （ライセンス認証を解除する）ボタンをクリックします。この後、ライセンス認証サーバーに接続し、ライセンス認証が解除されます。

❹「ライセンス認証解除の手続きが完了しました」というメッセージが表示されたら、（画面を閉じる）ボタンをクリックします。

※インターネットに接続していない場合などは、画面の説明を参考に電話で認証解除を行うようにします。

SECTION-09 スタンダード プロフェッショナル

「弥生会計 23」の入力環境を設定してみよう

初めて「弥生会計 23」を起動すると、クイックナビゲータという操作画面と、「環境設定ウィザード」が表示されます。ここでは、このウィザードを使って、弥生会計の入力環境を設定してみましょう。

09-1 環境設定の開始

「弥生会計 23」を初めて起動すると、「環境設定ウィザード」が表示されます。このウィザードを使って、まず、仕訳を入力する際の基本設定を行います。ここで設定した内容は後からでも変更することができるので、よく意味がわからない部分は初期値で選択されている方を選んでおきましょう。実際の入力作業を行う前や、入力し始めてから不便さを感じた場合に、もう一度確認しておくとよいでしょう。

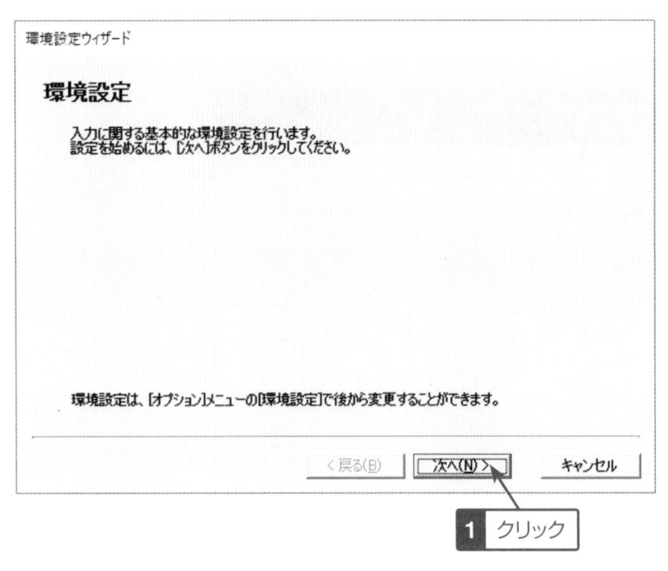

1 「環境設定ウィザード」の 次へ(N) > ボタンをクリックします。

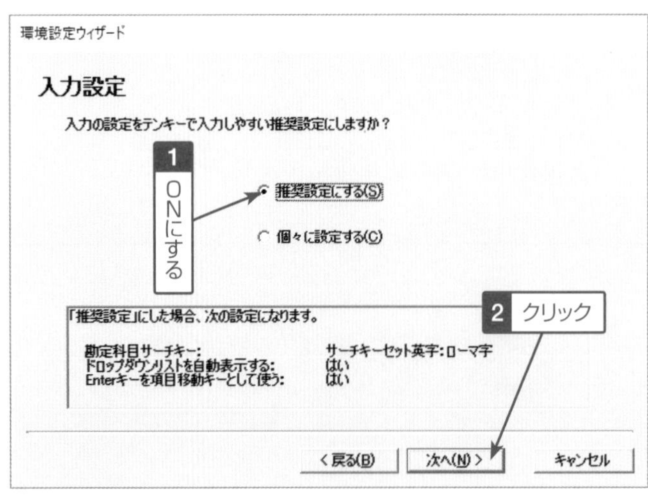

2 **[推奨設定にする(S)]** をONにして、 次へ(N) > ボタンをクリックします。

[個々に設定する(C)] をONにした場合は「サーチキー(53ページ参照)の設定をどうするか」「ドロップダウンリスト(選択リスト)を自動表示するかどうか」「Enterキーを項目移動キーとして使うかどうか」を設定することができます。

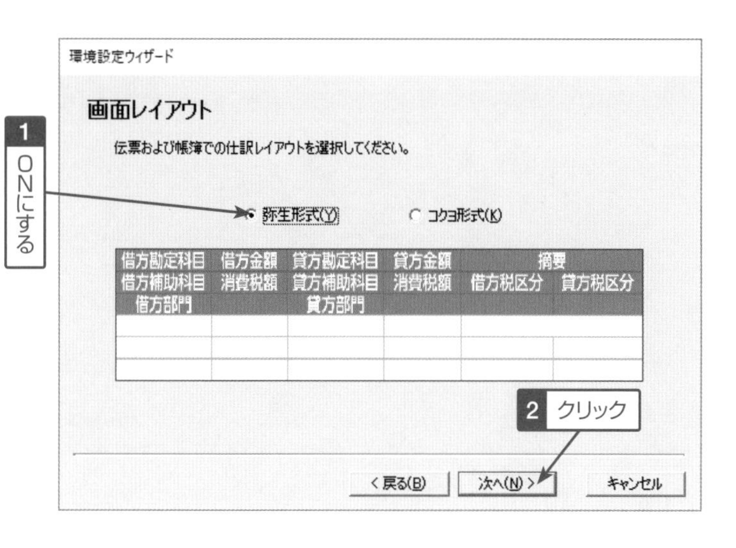

3 振替伝票や仕訳日記帳の画面レイアウトを選択し、次へ(N) > ボタンをクリックします。

[コクヨ形式(K)]を選択すると、項目の並び順が「コクヨ」の振替伝票と同じ並び順になります。

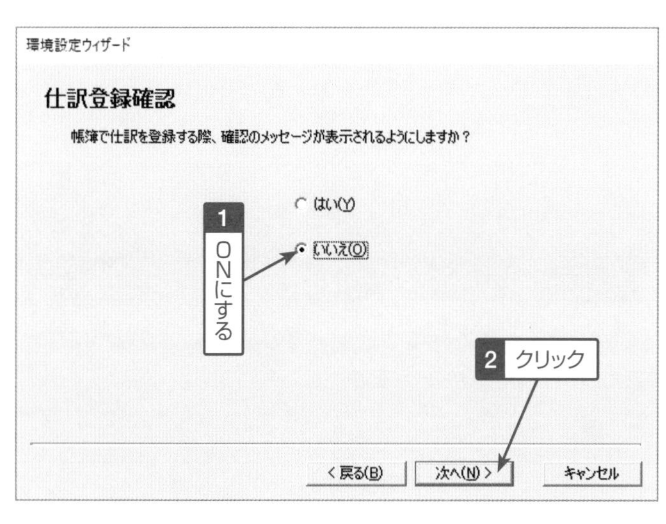

4 **[いいえ(O)]**をONにして、次へ(N) > ボタンをクリックします。

ここでは、帳簿画面で入力する際に、仕訳を1行入力して次の行に移るときに登録確認メッセージを表示させるかどうかを選択しています。

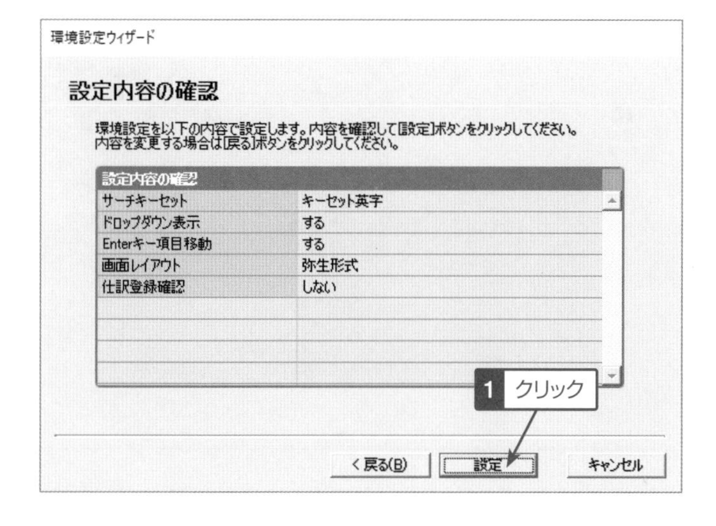

5 設定 ボタンをクリックします。

設定内容を変更したい場合は、該当するページまで < 戻る(B) ボタンをクリックして戻り、再度、設定し直してください。

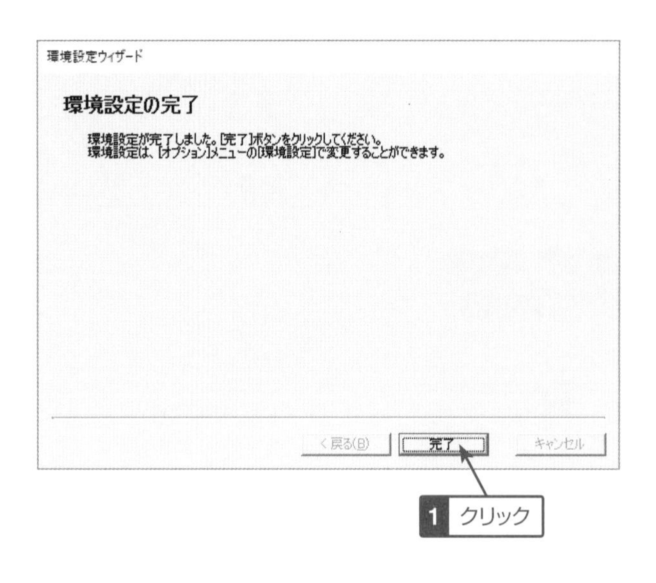

6 [完了] ボタンをクリックします。環境設定を変更したい場合は、101ページを参照してください。

ONE POINT 「クイックナビゲータ」の画面について

事業所データ(54ページ参照)を開いていないときのクイックナビゲータの画面は、次のようになっています。事業所データ登録後の画面の見方については、68ページを参照してください。

◉クイックナビゲータ

ONE POINT 勘定科目の選び方を指定する「サーチキー」の設定について

取引を入力する際、勘定科目を選んで入力します。弥生会計で設定されている勘定科目を選ぶ方法には、リスト(ドロップダウンリスト)から探す方法と、その勘定科目のサーチキーを入力して探す方法があります。

前者はスクロールバーやマウスのスクロールボタンで探す方法で、後者は仕訳入力時に勘定科目を選択するためのキーワードを入力する方法です。サーチキーは英字と数字の2種類が初期設定されていますが、その他のキーワードで独自に1から設定したい場合は「サーチキー他」欄に設定することができます。3種類のサーチキーを設定することが可能ですが、ここから採用したいサーチキーを「環境設定(101ページ参照)」画面で1種類選択します(初期設定はサーチキー英字)。

◉「現金」勘定を選択したい場合

サーチキー	入力の種類	入力例	備　考
サーチキー英字	初期設定はローマ字(半角英字)	GENKIN	半角換算で8文字まで入力可(全角の場合は4文字) ローマ字の場合、大文字と小文字の区別はない
サーチキー数字	初期設定は数字(勘定科目コード)	100	
サーチキー他	自由設定	ゲンキン	

弥生会計の初期設定で入力されているサーチキー英字のローマ字の綴り方は、パスポートなどに採用されているヘボン式ローマ字で設定されています。ローマ字を入力しても勘定科目が選択できない場合、普段入力しているローマ字の綴りと、弥生会計のサーチキーで採用している綴りとが異なるのかもしれません。必要に応じて、82ページの操作方法で科目のサーチキーを修正するとよいでしょう。

◉ヘボン式ローマ字表

あ	A	い	I	う	U	え	E	お	O		
か	KA	き	KI	く	KU	け	KE	こ	KO		
さ	SA	し	SHI	す	SU	せ	SE	そ	SO		
た	TA	ち	CHI	つ	TSU	て	TE	と	TO		
な	NA	に	NI	ぬ	NU	ね	NE	の	NO		
は	HA	ひ	HI	ふ	FU	へ	HE	ほ	HO		
ま	MA	み	MI	む	MU	め	ME	も	MO		
や	YA	い	I	ゆ	YU	え	E	よ	YO		
ら	RA	り	RI	る	RU	れ	RE	ろ	RO		
わ	WA	ゐ	I	う	U	ゑ	E	を	O		
ん	N(M)										
が	GA	ぎ	GI	ぐ	GU	げ	GE	ご	GO		
ざ	ZA	じ	JI	ず	ZU	ぜ	ZE	ぞ	ZO		
だ	DA	ぢ	JI	づ	ZU	で	DE	ど	DO		
ば	BA	び	BI	ぶ	BU	べ	BE	ぼ	BO		
ぱ	PA	ぴ	PI	ぷ	PU	ぺ	PE	ぽ	PO		
きゃ	KYA	きゅ	KYU	きょ	KYO	しゃ	SHA	しゅ	SHU	しょ	SHO
ちゃ	CHA	ちゅ	CHU	ちょ	CHO	にゃ	NYA	にゅ	NYU	にょ	NYO
ひゃ	HYA	ひゅ	HYU	ひょ	HYO	みゃ	MYA	みゅ	MYU	みょ	MYO
りゃ	RYA	りゅ	RYU	りょ	RYO	ぎゃ	GYA	ぎゅ	GYU	ぎょ	GYO
じゃ	JA	じゅ	JU	じょ	JO	びゃ	BYA	びゅ	BYU	びょ	BYO
ぴゃ	PYA	ぴゅ	PYU	ぴょ	PYO						

SECTION-10 スタンダード プロフェッショナル

会計データの保存場所となる「事業所データ」ファイルを作ろう

弥生会計を初めて利用する際、まず、会社の会計データを保存するための入れ物である「事業所データファイル」を新規に作成します。法人データか個人事業主データかによって一部手順が異なるため、該当する業種区分のデータ作成方法を参照してください。

10-1 法人の場合の事業所データの新規作成

会計データを保存するための事業所データファイルを作成します。ここでは、法人の場合の操作を解説します。個人事業主は58ページの操作を行ってください。

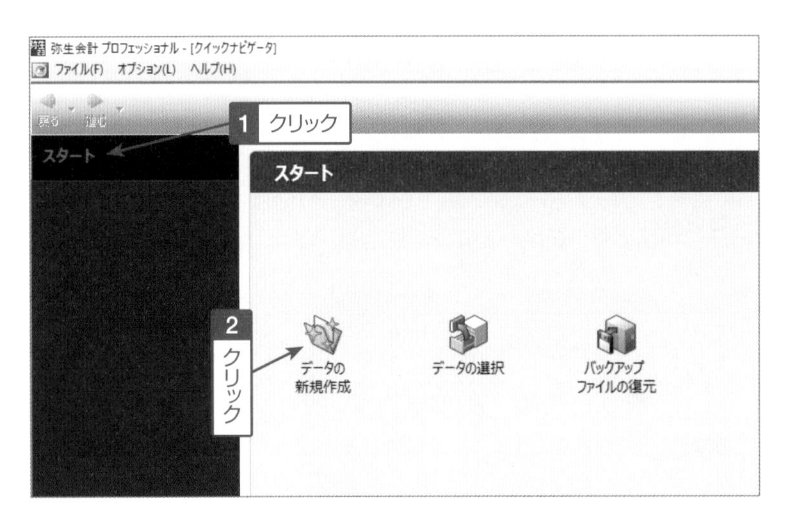

1 50ページの環境設定が終わると、図のように、クイックナビゲータが表示されます。「スタート」メニューをクリックし、**[データの新規作成]** アイコンをクリックします。

事業所データを作成する前のクイックナビゲータは、「スタート」メニューしかありません。

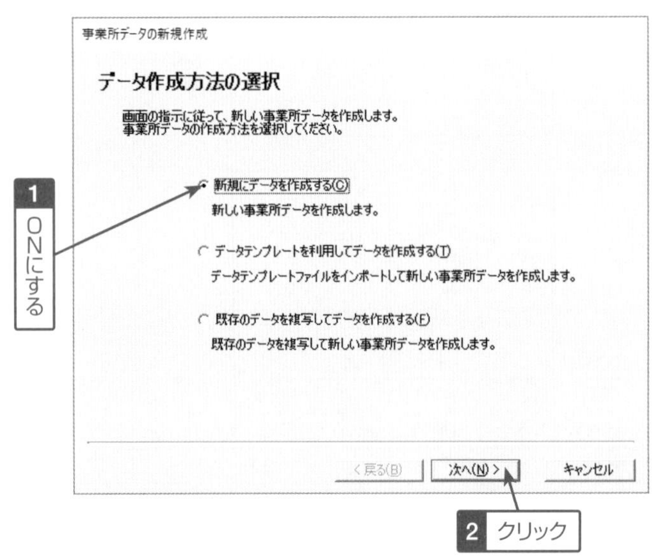

2 「事業所データの新規作成」ウィザードが起動したら、**[新規にデータを作成する(C)]** をONにして 次へ(N) > ボタンをクリックします。

[データテンプレートを利用してデータを作成する(T)] については、76ページのONE POINTを参照してください。
[既存のデータを複写してデータを作成する(F)] は、既存の事業所データと同じ科目体系で新規の事業所データを作りたい場合にONにします。

基礎知識 導入 初期設定 日常入力作業 集計 決算準備 決算 付録

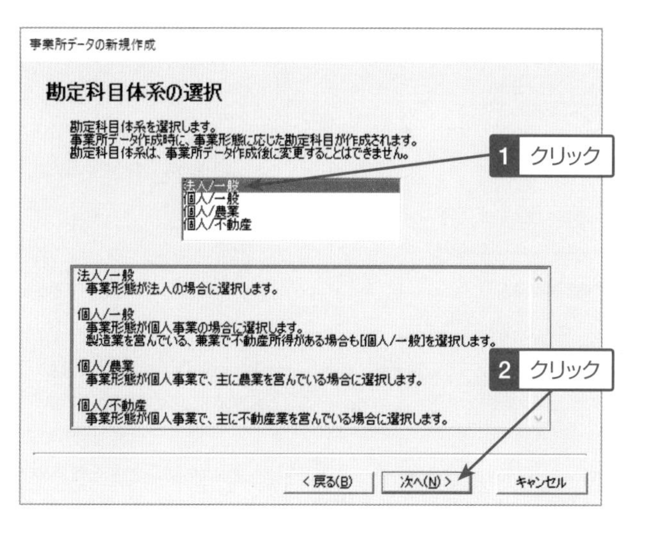

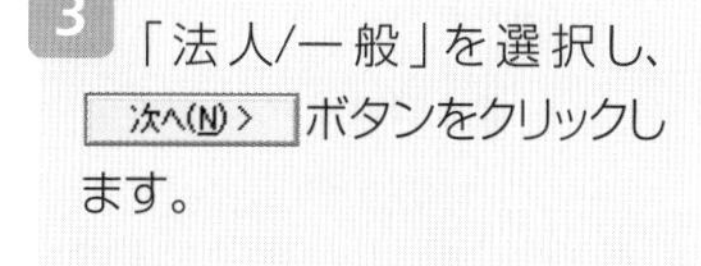

3 「法人/一般」を選択し、次へ(N) > ボタンをクリックします。

業種区分は、事業所データの作成が完了した後は変更できないので注意してください。

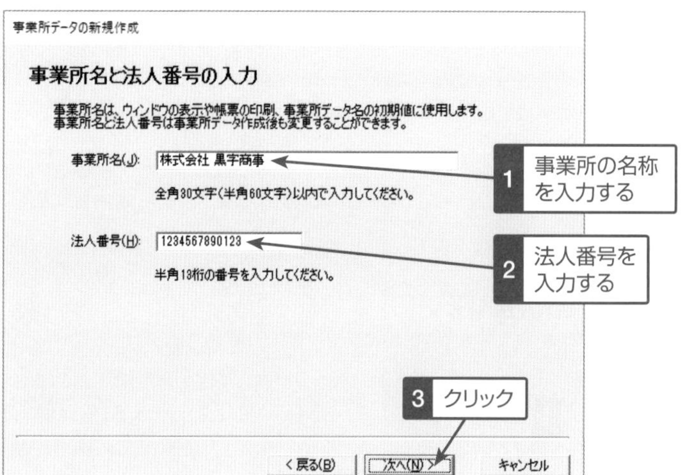

4 事業所の名称と法人番号を入力し、次へ(N) > ボタンをクリックします。

名称は全角30文字以内で入力してください。事業所名や法人番号は事業所データ作成後でも変更することができます。法人番号が不明な場合は国税庁法人番号公表サイト(http://www.houjin-bangou.nta.go.jp/)等で検索が可能です。

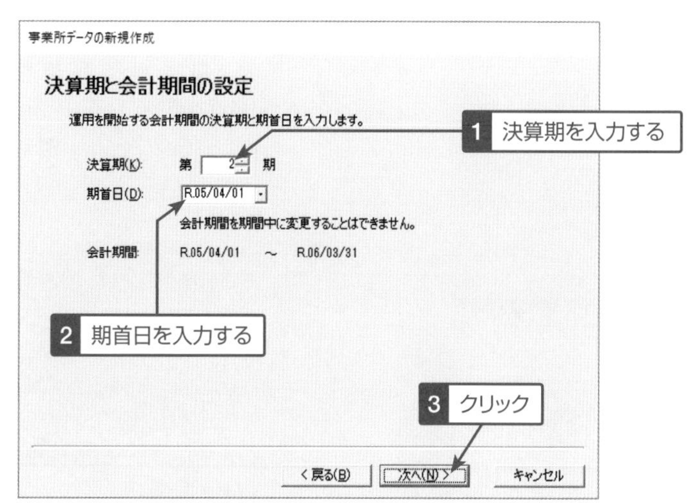

5 **[決算期(K)]**と**[期首日(D)]**を入力し、次へ(N) > ボタンをクリックします。

決算期は後から変更することができます。ただし、期首日を入力すると自動表示される会計期間については、事業所データ作成後に変更することはできないので注意してください。**[期首日(D)]**の欄の ▾ ボタンをクリックすると、カレンダーを使って年月日を設定できます。

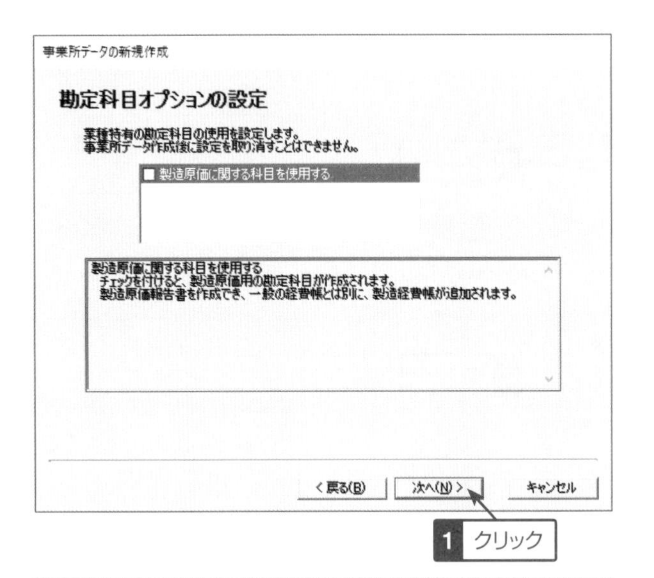

6 製造原価に関する科目を使用する必要がある場合はチェックボックスをONにして、[次へ(N) >]ボタンをクリックします。

操作例では、使用しないこととして操作しています。チェックをONにした場合、事業所データ作成後に取り消すことはできません。

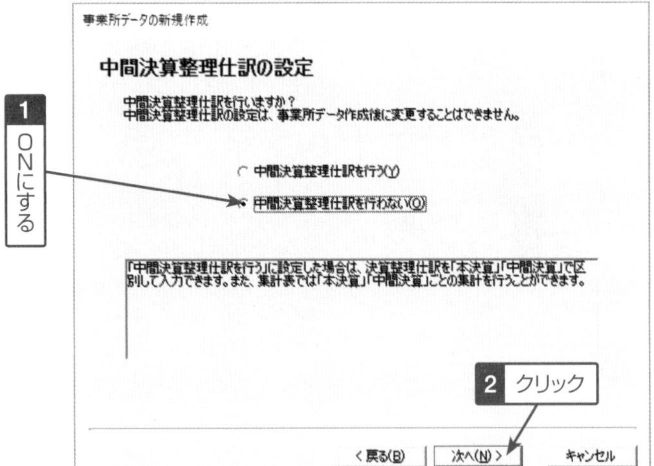

7 中間決算整理仕訳を行うか行わないかを選択し、[次へ(N) >]ボタンをクリックします。

事業所データ作成後は変更できません。また、中間決算整理仕訳を行う場合、通常月の仕訳と分けて中間決算整理仕訳を入力することができます。決算書も本決算、月次決算に加え中間決算書を作成することができます。

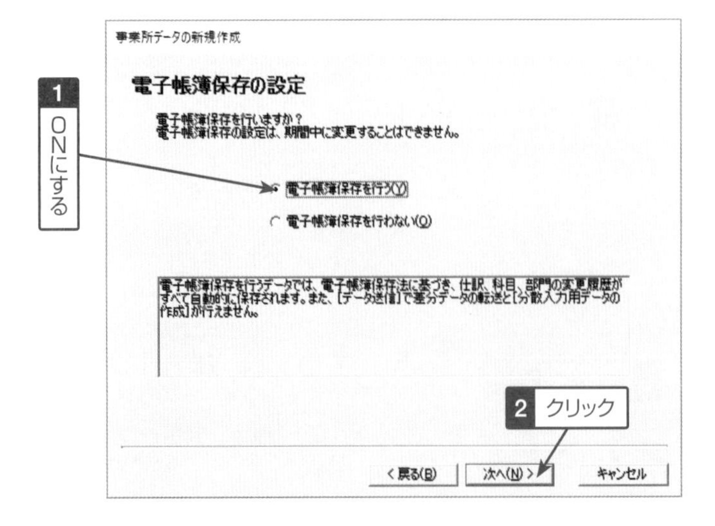

8 **[電子帳簿保存を行う(Y)]**をONにして、[次へ(N) >]ボタンをクリックします。

電子帳簿保存とは、帳簿や証憑などを紙ではなく電子データとして保存しておくことを言います。スキャナーで読み取った領収書や総勘定元帳など電子データで保存する場合は**[電子帳簿保存を行う(Y)]**を選択してください。

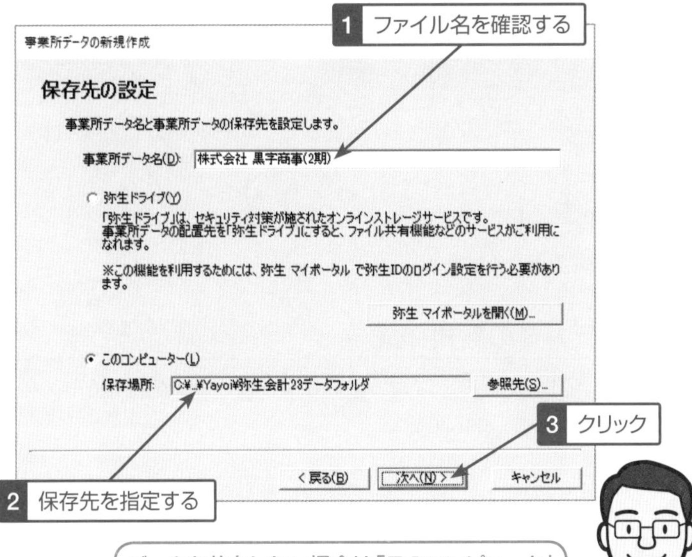

9 事業所データの保存場所とファイル名を設定し、次へ(N) > ボタンをクリックします。

データは、「弥生ドライブ」上に保存するか、「このコンピュータ」に保存するかを選択することができます。「弥生ドライブ」にデータを保存する場合は、弥生IDを登録して、常時インターネットに接続しておく必要があります。会計事務所とのデータのやり取りなどが頻繁にあり、データを共有する場合などメリットがあります。

データを共有しない場合は「このコンピュータ」を選択してバックアップファイルのみ「弥生ドライブ」に保存するなど運用方法は会社の実情に応じて検討するとよいでしょう

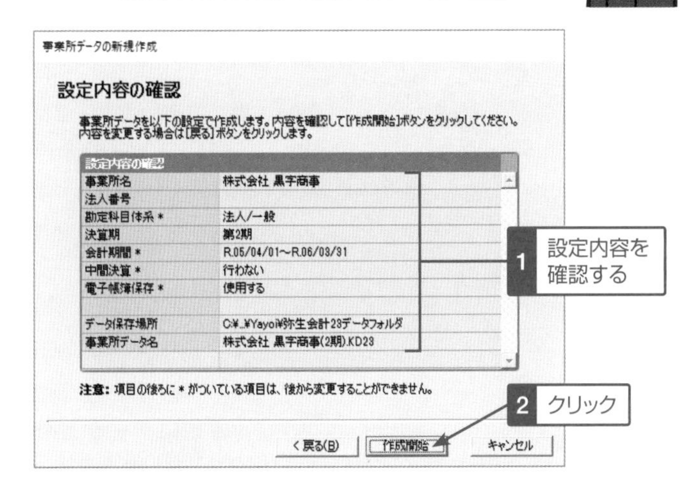

10 設定内容を確認してから 作成開始 ボタンをクリックします。内容を修正したい場合は、< 戻る(B) ボタンをクリックして修正したいページまで戻り、もう一度設定し直してください。

項目の後ろに「*」印が付いている項目は後から変更することができないので注意してください。

事業所データの新規作成

データの新規作成の完了

事業所データの作成が完了しました。[完了]ボタンをクリックしてください。
事業所情報は、[設定]メニューの[事業所設定]で変更することができます。

1 クリック

< 戻る(B) 完了 キャンセル

11 完了 ボタンをクリックします。これで、事業所データの新規作成は完了です。

設定した事業所名と決算期はクイックナビゲータのタイトルバー(画面の一番上の部分)に表示されます。

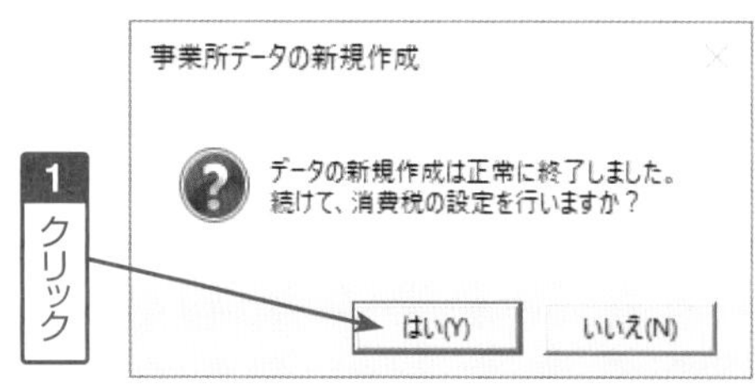

※この後、63ページの消費税の設定操作に進んでください。

12 操作例では、続けて消費税の設定を行うので、[はい(Y)]ボタンをクリックしています。

10-2 個人事業主の場合の事業所データの新規作成

弥生会計は、個人事業主の経理処理にも適しています。ここでは、弥生会計を使うための会社データの記録場所である「事業所データ」を、個人事業主用に作成してみましょう。

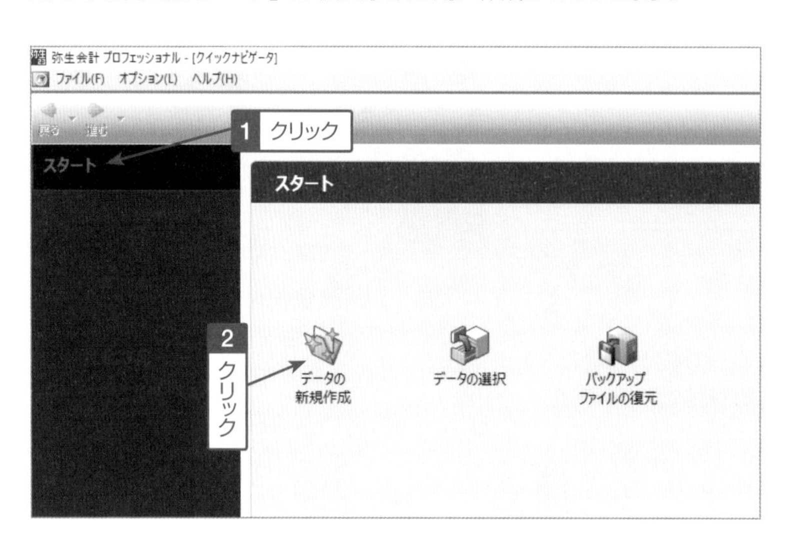

1 50ページの環境設定が終わると、図のようにクイックナビゲータが表示されます。「スタート」メニューをクリックし、**[データの新規作成]**アイコンをクリックします。

操作例では、52ページの続きとして解説しています。事業所データを作成する前のクイックナビゲータは、「スタート」メニューしかありません。

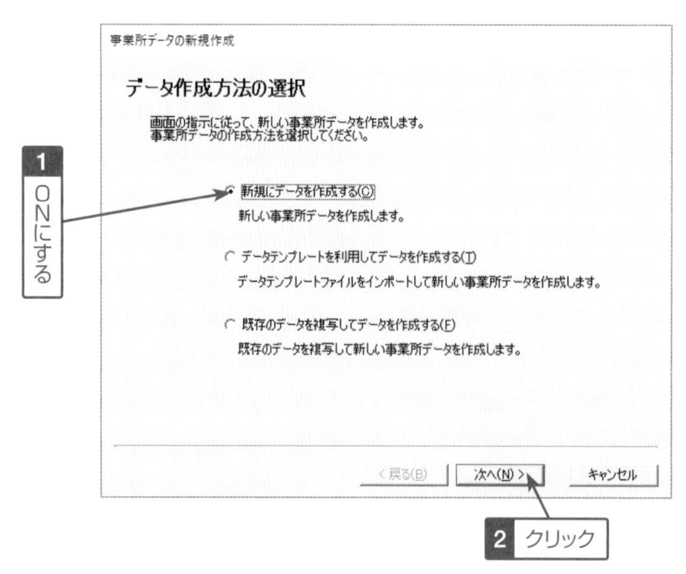

2 「事業所データの新規作成」ウィザードが起動したら、**[新規にデータを作成する(C)]**をONにして[次へ(N) >]ボタンをクリックします。

[データテンプレートを利用してデータを作成する(T)]については、76ページのONE POINTを参照してください。
[既存のデータを複写してデータを作成する(F)]は、既存の事業所データと同じ科目体系で新規の事業所データを作りたい場合にONにします。

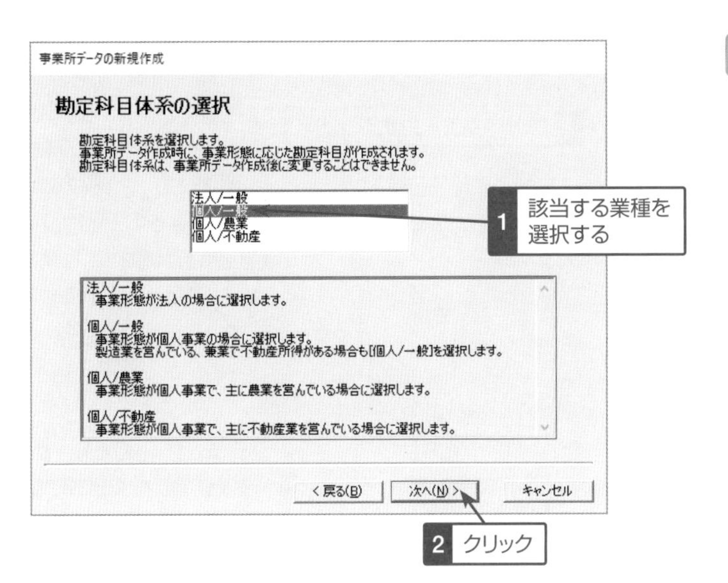

3 「個人/一般」「個人/農業」「個人/不動産」で該当する業種を選択し、次へ(N) > ボタンをクリックします。「個人/農業」「個人/不動産」を選択した場合、操作例 **5** 以降の操作で表示される画面が異なります（62ページ参照）。

業種区分は、事業所データの作成が完了した後は変更できないので注意してください。

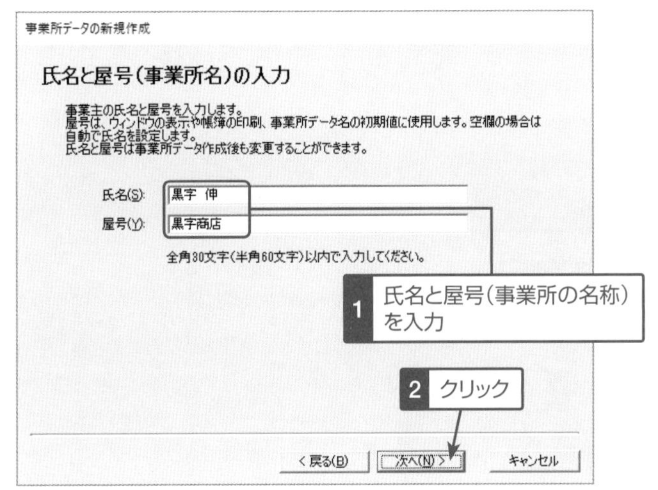

4 氏名(S)と屋号(Y)(事業所の名称)を入力し、次へ(N) > ボタンをクリックします。

名称は全角30文字以内で入力してください。氏名や屋号は事業所データ作成後でも変更することができます。

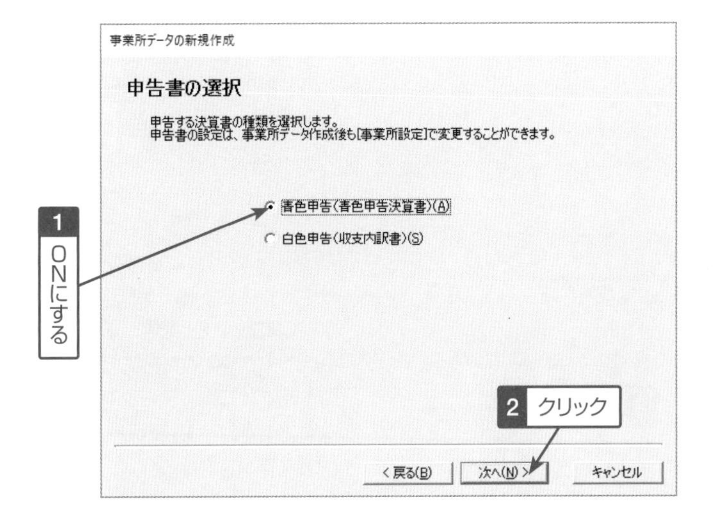

5 申告する決算書の種類をONにし、次へ(N) > ボタンをクリックします。申告書の選択は、事業所データ作成後に変更することができます。

ここでは**[青色申告(青色申告決算書)(A)]**をONにします。

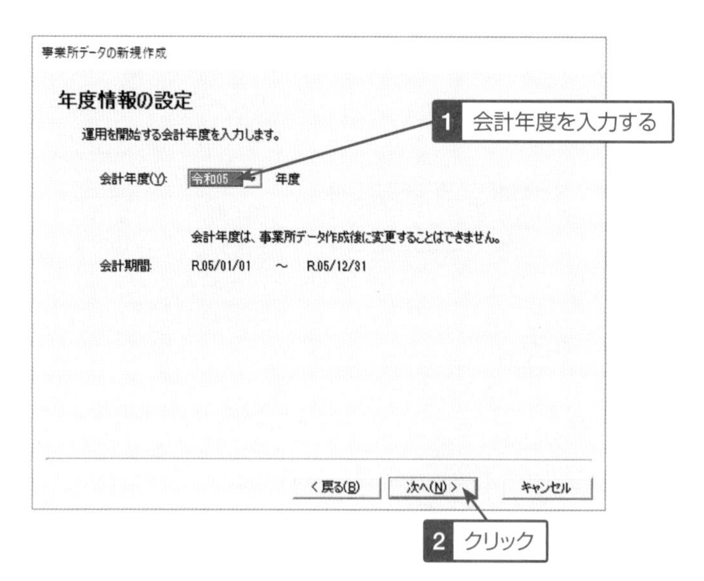

6 会計年度を入力して、次へ(N) > ボタンをクリックします。個人事業主の場合、会計期間は1月1日から12月31日となるので、年度のみ設定します。期中に開業した場合にも上記の設定のまま続けます。

会計年度は事業所データ作成後に変更することはできません。

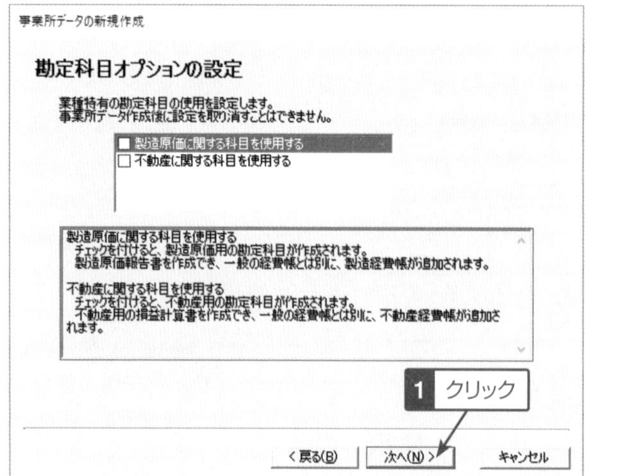

7 必要に応じてチェックボックスをONにし、次へ(N) > ボタンをクリックします。

勘定科目オプションは、事業所データ作成後に追加することはできますが、取り消しはできません。よくわからない場合にはチェックボックスをONにしないで次に進みましょう。

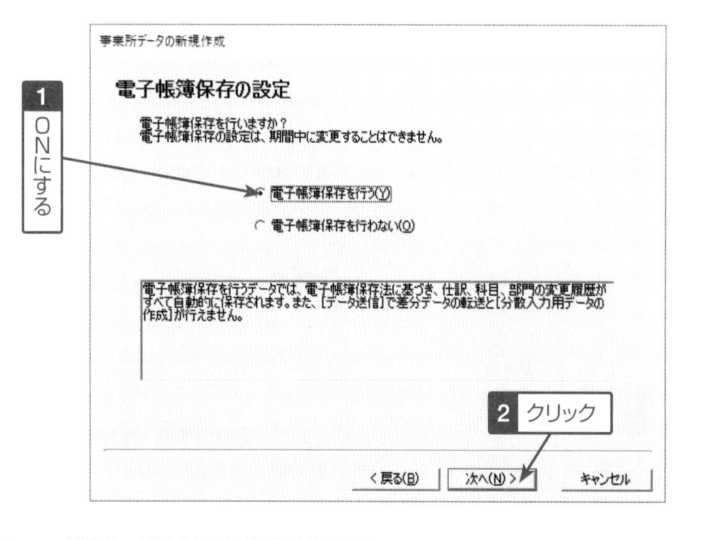

8 **[電子帳簿保存を行う(Y)]**をONにして、次へ(N) > ボタンをクリックします。

電子帳簿保存とは、帳簿や証憑などを紙ではなく電子データとして保存しておくことを言います。スキャナーで読み取った領収書や総勘定元帳など電子データで保存する場合は**[電子帳簿保存を行う(Y)]**を選択してください。

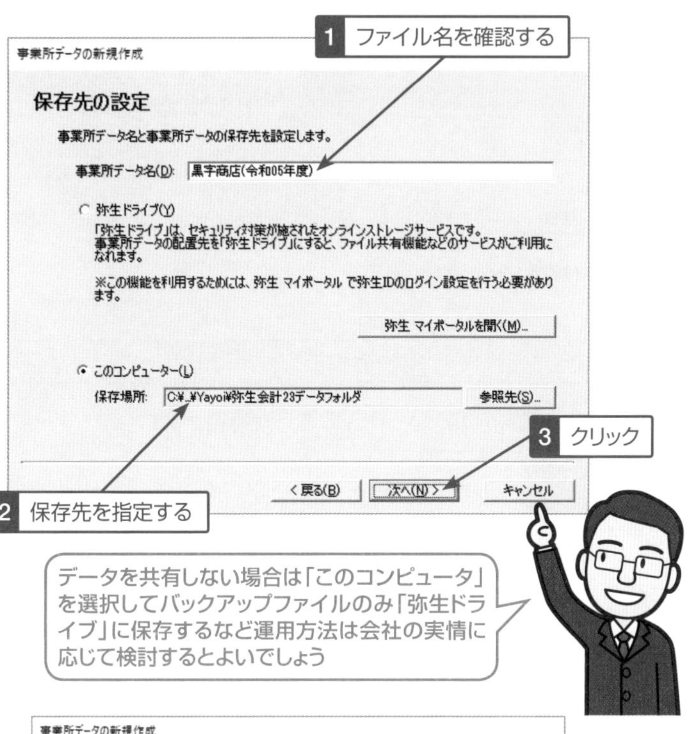

9 事業所データの保存場所とファイル名を設定し、次へ(N) > ボタンをクリックします。

データは、「弥生ドライブ」上に保存するか、「このコンピュータ」に保存するかを選択することができます。「弥生ドライブ」にデータを保存する場合は、弥生IDを登録して、常時インターネットに接続しておく必要があります。会計事務所とのデータのやり取りなどが頻繁にあり、データを共有する場合などメリットがあります。

事業所データの新規作成

設定内容の確認

事業所データを以下の設定で作成します。内容を確認して[作成開始]ボタンをクリックしてください。
内容を変更する場合は[戻る]ボタンをクリックします。

設定内容の確認	
氏名	黒字 伸
屋号	黒字商店
勘定科目体系 *	個人/一般
申告書の種類	青色申告
会計期間 *	R.05/01/01～R.05/12/31
電子帳簿保存 *	使用する
データ保存場所	C:¥...¥Yayoi¥弥生会計23データフォルダ
事業所データ名	黒字商店(令和05年度).KD23

1 設定内容を確認する

注意：項目の後ろに * がついている項目は、後から変更することができません。

2 クリック

< 戻る(B)　作成開始　キャンセル

10 設定内容を確認してから 作成開始 ボタンをクリックします。修正したい場合は < 戻る(B) ボタンをクリックして修正したいページまで戻り、もう一度設定し直してください。

項目の後ろに「*」印が付いている項目は後から変更することができないので注意してください。

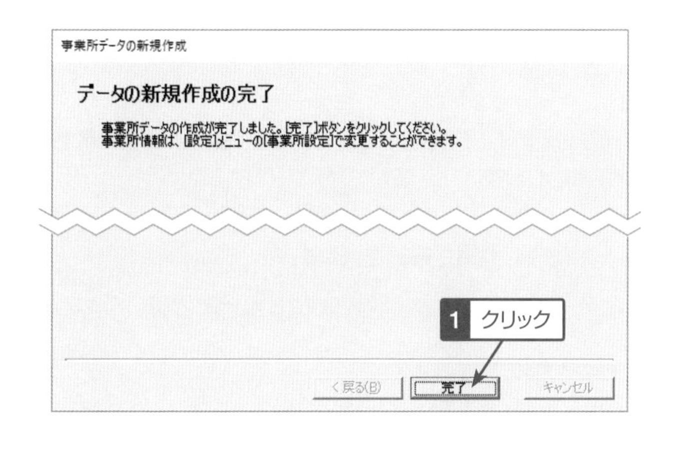

11 完了 ボタンをクリックします。これで、事業所データの新規作成は完了です。

設定した事業所名と決算期はクイックナビゲータのタイトルバー（画面の一番上の部分）に表示されます。

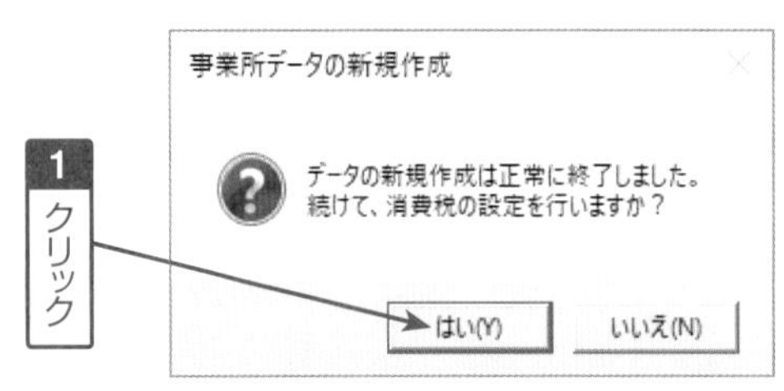

※この後、63ページの消費税の設定操作に進んでください。

12 操作例では、続けて消費税の設定を行うので、はい(Y) ボタンをクリックしています。

ONE POINT 個人事業主の業種の選択

操作例3で選んだ業種により、初期設定される勘定科目と、作成できる決算書が異なります。一度データを登録してしまうと、変更はできないので注意が必要です。

なお、事業所得の「農業」と「一般」を1つのデータで一緒に計算することはできません。両方ある場合は、事業所データを2つ別々に作成します。

業　種	計算できる所得	オプション科目	備　考
個人/一般	事業所得、不動産所得	製造原価科目 不動産所得用科目	農業所得の計算はできない
個人/農業	事業所得(農業のみ)、 不動産所得	生産原価科目 不動産所得用科目	一般の事業所得は計算できない
個人/不動産	不動産所得	—	不動産専業の場合に選択する

ONE POINT 勘定科目オプションの設定

操作例7の勘定科目オプションは、操作例3で選んだ業種によって、設定できる内容が次のように異なります。

■ 操作例3で「個人/一般」を選択した場合

製造原価に関する科目を使用するかどうかON/OFFができます。ONにすると、製造原価報告書を作成でき、一般の経費とは別に、製造原価科目が追加されます。

また、不動産に関する科目を使用するかどうかON/OFFができます。ONにすると、不動産用の損益計算書を作成でき、一般の損益科目とは別に、不動産損益科目が追加されます。

■ 操作例3で「個人/農業」を選択した場合

生産原価に関する科目を使用するかどうかON/OFFができます。ONにすると、生産原価報告書を作成でき、一般の経費とは別に、生産原価科目が追加されます。

また、不動産に関する科目を使用するかどうかON/OFFができます。ONにすると、不動産用の損益計算書を作成でき、一般の損益科目とは別に、不動産損益科目が追加されます。

※勘定科目オプションは、事業所データ作成後でも追加することができますが、はじめに設定しておくと、一般の経費帳の他に、初期設定で各経費帳が追加されます。

※操作例3で「個人/不動産」を選択した場合は、操作例7の画面は表示されません。

SECTION-11 スタンダード プロフェッショナル

消費税の情報を設定しよう

事業所データの新規作成に続いて、消費税設定を行うことができます。ここでは、54～58ページ(法人の場合)、58～62ページ(個人事業主の場合)の続きとなる、消費税の設定方法について解説します。

※事業所データの作成に続いて消費税設定を行わなかった場合は、クイックナビゲータの「導入」メニューをクリックし、**[消費税設定ウィザード]**アイコンをクリックします。また、消費税設定は必要に応じて後から変更することができます。

11-1 消費税の処理を設定する

ここでは、消費税申告を行うかどうか、また課税方式その他について設定してみましょう。

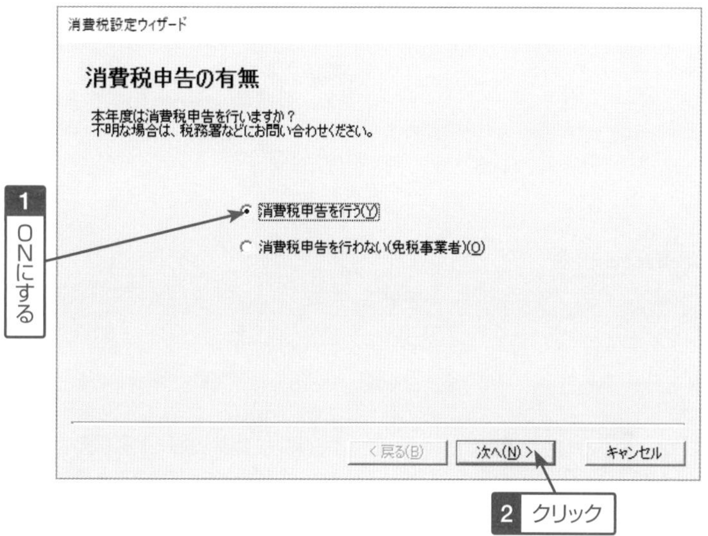

1 「消費税設定ウィザード」の画面で、**[消費税申告を行う(Y)]**をONにして 次へ(N) > ボタンをクリックします。

[消費税申告を行わない(免税業者)(O)]をONにして 次へ(N) > ボタンをクリックすると、操作例 5 の画面が表示されます。

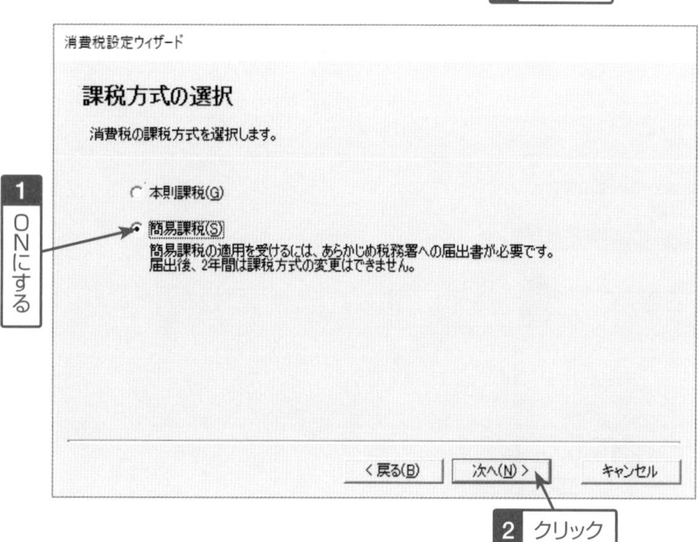

2 消費税の課税方式を選択して 次へ(N) > ボタンをクリックします。なお、課税方式については、297ページで詳しく解説しています。

[本則課税(G)]をONにした場合は操作例 4 の画面が、**[簡易課税(S)]**をONにした場合は操作例 3 の画面が表示されます。

基礎知識 導入 初期設定 日常入力作業 集計 決算準備 決算 付録

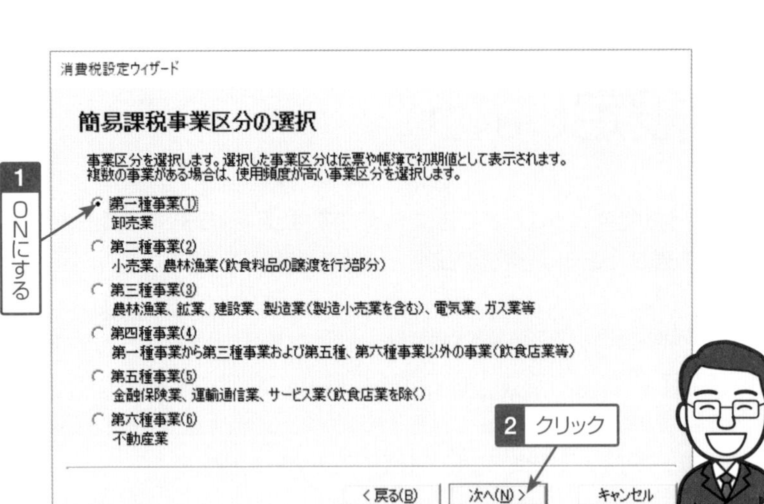

3 操作例**2**で簡易課税を選択した場合は、営んでいる事業に応じた事業区分を選択して［次へ(N) >］ボタンをクリックします。

2区分以上の事業がある場合は、取引ボリュームや金額など比重の高い区分を選択してください。簡易課税の事業区分については、付録の298ページを参照してください。

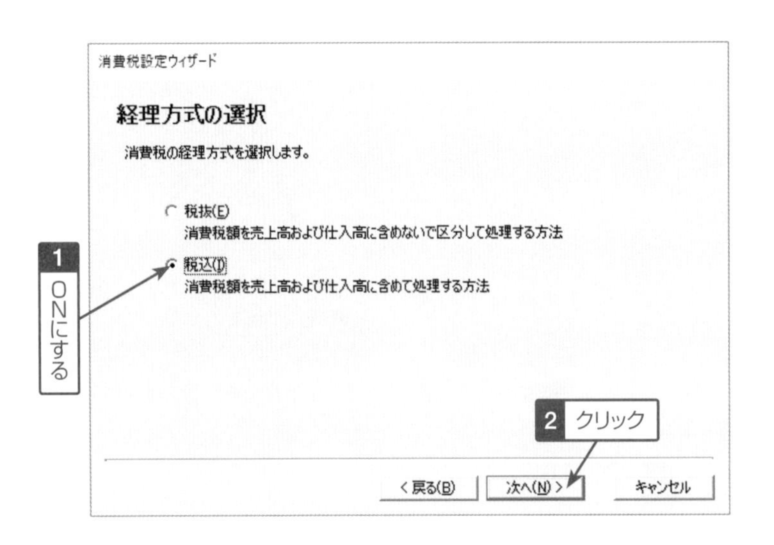

4 消費税の経理方式を選択し、［次へ(N) >］ボタンをクリックします。

税込/税抜の違いや詳細は次ページのONE POINTをご覧ください。

消費税設定ウィザード

設定内容の確認

消費税の設定を以下の内容で登録します。内容を確認して[登録]ボタンをクリックしてください。
内容を変更する場合は[戻る]ボタンをクリックします。

設定内容の確認	
消費税申告の有無	消費税申告を行う
課税方式	簡易課税
簡易課税事業区分	第一種事業
経理方式	税込

1 設定内容を確認する

2 クリック

< 戻る(B)　登録　キャンセル

5 設定内容を確認してから、［登録］ボタンをクリックします。

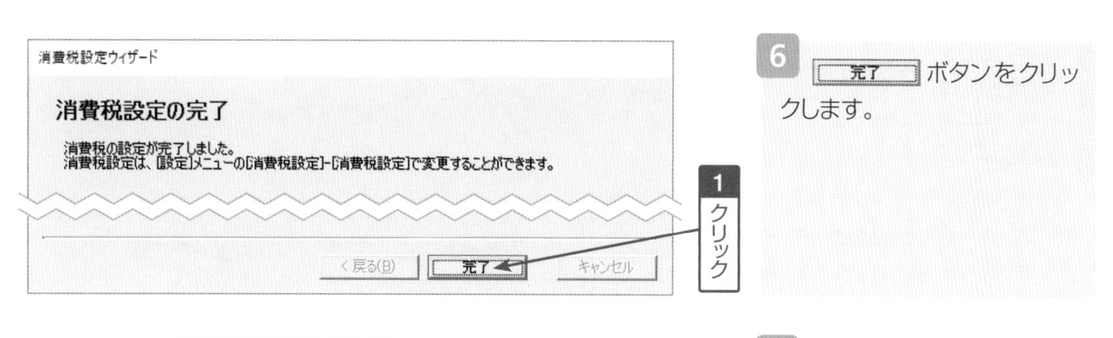

6 完了 ボタンをクリックします。

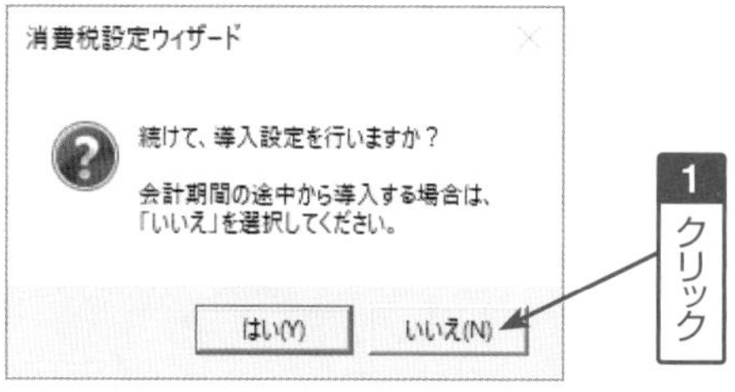

※この後、66ページの操作に進んでください。

7 いいえ(N) ボタンをクリックします。

はい(Y) ボタンをクリックすると69ページの「得意先 銀行等の設定」に進みますが、ここでは、導入設定は後から行うこととします。

ONE POINT 消費税の法令対応について

消費税の税区分と税率は、取引の日付と事業所データごとの勘定科目の初期設定によって、仕訳入力時に自動判定されています。初期表示された税区分や税率から、入力の都度変更することが可能です。

ONE POINT 税込経理と税抜経理について

消費税の経理方式にはすべての取引を消費税込の数字で仕訳していく「税込経理」と、消費税分を分けて仕訳していく「税抜経理」があり、操作例4の設定により、いずれかを選択できます。「税抜」は消費税分を分けるとはいっても、初期設定は「内税入力」になっていますので、入力方法は変わりません。また、どちらを選択しても、納付する消費税の額が変わるわけではありません。変わるのは、「外税」や「別記」に変更した場合の入力の方法と、帳票の表示方法、決算時の消費税処理です。

■ 操作例4で[税込(I)]を選択した場合

すべての取引を消費税込で仕訳します。消費税額を修正したり、手入力したりすることはできません。また、決算書は税込で表示されます。

■ 操作例4で[税抜(E)]を選択した場合

本体金額と消費税額を分けて仕訳します。弥生会計は、3パターンの方法があり(内税、外税、別記)、勘定科目ごとに設定することが可能です。消費税分は「別記」以外、自動計算です。決算書は税抜で表示されます。

経理方式	税計算区分	備　考
税抜	内税(自動計算)	税込で入力した金額に含まれる消費税分を(　)内に自動計算し、金額のすぐ下に表示する
	外税(自動計算)	税抜で入力した金額にかかる消費税分を自動計算し、金額のすぐ下に表示する
	別記	税込で入力した金額にかかる消費税分を別に入力する

SECTION-12　スタンダード　プロフェッショナル

事業所設定と消費税設定を変更してみよう

事業所情報は、会社の移転など、必要に応じて修正することができます。また、設定した消費税情報も、会社の状況の変化によって年度ごとに変更する必要が出てくる場合があります。ここでは、54ページで作成した事業所データと、63ページで紹介した消費税設定を変更する方法を解説します。

※ここでは、クイックナビゲータを表示していることとして解説します。表示されていない場合は ナビゲータ ボタンをクリックしてクイックナビゲータを表示してください。

12-1 事業所設定を変更する

事業所設定を変更するには、次のようにクイックナビゲータの**[事業所設定]**アイコンから操作します。ここでは、事業所情報の住所などを変更してみましょう。

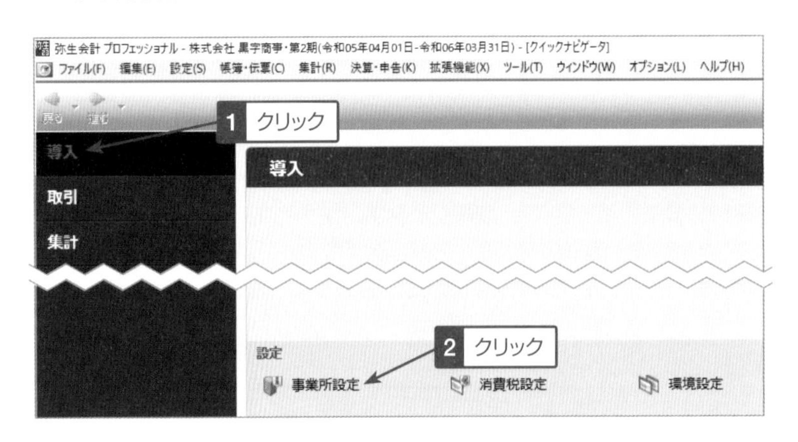

1 クイックナビゲータの「導入」メニューをクリックし、**[事業所設定]**アイコンをクリックします。

[事業所設定]アイコンは、「導入」メニューの他に「事業所データ」メニューにも表示されています。

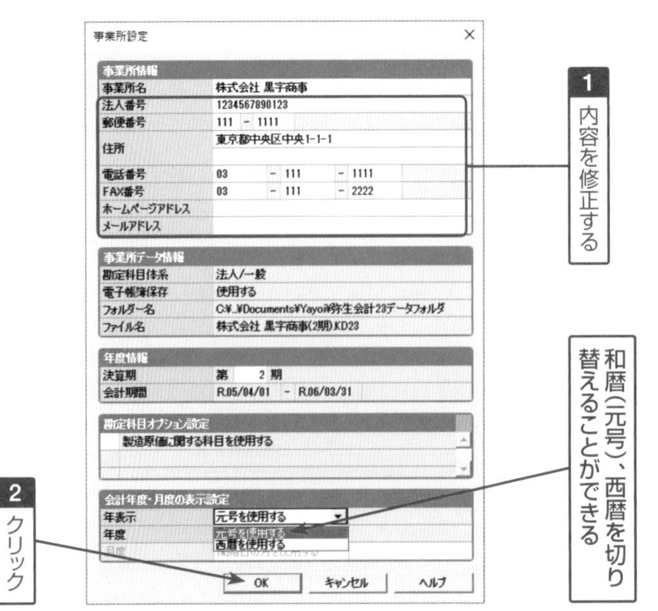

2 目的の箇所を修正して、 OK ボタンをクリックします。

ここで入力した事業所情報は、決算書などの作成時に情報を取り込むことができます（232ページ参照）。

個人事業主の場合、「年度情報」の「決算期」の代わりに「申告区分」の選択欄が表示されています。

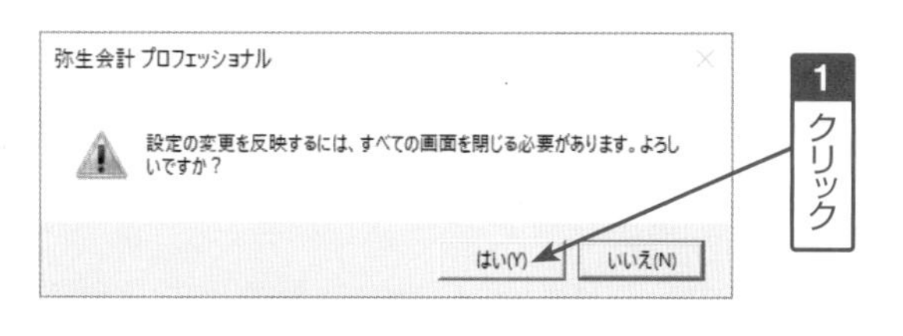

3 すべての画面を閉じるメッセージが表示されるので、［はい(Y)］ボタンをクリックします。

12-2 消費税設定を変更する

消費税は、年度によって変更する場合があるので、いつでも変更できるようになっています。ここでは、次のようにクイックナビゲータの**［消費税設定］**アイコンから操作します。

1 クイックナビゲータの「導入」メニューをクリックし、**［消費税設定］**アイコンをクリックします。

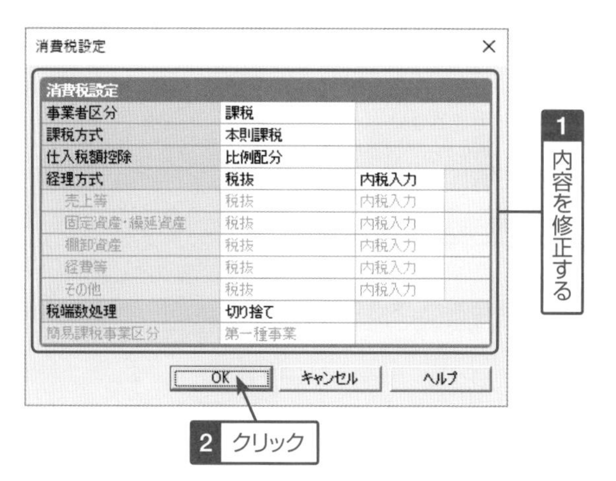

2 目的の箇所を修正して、［OK］ボタンをクリックします。操作例では、63ページで入力した課税方式の「簡易課税」を「本則課税」に変更、経理方法を「税込」から「税抜」に変更しています。

この後、すべての画面を閉じるメッセージが表示されたら、［はい(Y)］ボタンをクリックしてください。

原則課税（本則課税）と簡易課税はどっちがトク？

消費税の計算において、基準期間（法人であれば前々事業年度、個人であれば2年前）の課税売上高が5,000万円以下であれば簡易課税制度を選択できます。「選択できる」のですからどちらを選択してもよいことになります（もちろん簡易課税制度を選択する場合には事前の届出書の提出が必要です）。ここで素朴な疑問が出てきます。「本則課税と簡易課税はどちらがトクなのかな？」ということです。

この答えは「ケースバイケース」です。サービス業などでは、消費税のかからない人件費が経費の多くを占めますので、結果として簡易課税の方がトクというケースが多いのですが、多額の金額を支出して物品その他を購入した場合には「支払った消費税」が多くなるため、本則課税の方がトクなケースも出てきます。

簡易課税の選択届出書は適用を受けたい年度の前年度末までに所轄の税務署に提出する必要がありますので、翌期の事業計画をよく考え、その中でどちらにするか考えたいですね。なお、一度簡易課税を選択すると2年間は継続適用をしなければなりません。

弥生会計の基本画面(クイックナビゲータ)の使い方を覚えておこう

ここまでは、導入のための設定を行ってきました。これらの設定が終わると、以降は、弥生会計を起動すると「クイックナビゲータ」というメニュー画面が表示されます。作業の種類ごとに、よく使う画面のショートカットアイコンが並んでおり、わかりやすいのが特徴です。ここでは、クイックナビゲータの画面構成を確認してみましょう。

■弥生会計の画面構成とクイックナビゲータの機能を知る

クイックナビゲータは、作業の種類ごとによく使う画面のショートカットアイコンが並べられた、弥生会計を操作するときの基本となる画面です。構成を覚えて必要な作業画面に素早く移動できるようにしましょう。

なお、クイックナビゲータが表示されていない場合は、画面右上の ナビゲータ ボタンをクリックすると表示することができます。また、ガイドパネルでは、弥生株式会社のホームページと連動してスタートアップガイドの動画を確認したり、よくある質問(FAQ)を閲覧することができます(インターネット接続環境が整っており、ユーザー登録を行い、弥生株式会社のホームページにログインする必要がある)。また、ガイドパネルは**[たたむ(>)]**ボタンをクリックすると画面右側にたたむことができます。

ツールバー
各画面で行う操作のボタンが表示されています。

メニューバー
弥生会計のさまざまな機能の操作画面を表示します。

タイトルバー
現在選択されているデータの事業所名と会計年度(決算期)を表示します。

[ナビゲータ]ボタン
クイックナビゲータを表示します。

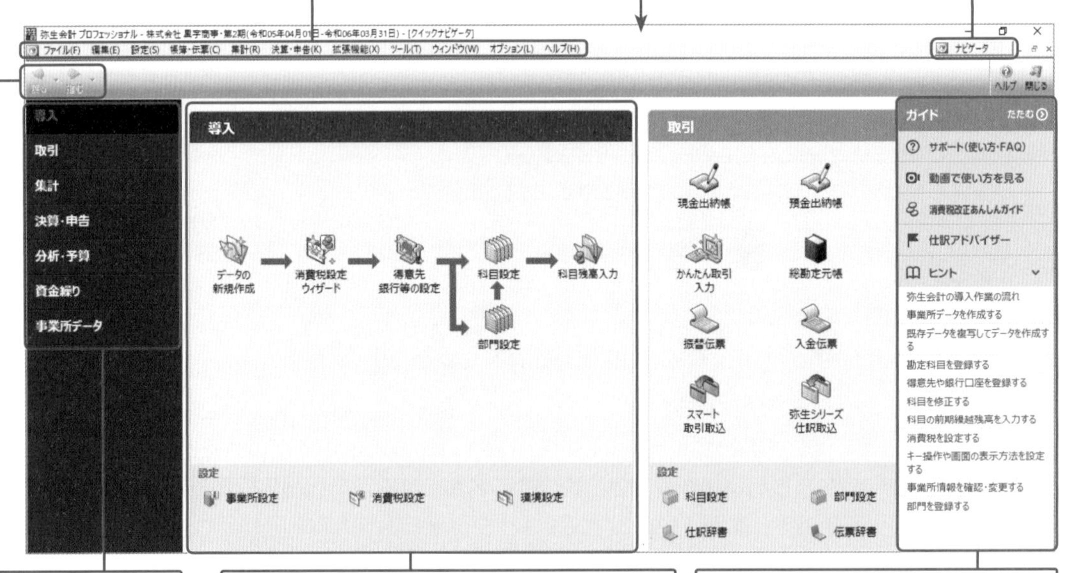

カテゴリメニュー
作業に応じたカテゴリが用意されており、クリックして切り替えます。

ナビゲーションパネル
各カテゴリごとにそのカテゴリで実行できる操作のショートカットアイコンが表示されています。高解像度の画面で、ウインドウを大きくしている場合は前後のカテゴリのも一部が表示されています。

ガイドパネル
ヒントや仕訳例を確認したり、弥生株式会社のホームページにリンクしてスタートアップガイドの動画を確認したり、よくある質問(FAQ)を確認します。

なお、製品起動時に「マイポータル」が起動し、弥生からのお知らせやよくある質問のFAQなどを確認することができます。

SECTION- 14 スタンダード プロフェッショナル

「得意先 銀行等の設定」を使って勘定科目や補助科目の最初の残高を設定しよう

「得意先 銀行等の設定」は、「現金」「預貯金」「売掛金」「買掛金」の4種類の勘定科目について、内訳を管理するための補助科目を設定したり、開始残高を入力したりする画面です。ここでは、この4つを順に設定する方法を解説します。

■まずは設定前に注意点を確認しよう

「得意先 銀行等の設定」で設定できるのは、「現金」「預貯金」「売掛金」「買掛金」の4種類の勘定科目のみです。その他の科目はすべて「科目設定」画面と「科目残高入力」画面で設定していきます。また、「得意先 銀行等の設定」では、補助科目にサーチキーを設定することはできません。

他の科目と併せて一括で設定したい場合や、会計年度の途中から弥生会計を導入する場合、開始残高がわからない場合などはこの画面を使用せず、「科目設定」画面(74ページ参照)や「科目残高入力」画面(89ページ参照)を使って設定を行いましょう。

14-1 勘定科目や補助科目を設定しよう

勘定科目の開始残高や補助科目の設定は、「得意先 銀行等の設定」を表示して、次の要領で行います。

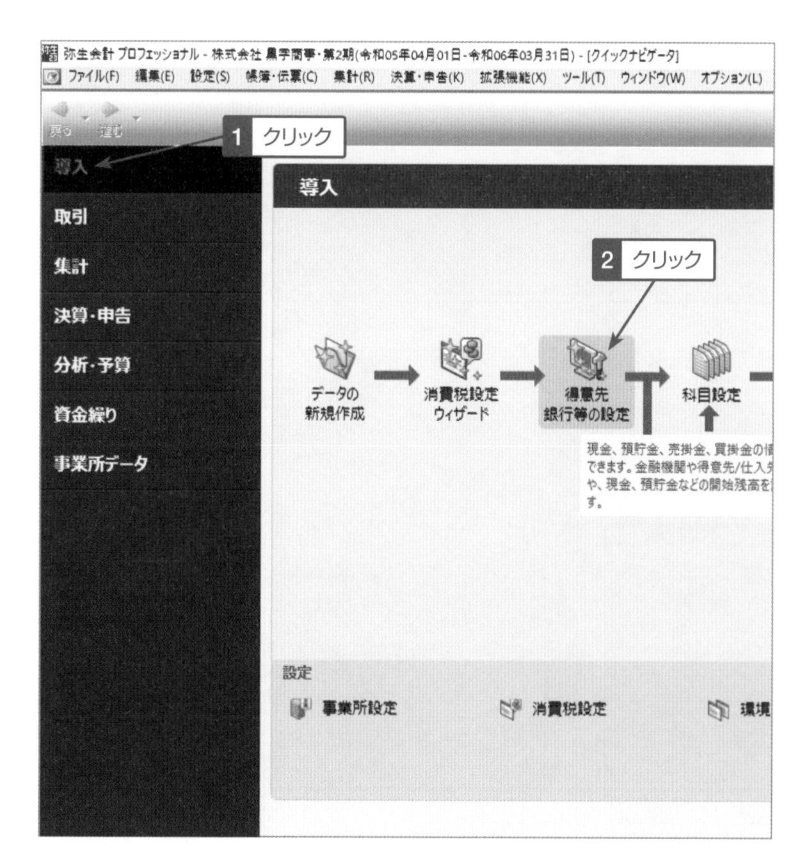

1 クイックナビゲータの「導入」メニューをクリックし、**[得意先 銀行等の設定]**アイコンをクリックします。「導入設定ウィザード」画面が立ち上がります。

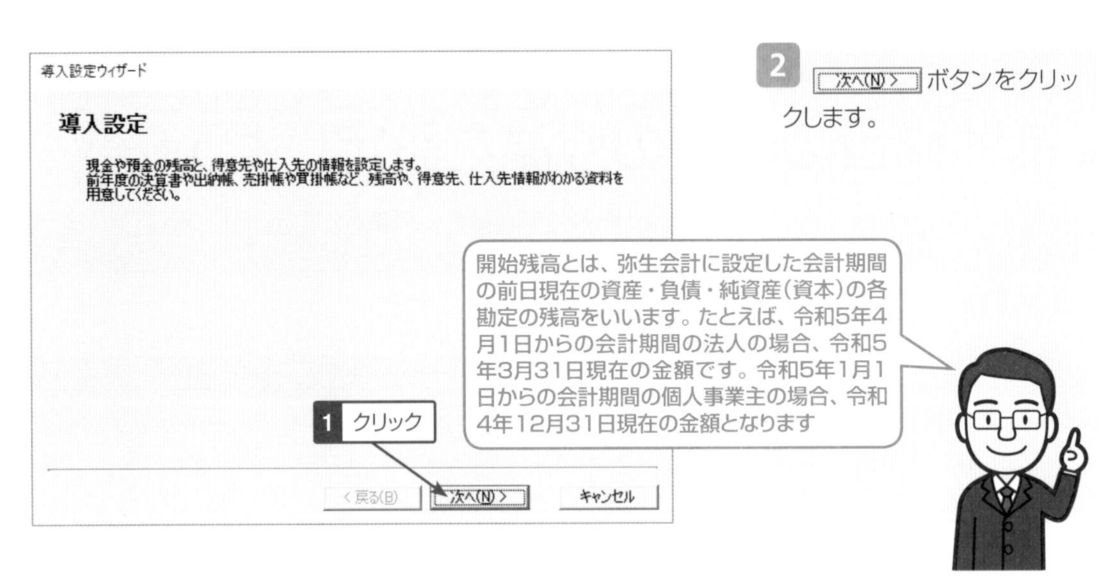

2 次へ(N) > ボタンをクリックします。

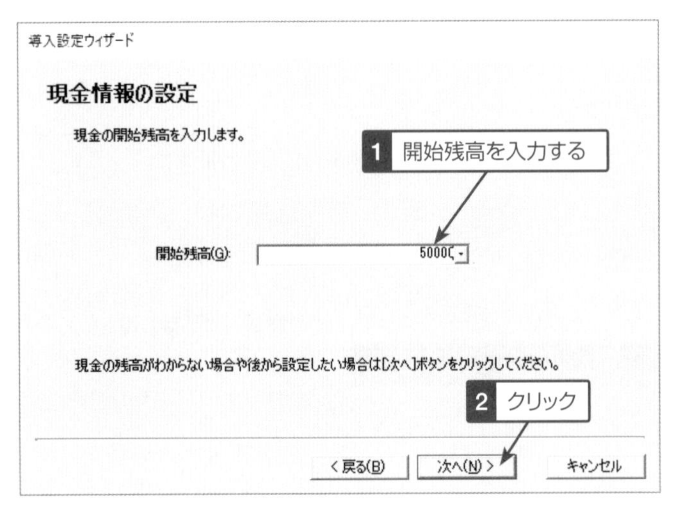

3 「現金」勘定の開始残高を入力し、次へ(N) > ボタンをクリックします。

ここに入力する金額は、「現金」勘定の前期繰越残高として表示されます。今年度新規開業の場合は、繰越残高がありませんので金額は入力しません。

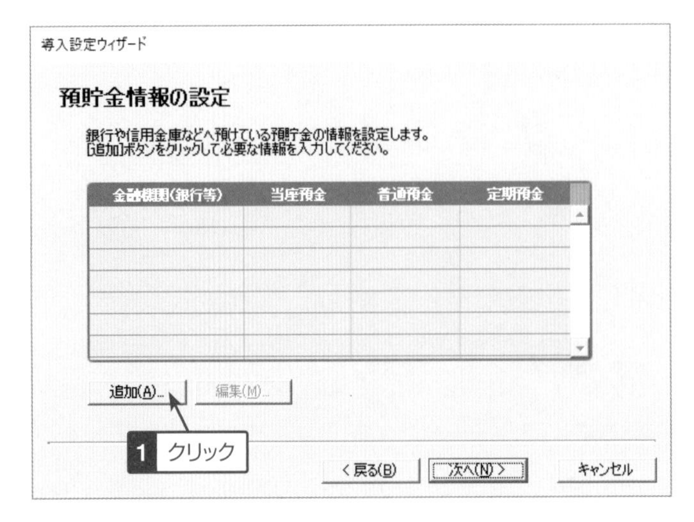

4 追加(A)... ボタンをクリックします。

ここに入力する金額は、「当座預金」勘定、「普通預金」勘定、「定期預金」勘定のそれぞれの口座別(補助科目)前期繰越残高として表示されます。今年度新規開業の場合は、繰越残高がありませんので、銀行名と利用する口座のチェックのみ設定し金額は入力しません。

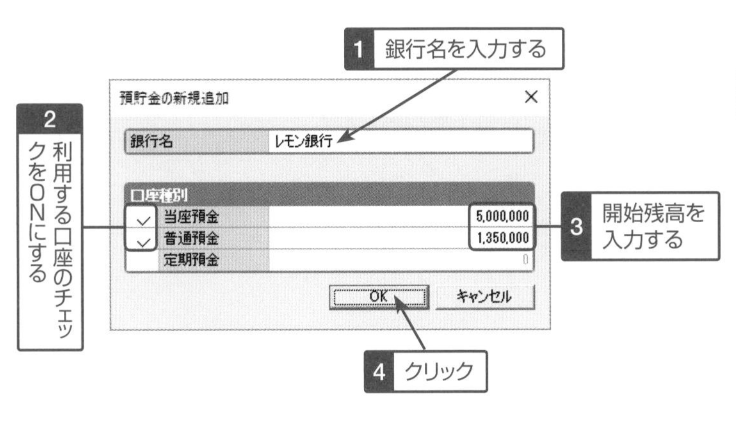

5 預貯金情報を入力して、OK ボタンをクリックします。

操作**2**は、目的の枠を一度クリックして、色が青くなったらもう一度クリックすることでONにすることができます。

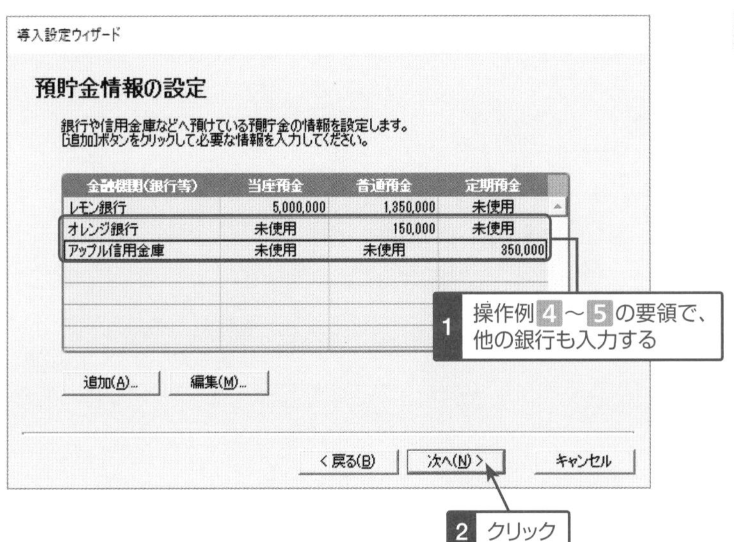

6 銀行口座が複数ある場合、操作例**4**～**5**の要領で、利用している銀行口座をすべて入力します。口座情報の設定が終わったら、次へ(N) > ボタンをクリックします。

入力を間違えてしまった場合は、修正したい行をクリックして 編集(M)... ボタンをクリックし、情報を入力し直して OK ボタンをクリックします。

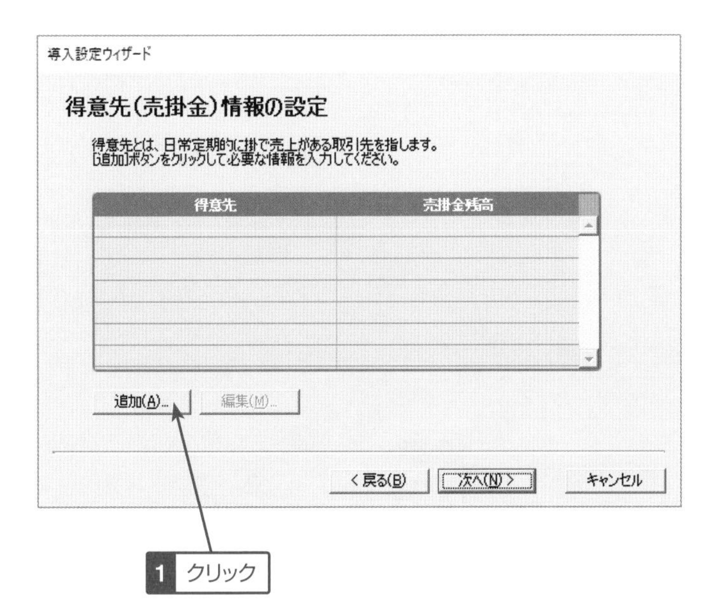

7 得意先(売掛金)情報を設定するために、追加(A)... ボタンをクリックします。

ここに入力する金額は、「売掛金」勘定の得意先別(補助科目)前期繰越残高として表示されます。今年度新規開業の場合は、繰越残高がありませんので、得意先名のみ入力し金額は入力しません。

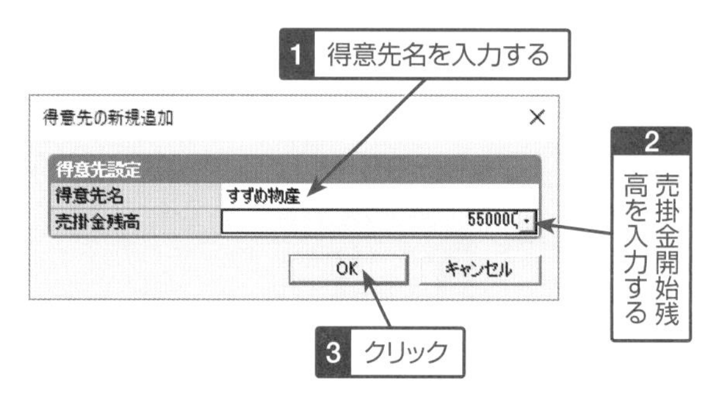

8 得意先情報を入力して、OKボタンをクリックします。

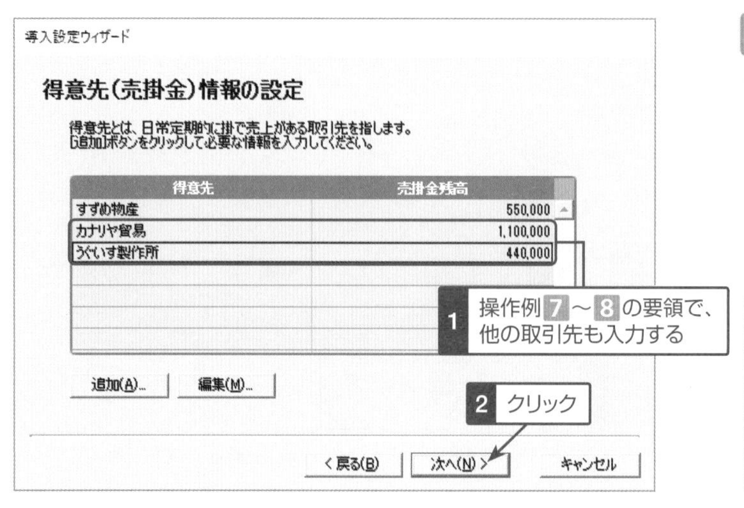

9 得意先がいくつかある場合、操作例7～8の要領で、すべての取引先を入力します。得意先情報の設定が終わったら次へ(N) >ボタンをクリックします。

入力を間違えてしまった場合は、修正したい行をクリックして編集(M)...ボタンをクリックし、情報を入力し直してOKボタンをクリックします。

導入設定ウィザード

仕入先(買掛金)情報の設定

仕入先とは、日常定期的に掛で仕入がある取引先を指します。
[追加]ボタンをクリックして必要な情報を入力してください。

仕入先	買掛金残高

追加(A)... 編集(M)...

1 クリック

< 戻る(B) 次へ(N) > キャンセル

10 仕入先(買掛金)情報を設定するために、追加(A)...ボタンをクリックします。

ここに入力する金額は、「買掛金」勘定の仕入先別(補助科目)前期繰越残高として表示されます。今年度新規開業の場合は、繰越残高がありませんので、仕入先名のみ入力し金額は入力しません。

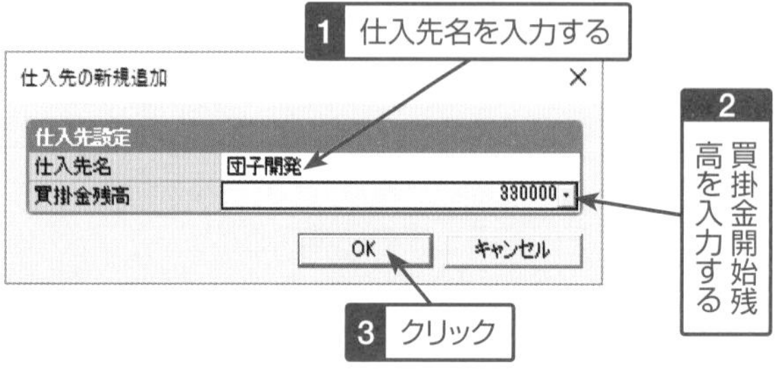

11 仕入先情報を入力して、OKボタンをクリックします。

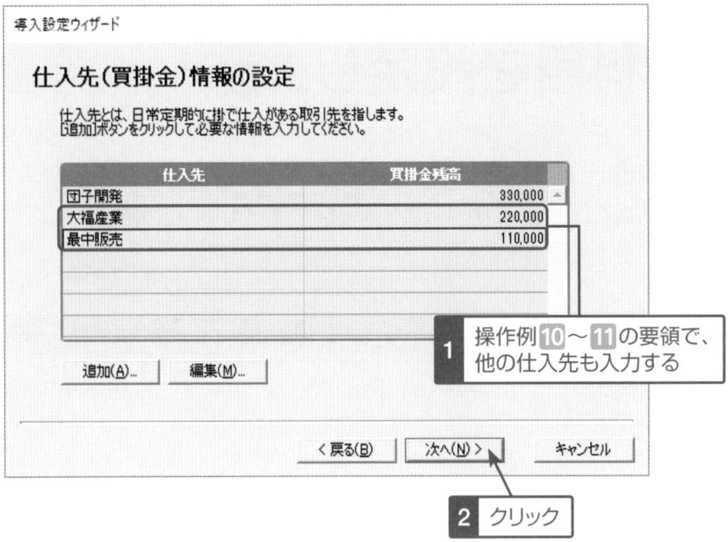

導入設定ウィザード

仕入先(買掛金)情報の設定

仕入先とは、日常定期的に掛で仕入がある取引先を指します。
[追加]ボタンをクリックして必要な情報を入力してください。

仕入先	買掛金残高
団子開発	330,000
大福産業	220,000
最中販売	110,000

追加(A)... 編集(M)...

1 操作例10～11の要領で、他の仕入先も入力する

< 戻る(B) 次へ(N) > キャンセル

2 クリック

12 仕入先がいくつかある場合、操作例10～11の要領で、すべての仕入先を入力します。仕入先情報の設定が終わったら 次へ(N) > ボタンをクリックします。

入力を間違えてしまった場合は、修正したい行をクリックして 編集(M)... ボタンをクリックし、情報を入力し直して OK ボタンをクリックします。

導入設定ウィザード

設定内容の確認

1 設定内容を確認する

現金、預貯金、得意先、仕入先の設定を以下の内容で登録します。内容を確認して、[登録]ボタンをクリックしてください。内容を変更する場合は[戻る]ボタンをクリックします。

設定内容の確認	
現金	
開始残高	50,000
預貯金	
レモン銀行[当座]	5,000,000
レモン銀行[普通]	1,350,000
オレンジ銀行[普通]	150,000
アップル信用金庫[定期]	350,000

< 戻る(B) 登録 キャンセル

2 クリック

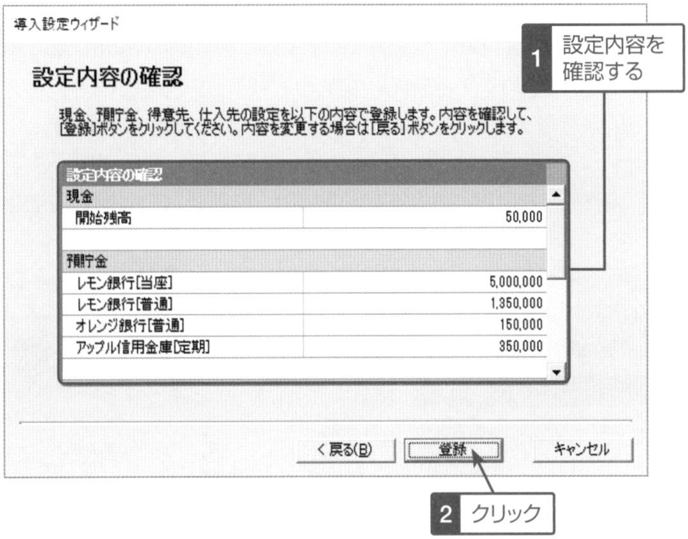

13 ここまでの設定内容を確認し、 登録 ボタンをクリックします。

この後、導入設定の完了のメッセージが表示されるので、 完了 ボタンをクリックします。すると、自動的にクイックナビゲータの画面に戻ります。

ONE POINT 「得意先 銀行等の設定」で入力した金額はどこに表示されているのか

「得意先 銀行等の設定」で各種金額を入力し終わると自動的にクイックナビゲータの画面に戻るため、初心者には入力した金額がどのように扱われているのかわかりにくいかもしれません。たとえば、操作例で入力した金額は、弥生会計の「科目残高入力」画面を表示すると、「現金」「当座預金」「普通預金」「定期預金」「売掛金」「買掛金」勘定に入力されていることを確認することができます。

※科目残高入力についての詳しい解説は89ページを参照してください。

勘定科目と補助科目を設定しよう

事業所データを新規に作成すると、「事業所データの新規作成」ウィザードの「業種の選択」(55ページまたは59ページの操作例3)で選択した業種によって、勘定科目があらかじめ設定されています。必要に応じて、勘定科目と補助科目を追加・修正・削除し、使いやすく整えましょう。

■準備する資料

- 現在使用している総勘定元帳や前年度の決算書
  どんな科目が必要かを確認することができます。
- 前年の勘定科目内訳書や決算書(法人の場合)
- 前年の青色申告決算書や収支内訳書(個人事業主の場合)
  決算時に集計する科目の設定や、どの勘定科目に補助科目が必要かを確認することができます。

■弥生会計で自動設定された勘定科目の確認

クイックナビゲータの「導入」メニューの**[科目設定]**アイコンをクリックすると、現在設定されている勘定科目の一覧が表示されます。69ページの「得意先 銀行等の設定」を使用して、「現金」「当座預金」「普通預金」「定期預金」「売掛金」「買掛金」勘定に追加設定を行っている場合は、勘定科目のさらに下階層に補助科目が設定されています。「科目設定」の画面で見ると、勘定科目名の右に表示されている数字が、補助科目の設定数を表しています。

◉クイックナビゲータの画面

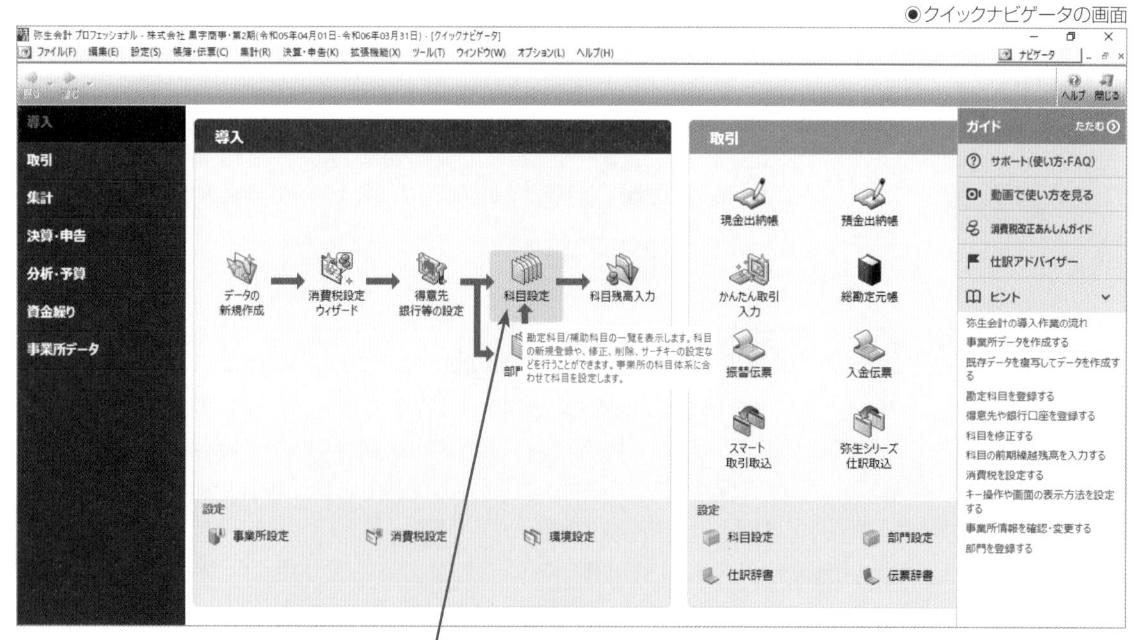

「貸借科目」と「損益科目」の一覧を切り替えるタブ。クリックすることで切り替えることができる

●「貸借科目」を表示した状態

☑ 補助科目を表示(1)

科目設定

貸借科目 | 損益科目

1 2 3 4 5 勘定科目	サーチキー英字	サーチキー数字	サーチキー他	貸借区分
⊟ [資産]				
⊟ [流動資産]				
⊟ [現金・預金]	*GENYOKI	*100		
現金	GENKIN	100		借方
小口現金	KOGUCHI	101		借方
当座預金 [1]	TOUZAYO	110		借方
普通預金 [2]	FUTSUUYO	115		借方

「貸借科目」とは、決算書類の「貸借対照表」を構成する勘定科目のことです。簿記の5要素の「資産」「負債」「資本(純資産)」の科目が該当します。

●「損益科目」を表示した状態

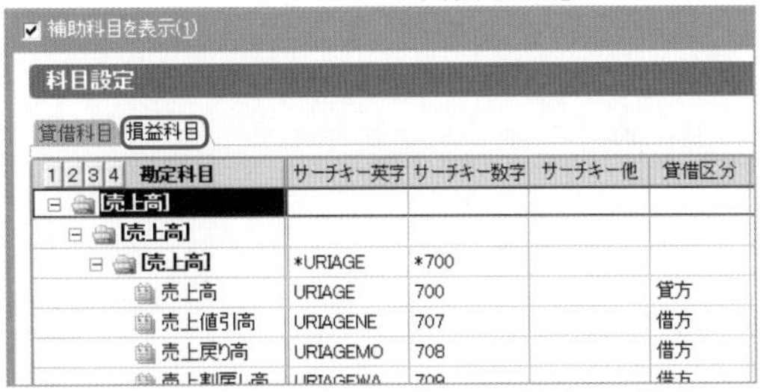

☑ 補助科目を表示(1)

科目設定

貸借科目 | 損益科目

1 2 3 4 勘定科目	サーチキー英字	サーチキー数字	サーチキー他	貸借区分
⊟ [売上高]				
⊟ [売上高]				
⊟ [売上高]	*URIAGE	*700		
売上高	URIAGE	700		貸方
売上値引高	URIAGENE	707		借方
売上戻り高	URIAGEMO	708		借方
売上割戻し高	URIAGEWA	709		借方

「損益科目」とは、決算書類の「損益計算書」を構成する勘定科目のことです。簿記の5要素の「収益」「費用」の科目が該当します。

階層を表す数字。クリックすると、その階層より下を折りたたむことができる

勘定科目体系の階層を表示している。たとえば「現金」勘定は、[資産]の中の[流動資産]の中の[現金・預金]区分に設定されている

●「科目設定」の画面

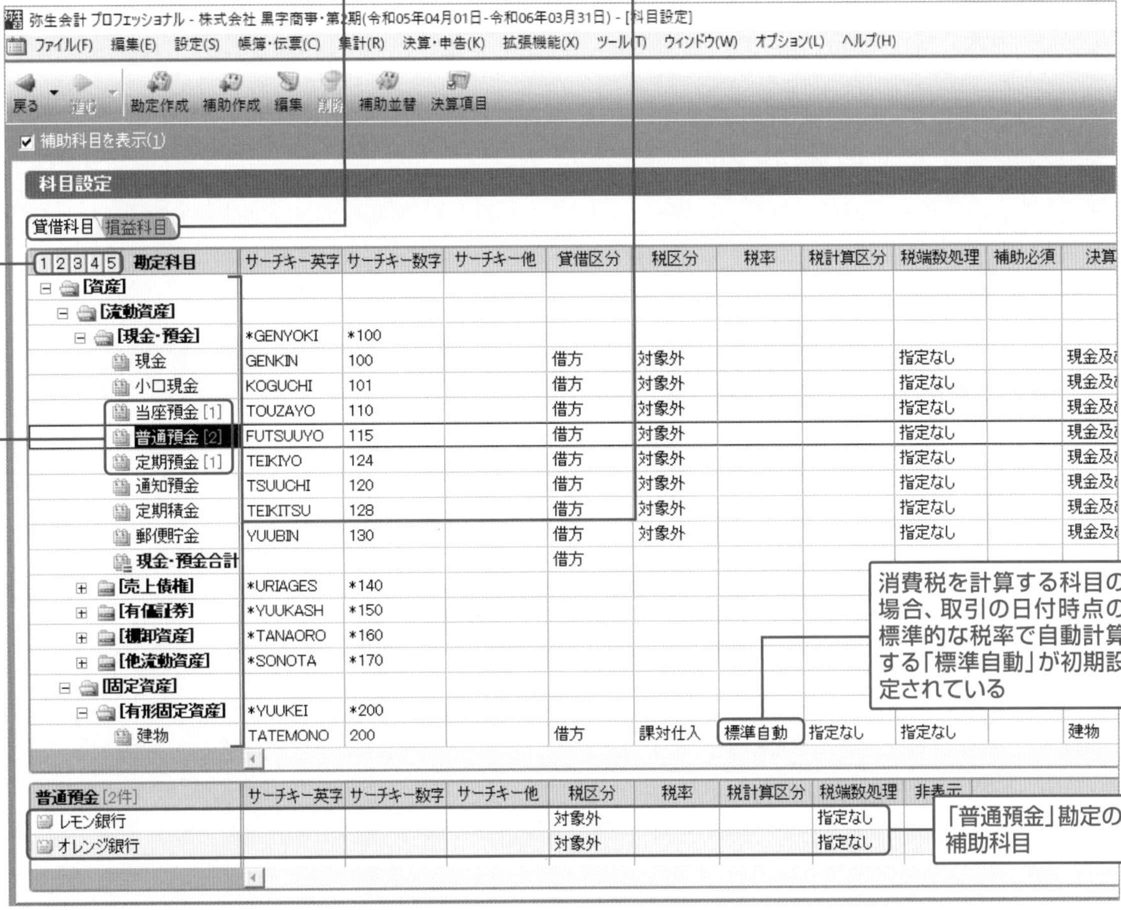

弥生会計 プロフェッショナル - 株式会社 黒字商事・第2期(令和05年04月01日-令和06年03月31日) - [科目設定]

ファイル(F) 編集(E) 設定(S) 帳簿・伝票(C) 集計(R) 決算・申告(K) 拡張機能(X) ツール(T) ウィンドウ(W) オプション(L) ヘルプ(H)

戻る 進む 勘定作成 補助作成 編集 削除 補助並替 決算項目

☑ 補助科目を表示(1)

科目設定

貸借科目 | 損益科目

1 2 3 4 5 勘定科目	サーチキー英字	サーチキー数字	サーチキー他	貸借区分	税区分	税率	税計算区分	税端数処理	補助必須	決算
⊟ [資産]										
⊟ [流動資産]										
⊟ [現金・預金]	*GENYOKI	*100								
現金	GENKIN	100		借方	対象外			指定なし		現金及
小口現金	KOGUCHI	101		借方	対象外			指定なし		現金及
当座預金 [1]	TOUZAYO	110		借方	対象外			指定なし		現金及
普通預金 [2]	FUTSUUYO	115		借方	対象外			指定なし		現金及
定期預金 [1]	TEIKIYO	124		借方	対象外			指定なし		現金及
通知預金	TSUUCHI	120		借方	対象外			指定なし		現金及
定期積金	TEIKITSU	128		借方	対象外			指定なし		現金及
郵便貯金	YUUBIN	130		借方	対象外			指定なし		現金及
現金・預金合計				借方						
⊞ [売上債権]	*URIAGES	*140								
⊞ [有価証券]	*YUUKASH	*150								
⊞ [棚卸資産]	*TANAORO	*160								
⊞ [他流動資産]	*SONOTA	*170								
⊟ [固定資産]										
⊟ [有形固定資産]	*YUUKEI	*200								
建物	TATEMONO	200		借方	課対仕入	標準自動	指定なし	指定なし		建物

消費税を計算する科目の場合、取引の日付時点の標準的な税率で自動計算する「標準自動」が初期設定されている

普通預金 [2件]	サーチキー英字	サーチキー数字	サーチキー他	税区分	税率	税計算区分	税端数処理	非表示
レモン銀行				対象外			指定なし	
オレンジ銀行				対象外			指定なし	

「普通預金」勘定の補助科目

科目名の横の数字は[補助科目]の設定数を表している。勘定科目名をクリックすると、下に補助科目の詳細が表示される

■弥生会計の勘定科目体系はこうなっている

弥生会計の勘定科目体系は、次の図のように階層管理され、それぞれの勘定科目が各区分の末端に設定されています。なお、勘定科目の個数は膨大であるため、ここでは、勘定科目の一部のみをピックアップしています。

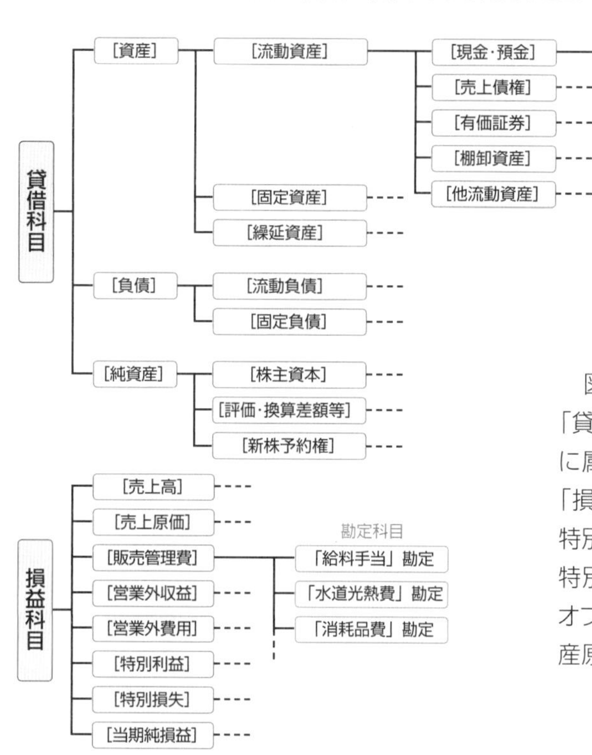

図は「法人/一般」の科目体系例ですが、「貸借科目」は「貸借対照表」を構成する「資産」「負債」「純資産(資本)」に属する勘定科目が設定されています。「損益科目」は「損益計算書」を構成する「収益」(売上高、営業外収益、特別利益)と「費用」(売上原価、販売管理費、営業外費用、特別損失)に属する勘定科目が設定されています。科目オプションを追加している場合には、「製造原価科目」「生産原価科目」「不動産損益科目」などが設定されます。

ONE POINT 導入設定が難しいと感じたらガイドパネルを参考にする

弥生会計の導入設定がよくわからない場合、クイックナビゲータのガイドパネルを参考にしましょう。クイックナビゲータの画面は、画面右上の[ナビゲータ]ボタンをクリックすると表示されます。**[動画で使い方を見る]**をクリックすると、弥生株式会社のホームページの「スタートアップガイド」ページにリンクし、製品の操作説明を動画で確認することができます(インターネットに接続できる環境が必要です)。

ONE POINT データテンプレートを利用して事業所データを新規に作成する

弥生株式会社ではホームページ上で業種別テンプレートを提供しています。飲食業、建設業、小売業など、業種特有の勘定科目や取引パターンを設定したデータをダウンロードし、そのテンプレートを利用してデータを新規に作成することができます。テンプレートをダウンロードするには、インターネットに接続できるパソコンで、54ページ(法人の場合。個人の場合は58ページ)の操作例2で**[データテンプレートを利用してデータを作成する(T)]**をONにして[次へ(N)>]ボタンをクリックすると、[ダウンロードページへ(D)]ボタンが表示されます。このボタンをクリックして弥生株式会社のホームページに進み、自社の業種に合ったテンプレートをダウンロードします。

ONE POINT 勘定科目の初期設定の内容

勘定科目は、事業所データを作成するときに選択した業種により、初期設定の内容が次のようになります。

◉法人データと個人データの違い

	純資産の勘定科目	損益の繰越	損益計算書の区分名	個人専用科目
法人/一般	資本金	繰越利益	売上高、売上原価、販売管理費、…	—
個人/一般 個人/不動産 個人/農業	元入金	元入金	収入金額、売上原価、経費、・・・	事業主貸 事業主借 専従者給与

※個人事業主データでは、儲けが出れば繰越のときに元入金勘定に加算します。そこから、生活費として引き出したお金(事業主貸)を差し引き、事業資金として提供したお金(事業主借)はプラスします。法人の場合は、儲けや損失が出ても資本金とは分けて「繰越利益剰余金」として繰り越すので、資本金に相殺するようなことはありません。

◉個人/一般、個人/不動産、個人/農業の違い

	個人/一般	個人/不動産	個人/農業
決算書	貸借対照表 損益計算書(一般用)	貸借対照表 不動産所得用損益計算書	貸借対照表 損益計算書(農業用)
オプション	製造原価報告書 不動産所得用損益計算書	—	生産原価報告書 不動産所得用損益計算書

15-1 勘定科目を新規に追加登録する

弥生会計の勘定科目は、自社の業務に合わせて自由に追加することができます。件数に制限はありません。新規に追加する場合は、どこの区分にその勘定科目を設定するのかを選択し、設定を行います。

ここでは、「損益科目」の[販売管理費](個人用データの場合は[経費])区分に、「ごみ処理費」という勘定科目を追加してみましょう。

※ここでは、クイックナビゲータを表示していることとして解説します。表示されていない場合は ナビゲータ ボタンをクリックしてクイックナビゲータを表示してください。

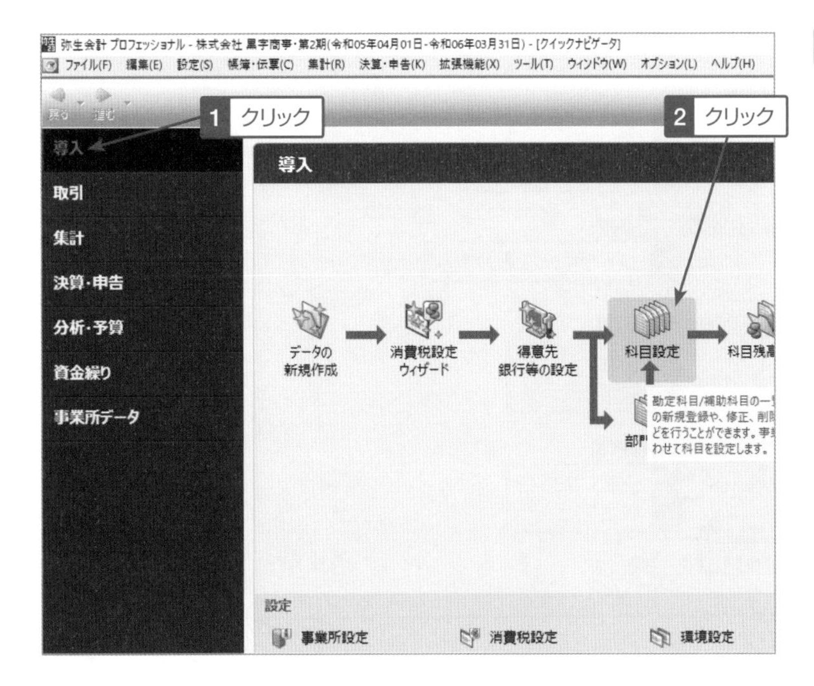

1 クイックナビゲータの「導入」メニューをクリックし、**[科目設定]**アイコンをクリックします。

2 「損益科目」タブをクリックし、[販売管理費]区分(個人事業主データの場合は[経費]区分)をクリックします。同じ区分名がいくつか表示されている場合は、一番下の階層の区分を選択します。

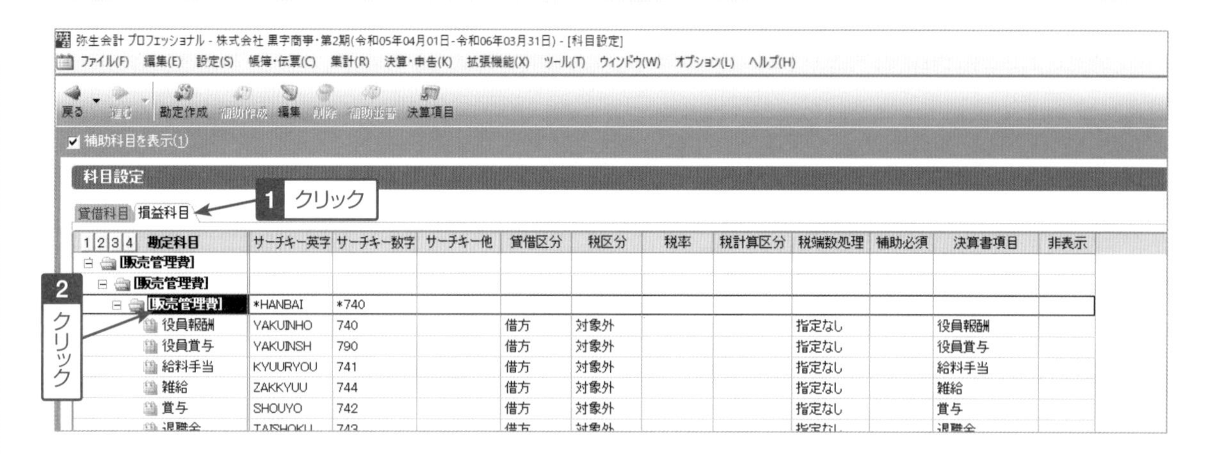

3 ツールバーの**[勘定作成]**ボタンをクリックします。

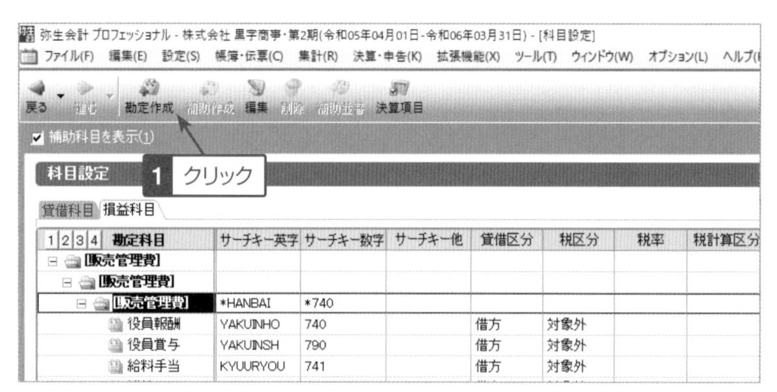

4 勘定科目名やサーチキーなどを入力し、[登録]ボタンをクリックします。サーチキーの設定については53ページのONE POINTを参照してください。

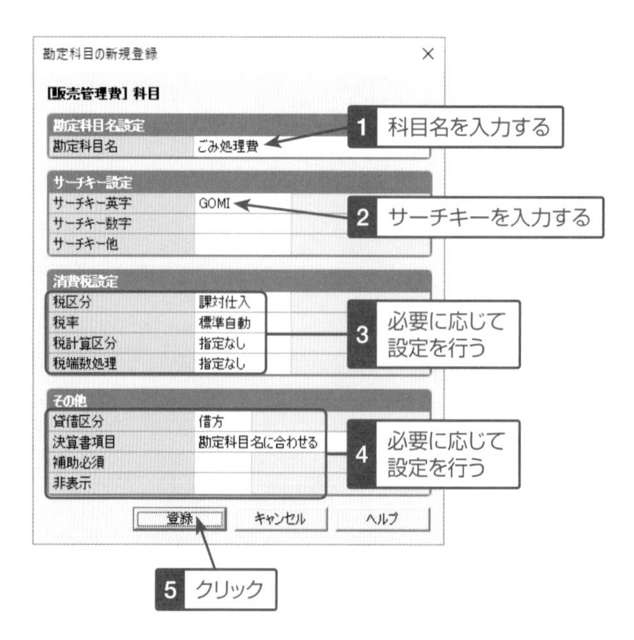

消費税区分や税率を変更する場合は、取引内容を考慮して設定してください。

5 選択した区分の一番下に勘定科目が追加されます。

☑ 補助科目を表示(1)

科目設定

貸借科目 | 損益科目

1 2 3 4 勘定科目	サーチキー英字	サーチキー数字	サーチキー他	貸借区分	税区分	税率	税計算区分	税端数処理	補助必須	決算書項目	非表示
車両費	SHARYOU	767		借方	課対仕入	標準自動	指定なし	指定なし		車両費	
地代家賃	CHIDAI	781		借方	課対仕入	標準自動	指定なし	指定なし		地代家賃	
賃借料	CHINSHAK	782		借方	課対仕入	標準自動	指定なし	指定なし		賃借料	
リース料	RI-SU	768		借方	課対仕入	標準自動	指定なし	指定なし		リース料	
保険料	HOKEN	770		借方	対象外			指定なし		保険料	
租税公課	SOZEI	783		借方	対象外			指定なし		租税公課	
支払報酬料	SHIHARAI	771		借方	課対仕入	標準自動	指定なし	指定なし		支払報酬料	
寄付金	KIFUKIN	772		借方	対象外			指定なし		寄付金	
研究開発費	KENKYUU	773		借方	課対仕入	標準自動	指定なし	指定なし		研究開発費	
減価償却費	GENKASHO	780		借方	対象外			指定なし		減価償却費	
長期前払費用低	CHOUKIMA	784		借方	対象外			指定なし		長期前払費用償却	
繰延資産償却費	KURINOBE	785		借方	対象外			指定なし		繰延資産償却	
貸倒損失(販)	KASHIDAO	786		借方	課税売倒	標準自動	指定なし	指定なし		貸倒損失	
貸倒引当金繰入	KASHIDAO	787		借方	対象外			指定なし		貸倒引当金繰入書	
雑費	ZAPPI	789		借方	課対仕入	標準自動	指定なし	指定なし		雑費	
ごみ処理費	GOMI			借方	課対仕入	標準自動	指定なし	指定なし		ごみ処理費	
販売管理費計				借方							

ごみ処理費	サーチキー英字	サーチキー数字	サーチキー他	税区分	税率	税計算区分	税端数処理	非表示

1 勘定科目が追加されたことを確認する

ONE POINT その他の設定について

「貸借区分」は、増加(発生)した場合、借方・貸方のどちらになるかを設定します(通常は変更しない)。一度登録してしまうと変更できません。法人の場合のみ、「決算書項目」は、決算書に集計する科目を設定します。初期設定では、勘定科目名と同じ名称で決算書項目を追加作成する設定になっています。「補助必須」は、チェックをONにすると、仕訳入力時に補助科目を指定しないときにメッセージが表示されます。「非表示」は、設定した勘定科目を使用しない場合にチェックをONにすると、帳簿や伝票で表示されないようにすることができます。

ONE POINT 項目移動の際の注意点

項目移動時に⏎キーを押してしまうと、[登録]ボタンをクリックしたのと同じ操作になります。項目移動時には[Tab]キーを押すか、クリックで選択しましょう。

設定の途中で⏎キーを押して登録されてしまった場合、ツールバーの**[編集]**ボタンをクリックすると「勘定科目の編集」ダイアログボックスが表示されるので、修正を行うことができます(82ページ参照)。

■補助科目の登録

勘定科目の内訳を管理する必要がある場合、補助科目を登録します。補助科目を登録すると、銀行ごとに金額の増減や残高を確認したり、得意先ごとに売掛残高を確認することができます。たとえば、「普通預金」の補助科目に「A銀行」と「B銀行」という補助科目を設定しておくと、弥生会計の補助元帳と通帳と見比べながら照合できます。また、法人の場合、「弥生会計 23 プロフェッショナル」では「勘定科目内訳書」に情報を連動することができます。さらに、弥生会計は補助科目ごとに消費税設定が可能なので、同じ勘定科目でも補助科目を設定して消費税がかかる項目とかからない項目や税率を分けて入力することができ、より消費税集計の精度を上げることができます。

同じ「交際費」でも消費税の可否によって補助科目を分けて設定する場合

1 2 3 4 勘定科目	サーチキー英字	サーチキー数字	サーチキー他	貸借区分	税区分	税率	税計算区分	税端数処理	補助必須	決算書項目
[販売管理費]	*HANBAI	*740								
役員報酬	YAKUINHO	740		借方	対象外			指定なし		役員報酬
役員賞与	YAKUINSH	790		借方	対象外			指定なし		役員賞与
給料手当	KYUURYOU	741		借方	対象外			指定なし		給料手当
雑給	ZAKKYUU	744		借方	対象外			指定なし		雑給
賞与	SHOUYO	742		借方	対象外			指定なし		賞与
退職金	TAISHOKU	743		借方	対象外			指定なし		退職金
法定福利費	HOUTEI	745		借方	対象外			指定なし		法定福利費
福利厚生費	FUKURI	746		借方	課対仕入	標準自動	指定なし	指定なし		福利厚生費
退職給付費用	TAISHOKU	747		借方	対象外			指定なし		退職給付費用
採用教育費	SAIYOU	749		借方	課対仕入	標準自動	指定なし	指定なし		採用教育費
外注費	GAICHUU	750		借方	課対仕入	標準自動	指定なし	指定なし		外注費
荷造運賃	NIZUKURI	751		借方	課対仕入	標準自動	指定なし	指定なし		荷造運賃
広告宣伝費	KOUKOKU	752		借方	課対仕入	標準自動	指定なし	指定なし		広告宣伝費
交際費 [3]	KOUSAI	753		借方	課対仕入	標準自動	指定なし	指定なし		接待交際費
会議費	KAIGI	754		借方	課対仕入	標準自動	指定なし	指定なし		会議費
旅費交通費	RYOHI	755		借方	課対仕入	標準自動	指定なし	指定なし		旅費交通費

交際費 [3件]	サーチキー英字	サーチキー数字	サーチキー他	税区分	税率	税計算区分	税端数処理	非表示
交際費1(食品)	SHOKUHIN	1		課対仕入	8%(軽)	指定なし	指定なし	
交際費2(標準)	HYOUJYUN	2		課対仕入	標準自動	指定なし	指定なし	
交際費3(対象外)	TAISHOU	3		対象外			指定なし	

補助科目「交際費1（食品）」「交際費2（標準）」「交際費3（対象外）」を登録するには、81ページの要領で、「損益科目」の［販売管理費］区分の「交際費」勘定に設定を行ってください。

なお、個人データの場合の初期設定では、「交際費」勘定は「損益科目」の「経費」区分の「接待交際費」勘定で設定されています。

15-2 補助科目を追加する

「得意先 銀行等の設定」で追加入力をしている場合、すでに補助科目名が設定されていますが、必要に応じてサーチキーなどの情報を追加しておきましょう。この補助科目を上手に使いこなすことができるようになると、会計ソフトの使いやすさは倍増します。それほど難しくないので、ぜひ使ってみてください。

ここでは、練習として、「貸借科目」の［他流動負債］の「預り金」勘定に、補助科目「源泉所得税」を追加してみましょう。

1 補助科目を設定したい勘定科目名「預り金」をクリックし、ツールバーの**［補助作成］**ボタンをクリックします。

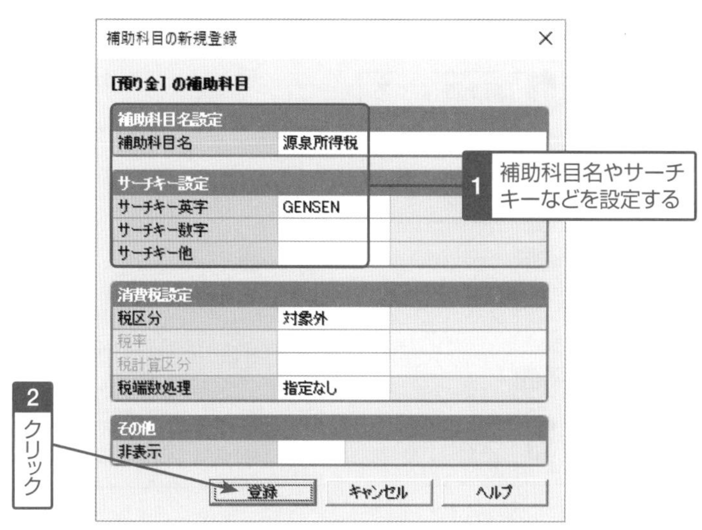

2 補助科目名やサーチキーなどを設定し、［登録］ボタンをクリックします。

SECTION-16 スタンダード プロフェッショナル

科目の修正や削除を行ってみよう

勘定科目と補助科目の設定は、いつでも修正・削除することができます。科目名を修正すると、すでに入力した取引にも修正結果が反映されます。ただし、税区分と税計算区分の修正結果は、すでに入力してある取引には反映されませんので、年度の途中で消費税に関する設定を修正した場合は注意しましょう。

16-1 科目を修正する

ここでは、練習として、[販売管理費]区分(個人事業主の場合は[経費]区分)の「採用教育費」勘定の名前を「募集費」に修正してみましょう。

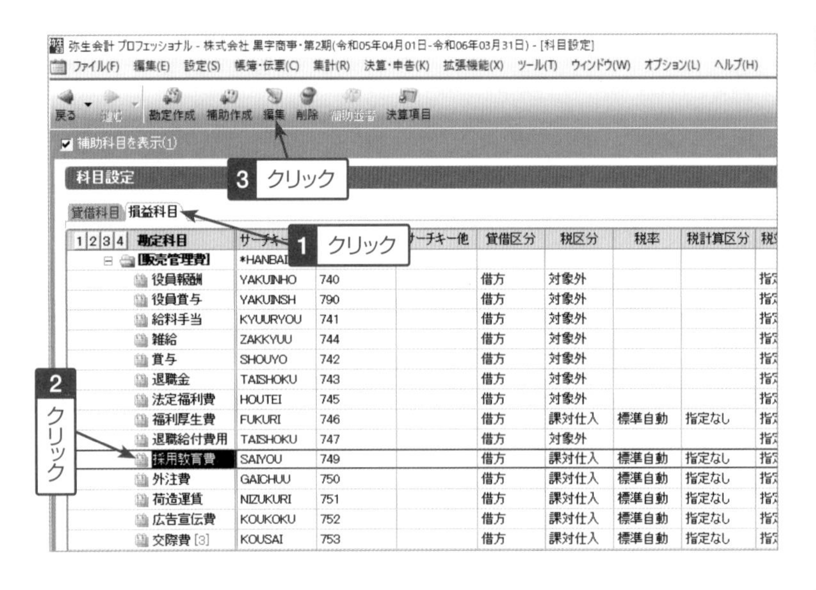

1 修正したい勘定科目をクリックし、ツールバーの**[編集]**ボタンをクリックします。

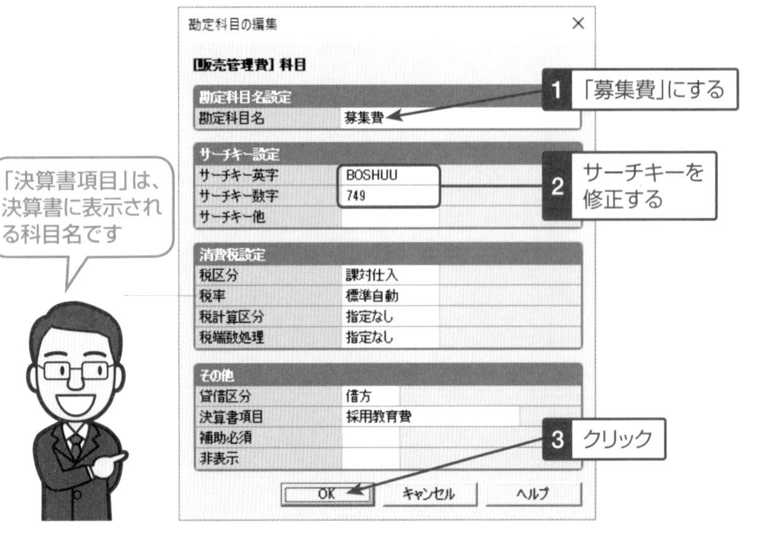

2 「勘定科目名」を「募集費」に修正し、「サーチキー」を修正して、OK ボタンをクリックします。

元に戻す場合は、同様の操作を行って修正してください。なお、勘定科目の名前を変更した場合は、決算書に表示される名前も確認しておきます。変更が必要な場合は251ページを参照してください。

16-2 不要な科目を削除する

弥生会計にあらかじめ設定されている勘定科目の中には、まず使わないだろうと思われる科目もあることでしょう。科目は多すぎても業務効率が下がるうえ、ミスのもとになります。不要な科目を削除して適当な数まで絞り、見やすくすることも大切です。

ここでは、練習として、「貸借科目」の［現金・預金］区分の「別段預金」勘定を削除してみましょう。

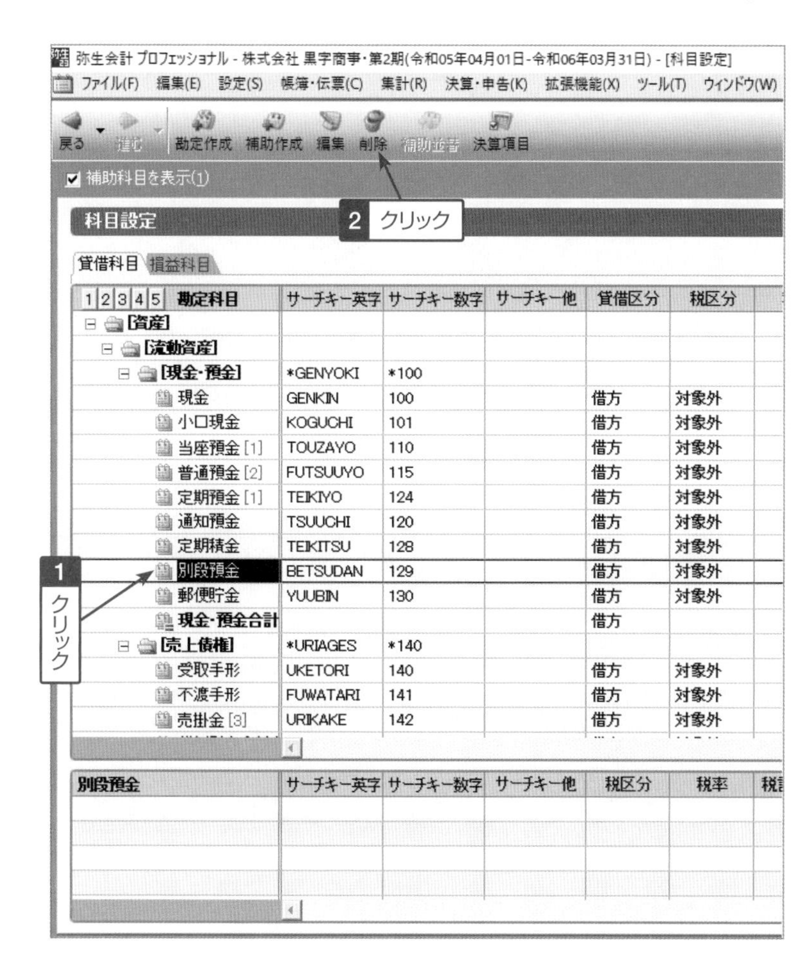

1 「貸借科目」の［現金・預金］区分の「別段預金」勘定をクリックし、ツールバーの**［削除］**ボタンをクリックします。

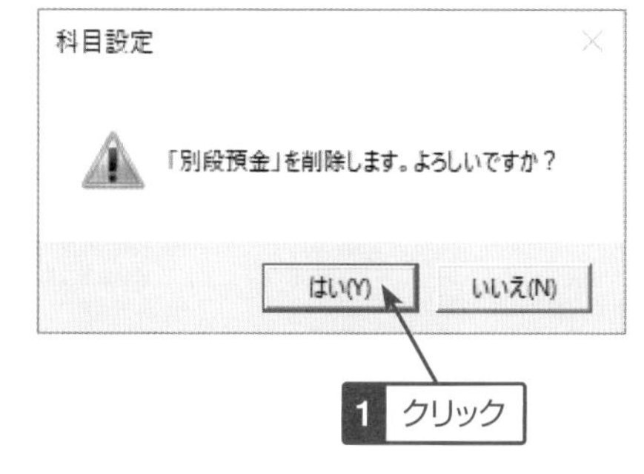

2 削除してよいかどうか確認するメッセージが表示されるので、確認してから はい(Y) ボタンをクリックします。

ONE POINT 削除できない科目について

勘定科目の中には、次のように、削除できない科目があります。

■ [削除]ボタンが灰色になってクリックできない科目

- システム固定科目(名称の左側に ボタンが付いている)

　例)仮払消費税、仮受消費税、複合、未確定勘定、繰越利益(法人)、事業主貸(個人)、事業主借(個人)、元入金(個人)

- 科目区分・区分合計(名称の左側に のボタンが付いている)
- 補助科目が登録されている勘定科目

■ 削除しようとするとメッセージが表示されて削除できない科目

- 当期の仕訳で使用している科目
- 前期繰越残高がある科目(「科目残高入力」で残高を入力した科目)
- 「帳簿・伝票設定」の「伝票」タブで、「入金伝票科目」や「出金伝票科目」に設定されている科目

※かんたん取引入力画面で使用する勘定科目の削除は注意が必要です。現金、当座預金、普通預金、定期預金、売掛金、買掛金は、かんたん取引入力画面で使用する勘定科目です。これらの勘定科目を名称変更や削除してしまうと、キーワードで取引名を検索しても関連する取引が表示されなくなり、使用することができなくなります。

ONE POINT 科目の表示順を並べ替えるには

「科目設定」画面では、勘定科目と補助科目の表示順を変更することができます。ここで設定された表示順は、帳簿や伝票入力時の勘定科目選択リストの表示順、各種集計資料の勘定科目の表示順となります。科目を並べ替えるためには、勘定科目名をドラッグ&ドロップ(36ページ参照)します。ただし、表示順を変更できるのは、勘定科目の場合は同じ区分内、補助科目の場合は同じ勘定科目内に限られます。

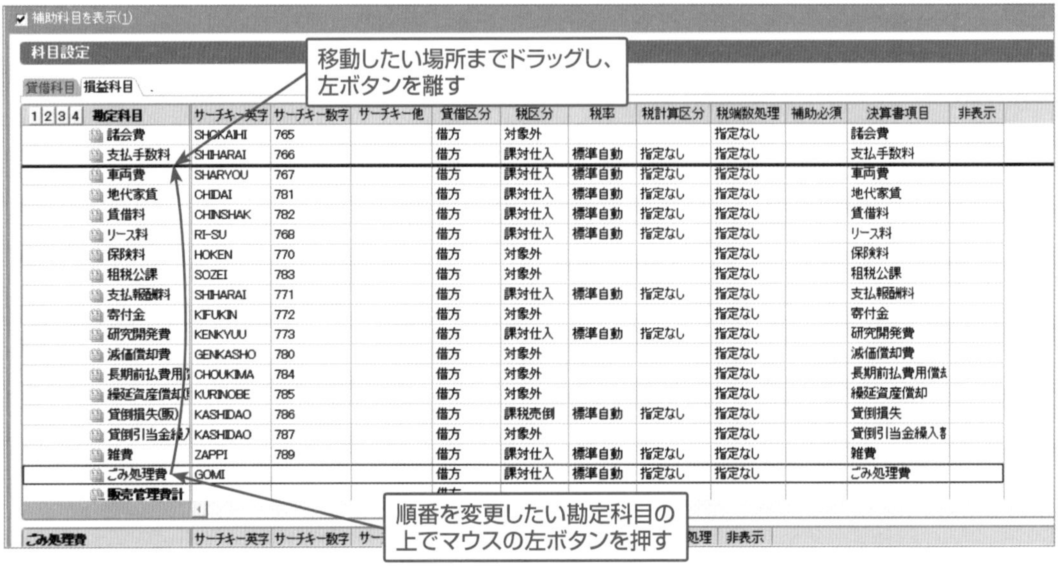

補助科目を表示(1)
科目設定
貸借科目 損益科目
移動したい場所までドラッグし、左ボタンを離す
1 2 3 4 勘定科目 サーチキー英字 サーチキー数字 サーチキー他 貸借区分 税区分 税率 税計算区分 税端数処理 補助必須 決算書項目 非表示
諸会費 SHOKAIHI 765 借方 対象外 指定なし 諸会費
支払手数料 SHIHARAI 766 借方 課対仕入 標準自動 指定なし 指定なし 支払手数料
車両費 SHARYOU 767 借方 課対仕入 標準自動 指定なし 指定なし 車両費
地代家賃 CHIDAI 781 借方 課対仕入 標準自動 指定なし 指定なし 地代家賃
賃借料 CHINSHAK 782 借方 課対仕入 標準自動 指定なし 指定なし 賃借料
リース料 RI-SU 768 借方 課対仕入 標準自動 指定なし 指定なし リース料
保険料 HOKEN 770 借方 対象外 指定なし 保険料
租税公課 SOZEI 783 借方 対象外 指定なし 租税公課
支払報酬料 SHIHARAI 771 借方 課対仕入 標準自動 指定なし 指定なし 支払報酬料
寄付金 KIFUKIN 772 借方 対象外 指定なし 寄付金
研究開発費 KENKYUU 773 借方 課対仕入 標準自動 指定なし 指定なし 研究開発費
減価償却費 GENKASHO 780 借方 対象外 指定なし 減価償却費
長期前払費用 CHOUKIMA 784 借方 対象外 指定なし 長期前払費用償
繰延資産償却 KURINOBE 785 借方 対象外 指定なし 繰延資産償却
貸倒損失(販) KASHIDAO 786 借方 課税売倒 標準自動 指定なし 指定なし 貸倒損失
貸倒引当金繰 KASHIDAO 787 借方 対象外 指定なし 貸倒引当金繰入
雑費 ZAPPI 789 借方 課対仕入 標準自動 指定なし 指定なし 雑費
ごみ処理費 GOMI 借方 課対仕入 標準自動 指定なし 指定なし ごみ処理費
販売管理費計
ごみ処理費 サーチキー英字 サーチキー数字 処理 非表示
順番を変更したい勘定科目の上でマウスの左ボタンを押す

SECTION-17 スタンダード プロフェッショナル

部門を設定してみよう

弥生会計では、部門を設定し、仕訳の入力時に部門を指定しておくと、部門別損益計算書などの部門単位での集計表を確認することができます。

17-1 部門を設定する

部門の階層は、全社（事業所）の下に5階層まで設定することができます。貸借科目も部門別に管理する必要がある場合、残高も部門別に入力を行います。この項では、練習として、次の図のような部門を設定することとします。

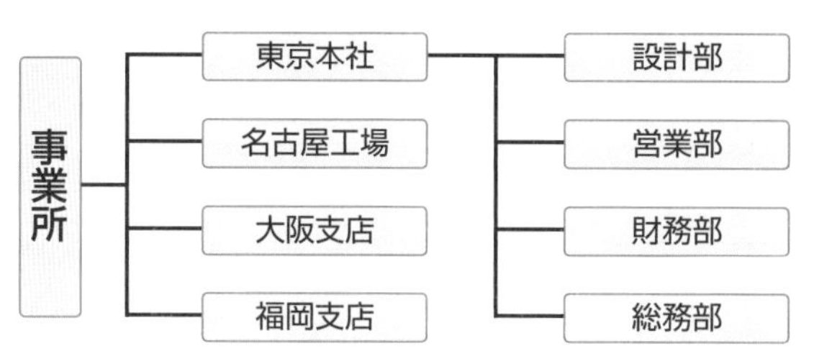

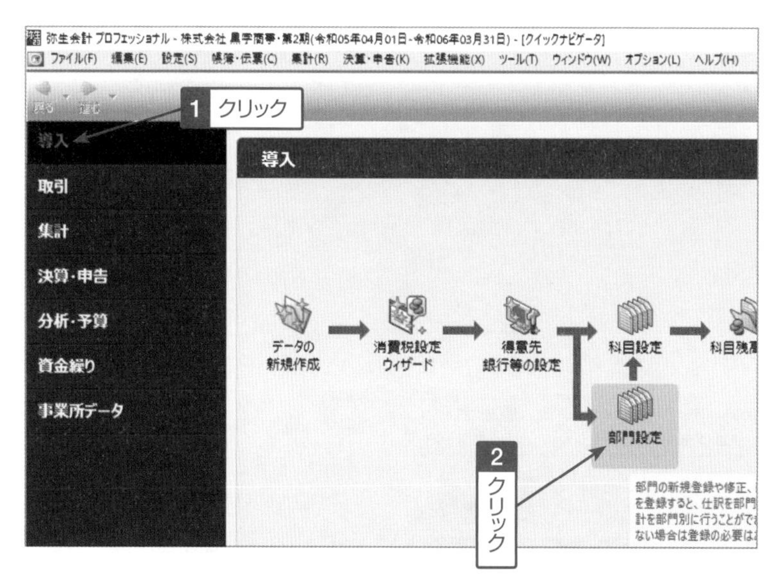

1 クイックナビゲータの「導入」メニューをクリックし、**[部門設定]**アイコンをクリックします。

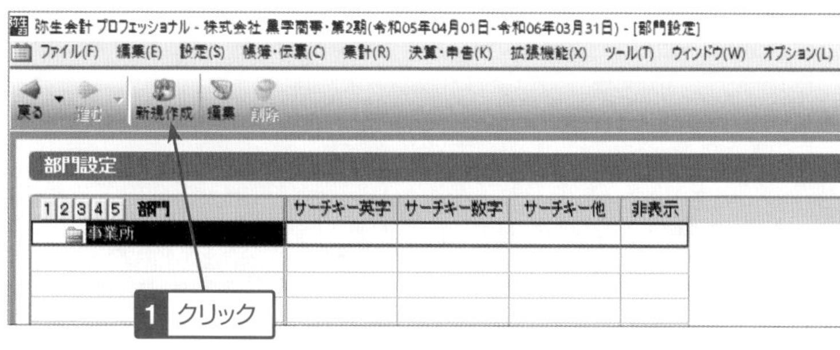

2 ツールバーの**[新規作成]**ボタンをクリックします。

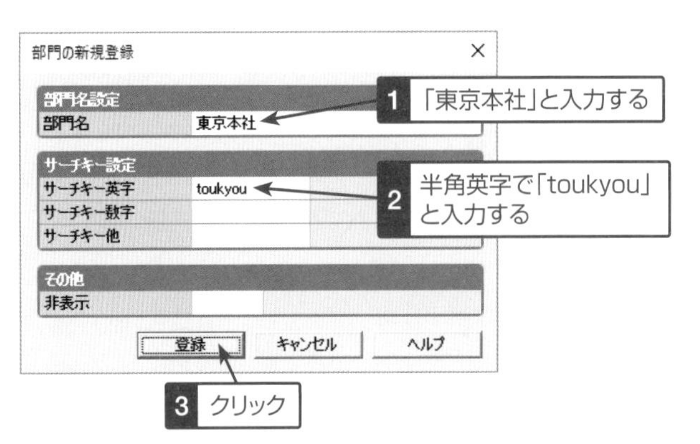

3 部門名に「東京本社」、サーチキー英字に「toukyou」と入力し、[登録] ボタンをクリックします。

サーチキー英字は、ローマ字で入力します。半角英字で8文字まで、大文字小文字は区別されません。

弥生会計 プロフェッショナル - 株式会社 黒字商事・第2期(令和05年04月01日-令和06年03月31日) - [部門設定]

ファイル(F) 編集(E) 設定(S) 帳簿・伝票(C) 集計(R) 決算・申告(K) 拡張機能(X) ツール(T) ウィンドウ(W)

戻る 進む 新規作成 編集 削除

部門設定

1 2 3 4 5 部門	サーチキー英字	サーチキー数字	サーチキー他	非表示
事業所				
東京本社	toukyou			
名古屋工場	nagoya			
大阪支店	oosaka			
福岡支店	fukuoka			

1 このように追加する

4 操作例 2 ～ 3 の要領で、部門名とサーチキー英字が「名古屋工場」と「nagoya」、「大阪支店」と「oosaka」、「福岡支店」と「fukuoka」になるように追加登録します。

2 クリック

弥生会計 プロフェッショナル - 株式会社 黒字商事・第2期(令和05年04月01日-令和06年03月31日) - [部門設定]

ファイル(F) 編集(E) 設定(S) 帳簿・伝票(C) 集計(R) 決算・申告(K) 拡張機能(X) ツール(T) ウィンドウ(W)

戻る 進む 新規作成 編集 削除

部門設定

1 2 3 4 5 部門	サーチキー英字	サーチキー数字	サーチキー他	非表示
事業所				
東京本社	toukyou			
名古屋工場	nagoya			
大阪支店	oosaka			
福岡支店	fukuoka			

1 クリック

5 さらにその下の階層を設定します。下に階層を設定したい部門をクリックし、ツールバーの **[新規作成]** ボタンをクリックします。

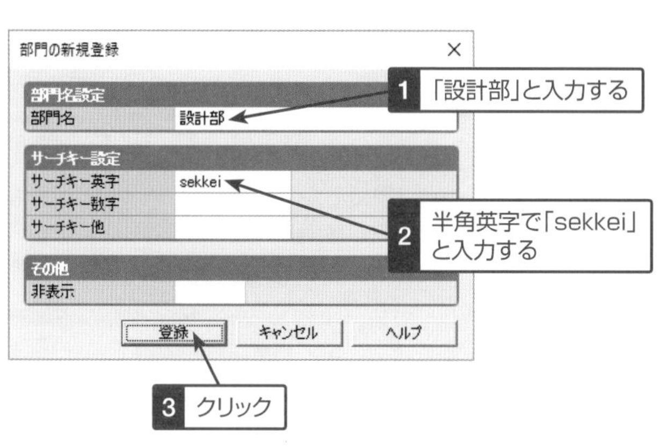

6 部門名に「設計部」、サーチキー英字に「sekkei」と入力し、登録 ボタンをクリックします。

弥生会計 プロフェッショナル - 株式会社 黒字商事・第2期(令和05年04月01日-令和06年03月31

ファイル(F) 編集(E) 設定(S) 帳簿・伝票(C) 集計(R) 決算・申告(K) 拡張機能(X)

戻る 進む 新規作成 編集 削除

部門設定

1 2 3 4 5 部門	サーチキー英字	サーチキー数字	サーチキー他
事業所			
東京本社	toukyou		
設計部	sekkei		
営業部	eigyou		
財務部	zaimu		
総務部	soumu		
名古屋工場	nagoya		
大阪支店	oosaka		
福岡支店	fukuoka		

1 このように追加する

7 操作例5～6の要領で、部門名とサーチキー英字が「営業部」と「eigyou」、「財務部」と「zaimu」、「総務部」と「soumu」になるように追加登録します。

部門の階層が正しく設定できたかを確認します。

ONE POINT 部門の残高設定の注意点

貸借科目も部門管理を行う場合、各部門ごとに開始残高の登録が必要となります。92ページの要領で「科目残高入力」画面を表示し、左上の**[部門(B)]**から残高を登録する部門を選択して、93ページ以降の要領で入力します。ただし、次のような注意点があります。

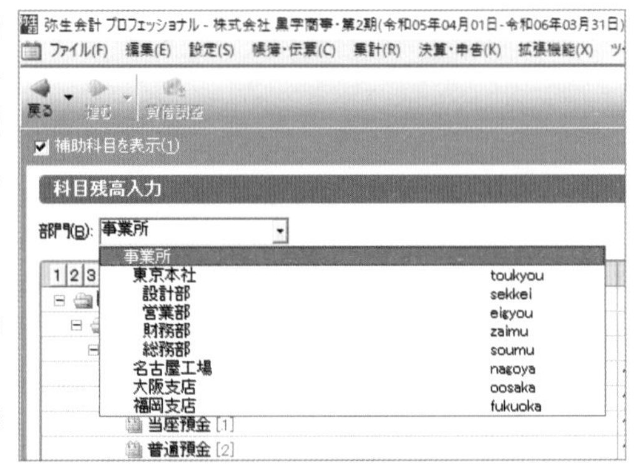

■ 下階層の部門の開始残高を入力しても、上位階層の部門には集計されません。個別に設定が必要です。

※日常の仕訳データの入力では、指定した部門の上位部門へ金額が集計されていきます。

■ 画面を閉じるときに、「貸借バランスの差額を「繰越利益」に集計します。よろしいですか?」というメッセージが表示されるので、はい(Y) ボタンをクリックします。

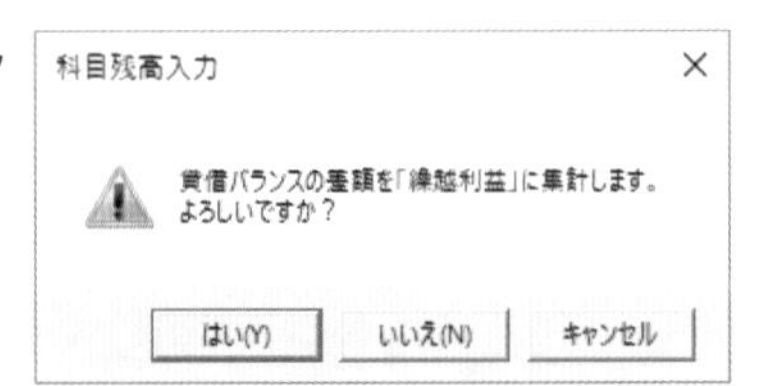

ONE POINT 部門設定のメリット

部門を設定しておくと、仕訳入力時に、部門を指定することができます。下の画面は損益科目のみ部門管理する場合の振替伝票入力例です。「売掛金」勘定は部門欄が空白になっているので、全社共通の「売掛金」になります。「売上高」は「営業部」部門の売上高で入力してあります。「設計部」「営業部」「財務部」「総務部」に共通の経費は「東京本社」で入力しておくと、東京本社共通の経費として集計され、配賦基準を設定することにより、共通経費の配賦表を作成することができます。

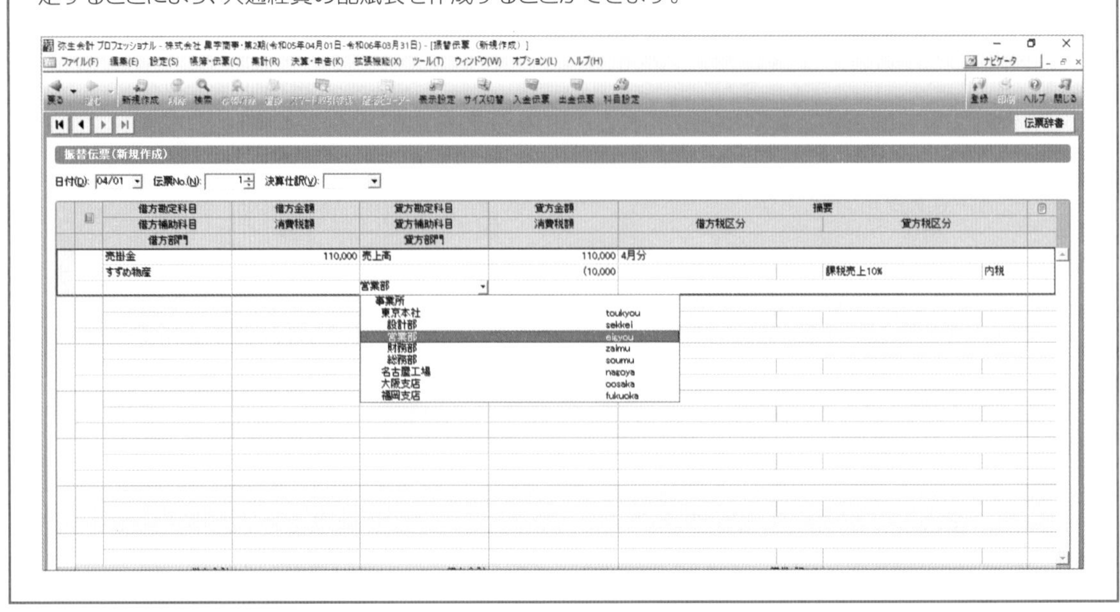

SECTION－18　スタンダード　プロフェッショナル

開始残高を詳細に設定しよう

日常の入力を開始する前に、開始残高を設定します。開始残高は導入後に入力することもできますが、最新の残高を確認したい場合には設定をしておく必要があります。ここでは、期首から導入する場合を例に、前期の繰越残高のすべてを、「科目残高入力」の画面に入力してみましょう。

※ここでは、69ページの「得意先 銀行等の設定」で「現金」「預貯金」「売掛金」「買掛金」などの開始残高が「科目残高入力」画面に入力されている状態から操作を行うこととして説明します。

■新規開業時以外で弥生会計を導入する場合は繰越残高の入力が必要

新規開業時には、前年度からの繰越残高はありませんので、ここからの残高設定作業は不要です。新規開業時以外で弥生会計を導入する場合は、弥生会計上に開始残高を登録する必要があります。69ページの「得意先 銀行等の設定」画面では、「現金」「預貯金」「売掛金」「買掛金」の残高しか登録できないため、それ以外の勘定科目の残高は、貸借対照表などの資料をもとに「科目残高入力」の画面から登録します。

■開始残高を入力するための資料を用意する

期首の開始残高を入力するには、まず、次に示すような前期の貸借対照表や内訳書などを用意してください。これらの書類をもとに、金額を弥生会計の「科目残高入力」画面に入力していきます。操作例で弥生会計に入力する金額は、次の図の赤枠で囲んであります。次の資料は法人の開始残高登録用の資料です。個人の場合は97ページを参照してください。

●前期の貸借対照表

導入設定ウイザードで入力できなかったこれらの金額を入力する

貸借対照表

令和 5年 3月31日 現在

株式会社 黒字商事　(単位： 円)

資産の部		負債の部	
科目	金額	科目	金額
【流動資産】	11,990,000	【流動負債】	4,290,000
現金及び預金	6,900,000	支払手形	500,000
売掛金	2,090,000	買掛金	660,000
商品	3,000,000	短期借入金	2,000,000
【固定資産】	12,800,000	未払金	880,000
【有形固定資産】	12,800,000	預り金	250,000
建物	7,500,000	負債の部合計	4,290,000
車両運搬具	3,500,000	純資産の部	
工具器具備品	1,800,000	【株主資本】	20,500,000
		資本金	10,000,000
		利益剰余金	10,500,000
		その他利益剰余金	10,500,000
		繰越利益剰余金	10,500,000
		純資産の部合計	20,500,000
資産の部合計	24,790,000	負債及び純資産合計	24,790,000

◉前期の預貯金等の内訳書

①
1 頁

預貯金等の内訳書

金融機関名	支店名	種　　類	口座番号	期末現在高	摘　　要
		現　　　金		50,000	
小計				50,000	
レモン銀行	中央支店	当　座　預　金	1234567	5,000,000	
小計				5,000,000	
オレンジ銀行	本店	普　通　預　金	2345678	150,000	
レモン銀行	中央支店	普　通　預　金	3456789	1,350,000	
小計				1,500,000	
アップル信用金庫	本店	定　期　預　金	4567890	696,000	
北東銀行 築地支店		定　期　預　金		4,000	
その他		定　期　預　金		-350,000	
小計				350,000	

導入設定ウィザードで入力済みの情報

◉前期の売掛金の内訳書

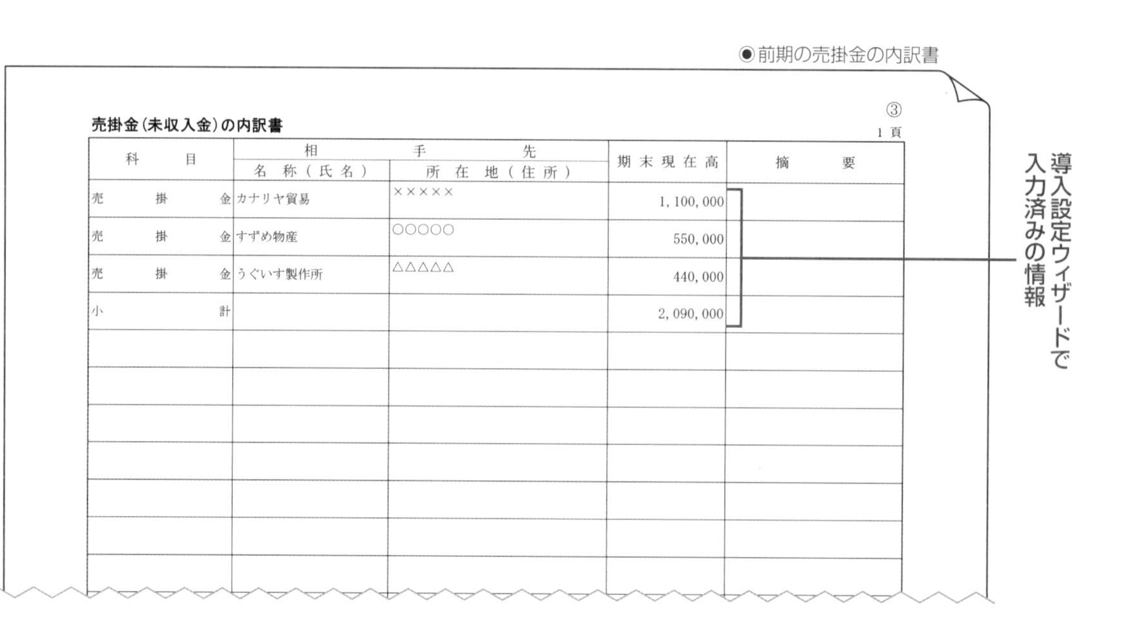

③
1 頁

売掛金（未収入金）の内訳書

科　　目	相手先 名称（氏名）	相手先 所在地（住所）	期末現在高	摘　　要
売　　掛　　金	カナリヤ貿易	×××××	1,100,000	
売　　掛　　金	すずめ物産	○○○○○	550,000	
売　　掛　　金	うぐいす製作所	△△△△△	440,000	
小　　　　計			2,090,000	

導入設定ウィザードで入力済みの情報

◉前期の買掛金の内訳書

⑨

買掛金(未払金・未払費用)の内訳書

1 頁

科目	相手先 名称(氏名)	相手先 所在地(住所)	期末現在高	摘要
買掛金	団子開発	○○○○○	330,000	
買掛金	大福産業	×××××	220,000	
買掛金	最中販売	△△△△△	110,000	
小計			660,000	
未払金	○○自動車		880,000	車両未払分
小計			880,000	

導入設定ウィザードで入力済みの情報

まだ入力していない情報

ONE POINT 残高入力する勘定科目を補助科目を含めて整理するとこうなっている

貸借対照表をもとにして、各内訳書の内容を補助科目として整理してみると、次のようになります(このような表に整理するには、ある程度の簿記の知識が必要)。

◉残高入力例

借方		貸方	
現金・預金		仕入債務	
現金	50,000	支払手形	500,000
当座預金(補助あり)	(5,000,000)	買掛金(補助あり)	(660,000)
レモン銀行	5,000,000	団子開発	330,000
普通預金(補助あり)	(1,500,000)	大福産業	220,000
レモン銀行	1,350,000	最中販売	110,000
オレンジ銀行	150,000	他流動負債	
定期預金(補助あり)	(350,000)	短期借入金	2,000,000
アップル信用組合	350,000	未払金	880,000
売上債権		預り金(補助あり)	(250,000)
売掛金(補助あり)	(2,090,000)	源泉所得税	250,000
すずめ物産	550,000	純資産	
カナリア貿易	1,100,000	資本金	10,000,000
うぐいす製作所	440,000	繰越利益	10,500,000
棚卸資産			
商品	3,000,000		
有形固定資産			
建物	7,500,000		
車両運搬具	3,500,000		
工具器具備品	1,800,000		
資産合計(借方合計)	24,790,000	負債及び純資産合計(貸方合計)	24,790,000

導入設定ウィザードで入力した金額

導入設定ウィザードで入力できなかった金額

18-1 開始残高を手入力する(法人の場合)

ここでは、前ページで確認した残高のうち、導入設定ウィザードで入力できない勘定科目の開始残高を入力してみましょう。それぞれの勘定科目と、入力する開始残高は、次の通りです。

[資産]→[流動資産]→[棚卸資産]区分

- 「商品」勘定……………… 3,000,000

[負債]→[流動負債]→[仕入債務]区分

- 「支払手形」勘定……………… 500,000

[資産]→[固定資産]→[有形固定資産]区分

- 「建物」勘定……………… 7,500,000
- 「車両運搬具」勘定……………… 3,500,000
- 「工具器具備品」勘定……………… 1,800,000

[負債]→[流動負債]→[他流動負債]区分

- 「短期借入金」勘定……………… 2,000,000
- 「未払金」勘定……………… 880,000
- 「預り金」勘定……………… 250,000

[純資産]→[株主資本]→[資本金]区分

- 「資本金」勘定……………… 10,000,000

1 クイックナビゲータの「導入」メニューの**[科目残高入力]**アイコンをクリックします。

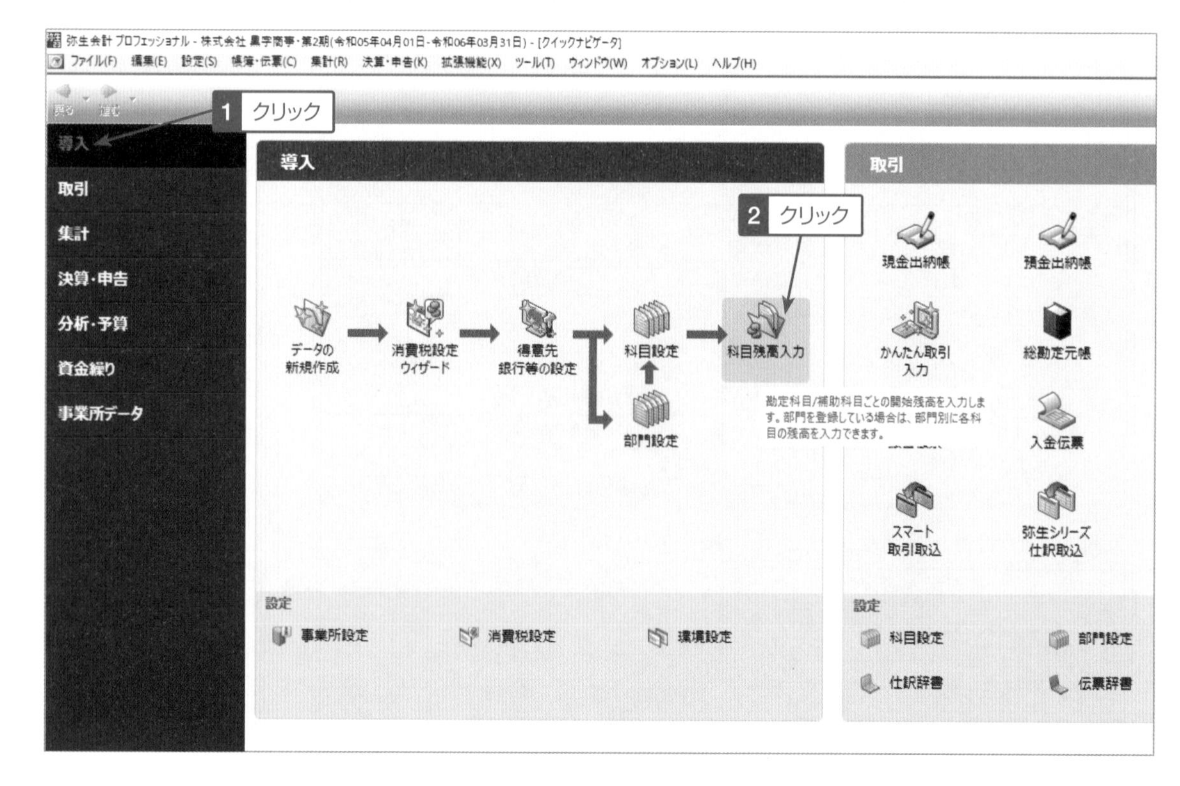

2 ［資産］区分の［流動資産］区分の［棚卸資産］区分の中にある、「商品」勘定の「前期繰越残高」欄に「3000000」と入力し、⏎キーを押します。同様に、［固定資産］区分の［有形固定資産］区分の中にある、「建物」勘定に「7500000」、「車両運搬具」勘定に「3500000」、「工具器具備品」勘定に「1800000」と入力します。

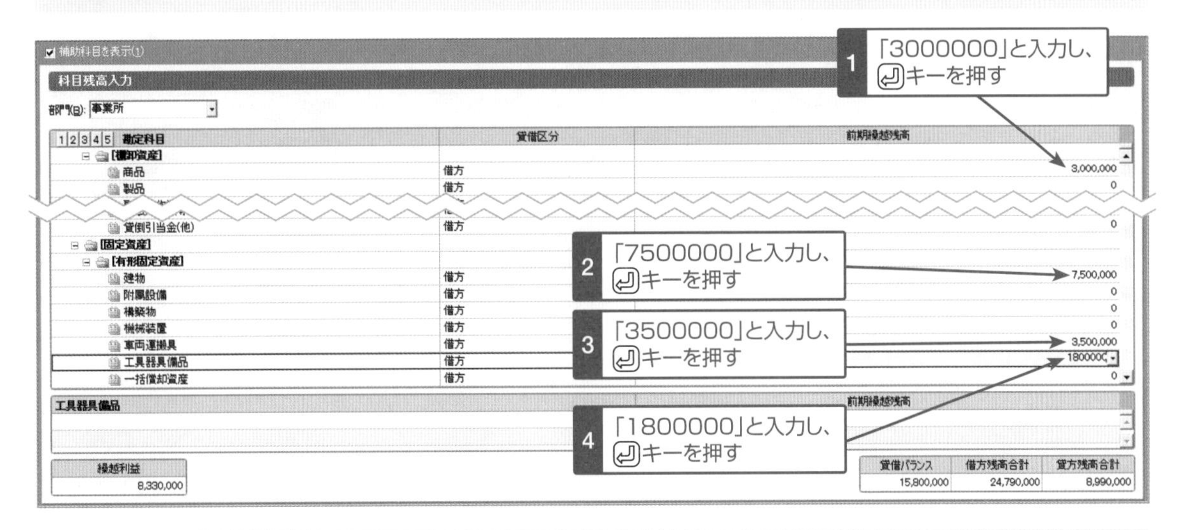

89ページの貸借対照表を見ると、「資産の部合計」が「24,790,000」になっています。操作例 **2** では［資産］区分の残高を入力しているので、間違いなく入力されていれば、「科目残高入力」画面右下の「借方残高合計」欄の金額と、貸借対照表の「資産の部合計」の金額が一致します。すべて入力し終わったら、「借方残高合計」欄の金額が、貸借対照表の「資産の部合計　24,790,000」と一致するかを確認しましょう。

3 ［負債］区分の［流動負債］区分の［仕入債務］区分の中にある、「支払手形」勘定に「500000」と入力します。同様に、［他流動負債］区分の中にある「短期借入金」勘定に「2000000」、「未払金」勘定に「880000」と入力します。

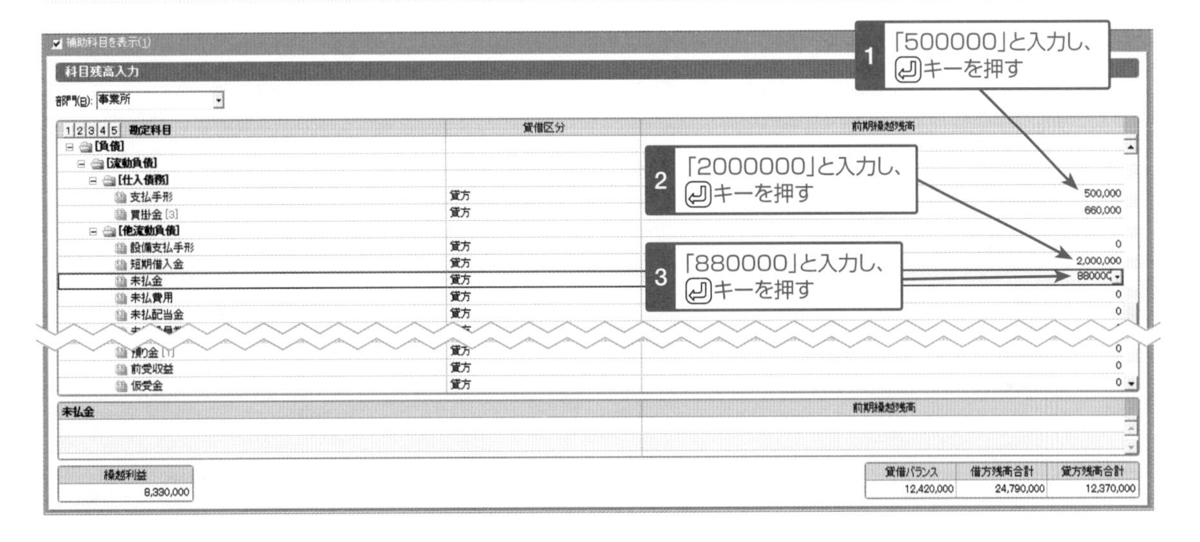

基礎知識
導入
初期設定
日常入力作業
集計
決算準備
決算
付録

4 「預り金」勘定に金額を入力します。この科目には81ページで追加した補助科目が設定されているので、「補助科目」欄の「源泉所得税」に「250000」と入力します。

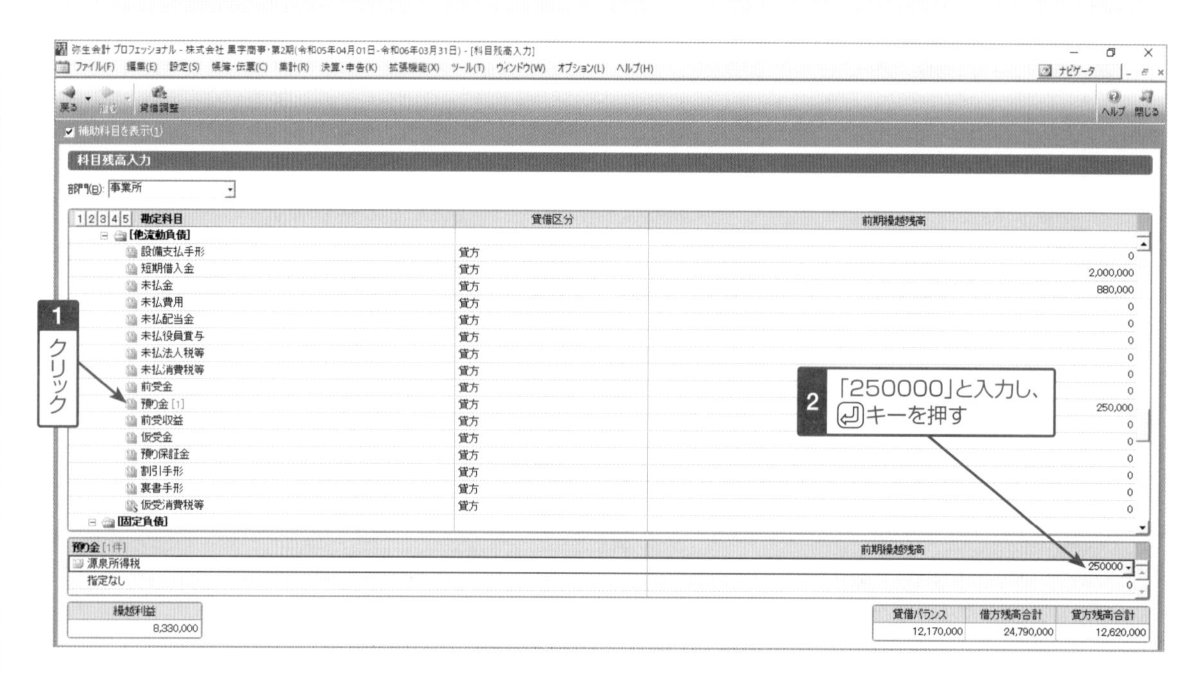

5 [純資産]区分の[株主資本]区分の[資本金]区分の中にある、「資本金」勘定に「10000000」と入力します。なお、個人事業主で操作する場合、法人でいう「資本金」勘定に相当する勘定科目は「元入金」ですが、「元入金」は自動計算されるため入力は不要です。

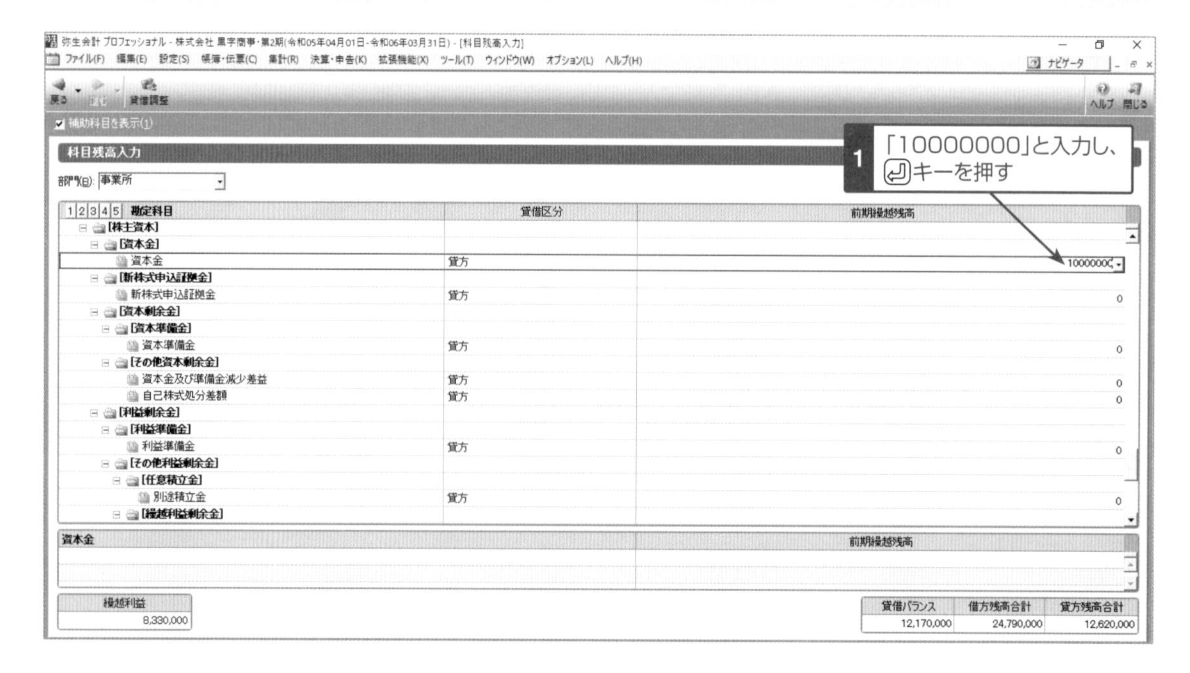

6 入力した金額が正しいかを、前期の貸借対照表と照らし合わせて確認します。法人の場合、画面の「繰越利益」欄と「貸借バランス」欄の金額を合計した金額が、貸借対照表の「繰越利益剰余金」と一致するかどうかを確認します。個人事業主の場合、「貸借バランス」欄に自動計算される数字は法人の「資本金」と「繰越利益剰余金」の合計（=「元入金」）です。本年度の期首の「元入金については98ページのONE POINTで説明している計算式の結果を自動計算して表示します。必ず確認しましょう。

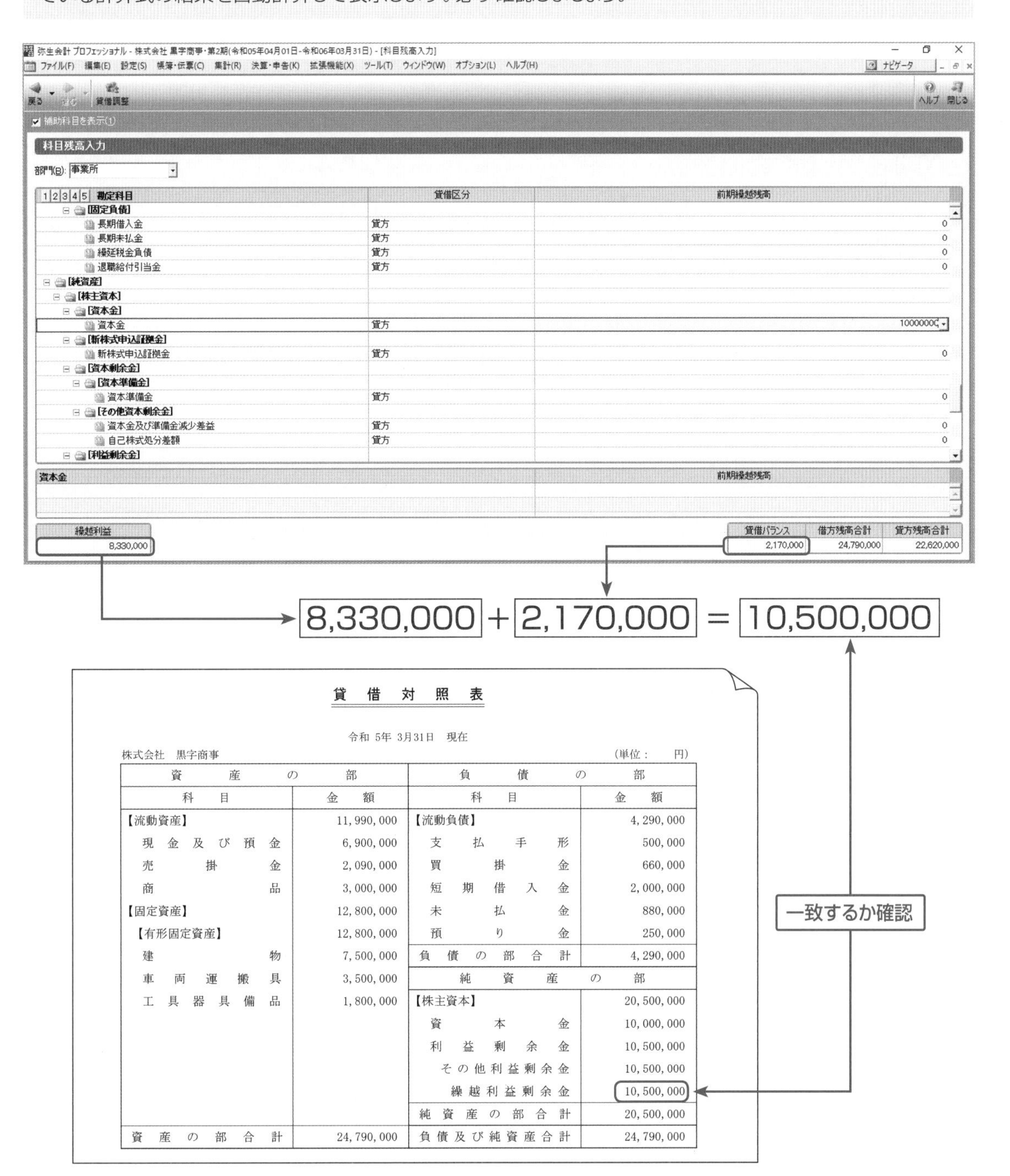

貸　借　対　照　表

令和 5年 3月31日　現在

株式会社　黒字商事　（単位：　円）

資産の部		負債の部	
科目	金額	科目	金額
【流動資産】	11,990,000	【流動負債】	4,290,000
現金及び預金	6,900,000	支払手形	500,000
売掛金	2,090,000	買掛金	660,000
商品	3,000,000	短期借入金	2,000,000
【固定資産】	12,800,000	未払金	880,000
【有形固定資産】	12,800,000	預り金	250,000
建物	7,500,000	負債の部合計	4,290,000
車両運搬具	3,500,000	純資産の部	
工具器具備品	1,800,000	【株主資本】	20,500,000
		資本金	10,000,000
		利益剰余金	10,500,000
		その他利益剰余金	10,500,000
		繰越利益剰余金	10,500,000
		純資産の部合計	20,500,000
資産の部合計	24,790,000	負債及び純資産合計	24,790,000

7 ツールバーの**[貸借調整]**ボタンをクリックして、はい(Y)ボタンをクリックします。

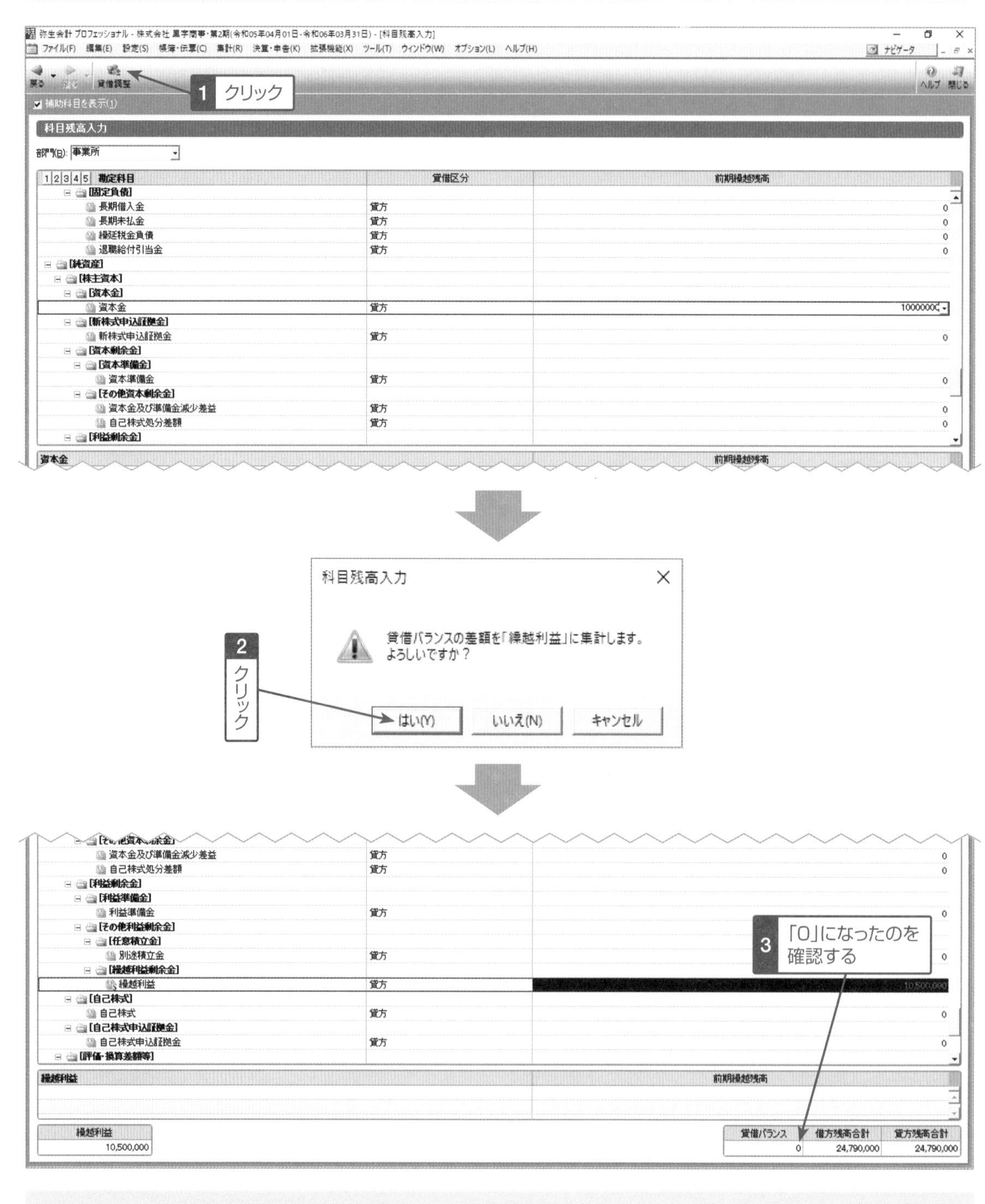

「貸借バランス」欄の金額が、画面左下の「繰越利益」(個人の場合は「元入金」)に加算され、「貸借バランス」欄は「0」になります。

■個人事業主の場合の開始残高を入力するための資料

個人事業主の場合、法人の「繰越利益」に相当するのが「元入金」です。この元入金が正しく計算できるように、科目残高を入力しましょう。基本的な操作方法は法人の場合（92〜96ページ参照）と同じです。

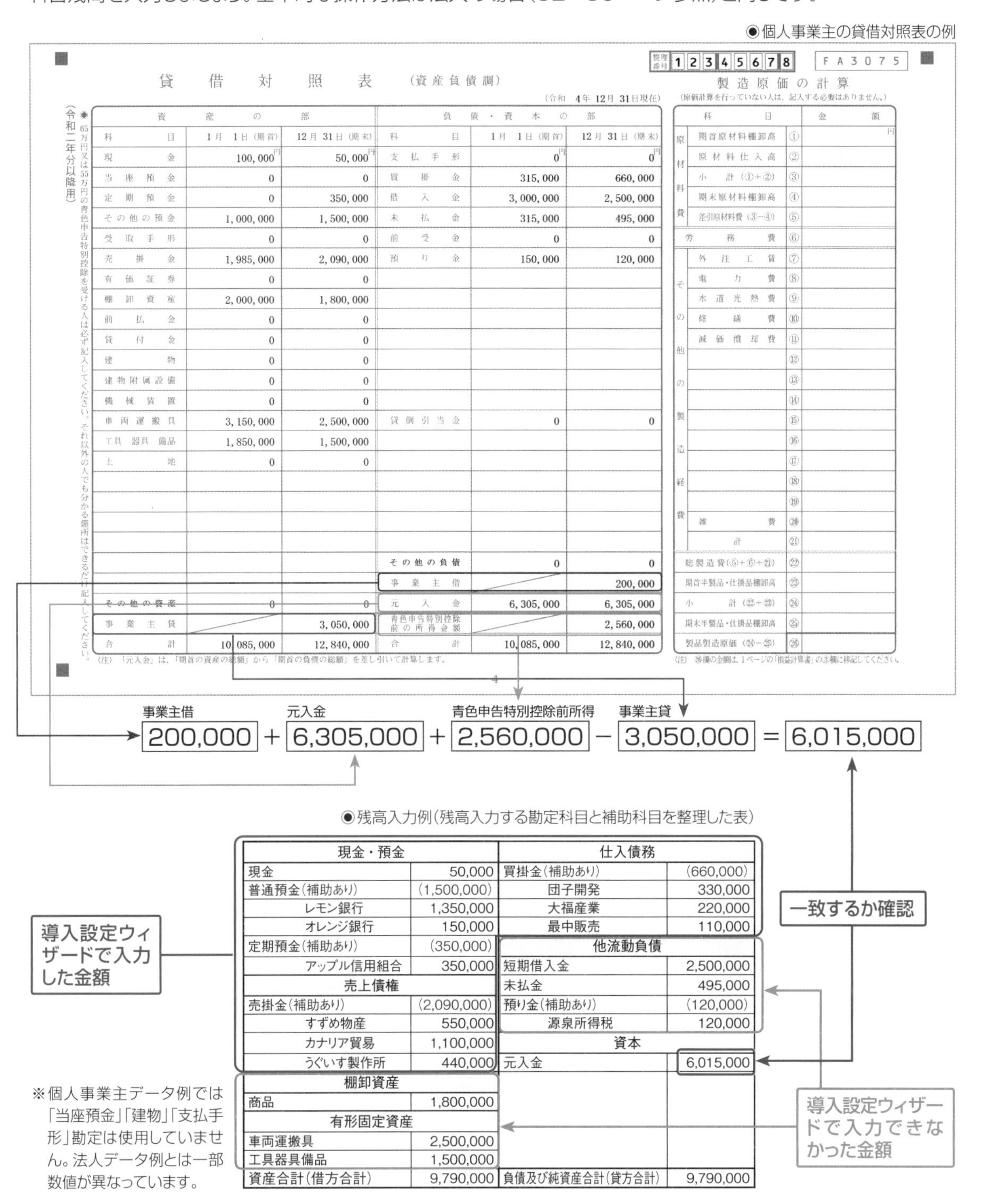

◉個人事業主の貸借対照表の例

整理番号 12345678　FA3075

貸借対照表（資産負債調）　（令和 4年 12月 31日現在）

◉65万円又は55万円の青色申告特別控除を受ける人は必ず記入してください。それ以外の人でも分かる箇所はできるだけ記入してください。（令和二年分以降用）

資産の部			負債・資本の部		
科目	1月1日（期首）	12月31日（期末）	科目	1月1日（期首）	12月31日（期末）
現金	100,000円	50,000円	支払手形	0円	0円
当座預金	0	0	買掛金	315,000	660,000
定期預金	0	350,000	借入金	3,000,000	2,500,000
その他の預金	1,000,000	1,500,000	未払金	315,000	495,000
受取手形	0	0	前受金	0	0
売掛金	1,985,000	2,090,000	預り金	150,000	120,000
有価証券	0	0			
棚卸資産	2,000,000	1,800,000			
前払金	0	0			
貸付金	0	0			
建物	0	0			
建物附属設備	0	0			
機械装置	0	0			
車両運搬具	3,150,000	2,500,000	貸倒引当金	0	0
工具器具備品	1,850,000	1,500,000			
土地	0	0			
			その他の負債	0	0
			事業主借		200,000
その他の資産	0	0	元入金	6,305,000	6,305,000
事業主貸		3,050,000	青色申告特別控除前の所得金額		2,560,000
合計	10,085,000	12,840,000	合計	10,085,000	12,840,000

（注）「元入金」は、「期首の資産の総額」から「期首の負債の総額」を差し引いて計算します。

製造原価の計算
（原価計算を行っていない人は、記入する必要はありません。）

科目		金額
原材料費 期首原材料棚卸高	①	円
原材料仕入高	②	
小計（①+②）	③	
期末原材料棚卸高	④	
差引原材料費（③−④）	⑤	
労務費	⑥	
その他の製造経費 外注工賃	⑦	
電力費	⑧	
水道光熱費	⑨	
修繕費	⑩	
減価償却費	⑪	
	⑫	
	⑬	
	⑭	
	⑮	
	⑯	
	⑰	
	⑱	
	⑲	
雑費	⑳	
計	㉑	
総製造費（⑤+⑥+㉑）	㉒	
期首半製品・仕掛品棚卸高	㉓	
小計（㉒+㉓）	㉔	
期末半製品・仕掛品棚卸高	㉕	
製品製造原価（㉔−㉕）	㉖	

（注）㉖欄の金額は、1ページの「損益計算書」の③欄に移記してください。

◉残高入力例（残高入力する勘定科目と補助科目を整理した表）

現金・預金		仕入債務	
現金	50,000	買掛金（補助あり）	(660,000)
普通預金（補助あり）	(1,500,000)	団子開発	330,000
レモン銀行	1,350,000	大福産業	220,000
オレンジ銀行	150,000	最中販売	110,000
定期預金（補助あり）	(350,000)	**他流動負債**	
アップル信用組合	350,000	短期借入金	2,500,000
売上債権		未払金	495,000
売掛金（補助あり）	(2,090,000)	預り金（補助あり）	(120,000)
すずめ物産	550,000	源泉所得税	120,000
カナリア貿易	1,100,000	**資本**	
うぐいす製作所	440,000	元入金	6,015,000
棚卸資産			
商品	1,800,000		
有形固定資産			
車両運搬具	2,500,000		
工具器具備品	1,500,000		
資産合計（借方合計）	9,790,000	負債及び純資産合計（貸方合計）	9,790,000

※個人事業主データ例では「当座預金」「建物」「支払手形」勘定は使用していません。法人データ例とは一部数値が異なっています。

ONE POINT 貸倒引当金と減価償却累計額を入力する場合の注意点

弥生会計では、「貸倒引当金」「減価償却累計額」勘定科目は、貸借区分が「借方」に設定されています。残高を入力する場合は「−」(マイナス)を付けて入力してください。

ONE POINT 個人事業主の開始残高について

■ 前年度青色申告をしていた場合(貸借対照表を作成していた場合)

前年度に青色申告をしていた場合、青色申告決算書の貸借対照表を見ながら残高を入力します。「元入金」の金額は自動計算されます。

次の計算式で計算した数字と一致するか、必ず確認しましょう。

前期の元入金 + 青色申告特別控除前所得 + 事業主借 − 事業主貸

前年の「元手」に「儲け」をプラスしたものが今年の「元手」になりますが、事業主の生活費に当てたお金や、事業主とのやり取り部分(「事業主貸」勘定、「事業主借」勘定)は今年の開始残高では「0」になるように、相殺して繰り越します。

■ 前年度白色申告をしていた場合、または前年度青色申告で貸借対照表を作成していなかった場合

前年度に白色申告をしていた場合は、貸借対照表を作成していないケースが多いと思います。その場合、開始残高は、「現金」「預金」「売掛金」などの資産、「借入金」や「未払」などの負債の科目について裏付けとなるデータ(現金出納帳、預金通帳、売掛残高一覧表など)から、前年の12月31日現在の残高を拾って入力します。

固定資産の帳簿価格をいくらにすべきかなどがわからない場合は、税理士の先生か最寄りの税務署へお問い合わせください。

■ 今年度新規開業の場合

今年度新規開業の場合は、開始残高の入力は不要です。開業に当たって準備したもの(現金や預金など)を確認し、振替伝票画面等で開始仕訳を入力します。

● 開業にあたり、現金(50,000円)、事業用普通預金口座開設(10,000円)を準備した場合

ONE POINT 期中に弥生会計を導入する場合

弥生会計の入力を年度の途中から行いたい場合、前期からの繰越残高と今期発生した取引のうち弥生会計導入の前月までの取引を入力しておく必要があります。

今期発生分については、1件ずつ入力することが困難な場合、残高試算表等の資料を見ながら、ある程度まとめて入力していきます。何通りかの方法がありますが、ここでは代表的なパターンを3つ説明します。前期の貸借対照表や今期の合計残高試算表を用意します。

1月1日が期首（12月31日決算）の会社データの入力を、4月1日から開始する場合を例にします。

パターン ❶ 前期の繰越残高を設定し、今期発生分を1カ月ごとに合算して入力する方法

前期の繰越残高入力（1/1の時点の繰越残高）

振替伝票入力（1月分合計+2月分合計+3月分合計）

4月1日から仕訳入力開始

パターン ❷ 前期の繰越残高を設定し、今期発生分をすべて合算して入力する方法

前期の繰越残高入力（1/1の時点の繰越残高）

振替伝票入力（1～3月分合算）

4月1日から仕訳入力開始

パターン ❸ 期首からの繰越残高と今期発生分をすべて合算して入力する方法

振替伝票入力（3月31日時点の残高金額）

4月1日から仕訳入力開始

期首からすべての仕訳を入力すると、集計資料の作成や消費税の集計等すべて行うことができますが、期中導入の場合は作成できない集計資料などがありますので注意が必要です。

また、次の点にも注意してください。

- 消費税集計が正しく行えない場合があります。
- 合算した期間の月次資料を確認することができません。
- パターン❸の場合、個人事業主データでは「元入金」勘定の自動計算が行われません。

ONE POINT 科目残高のインポート

勘定科目（補助科目）の期首残高は、カンマで区切られたテキストデータから、弥生会計に読み込むことができます。（インポート）また、「科目残高入力」画面に設定されているデータを、テキストデータとして出力（エクスポート）することもできます。インポートやエクスポートを行う場合は、「科目残高入力」画面を開いた状態でメニューバーの**[ファイル(F)]**→**[インポート(I)]**もしくは**[エクスポート(E)]**をクリックします。

インポートやエクスポートのデータ形式など詳細は、メニューバーの**[ヘルプ(H)]**→**[サポート(使い方FAQ)(S)]**をクリックし、弥生株式会社の製品サポートページより、キーワード等で検索して確認してください（※インターネット接続が必要）。

ONE POINT 補助科目の残高入力欄について

画面の上の方にある**[補助科目を表示(1)]**がONになっていると、補助勘定科目が設定されている勘定科目を選択したときに、画面の下の方に補助勘定科目の残高の入力欄が表示されます。この入力欄で補助科目の残高を入力すると、勘定科目の残高に自動的に集計されるので、補助科目の残高を先に入力します。

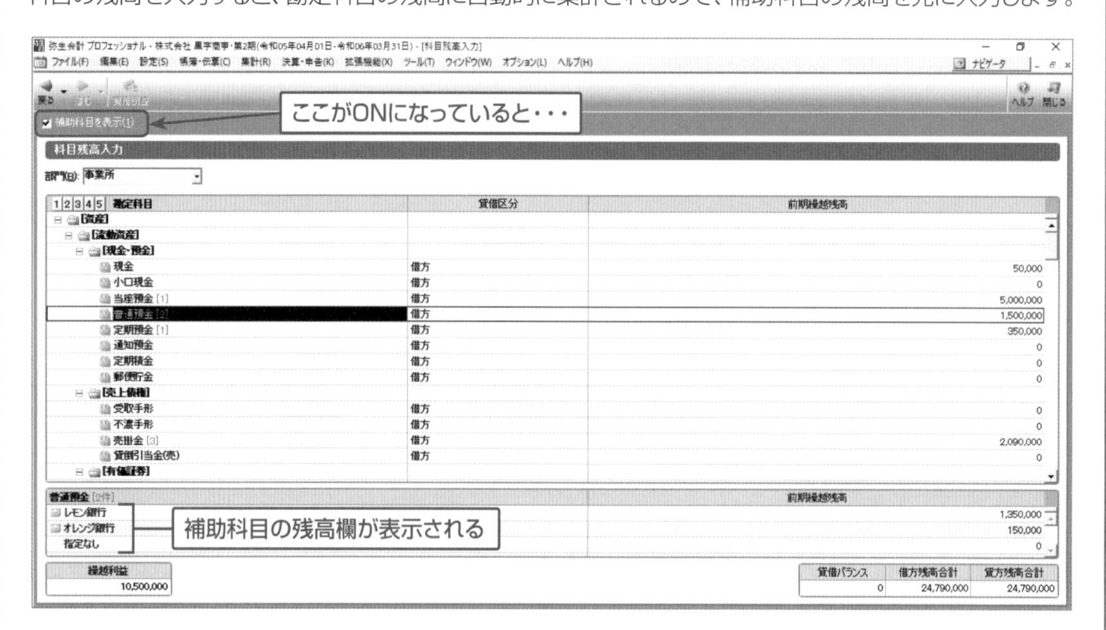

なお、補助科目の下に、「指定なし」と表示された項目が自動的に設けられますが、これは、勘定科目残高と補助科目残高の合計が一致しない場合の差額を調整するための欄です。「その他」や「諸口」(169ページ参照)の代わりとして使用することも可能ですが、補助科目を指定し忘れた為に「指定なし」欄に自動集計されてくるものと混在してしまうので、「その他」や「諸口」という補助科目をきちんと設定して運用するようにしましょう。

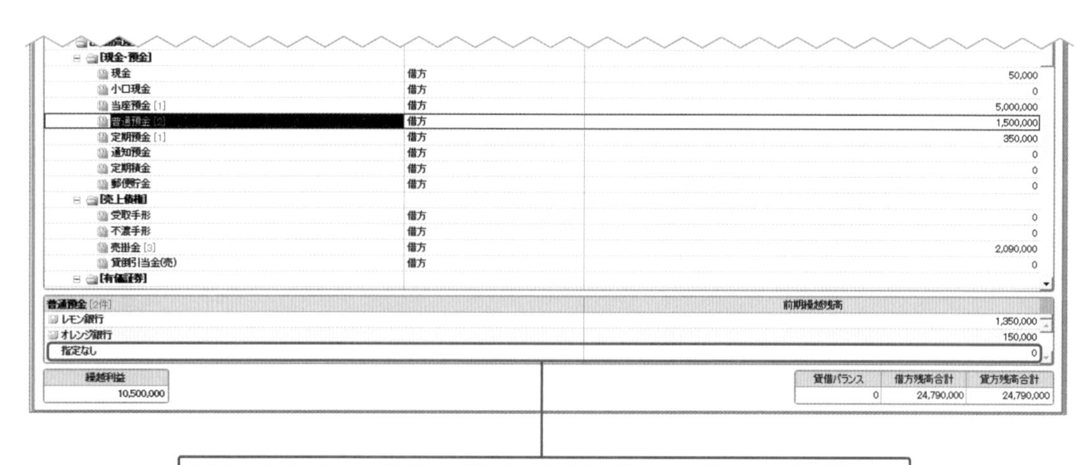

「指定なし」の欄は、勘定科目残高と補助科目残高が一致しない場合の調整用の欄であり、「その他」や「諸口」の代用として使用しない方が望ましい

SECTION-19 スタンダード プロフェッショナル

弥生会計の環境設定を確認・変更してみよう

弥生会計では、「仕訳入力」が日常作業の中心です。いかにミスなく入力できるかが重要なポイントになります。そこで、日常の入力作業を開始する前に、入力しやすい設定を確認してみましょう。

環境設定の変更方法

環境設定については、50ページの「環境設定ウィザード」の操作で設定を行いますが、後からでも必要に応じて変更することができます。後から環境設定を変更する場合は、クイックナビゲータの「導入」メニューの**[環境設定]**アイコンをクリックし、「環境設定」ダイアログボックスを表示します。

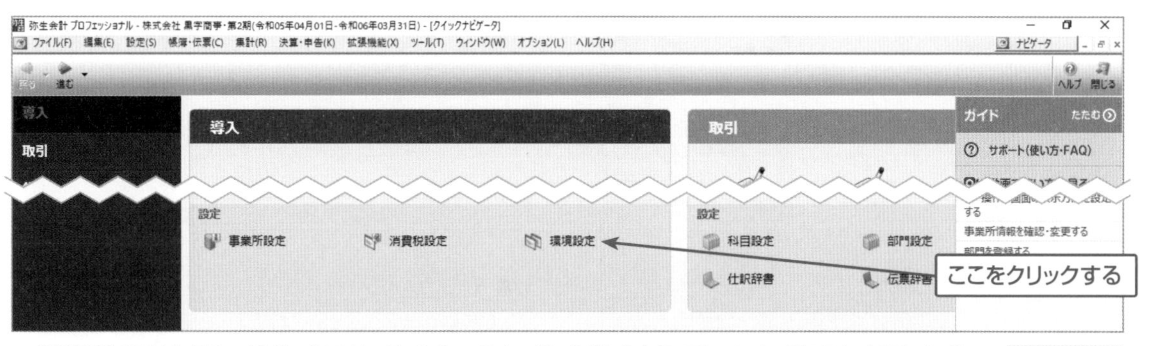

「環境設定」ダイアログボックスは、次の6つのタブから構成されています。設定を変更した後で、OK ボタンをクリックすると、すべての画面を閉じる必要があるというメッセージが表示されます。はい(Y) ボタンをクリックすると、設定の変更が実行されます。

● キー操作・入力

帳簿や伝票入力時の初期表示項目やキー操作の設定、消費税のエラー確認などの設定を行います。

● 選択

サーチキーの設定と選択リストの自動表示を行うかどうかの設定を行います。入力した順に絞り込みたい場合は、サーチキーのマッチング方式を「前方一致」に設定してください。

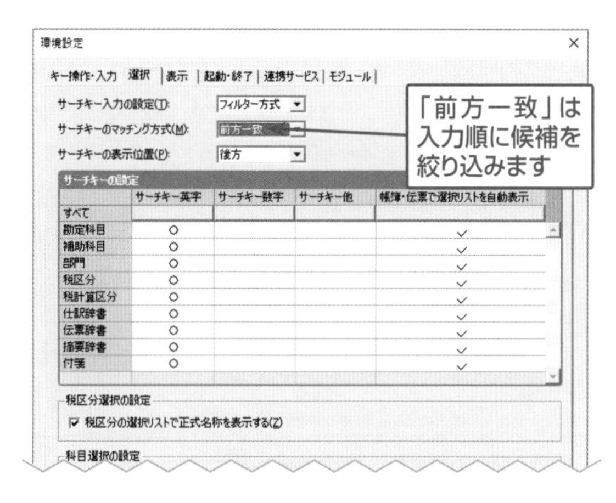

● 表示

入力画面の文字サイズやフォント、色、表示項目などを設定します。文字を変更する場合は、変更(F)...ボタンをクリックして設定します。ただし、文字サイズはあまり大きくしすぎると画面に表示しきれずに切れてしまう場合があるため注意が必要です。

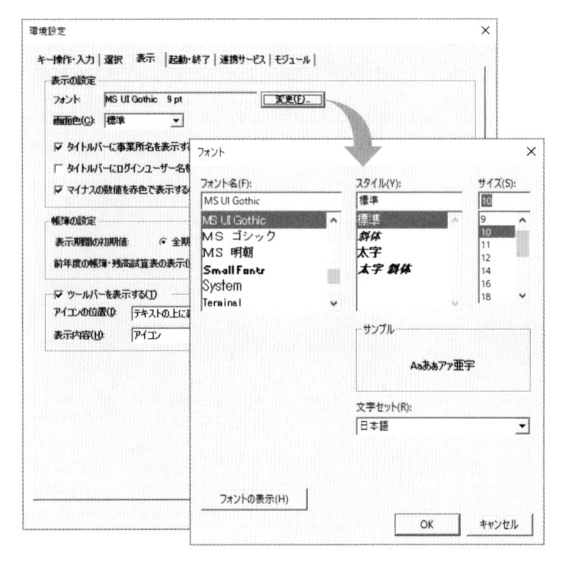

● 連携サービス

データバックアップサービスとスマート取引取込との連携の設定を行います。「弥生ドライブ」を設定すると、弥生製品のバックアップファイルやその他のデータをインターネット経由で弥生株式会社のデータセンターに保管したり、他のユーザーとファイルを共有することができます（48ページ参照）。ブラウザでスマート取引取込を表示せずに弥生会計に直接取り込む場合は**［取引データを弥生会計に直接取り込む(P)］**にチェックを付けておきます（327ページ参照）。

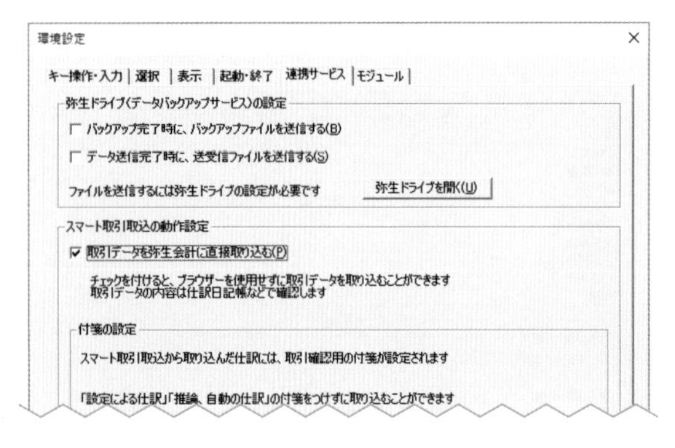

● 起動・終了

起動時に表示するデータや自動バックアップの設定です。

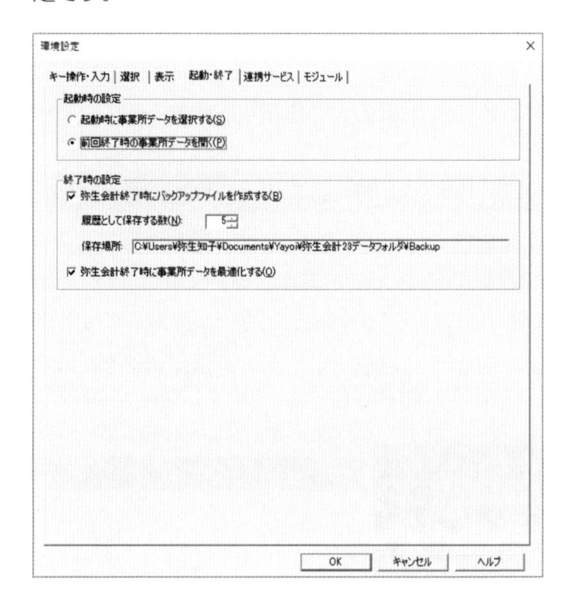

● モジュール

現在インストールされているモジュールが表示されます。モジュールの読み込みに関する設定では、事業所データを開くときにモジュールも一緒に読み込むかどうかの設定を行います。有効にすると、データの起動に時間がかかりますが、モジュールを起動するときには速くなります。

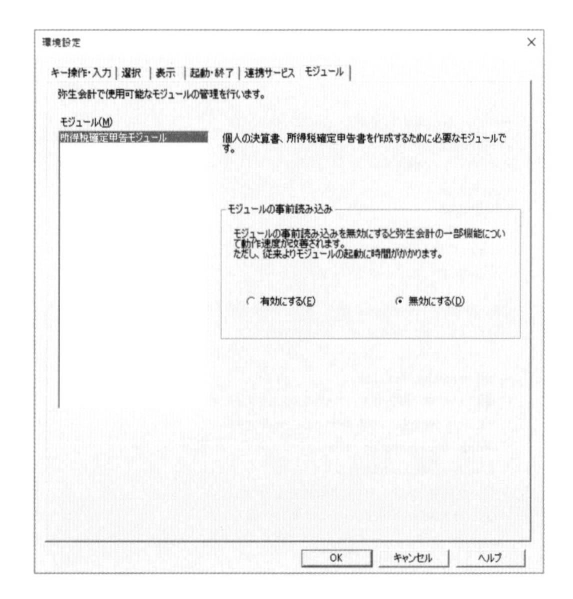

■ 帳簿や伝票を使いやすく設定する方法

独自の帳簿を作成したり、伝票番号の設定をしたり、帳簿や伝票の画面の初期設定を行うことができます。メニューバーの**[設定(S)]→[帳簿・伝票設定(C)]**を選択すると、「帳簿・伝票設定」ダイアログボックスが表示されるので、ここで設定を行います。

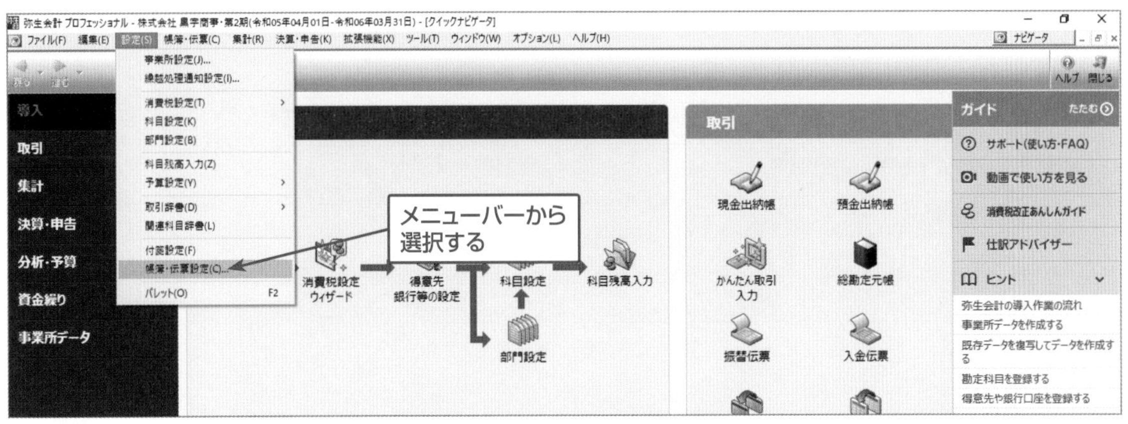

「帳簿・伝票設定」ダイアログボックスは、次の4つのタブから構成されています。設定を変更した後で OK ボタンをクリックすると、すべての画面を閉じる必要があるというメッセージが表示されます。はい(Y) ボタンをクリックすると、設定の変更が実行されます。

● 帳簿

入力画面の基本構成を設定します。オリジナルの帳簿を作成することもできます。

初期設定では現金出納帳はタイプが「元帳」ですが、預金出納帳、売掛帳、買掛帳は、タイプが「補助元帳」になっています。預金、売掛金、買掛金に補助科目を設定していない場合は、タイプを「元帳」に変更しないと使用することができません

● 伝票

入出金伝票を入力した際に増減する勘定科目を設定します。

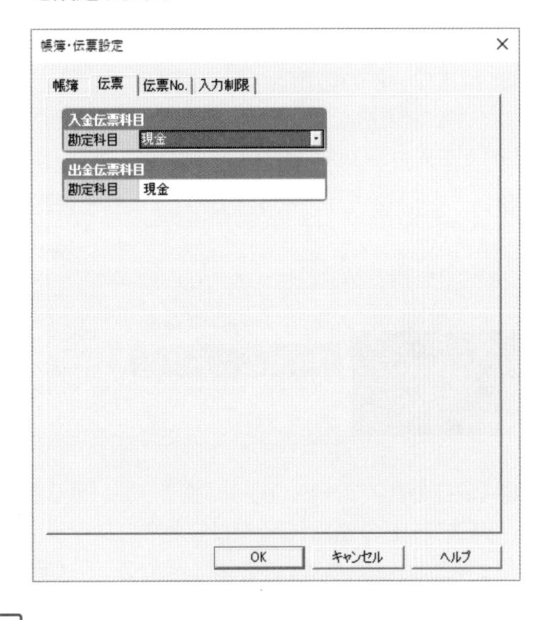

● 伝票No.

仕訳入力時の伝票No.をどう付番するかの設定です。

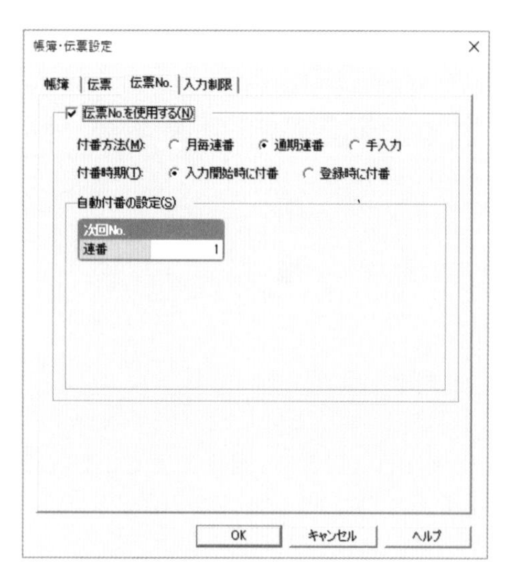

● 入力制限

仕訳を追加・修正・削除できないようにロックする設定です。弥生会計は、繰越処理を行っても前年度データに入力ができてしまうので、確定した年度は修正できないように設定しておくことができます。

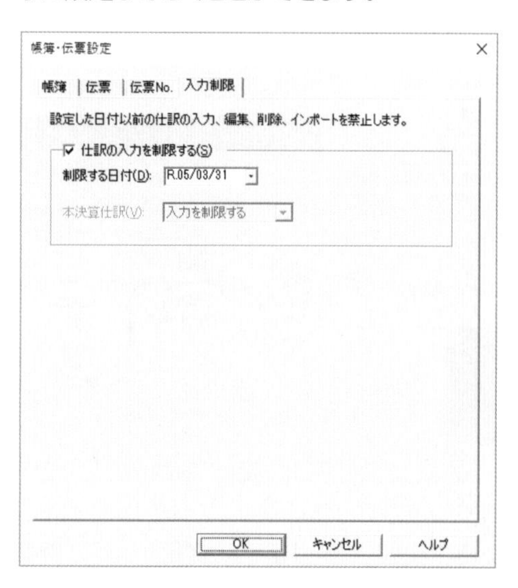

■ ユーザー管理機能の活用

ユーザー管理機能を利用すると、事業所データにパスワードを設定したり、入力できる人や機能に制限をかけることができます。

● パスワードの設定

弥生会計の初期設定では、パスワードは設定されていません。必要に応じて、弥生会計を起動したときにパスワードを入力しないと事業所データを開けないようにすることができます。

❶ メニューバーの**[ツール(T)]→[ユーザー管理(U)]→[パスワードの変更(P)]**を選択します。

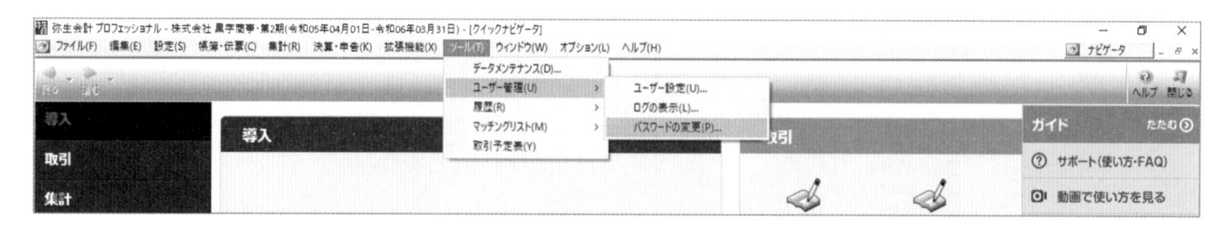

❷ **[現在のパスワード(O)]**欄は空白にし、**[新しいパスワード(N)]**と**[新しいパスワードの確認(C)]**欄に任意のパスワードを入力し、OKボタンをクリックします。この後、「パスワードは変更されました。」というメッセージが表示されるので、OKボタンをクリックします。なお、パスワードに使用できる文字は半角の英数字8文字以内です。パスワードは、弥生会計を終了し、次回起動したときから有効になります。

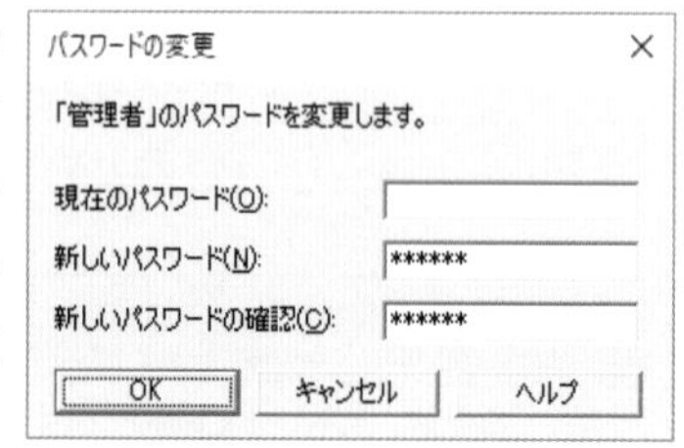

ONE POINT パスワードを忘れないように注意!

「パスワードを忘れてしまった」という声をときどき耳にします。パスワードを忘れると事業所データを開けなくなるので、注意してください。パスワードは自己責任で、しっかりと管理しましょう。

また、正しくパスワードを入力しているつもりでも、キーボードの「CapsLock」や「NumLock」がONかOFFかによって、パスワード設定時の文字とは違う文字が入力されていることがあるので注意してください。

● 機能制限の設定

すべての機能を使用できる「管理者」の他に、入力担当者用に、機能制限のあるユーザーを新規に追加することができます。

❶ メニューバーの**[ツール(T)]→[ユーザー管理(U)]→[ユーザー設定(U)]**を選択します。

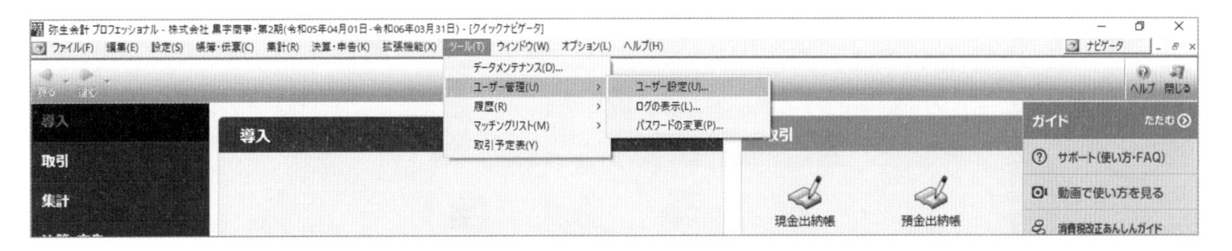

❷「ユーザー設定」ダイアログボックスの 追加(A)... ボタンをクリックします。

❸ ユーザー名とパスワードを設定し、「使用できるメニュー」タブと「使用できる機能」タブ内の項目は、必要に応じてチェックをOFFにします。OFFにした項目は、このユーザー名とパスワードでログインした人はその機能を使用することができません。設定を行ったら 登録 ボタンをクリックし、閉じる ボタンをクリックすると、すべての画面を閉じるというメッセージが表示されるので、OK ボタンをクリックします。

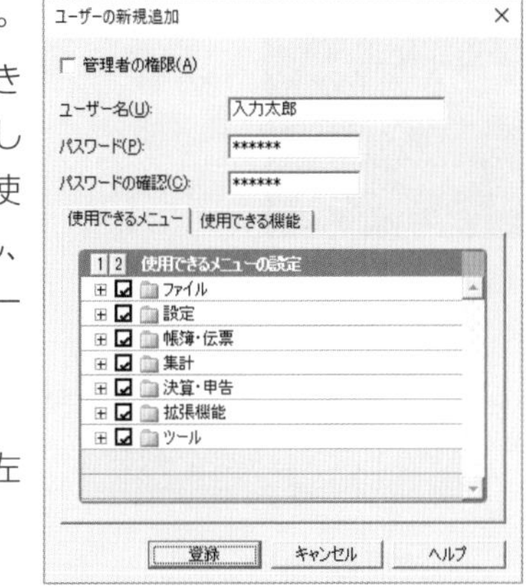

なお、ユーザーの追加設定を行う場合は、「管理者」のユーザーにも、左ページの要領でパスワードを設定しておきます。

ONE POINT 「管理者」と「管理者の権限」について

「管理者」とは、弥生会計の初期設定で用意されているユーザーのことで、すべての機能を使用することができます。「管理者」を削除したり、機能に制限を設定することはできません。ユーザー管理やデータの受信を行うことができるのは、「管理者」か、「管理者」と同等の権限(「管理者の権限」)を持ったユーザーのみです。

新規のユーザーに「管理者の権限」を持たせる場合は、「ユーザーの新規追加」ダイアログボックスの**[管理者の権限(A)]**をONにします。

SECTION-20　スタンダード　プロフェッショナル

弥生会計の「事業所データ」を切り替えたり不要なデータを削除してみよう

弥生会計で作成した「事業所データ」は、初期設定では、ログインユーザーの「ドキュメント」フォルダ内の「Yayoi」フォルダ内にある、「弥生会計 23データフォルダ」の中に保存されます。弥生会計のソフトウエアは1台のパソコンに1本のソフトウェアをインストールして処理を行いますが、そのパソコン内で複数の会社の「事業所データ」を保存しておき、必要に応じて切り替えて利用することができます。

20-1 表示する「事業所データ」を切り替える

ここでは、現在表示されている「事業所データ」の他にも「事業所データ」が保存されていることとして、その「事業所データ」を開いてみましょう。

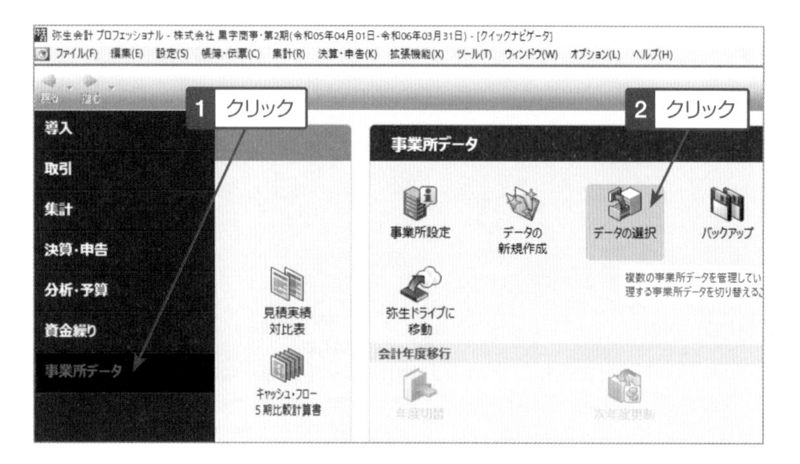

1 クイックナビゲータの「事業所データ」メニューをクリックし、**[データの選択]**アイコンをクリックします。

メニューバーの**[ファイル(F)]→[開く(O)]**を選択しても同じ操作を行うことができます。

事業所データの選択
絞り込み
データ名の一部を入力すると、一覧に表示されるデータを絞り込むことができます
データ名(N):
バージョン: ☑弥生会計23(3) □弥生会計22(2) □弥生会計21(1) □弥生会計20(0) □弥生会計19(9)
□その他(P) 弥生会計18
データ種別(K): 事業所データ　表示順序(H): 昇順

名前	種類
C:¥Users¥弥生知子¥Documents¥Yayoi¥弥生会計23データフォルダ	
株式会社 オフィスやよい(1期).KD23	弥生会計 23 事業所データ
株式会社 黒字商事(2期).KD23	弥生会計 23 事業所データ
黒字商店(令和05年度).KD23	弥生会計 23 事業所データ

1 クリック
2 クリック
□削除を有効にする(E)
参照先の設定(L)...　詳細(D)...
開く　キャンセル　ヘルプ

2 現在開いている「事業所データ」には本の形のマークが表示されているので、それ以外の、開きたい「事業所データ」の名前をクリックし、[開く]ボタンをクリックします。

この操作により、「事業所データ」を切り替えることができます。

※弥生会計では、7世代前までの旧バージョンのデータを開くことができます。弥生会計 16〜18のデータを開くには、**[その他(P)]**のチェックボックスをONにして、リストから対象のバージョンを選択します。

20-2 「事業所データ」を削除する

「事業所データ」は削除することができます。ここでは、不要となった「事業所データ」を削除してみましょう。

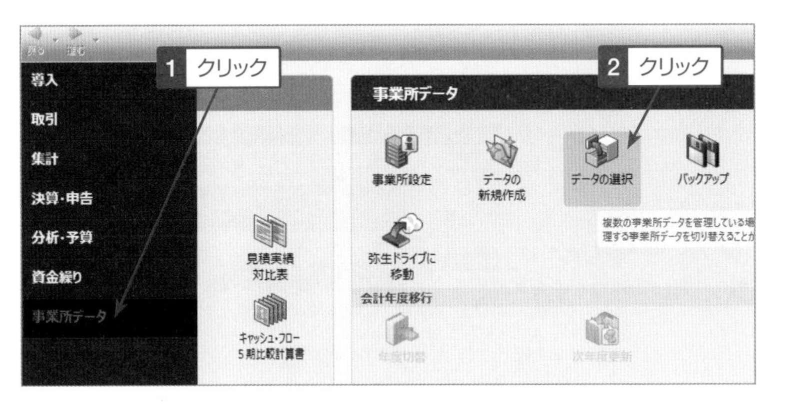

1 クイックナビゲータの「事業所データ」メニューをクリックし、**[データの選択]**アイコンをクリックします。

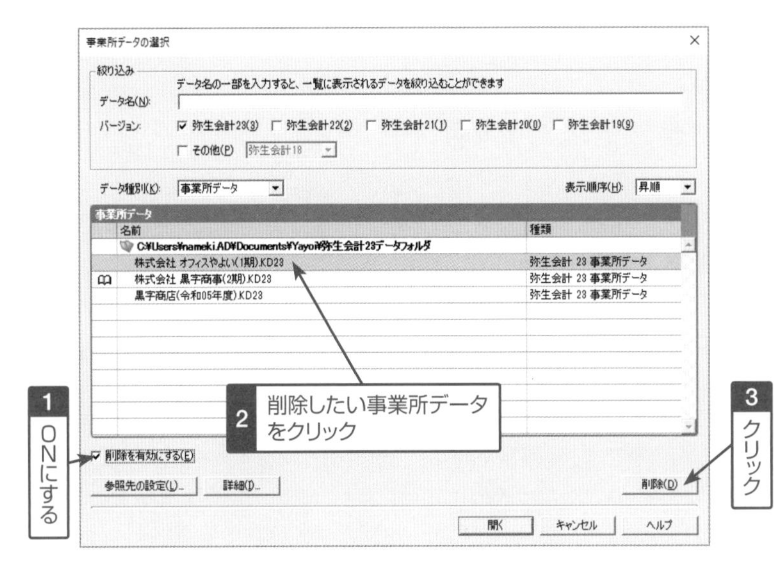

2 **[削除を有効にする(E)]**をONにすると、画面右下に 削除(D) ボタンが表示されます。削除したい「事業所データ」をクリックし、削除(D) ボタンをクリックします。

ここで削除したデータは、Windowsのごみ箱には入らず削除されるので注意が必要です。

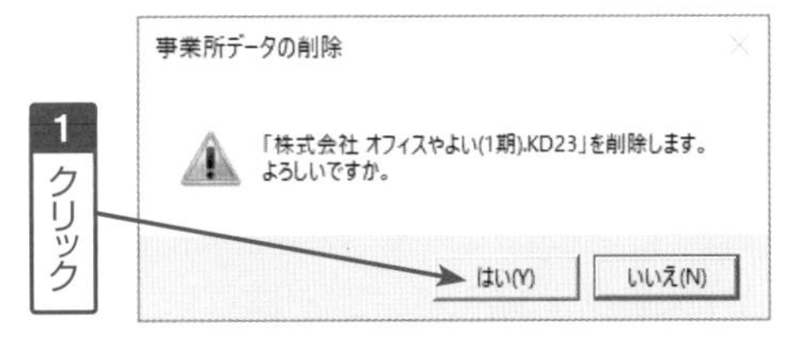

3 確認メッセージが表示されるので、問題がなければ はい(Y) ボタンをクリックします。

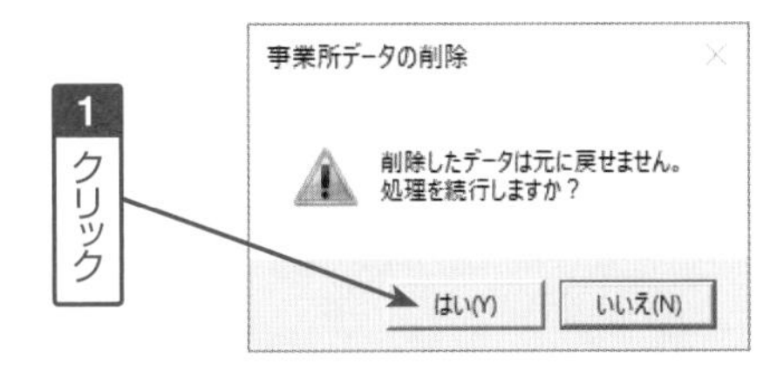

4 はい(Y) ボタンをクリックします。

この後、× ボタンをクリックして画面を閉じてください。

ONE POINT サンプルデータを開いて勉強してみる

弥生会計をインストールすると、サンプルの「事業所データ」が自動的にパソコン内に保存されます。サンプルは、「株式会社　弥生トレーディング（法人）」と「文具事務機の弥生商店（個人）」というデータが用意されています。この「事業所データ」を開いて中身を見ることで、入力例を参考にしたり、入力練習用に使用することができます。

サンプルを開くには、デスクトップの**［弥生 マイポータル］**アイコンをダブルクリックし、製品別メニューの弥生会計より、**［その他のサポートツール］**アイコンをクリックして、「サンプルデータ」フォルダ内の**［サンプルデータ（法人）］**→**［サンプルデータ（法人）］**または**［サンプルデータ（法人・部門なし）］**をダブルクリックします。「バックアップファイルの復元」ダイアログボックスが表示されるので、復元先を指定し、復元ボタンをクリックします。

消費税を意識した会計処理を行うことが大切

今の会計ソフトはとてもよくできていて、消費税申告書まで作成できるものが多くなっています。もちろん弥生会計でも消費税申告書作成機能が付いています。申告書そのものを作成する操作は非常に簡単ですが、問題はそこではなく「日常の会計処理」です。

仕訳データ入力の際に、消費税がかかる取引なのか、かからない取引なのかを区分し、また簡易課税方式を選択している場合は、売上事業区分ごとに売上取引を区分して入力することが大切なのです。また、消費税率が変更になった場合、長期請負契約や継続取引など一定の条件のもと、旧税率を適用する経過措置が講じられるものがあるため、内容によって旧税率と新税率の取引が混在するものがあり、軽減税率対象の取引の確認も含め、税率での区分も必要です。消費税と聞くと「難しい」というイメージがありますが、日常処理に関していえば、前述のような点を注意しながら取引内容に応じきちんと区分した入力ができればそれほど複雑ではありません。わからないことがあればどんどん税理士や税務署に確認しましょう。

補助科目の上手な運用

勘定科目の内訳を管理する「補助科目」は、設定しておくと、入力した取引を後から集計したり確認するのに役立ちます。「弥生会計 23 プロフェッショナル」や「弥生会計 23 ネットワーク」では「勘定科目の内訳書（法人のみ）」に補助科目ごとの残高を取り込める科目があります。よく見かける例としては、「預金科目」「売掛金」「買掛金」「未払金」「未払費用」「預り金」などに設定するケースがあります。

販売管理ソフトなどで「売掛金」や「買掛金」の管理を行っているような場合は、会計ソフトでは補助科目は必要ないかもしれませんが、内訳を管理したい科目や、後から集計して傾向を確認したい項目については、補助科目を設定しておくとよいでしょう。また、消費税の税区分や税率を補助科目ごとに分けて設定することもできますので、特に原則課税（本則課税）で計算する場合は便利です。

第 4 章

帳簿や伝票を入力してみよう

仕訳入力画面の種類と役割について

弥生会計の日常処理の基本は、「仕訳を正しく入力する」ことです。この「仕訳入力」が正確に操作できないと、その先の集計処理や、決算処理も正しい数字が集計されません。ここでは、仕訳を入力するための画面の種類と入力方法を確認していきましょう。

■取引を入力することができる画面

弥生会計の日常入力画面は、クイックナビゲータの「取引」メニューにショートカットアイコンが集まっています。入力画面には、簿記がわからなくても簡単に入力ができる「帳簿」形式の画面と、複式簿記の仕訳の形で入力していく「伝票」形式の画面が用意されています。また、「帳簿」形式の画面の中でも、複式簿記において重要な帳簿が「総勘定元帳」「仕訳日記帳」で、これらは「主要簿」と呼ばれています。主要簿に関する説明は163～170ページを参照してください。また同様に、「補助元帳」は「補助簿」とも呼ばれ、主要簿を補完する重要な役割を果たしています。補助簿に関する説明は171～172ページを参照してください。

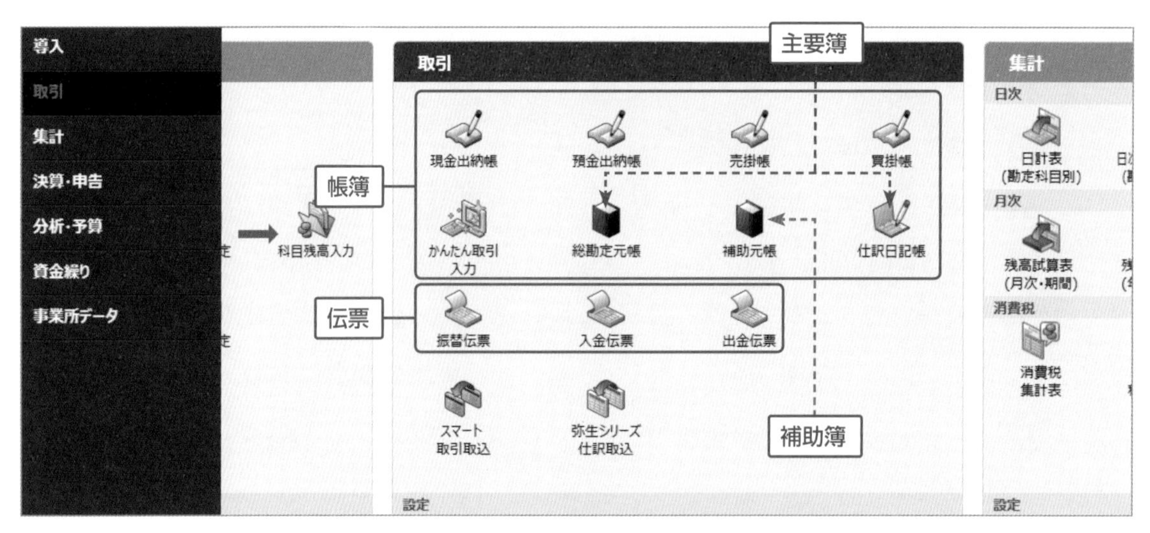

「4月1日　○○文具店で事務用品を購入し、1,100円(税抜1,000円+消費税10% 100円)を支払った。」という取引があるとします。この取引を入力することができる画面は、次の7つです。

- 現金出納帳(118ページ参照)
- 経費帳(メニューバーの[帳簿・伝票(C)]→[経費帳(5)]を選択して画面を開く)
- 振替伝票(139ページ参照)
- 出金伝票(138ページ参照)
- 総勘定元帳(168ページ参照)
- 仕訳日記帳(163ページ参照)
- かんたん取引入力(130ページ参照)

同じ取引でも複数の画面で入力することができる場合、どの帳簿・伝票で入力しなくてはいけないという決まりはありません。ただし、二重入力や入力漏れを防ぐためにも、入力しやすい画面を選んで、ある程度自社でルールを作っておくことが必要です。

1つの画面から取引を入力すると、関係する帳簿すべてに数字が反映されていきます。たとえば、前述の取引を出金伝票で入力した場合、現金出納帳にも数字が自動転記されています。

主要簿については、直接入力もできますが、入力結果を確認する画面として使用するケースが通常です。

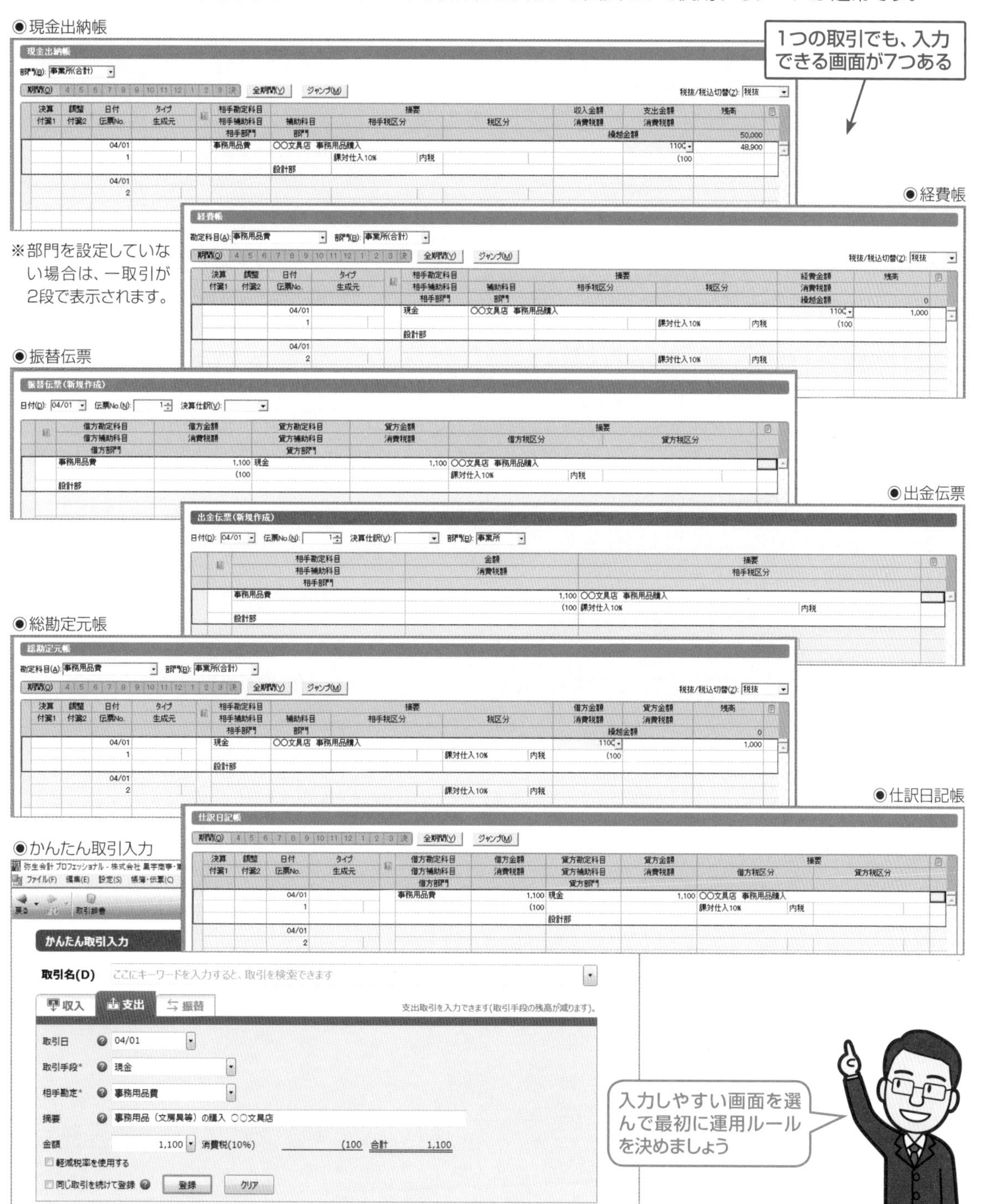

■運用方法の例

ここでは、どの画面からどの取引を入力したらよいかについて、一般的な運用方法の例をご紹介します。

●「帳簿」画面を中心に入力していく方法(個人事業主や、簿記初心者におすすめ)

現金取引

「現金出納帳」で入力します。

預金取引

「預金出納帳」で入力します。

売掛・買掛取引

「売掛帳」「買掛帳」で入力します。

※預金の現金引き出しや売掛金の預金入金など、どちらの帳簿でも入力できる取引については、あらかじめどちらの帳簿で入力するのかルールを決めておきます。

その他の取引

帳簿で入力しきれないものは「振替伝票」で入力します。

●「かんたん取引入力」画面を中心に入力していく方法(パソコン操作が苦手で簿記初心者におすすめ)

現金取引、預金取引、売掛・買掛取引

「かんたん取引入力」画面で入力します。

その他の取引

「仕訳アドバイザー」や「振替伝票」で入力します。

●「伝票」画面を中心に入力していく方法(法人や、ある程度会計処理に慣れた方におすすめ)

現金取引

「入金伝票」「出金伝票」で入力します。

その他の取引

「振替伝票」で入力します。

※会計処理に慣れている事業所(会計事務所など)は、すべての取引を振替伝票で入力しているところも多くあります。この方法はすべての取引を同じ画面で入力でき、他の帳簿などで修正や削除ができないため、一元管理を行うことができるなど、管理しやすくメリットが大きいといえます(139ページ参照)。

SECTION-22 スタンダード プロフェッショナル

仕訳入力の基本操作

ここでは、帳簿と伝票で共通の基本的な操作について確認しましょう。

■マウス操作とキーボード操作について

入力の方法は主にマウスを使用して入力する方法と、マウスをほとんど使用せずにキー操作で行う方法があります。入力しやすい方法を選択しましょう。マウスを使用しないで入力を行う場合、次のキーを使用します。

操　作	使用するキー
項目の移動	Tabキー、または⏎キー
項目の移動(戻る)	Shift+Tabキー
選択リストの表示	F4キー
選択リストを消す(表示しない)	Escキー

※ ▼ボタンが表示されている項目は、クリックするかF4キーを押すと選択リストを表示することができます。また、項目を移動した際に、選択リストを自動で表示するかどうかは「環境設定」で設定することができます。

■日付の入力

● マウス操作の場合

日付欄の右の▼ボタンをクリックするか、日付欄が選択されている状態でF4キーを押すとカレンダーが表示されます。月を切り替え、日付をクリックします。

● 直接入力の場合

直接数字を入力します。たとえば、4月1日の場合、「0401」「401」「4/1」のどの書式でも入力できます。また、帳簿上部の期間の任意の月をクリックすると、月の指定を行えるので、日にちだけ手入力して指定することも可能です。

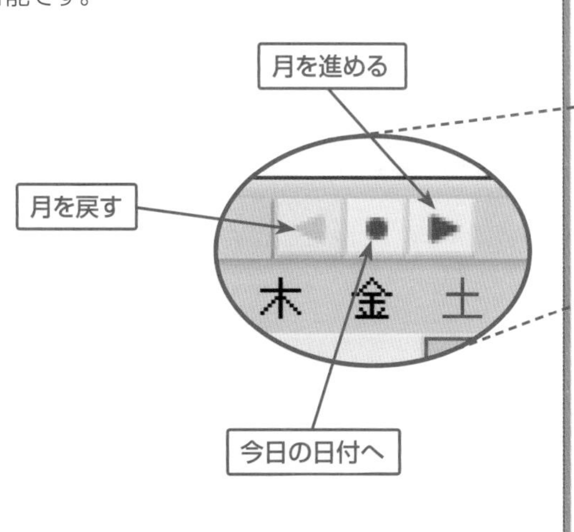

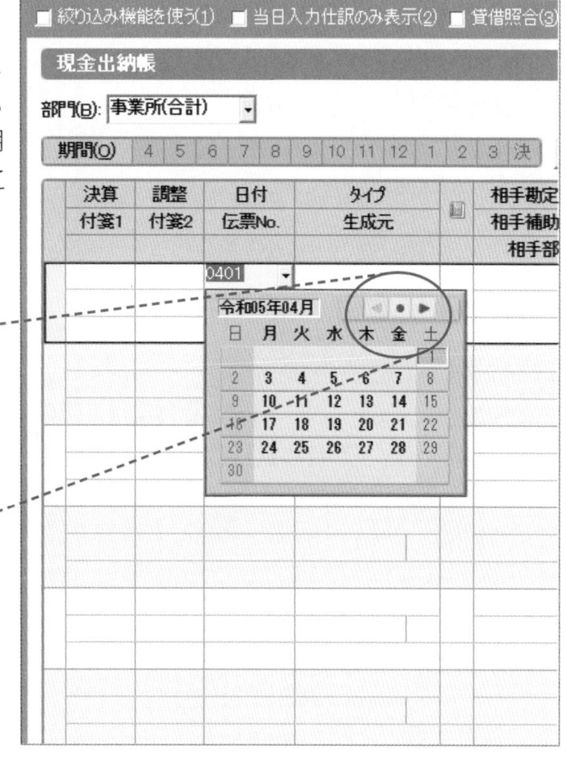

■金額の入力

金額欄で直接数字を入力しますが、▾ボタンをクリックするかF4キーを押すと電卓を表示することができるため、電卓での計算結果を入力することができます。

また、キーボードの,キーか/キーを押すと、「000」（0を3桁）と入力することができます。百万円を入力する場合、1,,もしくは1//と入力すると「1,000,000」が表示されます。

■項目の選択

勘定科目、補助科目、部門などを入力する場合、マウスで▾ボタンをクリックし、表示したドロップダウンリストの中から探して選択することもできますが、たくさんある候補の中から探し出すのは大変です。項目を表すキーワードとして設定された「サーチキー」を入力して選択する方法が便利です。

「サーチキー」で選択する方法は、「フィルタ方式」と「ジャンプ方式」があります。「フィルタ方式」は入力したサーチキーを持つ候補を表示し、だんだん絞り込んでいく方式です。候補が画面にすべて表示されるのでわかりやすいといえます。「ジャンプ方式」は入力したサーチキーを持つ項目の候補にジャンプする方式です。初期設定ではフィルタ方式が設定されています。また、サーチキーのマッチング方式として「前方一致」と「部分一致」の設定があります。方式を変更する場合は、クイックナビゲータの「導入」メニューをクリックし、**[環境設定]**アイコンをクリックして、「環境設定」ダイアログボックスの「選択」タブをクリックし、**[サーチキー入力の設定(T)]**や**[サーチキーのマッチング方式(M)]**で設定します。「サーチキー」については53ページを参照してください。

● サーチキー英字を使用した入力例

サーチキー英字を使用して「消耗品費」を選択したい場合は、次のように操作します。

フィルタ方式（前方一致）の場合

「SHO」と入力すると、「SHO」から始まるサーチキーを持つ科目を一覧表示します。入力する文字が多ければそれだけ絞り込みをかけることができます。

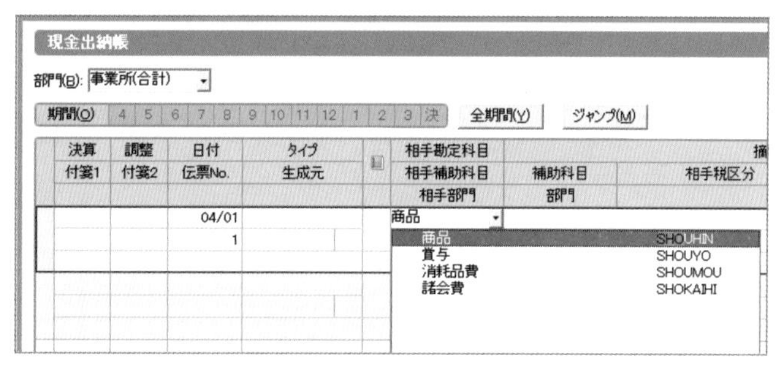

フィルタ方式（部分一致）の場合

「SHO」と入力すると、サーチキーに「SHO」を含む科目のうち、**[科目設定]**画面の勘定科目の並び順の昇順で候補を一覧表示します。勘定科目だけでなく、科目区分も含めて検索するので、探しにくい場合は「前方一致」に変更するとよいでしょう。

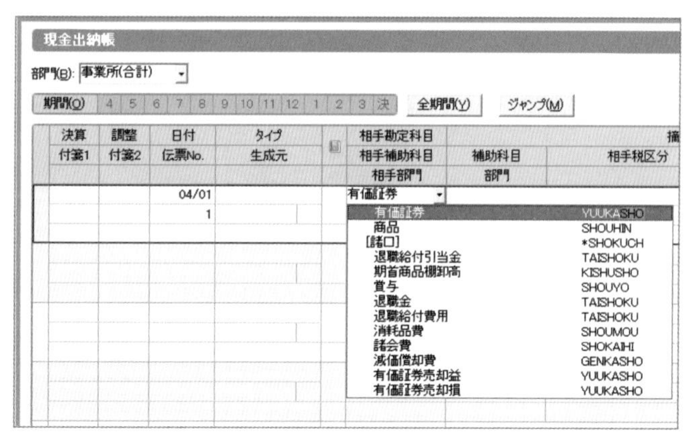

帳簿から入力する方法

帳簿の画面では、「借方」「貸方」を意識しなくても入力が可能です。帳簿で入力した仕訳は「仕訳日記帳」画面で複式簿記の仕訳の形に変換されるため、簿記初心者の方には入力しやすい画面構成です。

■帳簿の特徴

帳簿画面で入力できる仕訳は「借方」と「貸方」が1対1（借方も貸方も1行ずつ、という意味）となる取引です。簿記がわからなくても入力しやすい、日付順に残高を確認しながら入力できる、他の帳簿でも修正削除ができるという特徴がありますが、複合仕訳（「借方」と「貸方」が1対1にならない仕訳）を入力できない、補助元帳のタイプの入力画面では、いちいち画面を切り替える必要があるなどのデメリットもあります。なお、弥生会計では、入力した仕訳をいつでも修正したり削除したりすることができます。また、仕訳の修正や削除は、関連する帳簿や資料に自動的に反映されます。

弥生会計の帳簿には、次のような種類があります。

- 現金出納帳
- 預金出納帳
- 売掛帳
- 買掛帳
- かんたん取引入力
- 総勘定元帳
- 補助元帳
- 仕訳日記帳
- 経費帳

クイックナビゲータにアイコンがない場合（経費帳など）、メニューバーの**[帳簿・伝票(C)]**から選択します。

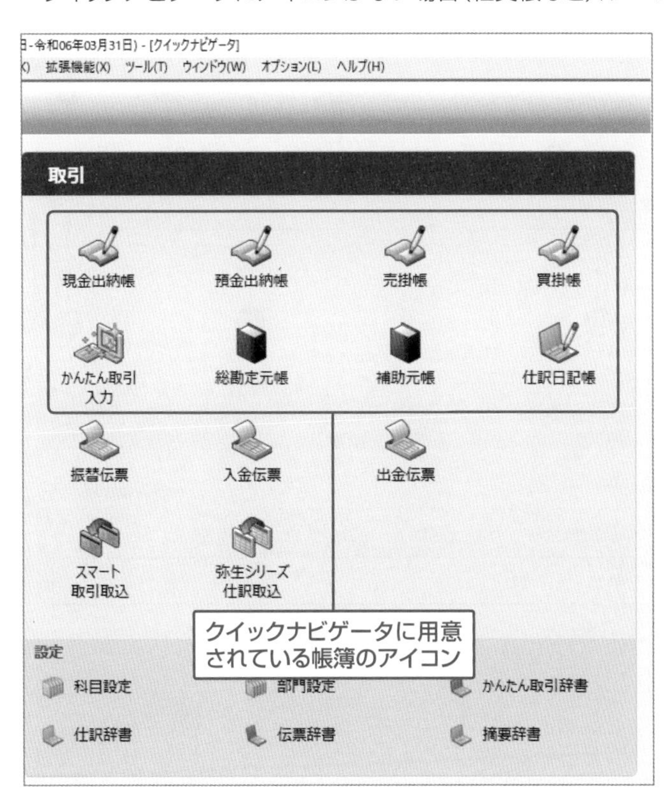

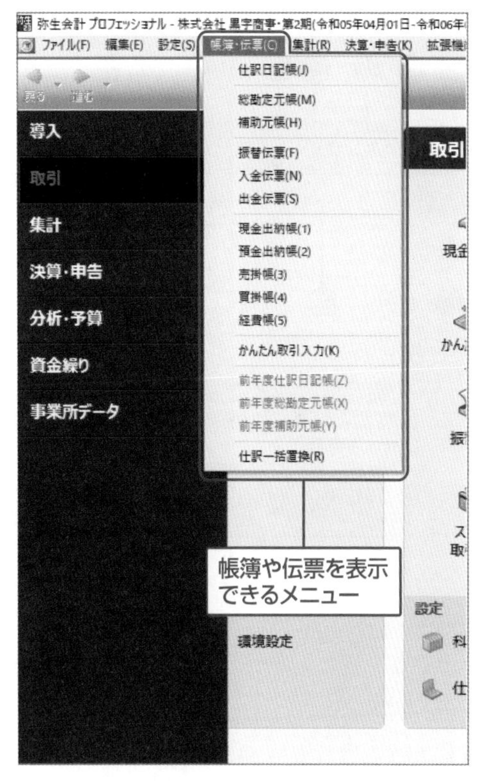

■帳簿の画面の見方

各帳簿画面でボタンの機能などはほぼ共通です。帳簿の画面の見方は次の通りです。

※総勘定元帳(補助元帳)、仕訳日記帳では、ツールバーの**[前年度]**ボタンより前年度(前年度データがある場合)の帳簿を参照することができます。

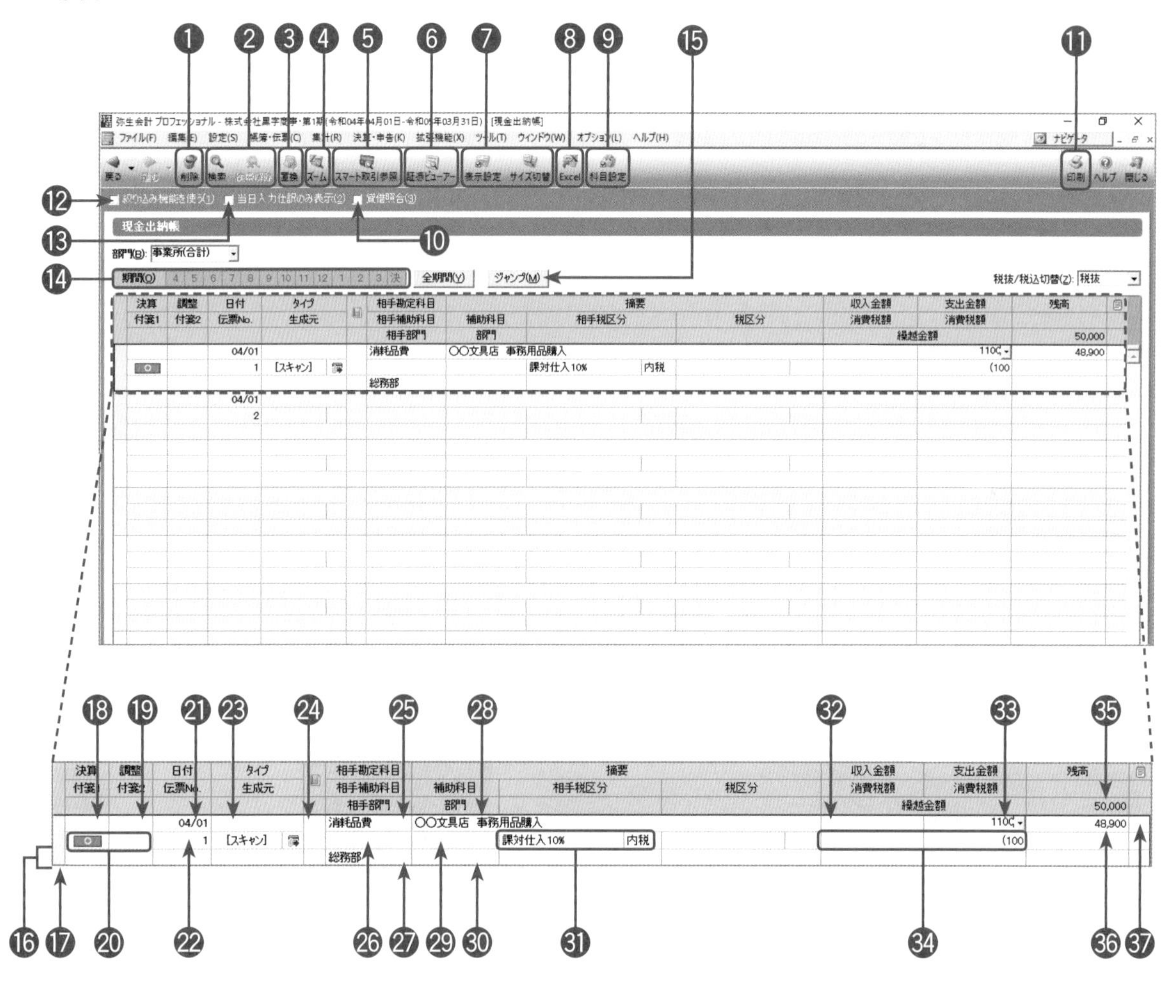

●部門を設定していない場合の画面

決算 付箋1	調整 付箋2	日付 伝票No.	タイプ 生成元	相手勘定科目 相手補助科目 相手部門	摘要 補助科目 部門	相手税区分	税区分	収入金額 消費税額	支出金額 消費税額	残高
								繰越金額		50,000
		04/01		消耗品費	○○文具店 事務用品購入				1100	48,900
○		1	[スキャン]			課対仕入10%	内税		(100	
		04/01								
		2								

番号	機能
❶	選択した仕訳を削除する
❷	入力した仕訳をさまざまな条件で検索することができる。検索状態を解除する場合は[検索解除]ボタンをクリックする
❸	登録済みの仕訳を条件指定し、一括置換する
❹	仕訳の行を選択してクリックすると、その取引の仕訳画面が表示される(帳票入力仕訳の場合は「仕訳日記帳」画面が表示され、伝票入力仕訳の場合は入力元の伝票画面が表示される)
❺	スマート取引取込で取り込んだ仕訳について、スマート取引取込を立ち上げて内容を確認することができる
❻	スマート取引取込で取り込んだ仕訳に証憑がある場合、スマート取引取込を立ち上げずに証憑を確認することができる
❼	入力画面のサイズを大きくしたり、画面に初期表示する項目を選択する
❽	クリックするとMicrosoft Excelにデータを書き出すことができる
❾	総勘定科目や補助科目を追加・修正・削除できる「科目設定」画面へジャンプする
❿	入力した仕訳の貸借金額を照合する
⓫	表示している帳簿を印刷する
⓬	各項目でキーワードによる絞り込みをかける
⓭	今日入力した仕訳のみを絞り込む
⓮	月度を選択することができる
⓯	指定した日付にジャンプする
⓰ ※	部門を設定している場合のみ3段目が表示される
⓱	仕訳を選択することができる(行セレクタ)
⓲	通常の仕訳と分けて決算整理仕訳として入力する場合に「決算」を選択する
⓳	当座預金の残高調整表を作成する項目の場合にチェックを付ける
⓴	付箋は2種類(各5色)付けることができる。スマート取引取込から仕訳を取り込むと付箋1に拡張付箋が設定される
㉑	取引の日付を入力する
㉒	伝票番号が自動で設定される(初期設定では通期での自動連番)
㉓	仕訳の種類(帳簿取引、伝票取引)と、仕訳を取り込んだ場合の生成元を確認することができる
㉔	仕訳辞書(よく使う仕訳のパターン)を呼び出す
㉕	相手方の勘定科目を入力する(現金出納帳の場合、「現金」勘定が「自分方」となり、現金を増減させる原因となった勘定科目が「相手方」となる)
㉖	上に入力した勘定科目に補助科目が設定されている場合に補助科目を入力できる
㉗ ※	特定の部門の取引の場合に部門を入力する(部門が設定されている場合のみ)
㉘	摘要(取引の詳しい内容)を入力する
㉙	自分方(現金出納帳の場合は「現金」勘定)に補助科目がある場合に補助科目を入力できる
㉚ ※	自分方の部門を入力できる(部門が設定されている場合のみ)
㉛	入力した相手勘定科目と取引日付によって税区分と消費税率が自動でセットされる(修正可)
㉜	借方金額を入力する(現金出納帳では収入金額)
㉝	貸方金額を入力する(現金出納帳では支出金額)
㉞	仕訳を入力すると、消費税の設定によって、消費税額が自動で計算される
㉟	現在画面に表示されている一番上の残高よりも1つ前の残高の状態を表示する(この例では一番はじめに入力した取引のため、開始残高が表示されている)
㊱	現在の残高が自動で表示される
㊲	仕訳メモ(請求書などの交付を受けられないやむを得ない理由など)を記入する

※部門の設定は、「弥生会計 23 プロフェッショナル」「弥生会計 23 ネットワーク」のみの機能です。

■帳簿の文字サイズについて

帳簿の文字サイズを変更することができます。102ページの要領で変更する他に、帳簿の画面ではツールバーの**[サイズ切替]**ボタンをクリックするだけで、文字サイズが大きい画面に切り替えることができます。文字サイズが大きい画面では、**[サイズ切替]**ボタンをクリックする前の状態と比較して125%大きい文字で表示されます。この画面では、入力に最低限必要な項目のみ表示されます。「付箋」「決算」「調整」「仕訳メモ」欄などは表示されません。ツールバーの**[表示設定]**ボタンをクリックすると、「項目の表示設定」ダイアログボックスが表示され、表示する項目を設定することができます。

●初期設定の文字サイズの状態

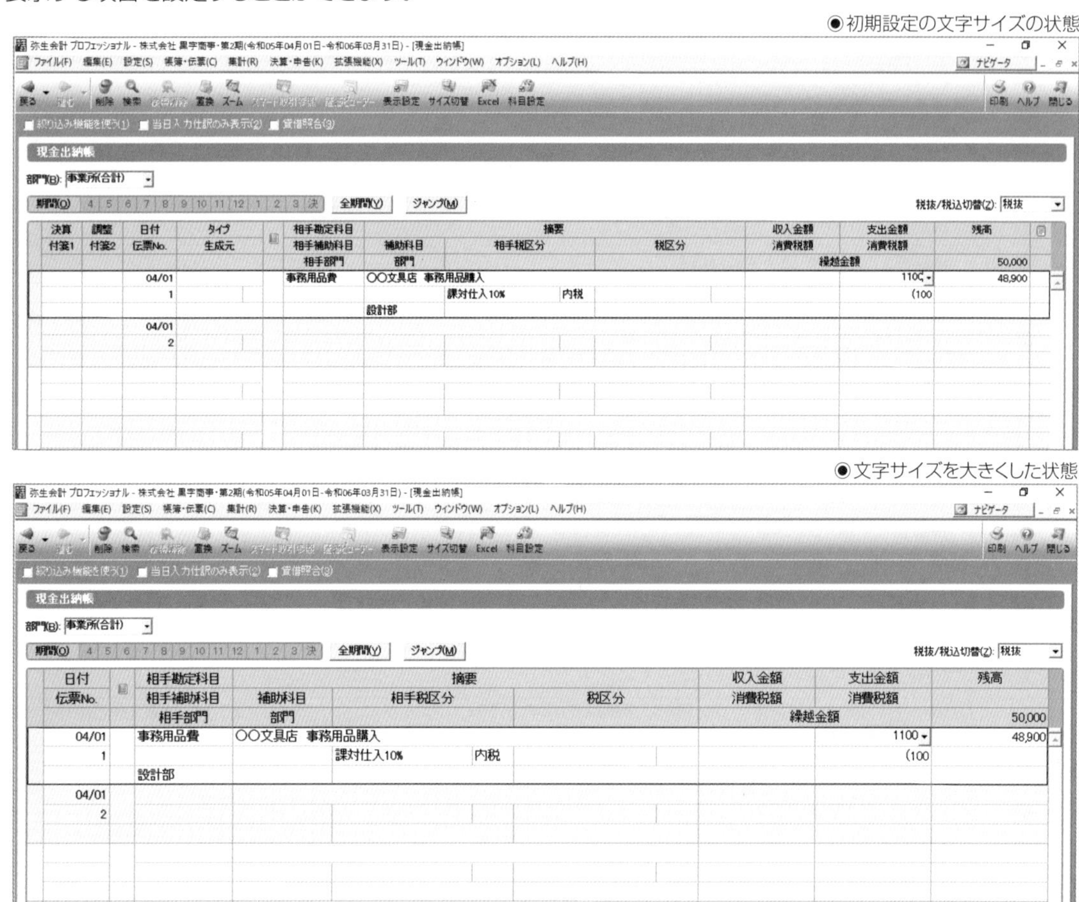

●文字サイズを大きくした状態

■現金出納帳に入力する内容

現金出納帳は現金取引のみを入力する帳簿です。現金出納帳には、次のような内容を入力します。

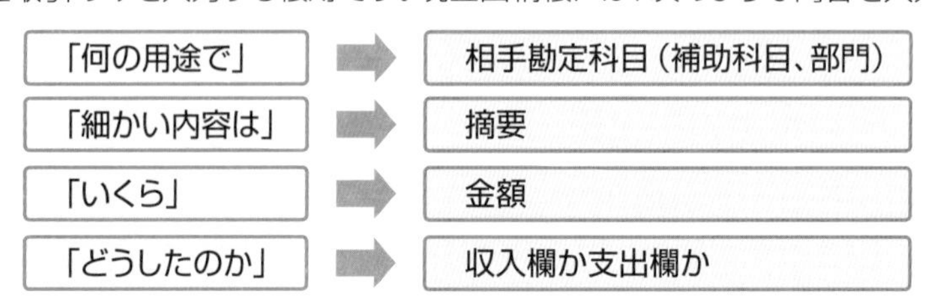

23-1 仕訳を入力する

ここでは、「4月1日　(総務部で)事務用品を1,100円で購入し、代金は現金で支払った」という取引を入力してみましょう。

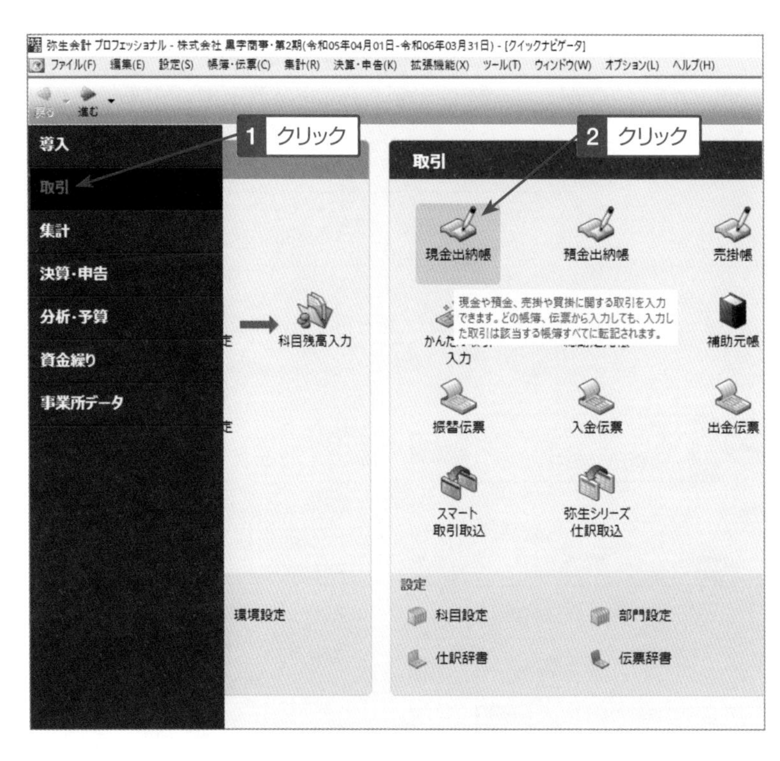

1 クイックナビゲータの「取引」メニューをクリックし、**[現金出納帳]**アイコンをクリックします。

1 日付を入力する
2 ⏎キーを押す
3 ⏎キーを押す

2 日付を入力して⏎キーを押すと、カーソルが「仕訳辞書」欄に移動します。「仕訳辞書」欄にはよく使う仕訳のパターンが設定してあり、クリックして選択することも可能ですが、ここではこの機能は使わず入力するため、さらに⏎キーを押します。

「仕訳辞書」機能の詳細については146ページを参照してください。

3 「相手勘定科目」で「事務用品費」を選択します。ここでは、サーチキー「JIMUYOU」を使用して選択します。「JIM」まで入力すると「事務用品費」が選択されるので、⏎キーを押して確定します。

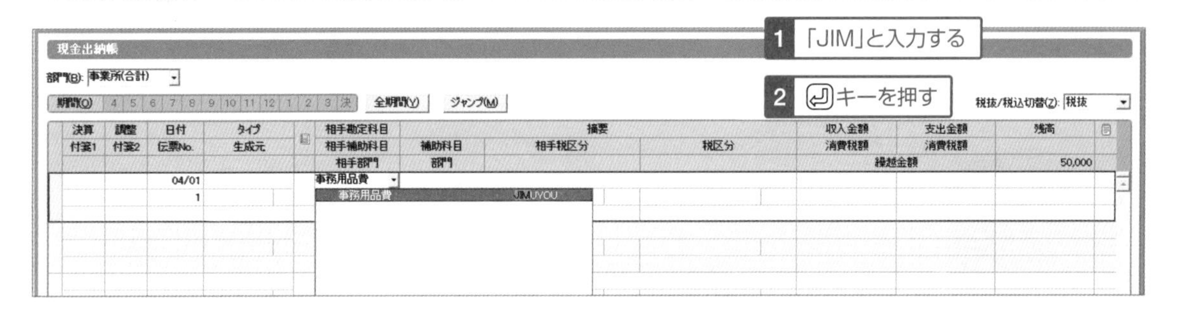

サーチキー数字を使用している場合は、勘定科目コードを入力します。初期値で「事務用品費」のコードは、法人データは761、個人データは711で設定されています。

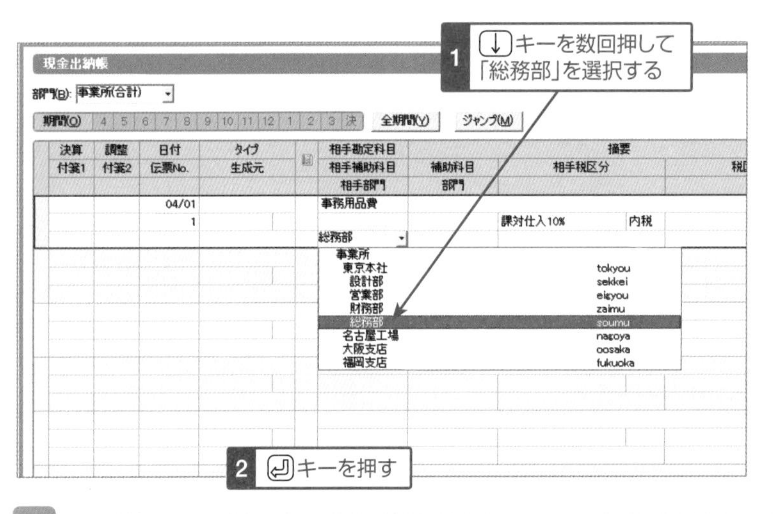

4 ↓キーを数回押して「総務部」を選択し、⏎キーを押して確定します。「総務部」部門に設定されているサーチキー（SOUMU）を入力してもかまいません。

部門を設定していない場合、または「弥生会計 23 スタンダード」の場合（部門の設定はできない）、操作例**5**の操作を行ってください。

5 カーソルが「摘要辞書」の選択リストに移動します。入力したい摘要をリストから選択して入力することができますが、直接入力するには、⏎キーかEscキーを押してリストを閉じ、「○○文具店　事務用品購入」と入力して⏎キーを押します。カーソルが「部門」に移動するので、現金を部門別に管理する場合は、部門を指定します。現金の部門管理が不要な場合は、再度⏎キーを押します。

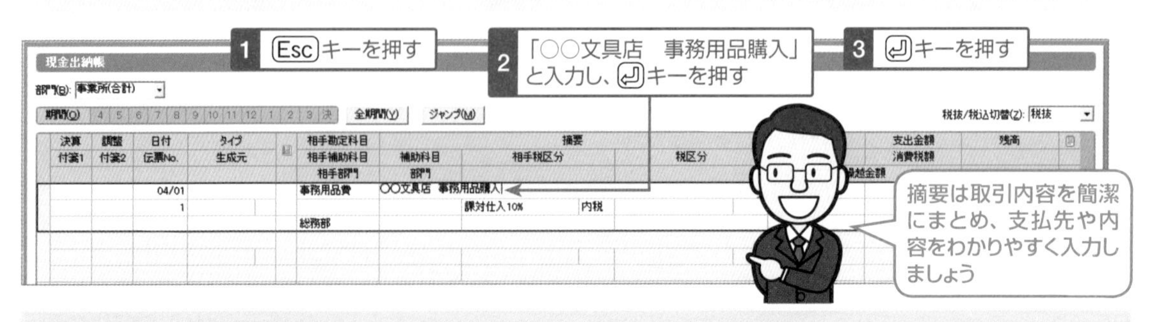

部門を設定していない場合は、⏎キーは1度押すだけで「支出金額」に移動します。

6 「1100」と入力し、⏎キーを押すと次の行へカーソルが移動し、仕訳が1件登録されます。

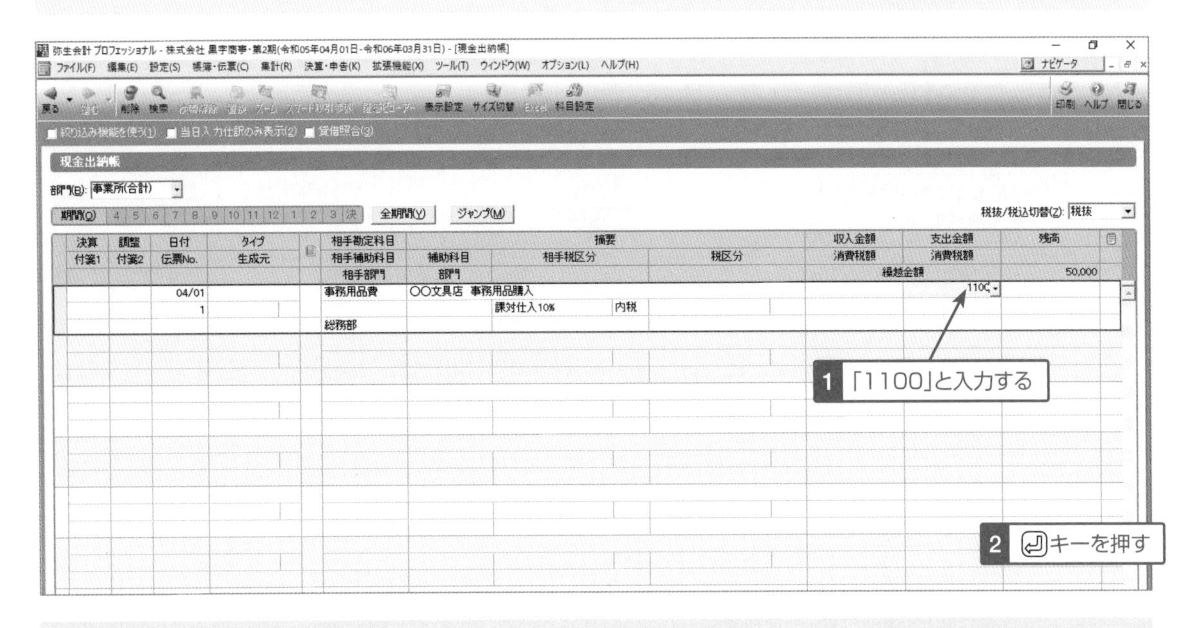

次の行にカーソルが移動した時点で登録が完了します。残高がきちんと計算されているか、確認しましょう。

ONE POINT 勘定科目一覧表の印刷

勘定科目の一覧表を印刷することができます。よく使う勘定科目のサーチキーを確認するのに便利です。また、「サーチキー数字」を使用する場合は、勘定科目コード一覧表になるので、確認しておくとよいでしょう。勘定科目一覧表を印刷するには、ツールバーの **[科目設定]** ボタンをクリックし、右上の **[印刷]** ボタンをクリックして、印刷の書式を設定して印刷を実行します。

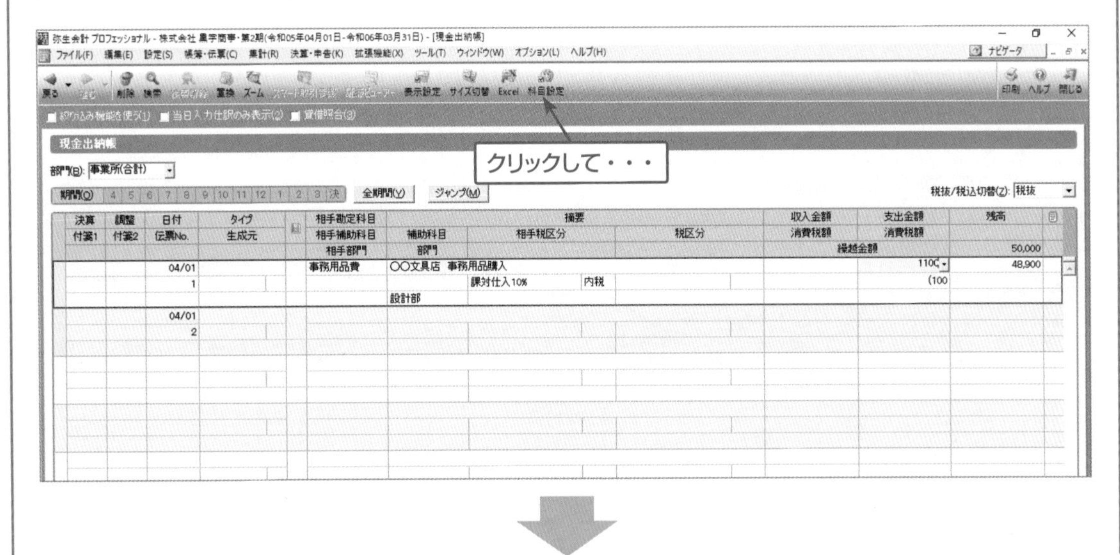

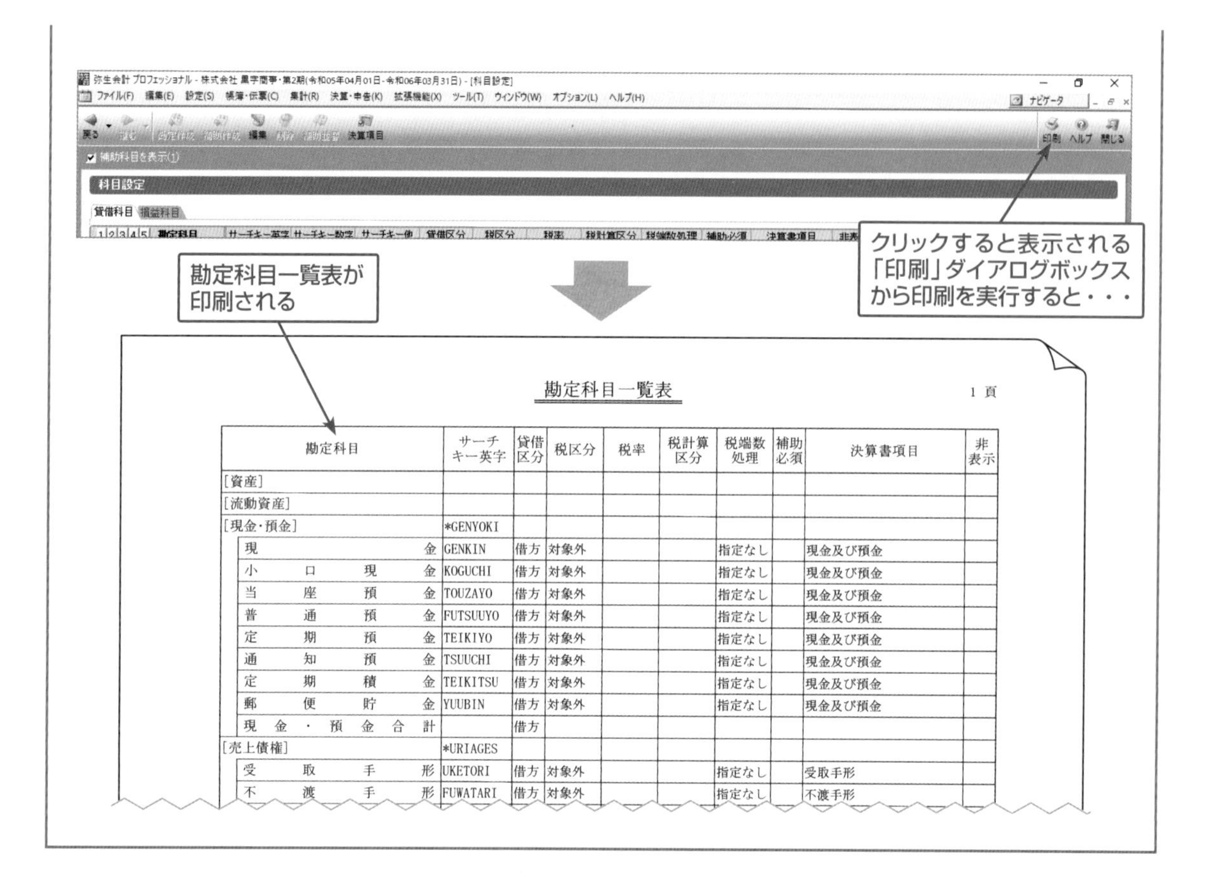

勘定科目一覧表　1 頁

勘定科目	サーチキー英字	貸借区分	税区分	税率	税計算区分	税端数処理	補助必須	決算書項目	非表示
[資産]									
[流動資産]									
[現金・預金]	*GENYOKI								
現金	GENKIN	借方	対象外			指定なし		現金及び預金	
小口現金	KOGUCHI	借方	対象外			指定なし		現金及び預金	
当座預金	TOUZAYO	借方	対象外			指定なし		現金及び預金	
普通預金	FUTSUUYO	借方	対象外			指定なし		現金及び預金	
定期預金	TEIKIYO	借方	対象外			指定なし		現金及び預金	
通知預金	TSUUCHI	借方	対象外			指定なし		現金及び預金	
定期積金	TEIKITSU	借方	対象外			指定なし		現金及び預金	
郵便貯金	YUUBIN	借方	対象外			指定なし		現金及び預金	
現金・預金合計		借方							
[売上債権]	*URIAGES								
受取手形	UKETORI	借方	対象外			指定なし		受取手形	
不渡手形	FUWATARI	借方	対象外			指定なし		不渡手形	

ONE POINT データの並べ替え

弥生会計では自動的に日付で並べ替えが行われるため、日付順に入力する必要はありません。日付を前後して入力していくと、残高は入力順で暫定表示されますが、いったん現金出納帳を閉じて、再度開くと並べ替えが行われた状態になります。

なお、画面を閉じずに並べ替えを行う場合は、何通りかの方法がありますが、ジャンプ(M) ボタンをクリックして任意の日付をクリックするか、**[期間(O)]** で任意の月度を選択すると即座に並べ替えが行われます。

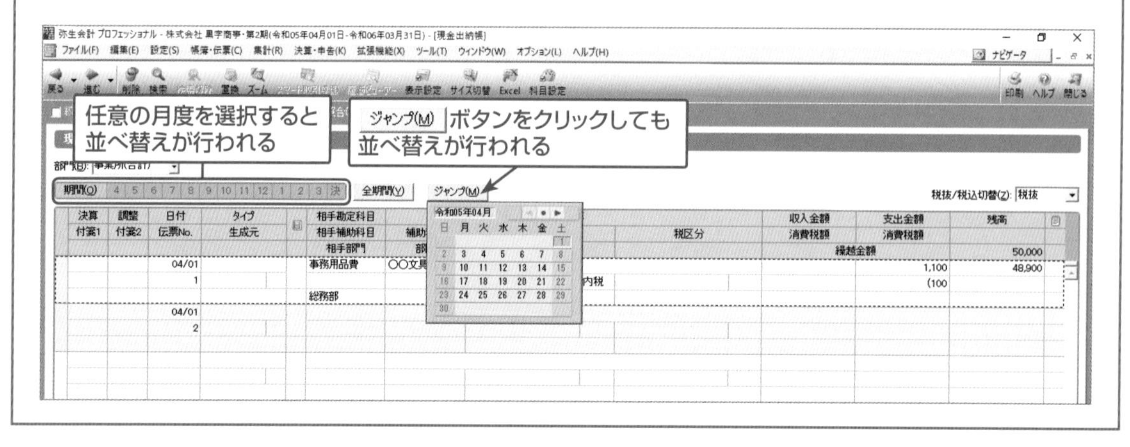

ONE POINT 消費税の処理

消費税設定を行い、仕訳入力を行うと、消費税が自動計算されます。消費税処理では気を付けるポイントがいくつかあります。

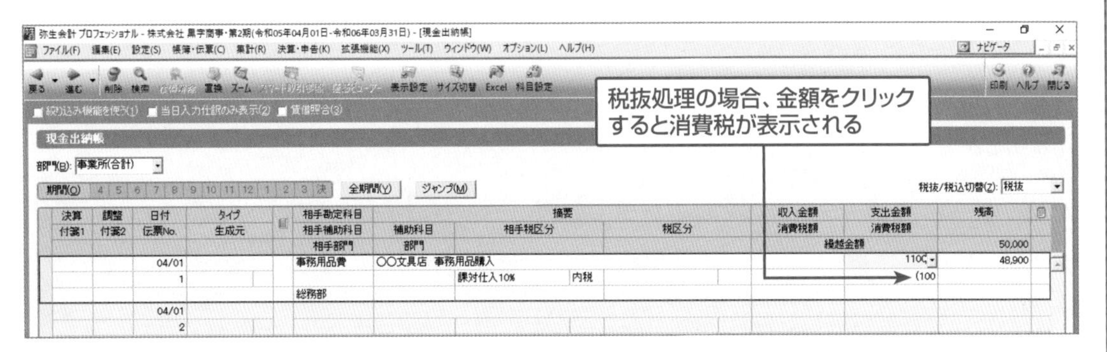

※「消費税設定」で、事業者区分が免税の場合や、経理方式で「税込」を選択した場合は、消費税を仕訳入力画面で確認したり、消費税額を修正することはできません。
「消費税設定」の経理方式が「税抜」の「内税入力」の場合、仕訳の金額をクリックすると、その金額に含まれる消費税分を下の段の「(」に続けて表示します。「税抜」の「外税入力」の場合、仕訳の金額をクリックすると、その金額にかかる外税額を下の段にそのまま表示します。「税抜」の「別記入力」の場合、消費税仕訳は手入力となるため、自動的には表示されません。
「消費税設定」の経理方式が「税込」の場合、現金出納帳や総勘定元帳などの画面で、右上にある**[税抜/税込切替(Z)]**から「税抜」を選択して、仕訳の金額をクリックすると、その金額に含まれる消費税分を下の段の「(」に続けて表示します。

※消費税の税率は、取引日付によって最新の料率の税区分が自動判定されています。初期設定では旧税率を使用することも可能なので、旧税率を適用する取引を入力する場合は税区分のドロップダウンリストから該当税率の税区分を選択します。

■ 本則課税の場合

すべての取引を入力する際に、その取引は消費税がかかるかどうかを考えながら入力します。たとえば、「交際費」の中で「香典代」などの慶弔費にあたるものは消費税の課税対象外取引、「お菓子の手土産代」など食品に該当するものは課税対象取引ですが軽減税率対象の取引となります。仕訳できちんと処理されているかを確認しながら入力作業を進めましょう。

◉消費税の課税対象外の取引

現金出納帳
部門(B): 事業所(合計)
期間(O) 4 5 6 7 8 9 10 11 12 1 2 3 決 全期間(Y) ジャンプ(M)
税抜/税込切替(Z): 税抜

日付/伝票No.	相手勘定科目/相手補助科目/相手部門	摘要	相手税区分	税区分	収入金額	支出金額	残高
					繰越金額		50,000
04/01 1	事務用品費 / 総務部	○○文具店 事務用品購入	課対仕入10%	内税		1,100	48,900
04/01 2	旅費交通費 / 営業部	○○交通 得意先A社へのバス代	課対仕入10%	内税		500	48,400
04/01 3	交際費 / 交際費1(食品) / 営業部	東京銘菓 得意先手土産代				2,200	46,200
04/01 4	交際費 / 交際費3(対象外) / 営業部	得意先B社社葬 お香典代	対象外			10,000	36,200
04/01 5	新聞図書費 / 総務部	軽減税率:新聞購				4,320	31,880
04/01 6							

「対象外」を選択すると非表示になる

税区分	
対象外	TAISHOG
課税売上10%	URIAGE
課税売上8%(軽)	URIAGE
課税売上8%	URIAGE
課税売上5%	URIAGE
課税売上返還10%	URIHEN
課税売上返還8%(軽)	URIHEN
課税売上返還8%	URIHEN
課税売上返還5%	URIHEN
課税売上貸倒10%	URITAORE
課税売上貸倒8%(軽)	URITAORE
課税売上貸倒8%	URITAORE
課税売上貸倒5%	URITAORE

※ここでは、80ページの要領で、「交際費」勘定に補助科目「交際費3(対象外)」を設定していることとします。

■ 簡易課税の場合

簡易課税の場合、消費税計算に関係してくるのは「売上高」などの収益の項目と、車両など固定資産の売却があった場合です。「売上高」や「雑収入」などの取引を入力する際は、その取引が消費税の対象になるのか、なるとしたら特に事業区分はどの区分に相当するのかを確認しながら入力作業を進めましょう(298ページ参照)。また、軽減税率対象の売上(食品など)がある場合は、税率毎に行を分けて入力します。

●簡易課税の場合の取引例

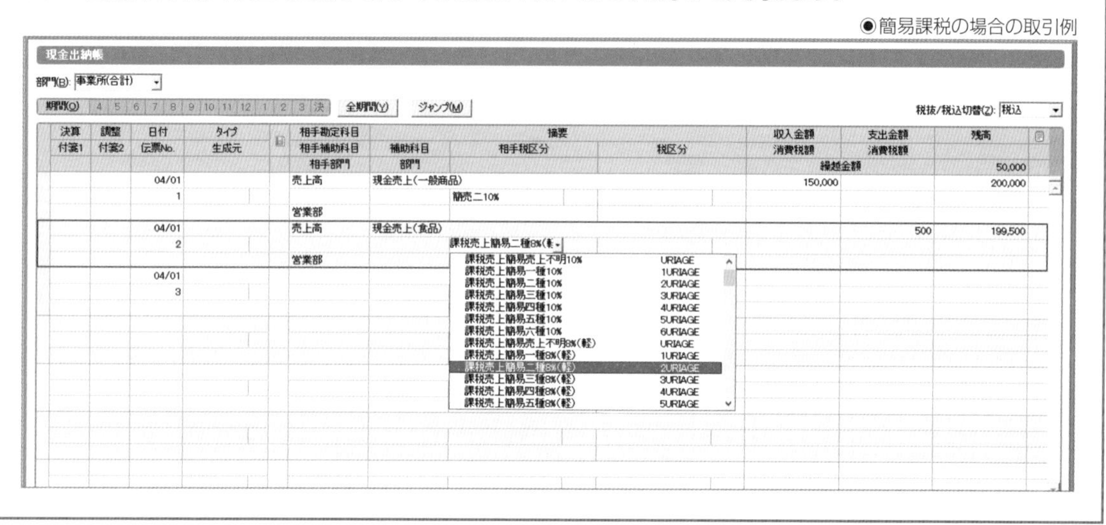

23-2 仕訳を修正する

仕訳を修正する場合、修正したい箇所を直接クリックし、上書き修正します。ここでは、現金出納帳で入力した「4月1日　事務用品代1,100円を現金で支払った」という取引の金額を1,320円に修正してみましょう。

1 金額欄をクリックして数字を「1320」に修正し、⏎キーを押します。次の行にカーソルが移ると、残高も自動修正されます。日付・勘定科目・摘要の修正も同様に、修正したい箇所を直接クリックして、上書きで修正を行うことができます。

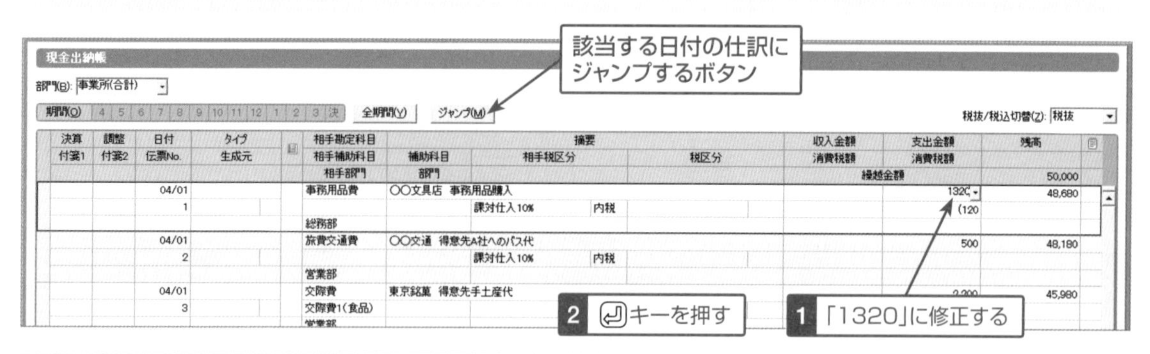

ジャンプ(M) ボタンを利用すると、該当する日付の仕訳まで直接ジャンプすることができます。**[期間(O)]**で月度を選択し、ジャンプ(M) ボタンをクリックして表示されるカレンダーの日付をクリックすると、その日付で登録されている仕訳までジャンプします。

23-3 仕訳を削除する

仕訳を削除する場合、削除したい行をクリックして、ツールバーの**[削除]**ボタンをクリックします。一度削除すると元には戻せません。必ず確認してから削除してください。ここでは、現金出納帳で入力した仕訳を削除してみましょう。

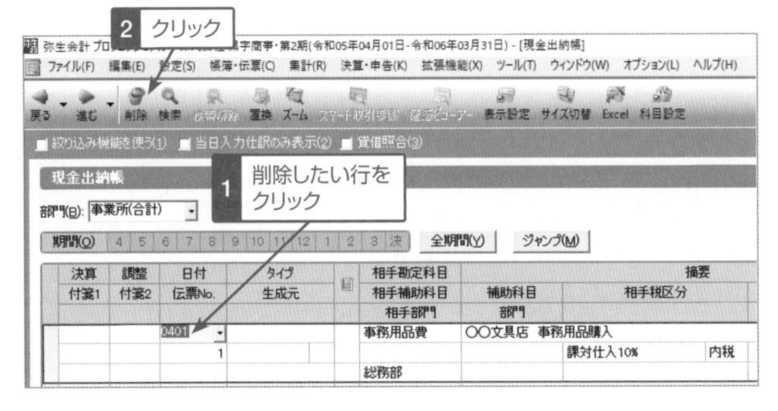

1 削除したい行を選択し、ツールバーの**[削除]**ボタンをクリックします。

カーソルは削除したい行のどこにあっても大丈夫ですが、選択リストが出ていたら閉じてください。

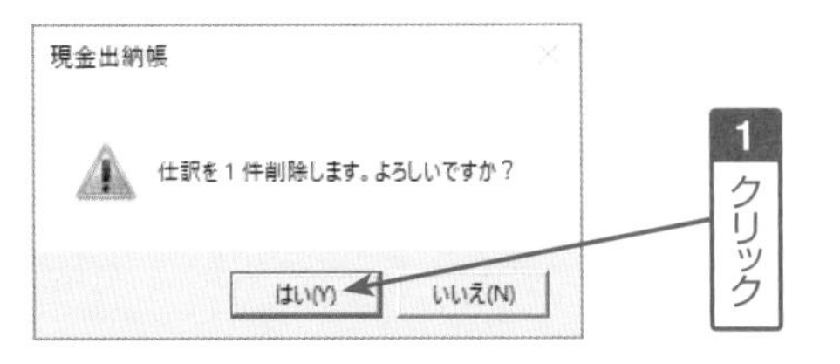

2 はい(Y) ボタンをクリックします。

ONE POINT 複数の仕訳をまとめて削除する方法

複数行を一度に削除するには、まず範囲指定をします。行セレクタ（画面の一番左の細い列）をドラッグして範囲指定するか、連続していない場合はCtrlキーを押しながら行セレクタをクリックして選択し、ツールバーの**[削除]**ボタンをクリックします。

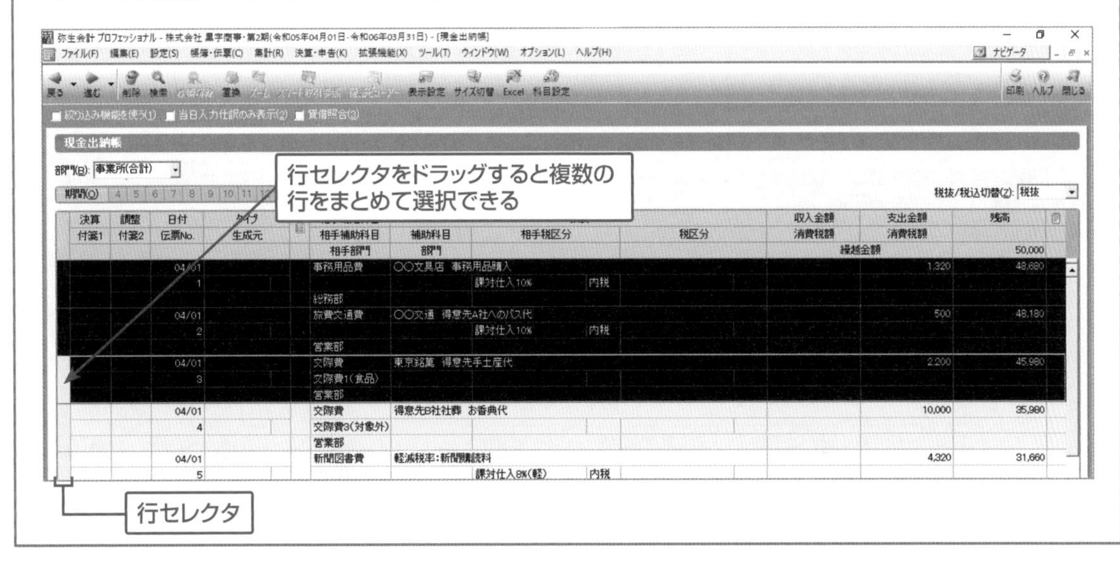

ONE POINT 仕訳を削除・挿入する別の方法

仕訳を削除・挿入するには、操作例で解説したツールバーのボタンを利用する他に、次の方法でも行うことができます。次の操作は、該当の行を選択してから実行します。

- マウスの右ボタンをクリックしてショートカットメニューから実行する
- メニューバーの[編集(E)]から選択する
- ショートカットキーを使用する

仕訳の削除・挿入でよく利用するショートカットキーは、右の通りです。

操　作	ショートカットキー
行切り取り	Ctrl + K
行コピー	Ctrl + L
行貼り付け	Ctrl + Y
新規行挿入	Ctrl + Insert
行削除	Ctrl + Delete
前行項目複写	Ctrl + F

※ Ctrl(コントロール)キーを押しながら各キーを押す操作です。ドロップダウンリストが表示されていない状態で操作してください。

税理士からのコメント 個人事業主特有の取引について

個人事業主の場合、現金や預金で経費に計上できないプライベートな支払をするケースや、個人の通帳から事業用の資金を補填したり、事業の収入にならない入金等の取引が発生するケースがありますが、その場合、「事業主貸」「事業主借」という勘定科目を利用して処理します。

預金出納帳や経費帳の入力例をご確認ください。

◉預金出納帳の入力例

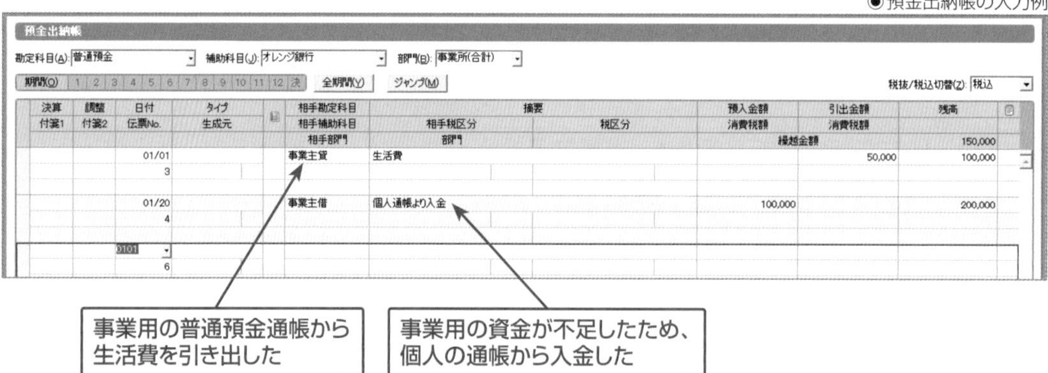

※支払方法を限定せず、経費の勘定科目を基準に入力する帳簿が経費帳です。

◉経費帳の入力例

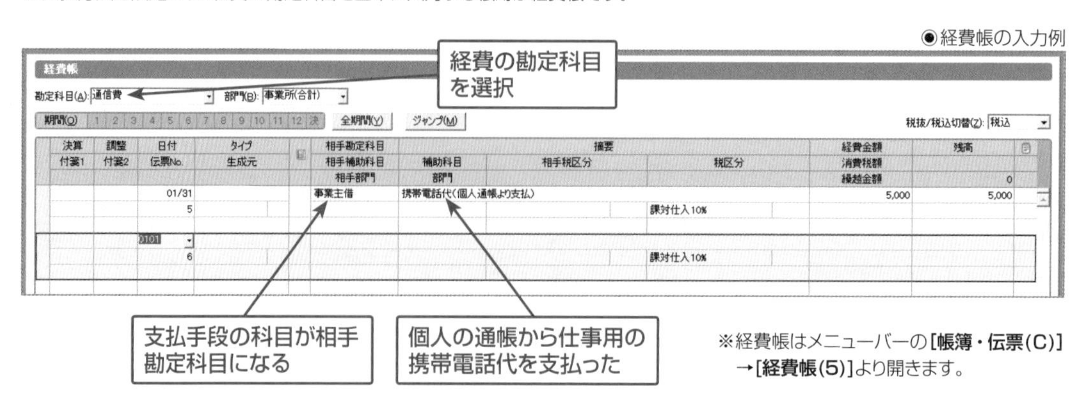

※経費帳はメニューバーの**[帳簿・伝票(C)]**→**[経費帳(5)]**より開きます。

■ 預金出納帳の表示方法

預金出納帳は、預金取引を入力する帳簿です。預金出納帳を表示するには、クイックナビゲータの「取引」メニューの**[預金出納帳]**アイコンをクリックします。弥生会計の初期設定では、補助科目を設定し入力していく「補助元帳」として設定されているため、預金の勘定科目(「当座預金」勘定など)に補助科目を設定していないとそのままでは使用できません。これは通帳ごとの補助科目単位で管理した方が使いやすい、という開発者側の配慮かもしれません。なお、補助科目を設定せずに運用する場合には、「帳簿・伝票設定」ダイアログボックス(103ページ参照)で設定を「元帳」に変更しましょう。

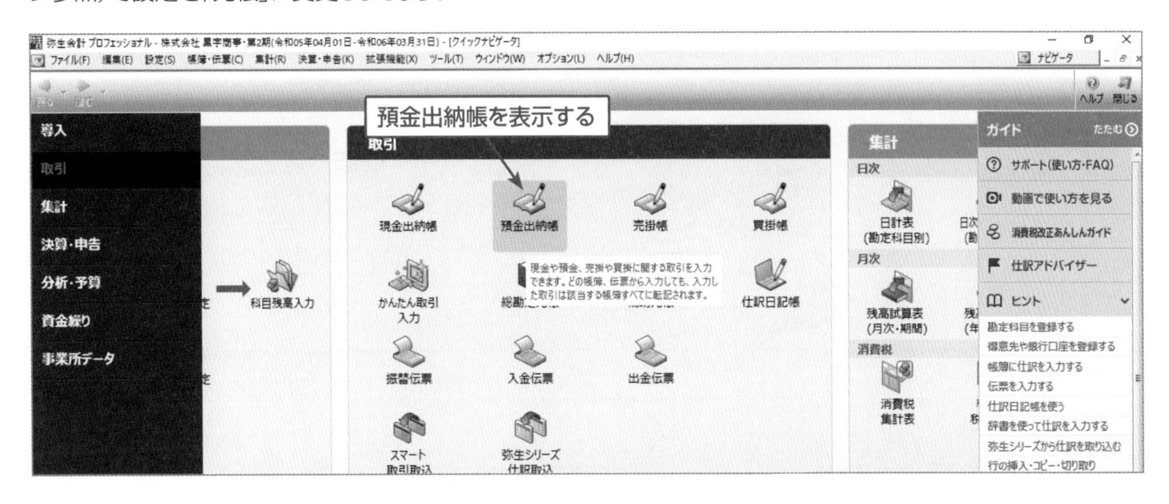

■ 預金出納帳に入力する方法

預金出納帳に入力するには、まず「勘定科目」と「補助科目」を選択します。画面例では「普通預金」の「レモン銀行」の帳簿が表示されています。

入力操作は現金出納帳と同じです。入力後の残高が「普通預金」の「レモン銀行」の通帳と一致するかを照合していきます。

他の預金口座の取引を入力する場合は、「勘定科目」と「補助科目」を切り替えます。

※他の帳簿や伝票画面から入力した「普通預金/レモン銀行」の取引については、すでに反映されています。二重入力にならないように気を付けましょう。

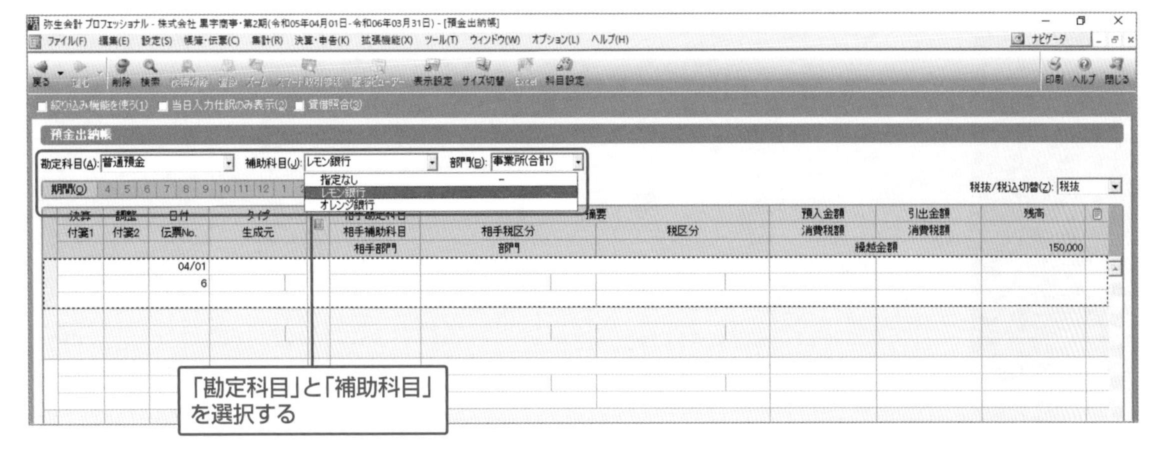

■預金出納帳の入力例

たとえば、次の3つの預金取引を入力すると、画面上では次のようになります。

- 4月5日　電話料金5,800円が普通預金レモン銀行より引き落とされた
- 4月10日　駐車場代15,000円が普通預金レモン銀行より引き落とされた
- 4月20日　普通預金レモン銀行に得意先すずめ物産より、550,000円の売掛金の入金があった

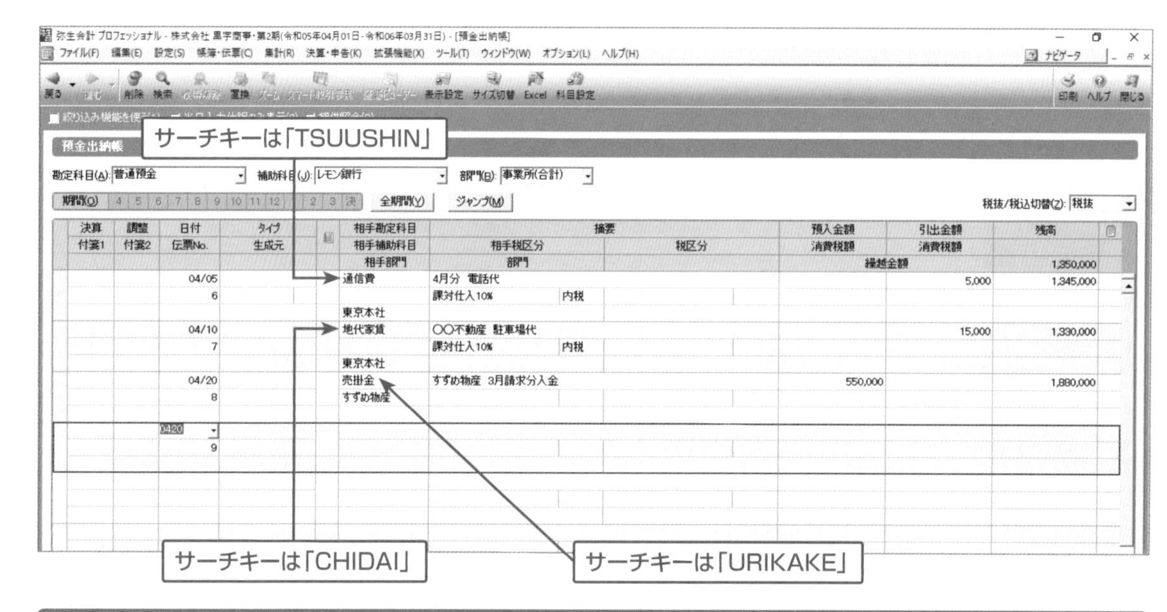

■売掛帳・買掛帳について

売上や仕入の計上には、「発生主義」と「現金主義」という2通りの方法があります。小売店などで売上=現金預金の入金、仕入=現金預金の出金となるような場合には「掛」は発生しませんが、多くの会社では得意先や仕入先と取引条件を決め、月に1回まとめて売上請求書を発行したり、仕入請求書を受け取ったりしています。

弥生会計では、発生主義で会計処理を行う場合の「掛残高」を管理する帳簿として「売掛帳」と「買掛帳」が用意されています。クイックナビゲータの「取引」メニューの**[売掛帳] [買掛帳]**アイコンから画面を開きます。

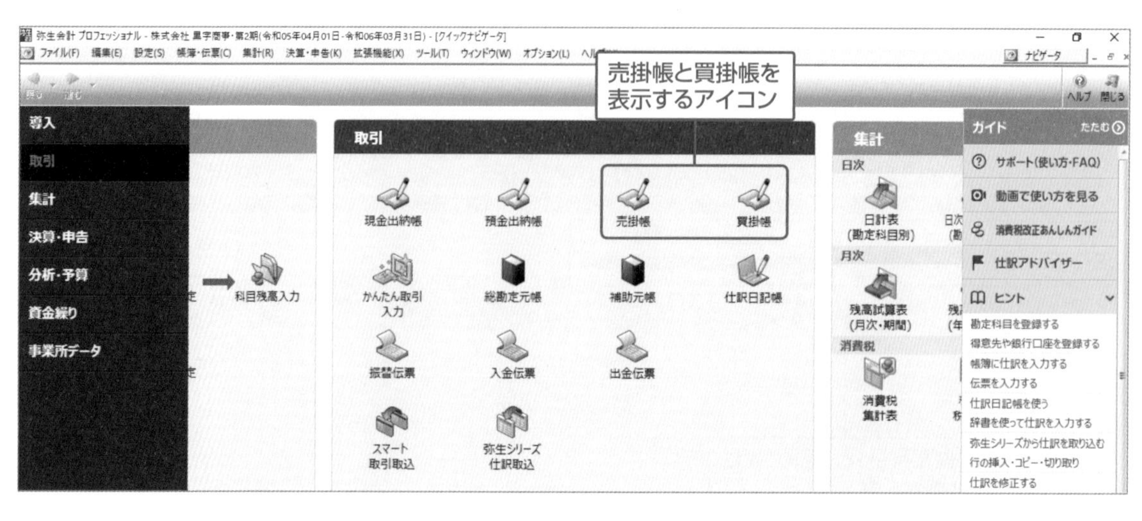

● 売掛帳

「売掛金」勘定に設定された補助科目(得意先)ごとに売上(売掛金の発生)と回収(売掛金の回収)を記帳していく帳簿です。

● 買掛帳

「買掛金」勘定に設定された補助科目(仕入先)ごとに仕入(買掛金の発生)と支払(買掛金の支払)を記帳していく帳簿です。

「帳簿・伝票設定」では、「補助元帳」として初期設定されていますので、「売掛金」「買掛金」に補助科目を設定していないと、そのままでは使用することができません。売掛帳、買掛帳共に入力方法は他の帳簿と共通です。まず「補助科目」を選択し、取引を入力します。

◉売掛帳

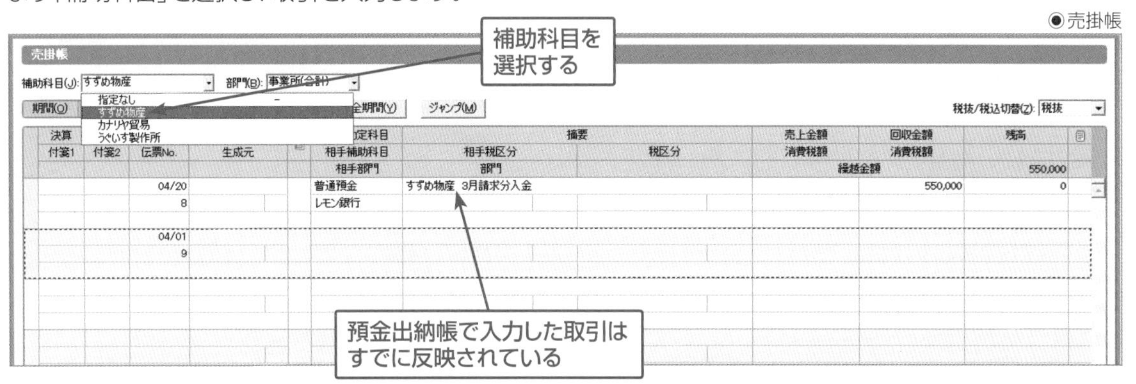

■ 売掛帳の入力例

たとえば、次の取引を売掛帳に入力すると、画面上では次のようになります。

- 4月30日　すずめ物産へ4月分の売上請求書を発行した(110,000円)
- 取引条件は末締翌々月20日振込(普通預金　レモン銀行)支払である
  (4月請求分の入金は6/20予定)
- 振込手数料440円は当方の負担であり、手数料分は差し引かれて入金となる

発生主義の場合の仕訳の入力例

原則は、現預金の入金にかかわらず、売上が実現(納品し、代金を請求する権利が確定)した時点で売上を計上します

売掛帳

補助科目(J): すずめ物産　部門(B): 事業所(合計)

期間(O) 4 5 6 7 8 9 10 11 12 1 2 3 決　全期間(Y)　ジャンプ(M)　税抜/税込切替(Z): 税抜

決算 付箋1	調整 付箋2	日付 伝票No.	タイプ 生成元	相手勘定科目 相手補助科目 相手部門	摘要 相手税区分 部門	税区分	売上金額 消費税額	回収金額 消費税額	残高
							繰越金額		550,000
		04/20 8		普通預金 レモン銀行	すずめ物産 3月請求分入金			550,000	0
		04/30 9		売上高	すずめ物産 売上計上 4月分 課税売上10%	内税	110,000		110,000
		06/20 10		普通預金 レモン銀行	すずめ物産 4月請求分入金			109,560	440
		06/20 11		支払手数料	すずめ物産 4月請求分入金 振込手数料 課対仕入10%	内税		440	0
		06/20 12							

現金主義の場合の仕訳の入力例

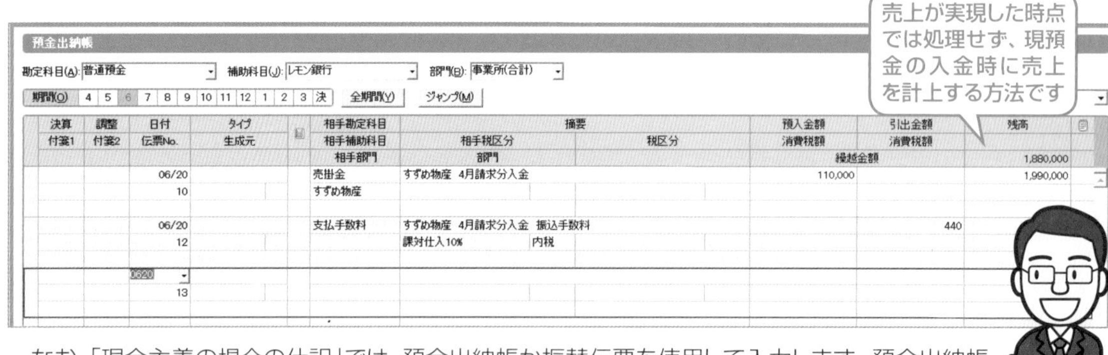

なお、「現金主義の場合の仕訳」では、預金出納帳か振替伝票を使用して入力します。預金出納帳では、差引入金額のみを売上計上するのではなく、いったん請求額全額が入金され、そこから振込手数料を支払った形で入力します。

ONE POINT 「かんたん取引入力」画面の使用

「簿記もパソコン入力操作も苦手という方におすすめなのがこの画面です。まず、「収入」「支出」「振替」から取引の種類を選択し、「取引日」「取引手段」「相手勘定」「摘要」「金額」を入力し、登録ボタンをクリックします。「取引手段」や「相手勘定」の入力が不安な場合は、**[取引名(D)]**の右側に取引のキーワードを入力し、取引を検索することができます。入力すると画面下の仕訳プレビュー画面で仕訳を確認することができますので、簿記がわからなくても入力することができます。ただし、修正や削除は今日の取引を確認ボタンをクリックして表示される画面(仕訳日記帳)で行う必要があり、同じ画面で確認することができません。また、部門を指定することはできず、すべての取引を入力できるわけではないというデメリットもあります。

◉「かんたん取引入力」画面

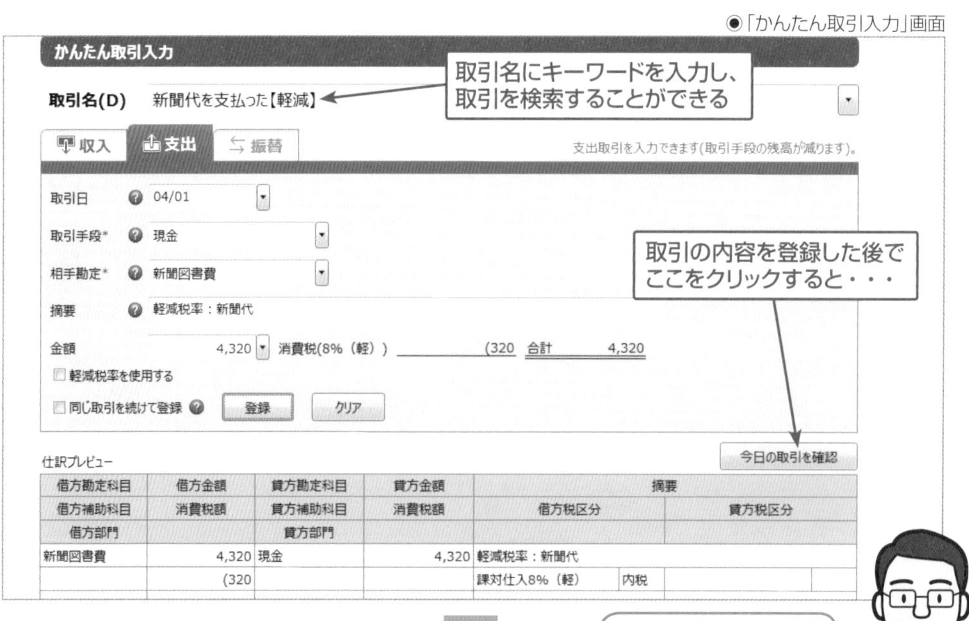

●仕訳日記帳画面

現金主義と発生主義について

白色申告を選択している個人事業者からの話の中で、よく聞くのが「入金があったときに売上にしている」というものです。要は「お金が動かなきゃ帳簿に書かない」ということですね。

これは「現金主義」といって、通常は一定の場合を除き、認められていません。

帳簿記入については、一般的には「発生主義」となります。発生主義とは、現金の収受に関係なく取引が「発生」した段階で帳簿記入を行います。ただし、収益については発生時の認識が出荷基準、納品基準、検収基準など複数の考え方があり、客観性や確実性に欠けることがあるため、資産の引き渡しやサービス提供が完了し、代金を受け取る権利が確定した時点で計上する「実現主義」で認識します。また、手数料等が差し引かれて入金される場合、売上と経費は総額で計上しなければなりません（実際に入金となった金額のみを売上とすることはできません）。特に、12月～1月の年度をまたぐ動きがある取引については注意が必要です。

2021年4月より上場企業や大企業に適用が義務化された「収益認識基準」では、収益の実現について「履行義務が充足された時点」とし、商品の販売と複数年保守契約が一式の取引などでは、販売した商品の引き渡しが完了した時点で計上される売上と、複数年に按分して計上される保守契約売上に分けて計上することが求められています。

■ 入力した仕訳の検索と印刷

入力した仕訳は条件を設定して検索を行うことができます。検索方法はどの帳簿でも共通の操作になります。

● 絞り込み機能を使った検索

画面左上の**[絞り込み機能を使う(1)]**をクリックしてONにすると、▼ボタンの付いた項目が表示され、項目に条件をキーワードのように入力することで、仕訳を検索することができます。

たとえば、摘要に「A社」という文字が含まれている仕訳を検索する場合は、次のように操作します。

❶ 摘要の絞り込み項目入力欄に「A社」と入力し、⏎キーを押します。

❷ 該当の仕訳が絞り込まれ、一番下の欄に絞込件数と絞込合計金額が表示されます。

検索する文字列は、大文字・小文字は別の文字として認識されます。該当の文字が探せない場合はもう一度確認しましょう。条件をクリアしたい場合は**[絞り込み機能を使う(1)]**をOFFにします。

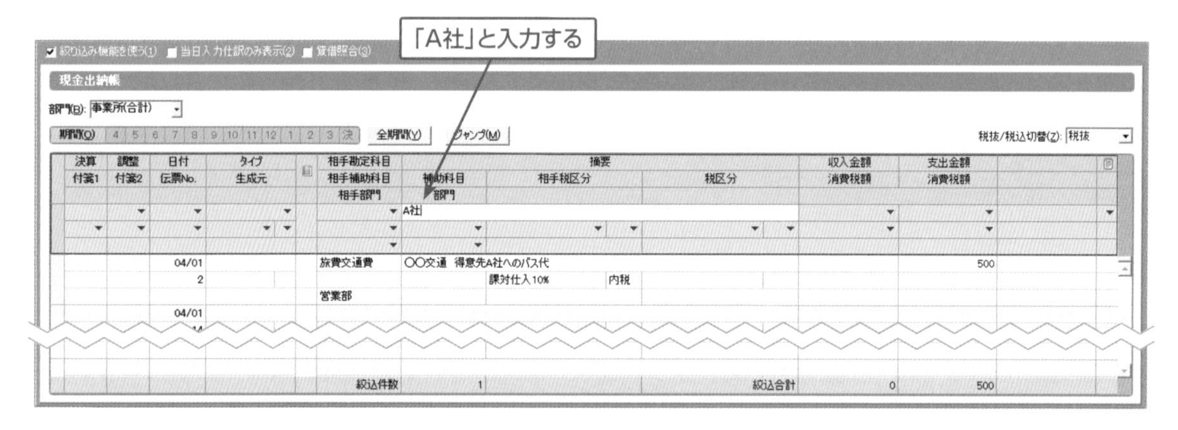

● [検索]ボタンを使った検索

「絞り込み機能」での検索は特定の文字列を含むピンポイントの検索なので、ある程度範囲を持たせて検索したいような場合は、帳簿画面のツールバーの**[検索]**ボタンを使って「仕訳の検索」ダイアログボックスを表示すると、さまざまな条件を設定して仕訳を検索することができます。検索状態を解除する場合は、**[検索解除]**ボタンをクリックすると条件が何も設定されていない状態に戻ります。

[検索]ボタンをクリックして表示される「仕訳の検索」ダイアログボックスには3つのタブがあり、条件の設定方法を変更できます。各タブで検索したい条件を入力し、 OK ボタンをクリックします。

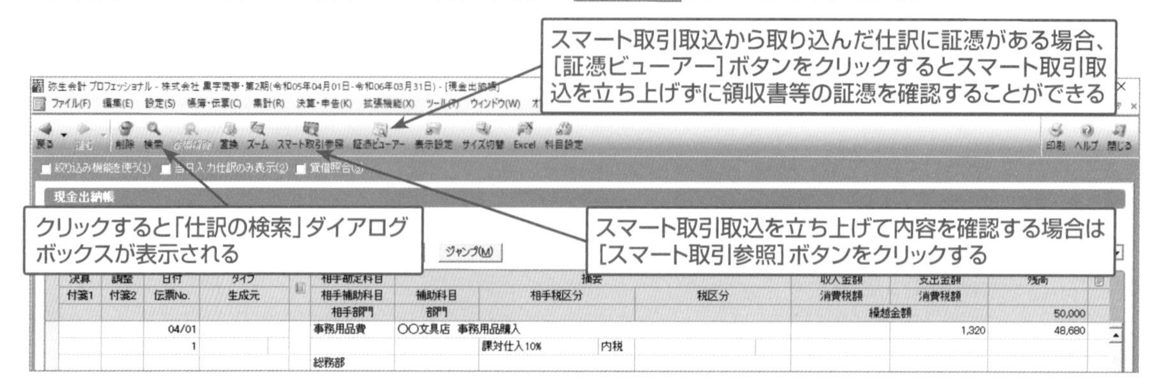

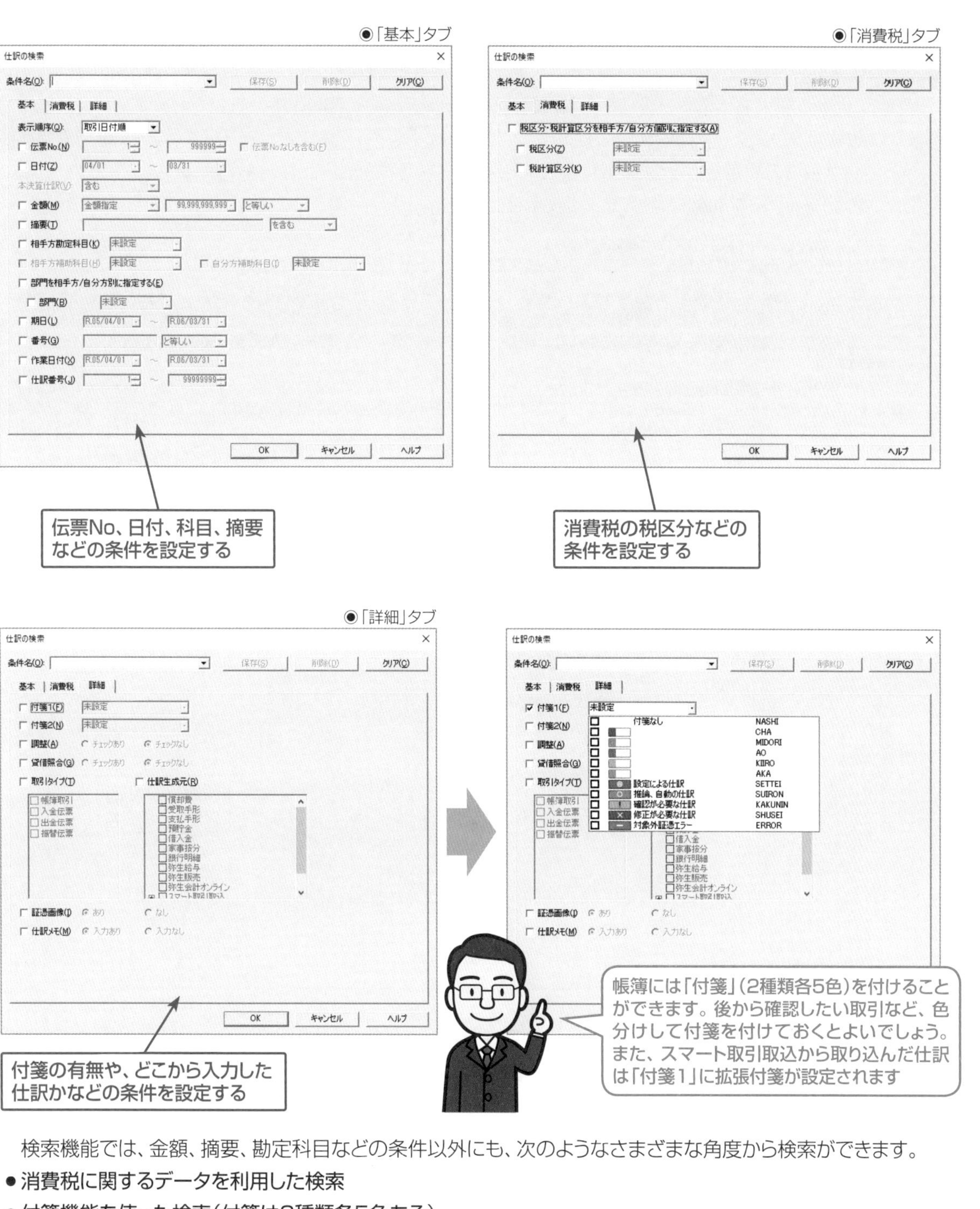

検索機能では、金額、摘要、勘定科目などの条件以外にも、次のようなさまざまな角度から検索ができます。

- 消費税に関するデータを利用した検索
- 付箋機能を使った検索（付箋は2種類各5色ある）
- 入力日付を使った検索（日付は伝票日付と入力日付の2種類がある）

もちろん、それぞれを組み合わせて使うこともできるため、高度な検索も簡単に行うことができます。さらに検索条件を保存することができるため、繰り返して検索するときなどに大きな威力を発揮します。

■ 帳簿の印刷

帳簿の印刷は、画面右上のツールバーの**[印刷]**ボタンをクリックし、「印刷」ダイアログボックスで設定して印刷します。「書式」「プリンター」「印刷範囲」「期間」などを確認し、[OK]ボタンをクリックします。専用帳票を使用する場合は余白の設定をしてください。余白や印刷方法などの詳細設定は、[書式の設定(S)...]ボタンをクリックし、「書式の設定」ダイアログボックスの各タブで設定を行います。

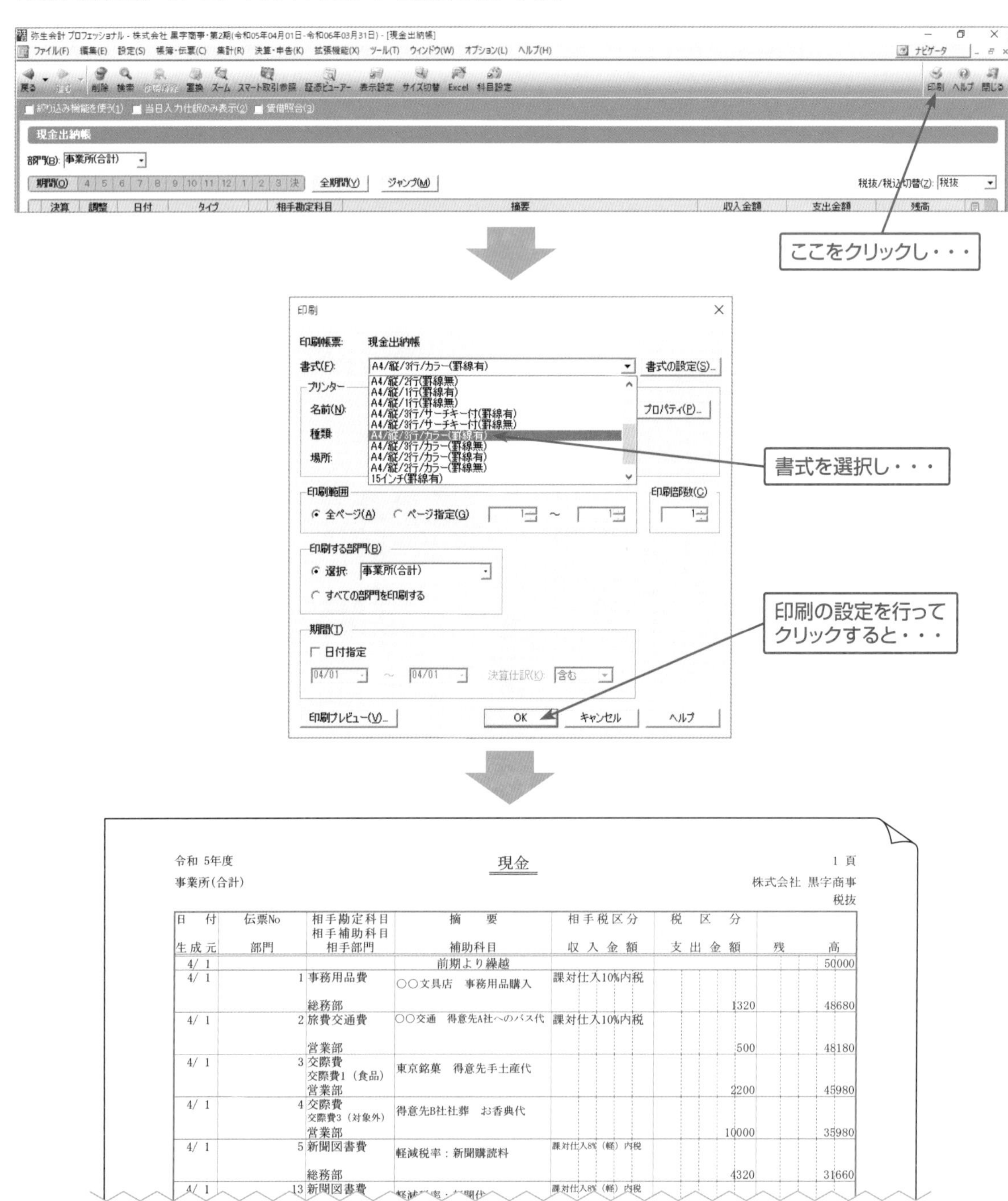

令和 5年度　　現金　　1 頁

事業所(合計)　　株式会社 黒字商事

税抜

日付 生成元	伝票No 部門	相手勘定科目 相手補助科目 相手部門	摘要 補助科目	相手税区分 収入金額	税区分 支出金額	残高
4/ 1			前期より繰越			50000
4/ 1	1	事務用品費 総務部	○○文具店　事務用品購入	課対仕入10%内税	1320	48680
4/ 1	2	旅費交通費 営業部	○○交通　得意先A社へのバス代	課対仕入10%内税	500	48180
4/ 1	3	交際費 交際費1（食品） 営業部	東京銘菓　得意先手土産代		2200	45980
4/ 1	4	交際費 交際費3（対象外） 営業部	得意先B社社葬　お香典代		10000	35980
4/ 1	5	新聞図書費 総務部	軽減税率：新聞購読料	課対仕入8%（軽）内税	4320	31660
4/ 1	13	新聞図書費	軽減税率：新聞代	課対仕入8%（軽）内税		

SECTION－24　スタンダード　プロフェッショナル

伝票から入力する方法

弥生会計では、「入金伝票」「出金伝票」「振替伝票」の3つの伝票画面が用意されています。伝票は複式簿記本来の「仕訳」作業が伴うため、難しいイメージがありますが、さまざまなメリットもあります。帳簿入力に慣れてきたら、頑張って伝票入力にも挑戦してみましょう。

■伝票の特徴

伝票入力は、帳簿入力と大きく違う点が何点かありますので確認しておきましょう。

●「1つのまとまりのある」取引を1枚の伝票に入力する

帳簿のように、取引を続けて入力していく画面ではありません。「1つのまとまりのある」取引を1枚の伝票に入力します。次の取引は、また次の伝票に入力します。

●複合仕訳（1対1ではない取引）を入力できる

原因と結果（借方と貸方）が1対1にならない取引（複数行にまたがる取引）を入力することができます。帳簿では、借方と貸方が1対1の取引しか入力できませんでしたが、伝票画面では複合仕訳を入力することができます（139ページ参照）。

●残高を確認しながら入力することはできない

現金出納帳での入力は、現金の残高をすぐ確認しながら入力ができます。伝票では残高の確認はできないため、入力後、帳簿で確認作業を行います。

●他の帳簿では修正できない

伝票で入力した仕訳は、伝票画面でしか修正できません。そのため、他の帳簿でうっかり変更してしまうということはありません。帳簿から取引を確認することができますが、修正する場合は該当の行をダブルクリックし、伝票画面に戻って修正します。

◉「弥生形式」振替伝票の画面入力例

振替伝票（新規作成）

日付(D): 0401　伝票No.(N): 14　決算仕訳(V):

借方勘定科目	借方金額	貸方勘定科目	貸方金額	摘要	
借方補助科目	消費税額	貸方補助科目	消費税額	借方税区分	貸方税区分
借方部門		貸方部門			
短期借入金	100,000	普通預金	100,000	レモン銀行　借入返済	
		レモン銀行			
支払利息	5,000	普通預金	5,000	レモン銀行　借入金利息	
		レモン銀行			

◉「コクヨ形式」振替伝票の画面入力例

振替伝票（新規作成）

日付(D): 0401　伝票No.(N): 14　決算仕訳(V):

借方金額	借方勘定科目	摘要		貸方勘定科目	貸方金額
消費税額	借方補助科目	借方税区分	貸方税区分	貸方補助科目	消費税額
	借方部門			貸方部門	
100,000	短期借入金	レモン銀行　借入返済		普通預金	100,000
				レモン銀行	
5,000	支払利息	レモン銀行　借入金利息		普通預金	5,000
				レモン銀行	

※伝票画面は、コクヨ形式のレイアウトと弥生形式のレイアウトがあり、「環境設定」画面で選択します。

■伝票の画面の見方

伝票の画面の見方は次の通りです。帳簿の画面と違う部分を確認しましょう。

※ここでは、弥生形式のレイアウトで、文字サイズが大きめの画面サイズで表示しています。伝票のレイアウトの形式は「環境設定」画面で選択します。画面の文字サイズはツールバーの**[サイズ切替]**ボタンをクリックして変更します。

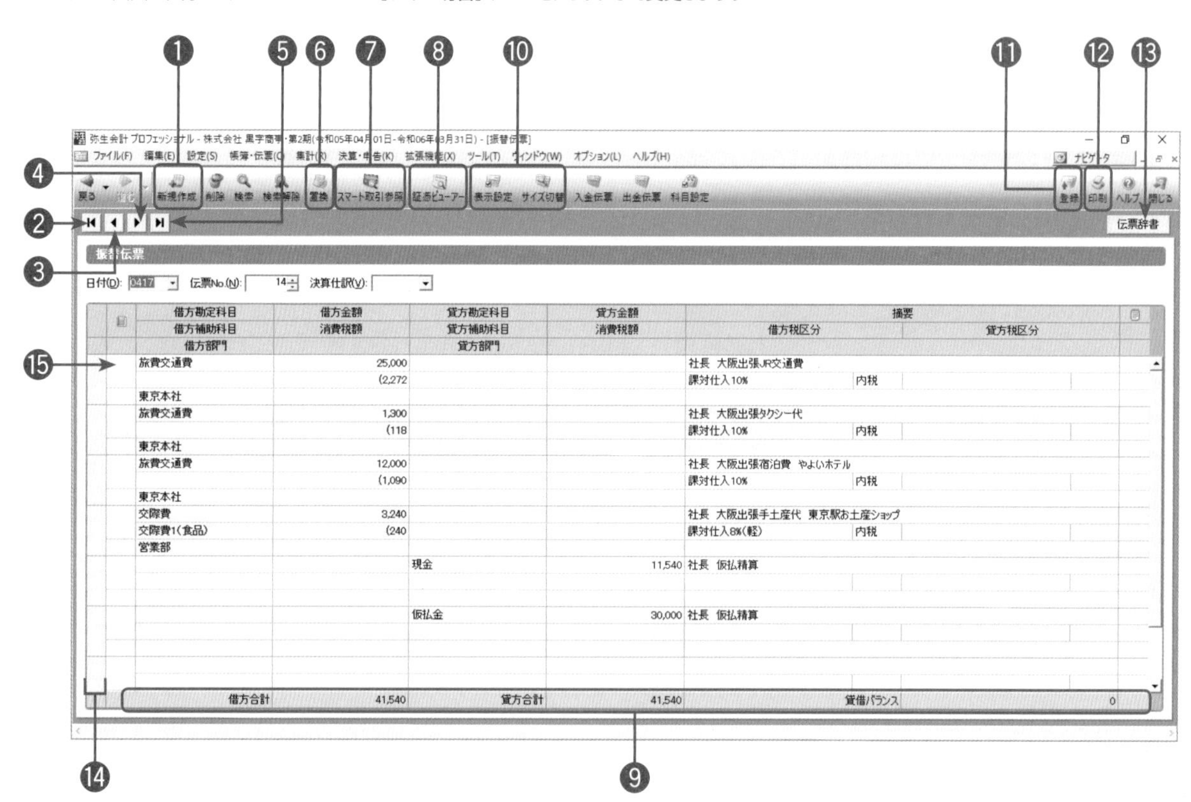

番号	機能
❶	新規の伝票入力画面へ移動する
❷	最初の伝票へ移動する
❸	1つ前の伝票へ移動する
❹	1つ次の伝票へ移動する
❺	最後の伝票へ移動する
❻	登録済みの仕訳を条件指定し、一括置換する
❼	スマート取引取込で取り込んだ仕訳について、スマート取引取込を立ち上げて内容を確認することができる
❽	スマート取引取込で取り込んだ仕訳に証憑がある場合、スマート取引取込を立ち上げずに証憑を確認することができる
❾	借方・貸方の合計や貸借バランスを表示する
❿	伝票種類を切り替える
⓫	作成した伝票を登録する
⓬	伝票を印刷する
⓭	よく出てくる伝票のパターンを登録し、呼び出すことができる(151ページ参照)
⓮	行を選択するための行セレクタ
⓯	よく出てくる仕訳(1対1の仕訳)のパターンを登録し、呼び出すことができる(146ページ参照)

■入金伝票について

入金伝票は現金の収入があった際に起票する伝票で、初期設定では「借方」勘定科目が「現金」に固定されています。日付、「貸方」の科目（現金が増加する原因となった科目）、金額、摘要を入力します。

● 入金伝票の入力方法

次の取引を入金伝票に入力するには、次のように操作します。

● 4月10日　現金売上分は110,000円（税込）であった

❶ 日付を入力します。

❷「相手勘定科目」には「売上高」と入力します。帳簿入力と同様、サーチキー英字の場合、「URIAGE」と入力すると「売上高」が表示されるので、⏎キーを押します。部門を設定している場合は選択します。

❸ 金額、摘要を入力します。

❹ 入力が終了したら、ツールバーの**[登録]**ボタンをクリックするか、F12キーを押します。

※**[登録]**ボタンをクリックするときには、相手勘定科目や摘要などのドロップダウンリストが表示されていない状態で操作してください。

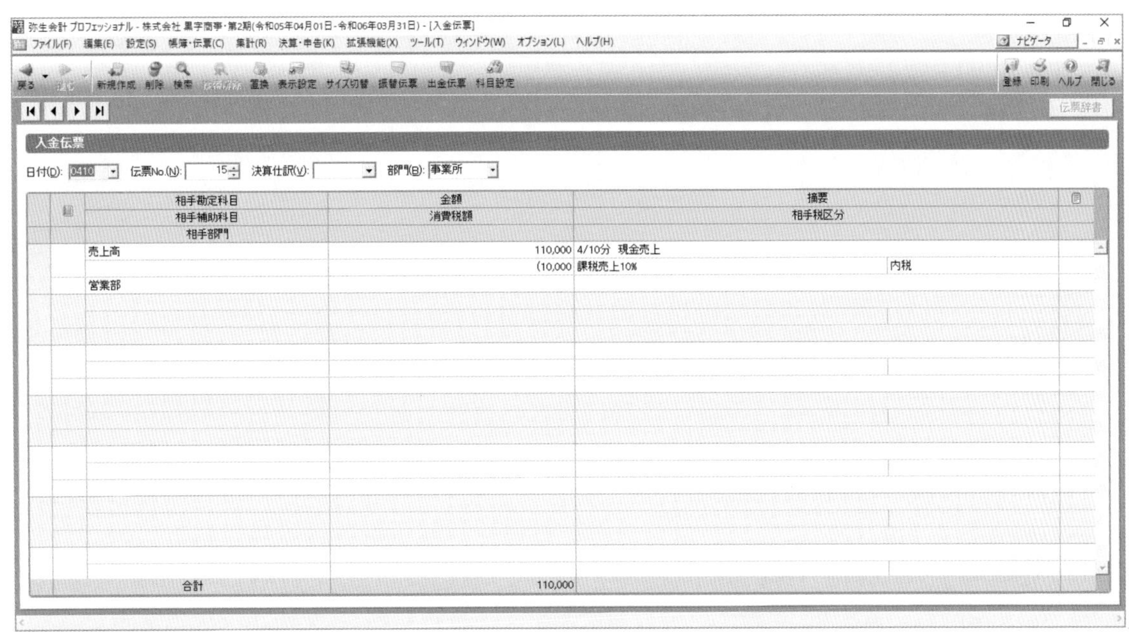

※現金取引を「現金出納帳」から入力している場合は「入金伝票」「出金伝票」画面を使用する必要はありません。

※現金以外の勘定科目の入出金取引を入力する伝票として使用したい場合は、メニューバーの**「設定(S)」→「帳簿・伝票設定(C)」**の**「伝票」**タブで、割り当てる勘定科目を変更することができます（103ページ参照）。

■出金伝票について

出金伝票は現金の支出があった際に起票する伝票で、初期設定では「貸方」勘定科目が「現金」に固定されています。日付、「借方」の科目(現金が減少する原因となった科目)、金額、摘要を入力します。

●出金伝票の入力方法

次の取引を出金伝票に入力するには、次のように操作します。

- **4月15日　社長の大阪出張のため30,000円仮払いした**

❶ 伝票を出金伝票に切り替えます(クイックナビゲータが表示されている場合は「取引」メニューの**[出金伝票]**アイコンをクリック、他の伝票が表示されている場合はツールバーの**[出金伝票]**ボタンをクリック)。

❷ 日付、相手勘定科目(仮払金のサーチキー英字は「KARIBARA」)、金額、摘要を入力します。部門を設定している場合は選択します。

❸ 入力が終了したら、ツールバーの**[登録]**ボタンをクリックするか、F12キーを押します。

税理士からのコメント

手書き伝票について

弥生会計を使って会計処理をしている場合でも、手書き伝票でいったん起票し、それを弥生会計に入力しているようなケースも多く見受けられます。その際、手書き伝票で誤記してしまった場合にはどうすればいいのでしょうか?

その場合は、通常は修正液などは用いず、間違った箇所に二重線を引き、そこに訂正印を押して訂正します。字も、誰が見ても見やすい字で書くようにしましょう。

また、よく質問をいただく内容の一つに、「弥生会計を導入するのだから手書きの伝票は起票しなくてもいいのでは?」というものがあります。これは、結論的にはどちらでも構いません。ただ、効率を上げるために「伝票起票を行わない」ということであれば、原始証憑(げんししょうひょう)(領収書や請求書などの仕訳の根拠となる資料)の整理とそれを管理する補助簿を見れば取引の内容が明確になるようにしておく必要があります。

■振替伝票について

すべての取引を入力できる画面です。「借方」「貸方」の双方に科目と金額を入力する必要があるため、多少の複式簿記の仕訳の知識が必要となります。ただし、振替伝票を作成していくうちに、仕訳入力はだいたいパターン化してきますので、「伝票辞書」を入力しやすいように設定して活用すると簿記が少し苦手な方でも入力しやすくなります。「伝票辞書」については151ページを参照してください。

● 振替伝票の入力例

次の仕訳について、振替伝票を使用して入力した例を見てみましょう。複数行にまたがる「複合仕訳」になります。同じ行の借方と貸方が一致する必要はありませんが、「借方合計」と「貸方合計」は必ず一致させるようにします。一致していない場合は、画面右下の「貸借バランス」欄が「0」にならず、ツールバーの**[登録]**ボタンをクリックしてもエラーメッセージが表示され、登録することができません。また、借方摘要と貸方摘要を分けたい場合は、間に「//」(半角スラッシュを2回)を入力します。

> 4月17日　社長が出張から戻り仮払金の精算を行った。内訳は以下の通りである。
> - JR運賃　25,000円
> - タクシー代　1,300円
> - 宿泊費　12,000円
> - 得意先への手土産代　3,240円(軽減税率)
>
> ※不足分は現金支払

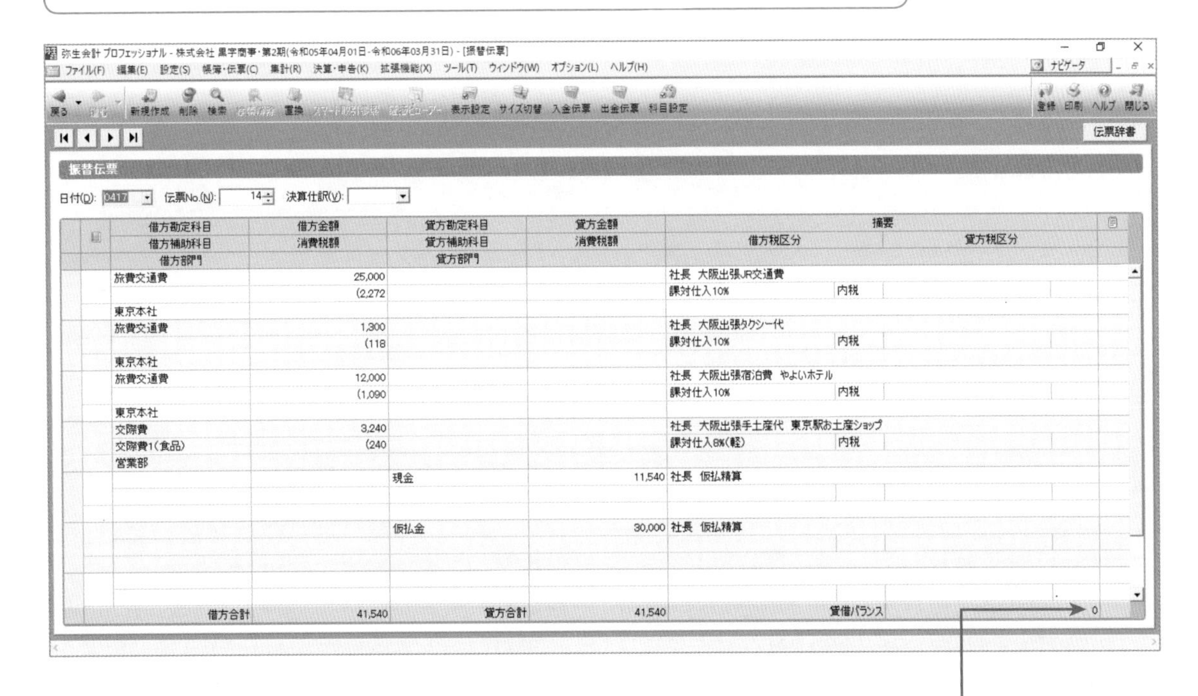

「貸借バランス」欄が「0」になっていないと登録することができない

4月25日　給与を支払った。内訳は以下の通りである。

- 4月分給与　2,664,400円
- 4月分役員報酬　300,000円
- 通勤費　22,940円
- 源泉税　預り金　129,000円
- 社会保険料 預り金　82,934円
- 雇用保険料 預り金　10,310円
- 差引支給額(当座預金レモン銀行)　2,765,096円

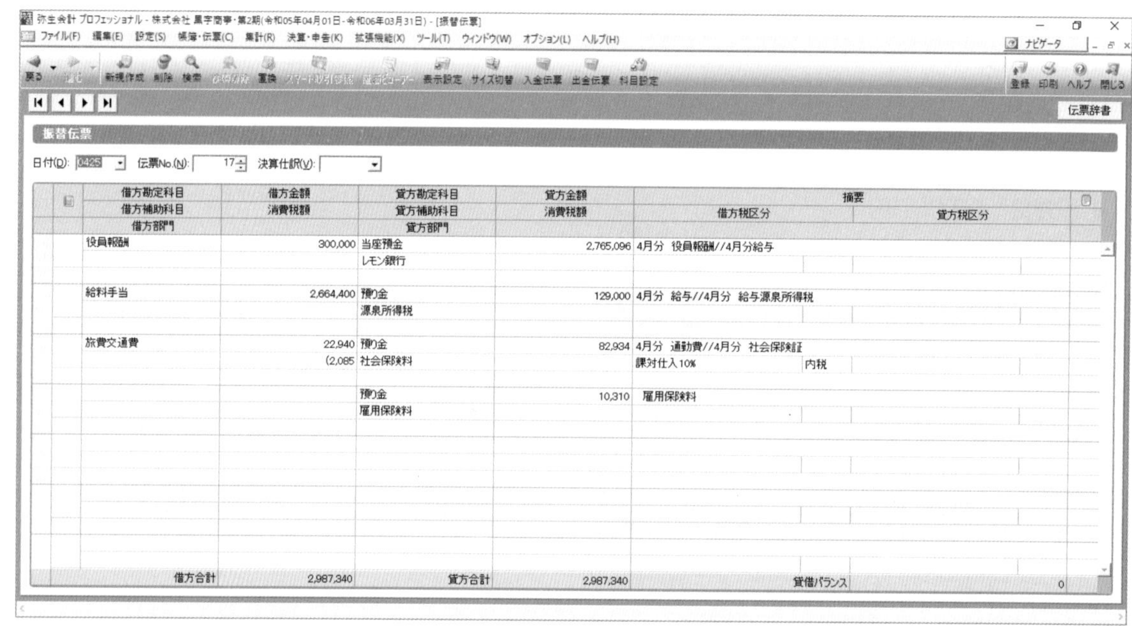

※この例は、役員1名、従業員数名の会社(法人)の1カ月分の給与の合計仕訳であることとします。また、81ページの要領で、「預り金」勘定に補助科目「源泉所得税」「社会保険」「雇用保険」を設定していることとします。なお、雇用保険料は「立替金」「法定福利費」などの科目で仕訳する場合もあります。

※上記の仕訳は法人の例となり、個人事業主データの場合は一部勘定科目が異なります。仕訳アドバイザー(160ページ参照)や伝票辞書(151ページ)に登録されている事例を参照してください。

ONE POINT 「借方」の合計額を瞬時に「貸方」に入力する方法

前ページの入力例のように、実際の領収書の金額と、すでに仮払した金額の差額を現金で払戻し、もしくは出金して精算する仮払精算の伝票の場合、かかった経費(借方合計)と精算する仮払金(貸方合計)の差額が現金の金額となります。この場合は借方合計の方が金額が多いので、現金は貸方になりますが、現金の貸方金額欄で[+]キーか[Shift]+[ー]キーを押すと貸借差額がゼロになる金額がセットされます。「環境設定」画面(101ページ参照)で、伝票の金額項目で[+]や[ー]キーを押したときの初期設定は「貸借バランスが0になる金額を入力する」となっていますが、「同じ行の相手方の金額を入力する」設定に変更することも可能です。

24-1 伝票を印刷する

伝票を印刷するには、まず、印刷したい伝票を検索し、伝票を表示してから印刷します。

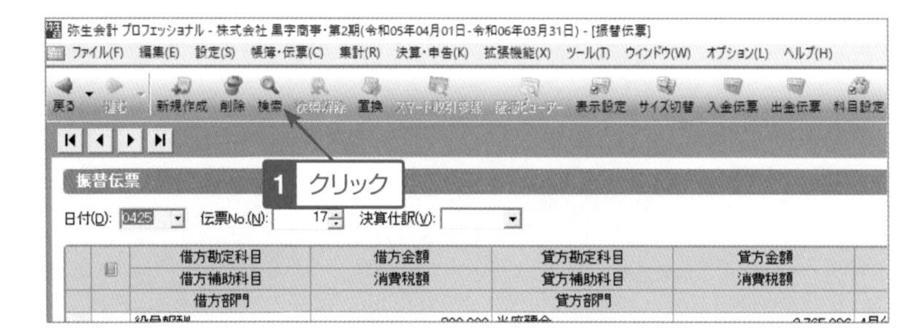

1 ツールバーの[**検索**]ボタンをクリックします。

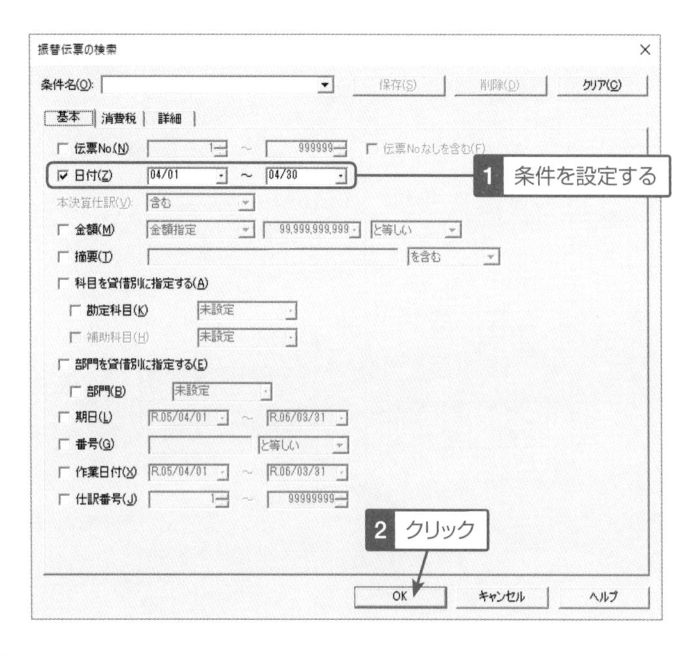

2 条件を設定し、OKボタンをクリックします。ここでは、「4/1～4/30の伝票」で検索します。

3 条件に一致する伝票が表示されたら、ツールバーの[**印刷**]ボタンをクリックします。

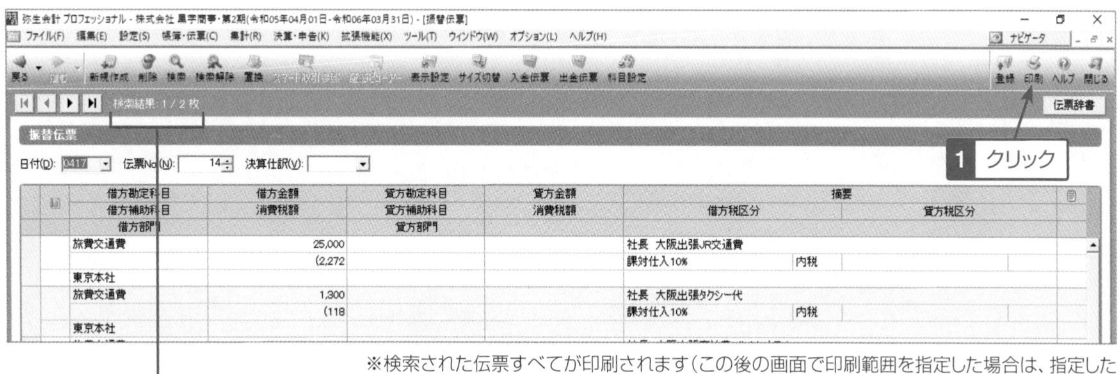

検索された伝票の枚数

※検索された伝票すべてが印刷されます(この後の画面で印刷範囲を指定した場合は、指定したページのみ印刷することは可能)。

4 **[書式(F)]**で印刷する書式を選択し、OK ボタンをクリックします。

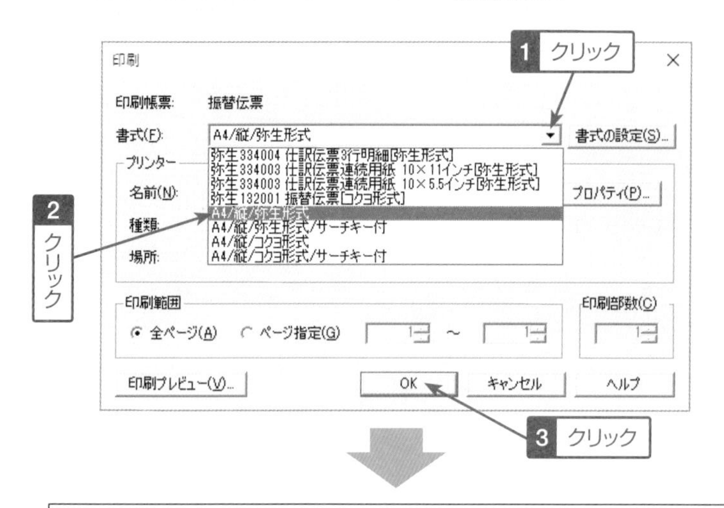

「A4/縦/弥生形式」の書式は、A4の白紙に罫線付きで印刷する書式です。

振替伝票

令和 5年 4月17日　伝票No. 14

借方勘定科目 借方補助科目 借方部門	借方金額 借方税額 借方税区分	貸方勘定科目 貸方補助科目 貸方部門	貸方金額 貸方税額 貸方税区分	摘要
旅費交通費 東京本社	25,000 (2,272 課対仕入10%内税			社長　大阪出張JR交通費
旅費交通費 東京本社	1,300 (118 課対仕入10%内税			社長　大阪出張タクシー代
旅費交通費 東京本社	12,000 (1,090 課対仕入10%内税			社長　大阪出張宿泊費　やよいホテル
交際費 交際費1（食品） 営業部	3,240 (240 課対仕入8%（軽）内税			社長　大阪出張手土産代　東京駅お土産ショップ
		現金	11,540	社長　仮払精算

税理士からのコメント

合計仕訳について

売上の計上については、原則として売上の事実があった時点で計上します。ただ、会計ソフト以外に販売管理ソフトなどを導入し、一件一件の売上明細までを登録・管理している場合には二重の作業となり、事務作業としては大きな負担となります。

そのような場合には、得意先ごとに売上をまとめ、月末や売上締切のタイミングで合計仕訳を起こし、仕訳帳や伝票に記入・起票する方法もあります。

また、お使いの会計ソフトと販売管理ソフトが同一メーカーのものであれば、仕訳の生成～会計ソフトへのインポート(データの取り込み)まで一連の流れとして行えるものも多くあります。たとえば、弥生株式会社で開発・販売している販売管理ソフトの弥生販売は、弥生会計との親和性が高く、弥生販売の売上データを仕訳形式にして、弥生会計に取り込むことができます。同様に、弥生給与についても給与支払などの仕訳を生成し、弥生会計に取り込むことが可能です。

合計額で仕訳を連動した場合は、その合計額の数字はどの資料を元にしたものなのか、後で見てもわかるようにしておくことが大切です。特に販売管理ソフトとの連動では、仕訳を起こした後で販売管理ソフトの方で修正があった場合は、必ず修正を会計ソフトにも反映させるように気を付けましょう。

辞書機能を活用しよう

弥生会計には、よく出てくるパターンを登録しておく「辞書機能」があります。これを利用すると、日常の入力作業を今まで以上に楽にすることができます。

■辞書機能について

弥生会計には、よく使う仕訳や摘要の文字を登録しておき、入力時にドロップダウンリストから選ぶことができる「辞書機能」が用意されています。初期設定でも一般によく使われるものは登録してありますが、使いやすいように追加・修正を行うと、日々の入力業務をより効率的に行うことができます。

辞書機能には、「かんたん取引辞書」「仕訳辞書」「伝票辞書」「摘要辞書」の4種類があります。

クイックナビゲータの「取引」メニューにアイコンが用意されています。各辞書への追加・修正・削除は、各辞書の画面のツールバーの **[新規作成]** **[編集]** **[削除]** ボタンから操作を行います。

■かんたん取引辞書について

「かんたん取引辞書」は、「かんたん取引入力」画面で使用する取引の仕訳のパターンを登録する辞書です。初期設定で用意されている取引に自社でよく出てくるパターンを追加したり、初期設定を一部変更して使用することができます。

25-1 かんたん取引辞書に取引を登録する

かんたん取引辞書に「コピーカウント料の支払(レモン銀行引落)」という取引を登録してみましょう。

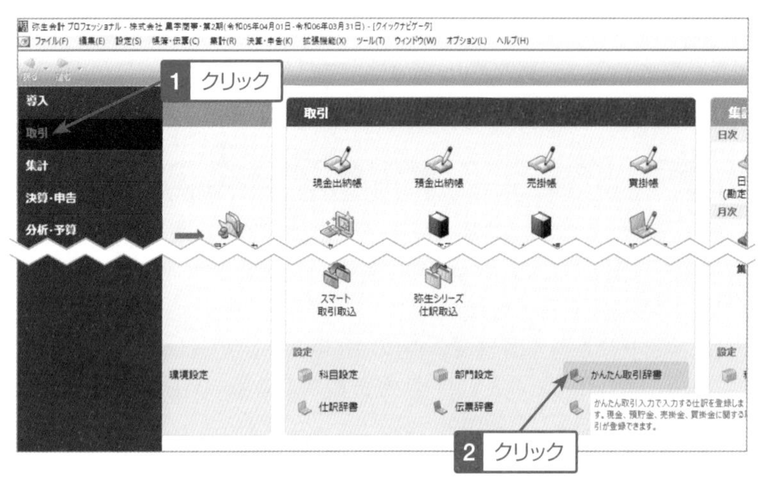

1 クイックナビゲータの「取引」メニューをクリックし、**[かんたん取引辞書]**アイコンをクリックします。

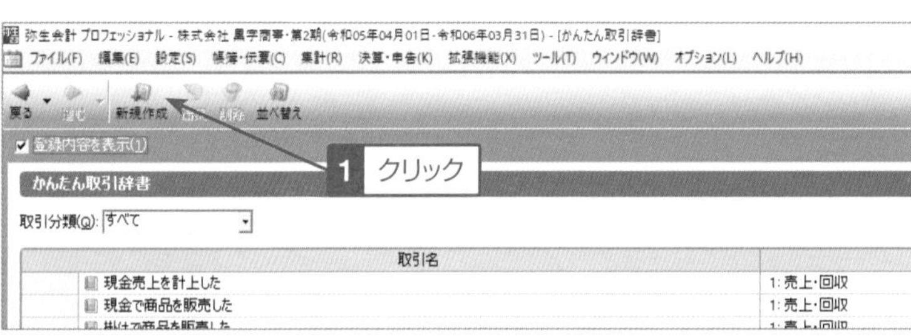

2 ツールバーの**[新規作成]**ボタンをクリックします。

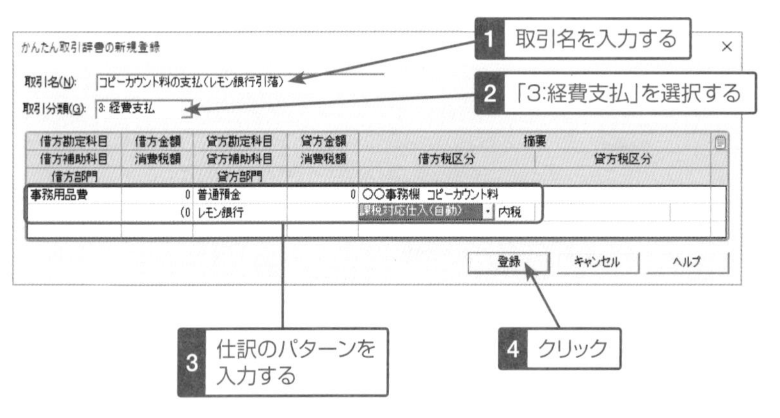

3 **[取引名(N)]**に取引名を入力し、**[取引分類(G)]**から取引分類を選択します。ここでは、取引分類は「3:経費支払」を選択します。設定したい仕訳のパターンを入力し、[登録]ボタンをクリックします。

※辞書に取引を登録する際の税区分の消費税率は、取引日付に基づいて自動判定できるように「(自動)」が初期設定されています。初期設定を変更したり、辞書のパターンに金額を設定する場合は、税区分(税率)をリストから選択する必要があります。
例)「課税対応仕入(自動)」が設定されていると、令和元年9月30日までの伝票日付の場合は8%、令和元年10月1日以降の伝票日付の取引は10%で自動判定され初期表示されます。

新規に追加する場合は、「借方」「貸方」の複式簿記の形式で登録を行う必要があります。簿記が苦手な場合、次ページの下のONE POINTの要領で、登録されているパターンの辞書の内容を表示して、これを参考にして入力するとよいでしょう。

ONE POINT 追加した辞書の確認方法

「かんたん取引入力」画面（130ページ参照）で取引の種類と取引タイプを選択すると、取引名の欄で、追加した辞書（取引）を選択することができます。操作例で追加した辞書は「支出」取引の一番下に表示されていますが、探しにくい時はキーワードを入力して検索することができます。

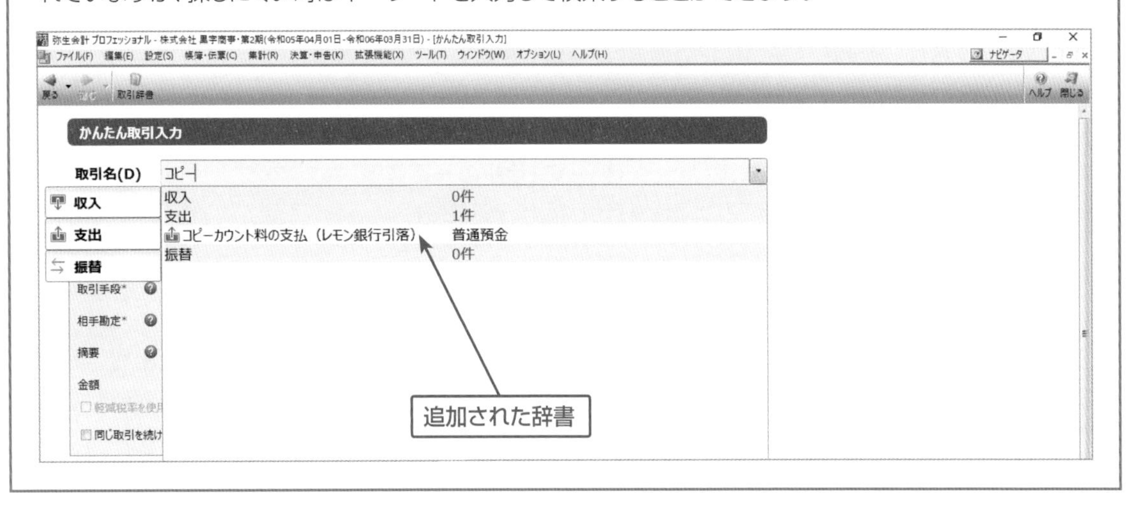

ONE POINT 登録されているパターンの修正方法

登録されているパターンを一部修正したり確認したい場合は、「かんたん取引辞書」画面で修正したい取引名をダブルクリックするか、取引名をクリックしてツールバーの**[編集]**ボタンをクリックして修正画面を表示し、修正します。

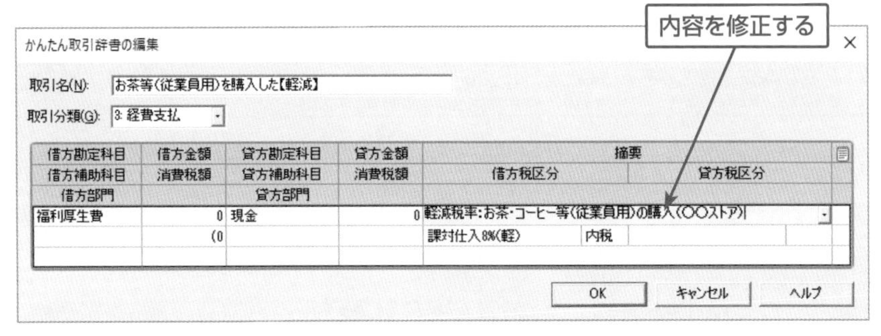

ONE POINT 「かんたん取引入力」画面の注意点

「かんたん取引入力」画面は、帳簿や伝票画面に慣れていない人が、1行仕訳（原因と結果が1対1の仕訳）をかんたんに入力するための画面です。**[収入][支出]**タブでは、取引手段として選択できる勘定科目が「現金」「当座預金」「普通預金」「定期預金」「売掛金」「買掛金」に限定されています。**[振替]**タブでは、貸借科目のみ選択が可能です。（損益科目がからむ振替は入力することができません。）入力できる取引が限定されていますので、この画面から入力できない取引は、他の帳簿や伝票画面から入力してください。

■仕訳辞書について

「仕訳辞書」は、帳簿でよく使う1対1の仕訳のパターンを登録する辞書です。帳簿以外に、伝票画面でも使用することができます。仕訳辞書には、「勘定科目」「補助科目」「部門」「摘要」「金額」をセットで登録します（「補助科目」と「部門」は設定している場合のみ）。金額は必要に応じて登録することも空欄にしておくこともできますが、売上など、いつも決まった金額ではない場合は金額欄を0円で登録しておかないと入力ミスの元になります。ただ、リース料や家賃など固定の金額の仕訳の場合は、金額や税率も一緒に登録しておくと便利です。登録した仕訳は帳簿や伝票から呼び出して使います。また、オンラインアップデートに対応しており、ソフトの起動時にアップデートがあれば自動で最新の状態に更新されます（法令改正による仕訳の変更など）。

また、仕訳辞書画面で取引分類を設定し、ツールバーの**[仕訳の一括登録]**ボタンをクリックすると、複数の仕訳辞書の取引を一括で仕訳登録することができます（149ページ参照）。

◉伝票画面（振替伝票）

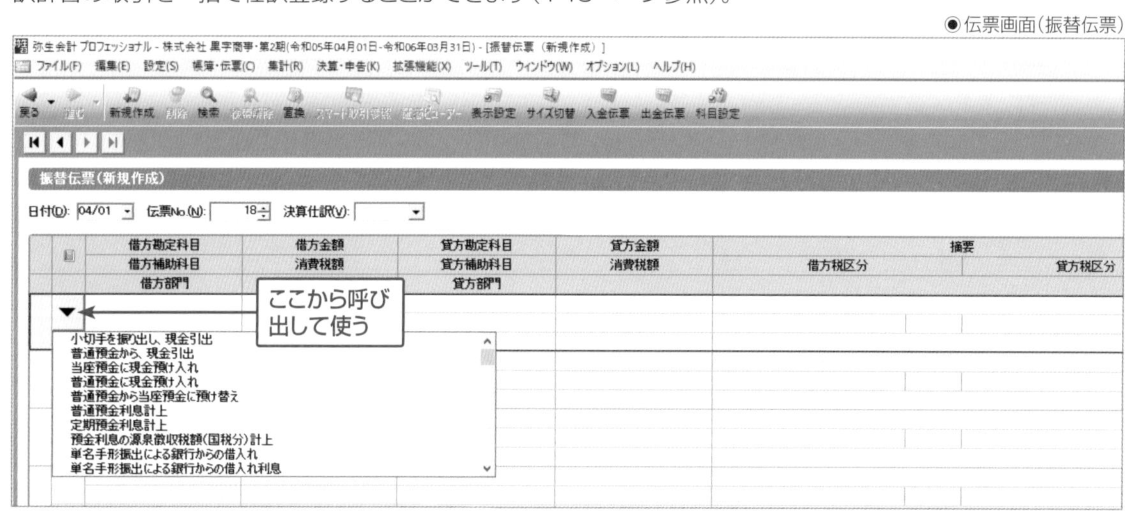

◉帳簿画面（現金出納帳）

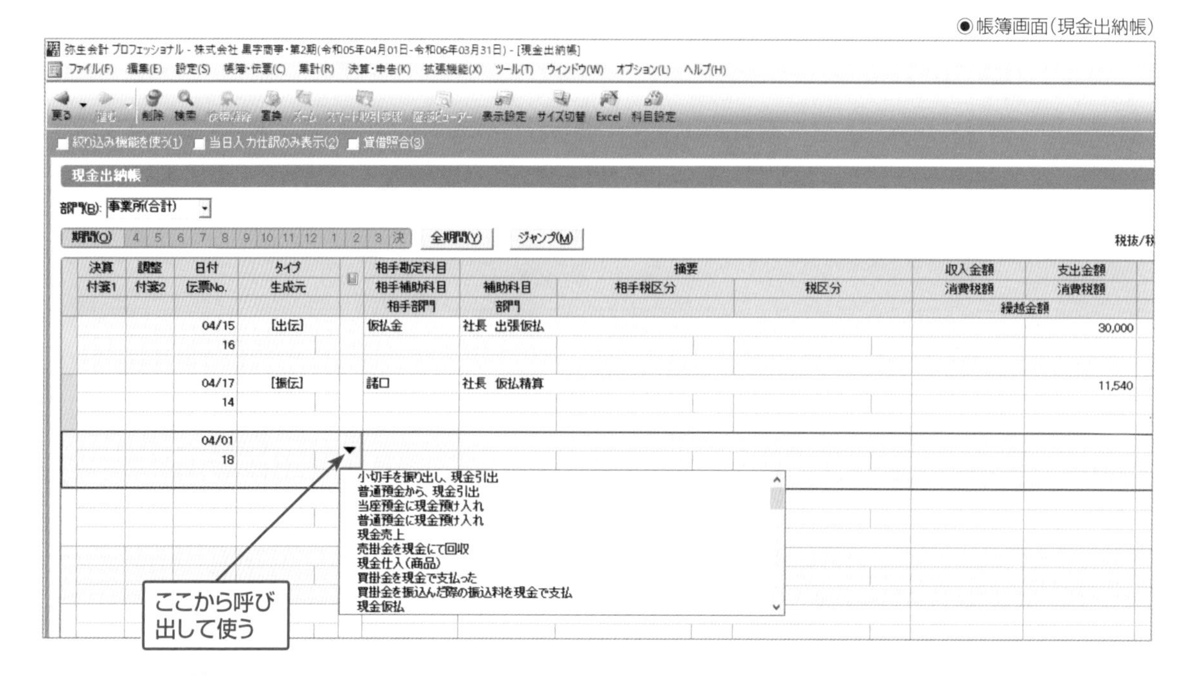

基礎知識
導入
初期設定
日常入力作業
集計
決算準備
決算
付録

25-2 仕訳辞書に取引を登録する

仕訳辞書に「ごみ処理費を現金で支払った」という取引を登録してみましょう。

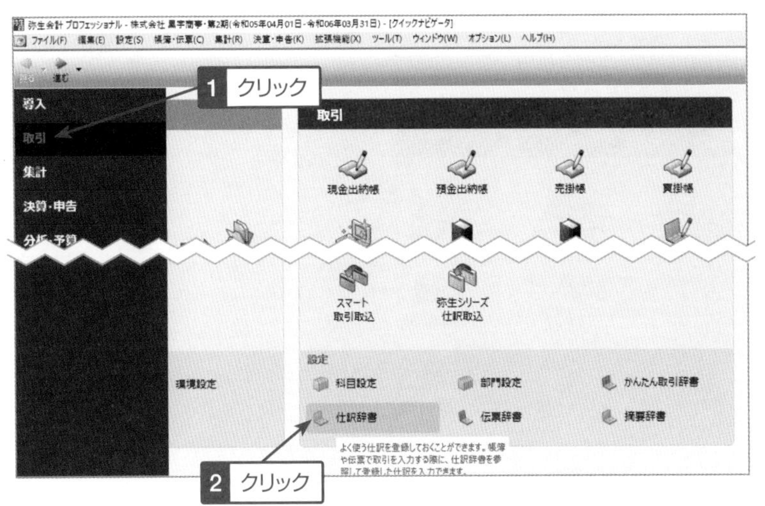

1 クイックナビゲータの「取引」メニューをクリックし、**[仕訳辞書]**アイコンをクリックします。

弥生会計 プロフェッショナル - 株式会社 黒字商事・第2期(令和05年04月01日-令和06年03月31日) - [仕訳辞書]

ファイル(F) 編集(E) 設定(S) 帳簿・伝票(C) 集計(R) 決算・申告(K) 拡張機能(X) ツール(T) ウィンドウ(W) オプション(L) ヘルプ(H)

戻る 進む 新規作成 複写 削除 並べ替え 分類設定

1 クリック

登録内容を表示(1)

仕訳辞書

取引分類(Q): すべて

取引名	分類	サーチキー英字
小切手を振り出し、現金引出		
普通預金から、現金引出		
当座預金に現金預け入れ		
普通預金に現金預け入れ		

2 ツールバーの **[新規作成]** ボタンをクリックします。

仕訳辞書の新規登録

1 取引名を入力する　2 取引分類を選択する　3 サーチキーを入力する

取引名(N): ○○清掃社 ゴミ処理代

取引分類(G): 指定なし　サーチキー英字(A): GOMI　サーチキー数字(B):

借方勘定科目 / 借方補助科目 / 借方部門	借方金額 / 消費税額	貸方勘定科目 / 貸方補助科目 / 貸方部門	貸方金額 / 消費税額	摘要 / 借方税区分	貸方税区分
ごみ処理費	0	現金	0	○○清掃社 ごみ処理代	
	(0			課対仕入	内税

登録　キャンセル　ヘルプ

4 仕訳のパターンを入力する　5 クリック

3 **[取引名(N)]**に取引名を入力し、**[取引分類(G)]**から必要に応じて取引分類を選択します。**[サーチキー英字(A)]**に設定したいサーチキーを入力し、設定したい仕訳のパターンを入力して(金額は月々変動することが予想されるため「0」のまま)、[登録]ボタンをクリックします。

※辞書に取引を登録する際の税区分の消費税率は、取引日付に基づいて自動判定できるように「(自動)」が初期設定されています。初期設定を変更したり、辞書のパターンに金額を設定する場合は、税区分(税率)をリストから選択する必要があります。

例)「課税対応仕入(自動)」が設定されていると、令和元年9月30日までの伝票日付の場合は8%、令和元年10月1日以降の伝票日付の取引は10%で自動判定され初期表示されます。

※この操作例では77～79ページの要領で**[ごみ処理費]**という勘定科目を追加している前提で説明しています。**[ごみ処理費]**がない場合は**[雑費]**等で設定してください。

取引分類は30項目に分類することができますが、特に分類しない場合は「指定なし」のままで設定します。

25-3 仕訳辞書を使用して取引を入力する

「現金出納帳」画面から、登録した仕訳辞書を使用して取引を入力してみましょう。

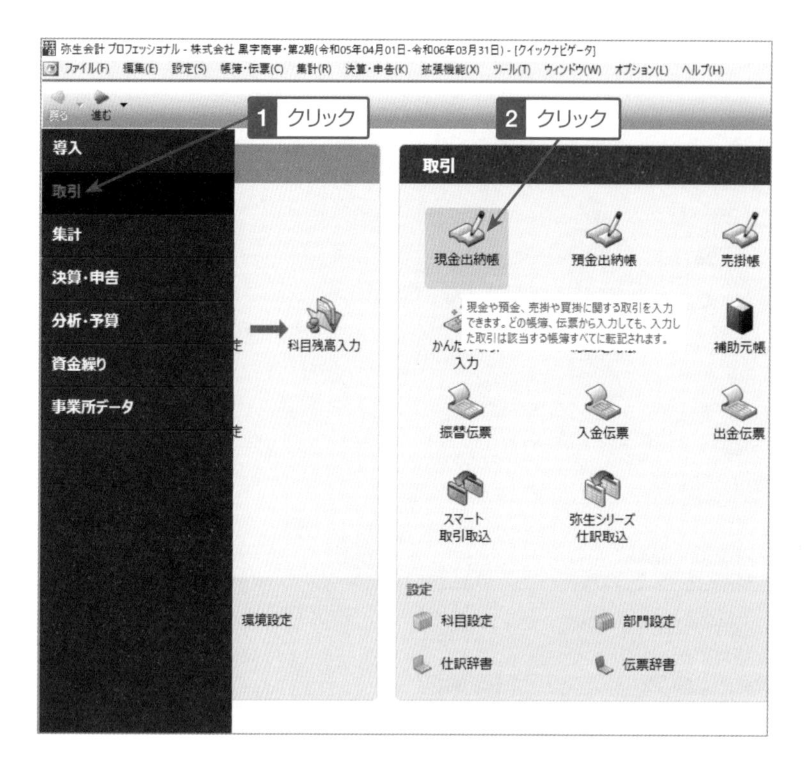

1 クイックナビゲータの「取引」メニューをクリックし、**[現金出納帳]**アイコンをクリックします。

1 日付を入力する
2 ⏎キーを押す
3 サーチキーを入力する

従業員に見舞金を現金で渡した
DM 発送費を現金で支払った
開店祝いを現金で渡した
海外出張費を現金で支払った
給与の源泉所得税を現金で支払った
現金過不足を計上した
新聞購読料を現金で支払った【軽減】
業者接待のため費用を現金支払【軽減】
従業員の夜食をテイクアウトした【軽減】
○○清掃社 ゴミ処理代 GOMI

2 日付を入力し、⏎キーを押すと仕訳辞書の選択リストボタンにカーソルが移動します。サーチキーを設定している場合はサーチキーを入力します。サーチキーを設定していない場合、選択リストを表示させ、リストの中から登録された「ごみ処理代」の辞書を選択します。なお、リストを表示するには F4 キーを押すか ▾ ボタンをクリックします。

新たに追加された辞書は選択リストの一番下に表示されています。

3 登録した辞書をクリックすると取引が入力されます。金額が「0」になっているので、金額のみ入力します。

現金出納帳

部門(B): 事業所(合計)

期間(Q) 4 5 6 7 8 9 10 11 12 1 2 3 決 全期間(Y) ジャンプ(M) 税抜/税込切替(Z): 税抜

決算 付箋1	調整 付箋2	日付 伝票No.	タイプ 生成元	相手勘定科目 相手補助科目 相手部門	摘要 補助科目 部門	相手税区分	税区分	収入金額 消費税額	支出金額 消費税額	残高
								繰越金額		137,340
		04/15 16	[出伝]	仮払金	社長 出張仮払				30,000	107,340
		04/17 14	[振伝]	諸口	社長 仮払精算				11,540	95,800
		04/01 18		ごみ処理費	○○清掃社 ごみ処理代	課対仕入10%	内税		11000 (1,000	84,800
		04/01 19								

1 金額を入力する

25-4 仕訳辞書から仕訳を一括登録する

「仕訳の一括登録」とは、登録された「仕訳辞書」を取引分類ごとにグループ分けし、そのグループごとに一括して仕訳を起こす機能です。登録は取引分類ごとに行うため、まず、取引分類を登録する必要があります。ここでは、「25日　引き落とし」グループを作成し、グループに属する取引を設定して一括登録してみましょう。

1 「仕訳辞書」画面でツールバーの**[分類設定]**ボタンをクリックします。

「仕訳辞書」画面を表示する方法は147ページを参照してください。

2 「25日　引き落とし」と入力し、OK ボタンをクリックします。

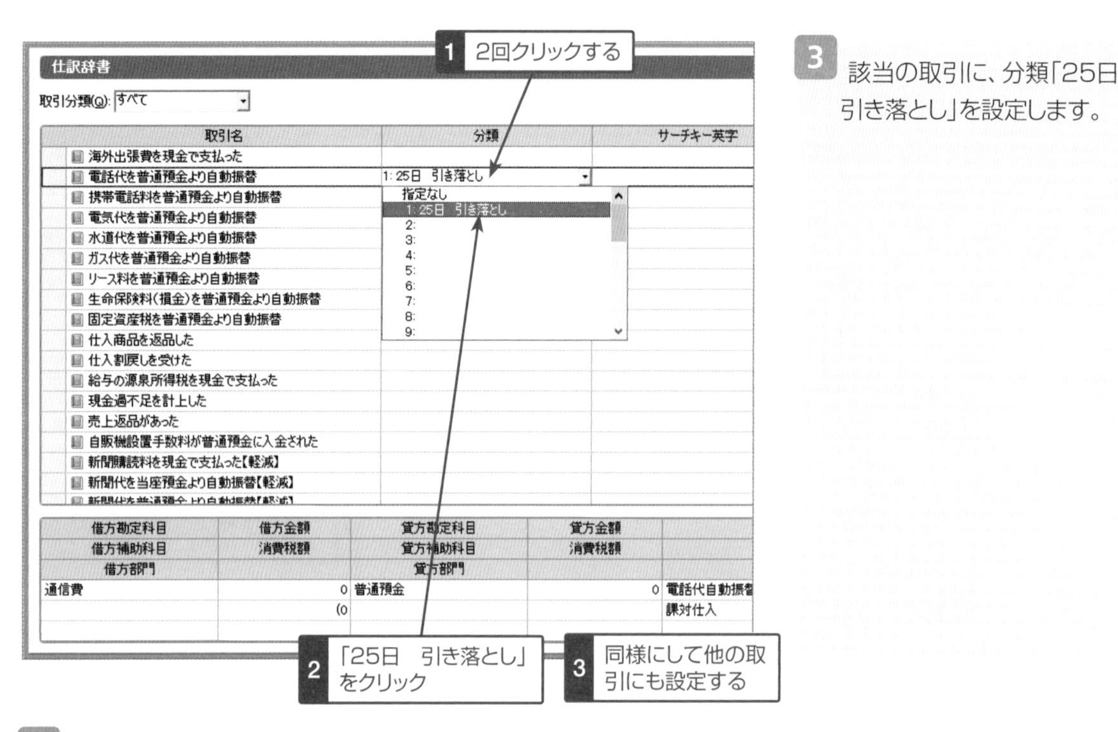

3 該当の取引に、分類「25日 引き落とし」を設定します。

4 **[取引分類(Q)]**から「25日 引き落とし」を選択し、ツールバーの**[仕訳一括登録]**ボタンをクリックします。

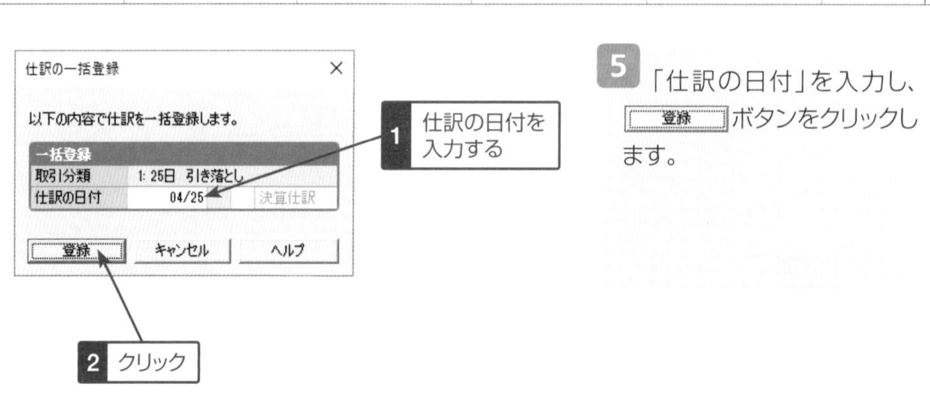

5 「仕訳の日付」を入力し、[登録]ボタンをクリックします。

6 「仕訳日記帳」画面が表示され、「仕訳の一括登録」ダイアログボックスが表示されるので、 OK ボタンをクリックします。この後、金額などを入力してください。

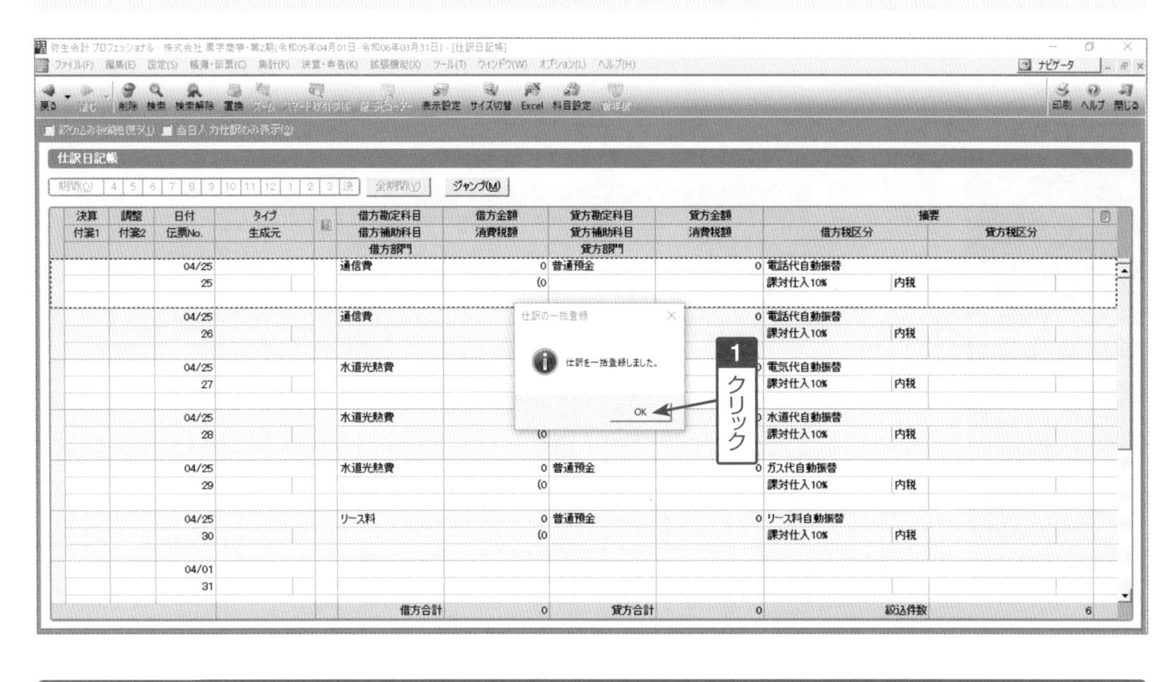

■ 伝票辞書について

伝票でよく使う複合仕訳を、伝票1枚のパターンとして登録します。登録した伝票辞書は伝票画面から呼び出して使います。仕訳辞書と同じように、金額を登録しておくことも空欄にしておくこともできるため、給与などの複雑な仕訳を登録しておくと便利です。

◉振替伝票

25-5 伝票辞書に取引を登録する

伝票辞書に「売掛金と買掛金を相殺した。」という取引を登録してみましょう。

※ここでは、「買掛金」勘定と「売掛金」勘定に補助科目「ABC商店」を設定していることとします。

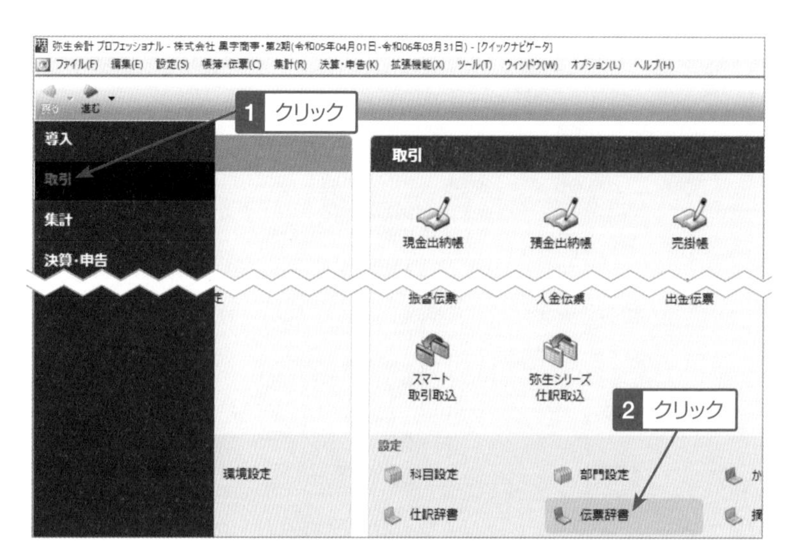

1 クイックナビゲータの「取引」メニューをクリックし、**[伝票辞書]**アイコンをクリックします。

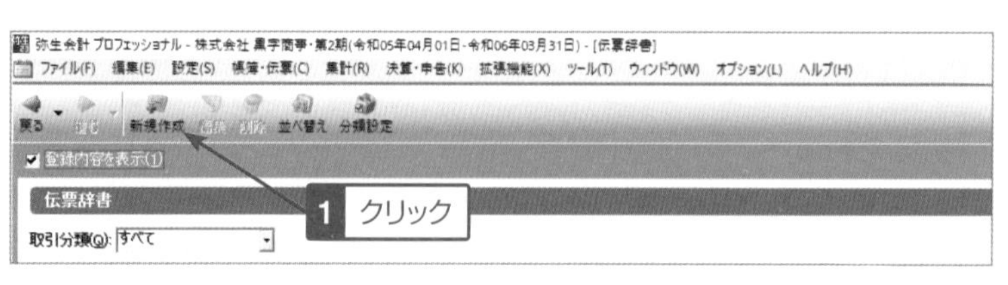

2 ツールバーの**[新規作成]**ボタンをクリックします。

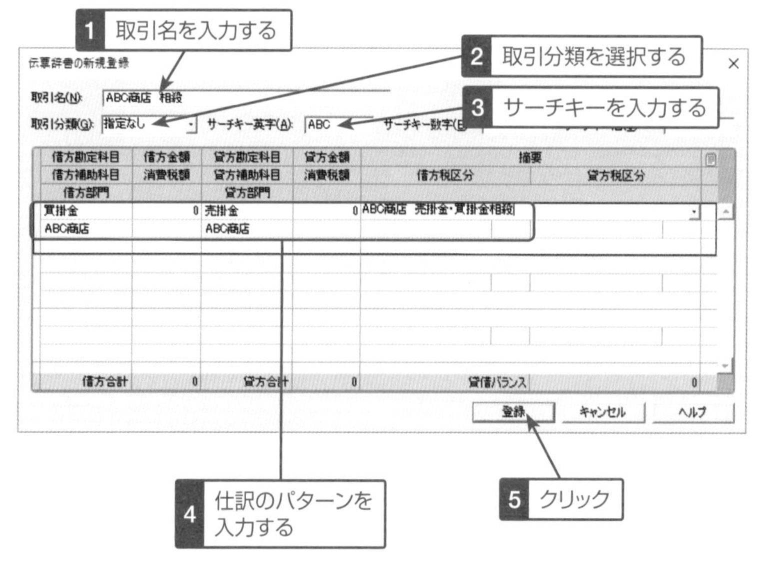

3 **[取引名(N)]**に取引名を入力し、**[取引分類(G)]**から必要に応じて取引分類を選択します。**[サーチキー英字(A)]**に設定したいサーチキーを入力し、設定したい仕訳のパターンを入力して（金額は月々変動することが予想されるため「0」のまま）、[登録]ボタンをクリックします。

取引分類は30項目に分類することができますが、特に分類しない場合は「指定なし」のままで設定します。

25-6 伝票辞書を使用して取引を入力する

伝票画面から、登録した伝票辞書を使用して取引を入力してみましょう。

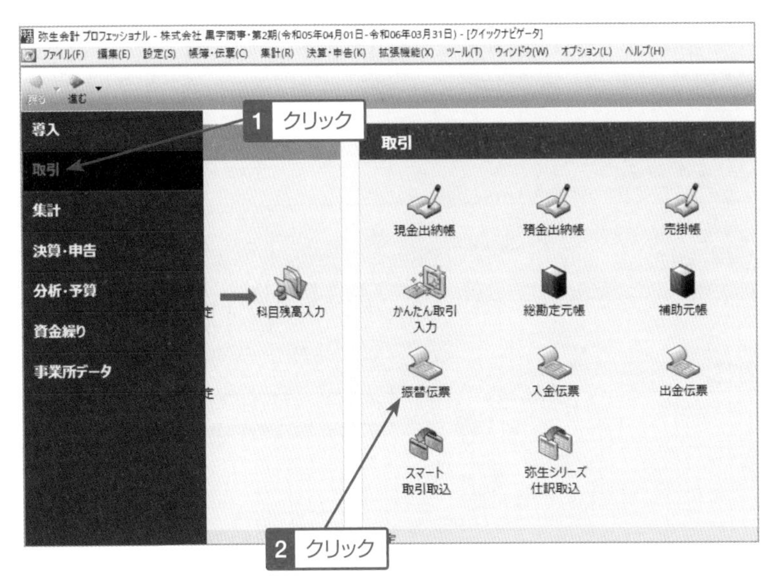

1 クイックナビゲータの「取引」メニューをクリックし、**[振替伝票]** アイコンをクリックします。

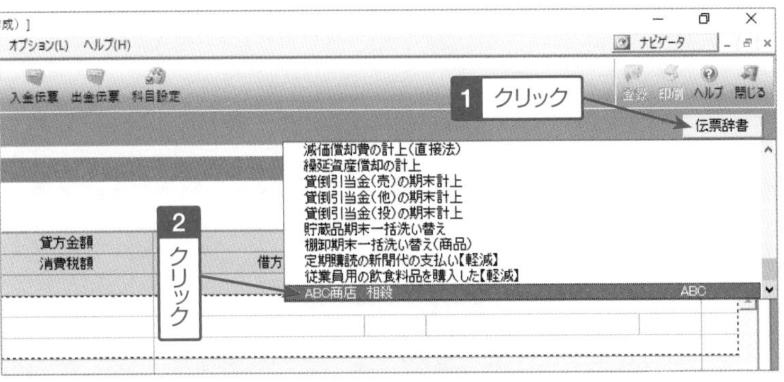

2 画面右上の 伝票辞書 ボタンをクリックし、登録した伝票辞書を選択します。サーチキーを入力して選択してもかまいません。

3 金額を入力し、ツールバーの**[登録]**ボタンをクリックします。

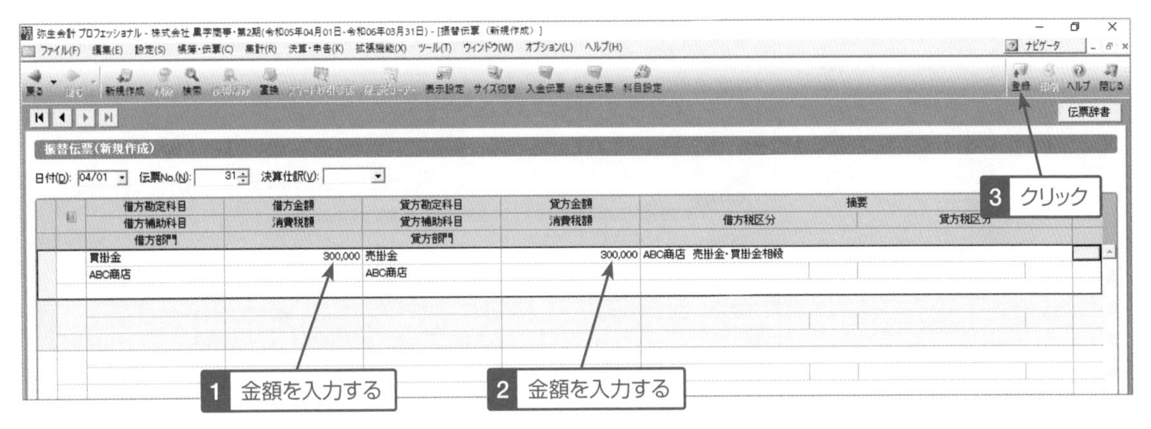

■摘要辞書について

摘要辞書には、よく使う摘要の文字列を登録します。摘要は勘定科目に関連付けて登録することができ、仕訳の入力時に関連付けた科目を選択するとリストの上位に表示されます。

たとえば「○○月分　ガス料金」という摘要は、「水道光熱費」勘定以外ではまず使わない摘要なので、「水道光熱費」を選んだときに上位に表示されるように勘定科目と結び付けておきます。摘要辞書は帳簿と伝票の両方で使うことができます。

◉伝票画面(振替伝票)

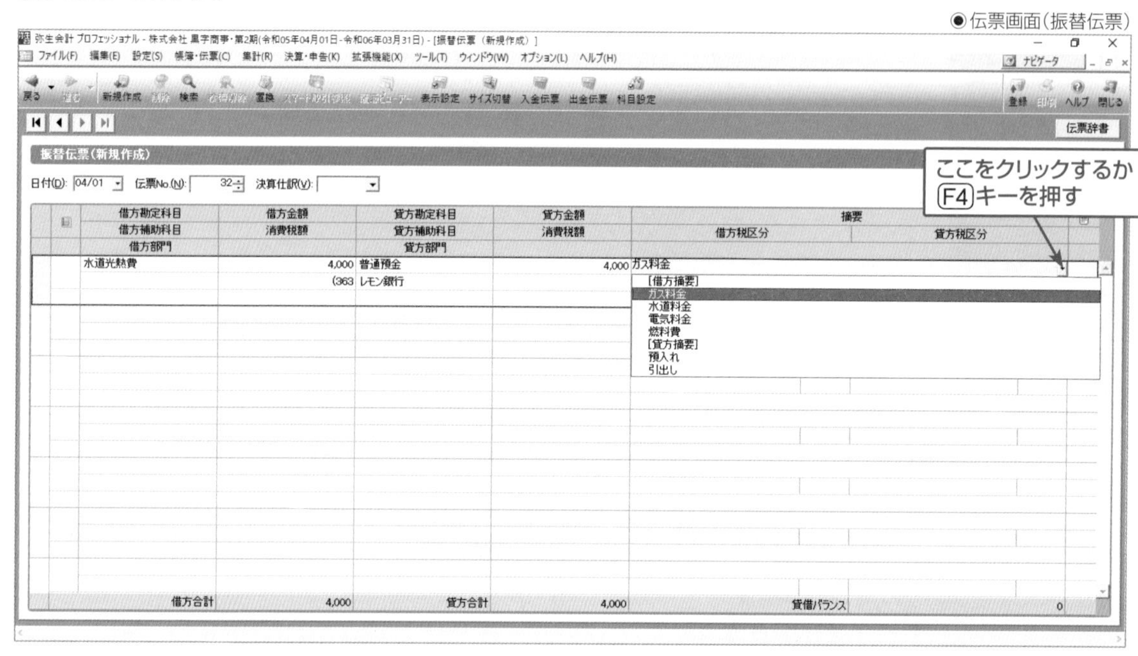

◉帳簿画面(現金出納帳)

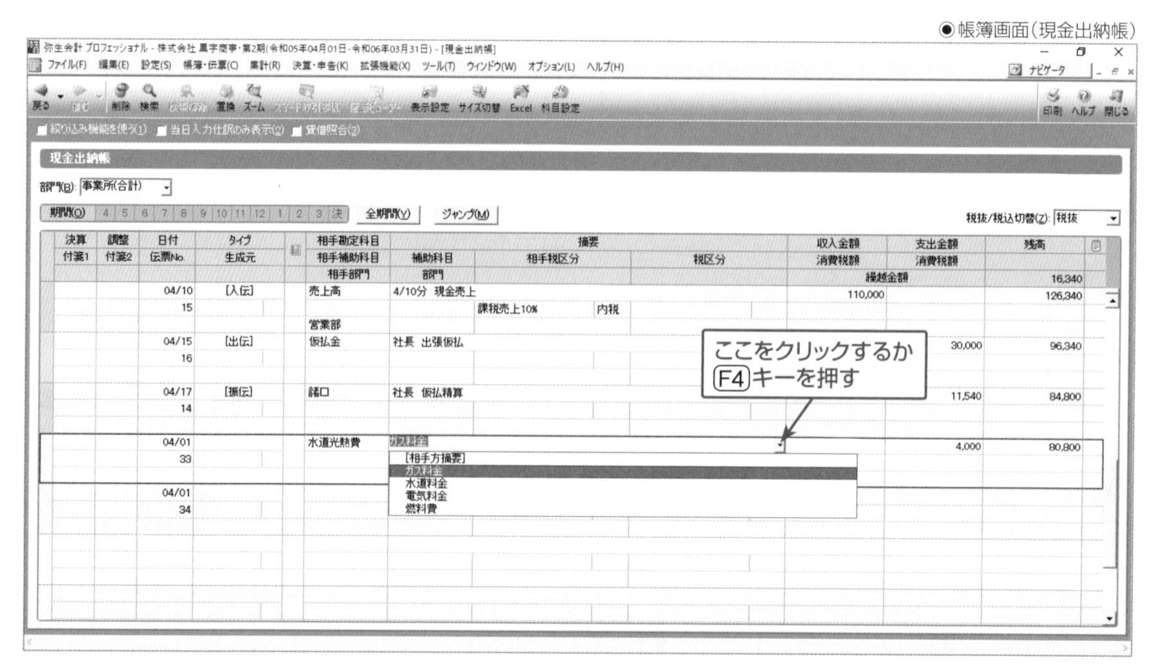

25-7 摘要辞書に登録する

「携帯電話代」という文字列を「摘要辞書」に登録してみましょう。関連付ける勘定科目は「通信費」で設定します。

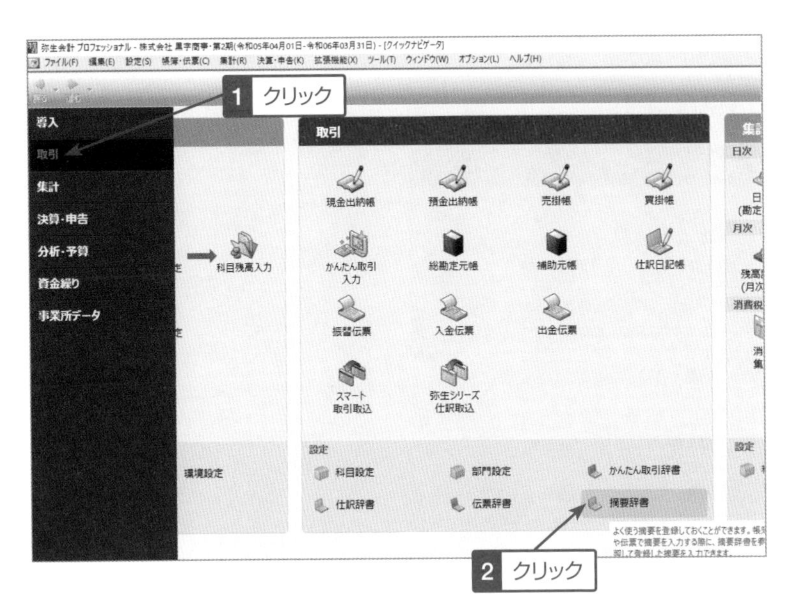

1 クイックナビゲータの「取引」メニューをクリックし、**[摘要辞書]**アイコンをクリックします。

2 ツールバーの **[新規作成]** ボタンをクリックします。

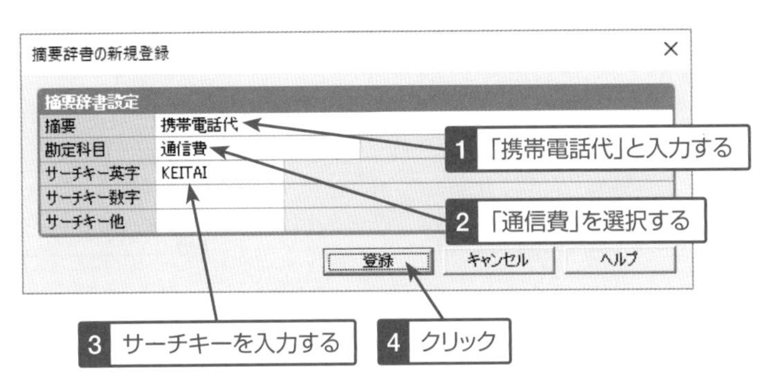

3 「摘要」に「携帯電話代」と入力し、「勘定科目」は「通信費」を選択して、サーチキーを入力し、[登録] ボタンをクリックします。

25-8 摘要辞書を使用して取引を入力する

現金出納帳に摘要辞書を使用して取引を入力してみましょう。

1 クリック
2 クリック

1 クイックナビゲータの「取引」メニューをクリックし、**[現金出納帳]**アイコンをクリックします。

2 日付を入力し、相手勘定科目は「通信費」を選択します。摘要入力欄では、登録した摘要辞書を呼び出して、選択します。

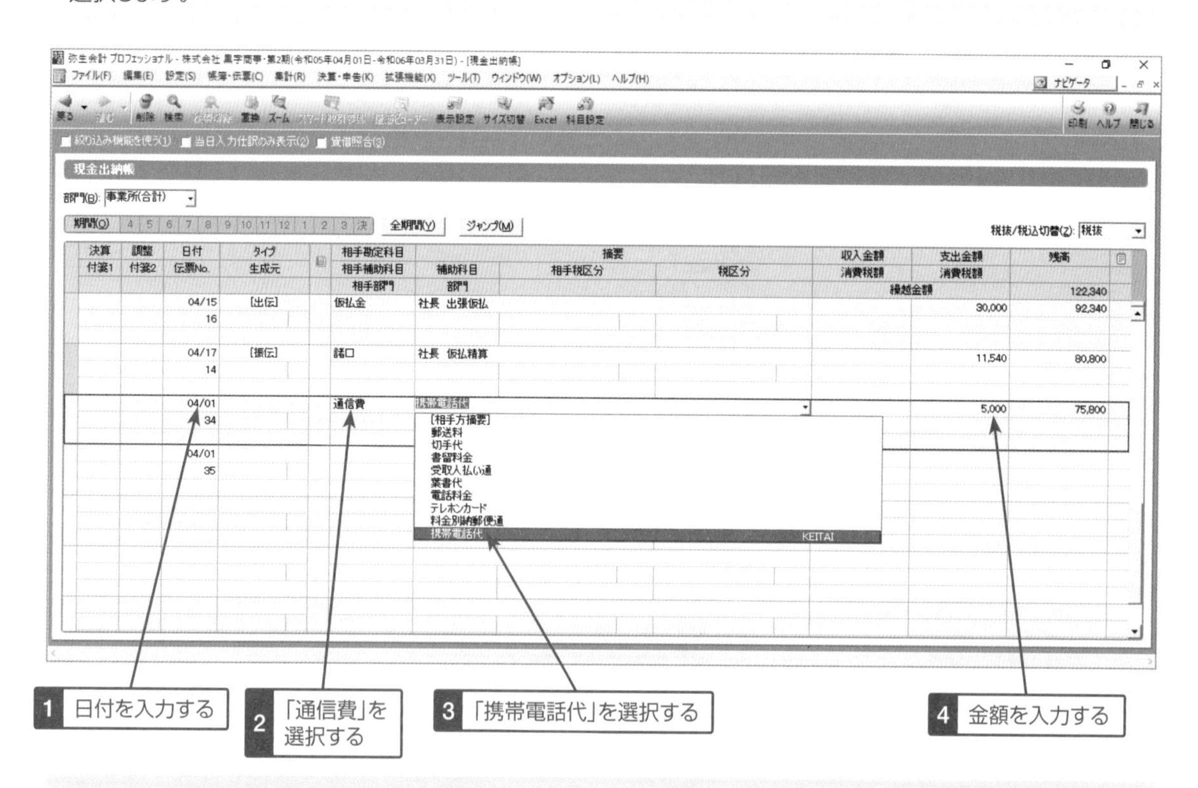

摘要のリストが表示されない場合には、入力欄をクリックするか、入力欄にカーソルがある状態で[F4]キーを押します。

ONE POINT 辞書へ素早く登録する方法

辞書画面ではなく、帳簿や伝票の入力画面から、入力中の仕訳や摘要や伝票の複合仕訳を各辞書へ登録することができます。

帳簿の画面では、仕訳を入力しながら「仕訳辞書」への登録を行う場合、「借方」「貸方」を考えながら登録しなくてもよいので、簿記が苦手な人でも「仕訳辞書」登録を行うことができます。入力しながらよく出てくる仕訳のパターンがあったら登録しておきましょう。

なお、帳簿や伝票の入力画面では間違えて登録した辞書を修正したり、削除することはできません。修正や削除は、各辞書画面から行ってください。

仕訳辞書への登録

帳簿（現金出納帳など）画面で辞書に登録したい取引の行を選択し、メニューバーの**[編集(E)]→[仕訳辞書へ登録(W)]**を選択します。「取引名」を確認し、必要に応じてサーチキーを入力して 登録 ボタンをクリックします。

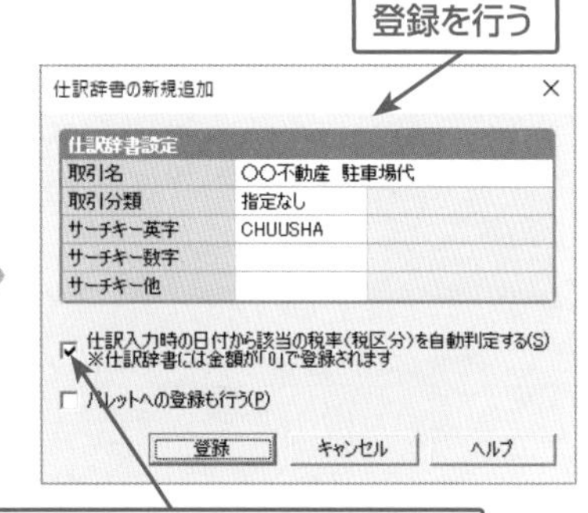

登録を行う

チェックをつけておくと、消費税率が取引日付により自動判定される取引として、金額は0円で登録される。税率を固定し、金額もセットで登録したい場合はチェックを外しておく

登録する取引を選択してからメニューを選択し・・・

辞書機能を使いやすく設定しておくと、入力操作がとても楽になります

伝票辞書への登録

登録したい複合仕訳を入力し、メニューバーの**[編集(E)]→[伝票辞書へ登録(H)]**を選択します。「取引名」を確認し、必要に応じてサーチキーを入力して 登録 ボタンをクリックします。

摘要辞書への登録

登録したい摘要文字列をクリックし、メニューバーの**[編集(E)]→[摘要辞書へ登録(Q)]**を選択します。関連付ける勘定科目を選択し、必要に応じてサーチキーを設定して 登録 ボタンをクリックします。

ONE POINT 登録した予定を実行する「取引予定表」

「取引予定表」は、あらかじめ登録した取引の予定を実行したり、履歴の管理を行うための画面です。毎月定期的に発生する取引や、事前に把握している特定の取引の予定を「取引予定表」に設定しておくと、簡単に仕訳の書き出しを行うことができます。取引の予定は、「仕訳辞書」や「伝票辞書」から選択して設定するため、最初から弥生会計の辞書に登録されている取引から選ぶ他、147ページや152ページの要領であらかじめ取引を辞書に登録しておくと、詳細な取引内容を設定することができます。

■ 取引予定を登録する方法

新しく取引予定を登録するには、次のように操作します。

●「取引予定の新規登録」ダイアログボックス

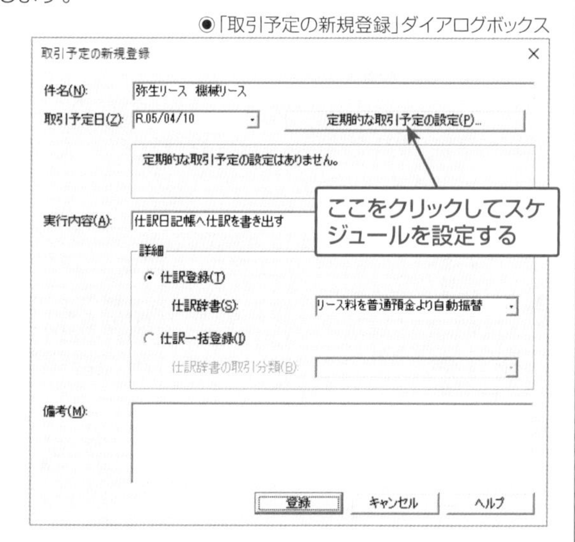

❶ メニューバーの**[ツール(T)]→[取引予定表(Y)]**を選択し、「取引予定表」画面を表示します。

❷ ツールバーの**[新規作成]**ボタンをクリックします。

❸「取引予定の新規登録」ダイアログボックスが表示されるので、**[件名(N)]**に取引予定のタイトルを入力します。

❹ 毎週・毎月行う定期的な取引の場合には、[定期的な取引予定の設定(P)...]ボタンをクリックし、「定期的な取引予定の設定」ダイアログボックスで取引のスケジュールを設定します。一度だけの取引の場合には、「取引予定の新規登録」ダイアログボックスの**[取引予定日(Z)]**で日付を設定します。

❺ **[実行内容(A)]**で「仕訳日記帳へ仕訳を書き出す」と「振替伝票へ仕訳を書き出す」から選択し、**[詳細]**を設定します。

❻ 必要があれば**[備考(M)]**を設定し、[登録]ボタンをクリックします。

●「定期的な取引予定の設定」ダイアログボックス

定期的な取引予定の設定
毎週(W)　日(D) 10 日に設定
毎月(M)　曜日(Y) 第1 日曜日 に設定
開始日(S): R.05/04/10　終了日(E):
OK　キャンセル　定期的な設定を解除(R)　ヘルプ

取引のスケジュールを設定する

■ 取引予定の実行方法

取引予定を実行し、仕訳を入力するには、次のように操作します。

❶ メニューバーの**[ツール(T)]→[取引予定表(Y)]**を選択し、「取引予定表」画面を表示します。

❷ 実行したい取引予定を選択し、ツールバーの**[取引予定の実行]**ボタンをクリックします。

❸ 登録した実行内容が「仕訳日記帳へ仕訳を書き出す」の場合は「仕訳の登録」ダイアログボックスや「仕訳の一括登録」ダイアログボックス(複数の仕訳が登録されている場合)が表示されるので、[登録]ボタンをクリックすると仕訳が自動で作成され、仕訳を登録した旨のメッセージが表示されます。登録した実行内容が「振替伝票へ仕訳を書き出す」の場合は、振替伝票が表示されて仕訳が作成さ

れるので、登録を完了します。

❹ツールバーの**[戻る]**ボタンをクリックして「取引予定表」画面に戻ると、実行した仕訳の「実行済」欄にチェックが付きます。定期的な予定の場合は、次回の取引予定が自動的に追加されます。

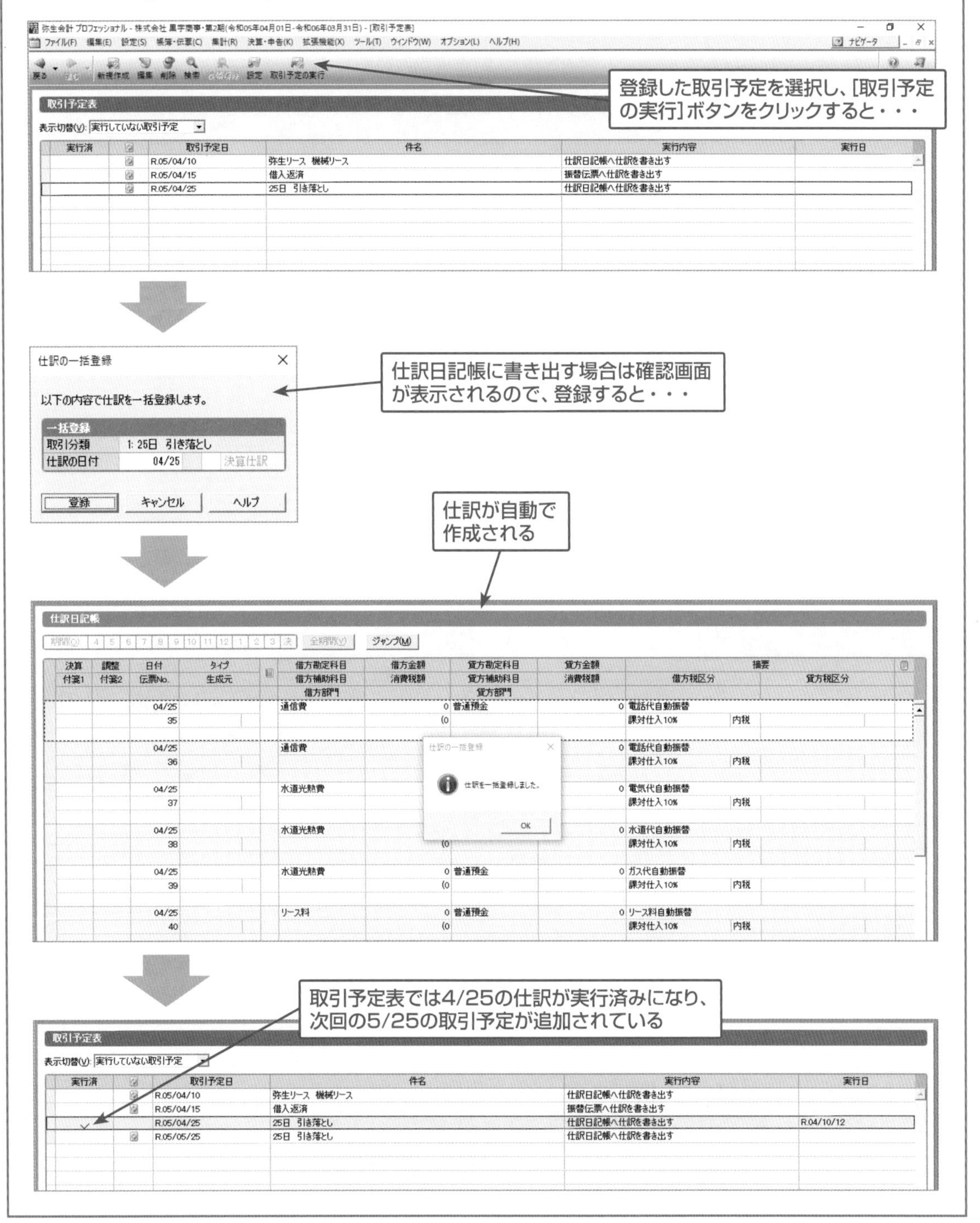

仕訳アドバイザーについて

仕訳がわからない場合や、勘定科目について調べたい場合には、「仕訳アドバイザー」を参考にしてみましょう。仕訳の例が載っているので、参考にしたり、仕訳の例を振替伝票に自動で入力することができます。

■ 仕訳アドバイザーの利用

仕訳アドバイザーでは、一般的な仕訳例に加え、さまざまな業種特有の仕訳も参照することができます。初期設定ではオンラインモードで起動し、弥生株式会社の仕訳アドバイザーのサーバーに接続して最新の機能や情報を利用することができます。インターネットに接続していない場合は、オフラインモードで確認することができます。「個人/一般」や「法人」のデータでは、仕訳アドバイザーで検索した仕訳は振替伝票に連動することができますが、使用されている勘定科目や仕訳例はあくまでも一般的な使用例です。設定されている仕訳例以外にも処理方法がある場合も多いため、仕訳方法の詳細や税金に関する処理については税理士の先生か最寄りの税務署にお問い合わせください。

● 仕訳アドバイザーの表示方法

仕訳アドバイザーを表示するには、メニューバーの **[ヘルプ(H)]→[仕訳アドバイザー(J)]** をクリックするか、ガイドパネルの **[仕訳アドバイザー]** をクリックします

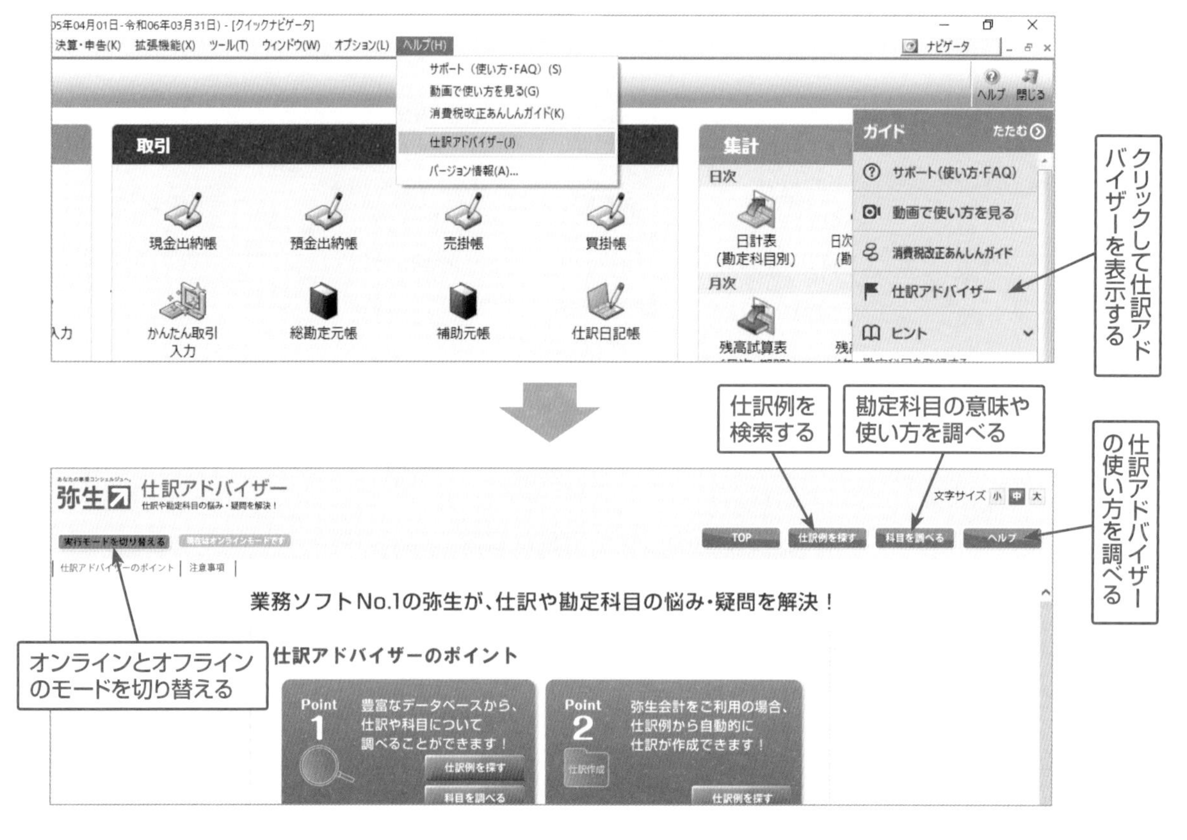

●「仕訳例を探す」画面

仕訳アドバイザー画面で 仕訳例を探す ボタンをクリックして表示する「仕訳例を探す」画面では、業種・業態・勘定科目などのカテゴリーを選択して仕訳例を検索したり、キーワードを入力することにより、仕訳を検索することができます。

※初期設定ではオンラインモードで起動します。インターネットに接続していないパソコンの場合はオフラインモードで実行されます。

勘定科目のカテゴリーがわかっている場合

事業形態や業種、カテゴリーを指定して表示される取引一覧の中から該当する取引をクリックします。

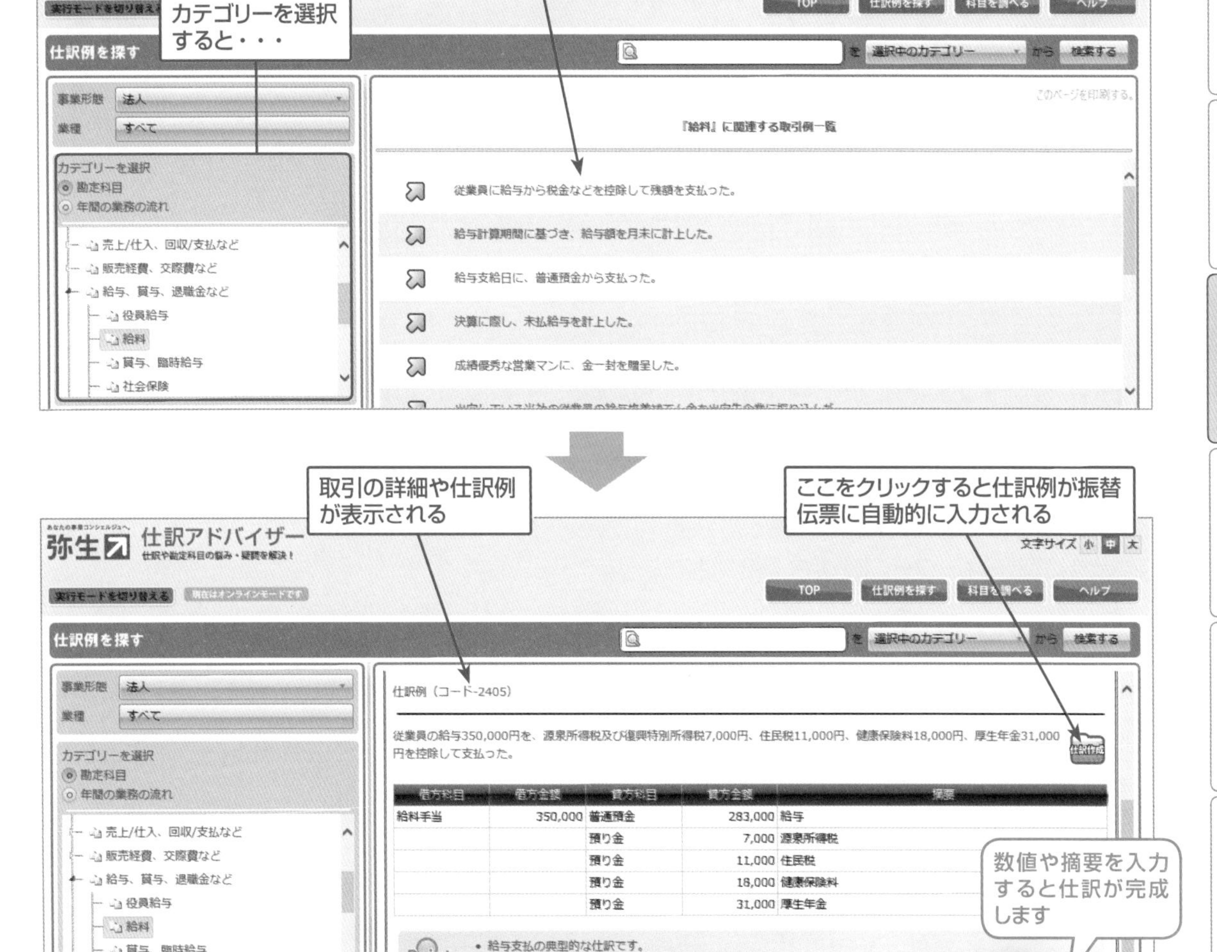

●「科目を調べる」画面

仕訳アドバイザー画面で 科目を調べる ボタンをクリックして表示する「科目を調べる」画面では、勘定科目の意味や使い方を調べることができます。

勘定科目のカテゴリーがわかっている場合

事業形態とカテゴリーを指定すると、そこに属する勘定科目の説明が表示されます。

勘定科目のカテゴリーがよくわからない場合

「仕訳例を探す」画面や「科目を調べる」画面で、勘定科目のカテゴリーがわからない場合は、キーワードを入力し、検索範囲を選択して 検索する ボタンをクリックすると、そのキーワードを含んだ仕訳例や科目の説明を検索することができます。検索された一覧から該当の箇所をクリックすると、仕訳例や科目の詳細説明を確認することができます。複数のキーワードを設定する場合はスペースで区切ります。

●「仕訳例を探す」画面例

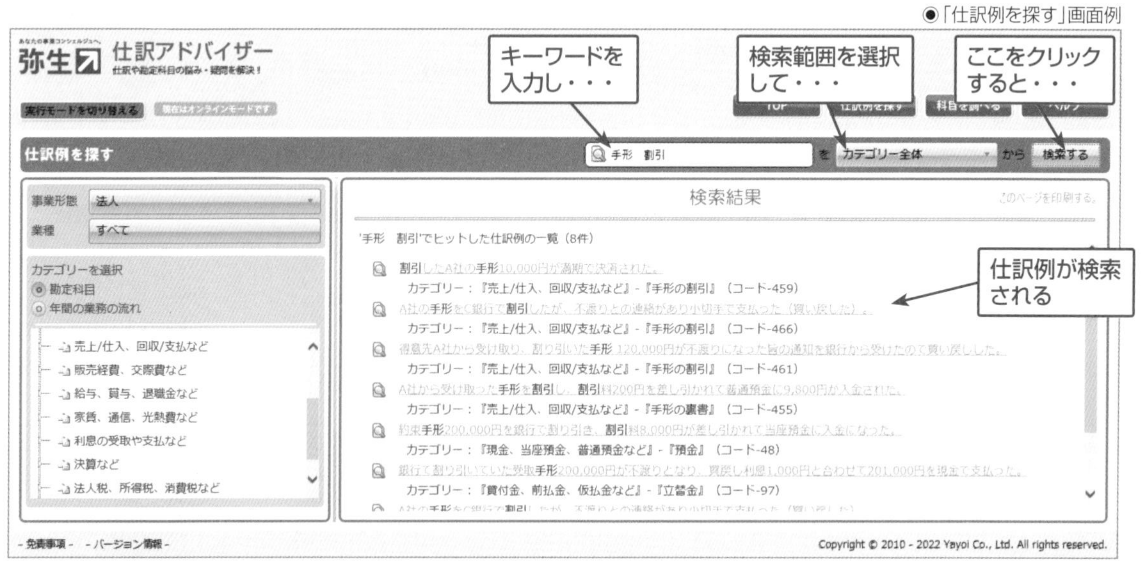

SECTION-27　スタンダード　プロフェッショナル

入力した取引を確認しよう

弥生会計では、帳簿や伝票など、一箇所の画面で入力した取引が、関連するすべての帳簿に自動的に転記されます。また、各種資料にも取引の入力結果や修正が自動で反映されます。特に、帳簿や伝票から入力した仕訳がすべて表示される「仕訳日記帳」と、すべての仕訳から勘定科目(補助科目)ごとに取引を集計した「総勘定元帳」「補助元帳」は、複式簿記の会計帳簿の中でも、もっとも重要な「主要簿」「補助簿」となります。これらの帳簿は、入力した結果を確認するのに便利です。また、すでに登録済みの仕訳を一括で変換する機能も用意されています。ここでは入力したデータを、検索・確認してみましょう。

■仕訳日記帳について

「現金出納帳」や「預金出納帳」などの帳簿入力画面では入力や確認ができる取引が限定されていますが、「仕訳日記帳」画面は、どの帳簿や伝票で入力した取引でもすべてが日付順に転記される「仕訳の一覧」です。帳簿入力画面では「借方」「貸方」を意識しなくても入力操作を行うことができますが、「仕訳日記帳」へ自動転記されるときに、「借方」「貸方」に分かれた複式簿記の形式に変換されます。また、「仕訳日記帳」画面から直接、1対1の仕訳の入力や、帳簿で入力された仕訳の修正・削除などの操作を行うことができます。伝票画面で入力された仕訳も転記されますが、伝票画面で入力された仕訳を修正する場合は、該当の仕訳の上でダブルクリックして伝票画面に戻り、修正作業を行います。

ツールバーの**[前年度]**ボタンをクリックすると前年の取引を並べて確認することができます。仕訳日記帳の画面を表示するには、クイックナビゲータの「取引」メニューをクリックして**[仕訳日記帳]**アイコンをクリックします。「絞り込み機能」や**[検索]**ボタンの使い方は帳簿入力画面と同じ操作となります(131～133ページ参照)。

◉仕訳日記帳

戻る　進む　削除　検索　伝票作成　置換　ズーム　マーク取引参照　証憑ビューアー　表示設定　サイズ切替　Excel　科目設定　前年度　印刷　ヘルプ　閉じる

絞り込み機能を使う(1)　当日入力仕訳のみ表示(2)

仕訳日記帳

期間(Q) 4 5 6 7 8 9 10 11 12 1 2 3 決　全期間(Y)　ジャンプ(M)

決算 付箋1	調整 付箋2	日付 伝票No.	タイプ 生成元	借方勘定科目 借方補助科目 借方部門	借方金額 消費税額	貸方勘定科目 貸方補助科目 貸方部門	貸方金額 消費税額	摘要 借方税区分	貸方税区分
		04/01 15	[振伝]	買掛金 ABC商店	330,000	売掛金 ABC商店	330,000	ABC商店 売掛金・買掛金相殺	
		04/01 16		水道光熱費	4,000 (363	現金	4,000	ガス料金 課対仕入10% 内税	
		04/01 17		通信費	5,000 (454	現金	5,000	携帯電話代 課対仕入10% 内税	
		04/01 18	[入伝]	現金	110,000	売上高 営業部	110,000 (10,000	4/1分 現金売上	課税売上10% 内税
		04/01 19	[出伝]	仮払金	30,000	現金	30,000	社長 出張仮払	
		04/04 20	[振伝]	売掛金 LSリビング 福岡店	48,000	売上高 営業部	48,000 (4,363	L002LSリビング福	課税売上10% 内税
		04/04 20	[振伝]	売掛金 LSリビング 福岡店	55,300	売上高 営業部	55,300 (5,027	L002LSリビング福	課税売上10% 内税

行セレクタの色
帳簿で入力した取引…薄い青
入金伝票………………ピンク
出金伝票………………青
振替伝票………………薄い緑

どこの画面から入力した仕訳なのかが表示されている(空欄は帳簿入力画面で入力した仕訳で、直接クリックして上書き修正や削除を行うことができる)

27-1 仕訳日記帳で検索を行う

本日入力した取引のうち、100,000円以上の取引を仕訳日記帳で検索してみましょう。

1 クイックナビゲータの「取引」メニューをクリックし、**[仕訳日記帳]**アイコンをクリックします。

2 ツールバーの**[検索]**ボタンをクリックします。

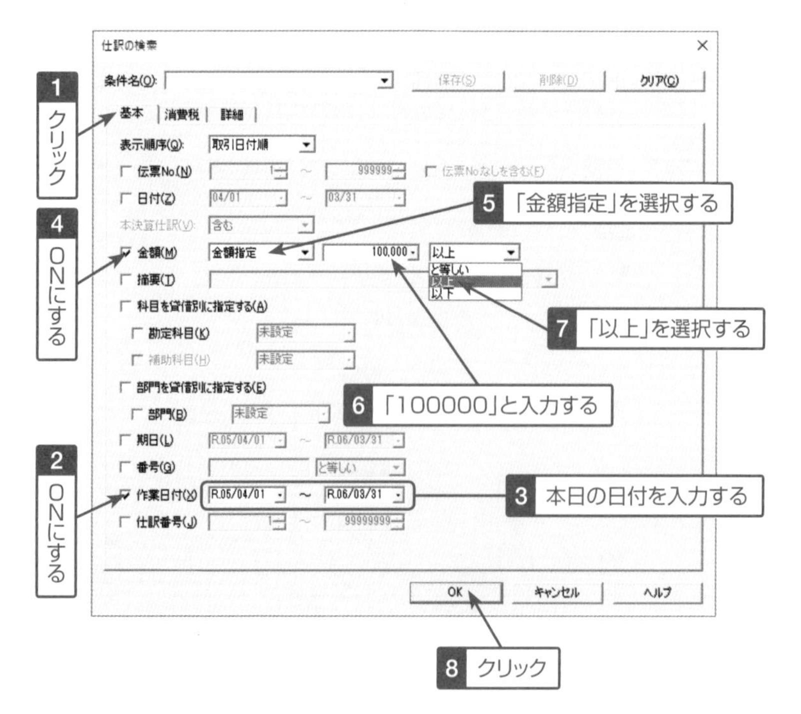

3 「基本」タブをクリックし、**[作業日付(X)]**をONにして、開始日付と終了日付の両方に本日の日付を入力します。**[金額(M)]**もONにして「金額指定」で「100000」と入力し、「以上」を選択して OK ボタンをクリックします。

この後、条件に当てはまる仕訳が表示されます。元の状態に戻す場合は、ツールバーの**[検索解除]**ボタンをクリックします。なお、毎回決まった条件で検索する場合は、条件名を付けて保存しておくと便利です。

27-2 前年の取引を確認して、取引を今期にコピーする

ツールバーの**[前年度]**ボタンをクリックすると、画面左側に並べて「前年度仕訳日記帳」画面が表示されます。前年度の仕訳日記帳で前期の取引を確認し、今期の仕訳にコピーすることができます。

※**[前年度]**ボタンは、データファイルに前年度データがある場合に有効になります。

1 ツールバーの**[前年度]**ボタンをクリックします。

2 画面左に「前年度仕訳日記帳」画面が表示されます。前年度の仕訳をコピーしたい場合、コピーしたい行をクリックしてメニューバーの**[編集(E)]→[当年度の仕訳日記帳へ登録(R)]**をクリックします。複数行の取引の場合は行セレクタで選択します(ドラッグで範囲指定やCtrlキーを押しながらクリックすると複数選択が可能)。

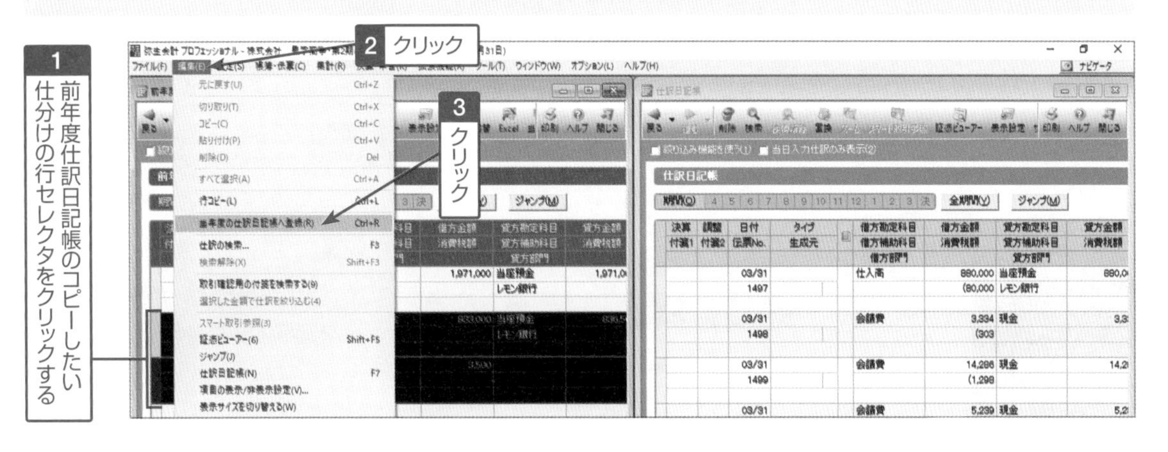

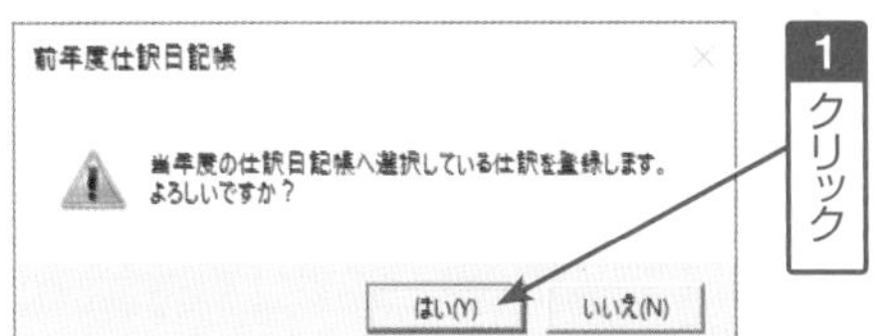

3 仕訳コピーの確認メッセージが表示されるので はい(Y) ボタンをクリックします。

4 今年の仕訳日記帳画面でコピーされた仕訳を確認します。必要に応じて、日付や内容を変更します。

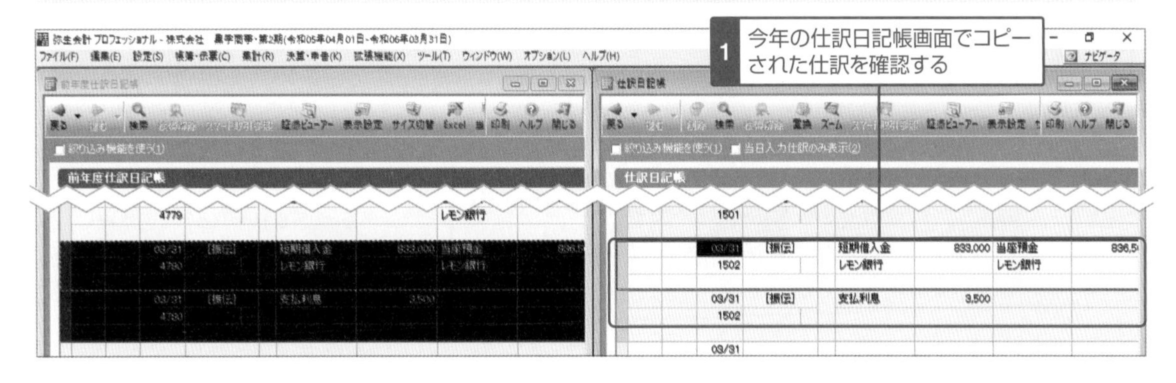

■仕訳一括置換について

「仕訳一括置換」機能は、変換したい取引をあらかじめ条件設定して絞り込み、指定した置換設定で一括で置換することができます。たとえば、間違えて預金取引を現金出納帳に入力してしまった場合や、本則課税から簡易課税に変更して一括で税区分を変換する場合など、様々なケースで使用することができます。また、帳簿や伝票画面にも**[置換]**ボタンが表示されており、**[置換]**ボタンから仕訳一括置換画面にリンクすることができます。

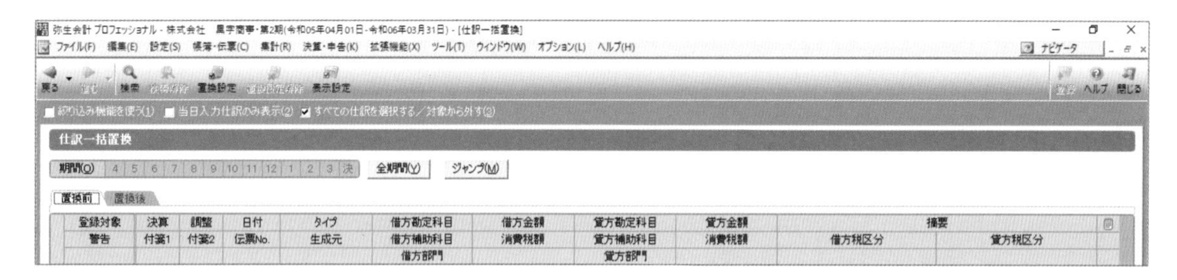

27-3 仕訳の一括置換を行う

ここでは、現金取引として入力した仕訳を一括で普通預金(オレンジ銀行)に置換してみましょう。

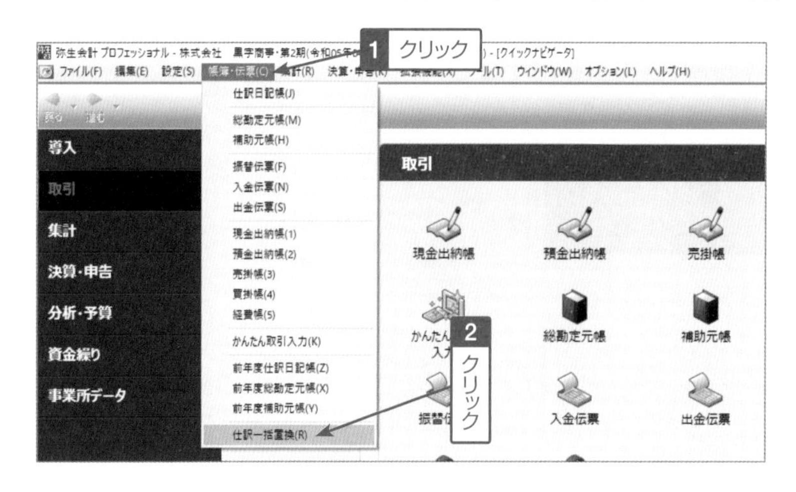

1 メニューバーの**[帳簿・伝票(C)]→[仕訳一括置換(R)]**を選択します。

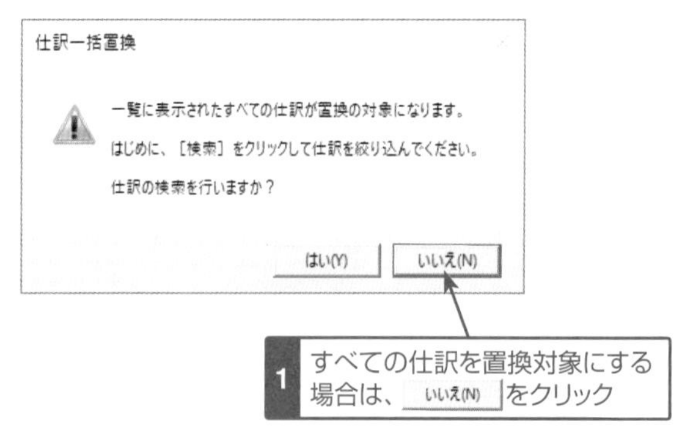

2 ツールバーの**[置換設定]**ボタンをクリックします。条件を指定していない場合はすべての仕訳が置換の対象となるというメッセージが表示されるので、あらかじめ条件を指定して取引を絞り込む場合は はい(Y) ボタンをクリックして条件を設定します。絞り込みが不要な場合は いいえ(N) ボタンをクリックします。

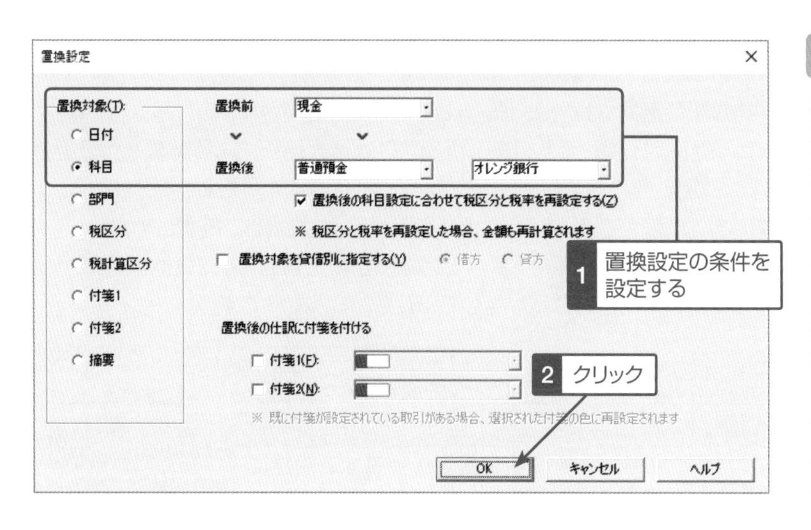

3 置換設定の条件を設定し OK ボタンをクリックします。ここでは、置換対象(T)を**[科目]**、置換前が**[現金]**、置換後に**[普通預金/オレンジ銀行]**を設定しています。置換対象の科目や部門などを借方、もしくは貸方のみ指定する場合は**[置換対象を貸借別に指定する(Y)]**のチェックボックスをONにして借方もしくは貸方を指定します。

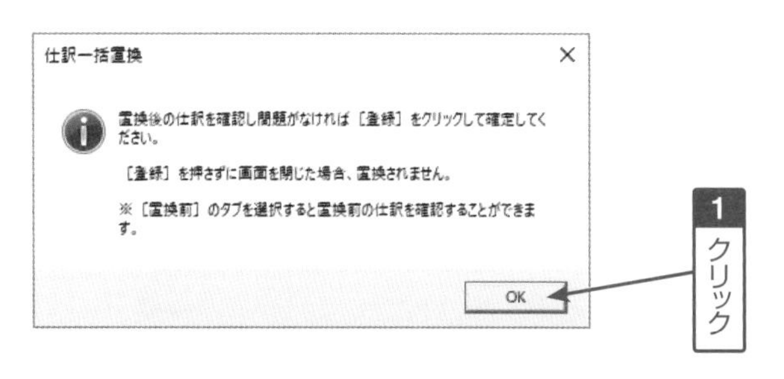

4 内容を確認の上、**[登録]**ボタンをクリックするよう確認のメッセージが表示されますので、 OK ボタンをクリックします。

5 置換の対象となる仕訳にチェックが付き、置換後に変更となる部分が赤字で表示されるので、内容を確認し、ツールバー右上の**[登録]**ボタンをクリックします。

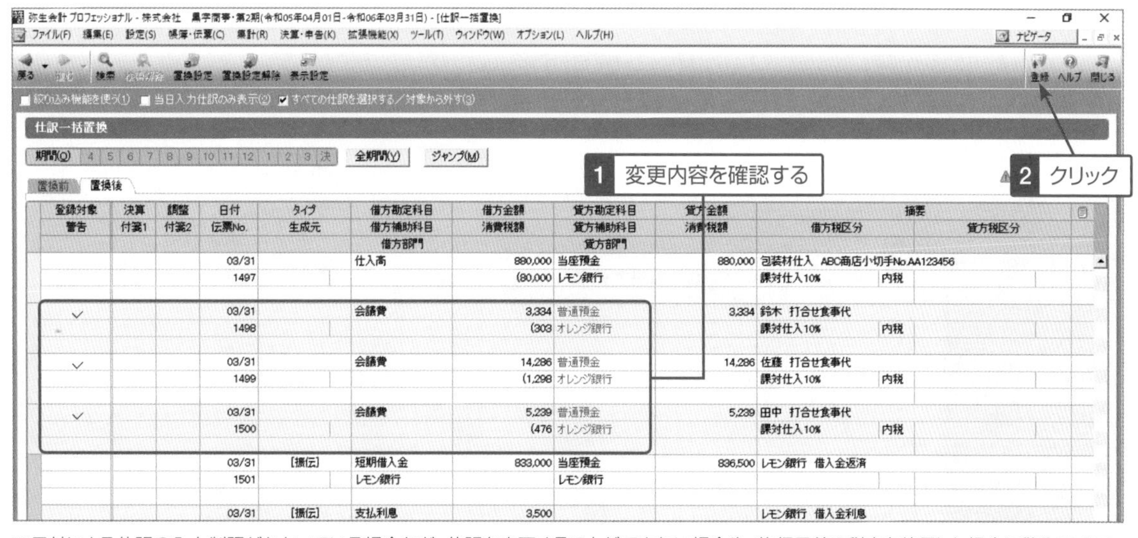

※日付による仕訳の入力制限がかかっている場合など、仕訳を変更することができない場合や、施行日前の税率を使用した場合に警告アイコンが表示されます。アイコンをクリックすると警告の内容が確認できます。

※日付や科目を変更した場合は、変更後の日付や科目設定に合わせて税率や税区分を再設定することができ、税率や税区分を再設定した場合は金額が再計算されます。

■総勘定元帳について

「仕訳日記帳」ではすべての取引が複式簿記の形の「仕訳の一覧」として転記されますが、その「仕訳の一覧」から、勘定科目ごとに取引を集計した帳簿が「総勘定元帳」です。「総勘定元帳」は複式簿記による記帳を行う上で一番大切な「主要簿」として位置付けられ、勘定科目の数だけページが用意されています。決算が終了したら、すべての勘定科目のページを印刷し、保管します。画面では、表示したい「勘定科目」を選択して確認します。

通常、「帳簿」といえば総勘定元帳を指します。総勘定元帳は、すべての取引が勘定科目ごとに「日付順」に記録されている帳簿です。総勘定元帳を見れば、いつ何時どんな取引をしていたか、一目瞭然です。

●総勘定元帳

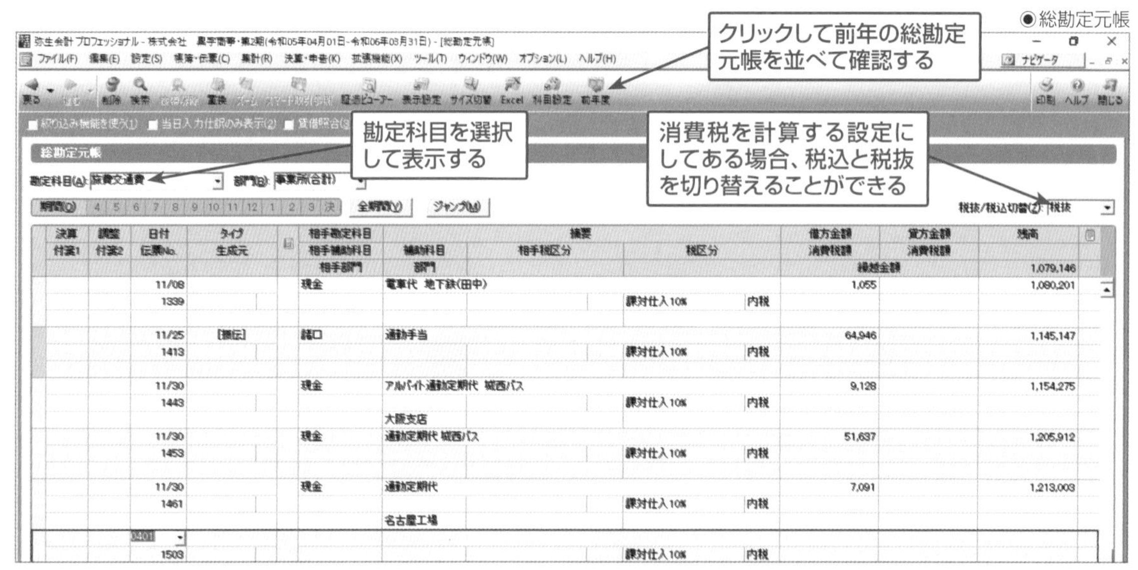

※消費税事業者区分が「課税」で経理方式を「税抜」で設定している場合、**[税抜/税込切換(Z)]**の初期設定は「税抜」になっており、内税で税込金額を入力した場合も税抜金額で表示されますが、「税込」に切り換えると税込金額を確認することができます。

27-4 総勘定元帳に転記された取引を確認する

ここでは、「旅費交通費」の総勘定元帳に転記された取引を確認してみましょう。

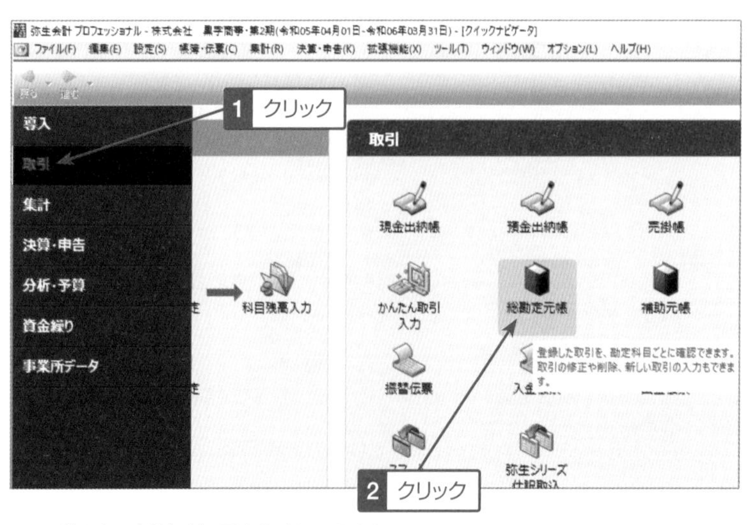

1 クイックナビゲータの「取引」メニューをクリックし、**[総勘定元帳]**アイコンをクリックします。

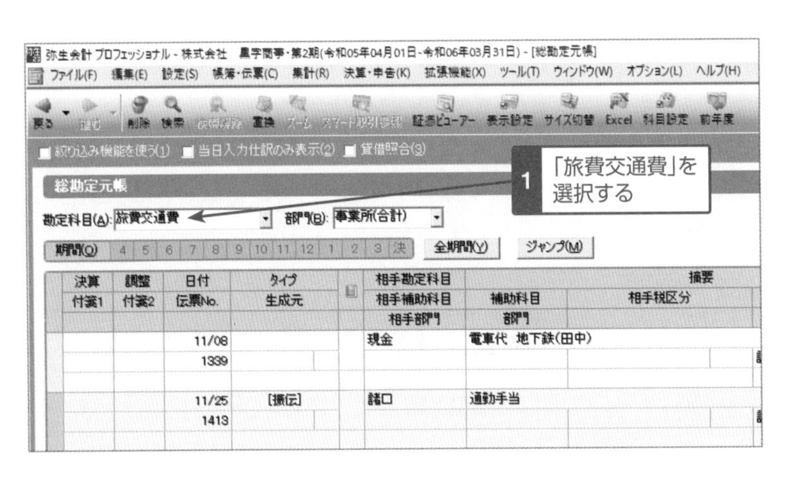

2 **[勘定科目(A)]**から「旅費交通費」を選択します。

サーチキーを入力して選択することもできます。

「諸口」って何?

総勘定元帳の相手勘定科目が「諸口(しょくち)」と表示されることがあります。この「諸口」というのは、勘定科目の名前ではなく、「相手勘定科目が1つではなく、複数存在する」ことを意味しています。

たとえば、139ページのような複合仕訳を入力した場合、「仮払金」勘定の「総勘定元帳」を確認すると、相手勘定科目が「諸口」と表示されています。これは、「仮払金」30,000円を取消した要因(相手勘定科目)は「旅費交通費(JR交通費、宿泊代、タクシー代)」「交際費(得意先手土産)」「現金(差額現金返金)」となり、相手方勘定科目が複数になるため、「諸口」と表示されてしまうのです。

「諸口」と表示されないようにするためには、「借方」と「貸方」が一対一になるように入力しておく必要があります。

27-5 総勘定元帳の印刷イメージを確認する

総勘定元帳の印刷プレビューを表示し、印刷結果のイメージを確認してみましょう。

1 「総勘定元帳」画面のツールバーの**[印刷]**ボタンをクリックします。

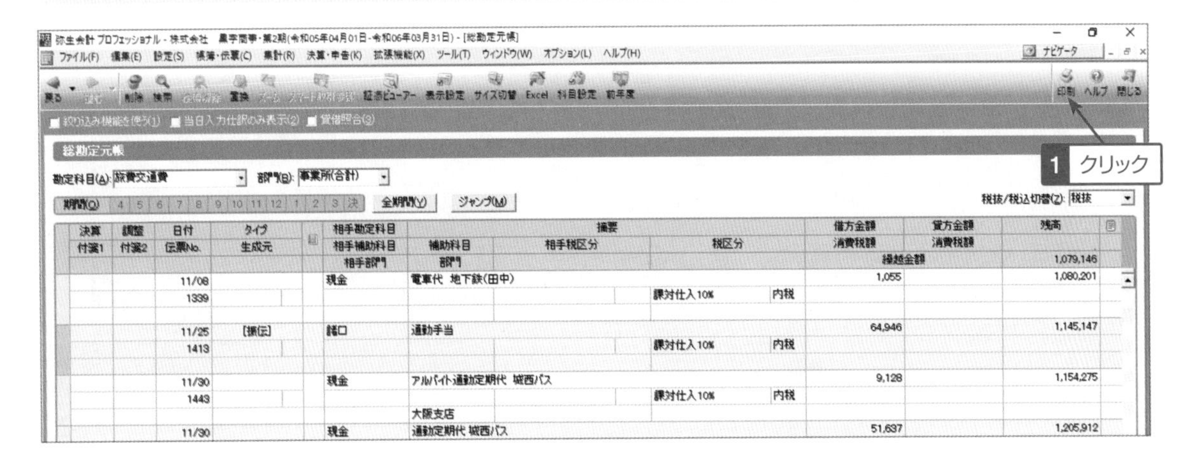

2 [書式(F)]から書式を選択し、印刷プレビュー(V)...ボタンをクリックします。

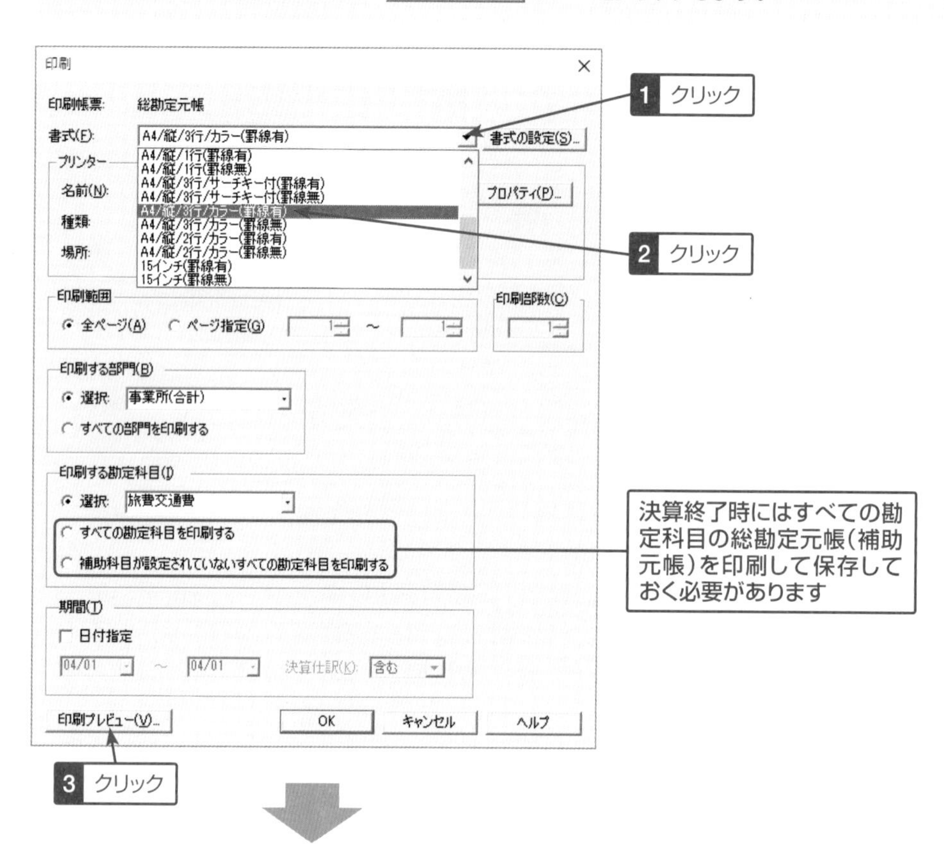

令和 5年度
事業所(合計)

旅費交通費

1 頁
株式会社 黒字商事
税抜

日付 生成元	伝票No 部門	相手勘定科目 相手補助科目 相手部門	摘要 補助科目	借方金額	貸方金額	残高
4/ 1	9 営業部	現金	○○交通 得意先A社へのバス代	455		455
4/ 7	31	現金	タクシー 川島交通 (弥生社長)	3819		4274
4/17	77 東京本社	諸口	社長 大阪出張JR交通費	22728		27002
	東京本社	諸口	社長 大阪出張タクシー代	1182		28184
	東京本社	諸口	社長 大阪出張宿泊費 やよいホテル	10910		39094

ここでは、「A4/縦/3行/カラー(罫線有)」の書式を選択しています。これはA4の白紙に罫線付で印刷する書式です。書式の詳細設定を行う場合は、書式の設定(S)...ボタンをクリックして設定します。

ONE POINT 前年度総勘定元帳（前年度補助元帳）

総勘定元帳や補助元帳では、ツールバーの**［前年度］**ボタンをクリックすると、前年度総勘定元帳を画面左に並べて確認することができます。

仕訳日記帳の前年度操作（165ページ参照）同様、前年度の仕訳をコピーして今年度の仕訳として登録することができます。

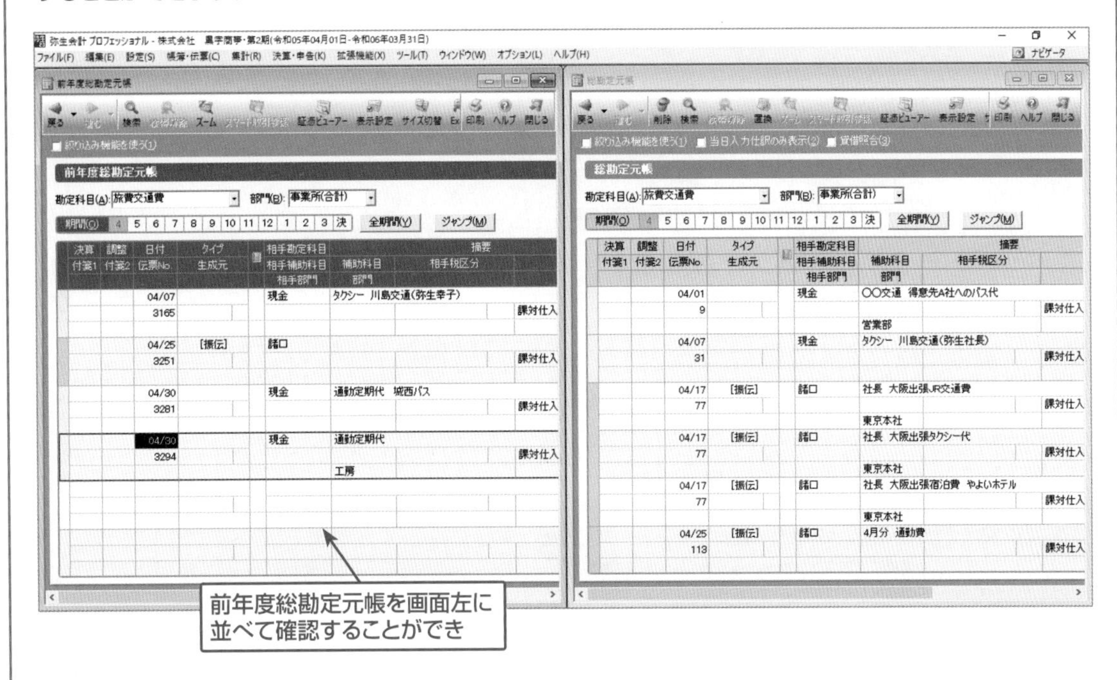

領収書がない場合

領収書の保管は、経理業務においてとても大切な業務の一つです。なぜなら領収書というのは相手方がお金を受け取ったことを証明する書類だからです。

もし、領収書の保管を怠り、相手方への支払いの証明ができない場合には、「税務署などが行う税務調査時に、実際にお金を払っていても経費として認められず、結果として税金の追徴処分を受けてしまう」という問題が発生することがありますので注意が必要です。

「お祝いを包んだ」等で領収書が出ない取引は、その事実がわかる資料（招待状や案内文書）に添付して**［出金伝票］**や**［支払証明書］**を作成して領収書の代わりとします。バスや電車の交通費なども、**［出金伝票］**や**［支払明細書］**などを作成して残しておくとよいでしょう。

■ 補助元帳について

「総勘定元帳」は勘定科目ごとの取引を集計した帳簿ですが、補助科目が設定してある勘定科目の場合、すべての補助科目の取引がまとめて転記されます。たとえば、「普通預金」勘定科目に補助科目「レモン銀行」や「オレンジ銀行」などを設定している場合、日付順にそれらの銀行の取引が混在した状態で表示されます。合っているのかどうかを確認しにくい場合は、補助科目ごとに集計された帳簿である「補助元帳」画面から、確認したい「勘定科目」と「補助科目」を選択して、操作を行います。「補助元帳」画面は「総勘定元帳」と似ていますが、「勘定科目」に加えて「補助科目」を選択できるところが異なっています。

なお、「補助元帳」の中でも、よく使うと思われる預金や売掛・買掛に関する取引は、「預金出納帳」や「売掛帳」「買掛帳」として、入力しやすいように別画面で用意されています。

●補助元帳

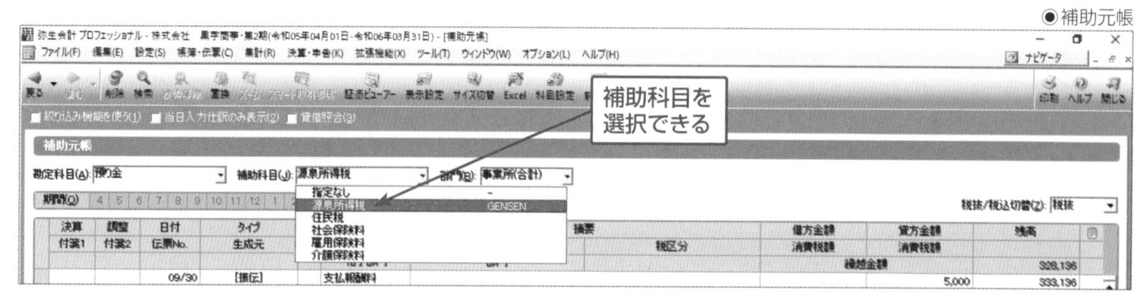

27-6 補助元帳で取引を確認する

ここでは、「預り金」勘定に補助科目「源泉所得税」を設定している場合に、補助元帳で補助科目「源泉所得税」の取引を表示して、源泉所得税の預かりの状態と、納付の状態を確認してみましょう。

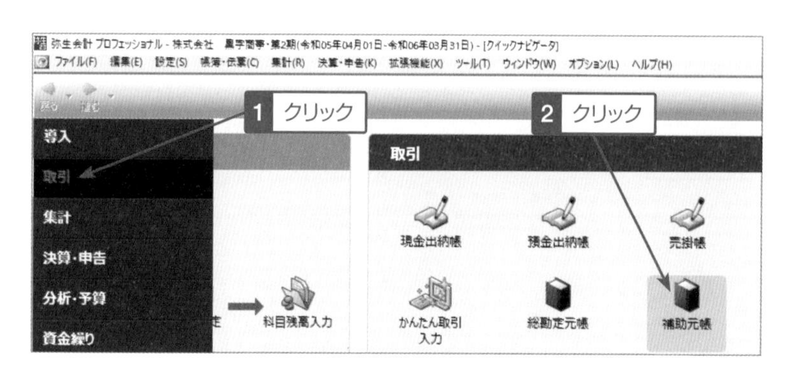

1 クイックナビゲータの「取引」メニューをクリックし、**[補助元帳]**アイコンをクリックします。

2 **[勘定科目(A)]**で「預り金」を選択し、**[補助科目(J)]**で「源泉所得税」を選択します。

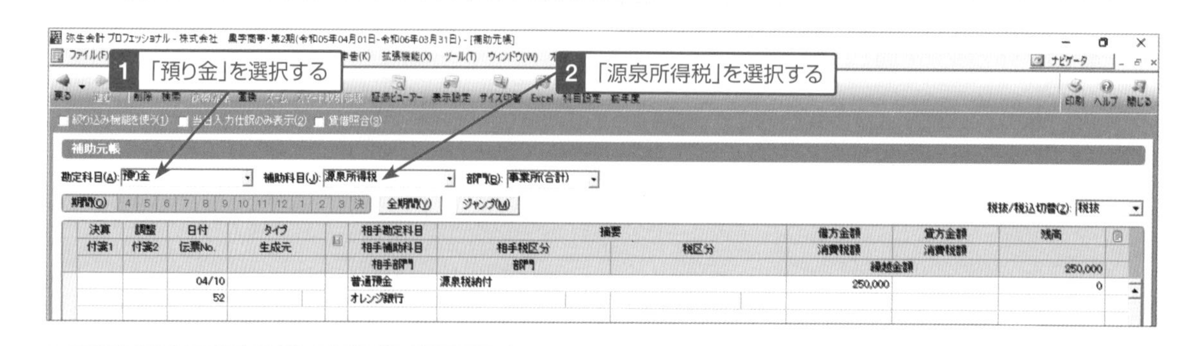

「預り金」勘定に1つも補助科目を設定していない場合は、**[勘定科目(A)]**で「預り金」は選択できません。

データファイルのバックアップについて

弥生会計の事業所データは、データの新規作成時に指定した設定によって、パソコンのハードディスクの中かインターネット経由でアクセスする弥生ドライブ(オンラインストレージ)のどちらかに保存されており、通常、弥生会計を閉じたときに自動的に最新状態で更新されるようになっています。ただし、このデータファイルは、何かの拍子に破損してしまう可能性がまったくないわけではありません。破損すると、それまで蓄積してきた会計データがすべてなくなってしまい、その損害ははかりしれません。このような事態にならないために、こまめにバックアップ(データの複製)をとっておきましょう。弥生会計のデータをバックアップする方法は、「自動バックアップ機能」の利用、「手動でのバックアップ」「弥生ドライブ」の利用等があります。

■弥生会計の自動バックアップ機能について

初期設定では、弥生会計を終了するときにその時点のデータファイルを自動でバックアップするように設定されています。バックアップは、既定値では5つまで履歴を残すようになっており、5つを超えた時点で、古いバックアップファイルから順番に上書きされます。バックアップファイルは、ログインユーザーの「ドキュメント」→「Yayoi」→「弥生会計23データフォルダ」→「Backup」フォルダの中に保存されている、「$」マークが先頭に付いているファイルです。

なお、自動バックアップ機能の設定を変更するには、クイックナビゲータの「導入」メニューをクリックし、**[環境設定]**アイコンをクリックして、「環境設定」ダイアログボックスの「起動・終了の設定」タブをクリックして設定します。

■手動でバックアップを行うには

上記で説明した自動バックアップ機能は、あくまでもパソコンのハードディスク内に保存しておくものです。パソコンのハードディスク自体が壊れてしまったり、パソコンを紛失したりすると、データを復旧することができません。このような事態に備えて、外部の記憶媒体にバックアップファイルを保存しておくとよいでしょう。外部の記憶媒体にバックアップするためには、手動でバックアップを行う必要があります。定期的に手動でバックアップをとることをお勧めします。たとえば、外付けのリムーバブルディスク(USBメモリなど)に手動でバックアップを行うには、次のように操作します。

データのバックアップは非常に重要です。必ずこまめにとっておきましょう!

❶ クイックナビゲータの「事業所データ」メニューをクリックし、**[バックアップ]**アイコンをクリックします。

❷ [参照(B)...] ボタンをクリックし、「コンピューター」からリムーバブルディスクを選択し、[保存(S)] ボタンをクリックします。

❸ 保存場所が正しいかを確認してから、[OK] ボタンをクリックします。

❹ バックアップが終了したら、[OK] ボタンをクリックします。

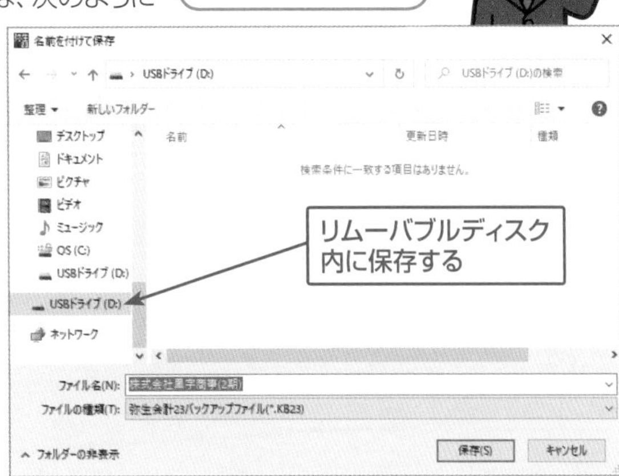

ハードディスクの故障やパソコンの紛失に備えるためには、パソコンとは別の場所にバックアップをとることが必要です。直接、バックアップが書き込める記憶媒体は、USBメモリなどです。データの容量に応じて選びましょう。

■弥生ドライブを利用する

インターネット上にデータを安全に保存できる「弥生ドライブ」機能と、弥生ドライブを利用するためのデスクトップアプリケーションが提供されています。弥生会計をインストールするとデスクトップにショートカットアイコンが表示されます。

弥生ドライブ機能には、弥生製品のバックアップファイルやその他のデータを保管できる「データバックアップサービス」と、他のユーザーとファイルを共有できる「データ共有サービス」があります。手動で行うバックアップ時に**[弥生ドライブ(データバックアップサービス)を使用する(D)]**のチェックボックスをONにすると、バックアップファイルをインターネット上の弥生ドライブへ保存することができます。弥生ドライブを利用するには、あんしん保守サポートに加入し、ログイン等の初期設定を行う必要があります。

■バックアップファイルを復元するには

リムーバブルディスクに保存したバックアップファイルをもとにデータを復元するには、次のように操作します。なお、自動バックアップファイルも同様の手順で復元することができます。

❶ メニューバーから**[ファイル(F)]→[バックアップファイルの復元(R)]**を選択します。

❷ バックアップファイルの選択画面が表示されます。初期設定では、自動バックアップファイルの保存先と保存されているバックアップファイルの明細が表示されます。

❸ 復元したいバックアップファイルが画面に表示されていない場合は、[参照先の設定(L)...]ボタンをクリックし、[フォルダーを追加(F)...]ボタンをクリックしてバックアップファイルが保存されている場所を指定し、[OK]ボタンをクリックすると、参照場所が追加されるので、[OK]ボタンをクリックします。

※一度バックアップファイルの場所を指定すると、これ以降、この場所もバックアップファイルの選択リストに表示されるようになります。

※会社名の前に$マークがついているデータは自動バックアップにより保存されたバックアップファイルです。

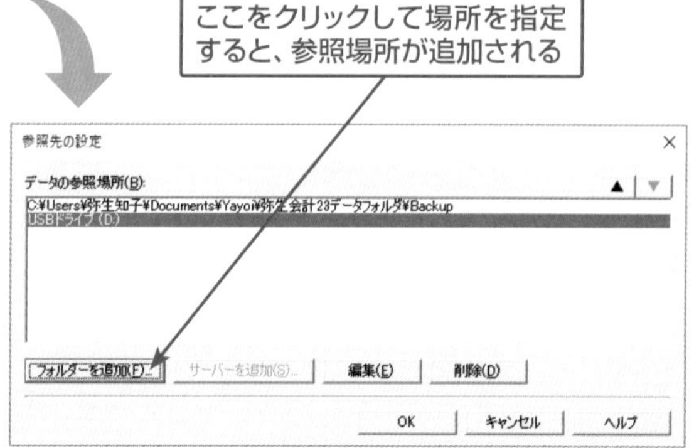

❹ 復元したいバックアップファイルを選択して［開く］ボタンをクリックします。

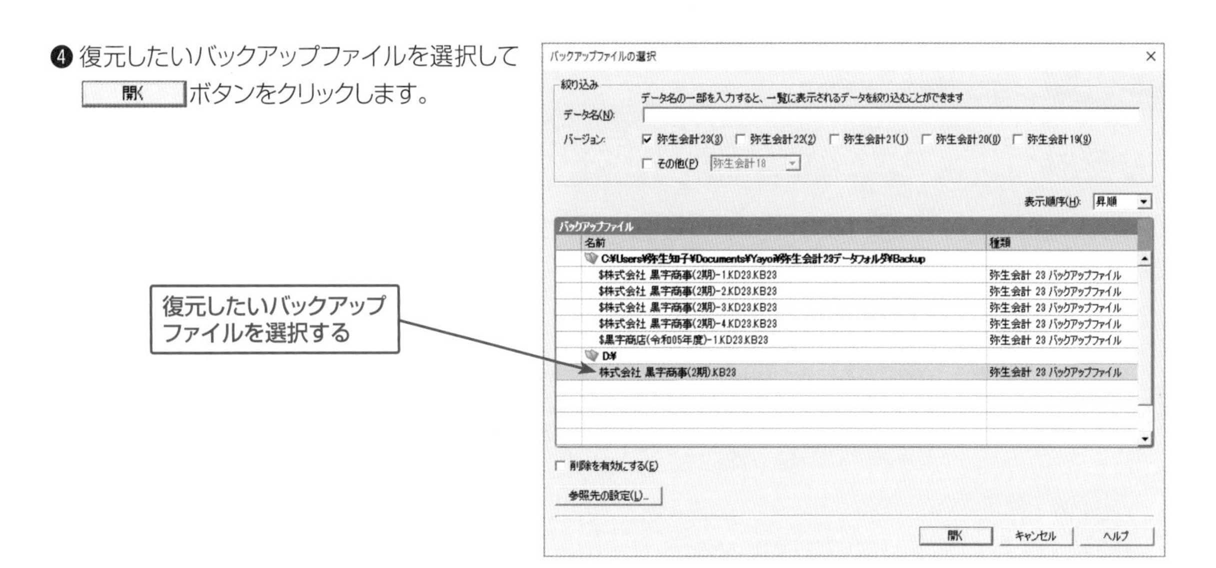

❺「復元データ名」に事業所データ名を入力して、［復元］ボタンをクリックします。現在使用しているデータと同じ名称が設定されていると、今あるデータファイルをそのバックアップファイルの作成時点のデータの状態に上書きする旨のメッセージが表示されます。必ず確認を行い、上書きされると問題がある場合は別のファイル名を入力しましょう。ここでは、バックアップファイルとして保存してある「株式会社　黒字商事(2期)」という事業所データを、「株式会社　黒字商事(2期)復元」という名前で「弥生会計 23」に読み込んでいます。

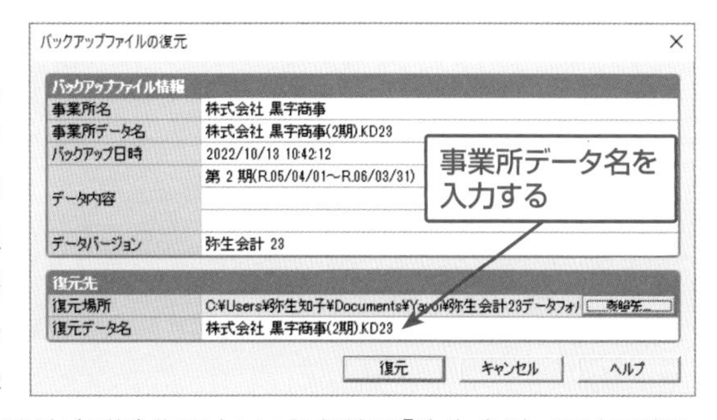

❻ バックアップの復元が終了したら、［OK］ボタンをクリックします。

❼「復元した事業所データを開きますか?」というメッセージが表示されたら、［はい(Y)］ボタンをクリックします。

■バックアップファイルを直接ダブルクリックしても復元する操作

外付けのリムーバブルディスク(USBメモリなど)に保存していたバックアップファイル(弥生会計のバックアップアイコン)を直接ダブルクリックすると❺の画面が立ち上がり、復元することができます。

■バックアップファイルを利用する場合

WordやExcel(Microsoft社のワープロソフトや表計算ソフト)などは、次回の操作時に、保存したファイルを開いて作業を再開することがよくあります。しかし、弥生会計のバックアップファイルは、あくまでも「いざ」というときのためのもので、通常、作業を再開するために開くということはありません。バックアップファイルを復元するのは、次のような場合です。

- パソコンを買い換えたため古いパソコンに入っているデータを新しいパソコンに移す
- データが壊れて開けなくなり、バックアップしてあるデータで復旧する
- 入力を大幅に修正したいので、過去の、ある時点までデータを戻す

領収書のまとめ方

毎年2月を過ぎると、私どもの会計事務所にも、多くの個人事業主のお客様から確定申告書の作成のご依頼をいただきます。そして、その多くのお客様がビニール袋に領収書やレシートをたくさん入れて来られます。そのとき、お客様に「領収書はご自分でまとめてみませんか?　とても大切なことですよ。」と申し上げるのですが、なかなか・・・。

青色申告の大前提である複式簿記の要件の1つに「検証可能性」というものがあります。要するに、会計帳簿と領収書などの原始証憑はお互いに検証可能な形でなければならない、という大切な原則です。その領収書の管理がお粗末であったとしたら・・・あまりよい形ではないですよね?

ここまでお読みいただき、もし心当たりのある方、領収書は今年からご自分でまとめ、弥生会計に入力してみませんか?　とても簡単ですよ。

領収書の簡単なまとめ方

❶ 領収書を目的別に分けます（交通費、文房具、打合せの際の飲食代、など）。

❷ それをさらに月別日付順に分けます。

❸ 不要になったノートやミスプリントしたコピー用紙の裏面に貼り付けます（領収書綴りなどのファイルに綴じて保存します）。

❹ それを元に、弥生会計に入力をします。

❺ 弥生会計のデータに振られている伝票番号を領収書の近くに記入しておきます。

上手な摘要の使い方

摘要は「その仕訳の内容を示すメモ書き」ですが、ルールがあります。次のようなことを習慣付けて記入するとよいでしょう。

- **支払先／購入先名を記入する**
- **購入物品・飲食理由を書く**
- **飲食をした場合には同席した人数や得意先名を記入する**

※法人の場合、「交際飲食費一人あたり5,000円以下については交際費課税をしない」という基準があるため。

「弥生会計 23 プロフェッショナル」には、摘要をキーにした集計表作成機能があります（194〜197ページ参照）。たとえば、上記のルールに加えて次のような内容を摘要に入力しておくと、弥生会計の機能の範囲で色々な集計表を作ることができます。

- **社員名**　●**プロジェクト名**　●**部署名**　●**プロダクト名（製品・商品名）**　●**地域名**

また、Excelにエクスポート（出力）すれば、実に多種多様の分析表を作ることができます。何気なく義務感に駆られて入力している摘要ですが、必要に応じて後から加工する場合は、入力する内容を工夫してみましょう。

第 5 章

集計作業を行ってみよう

SECTION-29 スタンダード プロフェッショナル

集計表の種類と機能

弥生会計では、帳簿や伝票から仕訳を入力すると、各集計表にも数字が転記、計算されています。集計表では、入力した仕訳のデータを集計し、資産や負債などの残高を確認したり、収益や費用の発生とその差額から計算される利益の状態を確認することができます。集計表を活用すると、入力してある仕訳をもとに、最新の営業状況をタイムリーに確認することができます。ここでは、集計表の種類や機能を確認してみましょう。

■集計表の種類

集計表には大きく分けると、日ごとに確認する「日次集計表」、月ごとに確認する「月次集計表」、消費税集計表などの「その他の集計表」の3種類に分けられます。各集計表では、集計対象を選択し、期間を設定して、集計 ボタンがある場合はこれをクリックすると、集計結果が表示されます。

◉日次集計表(日計表)

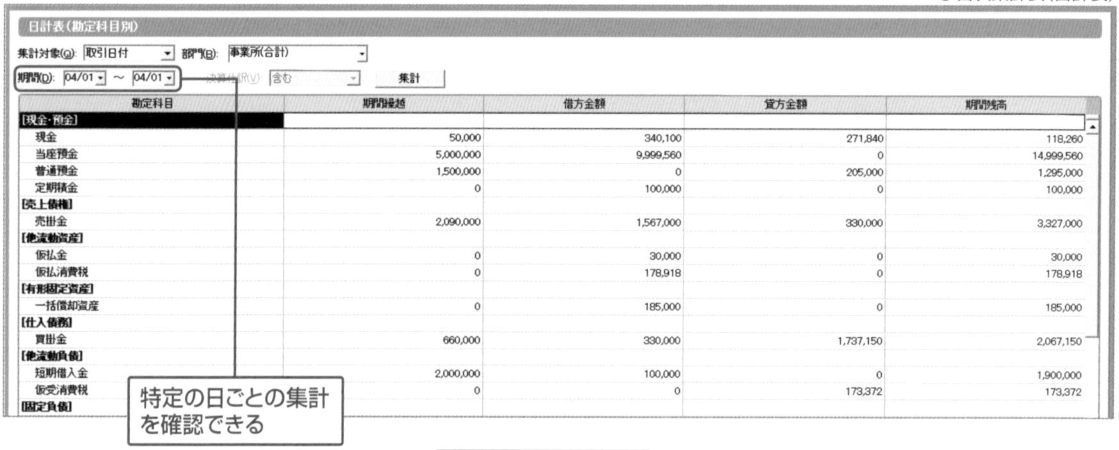

日計表(勘定科目別)

集計対象(Q): 取引日付 部門(B): 事業所(合計)
期間(D): 04/01 ～ 04/01 決算仕訳(V): 含む 集計

勘定科目	期間繰越	借方金額	貸方金額	期間残高
[現金・預金]				
現金	50,000	340,100	271,840	118,260
当座預金	5,000,000	9,999,560	0	14,999,560
普通預金	1,500,000	0	205,000	1,295,000
定期積金	0	100,000	0	100,000
[売上債権]				
売掛金	2,090,000	1,567,000	330,000	3,327,000
[他流動資産]				
仮払金	0	30,000	0	30,000
仮払消費税	0	178,918	0	178,918
[有形固定資産]				
一括償却資産	0	185,000	0	185,000
[仕入債務]				
買掛金	660,000	330,000	1,737,150	2,067,150
[他流動負債]				
短期借入金	2,000,000	100,000	0	1,900,000
仮受消費税	0	0	173,372	173,372
[固定負債]				

特定の日ごとの集計を確認できる

特定の月ごとの集計を確認できる

◉月次集計表(残高試算表)

残高試算表(月次・期間)

部門(B): 事業所(合計)
期間(O) 4 5 6 7 8 9 10 11 12 1 2 3 決 全期間(P)
税抜/税込切替(Z): 税抜 単位(Y): 円

貸借対照表 損益計算書

1 勘定科目	前期繰越	当月借方	当月貸方	当月残高	構成比(%)
[現金・預金]					
現金	50,000	4,440,078	3,296,130	1,193,948	2.61
当座預金 [1]	5,000,000	18,073,390	11,113,240	11,960,150	26.15
普通預金 [2]	1,500,000	3,600,000	1,346,717	3,753,283	8.21
定期預金 [2]	350,000	0	0	350,000	0.77
定期積金	0	100,000	0	100,000	0.22
現金・預金合計	**6,900,000**	**26,213,468**	**15,756,087**	**17,357,381**	**37.95**
[売上債権]					
売掛金 [33]	2,090,000	18,885,913	10,331,804	10,644,109	23.27
売上債権合計	**2,090,000**	**18,885,913**	**10,331,804**	**10,644,109**	**23.27**
[有価証券]					
有価証券合計	**0**	**0**	**0**	**0**	**0.00**
[棚卸資産]					
商品	3,000,000	0	0	3,000,000	6.56
棚卸資産合計	**3,000,000**	**0**	**0**	**3,000,000**	**6.56**
[他流動資産]					

補助科目	前期繰越	当月借方	当月貸方	当月残高	構成比(%)

●消費税集計表

■集計表の表示方法

各集計表の画面は、クイックナビゲータの「集計」メニューやメニューバーの**[集計(R)]**メニューから表示します。

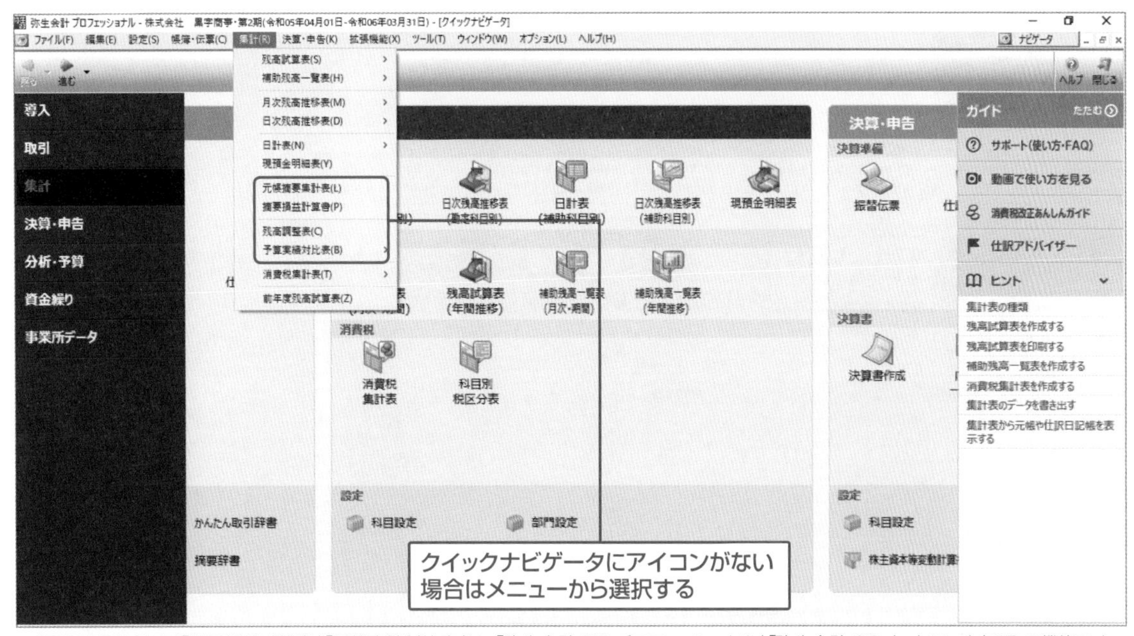

※「元帳摘要集計表」「摘要損益計算書」「予算実績対比表」は、「弥生会計 23 プロフェッショナル」「弥生会計 23 ネットワーク」のみの機能です。

日次の集計表について

　1日の取引を入力した後、残高を確認するための集計表(日計表、現預金明細表)と、日ごとの残高の推移を勘定科目別(補助科目別)に確認する集計表(日次残高推移表)が用意されています。クイックナビゲータの「集計」メニューの「日次」にショートカットアイコンが集まっています。

30-1 目的の期間の日計表を表示する

　日計表は、1日の取引を勘定科目別(補助科目別)に、「借方」「貸方」に分けて一覧表にした帳票です。ここでは、4月1日の勘定科目別日計表を確認してみましょう。

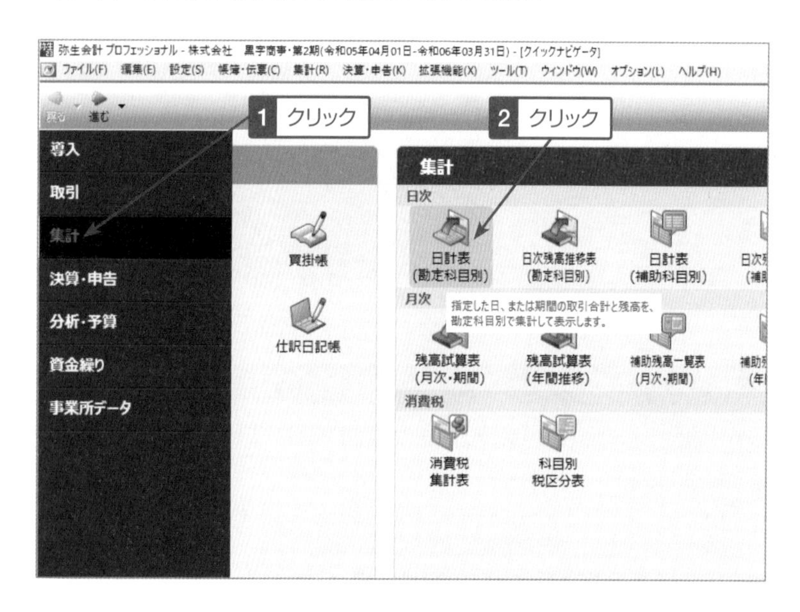

1 クイックナビゲータの「集計」メニューをクリックし、**[日計表(勘定科目別)]** アイコンをクリックします。

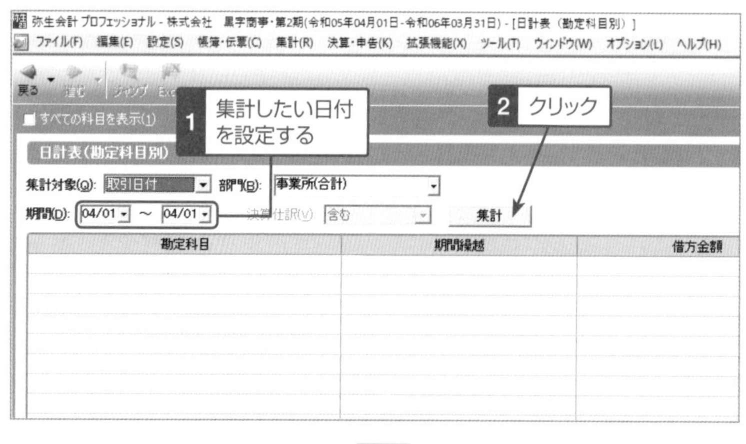

2 **[期間(D)]** で集計したい日付を指定し、[集計] ボタンをクリックします。

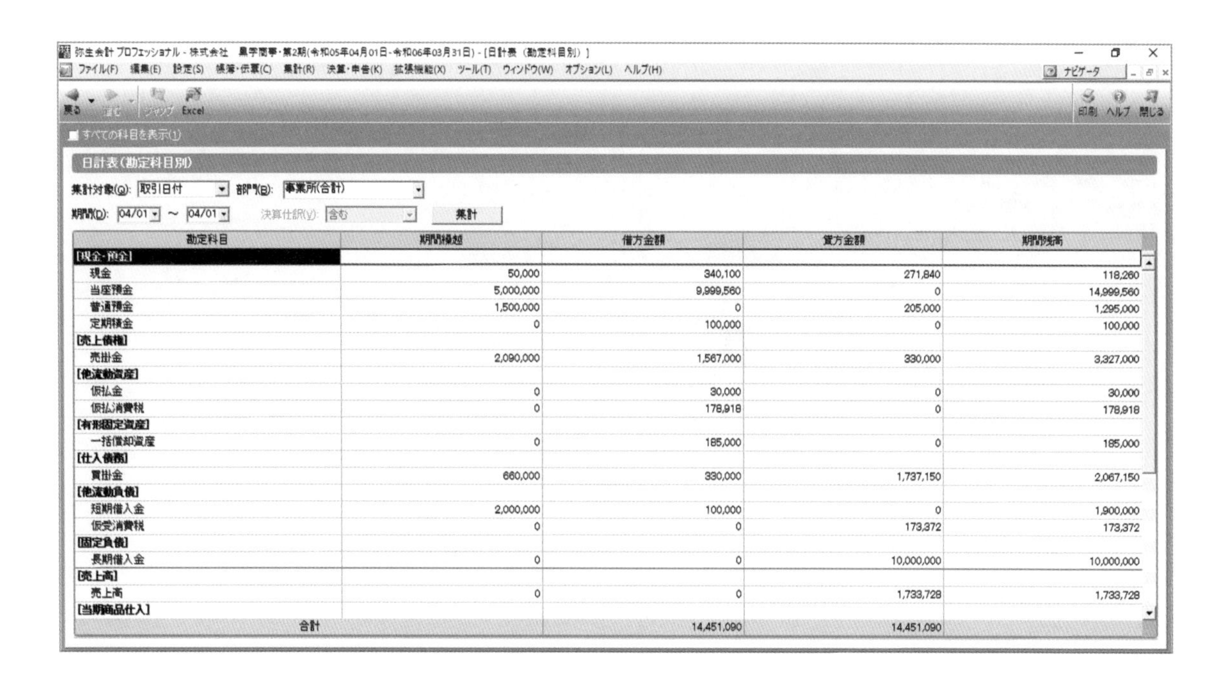

勘定科目	期間繰越	借方金額	貸方金額	期間残高
[現金・預金]				
現金	50,000	340,100	271,840	118,260
当座預金	5,000,000	9,999,560	0	14,999,560
普通預金	1,500,000	0	205,000	1,295,000
定期積金	0	100,000	0	100,000
[売上債権]				
売掛金	2,090,000	1,567,000	330,000	3,327,000
[他流動資産]				
仮払金	0	30,000	0	30,000
仮払消費税	0	178,918	0	178,918
[有形固定資産]				
一括償却資産	0	185,000	0	185,000
[仕入債務]				
買掛金	660,000	330,000	1,737,150	2,067,150
[他流動負債]				
短期借入金	2,000,000	100,000	0	1,900,000
仮受消費税	0	0	173,372	173,372
[固定負債]				
長期借入金	0	0	10,000,000	10,000,000
[売上高]				
売上高	0	0	1,733,728	1,733,728
[当期商品仕入]				
合計		14,451,090	14,451,090	

30-2 目的の月の日次残高推移表を表示する

日次残高推移表は、勘定科目（または補助科目）の1日ごとの残高の推移を一覧にした集計表です。ここでは、「売上高」勘定の4月分残高推移を確認してみましょう。

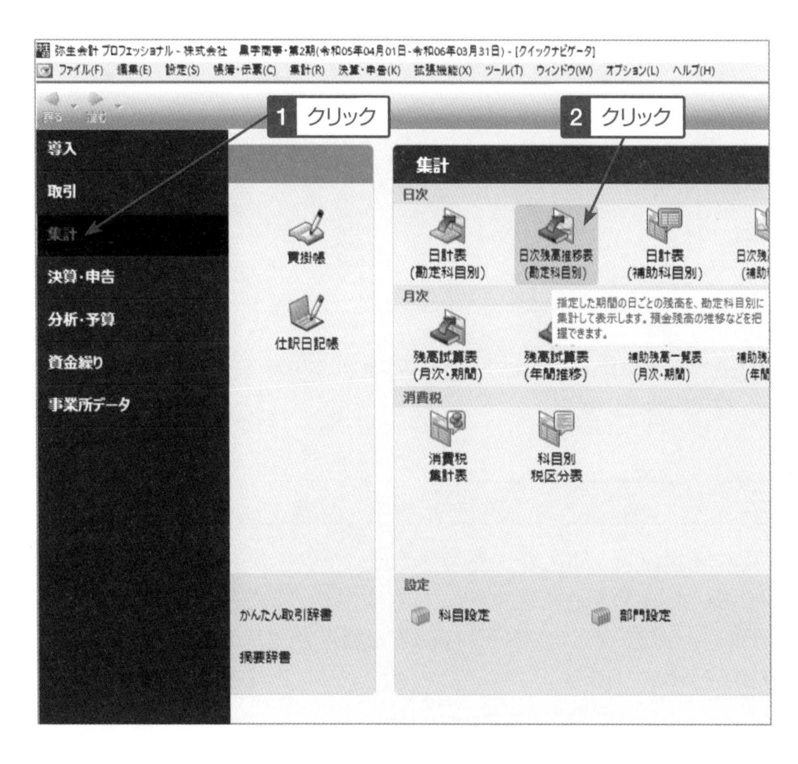

1 クイックナビゲータの「集計」メニューをクリックし、**[日次残高推移表（勘定科目別）]** アイコンをクリックします。

2 **[勘定科目(A)]**で「売上高」を選択し、**[期間(O)]**で4月度を指定して、 集計 ボタンをクリックします。

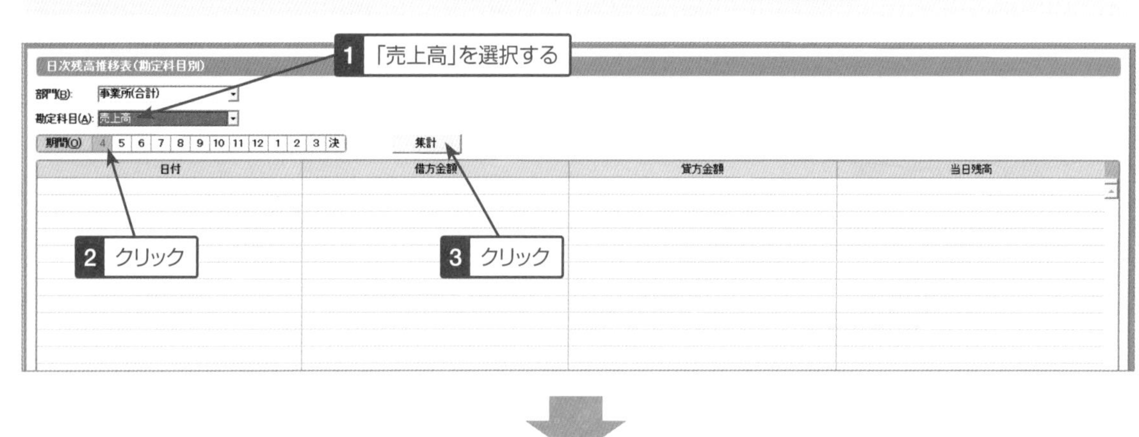

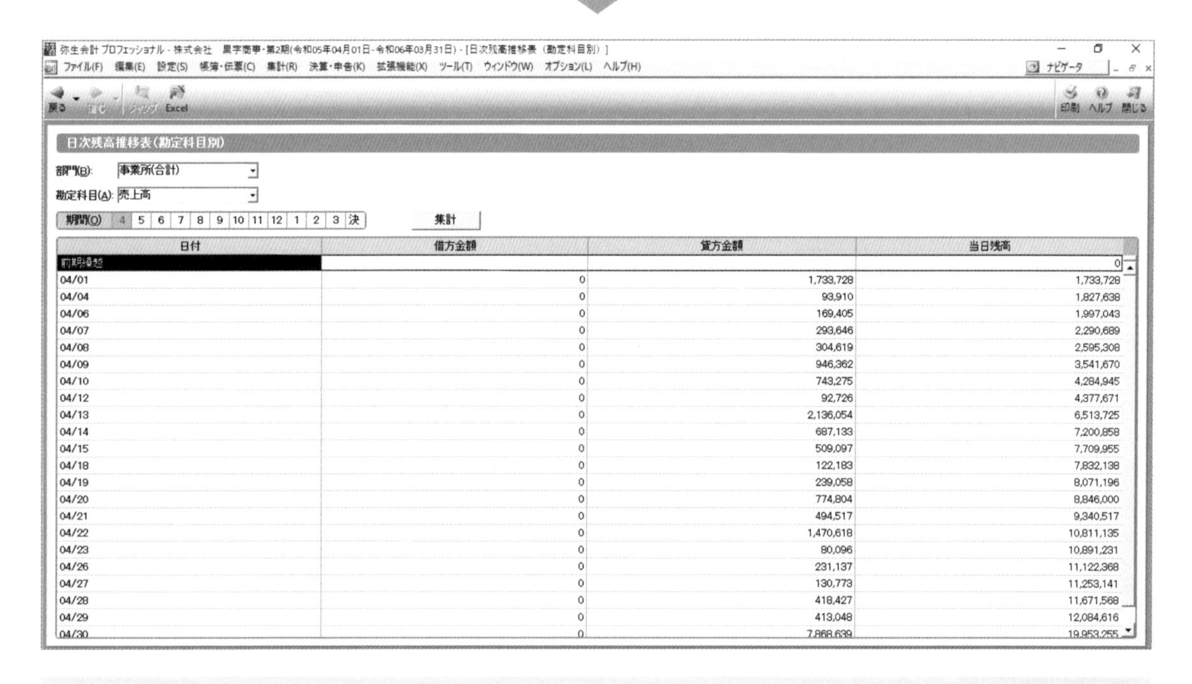

日付	借方金額	貸方金額	当日残高
前期繰越			0
04/01	0	1,733,728	1,733,728
04/04	0	93,910	1,827,638
04/06	0	169,405	1,997,043
04/07	0	293,646	2,290,689
04/08	0	304,619	2,595,308
04/09	0	946,362	3,541,670
04/10	0	743,275	4,284,945
04/12	0	92,726	4,377,671
04/13	0	2,136,054	6,513,725
04/14	0	687,133	7,200,858
04/15	0	509,097	7,709,955
04/18	0	122,183	7,832,138
04/19	0	239,058	8,071,196
04/20	0	774,804	8,846,000
04/21	0	494,517	9,340,517
04/22	0	1,470,618	10,811,135
04/23	0	80,096	10,891,231
04/26	0	231,137	11,122,368
04/27	0	130,773	11,253,141
04/28	0	418,427	11,671,568
04/29	0	413,048	12,084,616
04/30	0	7,868,639	19,953,255

消費税が自動計算されている勘定科目(売上高など)を集計したときに表示される金額は、「消費税設定」で基本的な消費税の処理方法を「税抜」に設定してある場合、税抜金額になります。

ONE POINT 集計表の印刷方法

弥生会計の帳簿や集計表などを印刷する場合は、印刷したい画面を表示して、ツールバーの**[印刷]**ボタンをクリックします。「印刷」ダイアログボックスに表示される内容は、現在開いている画面によって異なりますが、印刷の書式(どういう形式で印刷するのか)とプリンターが複数ある場合の設定、印刷範囲の設定を行い、 OK ボタンをクリックすると印刷されます。

30-3 目的の期間の現預金明細表を表示する

現預金明細表は、1日ごとの現金、預金の増減と残高を一覧表示した集計表です。ここでは、4月10日の現預金明細表を確認してみましょう。

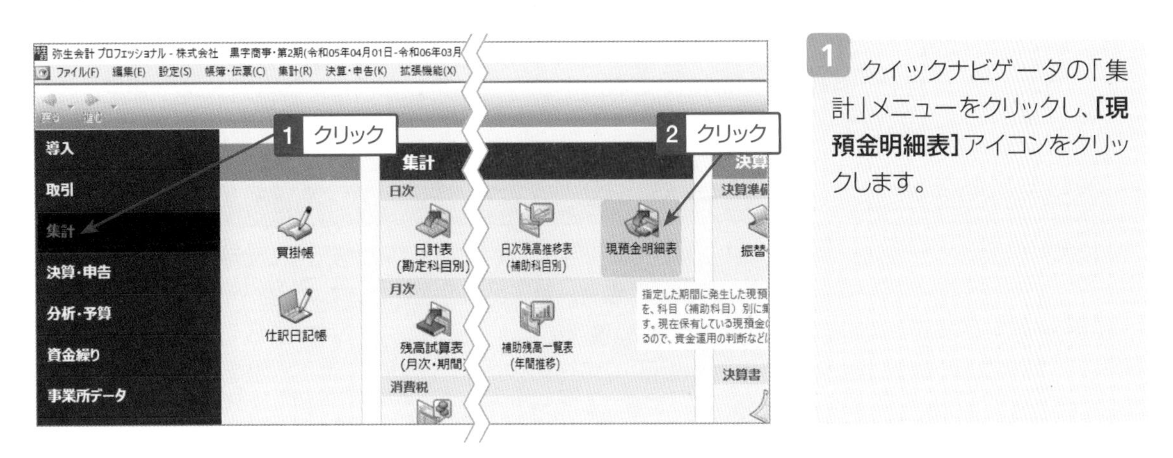

1 クイックナビゲータの「集計」メニューをクリックし、**[現預金明細表]**アイコンをクリックします。

2 **[期間(D)]**で集計したい日付を指定して、集計ボタンをクリックします。

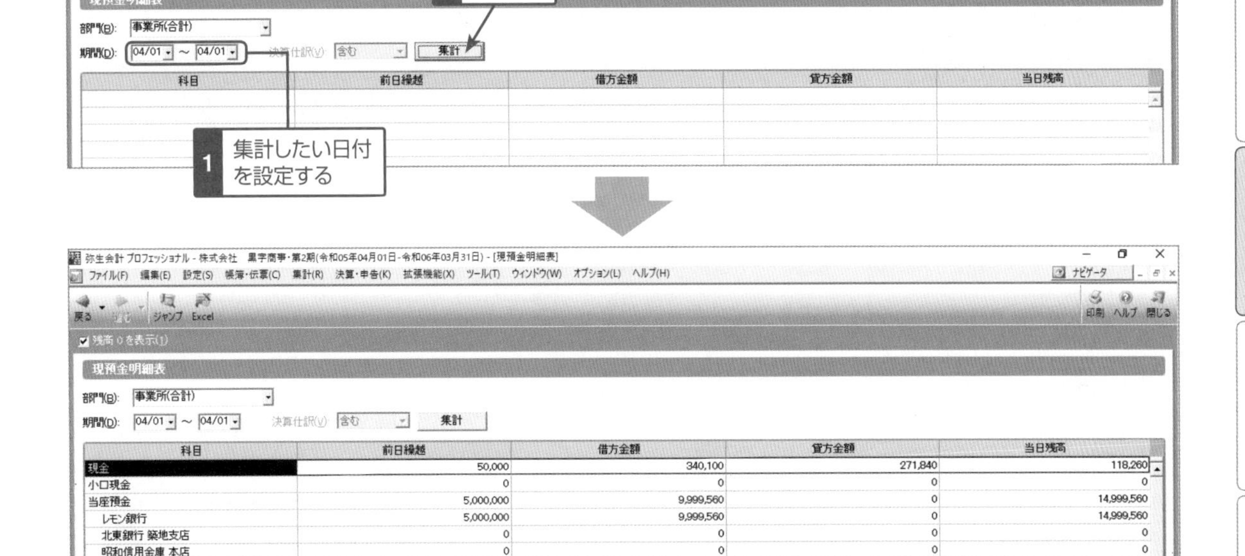

科目	前日繰越	借方金額	貸方金額	当日残高
現金	50,000	340,100	271,840	118,260
小口現金	0	0	0	0
当座預金	5,000,000	9,999,560	0	14,999,560
レモン銀行	5,000,000	9,999,560	0	14,999,560
北東銀行 築地支店	0	0	0	0
昭和信用金庫 本店	0	0	0	0
指定なし	0	0	0	0
普通預金	1,500,000	0	205,000	1,295,000
レモン銀行	1,350,000	0	105,000	1,245,000
オレンジ銀行	150,000	0	100,000	50,000
千葉銀行	0	0	0	0
赤坂銀行 本店	0	0	0	0
港銀行 城西支店	0	0	0	0

残高が合っていない場合は、確認したい科目名をダブルクリックするか、クリックして選択し、ツールバーの**[ジャンプ]**ボタンをクリックすると、指定した勘定科目(または補助科目)の総勘定元帳(または補助元帳)が表示され、詳細を確認することができます。

月次の集計表について

月次の集計表を利用すると、月単位で貸借対照表や損益計算書を確認することができます。1カ月単位で確認する「月次・期間」、月別の残高を1年間分並べて表示する「年間推移」、部門ごとの対比表などが用意されており、それぞれが勘定科目別か補助科目別で確認できます。

■残高試算表(月次・期間)について

残高試算表(月次・期間)は、集計表の中では、一番利用する機会が多い集計表です。勘定科目別に確認する通常の試算表と、科目の内訳を確認するための補助残高一覧表が用意されています。残高試算表(月次・期間)では、勘定科目ごとに月度単位で借方と貸方の発生、残高を見ることができます。また、取引の詳細を確認したい場合は、残高試算表画面から総勘定元帳を表示して確認することができます。なお、前期データがある場合、指定期間の前年度比較を行うことができます。

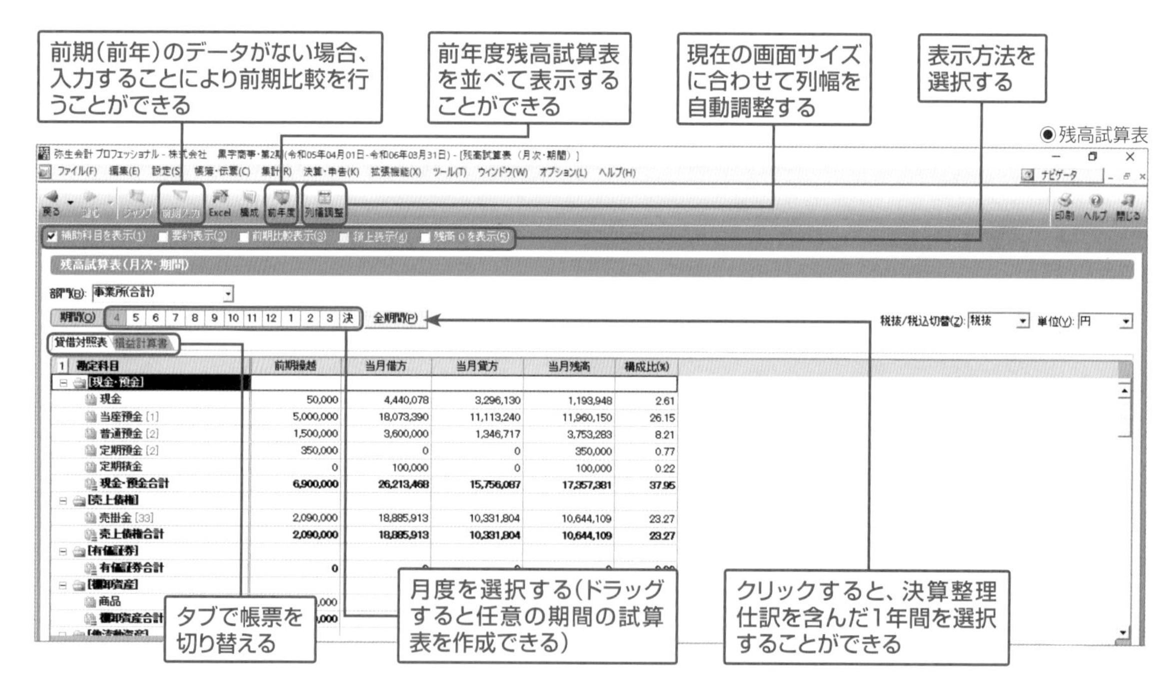

●残高試算表

作成できる帳票は次の通りです。残高試算表を開いたときに最初に表示されるのは「貸借対照表」ですが、タブをクリックすることによって切り替えることができます。

- **貸借対照表**
  指定期間の(資産)(負債)(純資産)の増減と指定期間末日の残高を表示します。
- **損益計算書(勘定科目体系が個人/不動産の場合は不動産損益計算書)**
  指定期間の(収益)(費用)の発生と残高を表示します。
- **製造原価報告書・不動産損益計算書(勘定科目体系が個人/一般もしくは個人/農業の場合に追加が可能)・生産原価報告書(個人/農業)**

勘定科目オプションを設定している場合に表示されます。勘定科目オプションとは、一般的な科目に追加するオプションの勘定科目のことで、新規に事業所データを作成する際に追加するかどうかを設定しますが(54ページ参照)、後から追加することもできます。ただし、一度追加すると削除することはできません。追加するには、クイックナビゲータの「事業所データ」メニューの**[事業所設定]**アイコンをクリックし、「事業所設定」ダイアログボックスの「勘定科目オプション設定」欄で、該当の勘定科目オプションの左の欄を2回クリックして、チェックボックスをONにして OK ボタンをクリックします。

31-1 目的の月の残高試算表(月次・期間)を表示する

ここでは、4月の残高試算表(月次・期間)を確認してみましょう。

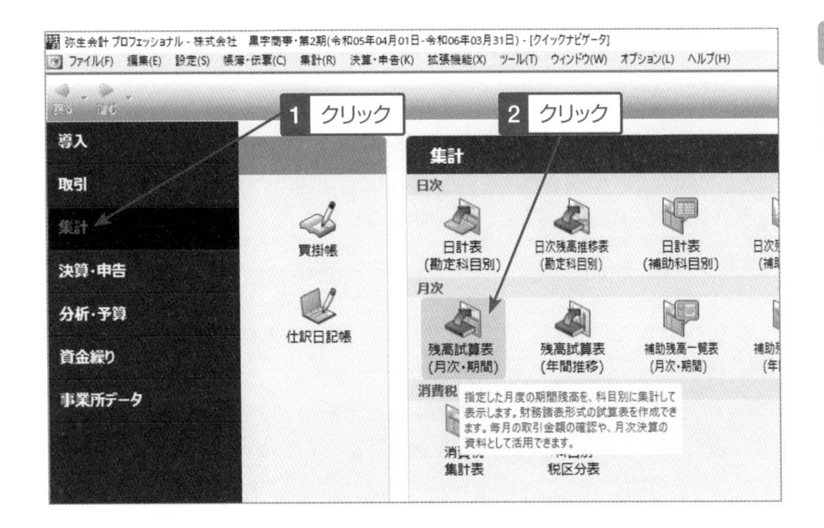

1 クイックナビゲータの「集計」メニューをクリックし、**[残高試算表(月次・期間)]**アイコンをクリックします。

2 **[期間(O)]**で4月度を指定します。

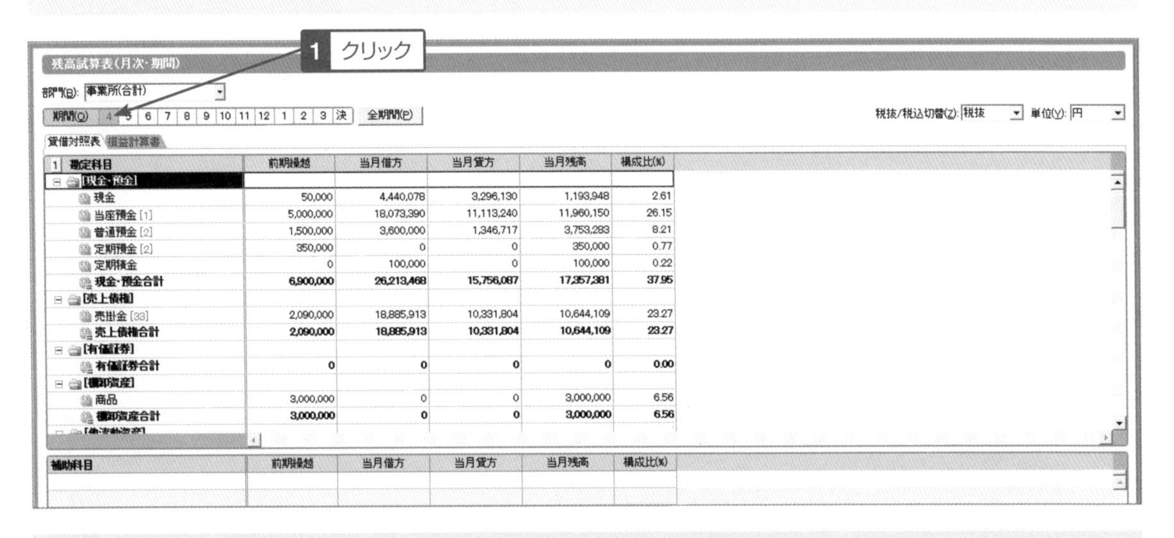

[期間(O)]の下にある「損益計算書」タブをクリックすると、損益計算書を表示することができます。

基礎知識
導入
初期設定
日常入力作業
集計
決算準備
決算
付録

ONE POINT 損益計算書で1年間の売上高を確認する方法

「損益計算書」で、1年間の「売上高」を確認するには、次のように操作します。

❶「残高試算表(月次・期間)」画面の「損益計算書」タブをクリックします。

❷ 全期間(P) ボタンをクリックします(任意の期間を選択したい場合は、**[期間(O)]**でその期間の範囲をドラッグする)。

❸ 1年間の「売上高」を確認します。

なお、消費税が課税の設定になっている場合、税抜表示/税込表示を画面右上の**[税抜/税込切替(Z)]**で切り替えることができます。

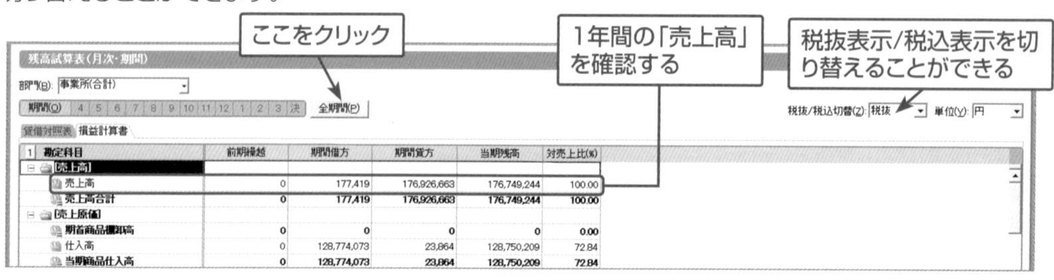

ONE POINT 残高試算表から修正を行う方法

残高試算表から入力画面へジャンプして、修正を行うことができます。たとえば、残高試算表で4月分の取引を確認したところ「普通預金(レモン銀行)」の残高が通帳の残高と合っていなかった場合、「普通預金」勘定をクリックします。「普通預金」勘定に補助科目が設定されている場合、補助科目ごとの内訳が画面下に表示されるので、補助科目ごとに残高を確認します(この帳票を別画面に表示した集計表が「補助残高一覧表」になる)。違っている補助科目があった場合、補助科目名をクリックしてツールバーの**[ジャンプ]**ボタンをクリックするか、補助科目名をダブルクリックすると「補助元帳」画面が表示されます。通帳と見比べながら、仕訳未入力分の入力や、誤入力の訂正などを行います。

なお、画面上部の**[補助科目を表示(1)]**がONになっていないと、補助科目の一覧は表示されません。

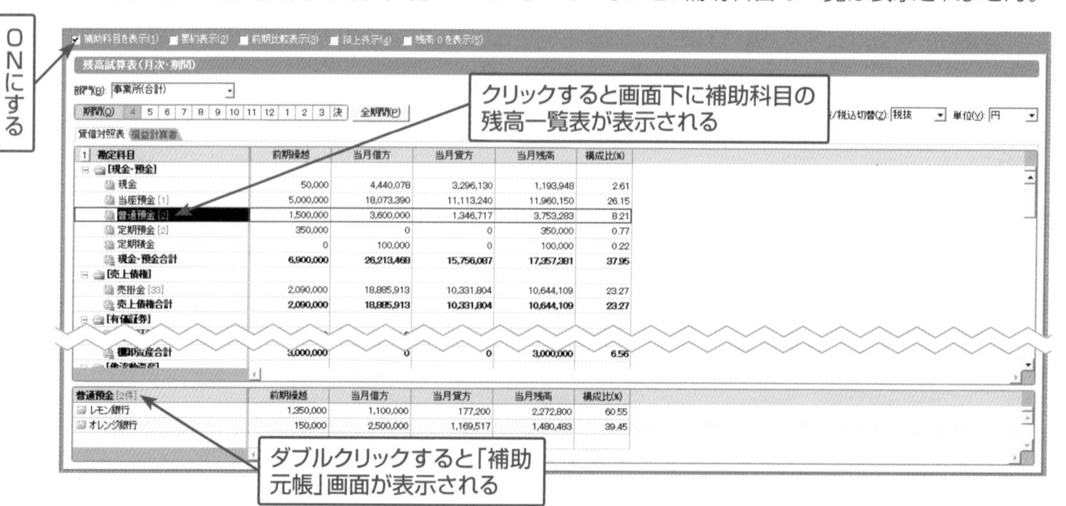

◉補助元帳

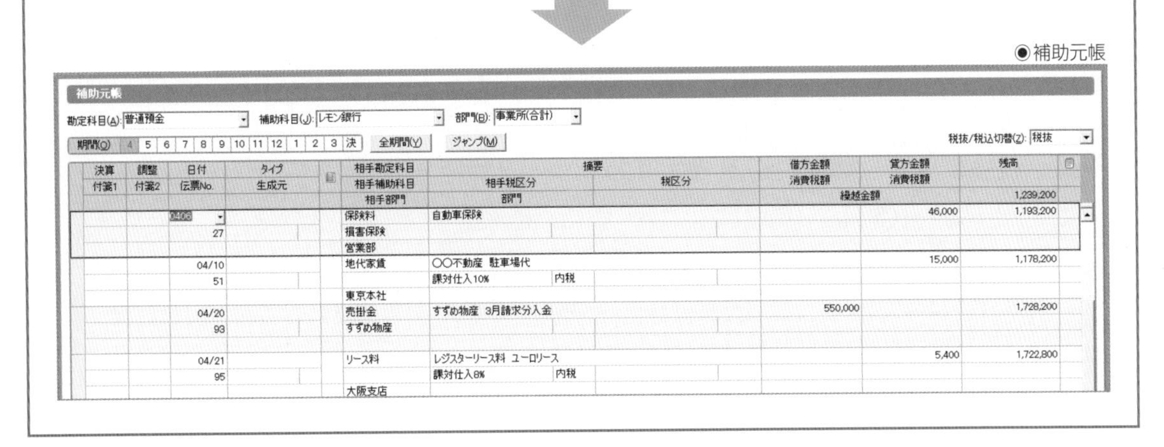

ONE POINT 前年度の残高試算表を確認する

ツールバーの**[前年度]**ボタンをクリックすると、画面左に前年度残高試算表画面が表示されます。

今年分の残高試算表画面同様、前年度残高試算表画面でも、勘定科目や補助科目欄をダブルクリックするか、科目を選択してツールバーの**[ジャンプ]**ボタンをクリックすると「総勘定元帳」→「仕訳日記帳」とさかのぼって取引内容を確認することができます。

前年度のデータなので、修正はできません。修正が必要な場合は年度を切り替えて前年度に戻って修正します。

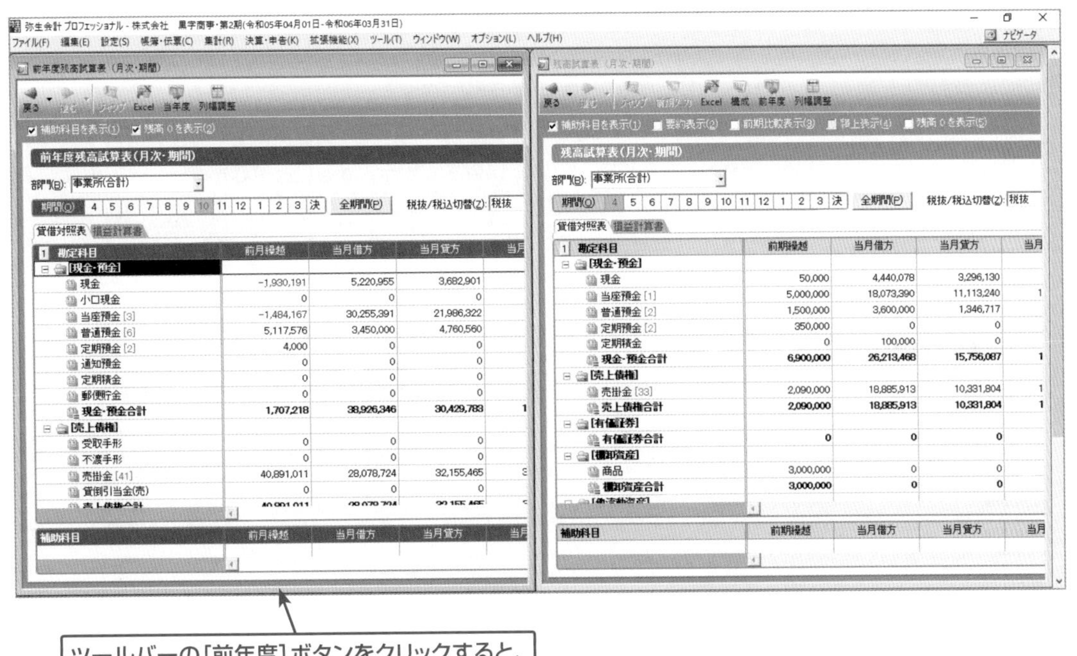

ツールバーの[前年度]ボタンをクリックすると、画面左に前年度残高試算表画面が表示される

■残高試算表(年間推移)について

月ごとの残高の推移を1年分確認したい場合、「残高試算表(年間推移)」を利用します。これに対し、1年分の合算を確認したい場合は「残高試算表(月次・期間)」で1年間を選択して表示します(186ページ参照)。

31-2 残高試算表(年間推移)を表示する

ここでは、残高試算表(年間推移)から「売上高」と「仕入高」の推移を確認してみましょう。

1 クイックナビゲータの「集計」メニューをクリックし、**[残高試算表(年間推移)]**アイコンをクリックします。

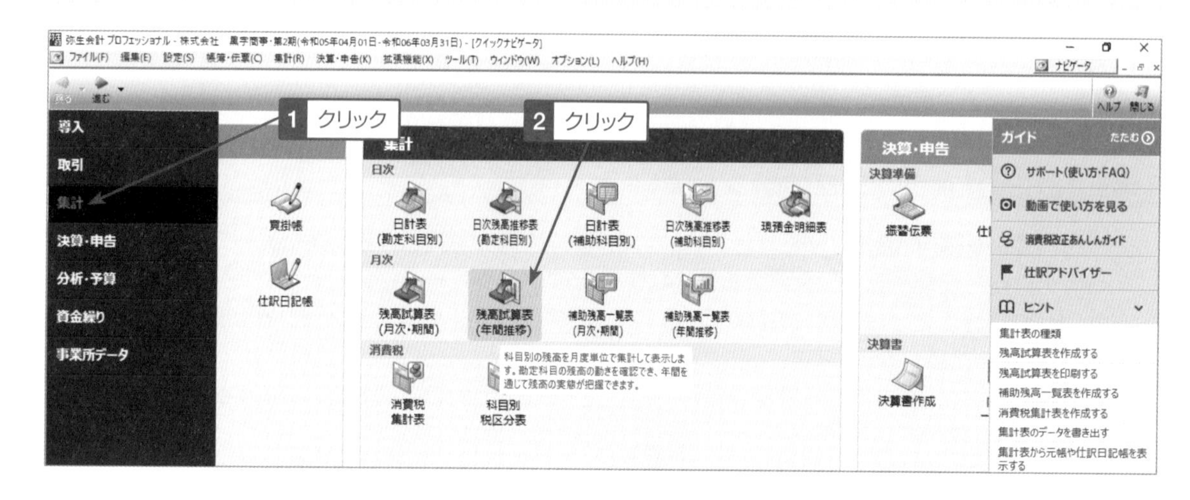

2 「損益計算書」タブをクリックして、「売上高」と「仕入高」の年間推移を確認します。

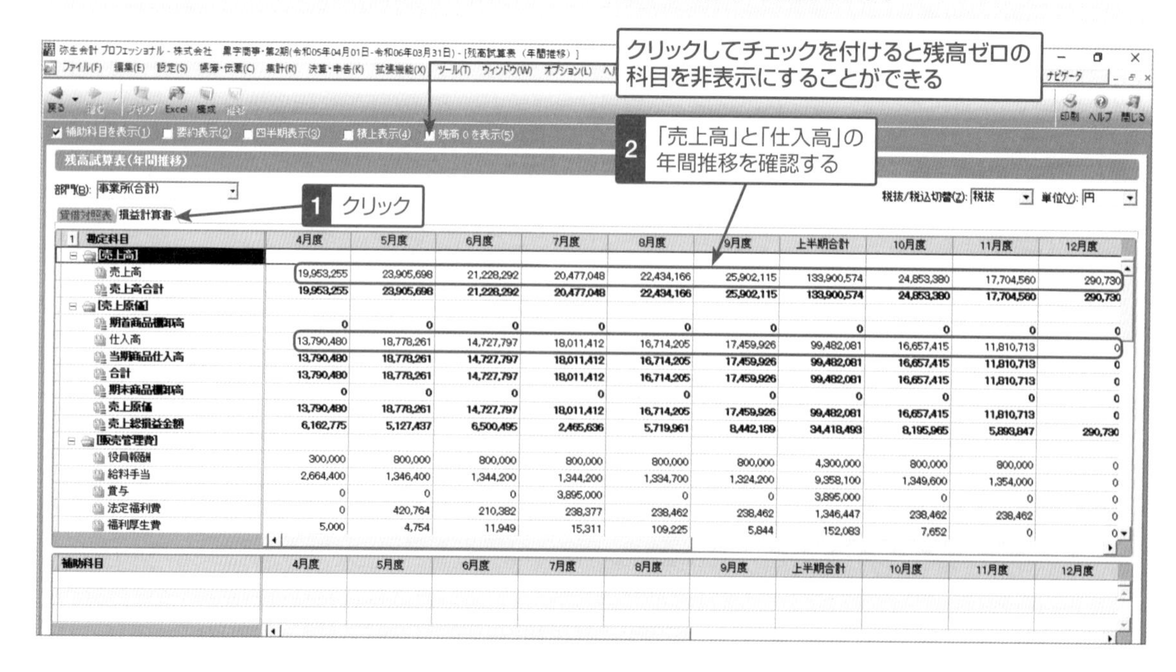

3 毎月固定的に発生するものがきちんと計上されているか、異常値がないかなどをチェックします。気になるところは数値をダブルクリックすると、該当の科目の総勘定元帳を確認することができます。

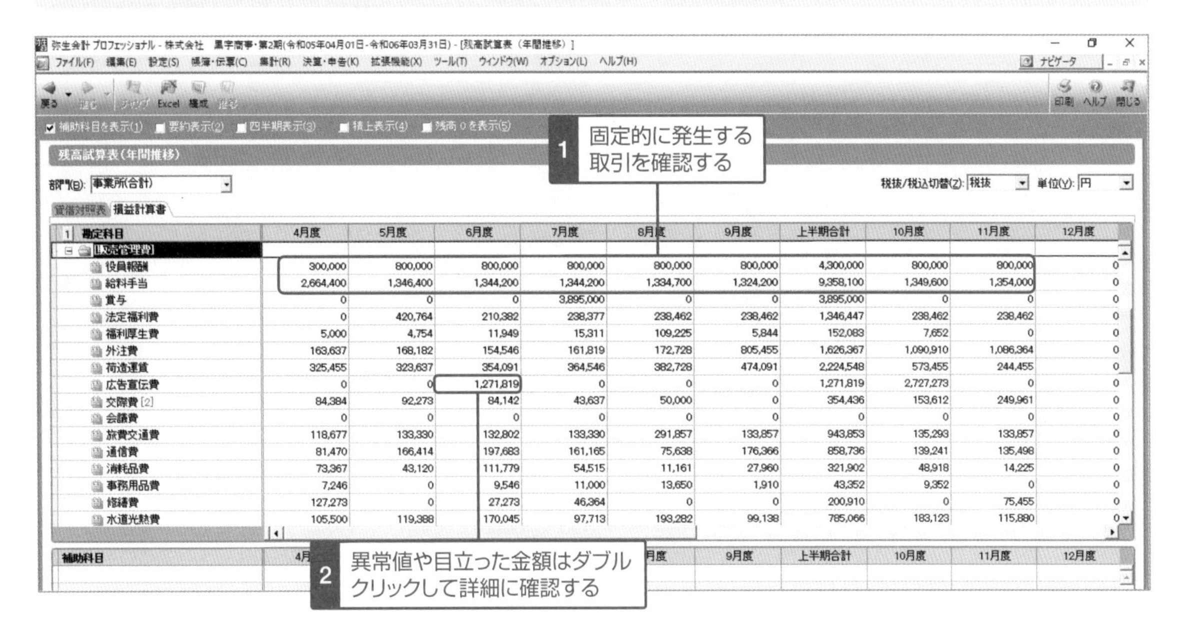

ONE POINT 残高の推移を表したグラフを表示するには

残高の推移を確認したい科目をクリックして、ツールバーの**[推移]**ボタンをクリックすると推移グラフを表示することができます。「売上高」と「仕入高」を同時に確認したい場合は、行セレクタをCtrlキーを押しながらクリックして複数選択し、**[推移]**ボタンをクリックします。表示形式は「棒グラフ」か「折れ線グラフ」から選択します。

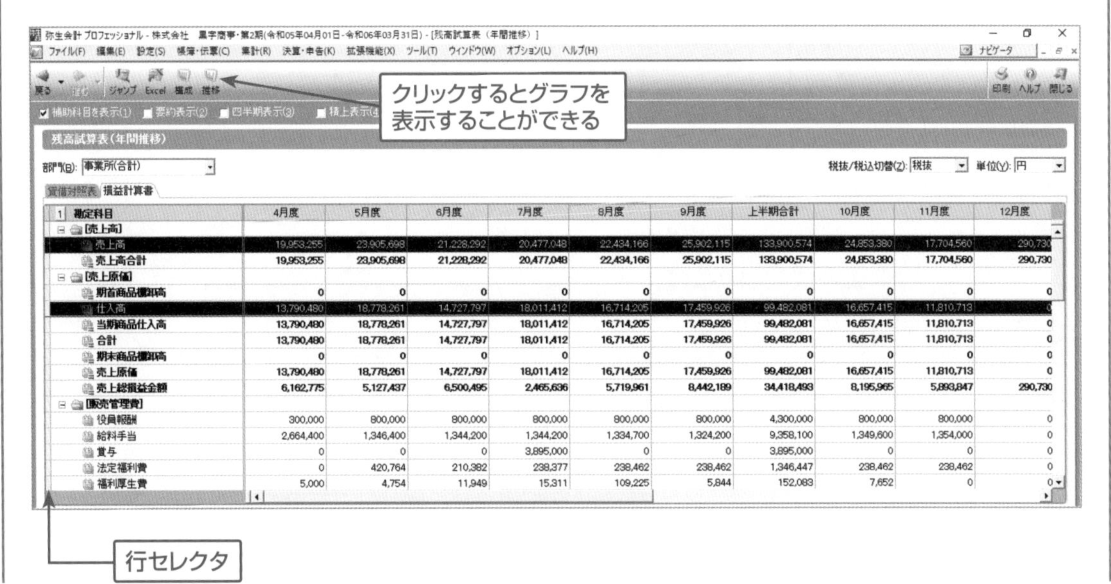

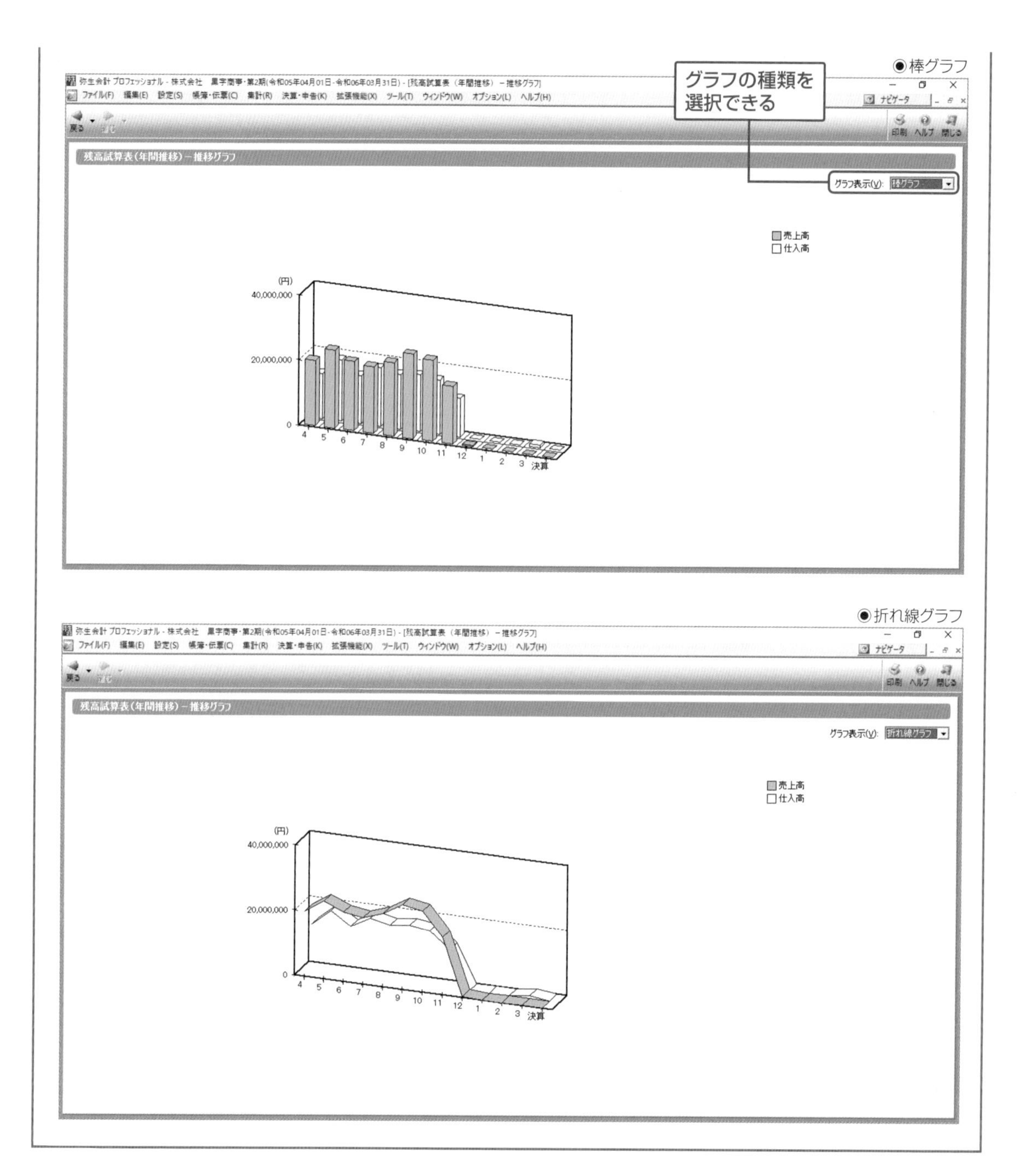
●棒グラフ
グラフの種類を
選択できる
弥生会計 プロフェッショナル - 株式会社 黒字商事・第2期(令和05年04月01日-令和06年03月31日) - [残高試算表（年間推移） － 推移グラフ]
ファイル(F) 編集(E) 設定(S) 帳簿・伝票(C) 集計(R) 決算・申告(K) 拡張機能(X) ツール(T) ウィンドウ(W) オプション(L) ヘルプ(H)
ナビゲータ
戻る
印刷 ヘルプ 閉じる
残高試算表(年間推移) － 推移グラフ
グラフ表示(V): 棒グラフ
売上高
仕入高
(円)
40,000,000
20,000,000
0
4 5 6 7 8 9 10 11 12 1 2 3 決算
●折れ線グラフ
弥生会計 プロフェッショナル - 株式会社 黒字商事・第2期(令和05年04月01日-令和06年03月31日) - [残高試算表（年間推移） － 推移グラフ]
ファイル(F) 編集(E) 設定(S) 帳簿・伝票(C) 集計(R) 決算・申告(K) 拡張機能(X) ツール(T) ウィンドウ(W) オプション(L) ヘルプ(H)
ナビゲータ
戻る
印刷 ヘルプ 閉じる
残高試算表(年間推移) － 推移グラフ
グラフ表示(V): 折れ線グラフ
売上高
仕入高
(円)
40,000,000
20,000,000
0
4 5 6 7 8 9 10 11 12 1 2 3 決算

ONE POINT　Excelとの連動

Microsoft Excel 2013以降がインストールされている場合、帳簿や集計表のデータをExcelへ書き出すことができます。Excelへの書き出しに対応しているデータは次の通りです（Office Online、ストアアプリ版は動作対象外です）。

メニューバー	画　面	備　考
帳簿・伝票	各帳簿画面 （前年度帳簿を含む）	メニューバーの［帳簿・伝票（C）］の中にある画面のうち、「入金伝票」「出金伝票」「振替伝票」「かんたん取引入力」「家事按分振替」（個人事業主の場合）以外の画面はすべてExcelに書き出すことができる
集計	残高試算表	月次・期間、年間推移、部門対比
	補助残高一覧表	月次・期間、年間推移、部門対比
	日次残高推移表	勘定科目別、補助科目別
	日計表	勘定科目別、補助科目別
	現預金明細表	―
	前年度残高試算表	―
決算・申告	決算書作成	法人データのみ
	キャッシュ・フロー計算書	法人データのみ、「弥生会計 23 プロフェッショナル」のみ

たとえば、残高試算表（年間推移）をExcelに書き出すには、次のように操作します。

❶ クイックナビゲータの「集計」メニューをクリックし、**［残高試算表（年間推移）］**アイコンをクリックします。

❷ ツールバーの**［Excel］**ボタンをクリックします。

❸ 書き出しの条件を設定し、 OK ボタンをクリックすると、Excelが起動し、書き出したデータが表示されます。

※数値には計算式は設定されておらず、数値データのみになります。

●Excelに書き出したデータ

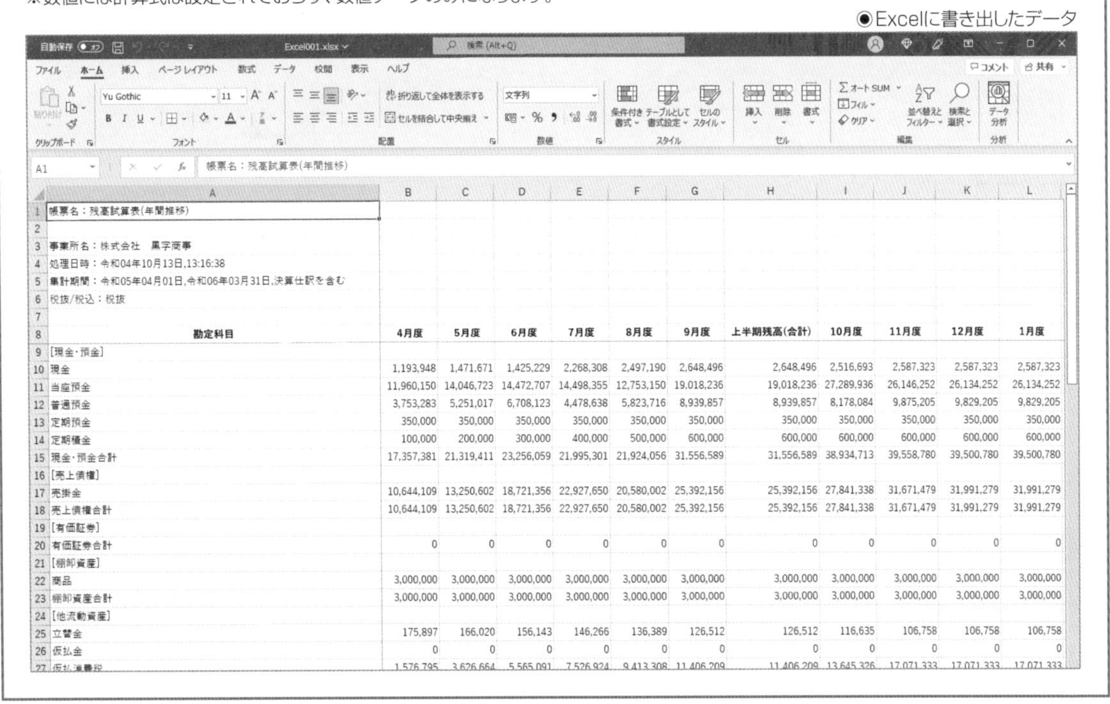

帳票名：残高試算表(年間推移)

事業所名：株式会社　黒字商事
処理日時：令和04年10月13日,13:16:38
集計期間：令和05年04月01日,令和06年03月31日,決算仕訳を含む
税抜/税込：税抜

勘定科目	4月度	5月度	6月度	7月度	8月度	9月度	上半期残高(合計)	10月度	11月度	12月度	1月度
[現金・預金]											
現金	1,193,948	1,471,671	1,425,229	2,268,308	2,497,190	2,648,496	2,648,496	2,516,693	2,587,323	2,587,323	2,587,323
当座預金	11,960,150	14,046,723	14,472,707	14,498,355	12,753,150	19,018,236	19,018,236	27,289,936	26,146,252	26,134,252	26,134,252
普通預金	3,753,283	5,251,017	6,708,123	4,478,638	5,823,716	8,939,857	8,939,857	8,178,084	9,875,205	9,829,205	9,829,205
定期預金	350,000	350,000	350,000	350,000	350,000	350,000	350,000	350,000	350,000	350,000	350,000
定期積金	100,000	200,000	300,000	400,000	500,000	600,000	600,000	600,000	600,000	600,000	600,000
現金・預金合計	17,357,381	21,319,411	23,256,059	21,995,301	21,924,056	31,556,589	31,556,589	38,934,713	39,558,780	39,500,780	39,500,780
[売上債権]											
売掛金	10,644,109	13,250,602	18,721,356	22,927,650	20,580,002	25,392,156	25,392,156	27,841,338	31,671,479	31,991,279	31,991,279
売上債権合計	10,644,109	13,250,602	18,721,356	22,927,650	20,580,002	25,392,156	25,392,156	27,841,338	31,671,479	31,991,279	31,991,279
[有価証券]											
有価証券合計	0	0	0	0	0	0	0	0	0	0	0
[棚卸資産]											
商品	3,000,000	3,000,000	3,000,000	3,000,000	3,000,000	3,000,000	3,000,000	3,000,000	3,000,000	3,000,000	3,000,000
棚卸資産合計	3,000,000	3,000,000	3,000,000	3,000,000	3,000,000	3,000,000	3,000,000	3,000,000	3,000,000	3,000,000	3,000,000
[他流動資産]											
立替金	175,897	166,020	156,143	146,266	136,389	126,512	126,512	116,635	106,758	106,758	106,758
仮払金	0	0	0	0	0	0	0	0	0	0	0
仮払消費税	1,576,795	3,626,664	5,565,091	7,526,924	9,413,308	11,406,209	11,406,209	13,645,326	17,071,333	17,071,333	17,071,333

SECTION-32 スタンダード プロフェッショナル

その他の集計表を利用してみよう

弥生会計では、これまで説明してきた集計表の他に、「残高調整表」「元帳摘要集計表」「摘要損益計算書」、消費税関係の集計表、予算関係の集計表を作成することができます。消費税関係の集計表はクイックナビゲータの「集計」メニューに、予算関係の集計表は「分析・予算」メニューに用意されていますが、それ以外はメニューバーの[集計(E)]メニューから表示します。なお、「元帳摘要集計表」「摘要損益計算書」、予算関係の集計表は、「弥生会計 23 プロフェッショナル」「弥生会計 23 ネットワーク」のみの機能です。

残高調整表について

「当座預金」の取引は通帳がないケースが多く、小切手を振り出しても決済までにタイムラグがある場合がほとんどです。決算のときに、帳簿上の「当座預金」の残高と銀行から取り寄せた「当座勘定照合表」の残高に相違が出た場合に、調整を行うための集計表です。

32-1 残高調整表を作成する

ここでは、残高調整表を作成して印刷してみましょう。

1 当座預金の取引のうち、未落ちなどについては、あらかじめ「預金出納帳」画面(127ページ参照)や、「総勘定元帳(補助元帳)」画面(168ページ参照)で確認して「調整」欄を2回クリックし、チェックを付けておきます。

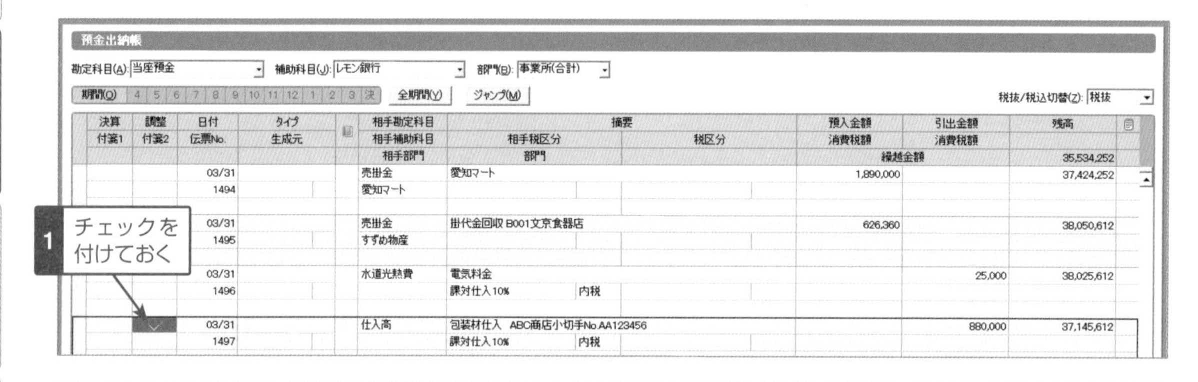

「未落ち」とは、会計上の処理は終わっていても実際に口座から引き落とされていない預金取引のことです。

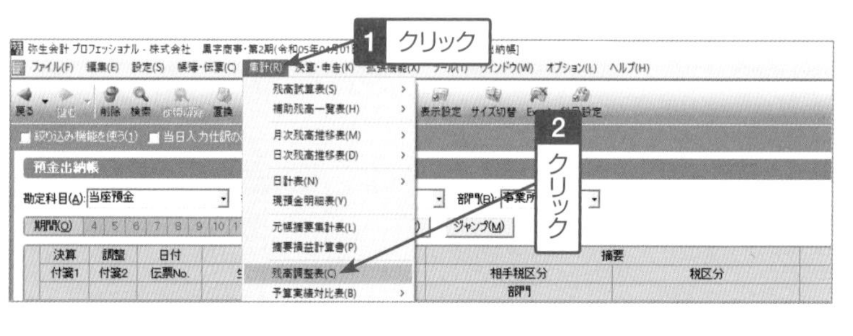

2 メニューバーの**[集計(R)]**→**[残高調整表(C)]**を選択します。

3 「勘定科目」「補助科目」「期間」を選択し、集計ボタンをクリックします。集計結果が表示されるので、調整後の残高を確認し、印刷する場合は、ツールバーの**[印刷]**ボタンをクリックします。

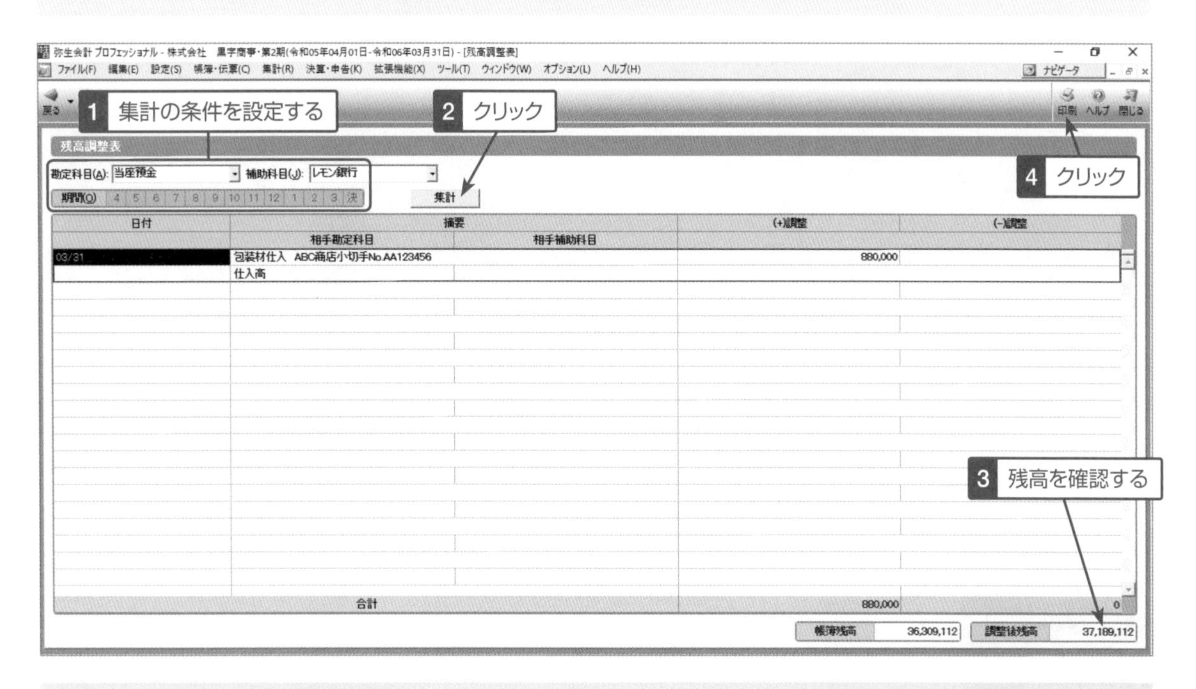

帳簿などで「調整」にチェックを付けた取引が集計され、「当座預金」勘定の残高が当座預金の照合表に合うように調整した集計表を作成することができます。

ONE POINT 残高試算表や補助残高一覧表を印刷する際の期間の指定方法

集計表を印刷する場合は、ツールバーの**[印刷]**ボタンをクリックします。残高試算表(月次・期間)の印刷は、画面での期間選択と印刷設定での期間選択の組み合わせによって、印刷できる資料が変わってきます。用途に応じて使い分けましょう。

■ 期間指定の組み合わせ

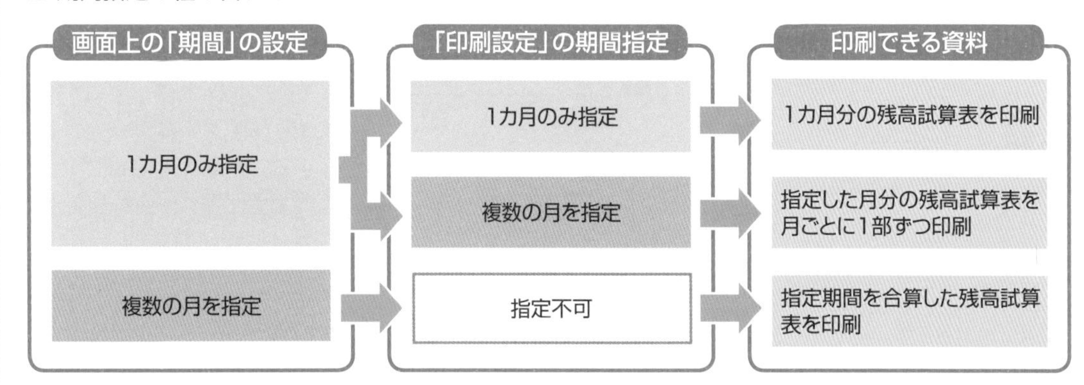

■元帳摘要集計表について　プロフェッショナル

元帳摘要集計表では、「摘要」に入力された文字列で集計を行うことができます。摘要に入力した文字列をそのまま集計に使うため、摘要入力に関する規則（経費仕訳入力の際には個人名を必ず入力する、プロジェクト名は必ず入力する、など）を付けておいた方がよいでしょう。また、同じ言葉でも大文字・小文字や半角・全角は、別の文字として集計されてしまうので、キーワードとなる摘要の入力は「摘要辞書」を使って毎回同じ名前になるようにしましょう。なお、摘要を集計に使用するだけでなく、勘定科目や摘要、部門などの項目を縦軸と横軸に配置して、オリジナルの集計表を作成することができます。

32-2 元帳摘要集計表を利用して個人別の経費の集計表を作成する

ここでは、各従業員が、指定期間に経費をいくら使用したかを集計する「個人別経費使用集計表」という帳票を「元帳摘要集計表」画面から設定してみましょう。

※経費支払の仕訳入力時に、どの従業員が使用した経費かわかるように、摘要に従業員名を入力しておきます。

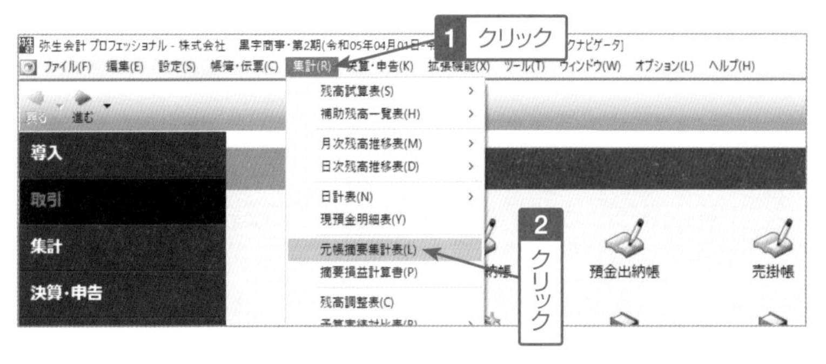

1 メニューバーの**[集計(R)]**→**[元帳摘要集計表(L)]**を選択します。

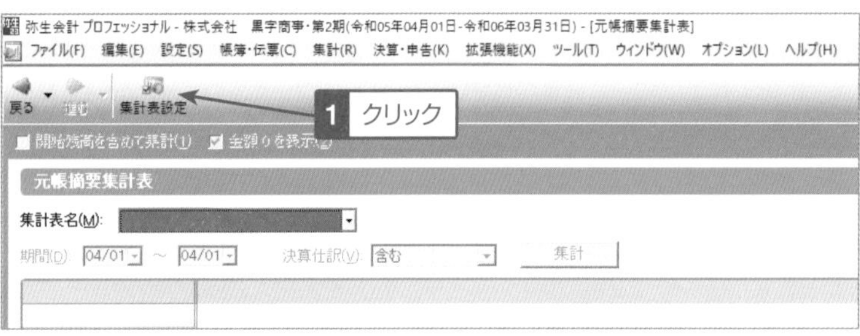

2 ツールバーの**[集計表設定]**ボタンをクリックし、集計表設定画面の[追加(A)...]ボタンをクリックします。

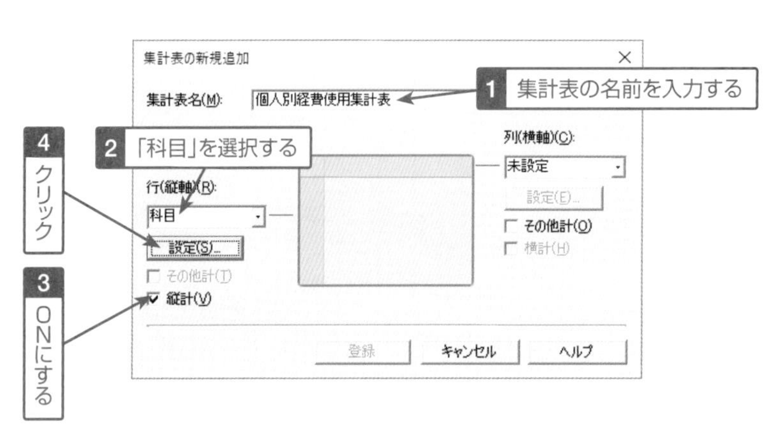

3 **[集計表名(M)]**に集計表の名前を入力して、**[行(縦軸)(R)]**で「科目」を選択し、**[統計(V)]**をONにして、[設定(S)...]ボタンをクリックします。

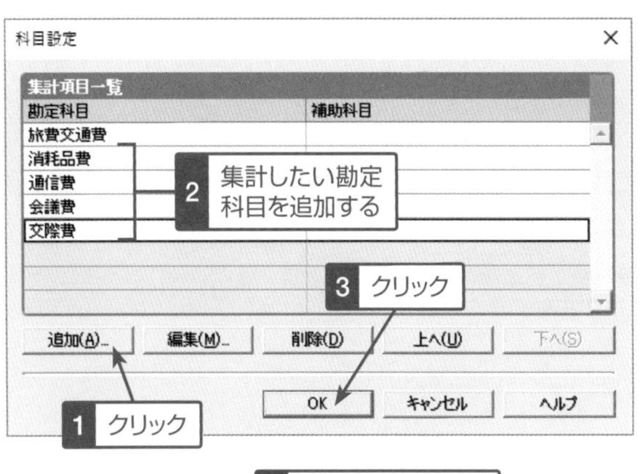

4 「科目設定」画面の 追加(A)... ボタンをクリックし、集計したい勘定科目を選択して追加し、 OK ボタンをクリックします。

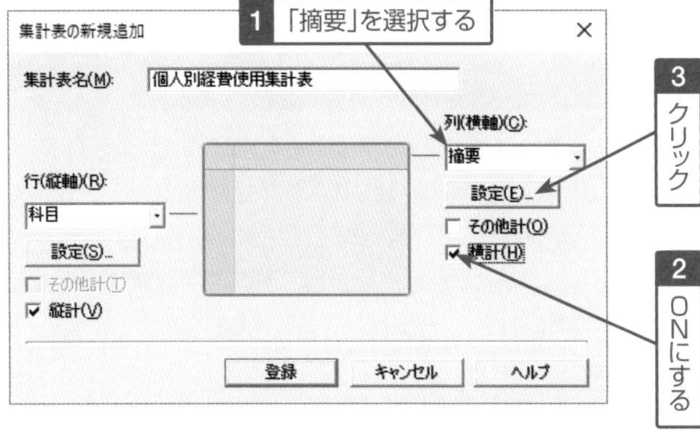

5 **[列(横軸)(C)]**で「摘要」を選択し、**[横計(H)]**をONにして、 設定(E)... ボタンをクリックします。

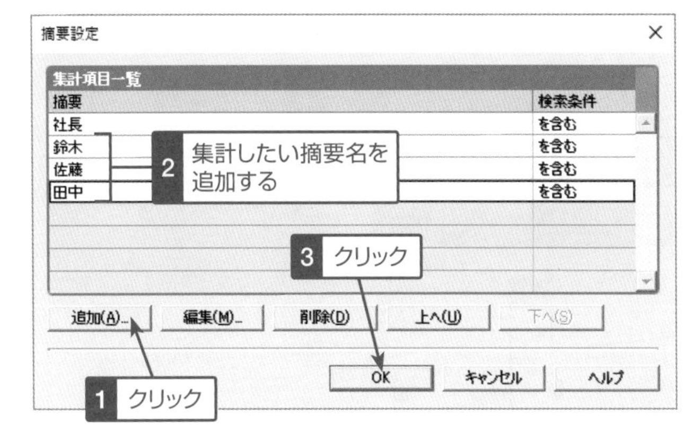

6 「摘要設定」画面の 追加(A)... ボタンをクリックし、集計したい摘要名入力して追加し、 OK ボタンをクリックします。

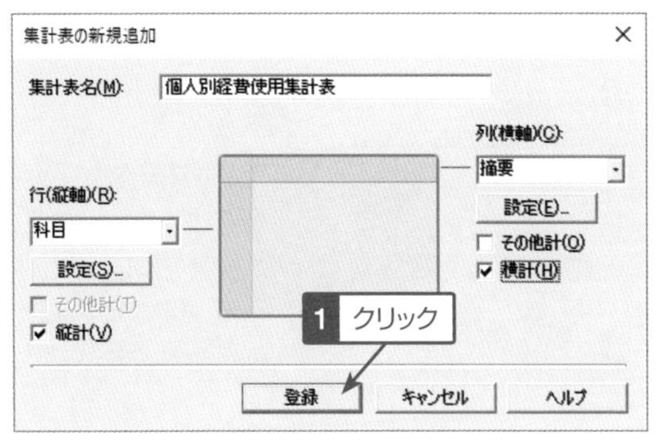

7 登録 ボタンをクリックし、集計表の設定画面を閉じます。

8 **[集計表名(M)]**で登録した集計表名を選択し、集計する期間を設定して、[集計]ボタンをクリックします。

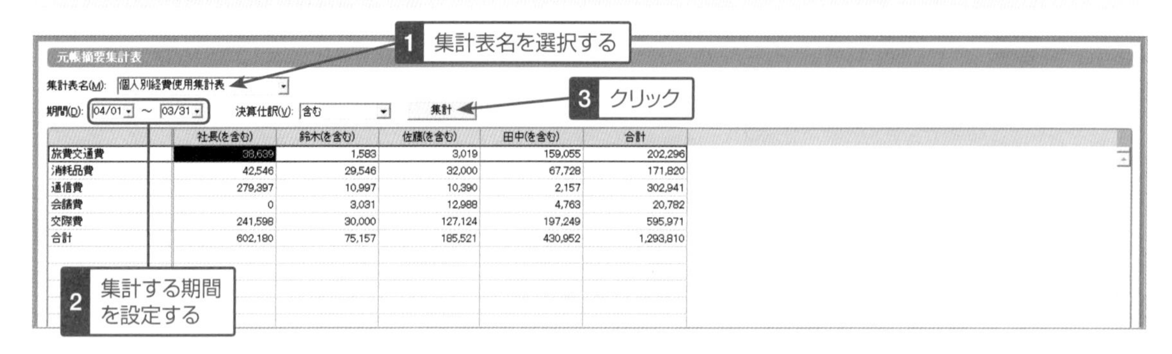

	社長(を含む)	鈴木(を含む)	佐藤(を含む)	田中(を含む)	合計
旅費交通費	38,639	1,583	3,019	159,055	202,296
消耗品費	42,546	29,546	32,000	67,728	171,820
通信費	279,397	10,997	10,390	2,157	302,941
会議費	0	3,031	12,988	4,763	20,782
交際費	241,598	30,000	127,124	197,249	595,971
合計	602,180	75,157	185,521	430,952	1,293,810

■摘要損益計算書について　プロフェッショナル

「摘要損益計算書」では、摘要に指定した文字が含まれる仕訳のみを集計した損益計算書を作成することができます。売上や経費支払を、部門よりもっと細かな現場ごとに集計したい場合や、部門の枠にとらわれず行われるプロジェクトごとに集計を行いたい場合には、仕訳入力時に、どの現場等の取引なのかがわかるように摘要に現場名などを入力しておきます。大文字・小文字、半角・全角は別の文字として集計されるため、仕訳入力時の摘要の入力方法には注意が必要です。「摘要辞書」から選択して入力すると間違いがありません。

32-3 摘要に入力したキーワードでまとめて損益計算書を作成する

ここでは、摘要に入力した現場名ごとの損益を確認してみましょう。

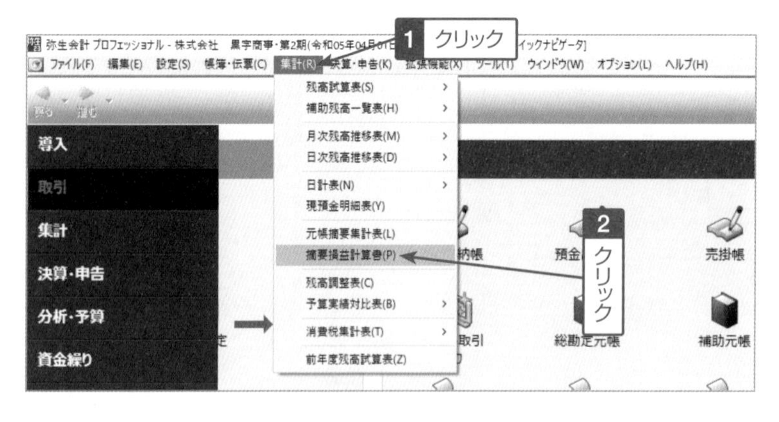

1 メニューバーの**[集計(R)]**→**[摘要損益計算書(P)]**を選択します。

2 ツールバーの**[計算書設定]**ボタンをクリックし、計算書の設定画面の[追加(A)...]ボタンをクリックします。この後計算書の新規追加画面が表示されます。

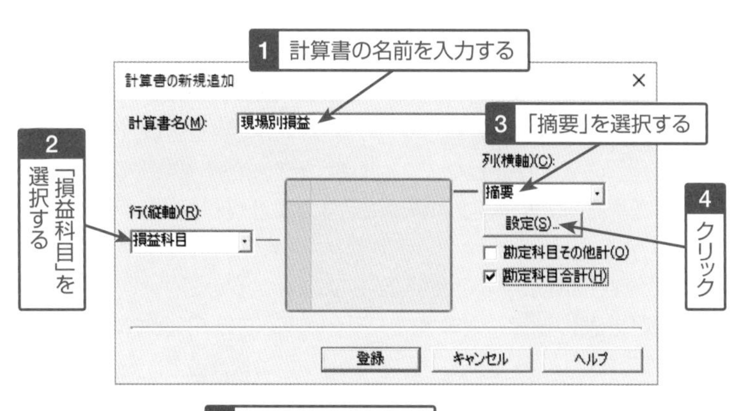

3 **[計算書名(M)]**に計算書の名前を入力し、**[行(縦軸)(R)]**で「損益科目」を選択して、**[列(横軸)(C)]**で「摘要」を選択し、設定(S)... ボタンをクリックします。

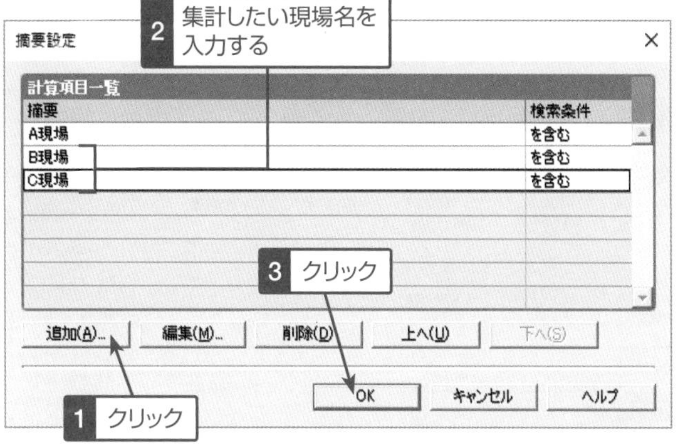

4 「摘要設定」画面の 追加(A)... ボタンをクリックし、追加したい現場名を入力して 登録 ボタンをクリックします。▾ボタンをクリックすると「摘要辞書」に登録した現場名を選択することができます。

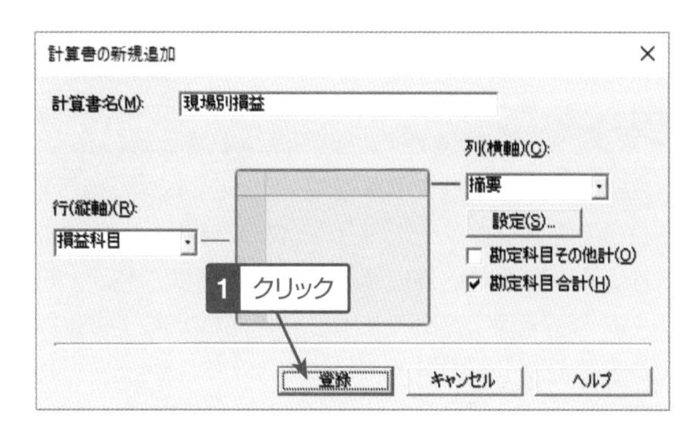

5 登録 ボタンをクリックし、計算書の設定画面を閉じます。

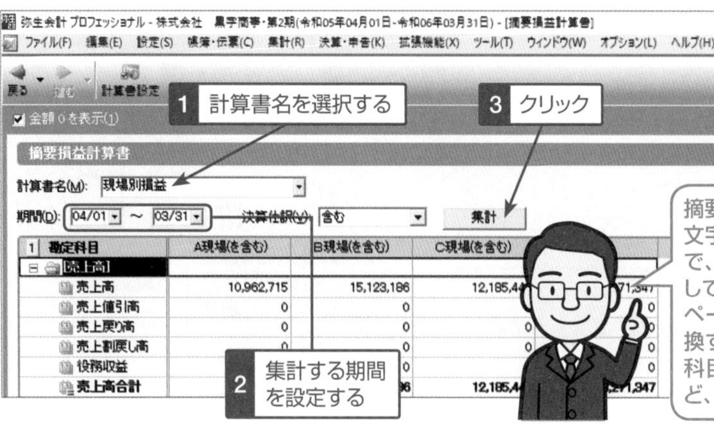

6 **[計算書名(M)]**で登録した計算書名を選択し、集計する期間を設定して、集計 ボタンをクリックします。

摘要をキーにした集計を行う場合、半角・全角・大文字・小文字の別は違う文字として認識しますので、「摘要辞書」から入力するなどのルールを設定しておくとよいでしょう。仕訳一括置換機能(166ページ参照)で、半角と全角については一括で変換することが可能です。摘要集計を活用して補助科目より細かい集計や部門をまたぐような集計など、オリジナルの集計表を作成することができます

■消費税に関する集計資料について

弥生会計では、消費税を課税の設定にした場合、消費税は自動計算されています。「消費税申告書」(227ページ参照)も自動集計で計算結果を表示しますが、仕訳の入力が正しくないと間違ったまま消費税申告書を作成することになります。そのため、消費税申告書を作成する前には、必ず消費税に関する集計資料から仕訳の内容を確認しましょう。

弥生会計では、「消費税集計表」と「科目別税区分表」を作成することができます。クイックナビゲータの「集計」メニューに**[消費税集計表]**アイコンと**[科目別税区分表]**アイコンが用意されています。なお、消費税に関する処理と集計資料の作成は、227ページを参照してください。

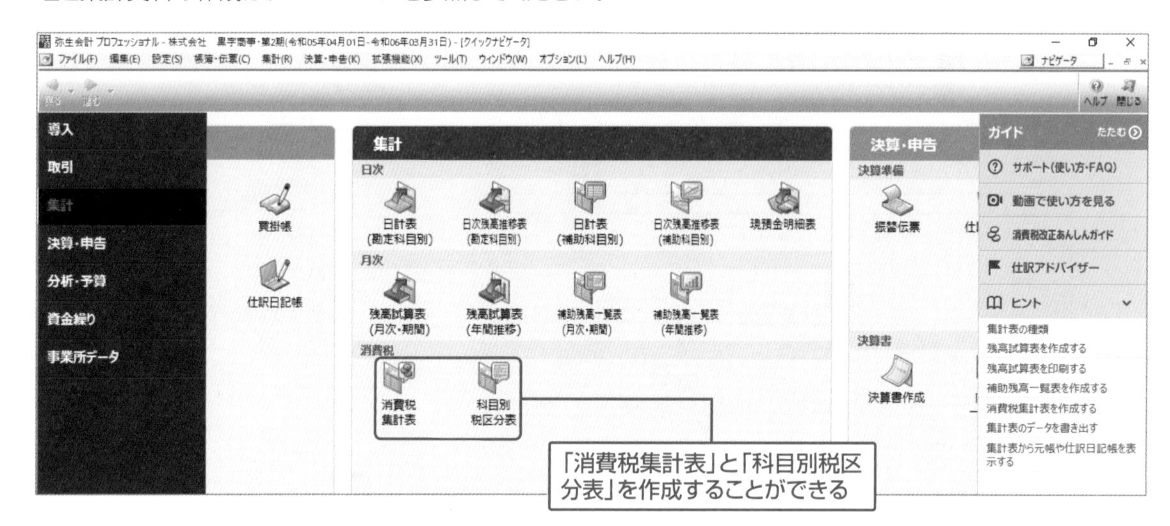

■予算実績対比表の利用　プロフェッショナル

「弥生会計 23 プロフェッショナル」「弥生会計 23 ネットワーク」で予算管理を行っている場合、予算と実績を対比させた集計表を確認することができます。これらの画面はクイックナビゲータの「分析・予算」メニューに用意されているアイコンから表示することができます。予算実績対比表は残高試算表と同様、「月次・期間」「年間推移」「部門対比」の帳票があります。また、あらかじめ予算設定を行っておく必要があります。なお、予算設定を行い、予算管理を行う方法については、307ページを参照してください。

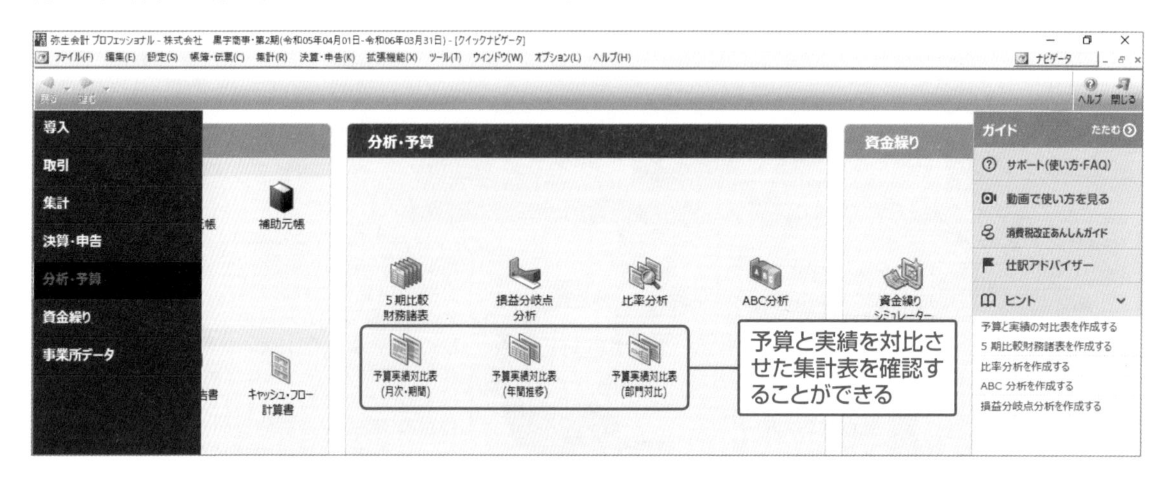

ONE POINT Excelに書き出せないデータをテキストデータとして書き出す方法

弥生会計に入力されたデータを別のソフトで加工して使用したい場合はExcelに書き出すと便利ですが、すべての画面でExcelにデータを書き出すことができるわけではありません。そのような場合は、「エクスポート」機能を使って、データをテキストデータとして書き出すことができます。これを使いこなすと、弥生会計のデータから、いろいろな資料を作ることができるので覚えておくと便利です。区切り文字は「カンマ(CSV)形式」「タブ形式」「スペース形式」から選択することができます。「エクスポート」機能は帳簿や伝票、集計表など、ほとんどの画面で対応しています。

たとえば、「科目設定」画面から勘定科目一覧表を「カンマ(CSV)形式」でエクスポートするには、次のように操作します。

❶ クイックナビゲータの「導入」メニューをクリックし、**[科目設定]**アイコンをクリックします。

❷ メニューバーの**[ファイル(F)]→[エクスポート(E)]**を選択します。

❸ **[区切り文字(D)]**で**[カンマ(CSV)形式]**をONにして、[参照(B)...]ボタンをクリックします。

❹ 保存先を指定し、**[ファイルの種類(T)]**で「すべてのファイル(*.*)」を選択して、**[ファイル名(N)]**には保存したいファイル名に拡張子「.CSV」を付けて入力し(たとえば「kamoku.csv」と入力)、[保存(S)]ボタンをクリックします。

※拡張子が「.CSV」のファイルは、Excelで直接開いて加工することができます。

❺ [OK]ボタンをクリックします。

❻ 「エクスポートは正常に終了しました。」というメッセージが表示されたら[OK]ボタンをクリックします

●保存したファイルをExcelで表示したところ

	A	B	C	D	E	F	G	H	I	J	K	L	M	N	O	P	Q	R	S
1	帳票名	勘定科目一覧表																	
2	書式名	汎用形式																	
3	事業所名	株式会社	黒字商事																
4	処理日時	#######	13:35:53																
5	[表題行]	階層1	階層2	階層3	階層4	階層5	階層6	サーチキー	サーチキー	サーチキー	貸借区分	税区分	税率	税計算区ｶ	税端数処理	簡易課税事	補助必須	決算書項目	非表示
6	[区分行]	[資産]																	
7	[区分行]	[資産]	[流動資産]																
8	[区分行]	[資産]	[流動資産	[現金・預金]				*GENYOK	*100	*ｹﾞﾝﾖｷﾝ									
9	[明細行]	[資産]	[流動資産	[現金・預金	現金			GENKIN	100	ｹﾞﾝｷﾝ	[借方]	対象外			[指定なし]		no	現金及び預金	no
10	[明細行]	[資産]	[流動資産	[現金・預金	小口現金			KOGUCHI	101	ｺｸﾞﾁｹﾞﾝｷ	[借方]	対象外			[指定なし]		no	現金及び預金	no
11	[明細行]	[資産]	[流動資産	[現金・預金	当座預金			TOUZAYO	110	ﾄｳｻﾞﾖｷﾝ	[借方]	対象外			[指定なし]		no	現金及び預金	no
12	[明細行]	[資産]	[流動資産	[現金・預金	普通預金			FUTSUUY	115	ﾌﾂｳﾖｷﾝ	[借方]	対象外			[指定なし]		no	現金及び預金	no
13	[明細行]	[資産]	[流動資産	[現金・預金	定期預金			TEIKIYO	124	ﾃｲｷﾖｷﾝ	[借方]	対象外			[指定なし]		no	現金及び預金	no
14	[明細行]	[資産]	[流動資産	[現金・預金	通知預金			TSUUCHI	120	ﾂｳﾁﾖｷﾝ	[借方]	対象外			[指定なし]		no	現金及び預金	no
15	[明細行]	[資産]	[流動資産	[現金・預金	定期積金			TEIKITSU	128	ﾃｲｷﾂﾐﾀﾃ	[借方]	対象外			[指定なし]		no	現金及び預金	no
16	[明細行]	[資産]	[流動資産	[現金・預金	郵便貯金			YUUBIN	130	ﾕｳﾋﾞﾝﾁｮｷ	[借方]	対象外			[指定なし]		no	現金及び預金	no
17	[合計行]	[資産]	[流動資産	[現金・預金	現金・預金合計						[借方]								
18	[区分行]	[資産]	[流動資産	[売上債権]				*URIAGES	*140	*ｳﾘｱｹﾞｻｲ									
19	[明細行]	[資産]	[流動資産	[売上債権	受取手形			UKETORI	140	ｳｹﾄﾘﾃｶﾞﾀ	[借方]	対象外			[指定なし]		no	受取手形	no
20	[明細行]	[資産]	[流動資産	[売上債権	不渡手形			FUWATAF	141	ﾌﾜﾀﾘﾃｶﾞﾀ	[借方]	対象外			[指定なし]		no	不渡手形	no
21	[明細行]	[資産]	[流動資産	[売上債権	売掛金			URIKAKE	142	ｳﾘｶｹｷﾝ	[借方]	対象外			[指定なし]		no	売掛金	no
22	[明細行]	[資産]	[流動資産	[売上債権	貸倒引当金(売)			KASHIDA(	149	ｶｼﾀﾞｵﾚﾋｷ	[借方]	対象外			[指定なし]		no	貸倒引当金	no
23	[合計行]	[資産]	[流動資産	[売上債権	売上債権合計						[借方]								
24	[区分行]	[資産]	[流動資産	[有価証券]				*YUUKAS	*150	*ﾕｳｶｼｮｳ									
25	[明細行]	[資産]	[流動資産	[有価証券	有価証券			YUUKASH	150	ﾕｳｶｼｮｳｹﾝ	[借方]	対象外			[指定なし]		no	有価証券	no
26	[合計行]	[資産]	[流動資産	[有価証券	有価証券合計						[借方]								
27	[区分行]	[資産]	[流動資産	[棚卸資産]				*TANAOR	*160	*ﾀﾅｵﾛｼｼｻ									
28	[明細行]	[資産]	[流動資産	[棚卸資産	商品			SHOUHIN	160	ｼｮｳﾋﾝ	[借方]	対象外			[指定なし]		no	商品	no

ONE POINT 他のソフトウェアで作ったデータを弥生会計で利用する方法

他のソフトウェアで作ったデータを弥生会計に取り込むには、「インポート」機能を利用します。インポートできるデータは、次の表の通りです。インポートするデータは、「弥生インポート形式」(データの並びや区切り記号などが弥生会計に取り込めるようになっているテキストデータ)で作成されている必要があります。詳細については、メニューバーの**[ヘルプ(H)]→[サポート(使い方・FAQ)(S)]**からリンクしている弥生株式会社の製品サポートページより、キーワード等で検索して確認してください。インポートを行うには、各画面のメニューバーから**[ファイル(F)]→[インポート(I)]**を選択し、メッセージに従って操作します。

インポート可能なデータ	インポート先の画面	インポート先の画面を表示する操作(メニュー表示)
勘定科目のサーチキー	科目設定	[設定(S)]→[科目設定(K)]
仕訳データ	仕訳日記帳	[帳簿・伝票(C)]→[仕訳日記帳(J)]
勘定科目の期首残高データ	科目残高入力	[設定(S)]→[科目残高入力(Z)]
仕訳辞書データ	仕訳辞書	[設定(S)]→[取引辞書(D)]→[仕訳辞書(S)]
伝票辞書データ	伝票辞書	[設定(S)]→[取引辞書(D)]→[伝票辞書(D)]
摘要辞書データ	摘要辞書	[設定(S)]→[取引辞書(D)]→[摘要辞書(Y)]
かんたん取引辞書データ	かんたん取引辞書	[設定(S)]→[取引辞書(D)]→[かんたん取引辞書(K)]
受取手形データ	受取手形一覧	[拡張機能(X)]→[手形管理(T)]→[受取手形一覧(U)]
支払手形データ	支払手形一覧	[拡張機能(X)]→[手形管理(T)]→[支払手形一覧(S)]

※勘定科目は、サーチキーのみインポート可能です。勘定科目や補助科目はインポートできません。また、仕訳データは、インポート先のデータの会計期間に対応する日付のデータ以外はインポートされません。

※仕訳データのインポートについては、同一名称の勘定科目名が複数登録されていると、エラーが表示され、仕訳の取り込みができません。別の名称に変更する必要があります。

ONE POINT PDFファイルへの出力について

帳簿や伝票、集計表などの印刷ダイアログ画面で、プリンターを選択する際に、**[PDFファイルの作成]**を選択して OK ボタンをクリックすると、PDFファイルを作成することができます。この機能を使用する場合、プリンターの一覧に「Microsoft XPS Document Writer」が登録されている必要があります。

試算表の見方

せっかく弥生会計を使って経理処理をしたとしても、出力される試算表の見方がわからなければ、もったいないですよね。ここでは簡単に、試算表の見方をレクチャーしましょう。

■ 貸借対照表

貸借対照表では、現金預金・売掛金・固定資産などの資産、債務全般の増減やバランスを見ます。期間を指定できますので、その期間中の増減について再度確認をしたりします。特に、受取手形や売掛金や在庫品の金額増については、現金預金の増減と合わせて、その原因を細かく確認しましょう。また、借入金などの負債と資本とのバランスもチェックする必要があります。

■ 損益計算書

損益計算書では、売上金額と各利益(売上総利益・営業利益・経常利益など)が表示されます。また、販売費や人件費などと各利益とのバランスを見て、現在の経営の状況を把握するようにします。通常、貸借対照表や損益計算書を単体で見ることはせず、両者を分析しながら総合的に判断をします。

第6章

決算準備をしてみよう

SECTION－33

決算って何?

決算は年に1度の作業です。やり方を覚えたとしても1年も経てば忘れてしまうのでなかなか慣れるのは難しいと思います。しかし、決算はとても大切な作業ですし、ここで確定した数字というのは法人税や所得税を計算する上でもとても重要です。まずは、決算の概略・決算業務の流れを把握しましょう。

■決算とは

営業活動の結果、いくらの儲けが出たのか、財産の状態はどうなっているのか、ということを計算してまとめる、一連の作業のことを「決算」といいます。

決算は、営業活動を1年間という一定期間(会計期間)に区切って行います。この会計期間の開始日を期首日、最後の日を期末日(決算日)といいます。個人事業主の場合、1月1日から12月31日までが会計期間です。法人の場合は、期首日・期末日を任意の日に定めることができます(期間は通常1年間)。たとえば、3月末決算の場合は4月1日から翌年の3月31日までが会計期間となります。

■決算書について

個人で事業を営んでいる方も、法人の場合も、取引先・株主・従業員・国や地方自治体など、さまざまな立場の人とさまざまな形で関わっています。その人たちに対して、会社の状況を報告する必要があります。

決算時に作成する報告用の資料が決算書(「貸借対照表」や「損益計算書」など)です。

主な決算書のうち、「貸借対照表」は、決算日現在の「資産」「負債」「資本(純資産)」の残高を表します。この残高は、翌年度の期首日現在の開始残高となります。

また、「損益計算書」は、1年間に発生した収益(売上や雑収入など)と、費用(仕入や経費など)を集計し、その差額の利益を求めるものです。1年間で区切るので、翌年度の収益や費用の計算は、またゼロからスタートです。

■決算準備について

「貸借対照表」は、決算日現在の「資産」「負債」「資本(純資産)」の状態を表示しています。弥生会計の各勘定科目の残高と実際の有高とが合っていなければならないため、決算準備として、この照合を行っていきます。もし違っている場合は、原因を追究し、正しい残高になるように仕訳を追加・修正・削除していきます。

「損益計算書」は、1年間の「収益」「費用」を集計し、その差額から利益を計算していきます。決算処理時は、「事業にかかるもののみ」「その会計期間に発生したもののみ」「費用は収益に対応したもの」「発生が予想される費用はこれに備え、考慮する」などの点に気を付けながら集計結果を確認し、仕訳を追加・修正・削除していきます。

■決算の手順

決算前には、正しい決算書を作成するために、1年間の取引を見直し、各勘定の残高が正しいかどうかを確認していく作業と、決算特有の仕訳（決算整理仕訳といいます）を入力していく作業があります。そして、それらを元に決算書を作成し、さらに申告書の作成までを行います。会社の業種や規模によって必要となる決算処理のボリュームも異なってくると思いますが、一般的な処理の流れを確認してみましょう。

※手順の「決算書の作成」以降の順番は、必ずしもこの通りではありません。

① 決算準備（204〜206ページ参照）

決算処理を行う前に残高試算表を作成し、各勘定科目の残高を確認します。次に、入力した取引が正しいかどうか、総勘定元帳で必ず確認します。一通り総勘定元帳をチェックした後に、さらに残高試算表を画面で確認していきましょう。

② 決算整理仕訳の入力（207〜244ページ参照）

決算に特有の仕訳を入力します。

③ 残高の最終確認

決算整理仕訳を入力した後に再度残高試算表を作成し、各勘定の残高を最終確認します。ここで確定した数値を元に決算書が作成されます。

④ 決算書の作成（250〜272ページ参照）

決算書の設定作業を行い、決算書を作成します。「法人」か「個人」か、また規模などによって、作成が必要な決算書が異なります。

⑤ 繰越処理・元帳印刷（273〜284ページ参照）

決算後の作業を行います。「総勘定元帳」を印刷し、翌年度の入力ができる状態に事業所データの繰越処理を行います。

⑥ 税金の申告・納付（284〜290ページ参照）

申告書の作成を行います。「法人税申告書」は作成できません。弥生会計では、「消費税申告書」と、「勘定科目内訳書（法人）」「法人事業概況説明書（法人）」「所得税確定申告書（個人）」のみに対応しています。

SECTION-34 スタンダード プロフェッショナル

各勘定科目の残高を確認しよう

決算前には、各勘定科目の残高を確認します。主に「残高試算表」と「総勘定元帳」を使って画面を確認していきます。

残高を確認するポイント

残高を確認するポイントは、次の通りです。

● 現金の残高は合っているか?

現金は、弥生会計で計算された残高と、実際の金庫の有高とが合っているかを確認します。合わない場合、原因を究明し、必要な仕訳を追加します。もし、原因の究明ができない場合は、「雑収入」か「雑損失」に振り替えます。

● 預金の残高は合っているか?

預金は、銀行ごとに決算期末の残高証明書や、通帳の残高を確認し、弥生会計で計算された残高と照合します。合わない場合は原因を突き止め、必要な仕訳を追加します。当座預金の小切手による取引は、多くの場合タイムラグがあるため、照合表を確認し、残高調整表を作成します。

● 手形、売掛金、買掛金の残高は正しいか?

受取手形の手持ち残、割引・裏書分、支払手形の振出残高、得意先ごとの売掛残、仕入先ごとの買掛残を確認します。

● 貸付金・借入金や未収金・未払金、仮払金、前払金、預り金などの残高は合っているか?

貸付金・借入金などは証書を確認し、残高を照合しましょう。また、利息や保証料などの計上が正しいかも調べます。その他の資産・負債も、残高を確認します。前期から動きがないものも決算のときには必ずその内容を確認しておきましょう。

● 固定資産や固定負債の処理は適切に行われているか?

今期購入した固定資産などが計上されているかどうか、売却したもの・除却したもの・廃棄したものがあった場合、適切に処理されているかなどを確認しましょう。

● 売上・仕入・経費に関しては、当期のものだけを計上してあるか?

すべての科目の総勘定元帳を一通りチェックしましょう。特に、決算日前後の取引については、重点的に確認する必要があります。

● 消費税の課税業者の場合、仕訳のときの消費税処理が正しいか?

すべての科目の総勘定元帳を一通りチェックし、消費税の集計資料を確認します。

● 前期と比較して大きく変動があったところや科目の揺れがないか?

損益科目を中心に、残高試算表で**[前期比較表示(3)]**チェックボックスをONにするか、**[前年度]**ボタンで前期のデータと比較し、前期と大きく変動がある科目や、前期と同じ科目で処理されているかどうかをチェックしましょう。

34-1 決算整理仕訳入力前の残高試算表を確認する

ここでは、「残高試算表(月次・期間)」画面から、決算整理仕訳入力前の残高試算表を確認しましょう。

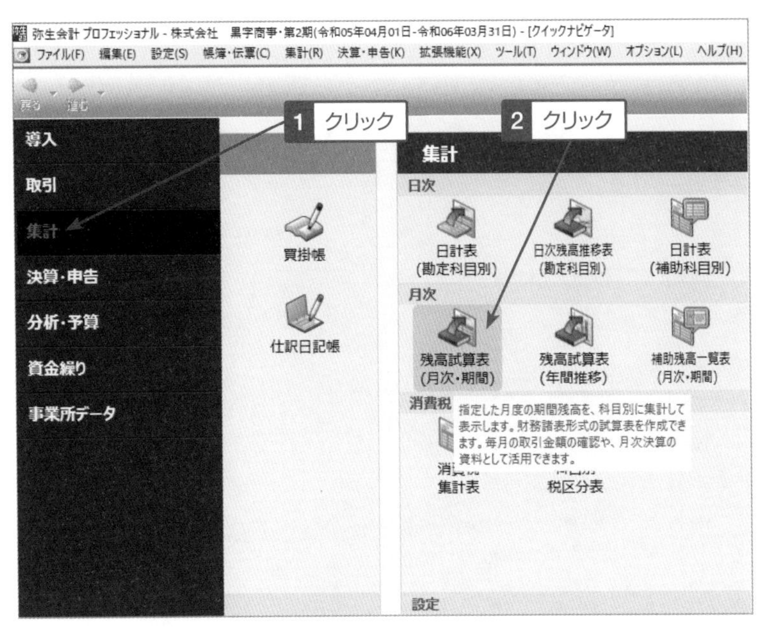

1 クイックナビゲータの「集計」メニューをクリックし、**[残高試算表(月次・期間)]**アイコンをクリックします。

チェックを入れると前年同月のデータと比較することができる

昨年度の残高試算表を確認することができる

1 ドラッグして選択する

弥生会計 … 年04月01日-令和06年03月31日) - [残高試算表 (月次・期間)]

ファイル … 算・申告(K) 拡張機能(X) ツール(T) ウィンドウ(W) オプション(L)

戻る 進む ジャンプ 前期入力 Excel 構成 前年度 列幅調整

☑ 補助科目を表示(1) ☐ 要約表示(2) ☐ 前期比較表示(3) ☐ 積上表示(4) ☐ 残高0を表示(5)

残高試算表(月次・期間)

部門(B): 事業所(合計)

期間(O) 4 5 6 7 8 9 10 11 12 1 2 3 決 全期間(P)

貸借対照表 損益計算書

勘定科目	前期繰越	期間借方	期間貸方	当期残高
[現金・預金]				
現金	50,000	32,929,858	30,415,394	2,564
当座預金 [1]	5,000,000	155,007,106	123,697,994	36,309
普通預金 [2]	1,500,000	28,344,017	20,014,812	9,829
定期預金 [2]	350,000	0	0	350
定期積金	0	600,000	0	600
現金・預金合計	6,900,000	216,880,981	174,128,200	49,652
[売上債権]				
売掛金 [33]	2,090,000	167,280,434	139,895,515	29,474
売上債権合計	2,090,000	167,280,434	139,895,515	29,474
[有価証券]				
有価証券合計	0	0	0	
[棚卸資産]				
商品	3,000,000	0	0	3,000
棚卸資産合計	3,000,000	0	0	3,000

補助科目	前期繰越	期間借方	期間貸方	当期残高

2 **[期間(O)]**で期首月から**[決]**を除いた1年間をドラッグします。決算整理仕訳を含んだデータを確認したい場合は、全期間(P) ボタンをクリックします。**[前期比較表示(3)]**にチェックを入れると前年同月のデータと比較が可能です。また、ツールバーの**[前年度]**ボタンをクリックすると昨年度の残高試算表を確認することができます。

3 各勘定科目(補助科目)の残高を確認していきます。修正したい科目があった場合は、その勘定科目欄(補助科目欄)をクリックして、ツールバーの**[ジャンプ]**ボタンをクリックし、「総勘定元帳」または「補助元帳」を表示させます。

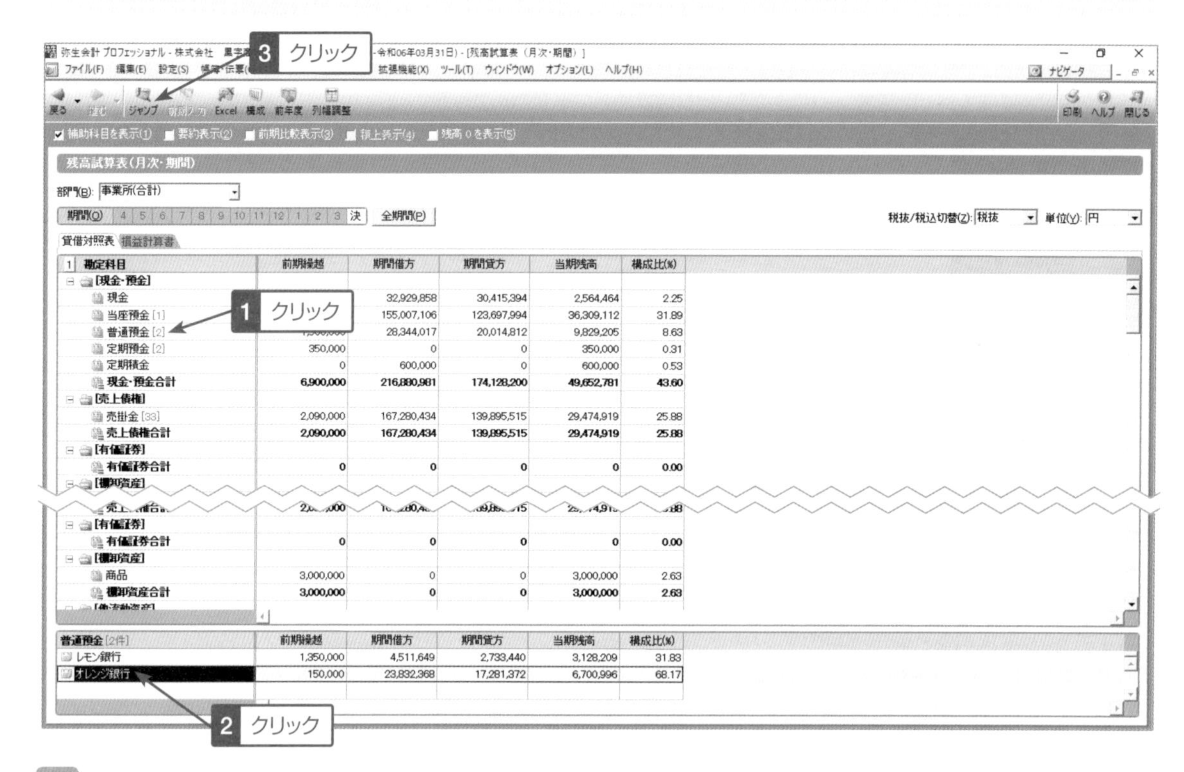

4 残高が間違っている場合、「総勘定元帳」や「補助元帳」よりさらに帳簿や伝票画面に戻って確認・修正を行います。「伝票」形式で入力した仕訳を修正する場合は、その取引の行をダブルクリックするか、ツールバーの**[ズーム]**ボタンをクリックします。修正が終了したら、「総勘定元帳」または「補助元帳」を閉じます。

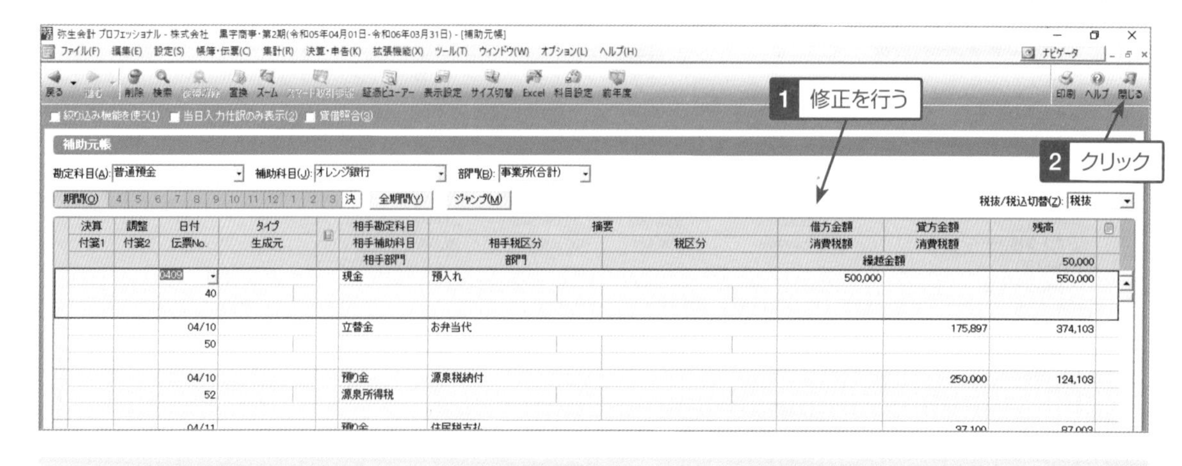

「総勘定元帳」または「補助元帳」を閉じると「残高試算表」画面に戻るので、残高が正しく修正されたか確認します。

決算整理仕訳を入力しよう①（棚卸）

決算特有の仕訳（決算整理仕訳）の1つに、棚卸に関する仕訳があります。期首と期末の在庫（期首商品棚卸高・期末商品棚卸高）の仕訳を入力していきます。

※商品の仕入が発生しない場合、または在庫が存在しないような場合、この処理は不要です。

■棚卸について

棚卸とは、実際の在庫の数量・金額を把握し、帳簿上の数量・金額と照合する作業のことです。棚卸では、期首・期末の在庫を振り替える仕訳を行います。今期の期首にあった在庫は売上原価に含め、期末に残っている在庫は売上原価からマイナスします。

毎月棚卸を行う会社もありますが、ここでは年に1回棚卸を行う会社の例を考えてみましょう。

期首に150,000円分の在庫があった。
期末に棚卸をしたところ、在庫は200,000円分だった。

この場合、仕訳は次のようになります。

借方		貸方	
期首商品棚卸高	150,000	商品	150,000
商品	200,000	期末商品棚卸高	200,000

前期から繰越した商品の在庫を当期の費用として算入する仕訳

期末に売れ残った商品の在庫を当期の費用から除き、翌期に繰越するための仕訳

※毎月棚卸を行う会社の場合、期首月は上記の仕訳になりますが、それ以降の月は1行目の借方勘定科目が「期末商品棚卸高」となります。

売上原価について

「売上原価」とは、「売上」に対応する直接的な「費用」（仕入れにかかった金額など）のことです。ただし、「仕入れたもの」ではなく、「売れたもの」を計算しなくてはなりません。今年度に仕入れた商品でも、会計期末に売れ残って在庫になっている場合は、「費用」に入れることができません。また、前期末に在庫として前年度の費用から除いた分は、今年度の売上に対応する「費用」として算入します。つまり売上原価は「手元から出て行った商品の金額」ということになります。計算式は、「期首在庫 ＋ 当期仕入高 － 期末在庫」となります。

たとえば、期首に300万円分の在庫があったとします。期末に棚卸をしたところ、在庫は200万円分でした。当期の商品仕入高が1000万円の場合の売上原価は、次のようになります。

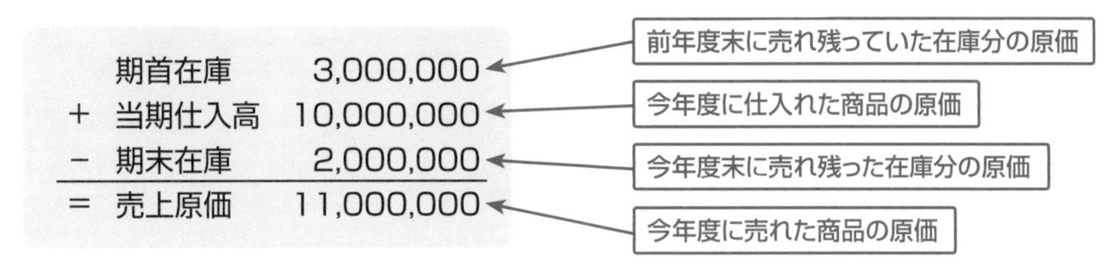

■棚卸の仕訳の作成

棚卸の仕訳を「振替伝票」から入力するには、次のように操作します。

❶ クイックナビゲータの「取引」メニュー（または「決算・申告」メニュー）をクリックし、**[振替伝票]**アイコンをクリックします。決算特有の主な仕訳は**[伝票辞書]**にあらかじめ設定されています。

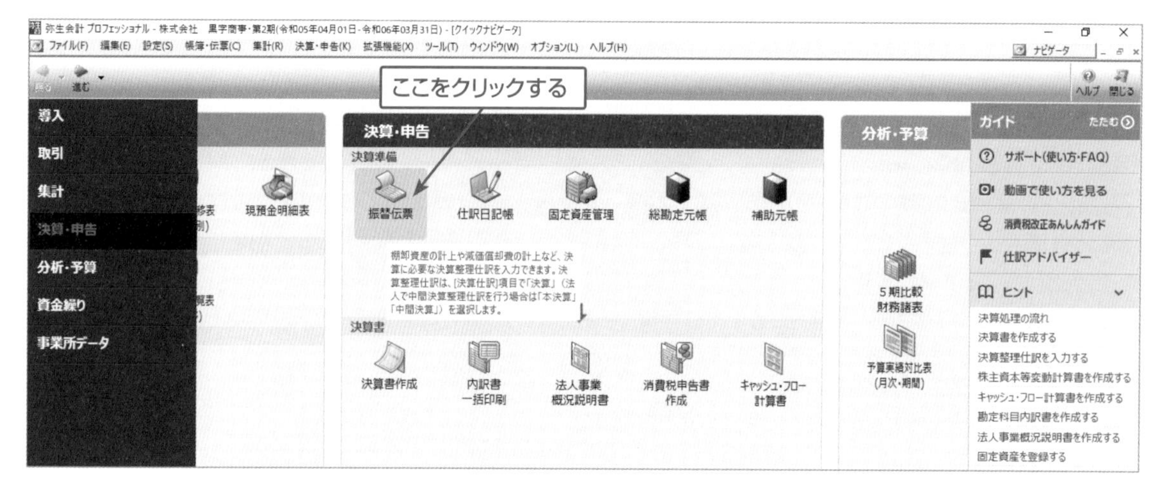

❷ **[決算仕訳(V)]**から「決算」を選択し、伝票辞書ボタンをクリックして、表示された一覧から「棚卸期末一括洗い替え（商品）」を選択します。

❸ 金額を入力し、ツールバーの**[登録]**ボタンをクリックします。

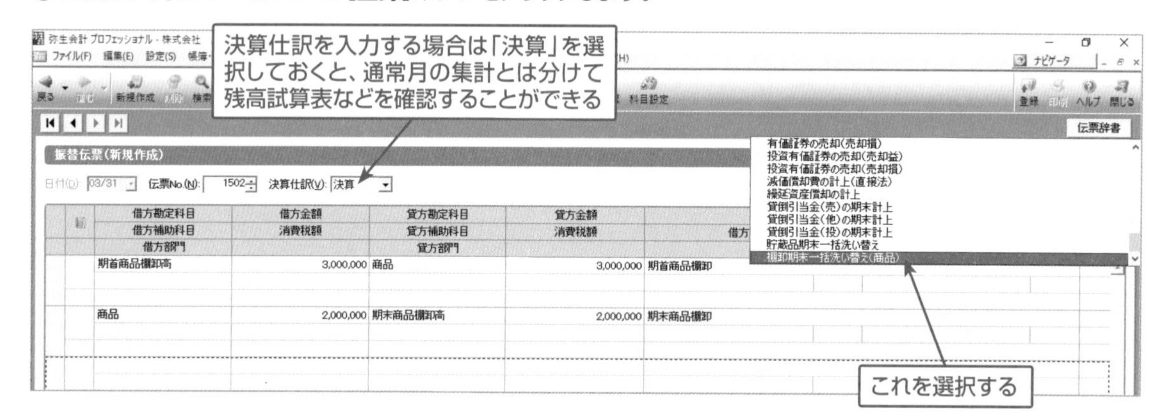

商品のほかに、製品、原材料、仕掛品、貯蔵品などがある場合も同様に棚卸を行います。仕訳例は仕訳アドバイザーなどを参照してください。

ONE POINT 月次棚卸を行っている場合（法人データのみ）

月次棚卸を行っている場合は、前ページで説明した通り、期首月とそれ以外の月では仕訳が異なりますが、法人データの場合のみ、決算書設定で、棚卸の仕訳の入力を「毎月入力している」を選択することによって、期首月と同様の仕訳を入力しても正しく決算書に表示されるようになります。

※個人事業主のデータではこの機能は使用できません。

SECTION-36　スタンダード　プロフェッショナル

決算整理仕訳を入力しよう②（固定資産管理と減価償却）

10万円以上の車や機械類（パソコンなども含む）、建物などの資産を購入した場合は、通常の費用ではなく、「固定資産」として登録します。また、決算時には固定資産の取得価額を耐用年数の期間内で「減価償却費」として費用計上していきます。

■固定資産と減価償却費について

10万円以上（※1）の車や機械類（パソコンなどを含む）を購入した場合、「消耗品費」などの費用として処理することはできません。一度固定資産として登録し、その取得価額を耐用年数にわたって分割して費用に計上していきます。

たとえば、100万円の営業車を購入した場合、「100万円の費用が発生した」のではなく、「100万円の固定資産を購入した」という処理を行います。営業車は使用することによって、「収益」を生み出すことに役立ち、その結果、逆に資産の価値はだんだん減っていきます。そのため、この営業車の稼動する期間中（これを耐用年数といい、この年数は資産の種類や内容によって定められている）に取得価額を分割して毎年資産の価値を減少させ、その減少分を「減価償却費」として「費用」に計上していきます。

減価償却費の計算方法には「定額法」や「定率法」などがありますが、平成28年の税制改正では建物附属設備・構築物で定率法の適用が廃止されるなど、税制改正が頻繁にあるため、取得年月日により適用となる基準が異なる場合があります。これを手作業で計算して資料を作成するのはとても大変ですが、弥生会計の「固定資産管理」機能を利用すると、「固定資産台帳」に登録された固定資産の「減価償却費」を自動計算し、かつ、仕訳を自動作成します。また、税制改正に対応して、入力された内容から「事業供用開始日」や「残存可能限度額」に達しているかによって減価償却費の計算を自動判定して計算します。その意味からも、弥生会計のバージョンは常に最新の状態にしておくことをお勧めします。

（※1）個人事業主や中小事業者には減価償却の特例制度があります。詳しくは税理士か最寄の税務署に確認してください。

■固定資産管理の手順

固定資産管理を行う際の手順は、次のようになります。

① 固定資産管理を行う上での基本設定を確認する（210〜211ページ参照）

② 固定資産を登録する（212〜215ページ参照）

③ 減価償却費の仕訳を自動作成する（215〜217ページ参照）

④ 固定資産関連の資料を印刷する（218〜221ページ参照）

■固定資産管理を行う上での基本設定の確認

固定資産の計算方法の設定や勘定科目の設定、仕訳を自動作成する際の設定を確認しておきましょう。必要に応じて、設定を変更してください。

●計算方法の設定

[拡張機能(X)]→[固定資産管理(F)]→[計算設定(C)]を選択し、「固定資産計算設定」ダイアログボックスを表示します。

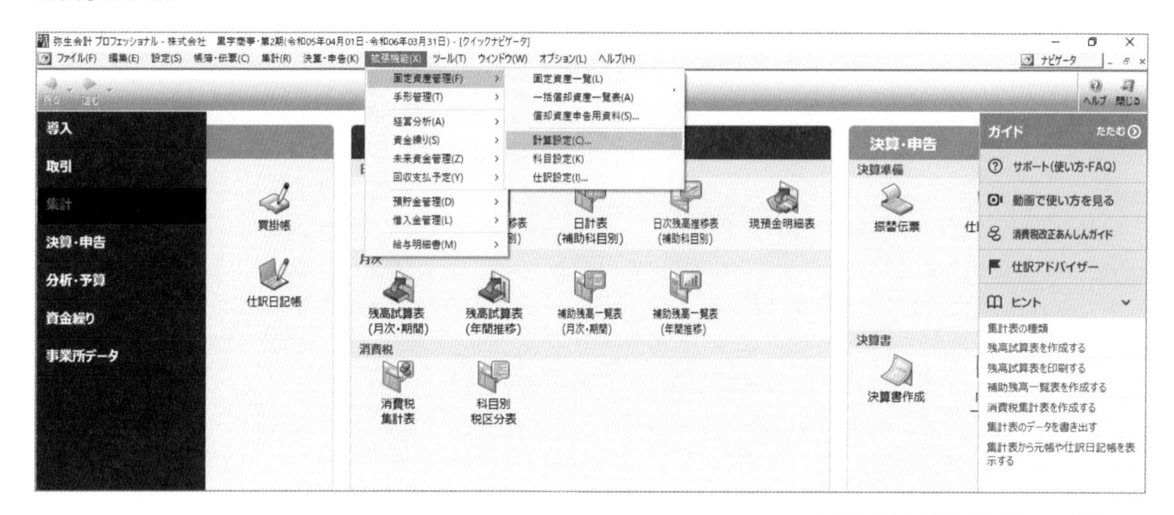

●「固定資産計算設定」ダイアログボックス

固定資産計算設定

有形固定資産の設定	
会計処理	直接法 (直接法／間接法)
帳簿価額	

円未満端数処理の設定	
償却計算の円未満端数処理	切り捨て
残存価額の円未満端数処理	切り捨て
残存可能限度額の円未満端数処理	切り捨て

計算方法の設定	
償却最終年度の償却計算	最終月まで
償却費の端数割当	最終月に割当
均等償却費の端数割当	最終年に割当

OK　キャンセル　ヘルプ

ここで切り替える

「固定資産計算設定」ダイアログボックスでは、固定資産の取得価額から直接、「減価償却費」相当分を減額する「直接法」と、固定資産の取得価額はそのままにして「減価償却累計額」として間接的に減額する「間接法」の選択や、端数金額の処理方法など、減価償却費の計算に関わる設定を行います。

「建物」の減価償却費の入力

■「直接法」の仕訳例

　　（借方）　　　　（貸方）
「減価償却費　XX　/　建物　XX」

「建物」勘定を直接減額します。

■「間接法」の仕訳例

　　（借方）　　　　（貸方）
「減価償却費　XX　/　減価償却累計額　XX」

「建物」勘定は減額せず「建物」の帳簿価額のうち、すでに償却を行った分として「減価償却累計額」で間接的にマイナス表示します。

● 科目の設定

[拡張機能(X)]→[固定資産管理(F)]→[科目設定(K)]を選択し、「固定資産科目設定」画面を表示します。

「固定資産科目設定」画面では、固定資産台帳への登録時に勘定科目を選択すると表示される初期値と、自動仕訳を作成するときに使用する勘定科目などを、固定資産の種類(勘定科目)ごとに設定します。

なお、初期設定の勘定科目には、あらかじめ固定資産の初期値が設定されているので、通常は変更する必要はありませんが、必要に応じて確認・修正しましょう。

◉「固定資産科目設定」画面

弥生会計 プロフェッショナル - 株式会社 黒字商事・第2期(令和05年04月01日-令和06年03月31日) - [固定資産科目設定]

固定資産科目設定

勘定科目	償却資産税		償却可否	償却方法	残存割合(%)	残存可能限度割合(%)	除却損・減価償却累計額・償却計上科目設定				按分比率		償却実施率(%
	可否区分	種類					除却損	減価償却累計額	販売管理費	営業外費用	販売管理費	営業外費用	
[有形固定資産]													
建物	非課税		償却可	定額法	10.0	5.0	固定資産除却損	減価償却累計額	減価償却費		100.00	0.00	10
附属設備	課税	構築物	償却可	定率法	10.0	5.0	固定資産除却損	減価償却累計額	減価償却費		100.00	0.00	10
構築物	課税	構築物	償却可	定率法	10.0	5.0	固定資産除却損	減価償却累計額	減価償却費		100.00	0.00	10
機械装置	課税	機械及び装置	償却可	定率法	10.0	5.0	固定資産除却損	減価償却累計額	減価償却費		100.00	0.00	10
車両運搬具	非課税		償却可	定率法	10.0	5.0	固定資産除却損	減価償却累計額	減価償却費		100.00	0.00	10
工具器具備品	課税	工具・器具及び備品	償却可	定率法	10.0	5.0	固定資産除却損	減価償却累計額	減価償却費		100.00	0.00	10
一括償却資産	対象外		償却可	一括償却	0.0	0.0					100.00	0.00	10
減価償却累計額	対象外		償却不可	非減価償却資産	100.0	100.0					100.00	0.00	10
土地	対象外		償却不可	非減価償却資産	100.0	100.0					100.00	0.00	10
建設仮勘定	対象外		償却不可	非減価償却資産	100.0	100.0					100.00	0.00	10
[無形固定資産]													
電話加入権	対象外		償却不可	非減価償却資産	100.0	100.0	固定資産除却損				100.00	0.00	10
施設利用権	対象外		償却可	定額法	0.0	0.0	固定資産除却損		減価償却費		100.00	0.00	10
工業所有権	対象外		償却可	定額法	0.0	0.0	固定資産除却損		減価償却費		100.00	0.00	10
営業権	対象外		償却可	定額法	0.0	0.0	固定資産除却損		減価償却費		100.00	0.00	10
借地権	対象外		償却不可	非減価償却資産	100.0	100.0					100.00	0.00	10
ソフトウェア	対象外		償却可	定額法	0.0	0.0	固定資産除却損		減価償却費		100.00	0.00	10
[投資その他の資産]													
投資有価証券	非課税		償却不可	非減価償却資産	100.0	100.0					100.00	0.00	10
関係会社株式	非課税		償却不可	非減価償却資産	100.0	100.0					100.00	0.00	10
出資金	非課税		償却不可	非減価償却資産	100.0	100.0					100.00	0.00	10
関係会社出資金	非課税		償却不可	非減価償却資産	100.0	100.0					100.00	0.00	10
敷金	非課税		償却不可	非減価償却資産	100.0	100.0					100.00	0.00	10
差入保証金	非課税		償却不可	非減価償却資産	100.0	100.0					100.00	0.00	10

● 仕訳の設定

[拡張機能(X)]→[固定資産管理(F)]→[仕訳設定(I)]を選択し、「固定資産仕訳設定」ダイアログボックスを表示します。

「固定資産仕訳設定」ダイアログボックスでは、固定資産の減価償却費や除却損に関する仕訳を自動作成する際の設定を行います。

◉「固定資産仕訳設定」ダイアログボックス

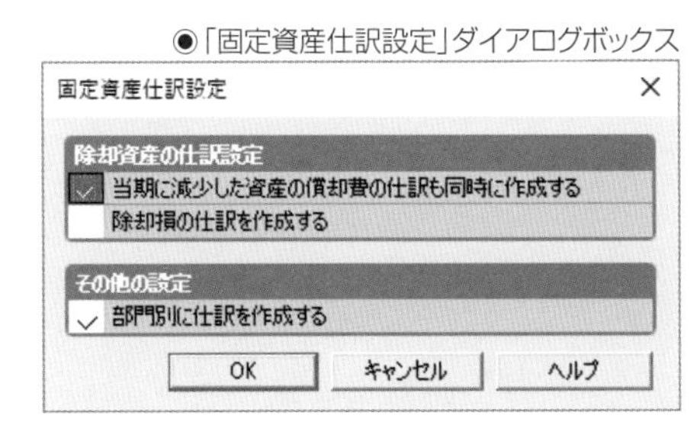

36-1 固定資産を登録する

ここでは、令和4年4月1日に購入し、即日事業用に使用した営業車（取得価額1,800,720円（税抜）、定額法、耐用年数6年）を登録してみましょう。購入の仕訳は帳簿や伝票などの入力画面で入力しますが、その他に固定資産一覧の画面で登録を行います。

※法人データの設定例は会計年度令和5年4月1日～令和6年3月31日　期首償却累計額300,720円となっています。
※取得価額は、消費税免税事業者と税込経理を採用している場合は税込額で入力します。税抜経理を採用している場合は税抜額で入力します。

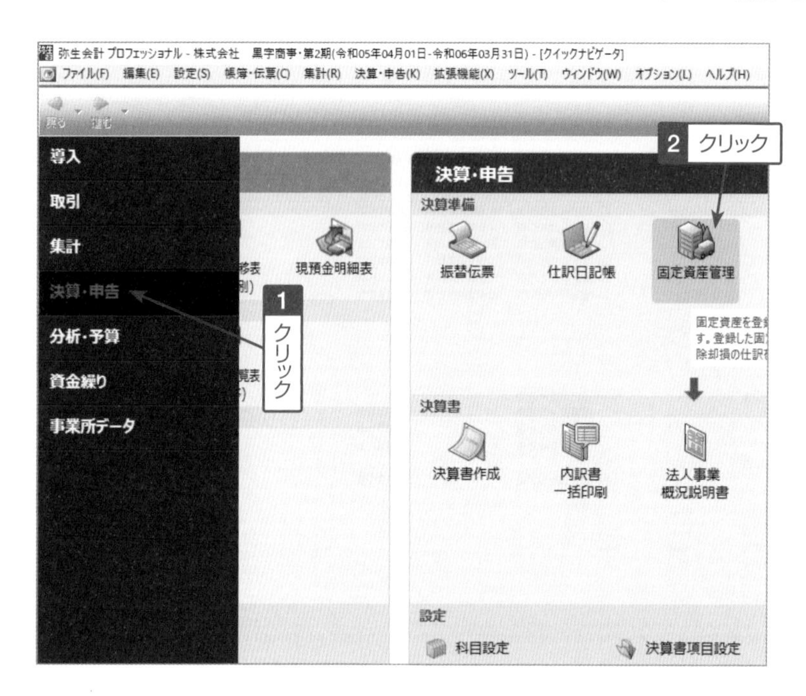

1 クイックナビゲータの「決算・申告」メニューをクリックし、**[固定資産管理]**アイコンをクリックします。個人データの場合は**[減価償却資産の登録]**アイコンをクリックします。

2 ツールバーの**[新規作成]**ボタンをクリックします。

基礎知識
導入
初期設定
日常入力作業
集計
決算準備
決算
付録

3 「固定資産の新規登録」画面が表示されるので、情報を入力して［登録］ボタンをクリックします。

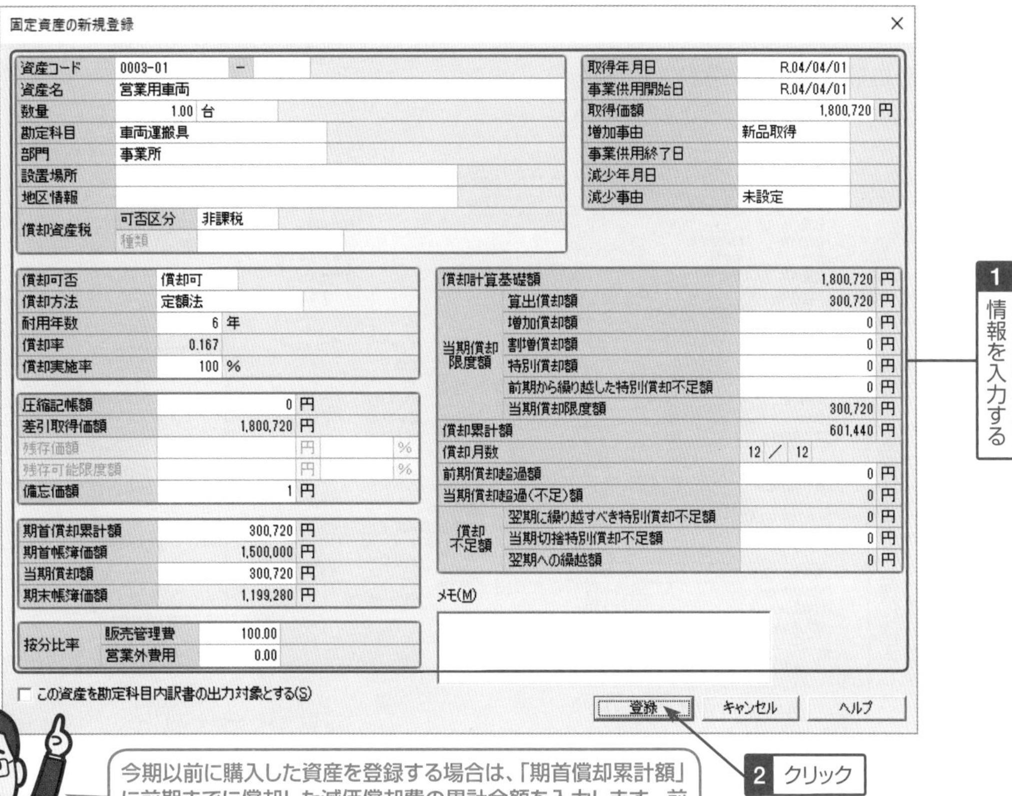

1 情報を入力する

2 クリック

今期以前に購入した資産を登録する場合は、「期首償却累計額」に前期までに償却した減価償却費の累計金額を入力します。前期の決算書がある場合は確認の上入力しましょう。減価償却費の計算例は215ページの例をご参照ください。わからない場合は、税理士の先生か最寄りの税務署にお問い合わせください

※この画面は法人データの場合です。個人データの場合については次ページを参照してください。

項目移動に⏎キーは使えません。［登録］ボタンや［OK］ボタンを押したのと同じ操作になってしまいます。項目移動にはキーボードのTabキーを使いましょう。

税理士からのコメント

耐用年数について

減価償却を計算する際の大切なデータの1つに、その資産の「耐用年数」というものがあります。簿記の試験では「建物　定額法　耐用年数30年」などという記述がありますが、実務では自分で耐用年数を調べなくてはなりません。また、一口に「建物」といっても、構造や材質によって耐用年数は違います。弥生会計では、メニューバーの**[ヘルプ(H)]→[サポート(使い方・FAQ)(S)]**より弥生株式会社のホームページにリンクして「耐用年数」等のキーワードで検索すると、主な資産の耐用年数を確認することができますが、判断に迷ったら税理士か最寄りの税務署に相談してみましょう。誤った耐用年数を用いて計算し続けることはよくありません。耐用年数が変われば毎年の減価償却費の金額も変わりますし、その結果その年の利益の金額にも大きな影響を及ぼし、かつ、その年の納税額も変わってくるからです。

ONE POINT 法人と個人の設定画面の違い

個人データの場合、固定資産一覧の**[新規作成]**ボタンをクリックすると、簡易設定画面が表示されます。法人と同様の詳細登録画面に切り替えたい場合は、メニューバーの**[拡張機能(X)]→[固定資産管理(F)]→[登録/編集設定(R)]**を選択し、「詳細登録」の欄に「○」を付け、OKボタンをクリックします。

◉法人データの場合

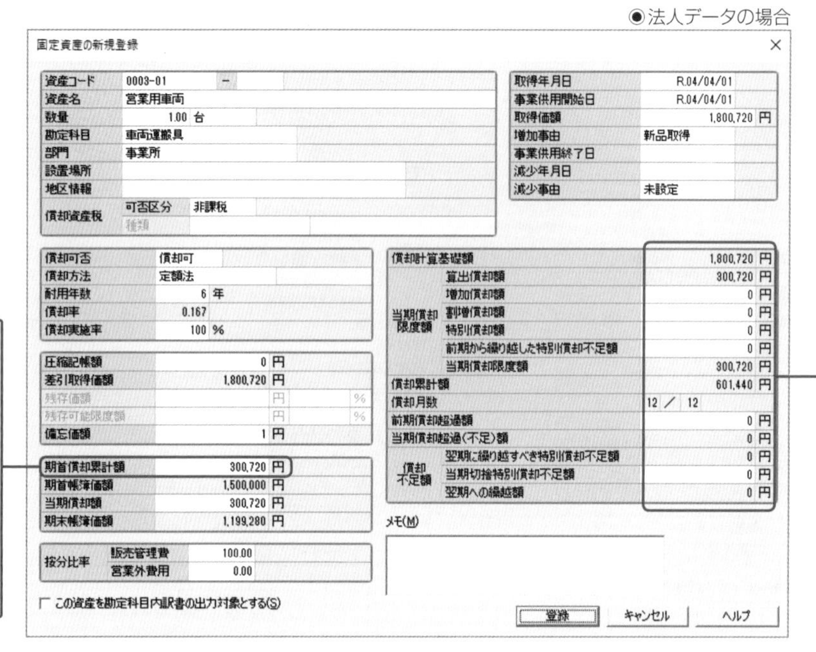

◉個人データの場合

固定資産の新規登録

青色申告決算書の「減価償却費の計算」で必要な項目			
減価償却資産の名称等		営業用車両	
勘定科目		車両運搬具	
面積又は数量		1.00	台
取得年月日		R.04/04/01	
取得価額		1,800,720	円
前年度の未償却残高(期末残高)		1,575,179	円
償却の基礎になる金額		1,800,720	円
償却方法		定額法	
耐用年数		6	年
償却率		0.167	
本年中の償却期間		12 ／ 12	月
減少年月日(廃棄/売却した日)			
減少事由		未設定	
本年分の普通償却費		300,721	円
割増(特別)償却費	増加償却額	0	円
	割増償却額	0	円
	特別償却額	0	円
本年分の償却費合計		300,721	円
事業専用割合		100.00	%
本年分の必要経費算入額		300,721	円
経費の割合	一般経費	100.00	
未償却残高(期末残高)		1,274,458	円

摘要(T):

登録　キャンセル　ヘルプ

今年度より以前に購入した固定資産を登録する場合に入力する。個人の場合は前年末の償却累計をマイナスした残高

自動計算される

事業用にどれくらいの割合で使用しているかを%で設定する。減価償却費として経費に算入できるのは、事業に使用した部分のみ

※今年度新規に取得した資産を登録する場合は、右下に赤文字で注意コメントが表示されます。固定資産取得の仕訳は別途入力する必要があります。

※当期償却額の消費税端数処理は、法人データが切捨て、個人データは切上げが初期設定です。

ONE POINT 固定資産を事業と自宅で共用している場合

個人事業主で、固定資産を事業用と自宅用で共用している場合には、事業用に使用している部分にかかる減価償却費のみ経費に算入します。「事業専用割合」欄に、事業で使用している割合を入力しておくと、仕訳作成時に自動振替を行います。

■減価償却費の仕訳の例

固定資産を登録すると、減価償却費の仕訳は自動作成することができますが、ここでは減価償却費の計算の仕方を学ぶために、次の例を考えてみましょう。<会計期間が令和5年4月～令和6年3月(税抜経理)の場合>

> 今期(令和5年12月1日)に1,000,000円(税別)で車両を購入した(決算は3月末、耐用年数は6年、毎年同じ金額の価値が下がる「定額法」で計算)。

1年分の減価償却費の計算は、取得価額×償却率(耐用年数により決定)で算出しますが、今期の償却費は12月～3月までの4カ月分のみ計上します。

この例の場合、仕訳は次のようになります。

借 方		貸 方	
減価償却費	55,666	車両運搬具	55,666

※直接法(210ページ参照)の場合の仕訳です。

計算式

$$1{,}000{,}000 \times 0.167 \times (4 \div 12) = 55{,}666$$

(取得価額)　(償却率)　($\frac{4}{12}$カ月分)

※定額法6年の償却率は0.167です。

※金額は法人の場合です。個人事業主の場合は切り上げが初期設定になっており、弥生会計で設定すると55,667円になります。

36-2 減価償却費の仕訳を自動作成する

ここでは、固定資産一覧の画面(クイックナビゲータの「決算・申告」メニューをクリックして**[固定資産管理]**アイコンをクリック)から、減価償却費の仕訳を自動作成してみましょう。

1 ツールバーの**[仕訳書出]**ボタンをクリックします。

ここでは、図のように固定資産が設定されていることとします。なお、固定資産が登録されていないと**[仕訳書出]**ボタンはクリックできない状態になっています。

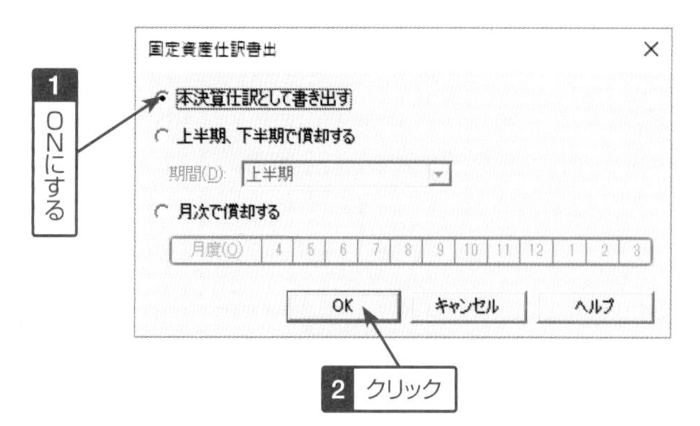

2 登録してある固定資産のうち、今年度減価償却費が発生するすべての資産の減価償却費を、勘定科目ごとに一括で計算し、仕訳を自動作成します。年1回の決算仕訳として作成する場合は、**[本決算仕訳として書き出す]**をONにして、OK ボタンをクリックします。

3 内容を確認し、ツールバーの**[登録]**ボタンをクリックします。

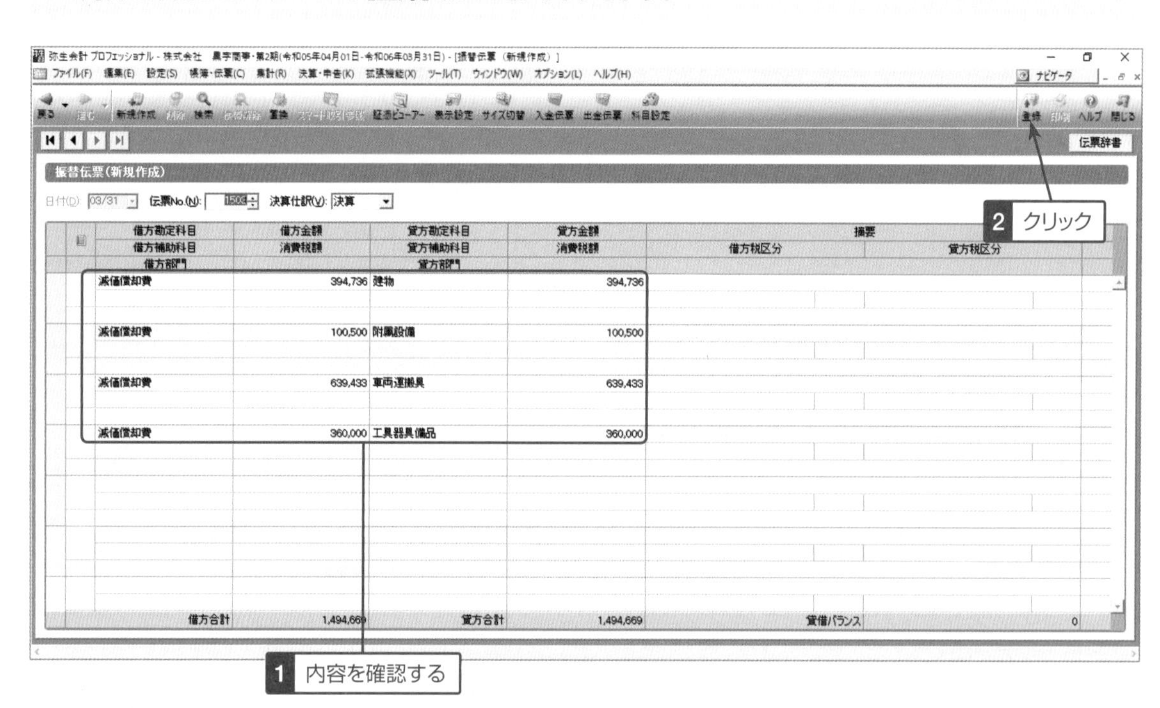

「仕訳書出」は1件ずつではなく、「固定資産一覧」画面から、今年度の減価償却費を勘定科目ごとにまとめて書き出します。

ONE POINT 減価償却方法について

弥生会計で設定されている減価償却方法は次の表の通りです。資産の区分(勘定科目)や個人事業主か・法人かなどによって、選択できる償却方法が定められています。それぞれの減価償却方法の詳細については、税理士か最寄りの税務署におたずねください。

減価償却方法	内　容
定額法	耐用年数にて、毎年定額を償却する。毎年の減価償却費は同額
定率法	未償却残高に耐用年数により算出される一定の償却率を掛けた金額を償却する。初年度の減価償却費が多くなる
均等償却	支出の効果の及ぶ期間（償却月数）で、毎年度均等に償却する（残存価額0）
一括償却	年度ごとに一括して（月割りはしない）、3年間で償却する。20万円未満の資産に適用できる（残存価額0）（※1）
即時償却 （少額減価償却資産）	租税特別措置法により特例的に認められている処理方法。令和4年10月現在、令和6年3月31日までに購入した少額減価償却資産（30万円未満）を、事業供用開始日を含む年度で全額費用として処理することが認められている。適用にあたっては、「青色申告を行う中小企業者等であること（資本金1億円以下、従業員500人以下など）」「適用される減価償却資産は年間合計300万円まで」など、いくつか条件がある（※1）
任意償却	任意の金額を償却する
非減価償却資産	減価償却の対象とならない資産に設定する。償却を行わない資産も一括して管理することができる

※1　貸付用（主要な事業として行われるものを除く）を除外する。

ONE POINT 「一括償却資産」として登録した固定資産について

「一括償却資産」の償却仕訳は「仕訳書出」機能で自動作成することができません。振替伝票などの画面から直接入力してください。

◉「一括償却資産」として登録した場合

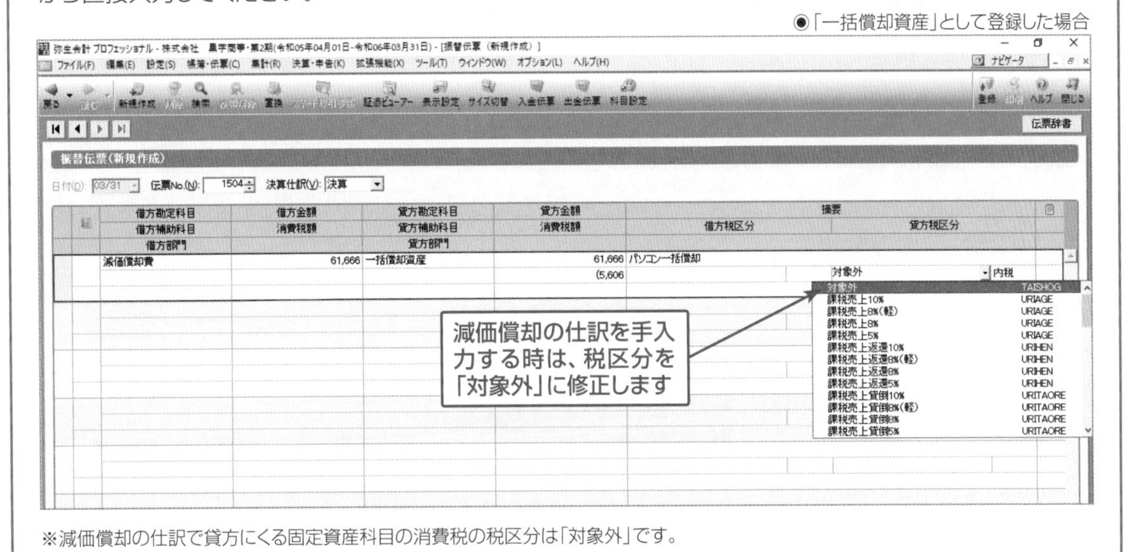

※減価償却の仕訳で貸方にくる固定資産科目の消費税の税区分は「対象外」です。

ONE POINT 「仕訳書出」できる仕訳について

「仕訳書出」できる仕訳は、固定資産の除却と、減価償却費の仕訳のみです。固定資産購入時の仕訳や売却時の仕訳は書き出しができないので、固定資産の登録の他に、帳簿や伝票から仕訳を手入力します。

■ 固定資産関連の資料の印刷方法

固定資産関連の資料を印刷するには、メニューバーの**[拡張機能(X)]→[固定資産管理(F)]→[固定資産一覧(L)]**(または**[一括償却資産一覧表(A)]**や**[償却資産申告用資料(S)]**)を選択して印刷用の画面を表示し、印刷を行います。

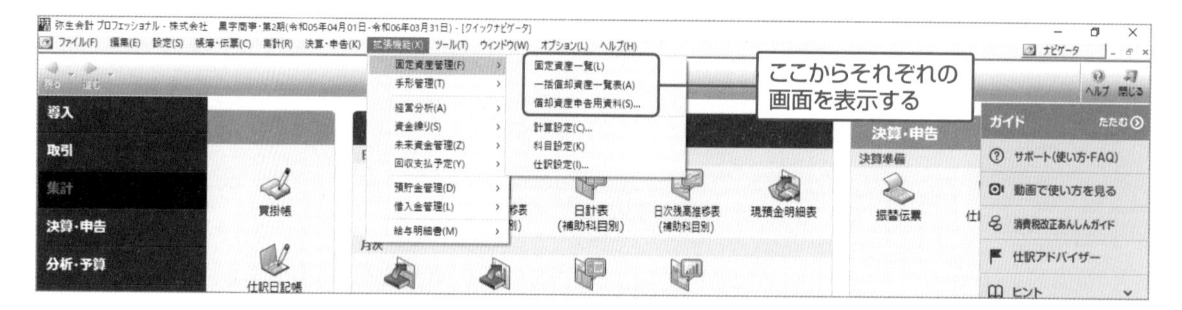

「固定資産一覧」画面から印刷する資料

「固定資産一覧」画面から印刷できる帳票の種類は次の通りです。

- 固定資産台帳 兼 減価償却計算表(簡易・詳細)
- 固定資産一覧表
- 固定資産台帳(履歴)
- 固定資産計算(登録)表
- 償却額推移表

これらの資料を印刷するには、**[拡張機能(X)]→[固定資産管理(F)]→[固定資産一覧(L)]**を選択し、ツールバーの**[印刷]**ボタンをクリックして、**[印刷帳票(K)]**から該当の帳票を選択し、[OK]ボタンをクリックします。

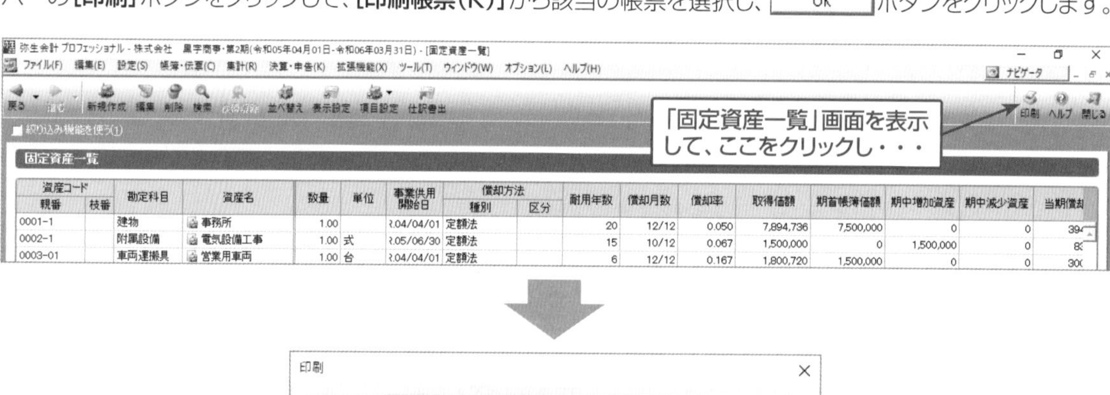

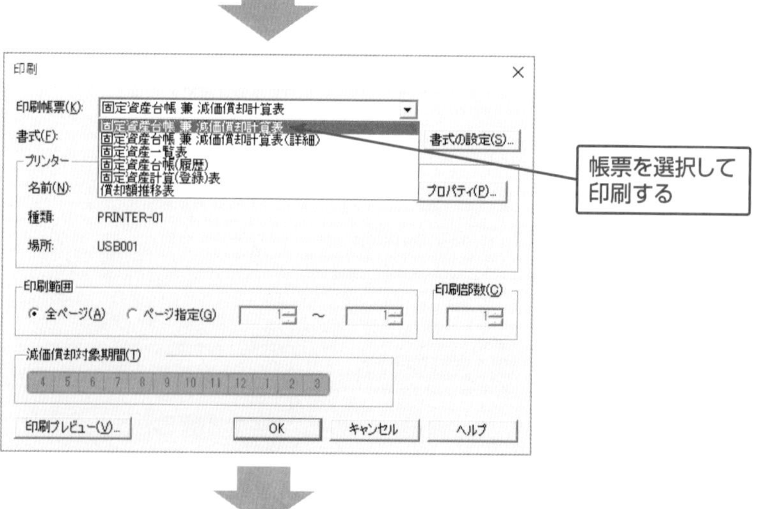

固定資産台帳 兼 減価償却計算表　　1 頁

株式会社　黒字商事

自 令和 5年 4月 1日　至 令和 6年 3月31日

勘定科目	資産コード	資産名	数量	供用年月	取得価額	償却方法 耐用年数	償却月数 償却率	期首帳簿価額	期中増加資産	期中減少資産	当期償却額	期末帳簿価額	償却累計額
建　　物	0001-1	事務所	1.00	R. 4/ 4	7,894,736	定額 20	12 0.050	7,500,000	0	0	394,736	7,105,264	789,472
		小　計			7,894,736			7,500,000	0	0	394,736	7,105,264	789,472
附属設備	0002-1	電気設備工事	式 1.00	R. 5/ 6	1,500,000	定額 15	10 0.067	0	1,500,000	0	83,750	1,416,250	83,750
		小　計			1,500,000			0	1,500,000	0	83,750	1,416,250	83,750
車両運搬具	0003-01	営業用車両	台 1.00	R. 4/ 4	1,800,720	定額 6	12 0.167	1,500,000	0	0	300,720	1,199,280	601,440
車両運搬具	0003-02	営業用車両2	台 1.00	R. 5/ 3	2,028,226	定額 6	12 0.167	2,000,000	0	0	338,713	1,661,287	366,939
		小　計			3,828,946			3,500,000	0	0	639,433	2,860,567	968,379
工具器具備品	0004-01	ネットワーク機器、サーバー	式 1.00	R. 5/ 4	1,800,000	定額 5	12 0.200	1,800,000	0	0	360,000	1,440,000	360,000
		小　計			1,800,000			1,800,000	0	0	360,000	1,440,000	360,000

「一括償却資産一覧表」画面から印刷する資料

「一括償却資産一覧表」画面から印刷できる帳票は次の通りです。

- **一括償却資産一覧表**
- **一括償却資産償却履歴**

「一括償却資産」の減価償却費については「固定資産一覧」画面で確認することはできません。**[拡張機能(X)]→[固定資産管理(F)]→[一括償却資産一覧表(A)]**を選択し、ツールバーの**[印刷]**ボタンをクリックして、**[印刷帳票(K)]**から該当の帳票を選択し、 OK ボタンをクリックします。

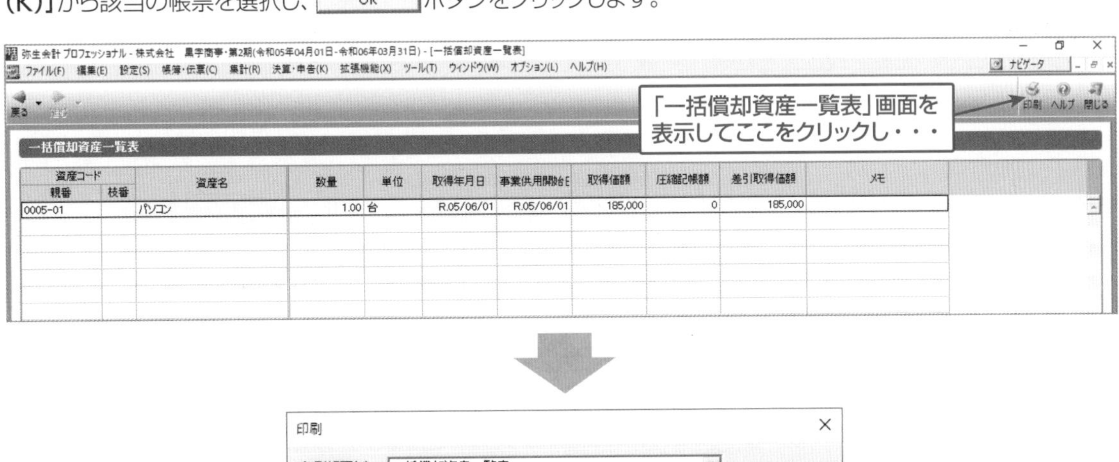

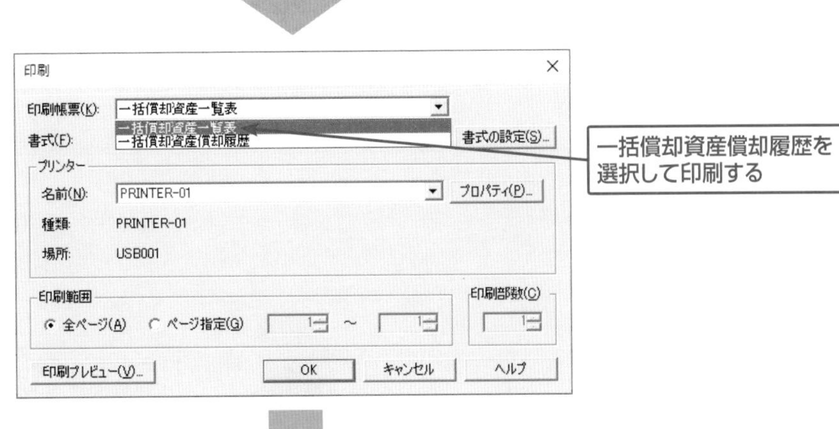

一括償却資産一覧表

株式会社　黒字商事　　　　　　　　　　　　　　　　　　1 頁

資産コード／資産名	数量	取得年月日	供用開始日	取得価額	圧縮記帳額	差引取得価額	メ　モ
0005-01 パソコン	台 1.00	R. 3/ 6/ 1	R. 3/ 6/ 1	185,000	0	185,000	
合　計				185,000	0	185,000	

ONE POINT 減価償却資産の資料確認

減価償却費の仕訳書出を行った後に修正する必要がある場合は、登録した仕訳を削除して再度仕訳書出しを行います。何度でも行うことができますので、二重になっていないか、残高が正しいかを最終確認します。

固定資産台帳兼減価償却計算表の「期末帳簿価額」の勘定科目ごとの小計と、弥生会計の「残高試算表」の有形固定資産の勘定科目の期末残高が一致するかどうか確認します。

※一括償却資産は「固定資産台帳兼減価償却計算表」には含まれていないので、「一括償却資産償却履歴」で確認します。

固定資産台帳 兼 減価償却計算表

株式会社　黒字商事　　　　　　　　　　　　　　　　　　1 頁

自 令和 5年 4月 1日　至 令和 6年 3月31日

勘定科目	資産コード	資産名	数量	供用年月	取得価額	償却方法 耐用年数	償却月数 償却率	期首帳簿価額	期中増加資産	期中減少資産	当期償却額	期末帳簿価額	償却累計額
建　　　物	0001-1	事務所	1.00	R. 4/ 4	7,894,736	定額 20	12 0.050	7,500,000	0	0	394,736	7,105,264	789,472
		小　計			7,894,736			7,500,000	0	0	394,736	7,105,264	789,472
附 属 設 備	0002-1	電気設備工事	式 1.00	R. 5/ 6	1,500,000	定額 15	10 0.067	0	1,500,000	0	83,750	1,416,250	83,750
		小　計			1,500,000			0	1,500,000	0	83,750	1,416,250	83,750
車 両 運 搬 具	0003-01	営業用車両	台 1.00	R. 4/ 4	1,800,720	定額 6	12 0.167	1,500,000	0	0	300,720	1,199,280	601,440
車 両 運 搬 具	0003-02	営業用車両２	台 1.00	R. 5/ 3	2,028,226	定額 6	12 0.167	2,000,000	0	0	338,713	1,661,287	366,939
		小　計			3,828,946			3,500,000	0	0	639,433	2,860,567	968,379
工具器具備品	0004-01	ネットワーク機器、サーバー	式 1.00	R. 5/ 4	1,800,000	定額 5	12 0.200	1,800,000	0	0	360,000	1,440,000	360,000
		小　計			1,800,000			1,800,000	0	0	360,000	1,440,000	360,000
一括償却資産	0005-01	パソコン	台 1.00	R. 3/ 6	185,000	一括							
		小　計			185,000			0	0	0	0	0	0
合　計					15,208,682			12,800,000	1,500,000	0	1,477,919	12,[illegible]22,081	2,201,601

「期末帳簿価額」の勘定科目ごとの小計と「残高試算表」の有形固定資産の勘定科目の期末残高が一致するか確認する

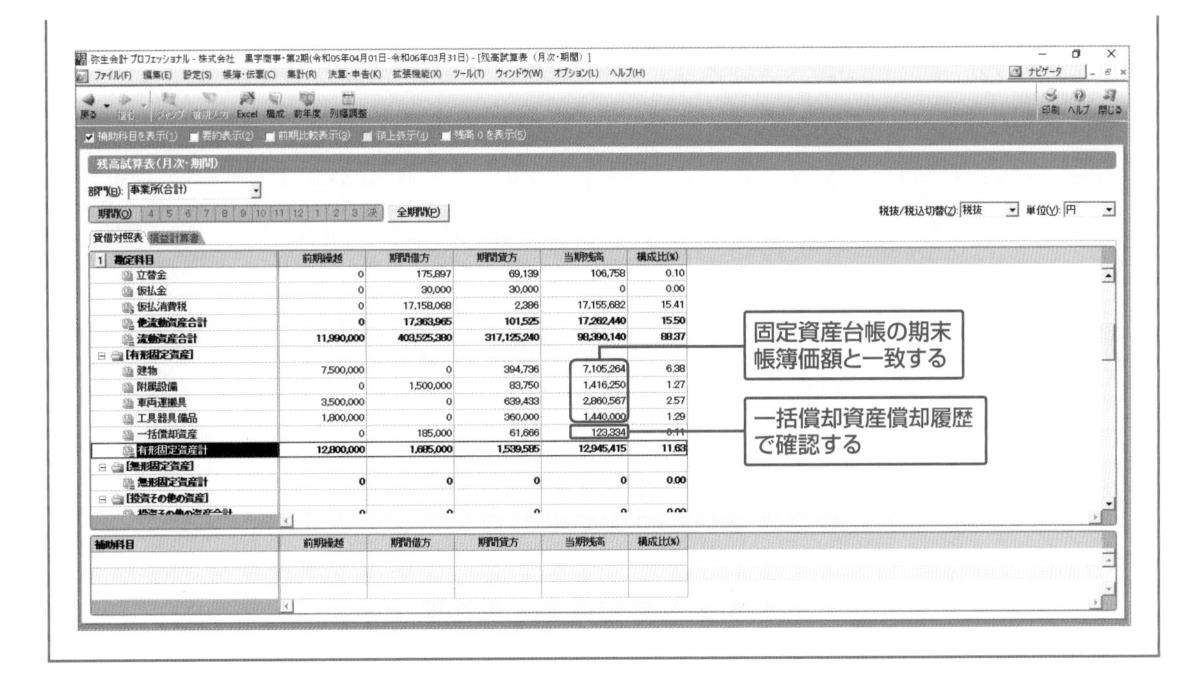

残高試算表(月次･期間)

勘定科目	前期繰越	期間借方	期間貸方	当期残高	構成比(%)
立替金	0	175,897	69,139	106,758	0.10
仮払金	0	30,000	30,000	0	0.00
仮払消費税	0	17,158,068	2,386	17,155,682	15.41
他流動資産合計	0	17,363,965	101,525	17,262,440	15.50
流動資産合計	11,990,000	403,525,380	317,125,240	98,390,140	88.37
[有形固定資産]					
建物	7,500,000	0	394,736	7,105,264	6.38
附属設備	0	1,500,000	83,750	1,416,250	1.27
車両運搬具	3,500,000	0	639,433	2,860,567	2.57
工具器具備品	1,800,000	0	360,000	1,440,000	1.29
一括償却資産	0	185,000	61,666	123,334	0.11
有形固定資産計	12,800,000	1,685,000	1,539,585	12,945,415	11.63
[無形固定資産]					
無形固定資産計	0	0	0	0	0.00
[投資その他の資産]					
投資その他の資産合計	0	0	0	0	0.00

税理士からのコメント

固定資産の減価償却の方法

固定資産の減価償却の方法はさまざまです。たとえば、平成29年の4月1日以降の会計年度で期首に15万円のパソコンを購入した場合で見てみましょう。

右図から、「15万円」の資産が含まれるところを確認すると、3通りから選ぶことができます。選択した計算方法により、計上される減価償却費が異なります。

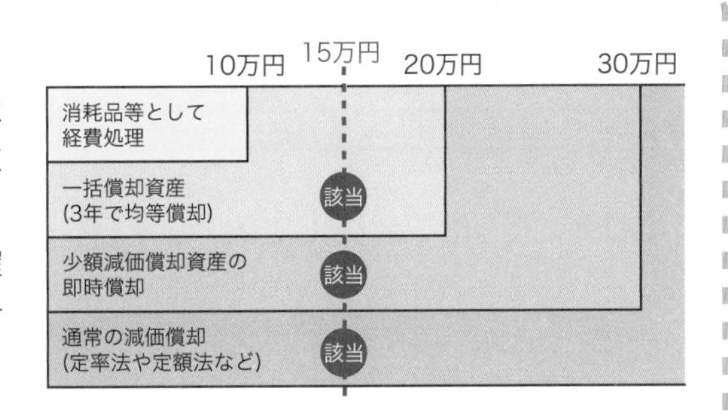

【方法1】通常の減価償却を行う[パソコン耐用年数4年(令和4年10月現在)で償却]
150,000×0.25=37,500円(定額法の場合)

【方法2】一括償却を行う[3年間で均等償却する(月割りはしない)]
150,000÷3=50,000円

【方法3】少額減価償却資産として即時償却を行う[いったん固定資産に計上した後、全額を経費に算入する]
150,000円

※令和6年3月31日までに取得した減価償却資産に適用が可能(令和4年10月現在)。

どの方法で処理をするのが自社にとって一番いいのか、確認してみましょう。なお、その資産の償却について、一度採用した方法を途中で変更することは原則としてできないので注意が必要です。

SECTION-37 スタンダード プロフェッショナル

決算整理仕訳を入力しよう③（家事按分）

※個人事業主のみ

個人事業主の場合、事業用に使ったものと事業用でないものを日々の仕訳で分けられない場合は決算で「家事按分」を行い、事業用と自宅用に一括で分けます。弥生会計の「家事按分」機能で自動計算したり、仕訳を自動作成することができます。

■家事按分について

個人事業主の場合、経費として認められるものは「事業用に使ったもの」に限られます。1年間の取引を入力していく上で、いちいち分けて入力することが大変な場合、決算で分割する作業を行います。

個人事業主の人からよく訊ねられるのが、「自宅と事業との按分計算の按分基準」についてです。按分基準には「床面積」「人数」などがありますが、画一的に「これだ!」というものはありません。やはり実態に応じて決めるべきでしょう。

※「按分（あんぶん）」とは、物品や金銭などを、基準となる数や量に応じて割り振ることをいいます。

❶「事業用に使ったもの」を個人のお金で支払っている場合

「事業主から借りて経費を支払った」という仕訳を振替伝票画面から追加します。

たとえば、100%仕事で使用する携帯電話代（1年分50,000円）を、個人の通帳から支払っていたという場合は、次のようになります。

借 方	貸 方
通信費　50,000	事業主借　50,000

※「事業主借」勘定は、事業との収入とは関係のない事業主個人のお金が入金されたことによって、事業用の現金や預金が増えたときに使用する勘定科目です。

❷「事業用に使ったもの」として入力した経費の中に個人で使用した経費が含まれている場合

「個人使用分の経費は事業の経費からマイナスし、事業主への貸しとする」という仕訳を追加します。この処理については、弥生会計のクイックナビゲータ「決算・申告」メニューの「家事按分」画面で仕訳を作成することができます。たとえば、自宅兼店舗の水道光熱費をすべて経費として入力し（1年分で200,000円）、自宅兼店舗の床面積のうち店舗部分は40%という場合は、次のようになります。

借 方	貸 方
事業主貸　120,000	水道光熱費　120,000

※200,000円×40%=80,000円が経費に計上する水道光熱費です。すでに計上されている200,000円から自宅使用分（60%）の120,000円をマイナスします。

※「事業主貸」勘定は、生活費を事業用の口座から引き出すときや、事業用のお金を経費にできないプライベートの用途で支出する場合に使用する勘定科目です。

■家事按分の仕訳の作成方法

上記❷の場合、経費に含まれる個人で使用した分を割合に応じて、経費より自動計算してマイナスする「家事按分」機能が用意されています。

❶ クイックナビゲータの「決算・申告」メニューをクリックし、**[家事按分]**アイコンをクリックします。

❷「家事按分振替」画面から按分したい勘定科目を選択し、事業割合（仕事で使っている分）・家事割合（自宅分）を入力し、［集計］ボタンをクリックします。家事振替額を確認の上、**［仕訳書出］**ボタンをクリックします。

●「家事按分振替」画面

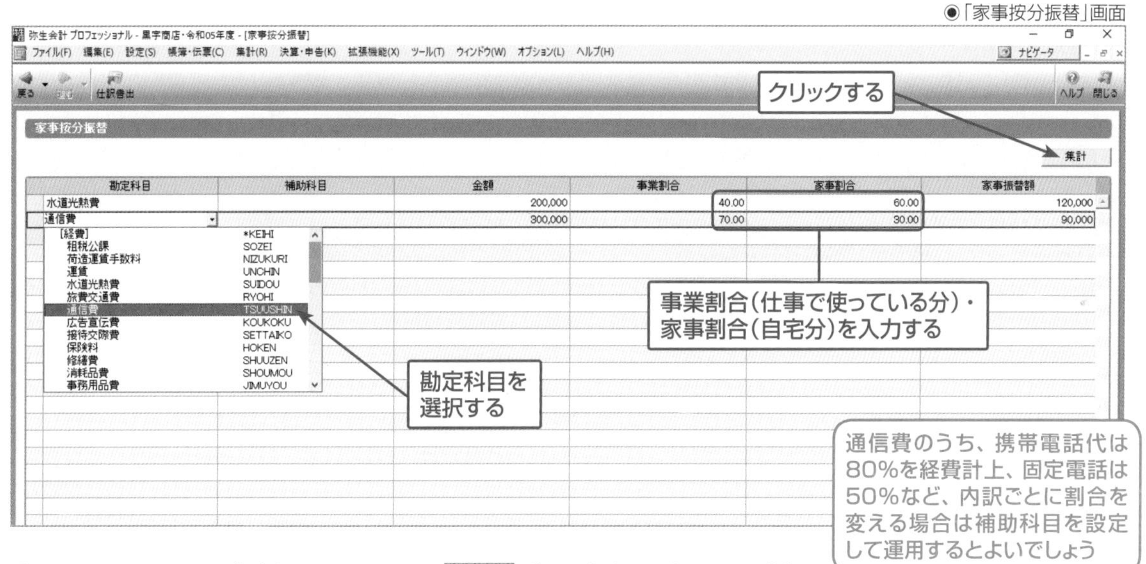

勘定科目	補助科目	金額	事業割合	家事割合	家事振替額
水道光熱費		200,000	40.00	60.00	120,000
通信費		300,000	70.00	30.00	90,000

通信費のうち、携帯電話代は80%を経費計上、固定電話は50%など、内訳ごとに割合を変える場合は補助科目を設定して運用するとよいでしょう

❸ 登録確認メッセージが表示されるので、［はい(Y)］ボタンをクリックすると、「仕訳日記帳」画面が表示され、決算仕訳として按分仕訳が登録されます。

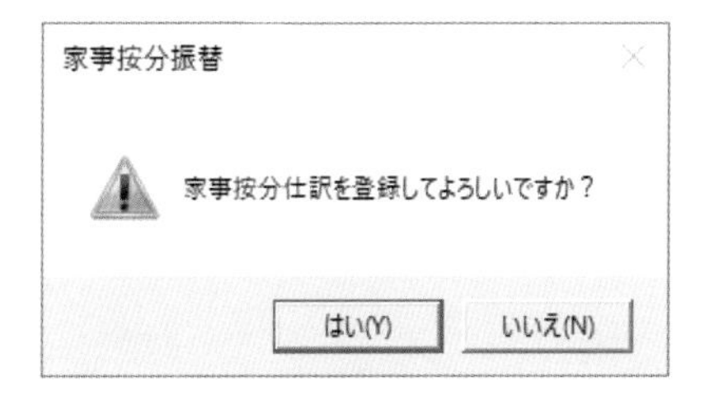

※①決算整理仕訳として入力した取引は集計されません。
②仕訳書出を重複して行った場合は後から書き出した仕訳で上書きされます。
③月ごとの按分はできません。年度末に一度の按分となります。
④消費税率が複数混在している場合は、税率別に計算するので手計算した場合と1円の誤差が出る場合があります。
また、入力した経費仕訳の税計算区分が別記の場合、別記で入力した「仮払消費税等」は集計されません。

決算	日付	伝票No.	タイプ	生成元	借方勘定科目	借方金額	貸方勘定科目	貸方金額	貸方税区分
決算	12/31	669	[振伝]	[按分]	事業主貸	120,000	水道光熱費	120,000	課対仕入10%
決算	12/31	669	[振伝]	[按分]	事業主貸	90,000	通信費	90,000	課対仕入10%
決算	12/31	670							

決算整理仕訳を入力しよう④（見越・繰延）

発生主義（128、131ページ参照）で仕訳を作成している場合、取引の発生と現金の授受にずれが生じる場合があります。決算時には、前期に処理している取引や翌期の取引を当期の計算から除き、1年間の「収益」と「費用」を確定させる必要があるため、これらの取引については個別に処理を行う必要があります。

■ 経過勘定について

取引の発生と現金の授受にずれが生じる場合の処理として、「未収収益」「未払費用」「前受収益」「前払費用」の4つの勘定科目のうちのいずれかに仕訳します。これらをまとめて「経過勘定」といいます。また、本年分の収益・費用に算入すべきものを追加する処理を「見越」といい、「未収収益」「未払費用」がこれに相当します。また、本年分の収益・費用にすべきでないものを除く処理を「繰延」といい、「前受収益」「前払費用」がこれに相当します。実務では簡便的な方法を取る場合もありますが、決算仕訳として登録したこれらの経過勘定は、翌期首に反対仕訳を起こして取り消します。

これらの取引は、振替伝票（139ページ参照）から入力してください。

● 今年度分の「収益」となるけれどまだ入金されていない場合

「未収収益」として処理します。

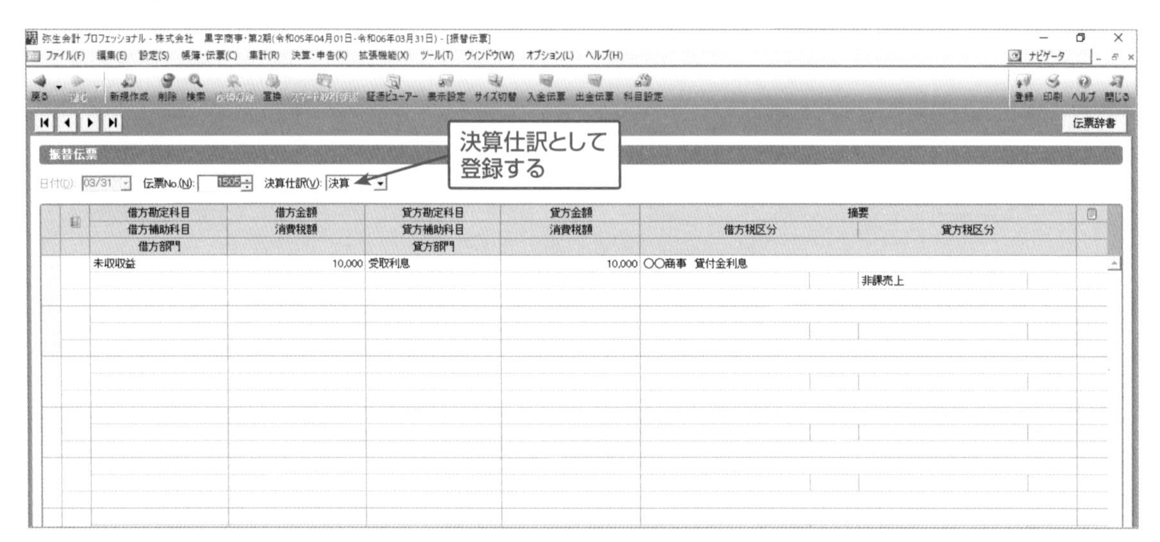

※図は法人のみの仕訳です。実務では預金利息などと区別するために「受取利息」勘定ではなく、「雑収入」勘定で処理する場合があります。

ONE POINT 個人事業主の仕訳の場合

個人事業主の場合、利息は「利子所得」となるため、事業所得の計算に含めないようにします。年度の途中で預金利息が普通預金に付いたようなケースでは、「借方」の勘定科目を「普通預金」、「貸方」の勘定科目を「事業主借」にします。

● 今年度分の「費用」となるけれどまだ請求書が来ないなどの理由で支払いをしていない場合

「未払費用」として処理します。

借方勘定科目	借方金額	貸方勘定科目	貸方金額	摘要		
借方補助科目	消費税額	貸方補助科目	消費税額	借方税区分		貸方税区分
借方部門		貸方部門				
水道光熱費	75,000	未払費用	75,000	○○電気 3月分		
	(6,818			課対仕入10%	内税	

● 次年度の「収益」となるものがもうすでに入金されている場合

「前受収益」として処理します（入金時に「受取家賃」として計上されている場合の処理）。

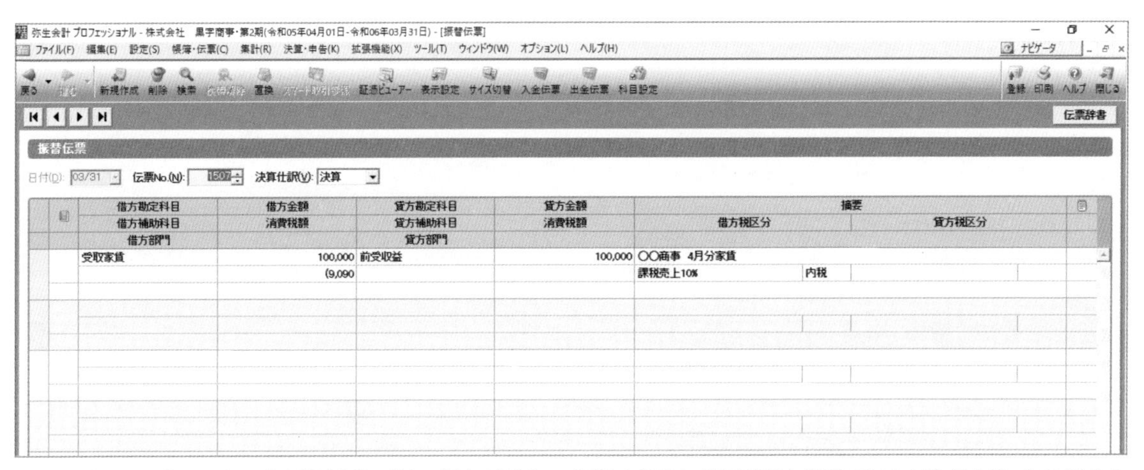

※図は法人のみの仕訳です。不動産業が本業ではない場合の例として、「受取家賃」という勘定科目を使用していますが、法人データでは弥生会計に初期設定されていません。「営業外収益」区分の中に勘定科目を追加しています。個人事業主の不動産業の場合は次のONE POINTを参照してください。なお、住宅家賃の場合は消費税の非課税取引に該当しますが、事務所家賃については課税取引となります。

ONE POINT 個人事業主の場合に使用する勘定科目

法人では借方勘定科目に「受取家賃」を使用しましたが、個人事業主の場合、「不動産損益科目」の[不動産収益]区分に初期設定されている「[不]賃貸料」勘定を使用します。ただし、「不動産損益科目」は、事業所データ作成時の業種の選択で、「個人/一般」や「個人/農業」を選択している場合には勘定科目をオプションで追加する必要があります。「事業所設定」ダイアログボックス（クイックナビゲータの「導入」メニューから**[事業所設定]**アイコンをクリックして表示）の「勘定科目オプション設定」で**[不動産に関する科目を使用する]**がONになっていないと表示されません。

● 次年度の「費用」となるものがもうすでに支払われている場合

「前払費用」として処理します。

たとえば、次のような例を紹介します。

> 3月末決算に当たり、残高試算表を確認したところ、「支払利息」が600,000円であった。これは、3月1日に10,000,000円を1年間の期日で借り入れ、年利6%の利息を前払いで支払った取引であった。

この場合、今期に計上する利息は3月の1カ月分のみで、あとの11カ月分は翌期の費用になります。

借 方	貸 方
前払費用　550,000	支払利息　550,000

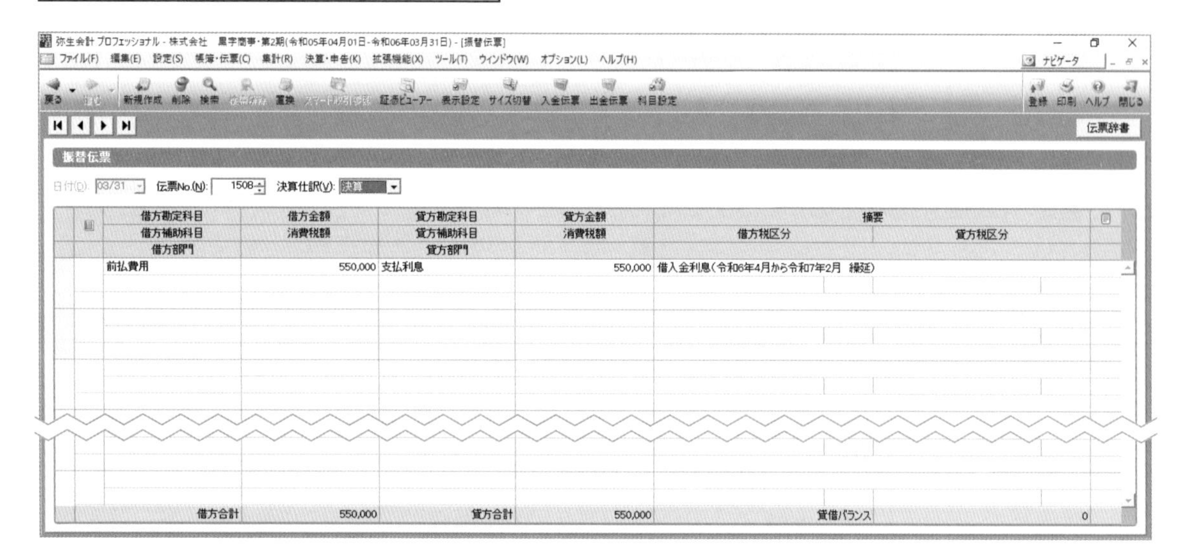

ONE POINT その他の決算整理仕訳

この項目で紹介した以外の決算整理仕訳には、各種「引当金」の計上や未使用の消耗品、貯蔵品の振替処理などがありますが、必要に応じて処理を行っていきましょう。

倒産と貸し倒れ

取引先の倒産、連鎖倒産などにより債権回収ができず、貸し倒れとなることが時々あります。経済状況が悪化すれば加速度的にその可能性は高くなります。

基本的に取引とは「倒産」というリスクと常に隣り合わせです。まずはそのようなリスク回避のため、取引先の与信をしっかり取る、決算書を取り寄せ検討する、などの自己防衛措置は図る必要があるでしょう。

会計的にみますと、完全に倒産してしまい債権回収が不可能というときには、「貸倒損失」としてその期の費用として計上します。また、将来の貸し倒れに備え、「貸倒引当金」として税法の規定により計算した金額を、その期の費用として計上することも、一定の要件のもとに認められています。

SECTION-39　スタンダード　プロフェッショナル

消費税申告書を作成しよう

消費税は実際に税金を負担する消費者の代わりに、事業者が「預った消費税」と「支払った消費税」の差額を納付します。消費税の課税業者の場合、1年間の取引を集計し、「消費税申告書」を作成して、必要な消費税振替処理を行います。「弥生会計 23」では、消費税申告書は本則課税課か簡易課税かの設定と旧消費税率(3%、5%又は8%)の取引が混在するかどうかによって出力する帳票が自動的に切り替わります。なお、消費税に関する詳しい説明は、付録の293～299ページを参照してください。

※消費税申告に関する設定、消費税申告書作成画面はライセンス認証をしていないと開くことができません。
※法人の場合は法人番号、個人事業主の場合はマイナンバーの記載が必要となります。

■消費税集計資料を用いた確認作業

弥生会計の消費税設定で「課税」の設定をしている場合、日常の仕訳を入力するときに、消費税は自動計算されています。納付すべき消費税額は、「税抜処理」「税込処理」のどちらを選択しても変わりはありませんが、日常の仕訳が正しくなければ正しい「消費税申告書」を作成することができません。間違いがないかどうか、作成前には集計資料から必ず確認しましょう。

クイックナビゲータの「集計」メニューの消費税集計資料には、「消費税集計表」と「科目別税区分表」があります。

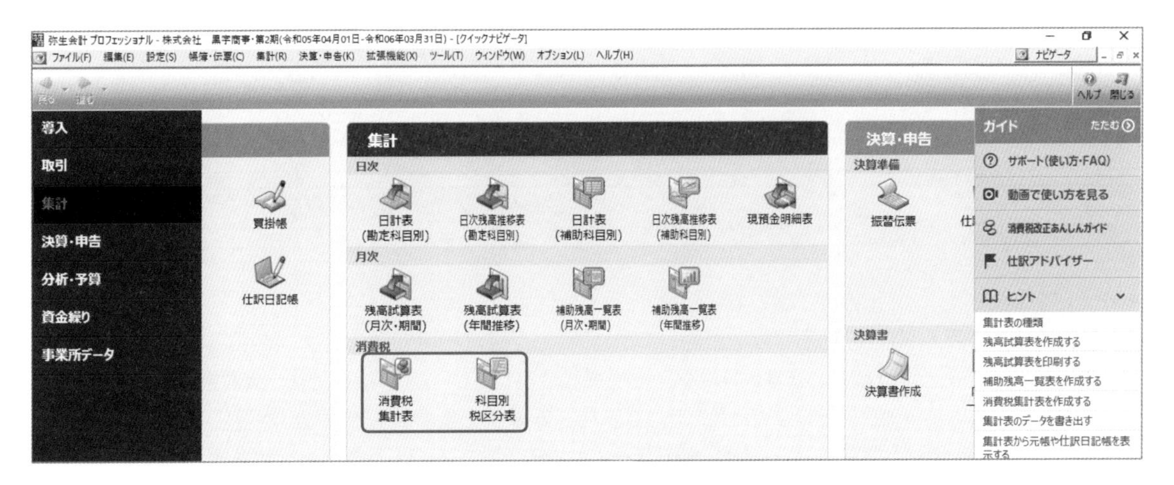

●科目別税区分表

本則課税の場合の確認ポイント

本則課税の場合は、消費税がかかる取引(税区分・税率別)、かからない取引を「売上」「仕入や費用」「固定資産の購入」などすべてに渡って細かく確認していく必要があります。**[補助科目を表示(1)][小計を表示(2)][年間推移(3)]**のチェックボックスは必要に応じてクリックしてチェックをつけます。**[年間推移(3)]**のチェックをつけると、勘定科目の税区分・税率ごとに年間推移が確認できるので、年度の途中で税率が変わっている場合など、チェックがしやすくなっています。さらに細かい内容を確認するには、この画面のツールバーにある**[ズーム]**ボタンをクリックし、表示される「総勘定元帳」から取引を1件ずつ確認していきます。確認するポイントは次ページの通りです。

「科目別税区分表」画面で**[年間推移(3)]**チェックボックスをクリックして 集計 ボタンをクリックして確認しましょう。

戻る 進む ズーム 科目選択 印刷 ヘルプ 閉じる

☐ 補助科目を表示(1) ☐ 小計を表示(2) ☑ 年間推移(3)

科目別税区分表

税区分(Z): すべて　部門(B): 事業所(合計)

集計

税率毎に正しく区分されているか?

課税取引(10%、軽減税率8%)と対象外の区分が正しいか?

週2回以上発刊される定期購読の宅配新聞は軽減税率8%

平成31年3月31日以前に契約しているリース料は旧税率8%

勘定科目	税区分	4月度	5月度	6月度	7月度	8月度	9月度	10月度	11月度	12月度	1月度
売上高	課税売上10%	21,948,542	26,296,227	23,319,716	22,524,717	24,591,997	28,492,282	27,256,816	19,474,961	319,800	
売上高	課税売上8%(軽)	0	0	30,800	0	84,000	0	80,360	0	0	
期首商品棚卸高	対象外	0	0	0	0	0	0	0	0	0	
仕入高	課対仕入10%	15,169,461	15,706,050	16,178,384	19,812,521	12,098,879	17,418,942	13,434,361	12,991,757	0	
仕入高	課対仕入8%(軽)	0	0	21,750	0	32,400	0	26,250	0	0	
仕入高	課対輸本7.8%	0	4,500,000	0	0	5,685,200	1,624,500	4,420,000	0	0	
期末商品棚卸高	対象外	0	0	0	0	0	0	0	0	0	
役員報酬	対象外	300,000	800,000	800,000	800,000	800,000	800,000	800,000	800,000	0	
給料手当	対象外	2,664,400	1,346,400	1,344,200	1,344,200	1,334,700	1,324,200	1,349,600	1,354,000	0	
賞与	対象外	0	0	0	3,895,000	0	0	0	0	0	
法定福利費	対象外	0	420,764	210,382	238,377	238,462	238,462	238,462	238,462	0	
福利厚生費	対象外	5,000					0	0	0	0	
福利厚生費	課対仕入10%	0					2,450	0	0	0	
福利厚生費	課対仕入8%(軽)	0					3,905	8,263	0	0	
外注費	課対仕入10%	180,000					886,000	1,200,000	1,195,000	0	
荷造運賃	課対仕入10%	358,000	356,000	389,500	401,000	421,000	521,500	630,800	268,900	0	
広告宣伝費	課対仕入10%	0	0	1,399,000	0	0	0	3,000,000	0	0	
交際費 [1]	対象外	10,000	30,000	0	0	0	0	0	0	0	
交際費	課対仕入10%	76,280	68,500	84,000	48,000	55,000	0	0	273,000	0	
交際費 [1]	課対仕入8%(軽)	5,440	0	8,400	0	0	0	165,900	1,921	0	
会議費	課対仕入10%	0	0	0	0	0	0	0	0	0	
旅費交通費	対象外	0	0	0	0	158,000	0	0	0	0	
旅費交通費	課対仕入10%	130,540	146,660	146,080	146,660	147,240	147,240	148,820	147,240	0	
通信費	対象外	5,630					4,250	3,250	0	0	
通信費	課対仕入10%	83,423					189,325	149,587	149,046	0	
消耗品費	課対仕入10%	80,700					30,752	53,807	15,645	0	
事務用品費	課対仕入10%	7,970					2,100	10,287	0	0	
修繕費	課対仕入10%	140,000	0	30,000	51,000	0	0	0	83,000	0	
水道光熱費	課対仕入10%	116,047	131,325	187,047	107,483	212,606	109,051	201,432	127,467	0	
新聞図書費	課対仕入8%(軽)	8,640	4,320	4,320	4,320	4,320	4,320	4,320	4,320	0	
支払手数料	課対仕入10%	965	2,100	2,980	2,100	2,100	2,100	2,100	9,030	0	
車両費 [2]	課対仕入10%								101,172	0	
地代家賃 [3]	課対仕入10%								562,000	0	
賃借料	課対仕入10%	44,625	44,625	44,625	44,625	44,625	44,625	44,625	44,625	0	
リース料	課対仕入10%	12,300	12,300	12,300	12,300	12,300	12,300	12,300	12,300	0	
リース料	課対仕入8%	5,400	5,400	5,400	5,400	5,400	5,400	5,400	5,400	0	
保険料 [1]	対象外	46,000	46,000	46,000	46,000	46,000	46,000	46,000	46,000	46,000	
租税公課	対象外	135,400	25,000	5,000	5,000	0	8,000	0	0	0	
支払報酬料	課対仕入10%	50,000	50,000	50,000	50,000	50,000	50,000	50,000	50,000	0	

● 売上、雑収入など

「売上高」や「雑収入」などの勘定科目を確認します。食品など軽減税率対象の売上がある場合は、税率毎にきちんと区分されているかを確認します。旧税率と新税率が混在している会計期間では、**[年間推移(3)]**チェックボックスをクリックしてチェックをつけて確認します。また、「非課税売上」や「輸出売上」が混ざっていないかなどを確認します。詳細を見る場合は、ツールバーの**[ズーム]**ボタンをクリックして総勘定元帳を表示し確認します。

● 仕入・費用

仕入や経費には、消費税がかかるもの(10%、軽減税率8%、旧税率(8%や5%など))とかからないもの(慶弔費など)があるので、税区分・税率毎に**[ズーム]**ボタンをクリックして総勘定元帳を表示し、取引内容の税区分や税率が合っているかを確認します。たとえば「交際費」については、課税取引でも10%の取引(飲食接待)、軽減税率8%の取引(お菓子の手土産など)があり、慶弔費などは消費税の課税対象外取引です。同じ勘定科目でも税区分や税率が異なる取引が混在するので、補助科目で入力時に分けるなど入力ミスを防ぎ、申告書作成前には必ずチェックをしてミスがあれば修正しておくことが必要です。

※各勘定科目の細かい内容を確認する場合は、確認したい勘定科目をクリックし、ツールバーの**[ズーム]**ボタンをクリックするか、ダブルクリックします。該当の勘定科目の総勘定元帳が、消費税の税区分で絞り込みをした状態で表示されます。税区分が間違っている仕訳があったら、該当の取引を正しく修正します。なお、次ページの画面は、「交際費」の「課税対応仕入8%(軽)」欄をクリックして**[ズーム]**ボタンをクリックしたときに表示される総勘定元帳画面です。

● 固定資産

固定資産は購入した場合と、売却、除却、減価償却などの場合で税区分が変わります。「借方」「貸方」の税区分が合っているかを確認します。詳細を確認したい場合、**[ズーム]**ボタンをクリックして総勘定元帳を表示して確認します。

たとえば、図の「附属設備」や「一括償却資産」は、購入時は「課税対応仕入(課対仕入10%)」、減価償却は「対象外」となり、2段で表示されています。「課税対応仕入(課対仕入10%)」で集計されているものの中に「対象外」取引などが混ざっていないか、またその逆はないかを確認します。

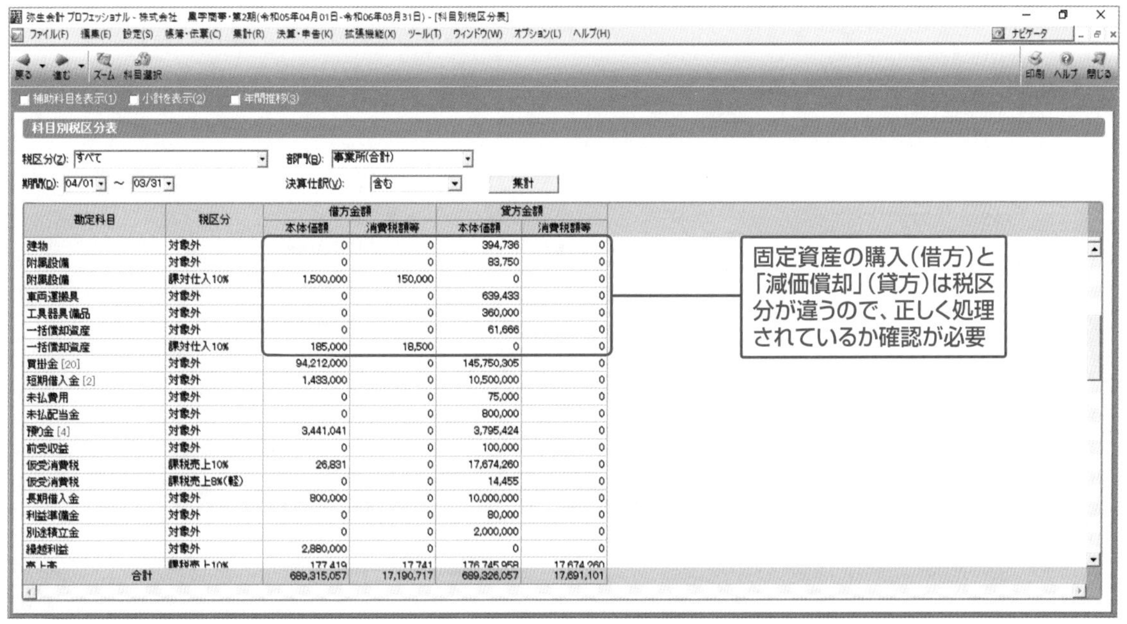

※固定資産の減価償却費の計上が決算時年1回など、あまり動きがない場合は「年間推移(3)」チェックをつけずに集計するとよいでしょう。

簡易課税の場合の確認ポイント

簡易課税の場合は、「支払った消費税」分は簡便計算になりますので、確認する箇所は「預った消費税」分です。「売上高」や「雑収入」の事業区分が正しく仕訳されているかを確認していきます。卸売上は「課税売上簡易一種」、小売売上は「課税売上簡易二種」となるため、売上区分が正しいかどうか、税率が違う取引が混在している場合は、税率の区分もそれぞれズーム表示で確認します。

※簡易課税売上の事業区分については、付録1の説明(298ページ)をご参照ください。

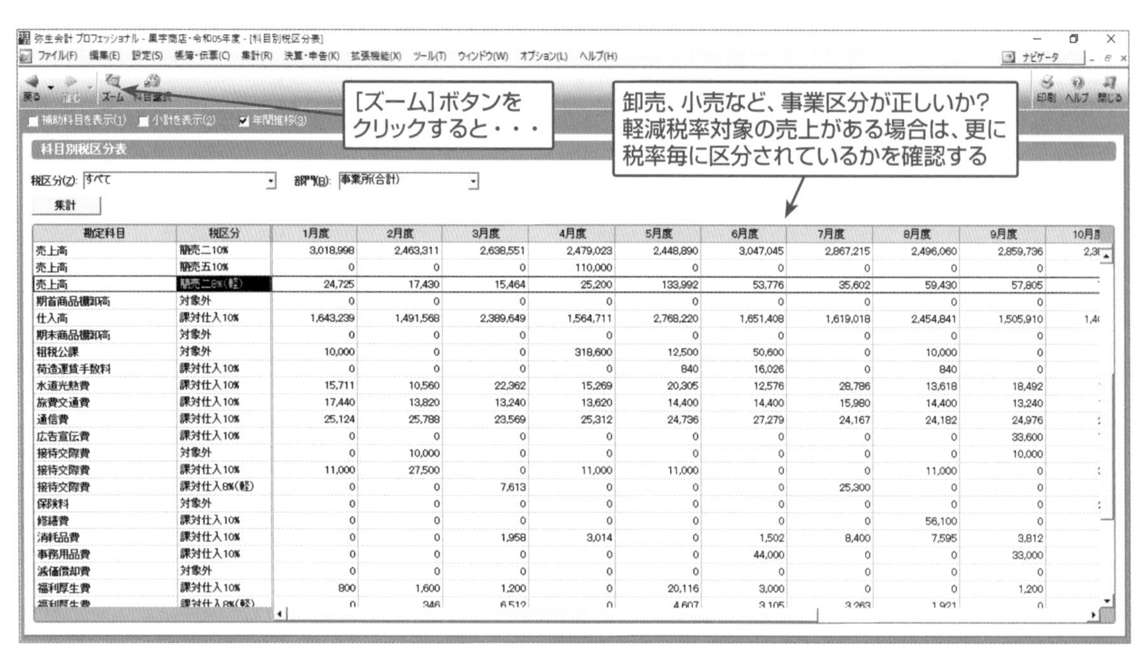

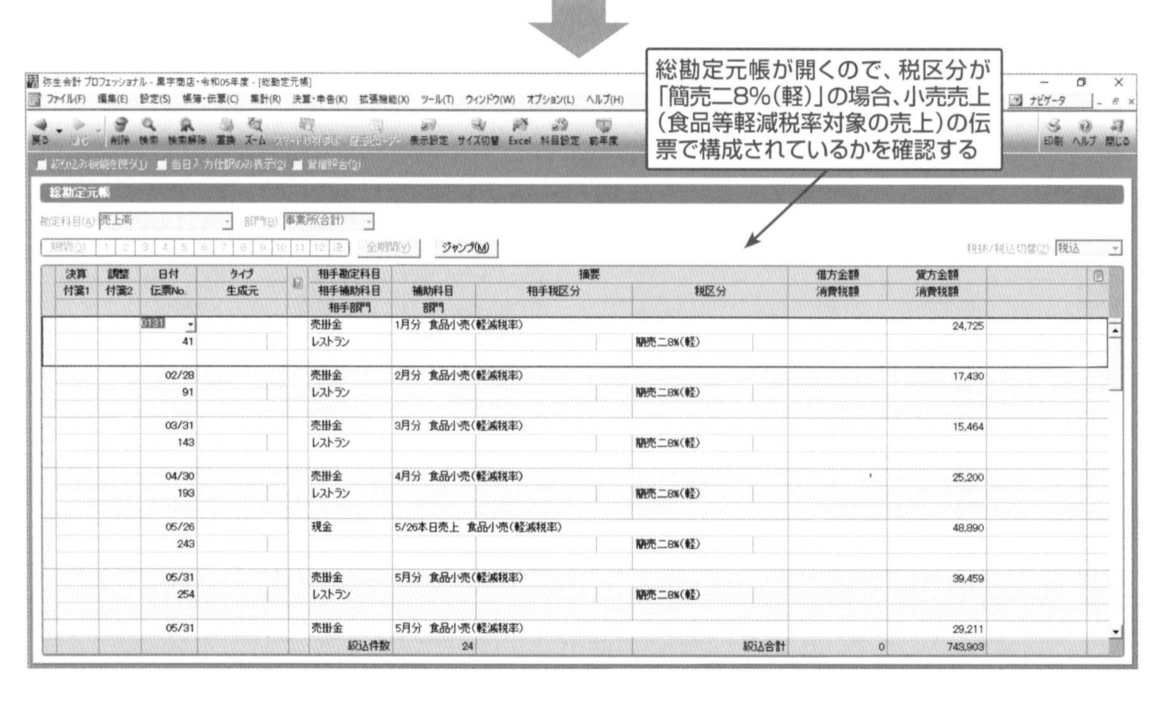

消費税集計表

「科目別税区分表」では勘定科目別税区分別に集計された金額を確認しましたが、「消費税集計表」は税率別税区分別に集計し、さらに「外税」「内税」「別記」の計算区分別に集計され、消費税申告書を作成する準備資料となります。「売上集計」「仕入集計」「事業区分別売上集計（簡易課税の場合のみ）」の各タブを確認しておきましょう。

クイックナビゲータの「集計」メニューをクリックし、**[消費税集計表]** アイコンをクリックして、**[期間(O)]** の「4」から「決」までをドラッグして選択した後、「消費税集計表」画面の 集計 ボタンをクリックします。

◉消費税集計表

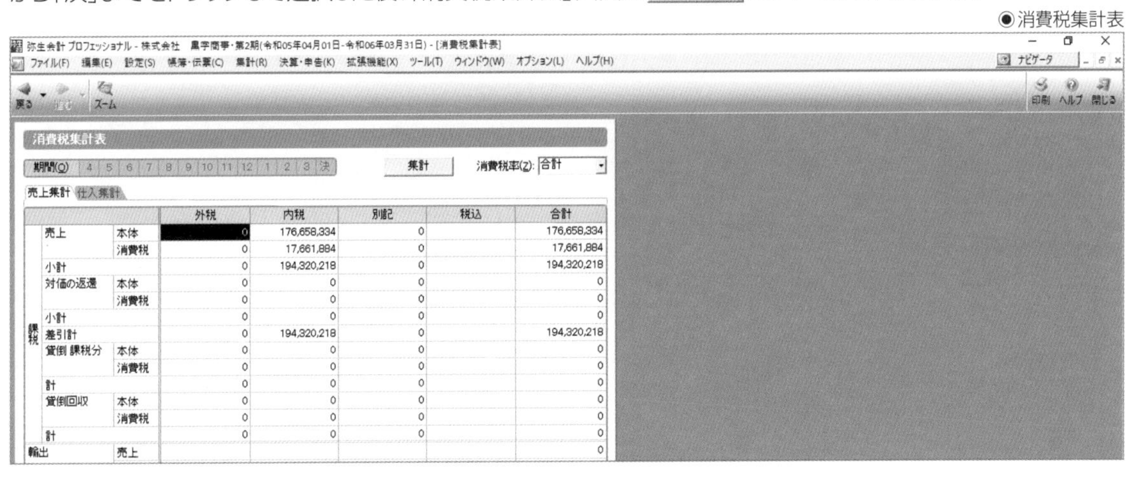

			外税	内税	別記	税込	合計
課税	売上	本体	0	176,658,334	0		176,658,334
		消費税	0	17,661,884	0		17,661,884
	小計		0	194,320,218	0		194,320,218
	対価の返還	本体	0	0	0		0
		消費税	0	0	0		0
	小計		0	0	0		0
	差引計		0	194,320,218	0		194,320,218
	貸倒 課税分	本体	0	0	0		0
		消費税	0	0	0		0
	計		0	0	0		0
	貸倒回収	本体	0	0	0		0
		消費税	0	0	0		0
	計		0	0	0		0
輸出		売上					0

■「消費税申告書」作成に関する設定作業

消費税申告書に表示する事業所情報や、消費税計算の基本設定等、仕訳入力した数字以外に必要なデータを入力します。設定画面を表示するには、クイックナビゲータの「決算・申告」メニューをクリックし、**[消費税申告設定]** アイコンをクリックします。

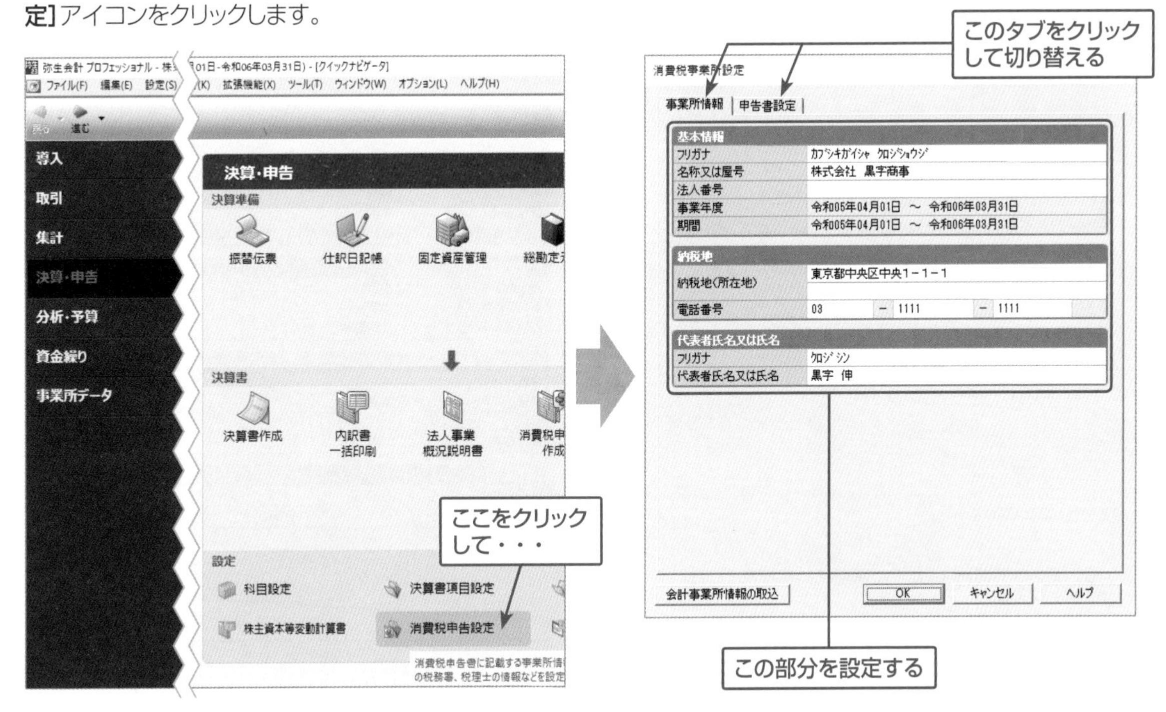

● 事業所情報

「事業所設定」ダイアログボックス（クイックナビゲータの「導入」メニューか、「事業所データ」メニューの**［事業所設定］**アイコンをクリックして表示）の内容が反映されています。事業所設定の内容を変更した場合は、会計事業所情報の取込 ボタンをクリックすると、最新の設定内容を取り込むことができます。取り込まれた内容を確認し、必要に応じて追加、修正入力します。取り込める項目以外は、必要に応じて入力します。

※これは法人データの画面です。個人データの画面では**［個人番号を入力する］**ボタンをクリックしてマイナンバーを入力します。

※法人の場合は**［法人番号］**、個人の場合は**［個人番号］**を入力します。個人番号は事業所データを閉じると消去され、保存されません。マイナンバーは厳重に管理すべき個人情報です。不用意に取り扱わないように充分注意しましょう。

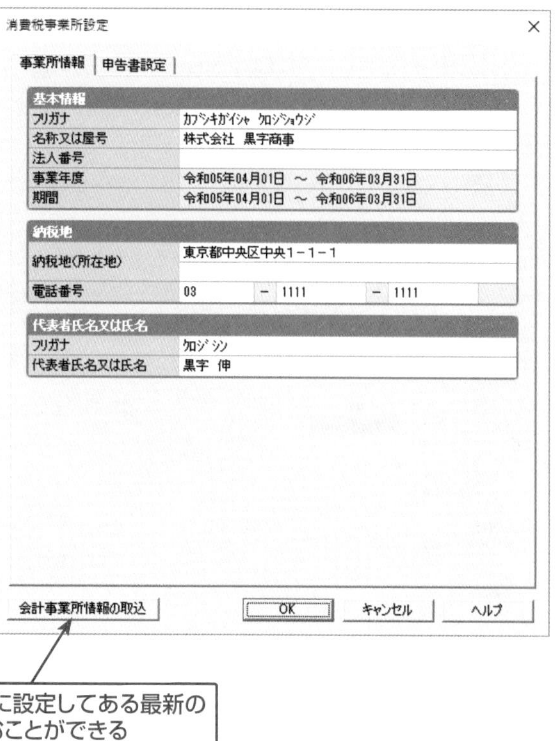

「事業所設定」に設定してある最新の情報を取り込むことができる

● 申告書設定

消費税基本設定と計算方法を確認し、必要に応じて税務署情報、経理担当者、依頼税理士名などを入力します。

なお、事業所情報と申告書設定の設定を行って OK ボタンをクリックすると、確認のメッセージが表示されるので、はい(Y) ボタンをクリックします。

旧税率の取引が混在している場合はクリックしてチェックをつける

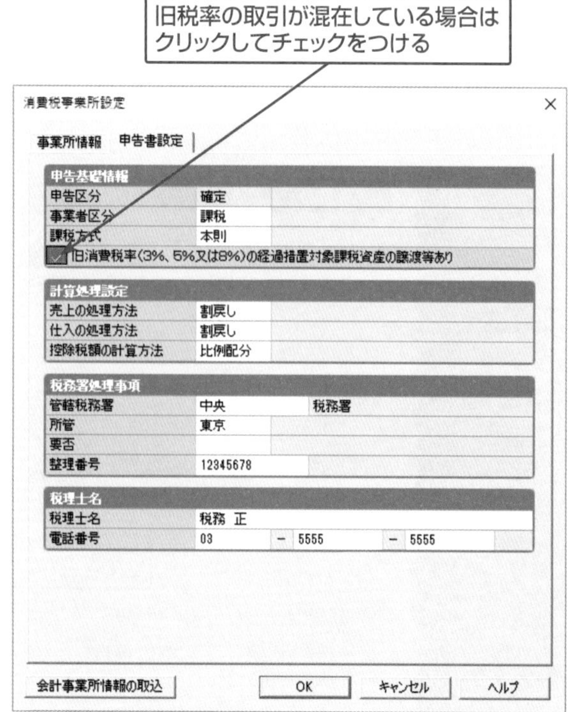

●確認のメッセージ

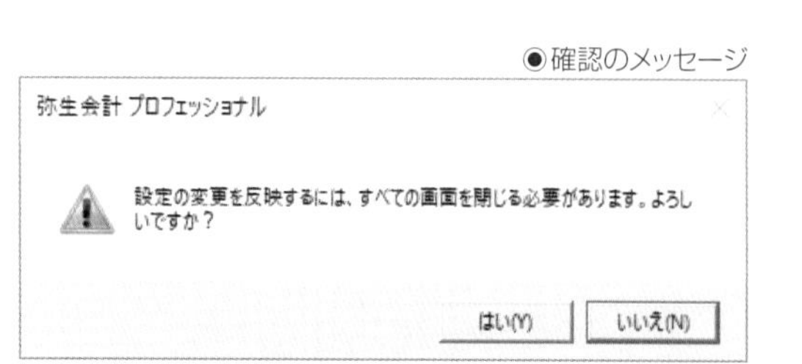

■「消費税申告書」の作成について

いよいよ申告書の作成ですが、難しい作業はありません。手順に従って操作していきましょう。なお、自動で取り込まれない内容などがある場合は手入力をします。

● 確定申告のみの場合

クイックナビゲータの「決算・申告」メニューの**[消費税申告書作成]**アイコンから作成することができます。

● 中間納付する場合や、修正申告を行う場合

メニューバーの**[決算・申告(K)]→[消費税申告書設定(T)]→[申告書の選択・作成(C)]**を選択し、申告書の作成(M)... ボタンをクリックして必要事項を入力し、作成開始 ボタンをクリックして確定申告以外の申告書を選択・作成しておく必要があります。

※ **[消費税申告書作成]**アイコンをクリックすると、現在選択されている申告書を表示します(初期設定では確定申告が選択されている)。

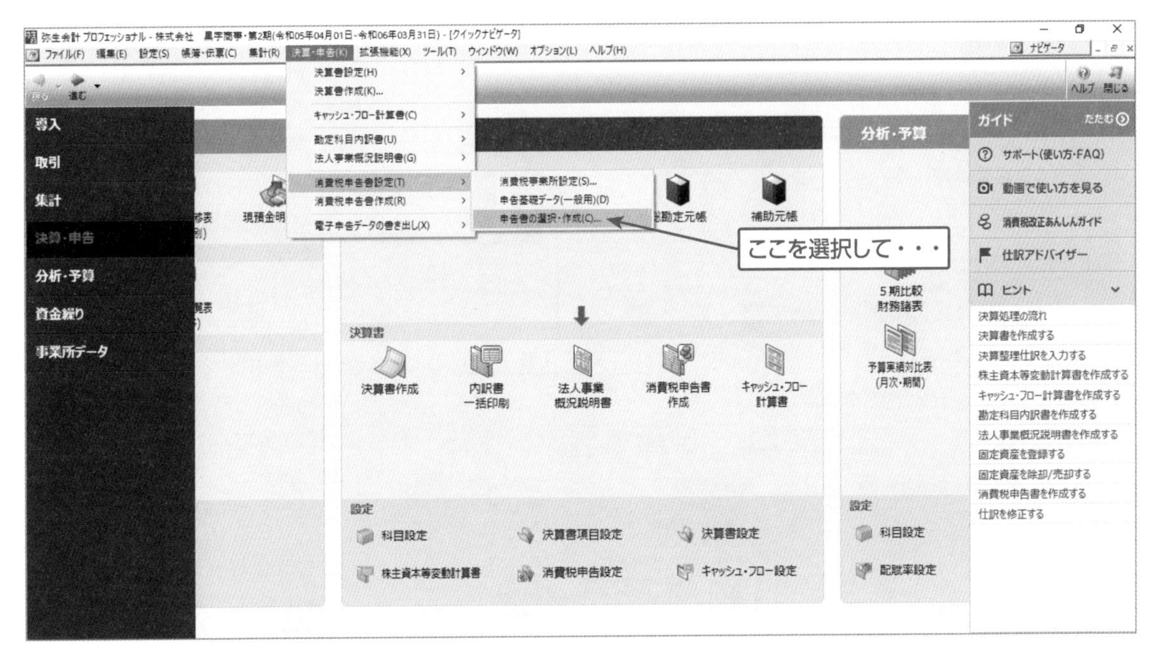

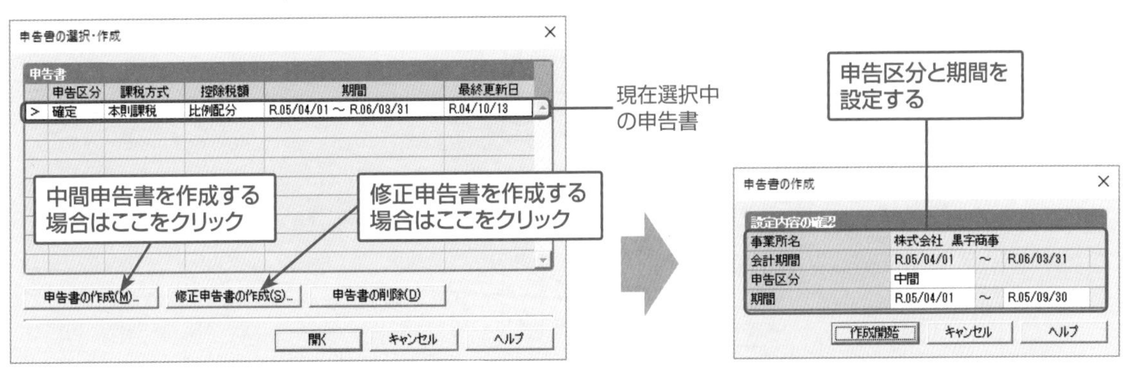

39-1 消費税申告書を作成する

ここでは、消費税の確定申告書を作成してみましょう。

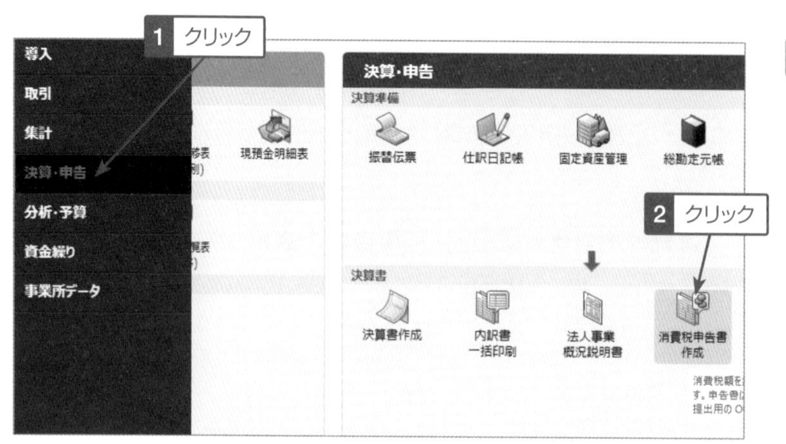

1 クイックナビゲータの「決算・申告」メニューをクリックし、**[消費税申告書作成]**アイコンをクリックします。

3 クリック
弥生会計 プロフェッショナル - 株式会社 … 月01日-令和06年03月31日) - [確定 - 消費税申告書 (一般)]
ファイル(F) 編集(E) 設定(S) 帳簿・伝票(C) 集計(R) 決算・申告(K) 拡張機能(X) ツール(T) ウィンドウ(W) オプション(L) ヘルプ(H)
戻る 進む 申告書選択 事業所情報 申告基礎 付表1-3 付表2-3 明細書
1 提出年月日を入力する
2 申告年月日を入力する
第一表 第二表
令和 年 5 月 20 日
中央 税務署長殿
納税地 東京都中央区中央1－1－1
電話番号 03 － 1111 － 1111
(フリガナ) カブシキガイシャ クロジショウジ
名称又は屋号 株式会社 黒字商事
個人又は法人番号
(フリガナ) クロジ シン
代表者氏名又は氏名 黒字 伸
所管 東京
要否
整理番号 12345678
申告年月日 令和 6 年 5 月 20 日
自 令和 5 年 4 月 1 日
至 令和 6 年 3 月 31 日
課税期間分の消費税及び地方消費税の 確定 申告書
中間申告の場合の対象期間 自 年 月 日 至 令和 年 月 日

この申告書による消費税の税額の計算	
課税標準額	(1)
消費税額	(2)
控除過大調整税額	(3)
控除税額 控除対象仕入税額	(4)
控除税額 返還等対価に係る税額	(5)
控除税額 貸倒れに係る税額	(6)
控除税額 控除税額小計 ((4)+(5)+(6))	(7)
控除不足還付税額 ((7)−(2)−(3))	(8)
差引税額 ((2)+(3)−(7))	(9)
中間納付税額	(10)
納付税額 ((9)−(10))	(11)
中間納付還付税額 ((10)−(9))	(12)
修正申告 既確定税額	(13)

付記事項	
割賦基準の適用	有 ○ 無
延払基準等の適用	有 ○ 無
工事進行基準の適用	有 ○ 無
現金主義会計の適用	有 ○ 無
消費税額の計算の特例の適用	有 ○ 無

参考事項 控除税額の計算方法 課税売上高5億円超 又は課税売上割合95%未満 個別対応 ○ 一括比例配分 上記以外 全額控除
基準期間の課税売上高 (千円)
還付を受けようとする金融機関等 銀行 預金 口座番号 ゆうちょ銀行の貯金記号番号 －

2 消費税申告書画面は第一表と第二表画面をタブで切り替えて入力しますが、まず第一表から確認します。「消費税申告設定」画面で設定した内容が反映されていることを確認し、提出する年月日、申告年月日を入力して、ツールバーの**[申告基礎]**ボタンをクリックします。

事業所情報を修正する場合はツールバーの**[事業所情報]**ボタンをクリックし、「事業所情報」タブや「申告書設定」タブの内容を変更します(232ページ参照)。

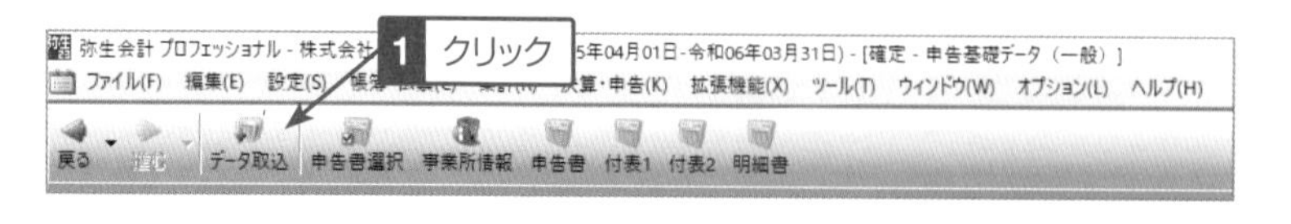

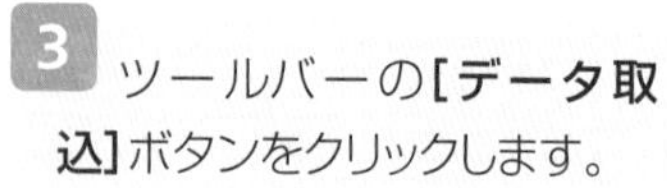

3 ツールバーの**[データ取込]**ボタンをクリックします。

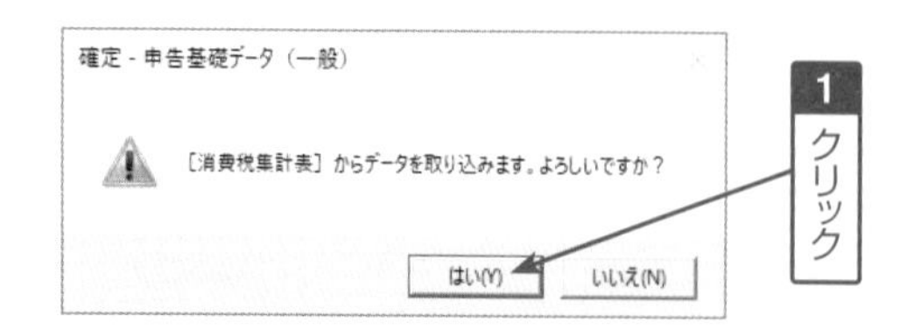

4 [はい(Y)] ボタンをクリックします。

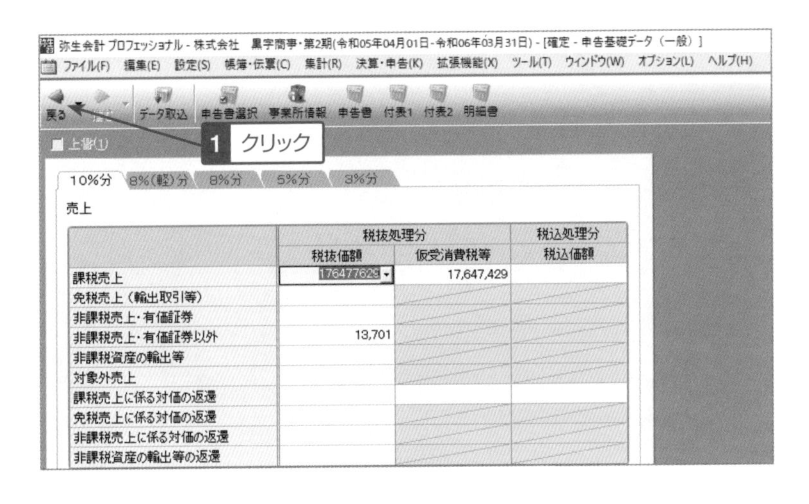

5 税率ごとにタブが分かれており、各タブに税区分ごとの金額が集計されています。内容を確認し、ツールバーの**[戻る]**ボタンをクリックします。

操作例 **4** により、「消費税集計表」から基礎データが取り込まれています。**[戻る]**ボタンをクリックすると、消費税申告書が計算された状態になります。

6 自動で取り込まれない項目を確認して入力します。

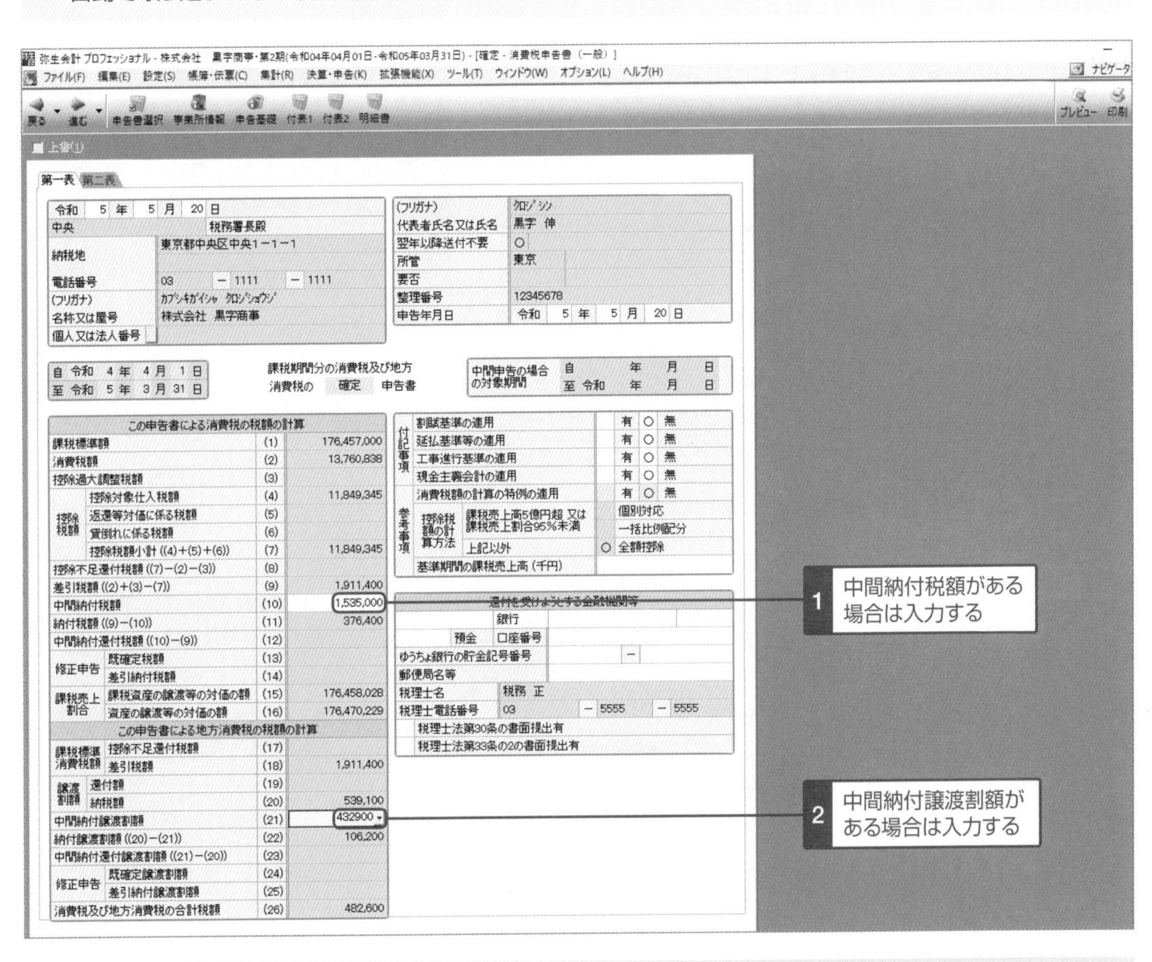

中間納付している場合の「中間納付税額」や「中間納付譲渡割額」、還付となる場合は口座情報などを入力します。

7 第一表の確認が終わったら、第二表のタブに切り替えます。第二表画面は課税標準額等の内訳になっていますが、各付表から数字が連動しており上書きができません。修正が必要な場合はツールバーの**[付表]**ボタン（本則課税か、簡易課税か、また旧税率の取引があるかないかによって表示される**[付表]**ボタンが異なります）をクリックし、付表画面で修正してください（次ページ参照）。

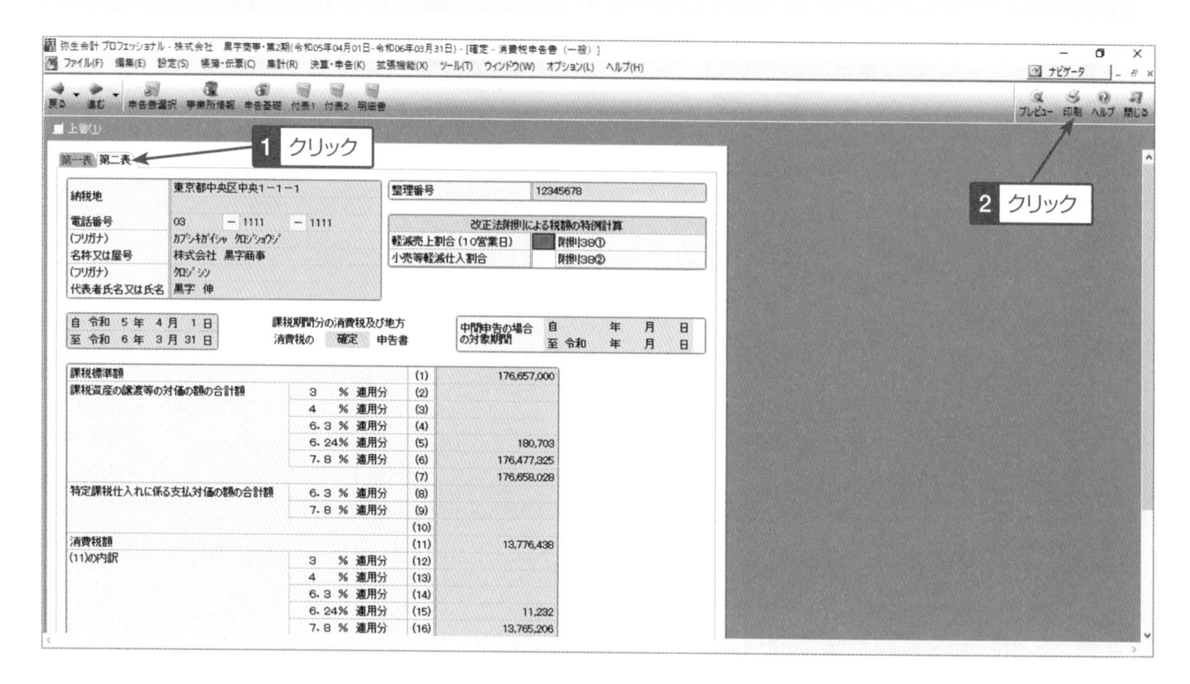

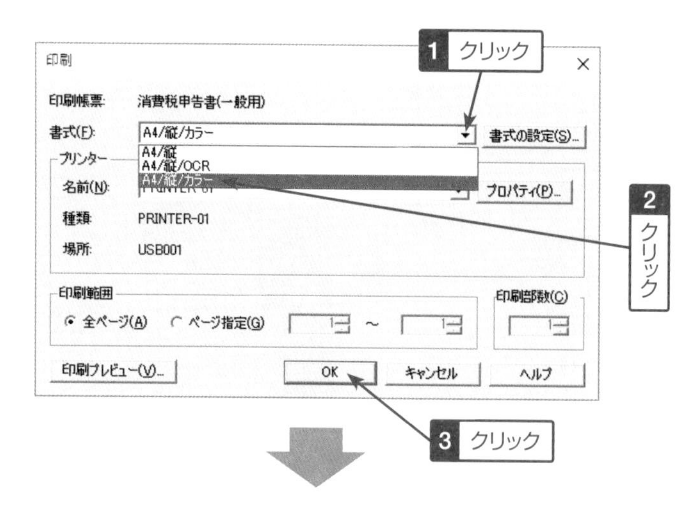

8 **[書式(F)]**の欄から、印刷する書式を選択して、OKボタンをクリックします。

OCR用紙に印刷する場合、すでに印字してある内容などを確認し、印字する項目と余白などの設定を確認します。設定を確認するには、書式の設定(S)...ボタンをクリックし、「書式の設定」ダイアログボックスの各タブで設定します。

GK0304

第3－(1)号様式

令和 6年 5月 20日 中央 税務署長殿

収受印

納税地	東京都中央区中央１－１－１ (電話番号 03 － 1111 － 1111)
(フリガナ)	ｶﾌﾞｼｷｶﾞｲｼｬ ｸﾛｼﾞｼｮｳｼﾞ
名称又は屋号	株式会社 黒字商事
個人番号又は法人番号	↓個人番号の記載に当たっては、左端を空欄とし、ここから記載してください。
(フリガナ)	ｸﾛｼﾞ ｼﾝ
代表者氏名又は氏名	黒字 伸

※税務署処理欄

一連番号	
所管 東京 要否	整理番号 12345678
申告年月日	令和 6年 5月 20日
申告区分	指導等 庁指定 局指定
通信日付印 年 月 日	確認
確認書類	個人番号カード 通知カード・運転免許証 その他( ) 身元確認
指導年月日 令和	相談 区分1 区分2 区分3

自 令和 5年 4月 1日
至 令和 6年 3月 31日

課税期間分の消費税及び地方消費税の(確定)申告書

中間申告の場合の対象期間 自 平成/令和 年 月 日 至 令和 年 月 日

第一表 令和元年十月一日以後終了課税期間分(一般用)

OCR入力用(この用紙は機械で読み取ります。折ったり汚したりしないでください。)

⑪・㉒又は⑫・㉓の記入をお忘れなく。

この申告書による消費税の税額の計算

項目		金額(十兆千百十億千百十万千百十一円)	
課税標準額	①	176657000	03
消費税額	②	13776438	06
控除過大調整税額	③		07
控除税額 控除対象仕入税額	④	11852152	08
控除税額 返還等対価に係る税額	⑤		09
控除税額 貸倒れに係る税額	⑥		10
控除税額 控除税額小計(④+⑤+⑥)	⑦	11852152	
控除不足還付税額(⑦－②－③)	⑧		13
差引税額(②+③－⑦)	⑨	1924200	15
中間納付税額	⑩	1535000	16
納付税額(⑨－⑩)	⑪	389200	17
中間納付還付税額(⑩－⑨)	⑫	00	18
この申告書が修正申告である場合 既確定税額	⑬		19
この申告書が修正申告である場合 差引納付税額	⑭	00	20
課税売上割合 課税資産の譲渡等の対価の額	⑮	176658028	21
課税売上割合 資産の譲渡等の対価の額	⑯	176671729	22

この申告書による地方消費税の税額の計算

項目		金額	
地方消費税の課税標準となる消費税額 控除不足還付税額	⑰		51
地方消費税の課税標準となる消費税額 差引税額	⑱	1924200	52
譲渡割額 還付額	⑲		53
譲渡割額 納税額	⑳	542700	54
中間納付譲渡割額	㉑	432900	55
納付譲渡割額(⑳－㉑)	㉒	109800	56
中間納付還付譲渡割額(㉑－⑳)	㉓	00	57
この申告書が修正申告である場合 既確定譲渡割額	㉔		58
この申告書が修正申告である場合 差引納付譲渡割額	㉕	00	59
消費税及び地方消費税の合計(納付又は還付)税額	㉖	499000	60

㉖＝(⑪＋㉒)－(⑧＋⑫＋⑲＋㉓)・修正申告の場合㉖＝⑭＋㉕
㉖が還付税額となる場合はマイナス「－」を付してください。

付記事項			
割賦基準の適用	有	○無	31
延払基準等の適用	有	○無	32
工事進行基準の適用	有	○無	33
現金主義会計の適用	有	○無	34
課税標準額に対する消費税額の計算の特例の適用	有	○無	35

参考事項		
控除税額の計算方法 課税売上高5億円超又は課税売上割合95%未満	個別対応方式 / 一括比例配分方式	41
控除税額の計算方法 上記以外	○ 全額控除	
基準期間の課税売上高	千円	

還付を受けようとする金融機関等

銀行 金庫・組合 農協・漁協	本店・支店 出張所 本所・支所
預金	口座番号
ゆうちょ銀行の貯金記号番号	－
郵便局名等	

※税務署整理欄

税理士署名 税務 正 (電話番号 03 － 5555 － 5555)

○	税理士法第30条の書面提出有
○	税理士法第33条の2の書面提出有

ONE POINT 消費税申告書の付表を作成する場合

消費税申告書の付表は、課税方式や旧税率が混在するかどうかによって作成できる付表が異なります。課税期間の終了日(決算日)が令和元年10月1日以降で作成できる付表は以下の通りです。

本則課税		簡易課税	
旧税率使用あり	旧税率使用なし	旧税率使用あり	旧税率使用なし
付表1-1、1-2	付表1-3	付表4-1、4-2	付表4-3
付表2-1、2-2	付表2-3	付表5-1、5-2	付表5-3

※課税期間の終了日(決算日)が令和元年9月30日以前のデータで作成する場合は、旧様式となります。

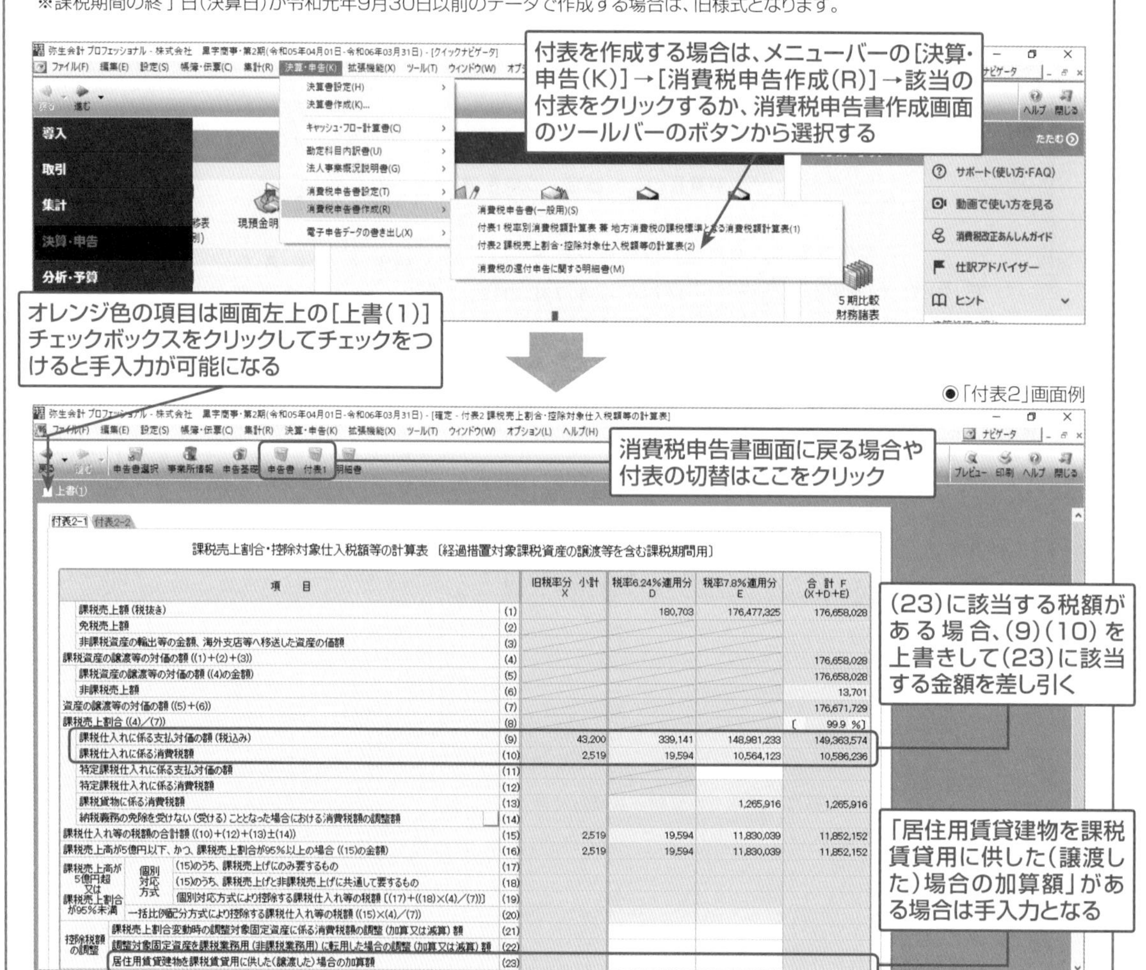

●「付表2」画面例

令和2年4月の消費税法等の一部改正により、居住用賃貸建物の取得等に係る消費税の仕入税額控除制度について、居住用賃貸建物(住宅の貸し付けの用に供しないことが明らかな部分を除く)の課税仕入れ等の税額については、仕入税額控除の対象としないこととされました(令和2年10月1日以降の仕入分から適用)。ただし、その仕入日を含む課税期間(会計期間)の初日から3年を経過する日の属する課税期間の末日までの間に、住宅の貸付け以外の課税賃貸用に転用した場合や譲渡をした場合には、一定金額を仕入税額控除に加算して調整することができます(詳細は国税庁ホームページ等でご確認ください)。

ONE POINT 消費税の軽減税率制度について

軽減税率対象の売上や仕入があり、売上や仕入を税率ごとに区分して記帳することが困難な中小事業者(基準期間(前々年1年間と前年の前半半年)における課税売上高が5,000万円以下)については、令和5年9月30日まで簡易的に計算する特例が認められています(弥生会計の消費税申告書では自動計算することができません)。

また、令和5年10月1日以降、消費税の仕入れ税額控除は適格請求書等保存方式(インボイス制度)が適用されます。免税事業者の場合でも、得意先に提出する請求書の方式でこの制度に対応するように求められる場合があります。詳細は最寄りの税務署、税理士に相談するか、国税庁の消費税軽減税率電話相談センター(電話番号：0120-205-553)等で確認しましょう。

◉国税庁

ONE POINT 「消費税の還付申告に関する明細書」の作成

「消費税の還付申告に関する明細書」は、平成24年4月1日以降、還付申告となる場合(中間納付還付額のみの還付申告書には添付する必要がありません)に添付が義務付けられました。従来作成していた「仕入控除税額に関する明細書」の記載事項に加え、課税資産の譲渡や輸出取引にかかる項目等について記載することとされました。詳細は国税庁のHPや最寄りの税務署等でご確認ください。なお、「消費税の還付申告に関する明細書」の画面を表示するには、消費税申告書画面のツールバーの**[明細書]**ボタンをクリックします。自動計算の機能はないため、すべての項目を手入力します。

◉消費税の還付申告に関する明細書

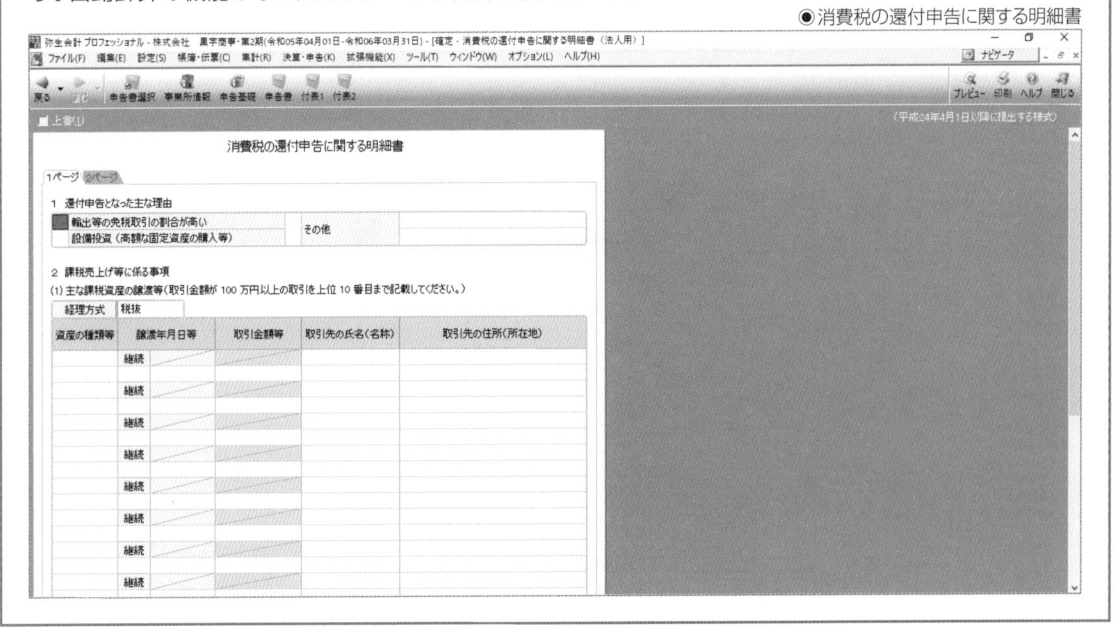

39-2 消費税振替仕訳を入力する

消費税に関する決算整理の仕訳方法は、経理処理方式で「税抜」「税込」のどちらを設定しているかで異なります。「税抜」の場合、「貸借対照表」に集計される「仮払消費税等」勘定と「仮受消費税等」勘定の残高をゼロにし、納付すべき消費税額を未払計上します。「税込」の場合は、「売上」や「経費」だけでなく利益も「税込」の状態であり、納付する消費税額は「租税公課」という費用の勘定科目で仕訳します。決算時に未払計上する方法と、決算時には何もせず支払ったときに「租税公課」で仕訳する方法があります。

ここでは、クイックナビゲータを表示した状態から、税抜処理の場合を例に消費税振替処理の方法と仕訳を確認しましょう。

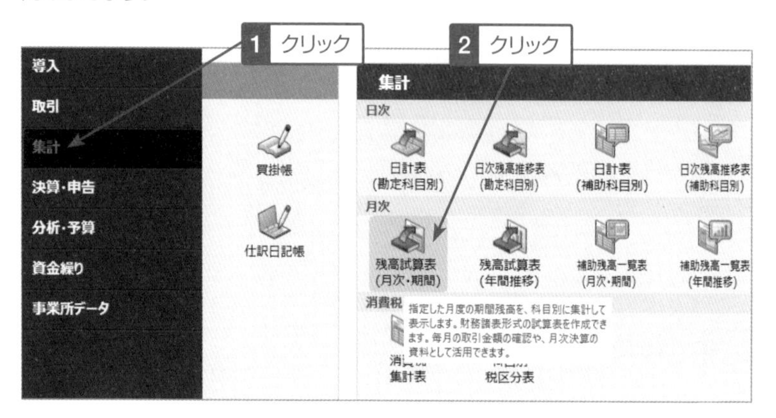

1 クイックナビゲータの「集計」メニューをクリックし、**[残高試算表(月次・期間)]**アイコンをクリックします。

2 全期間(P) ボタンをクリックし、「仮払消費税等」勘定と「仮受消費税等」勘定の残高を確認します。

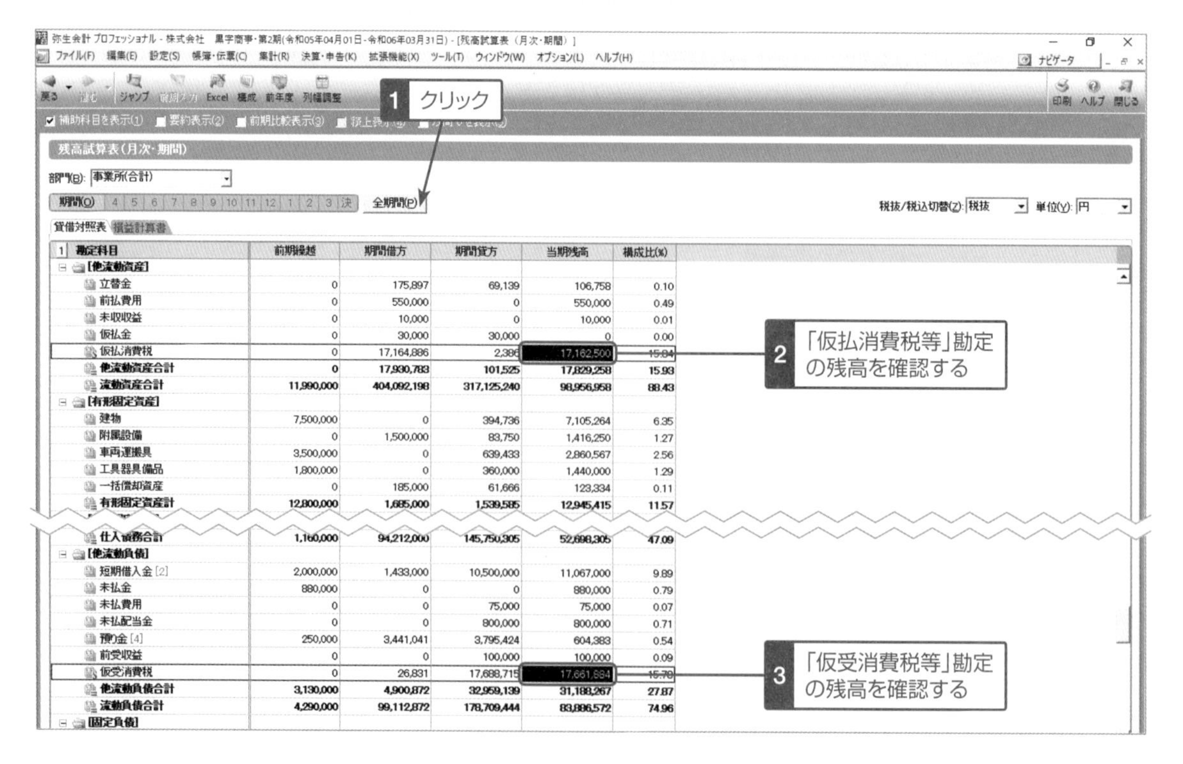

勘定科目	前期繰越	期間借方	期間貸方	当期残高	構成比(%)
[他流動資産]					
立替金	0	175,897	69,139	106,758	0.10
前払費用	0	550,000	0	550,000	0.49
未収収益	0	10,000	0	10,000	0.01
仮払金	0	30,000	30,000	0	0.00
仮払消費税	0	17,164,886	2,386	17,162,500	15.34
他流動資産合計	0	17,930,783	101,525	17,829,258	15.93
流動資産合計	11,990,000	404,092,198	317,125,240	98,956,958	88.43
[有形固定資産]					
建物	7,500,000	0	394,736	7,105,264	6.35
附属設備	0	1,500,000	83,750	1,416,250	1.27
車両運搬具	3,500,000	0	639,433	2,860,567	2.56
工具器具備品	1,800,000	0	360,000	1,440,000	1.29
一括償却資産	0	185,000	61,666	123,334	0.11
有形固定資産計	12,800,000	1,685,000	1,539,585	12,945,415	11.57
仕入債務合計	1,160,000	94,212,000	145,750,305	52,698,305	47.09
[他流動負債]					
短期借入金 [2]	2,000,000	1,433,000	10,500,000	11,067,000	9.89
未払金	880,000	0	0	880,000	0.79
未払費用	0	0	75,000	75,000	0.07
未払配当金	0	0	800,000	800,000	0.71
預り金 [4]	250,000	3,441,041	3,795,424	604,383	0.54
前受収益	0	0	100,000	100,000	0.09
仮受消費税	0	26,831	17,688,715	17,661,884	15.78
他流動負債合計	3,130,000	4,900,872	32,959,139	31,188,267	27.87
流動負債合計	4,290,000	99,112,872	178,709,444	83,886,572	74.96
[固定負債]					

3 クイックナビゲータの「決算・申告」メニューをクリックし、**[消費税申告書作成]**アイコンをクリックします。

4 消費税・地方消費税の納付金額（還付金額）を確認します。

弥生会計 プロフェッショナル - 株式会社 黒字商事・第2期(令和05年04月01日-令和06年03月31日) - [確定 - 消費税申告書（一般）]

項目		番号	金額
課税標準額		(1)	176,657,000
消費税額		(2)	13,776,438
控除過大調整税額		(3)	
控除税額	控除対象仕入税額	(4)	11,852,152
	返還等対価に係る税額	(5)	
	貸倒れに係る税額	(6)	
	控除税額小計((4)+(5)+(6))	(7)	11,852,152
控除不足還付税額((7)−(2)−(3))		(8)	
差引税額((2)+(3)−(7))		(9)	1,924,200
中間納付税額		(10)	1,535,000
納付税額((9)−(10))		(11)	389,200
中間納付還付税額((10)−(9))		(12)	
修正申告	既確定税額	(13)	
	差引納付税額	(14)	
課税売上割合	課税資産の譲渡等の対価の額	(15)	176,658,028
	資産の譲渡等の対価の額	(16)	176,671,729
この申告書による地方消費税の税額の計算			
課税標準消費税額	控除不足還付税額	(17)	
	差引税額	(18)	1,924,200
譲渡割額	還付額	(19)	
	納税額	(20)	542,700
中間納付譲渡割額		(21)	432,900
納付譲渡割額((20)−(21))		(22)	109,800
中間納付還付譲渡割額((21)−(20))		(23)	
修正申告	既確定譲渡割額	(24)	
	差引納付譲渡割額	(25)	
消費税及び地方消費税の合計税額		(26)	499,000

付記事項		
延払基準等の適用	有 ○ 無	
工事進行基準の適用	有 ○ 無	
現金主義会計の適用	有 ○ 無	
消費税額の計算の特例の適用	有 ○ 無	
参考事項 控除税額の計算方法	課税売上高5億円超 又は 課税売上割合95%未満	個別対応 / 一括比例配分
	上記以外	○ 全額控除
基準期間の課税売上高（千円）		

還付を受けようとする金融機関等		
	銀行	
預金	口座番号	
ゆうちょ銀行の貯金記号番号	−	
郵便局名等		
税理士名	税務 正	
税理士電話番号	03 − 5555 − 5555	
税理士法第30条の書面提出有		
税理士法第33条の2の書面提出有		

1 消費税・地方消費税の納付金額を確認する

5 クイックナビゲータの**[振替伝票]**アイコンをクリックします。

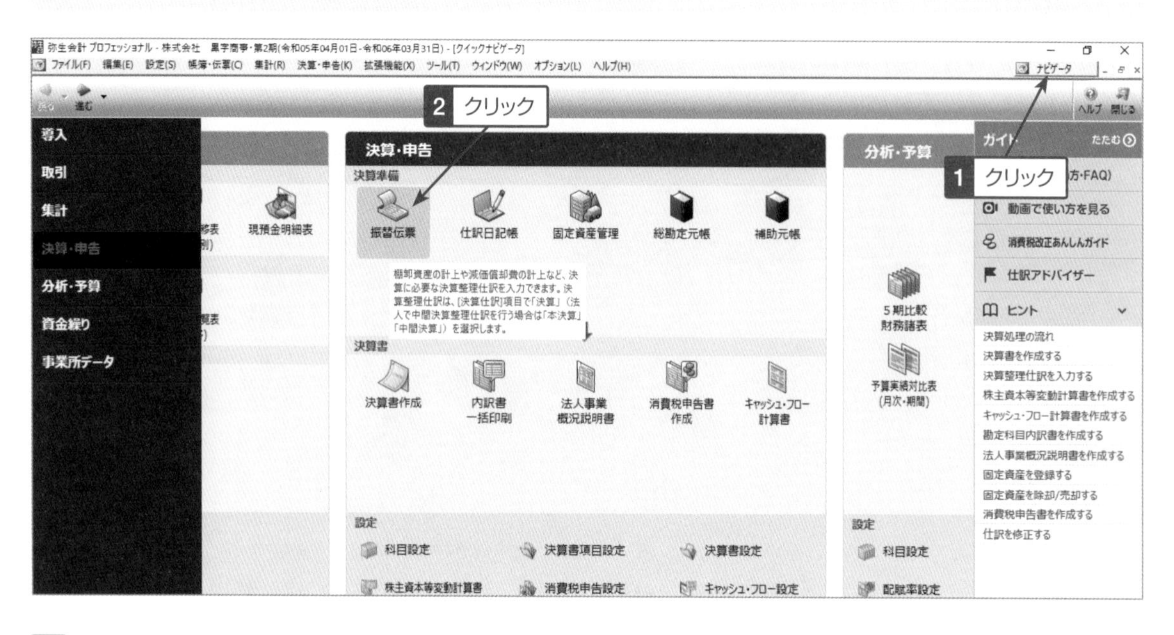

6 消費税振替仕訳を入力します。

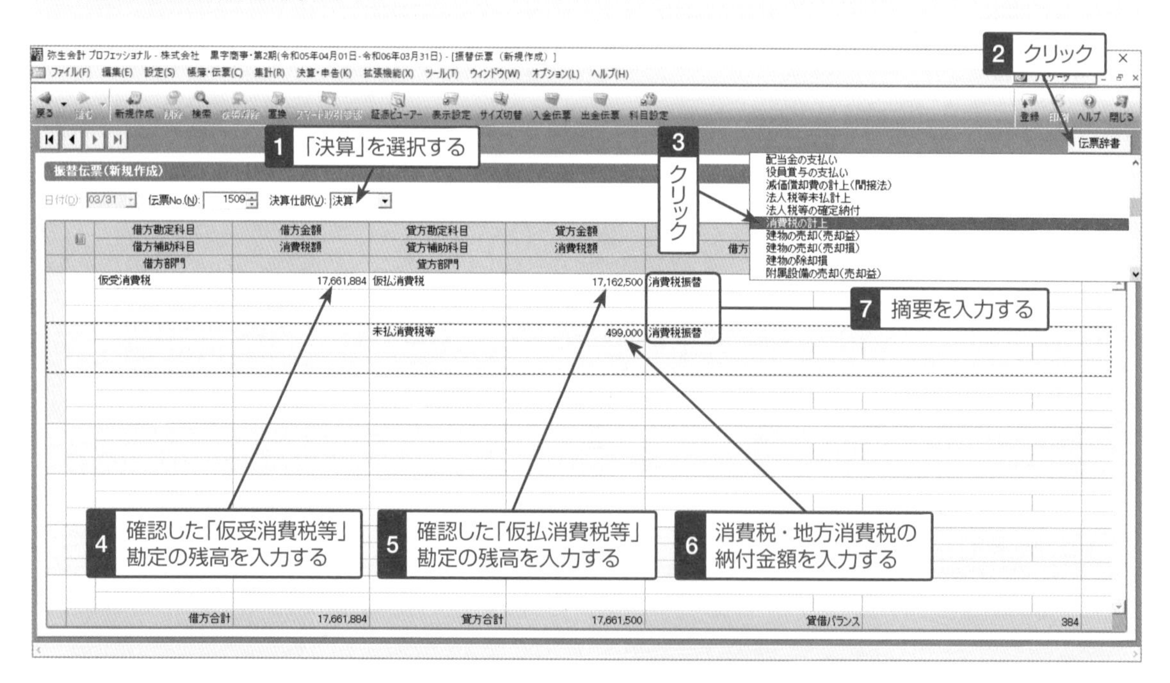

操作**4**と操作**5**では、240ページの操作例**2**で確認した「仮受消費税等」と「仮払消費税等」の残高が「0」になるように、「仮受消費税等」勘定の残高金額を借方に、「仮払消費税等」勘定の残高金額を貸方に入力します。操作**6**では、操作例**4**で確認した「消費税及び地方消費税の合計税額」欄の数字を入力し、未払計上します（還付となる場合は未収計上とする）。

7 差額を入力し、ツールバーの[登録]ボタンをクリックします。

ONE POINT 税込処理の場合(当期で処理する場合)

税込処理の場合、「仮払消費税等」や「仮受消費税等」勘定科目は使用しません。「売上」や「仕入」は税込で計算されているため、当然、差し引きで計算される「利益」にも消費税が含まれています。決算処理では、利益に含まれる消費税分を「租税公課」という勘定科目で経費としてマイナスします。

当期で処理する場合は、まだ支払っていないため、「租税公課」という経費の未払いを計上し、翌期になって支払ったときに、未払消費税を借方記入し、残高を「0」にします。

◉当期の処理

弥生会計 プロフェッショナル - 株式会社 黒字商事・第2期(令和05年04月01日-令和06年03月31日) - [振替伝票(新規作成)]

ファイル(F) 編集(E) 設定(S) 帳簿・伝票(C) 集計(R) 決算・申告(K) 拡張機能(X) ツール(T) ウィンドウ(W) オプション(L) ヘルプ(H)　ナビゲータ

戻る 新規作成 検索 置換 証憑ビューアー 表示設定 サイズ切替 入金伝票 出金伝票 科目設定 登録 印刷 ヘルプ 閉じる

伝票辞書

振替伝票(新規作成)

日付(D): 03/31 伝票No.(N): 1510 決算仕訳(V): 決算

借方勘定科目 借方補助科目 借方部門	借方金額 消費税額	貸方勘定科目 貸方補助科目 貸方部門	貸方金額 消費税額	摘要 借方税区分	貸方税区分
租税公課	499,000	未払消費税等	499,000	消費税確定分 未払計上	

◉翌期の処理

弥生会計 プロフェッショナル - 株式会社 黒字商事 (3期) ・第3期(令和06年04月01日-令和07年03月31日) - [振替伝票 (新規作成)]

振替伝票(新規作成)

日付(D): 05/20　伝票No.(N): 1　決算仕訳(V):

借方勘定科目 / 借方補助科目 / 借方部門	借方金額 / 消費税額	貸方勘定科目 / 貸方補助科目 / 貸方部門	貸方金額 / 消費税額	摘要
未払法人税等	499,000	普通預金 レモン銀行	499,000	消費税納付

ONE POINT 税込処理の場合(翌期で処理する場合)

翌期で処理する場合は、支払ったときに「租税公課」という経費を計上します。

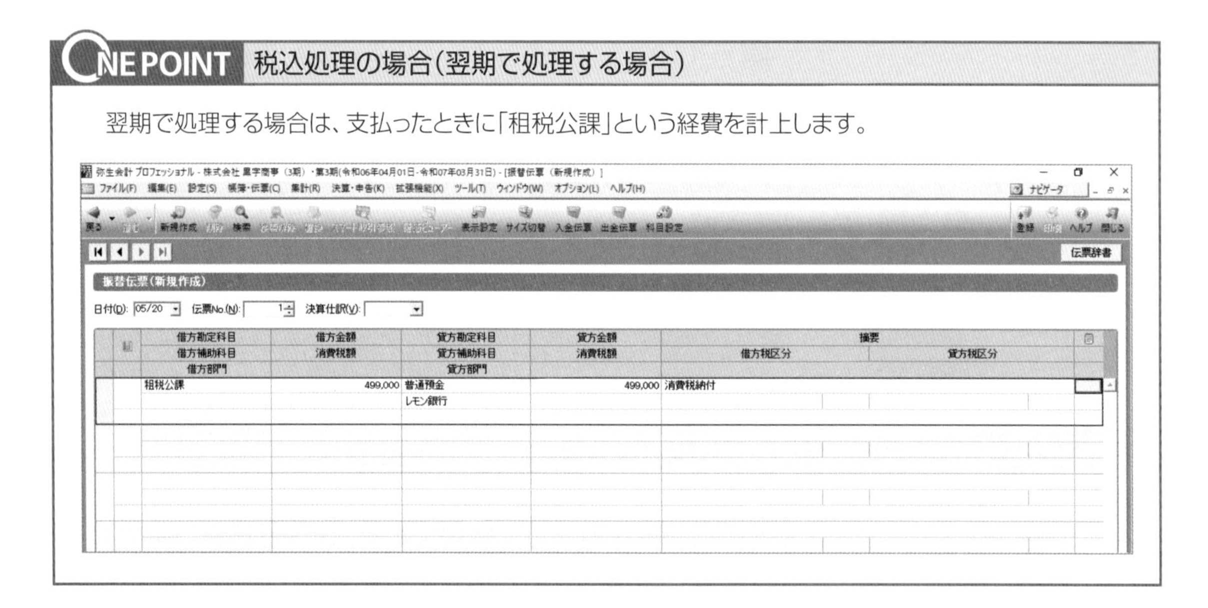

税理士からのコメント 消費税の転嫁対策

消費税課税事業者の場合、消費税の納税は「もうけが出ている、出ていない」には関わらず、赤字でも免除されることはありません。納税に充てる資金はきちんと用意しておかないと、資金繰りに苦慮することになります。

特に税込で日々の記帳をしていると、預った消費税がいくらあって、どれくらい納税しなくてはいけないのか?という認識が薄くなりがちです。現在の利幅を確保するためにきちんと価格に消費税を転嫁させ、どれくらいの納税が必要になりそうか、考慮しておく必要があります。

弥生会計の消費税申告書作成画面では、消費税申告を自社でやらない場合でも、入力されている仕訳からどれくらいの納税額になるのか、概算金額を確認することができます。

個人事業主へ支払う際の源泉徴収について

社会保険労務士、ライターなど、個人や個人事務所に報酬を支払う場合は、給与の支払いと同様、一定率の所得税と復興特別所得税を合わせて天引きする源泉徴収を行う必要があります。

例)個人に対して100,000円の報酬を支払う場合

10.21%(10,210円)を源泉所得税として天引きし、89,790円が支払額となります。

請求書等で消費税分が明確に把握できるケースの場合は、税抜額から源泉税を計算して差し支えありません。税抜額100,000円+10,000円(10%)=税込合計110,000円の場合、税抜額の100,000円より10.21%(10,210円)を源泉徴収し、99,790円を支払います。

なお、源泉徴収した所得税は給与分と合わせて、原則的には翌月の10日までに納付します。年末には、1年間の支払総額と源泉徴収税額を支払調書として個人へ通知します。

◉支払側(株式会社黒字商事)の仕訳

弥生会計 プロフェッショナル - 株式会社 黒字商事・第2期(令和05年04月01日-令和06年03月31日) - [振替伝票 (新規作成)]

ファイル(F) 編集(E) 設定(S) 帳簿・伝票(C) 集計(R) 決算・申告(K) 拡張機能(X) ツール(T) ウィンドウ(W) オプション(L) ヘルプ(H)　ナビゲータ

戻る 進む 新規作成 削除 検索 伝票複写 置換 スマート取引取込 証憑ビューアー 表示設定 サイズ切替 入金伝票 出金伝票 科目設定　登録 印刷 ヘルプ 閉じる

伝票辞書

振替伝票(新規作成)

日付(D): 04/01　伝票No.(N): 1510　決算仕訳(V):

借方勘定科目 借方補助科目 借方部門	借方金額 消費税額	貸方勘定科目 貸方補助科目 貸方部門	貸方金額 消費税額	摘要	
				借方税区分	貸方税区分
支払報酬料	110,000	普通預金	99,790	黒字商店 原稿料	
	(10,000	レモン銀行		課対仕入10% 内税	
		預り金	10,210	黒字商店 原稿料 源泉所得税	
		源泉所得税			

◉受取側(黒字商店(個人事業主)の仕訳

弥生会計 プロフェッショナル - 黒字商店・令和05年度 - [振替伝票 (新規作成)]

ファイル(F) 編集(E) 設定(S) 帳簿・伝票(C) 集計(R) 決算・申告(K) 拡張機能(X) ツール(T) ウィンドウ(W) オプション(L) ヘルプ(H)　ナビゲータ

戻る 進む 新規作成 削除 検索 伝票複写 置換 スマート取引取込 証憑ビューアー 表示設定 サイズ切替 入金伝票 出金伝票 科目設定　登録 印刷 ヘルプ 閉じる

伝票辞書

振替伝票(新規作成)

日付(D): 01/01　伝票No.(N): 670　決算仕訳(V):

借方勘定科目 借方補助科目 借方部門	借方金額 消費税額	貸方勘定科目 貸方補助科目 貸方部門	貸方金額 消費税額	摘要	
				借方税区分	貸方税区分
普通預金	99,790	売上高	110,000	黒字商事 原稿料売上	
レモン銀行					課売一10%
事業主貸	10,210			黒字商事 原稿料売上 源泉所得税	

※源泉徴収された所得税分は経費にはならず、最終的に確定申告で確定する所得税の前払い分です。そのため、「事業主貸」勘定で処理し、支払調書で確認した1年分の源泉所得税を、確定申告書に記載します。

個人事業主のお客様からの質問

私どもの会計事務所には、確定申告時期近くになると、個人事業主のお客様からいろいろな質問をいただきます。ここでは、それらの中から代表的な質問をご紹介したいと思います。

Q 今は白色申告だが青色申告にしないといけない?

A いけないということはありませんが、平成26年1月から、白色申告のすべての方に記帳と帳簿の保存が義務付けられたため、「白色申告だから決算の時だけ書類を作成すればいい」というわけにはいかなくなりました。青色申告なら、次のような特典を受けることができます。

- **青色申告特別控除(複式簿記で帳簿を作成する場合、電子申告を行うと65万、紙での提出の場合は55万、簡易記帳の場合は10万の所得控除)**
- **純損失の繰越控除**
- **青色事業専従者給与の経費算入(妥当性があれば全額経費算入可能)など**

青色申告は、貸借対照表まで作成しなければいけませんが、その分、ご自分の営む事業の「数字」がいち早くわかる上、資金の手当てや事業計画の立案なども素早く行うことができます。弥生会計などの会計ソフトなら思ったよりも簡単にできますので、頑張って挑戦してみませんか?

Q 自宅兼事務所なのだが家事関連費の按分方法は?

A これは実態に応じての按分になりますので、お客様の実態をよく把握して、適切な按分計算をすることが必要になります。たとえば、次のような比率の計算を行います。

- **面積比**
- **人数比**
- **稼動実績比**

電話代などは通話明細を取り寄せれば、より正確な経費計算ができますし、仕事でも使う自動車の場合には、走行記録を付けることで実態に応じての経費按分ができます。事業の実態から考え、誰もが納得するような按分計算をするように心がけましょう。

Q 領収書の出ない経費はどうすればいい?

A 会議の際に出される自動販売機で購入したお茶、自動券売機で購入した切符、現金支払のバス代、得意先などの慶弔に伴う現金の支出・・・、世の中には領収書の出ない経費が案外多く存在します。ここでは、代表的な例とその対応策について下記に示します。

- **自動販売機で購入したお茶代や領収書の出ない交通費**
  市販されている「支払証明書」や「出金伝票」などに必要事項を記入し、保管します。
- **得意先などの慶弔に伴う現金の支出**

当該事実(慶弔の事実)を示す書類を保管しておきます。たとえば、招待状・逝去した事実を示すお知らせ・会葬礼状などです。また、支出金額については、前述のように出金伝票を起票し保管します。個人事業主の方なら、カレンダーやスケジュール帳に行き先・手段・金額を記入し保管しておく方法もあるでしょう。大切なのは、信頼度の高い原始証憑の確実な保管に他なりません。

Q ノートを文房具屋さんで購入したけど、これは「事務用品費」? それとも「雑費」?

A 事務用品費でも雑費でもどちらでもかまいません。勘定科目は、その取引の意味を明確に示しているならば特に規則はありません。むしろ「どの勘定科目を使うか」よりも「一度その勘定科目を採用したら、継続的にそれを使い続ける」ことが大切です。年ごとに勘定科目を変えるのはよくありません。

第7章

決算作業を行ってみよう

SECTION-40 スタンダード プロフェッショナル

決算書の作成手順を確認しよう

決算修正・整理作業が終了し、各勘定の残高が確定したら、決算書を作成します。ここでは、決算書の作成手順を確認しましょう。

■決算書の作成手順

決算書の作成手順は次の通りです。

① 決算書項目の確認と設定

「弥生会計で設定されている勘定科目を決算書のどこに表示するか」を設定します。

※法人は250～253ページ、個人事業主は264～269ページを参照してください。

② 入力した仕訳から集計できない項目の入力

事業所情報や、注記事項など(法人)、損益計算書の内訳など(個人)を手入力します。

※法人は253～257ページ、個人事業主は270ページを参照してください。

③ 決算書の印刷

決算書を印刷します。

※法人は258～259ページ、個人事業主は271～272ページを参照してください。

決算書の作成作業は「法人」と「個人事業主」では作成画面や設定方法が異なります。法人は250ページ、個人事業主は264ページを参照してください。

決算書というと「会計事務所の先生が作って持ってきてくれるもの」と思っている方も多いと思いますが、弥生会計を用いれば簡単に作成することができます。もちろん、決算書を作成する場合は会計的な知識があるに越したことはありませんし、専門用語の中には会計や税法を知らないと理解が難しい用語も確かにあります。そのような内容は、弥生会計の機能の1つである「仕訳アドバイザー」や市販されている決算書の作り方に関する書籍を参考にして勉強してみましょう。特別なことがない限り、皆さんの手で作成するということは可能ではないでしょうか。

なお、体験版をダウンロードした場合や、製品版のライセンス認証をしていない場合は、法人データ、個人事業主データともに決算書や消費税申告書、勘定科目内訳書・法人事業概況書(法人・プロフェッショナル版)に関する画面を開くことができないため注意が必要です。

■貸借対照表と損益計算書について

決算書類は、「法人」か「個人事業主」か、また会社の規模などによって作成が必要な書類が異なってきます。ここでは、主要な決算書類である「貸借対照表」と「損益計算書」について確認してみましょう。

手作業で会計処理を行っている場合は、残高試算表の各勘定科目の残高を確認しながら「貸借対照表」と「損益計算書」を作成していきます。

「貸借対照表」は残高試算表の各勘定科目の残高のうち、「資産（借方残高）」「負債（貸方残高）」「資本（純資産）（貸方残高）」の科目残高を集計し一覧表にしたものです。「借方の合計」と「貸方の合計」の差額は「利益」を表しますが、法人と個人では表示方法が異なります。具体的には、法人の場合は、前期から繰越した利益分「繰越利益」と今期に計上された利益「当期純損益」とを合計して「繰越利益剰余金」区分に表示します。個人の場合は、「控除前所得」として、資本の区分に表示します。

「損益計算書」は、「収益（貸方残高）」と「費用（借方残高）」の勘定科目の残高を集計し、一覧表にしたものです。「借方」と「貸方」の差額はその年の「利益」を表します。こちらも、法人の場合は「当期純損益」になり、個人の場合は「控除前所得」になります。法人、個人とも「貸借対照表」で計算された「当期純損益（法人）」「控除前所得（個人）」と必ず一致します。

弥生会計では、残高試算表に集計されたデータから「貸借対照表」と「損益計算書」を自動集計し計算してくれます。集計した数字を決算書類にどのように印刷するのか、については設定を行います。また集計されないデータは手入力していく必要があります。

◉貸借対照表（法人）

貸　借　対　照　表

令和 6年 3月31日　現在

株式会社　黒字商事　　　　(単位：　円)

資産の部		負債の部	
科目	金額	科目	金額
【流動資産】	90,587,054	【流動負債】	80,577,901
現金及び預金	40,228,539	支払手形	500,000
売掛金	30,355,359	買掛金	47,324,351
商品	3,000,000	短期借入金	12,000,000
立替金	96,881	未払金	880,000
仮払消費税等	16,906,275	未払配当金	800,000
【固定資産】	14,485,000	預り金	1,422,576
【有形固定資産】	14,485,000	仮受消費税等	17,650,974
建物	7,500,000	負債の部合計	80,577,901
建物附属設備	1,500,000	純資産の部	
車両運搬具	3,500,000	【株主資本】	24,494,153
工具器具備品	1,800,000	資本金	10,000,000
一括償却資産	185,000	利益剰余金	14,494,153
		利益準備金	80,000
		その他利益剰余金	14,414,153
		別途積立金	2,000,000
		繰越利益剰余金	12,414,153
		純資産の部合計	24,494,153
資産の部合計	105,072,054	負債及び純資産合計	105,072,054

◉損益計算書（法人）

損　益　計　算　書

自　令和 5年 4月 1日
至　令和 6年 3月31日

(単位：　円)

目	金額	
	176,549,244	
計		176,549,244
	126,292,067	
計	126,292,067	
価		126,292,067
益金額		50,257,177
		44,865,529
金額		5,391,648
息	2,201	
金	800	
計		3,001
息	600,000	
計		600,000
金額		4,794,649
税引前当期純利益金額		4,794,649
法人税・住民税及び事業税		496
当期純利益金額		4,794,153

SECTION-41

スタンダード　プロフェッショナル

法人の決算書を作成しよう

弥生会計では、法人の決算関係の書類として、「決算書類」(貸借対照表・損益計算書など)、「法人税申告書の添付資料」(勘定科目内訳書・法人事業概況説明書)を作成することができます。なお、オプション設定を行っている場合は、製造原価報告書を作成することもできます。

※勘定科目内訳書・法人事業概況説明書の作成は「弥生会計 23 プロフェッショナル」「弥生会計 23 ネットワーク」のみの機能です。

■決算書項目について

決算書を作成する前に、決算書に表示する名称と弥生会計に設定してある勘定科目の結び付けを確認します。弥生会計に初期設定されている勘定科目は決算書への表示項目があらかじめ設定されていますが、新しい勘定科目を追加した場合は、追加した勘定科目名と同じ名称で決算書への表示項目が設定されています。すべての勘定科目に決算書への表示項目の設定がされていないと、決算書を印刷することができません。新規に勘定科目を追加した場合には、一通り確認しておきましょう。確認するための画面は、クイックナビゲータの「決算・申告」メニューをクリックし、**[科目設定]**アイコンをクリックして表示します。

41-1 勘定科目に設定された決算書項目を修正する

ここでは、「損益科目」の「販売管理費」区分に「ごみ処理費」勘定が追加されている状態で、この勘定科目を決算書の「雑費」に含めて表示するようにしてみましょう。

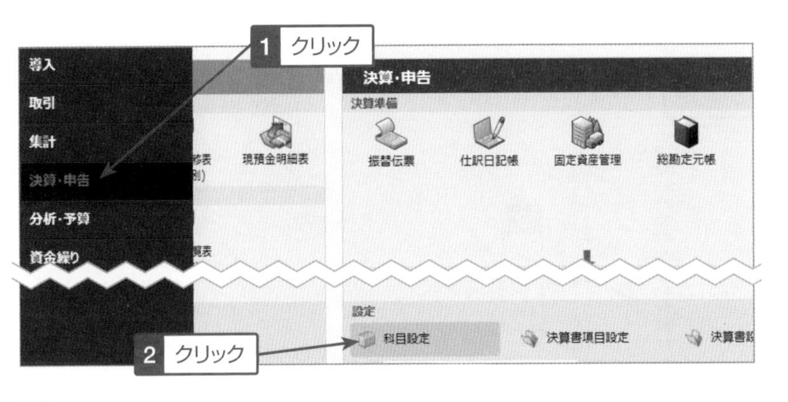

1 クイックナビゲータの「決算・申告」メニューをクリックし、**[科目設定]**アイコンをクリックします。

2 「損益科目」タブをクリックし、「ごみ処理費」勘定の「決算書項目」から「雑費」を選択します。

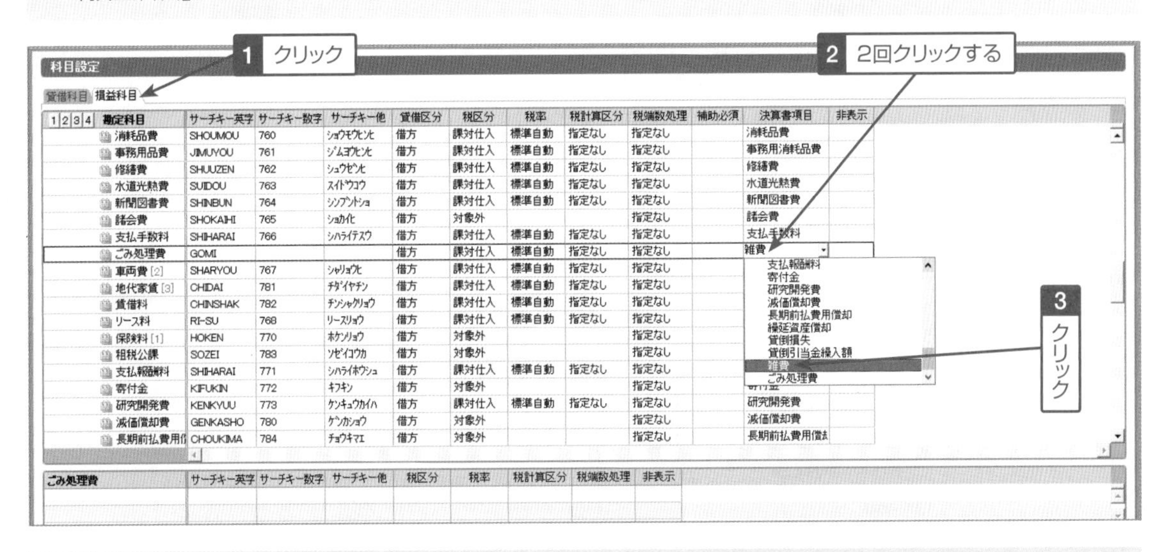

画面右の「決算書項目」欄が決算書に集計される項目との結び付けの設定欄となります。「指定なし」と表示されている場合は、決算書項目を設定します。

41-2 決算書項目を編集する

決算書項目に該当するような内容がない場合は、ツールバーの**[決算項目]**ボタンをクリックし、新しい決算書項目を作成します。ここでは、「ごみ処理費」勘定に初期設定された決算書項目を「清掃委託費」に修正し、「ごみ処理費」の決算書への表示・集計場所を「雑費」から「清掃委託費」に修正してみましょう。

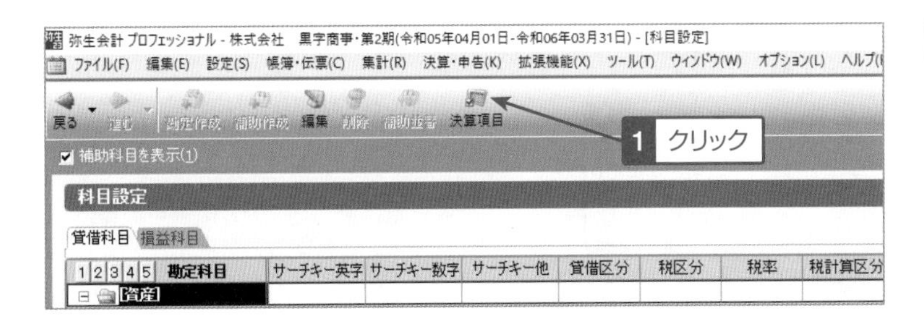

1 ツールバーの**[決算項目]**ボタンをクリックします。

基礎知識
導入
初期設定
日常入力作業
集計
決算準備
決算
付録

2 「損益科目」タブをクリックし、[販売費及び一般管理費]の一番下にある「ごみ処理費」をクリックして 編集(M) ボタンをクリックします。

決算書項目を新規に追加する場合は 追加(A)... ボタンをクリックします。

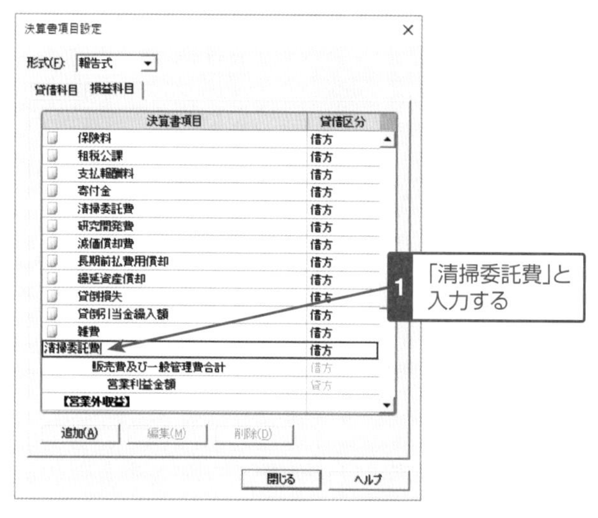

3 「清掃委託費」と入力し、決算書項目名を修正します。

別の項目などをクリックすると確定します。

1 ここで左ボタンを押す
2 ここまでドラッグし、左ボタンを離す
3 クリック

4 必要に応じて、新しく追加したり修正した決算書項目の表示順を任意の位置に入れ替えて、 閉じる ボタンをクリックします。

新しく追加した決算書項目は「販売費及び一般管理費」区分の一番下に作成されます。並べ替えは勘定科目や補助科目の並べ替えと同様に、ドラッグ&ドロップで行うことができます。

※操作例では、「清掃委託費」を「寄付金」の下に移動しています。

5 「ごみ処理費」勘定の「決算書項目」から「清掃委託費」を選択します。

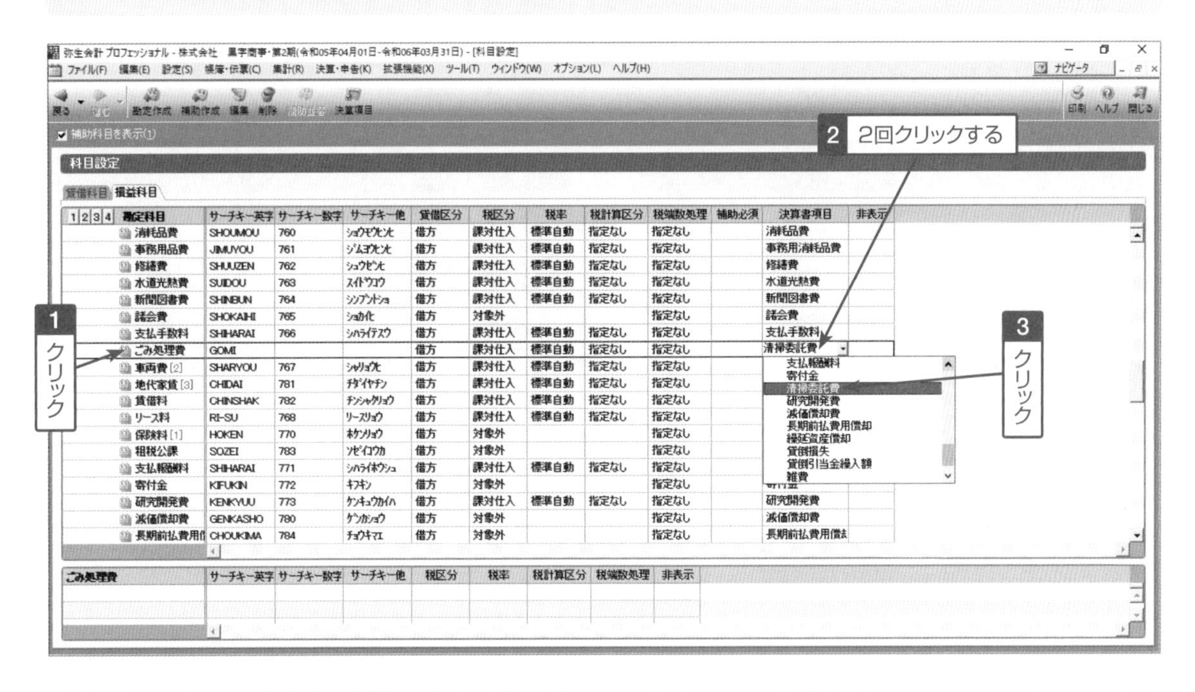

■決算書の設定

仕訳データから自動集計されない項目(たとえば、決算書の表紙に印字する内容、帳票の名称、注記事項など)については、手入力する必要があります。これらを行うには、クイックナビゲータの「決算・申告」メニューをクリックし、**[決算書設定]**アイコンをクリックして、各タブの画面で必要に応じて入力していきます。

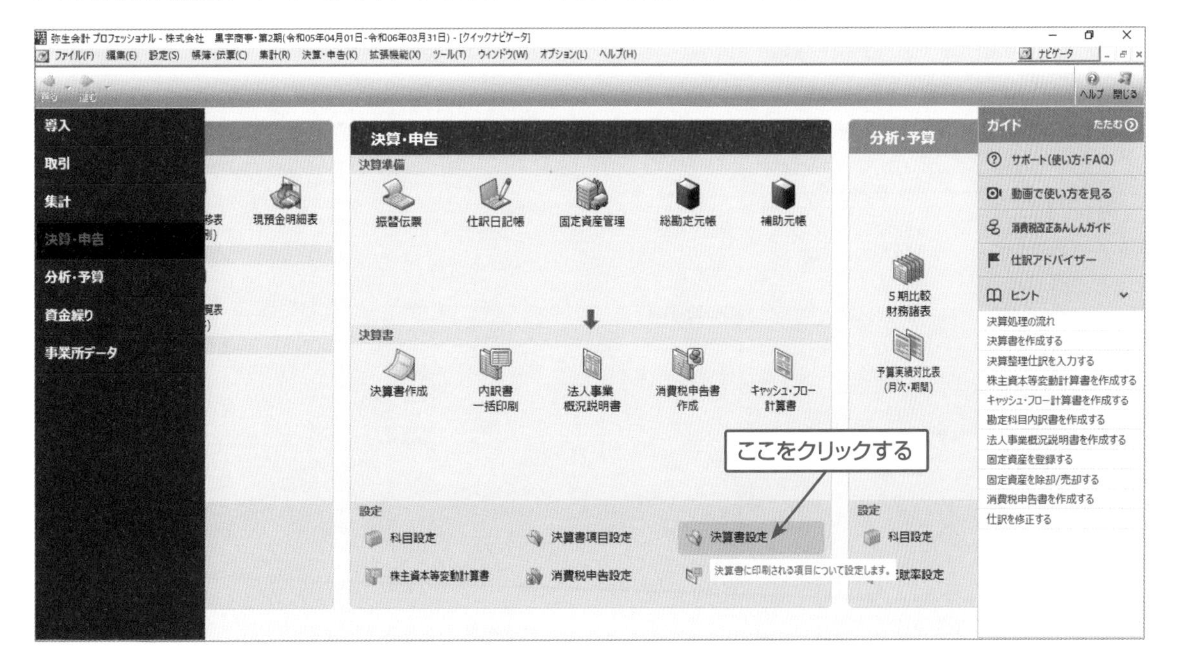

● 基本設定/表紙

事業所名や住所情報などを確認します。

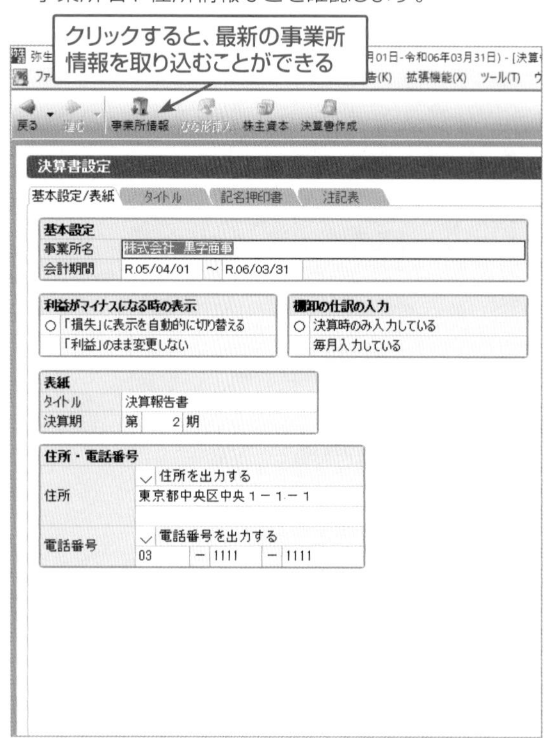

● タイトル

各帳票のタイトルを確認します。

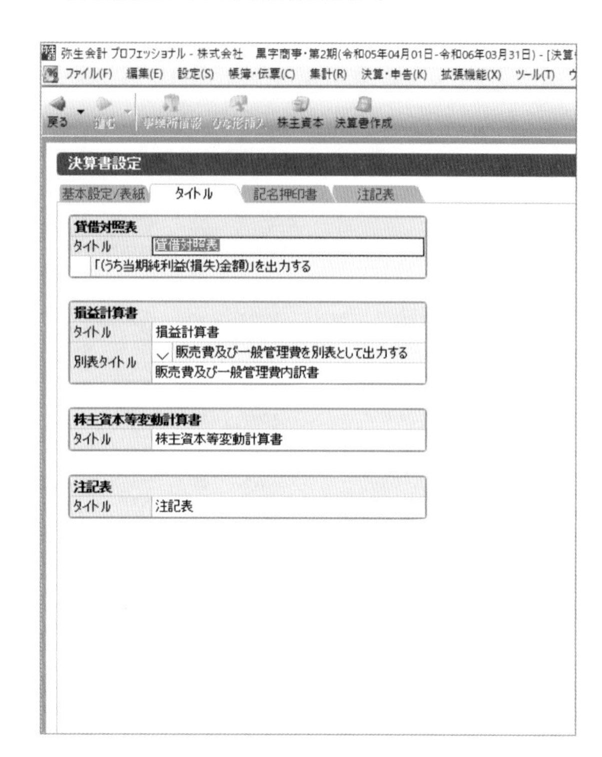

● 記名押印書

取締役や監査役の署名を行う場合、日付と名前を入力します。

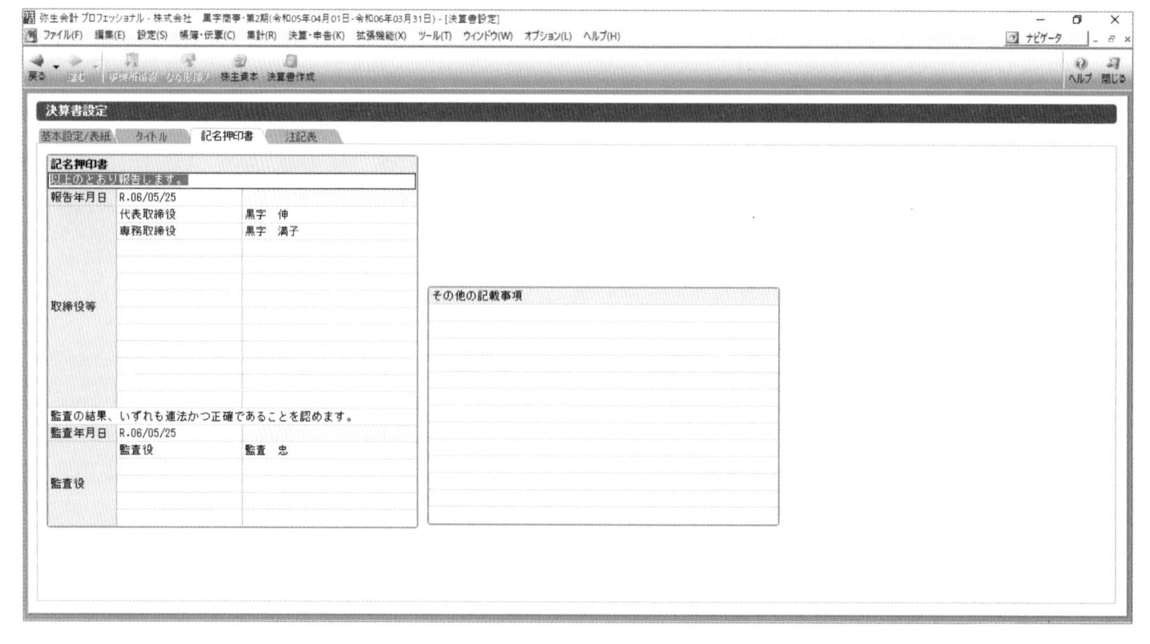

● 注記表

決算書類に注記する必要がある場合、個別に注記表を作成します。

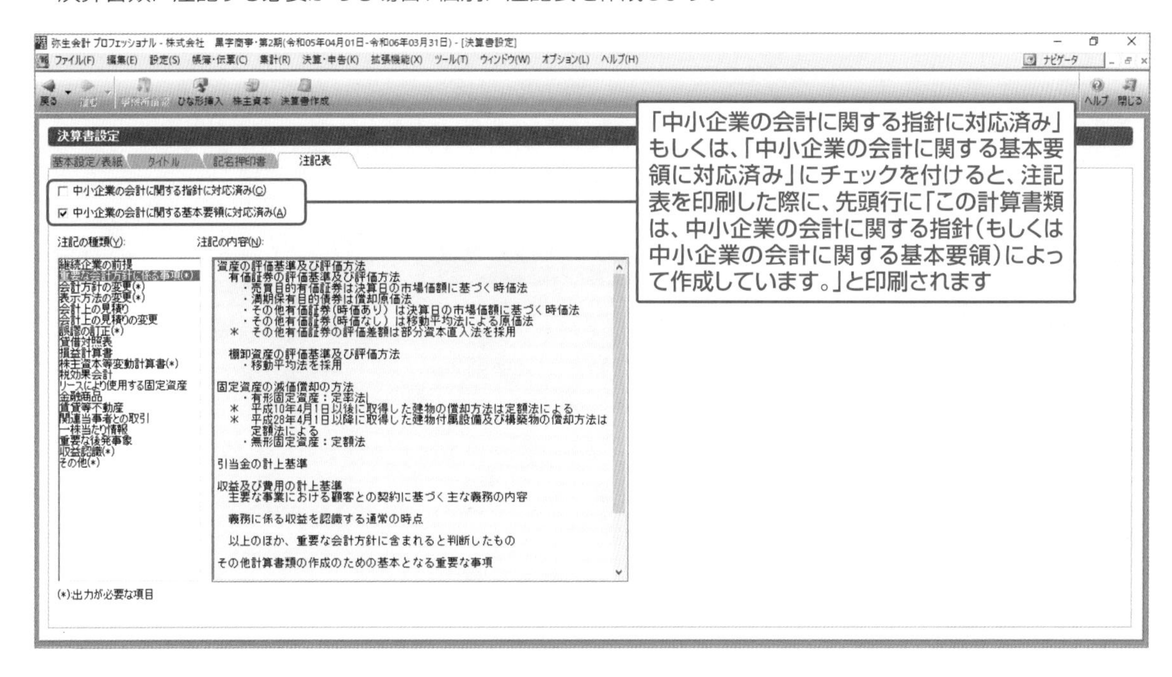

■ 株主資本等変動計算書について

会計期間中に「純資産」に属する勘定科目の残高に増減があった場合、増減金額とその事由を明示します。「株主資本等変動計算書」では、「当期変動額合計」欄を確認します。「当期純損益金額」勘定科目以外で変動がある場合、金額とその事由を個別に表示させます。画面右端の「差額」欄が「0」になっていなければ印刷を行うことができません。

基礎知識
導入
初期設定
日常入力作業
集計
決算準備
決算
付録

41-3 株主資本等変動計算書を設定する

ここでは、期中に次のような利益処分を行っている場合の株主資本等変動計算書を設定してみましょう。

- 配当金の支払　800,000円
- 利益準備金の積立　80,000円
- 別途積立金の積立　2,000,000円

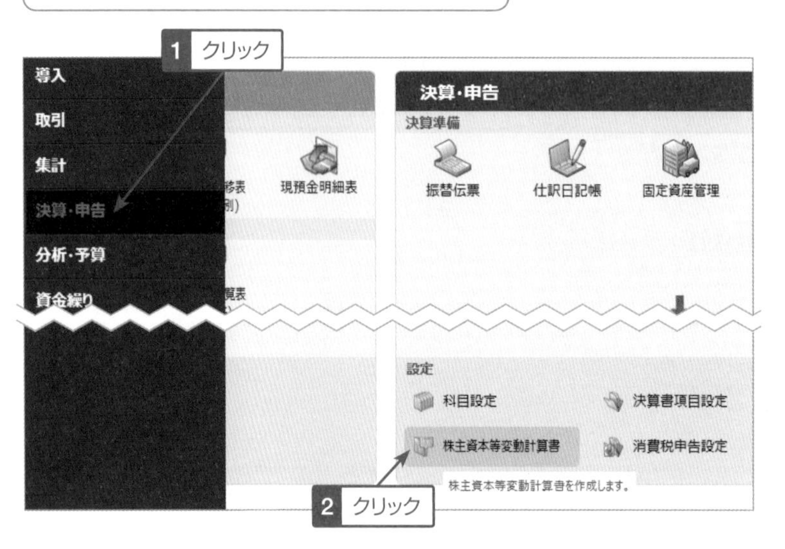

1 クイックナビゲータの「決算・申告」メニューをクリックし、**[株主資本等変動計算書]**アイコンをクリックします。

決算書項目(250ページ参照)が割り当てられていない勘定科目がある場合、警告が表示されて「株主資本等変動計算書」を表示できません。

2 ツールバーの**[事由設定]**ボタンをクリックします。

3 追加(A)... ボタンをクリックします。

基礎知識 / 導入 / 初期設定 / 日常入力作業 / 集計 / 決算準備 / 決算 / 付録

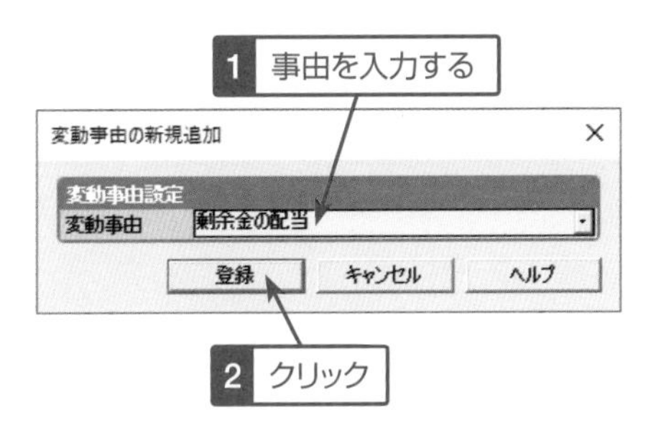

4 変動事由を記入して、登録ボタンをクリックします。

▼をクリックして表示されるリストに候補がある場合は、その候補を選択することでも入力できます。

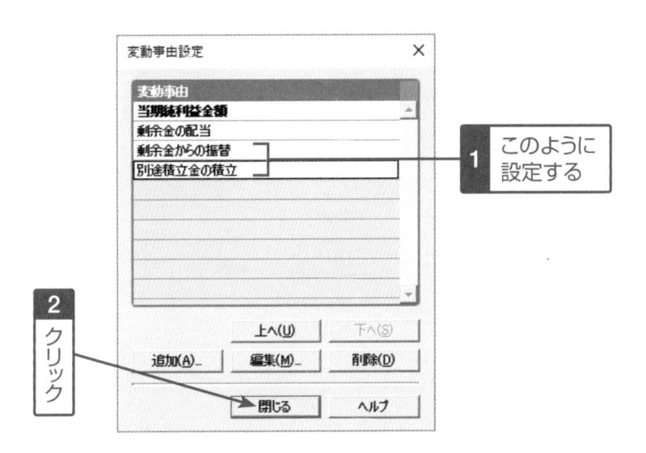

5 操作例3～4の要領で、残り2つの事由を設定します。その後、閉じるボタンをクリックします。

この操作により、株主資本等変動計算書に変動事由の列が追加されます。

6 **[決算の種類(Y)]**で「本決算」を選択し、設定した各変動事由の列に変動額を入力していきます。画面一番右の「差額」欄が「0」になっていることを確認します。

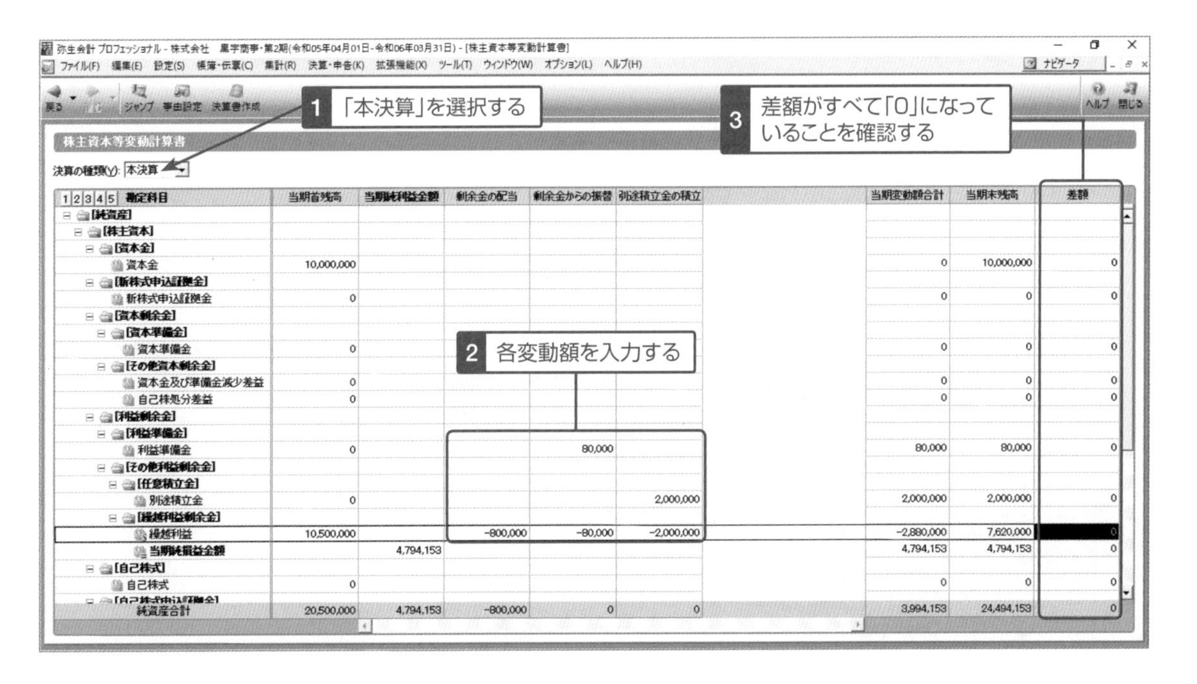

41-4 決算書を印刷する

決算書に関する設定作業が終了したら、決算書を印刷します。ここでは、クイックナビゲータの画面から操作します。

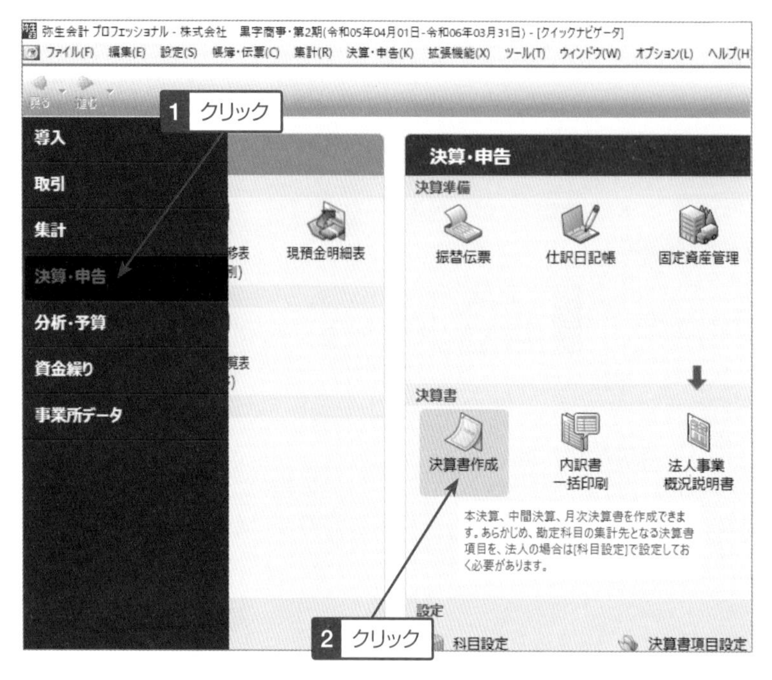

1 クイックナビゲータの「決算・申告」メニューをクリックし、**[決算書作成]**アイコンをクリックします。

2 はい(Y) ボタンをクリックします。

3 決算書作成の内容を確認し、画面左下の 印刷(P)... ボタンをクリックします。

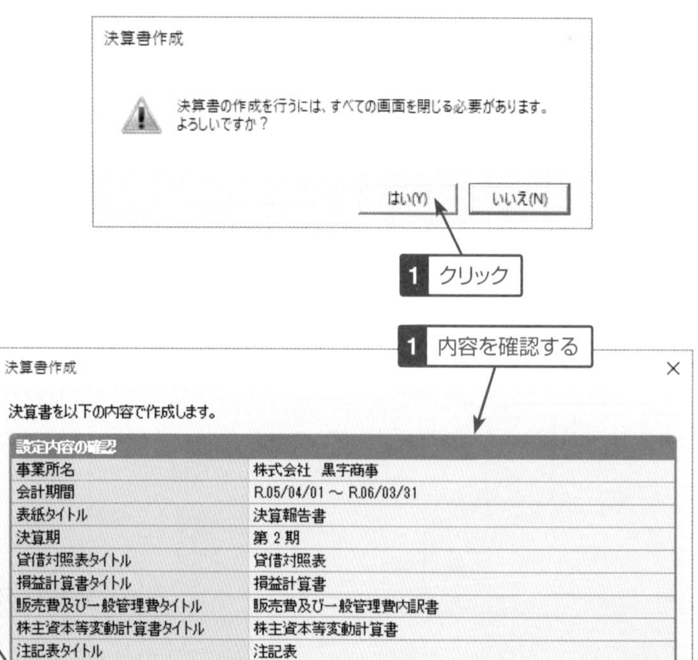

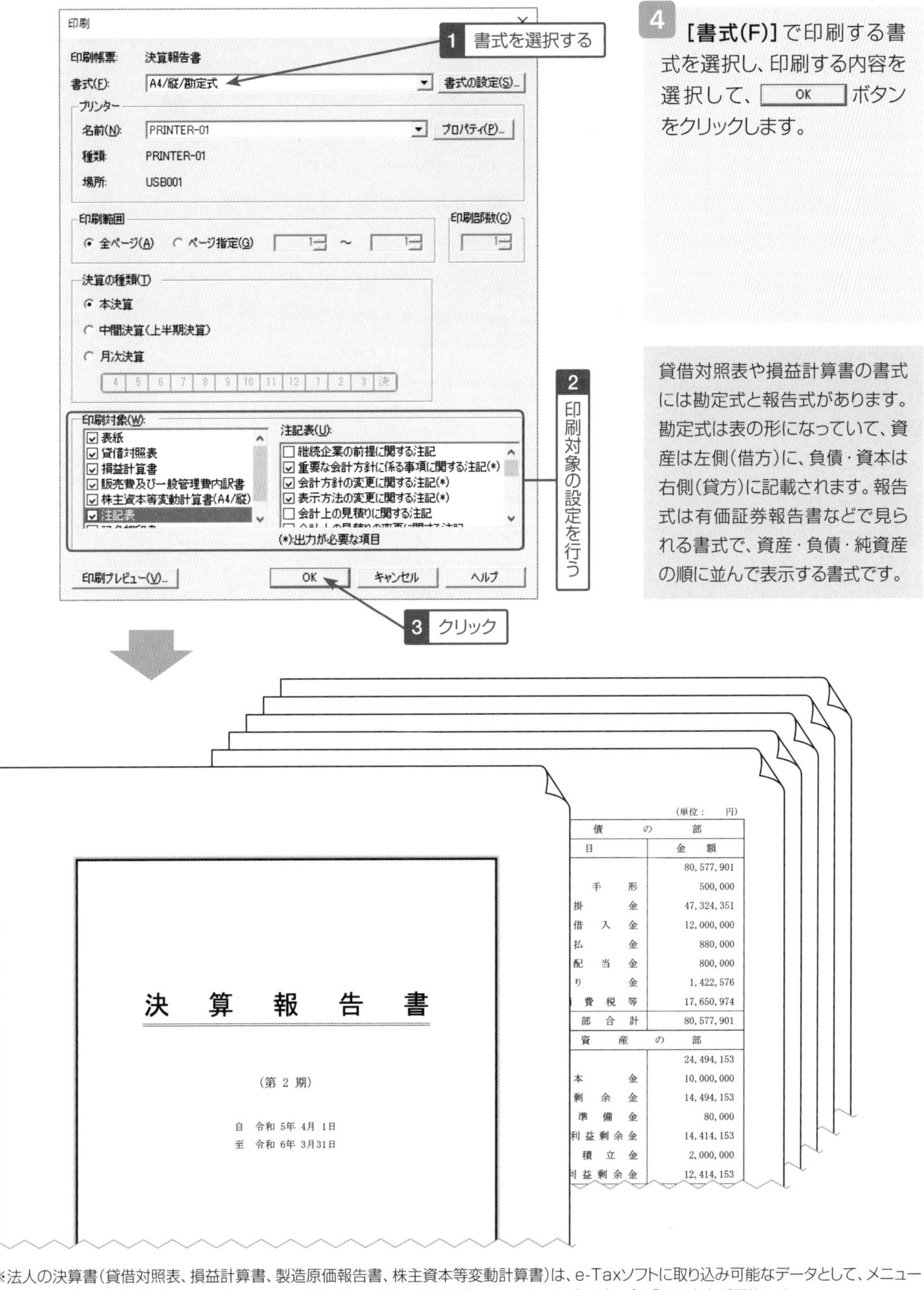

4 **[書式(F)]** で印刷する書式を選択し、印刷する内容を選択して、OK ボタンをクリックします。

貸借対照表や損益計算書の書式には勘定式と報告式があります。勘定式は表の形になっていて、資産は左側(借方)に、負債・資本は右側(貸方)に記載されます。報告式は有価証券報告書などで見られる書式で、資産・負債・純資産の順に並んで表示する書式です。

※法人の決算書(貸借対照表、損益計算書、製造原価報告書、株主資本等変動計算書)は、e-Taxソフトに取り込み可能なデータとして、メニューバーの **[決算・申告(K)]→[電子申告データの書き出し(X)]→[決算書e-tax・XBRL書き出し(K)]** より出力が可能です。

■勘定科目内訳書の作成方法 プロフェッショナル

「弥生会計 23 プロフェッショナル」「弥生会計 23 ネットワーク」では、勘定科目内訳書の作成を行うことができます。クイックナビゲータの「決算・申告」メニューの**[内訳書一括印刷]**アイコンから一括で印刷することができますが、作成はメニューバーの**[決算・申告(K)]→[勘定科目内訳書(U)]**から個別に選択して設定を行います。

たとえば、「預貯金等の内訳書」を作成するには、次のように操作します。

❶ **[決算・申告(K)]→[勘定科目内訳書(U)]→[預貯金等の内訳書(1)]**を選択します。

❷ ツールバーの**[内訳書科目設定]**ボタンをクリックします。

❸ 「内訳書科目設定」ダイアログボックスで、[選択(S)...]ボタンをクリックします。

❹ 「預貯金等の内訳書」に表示したい対象勘定科目のチェックボックスのみをONにして、[OK]ボタンをクリックします。

❺ 「内訳書科目設定」ダイアログボックスで、[閉じる]ボタンをクリックします。

❻ ツールバーの**[データ設定]**ボタンをクリックし、「内訳書科目設定」で選択した勘定科目(補助科目)ごとに期末の残高が表示されていることを確認します。金融機関名、支店名、口座番号を確認し、必要であれば修正や追加入力します。

❼ ツールバーの**[戻る]**ボタンをクリックし、**[データ取込]**ボタンをクリックして、[OK]ボタンをクリックします。確認メッセージが表示されたら、[はい(Y)]ボタンをクリックして、設定内容を内訳書に取り込みます。すでに取り込みを行っている場合は、最新の状態で上書きされます。

❽ 作成された「預貯金等の内訳書」を確認します。

❾ 個別に印刷する場合はツールバーの**[印刷]**ボタンをクリックし、設定を行って印刷を実行します。各内訳書を個別に設定しておいて、クイックナビゲータの「決算・申告」メニューの**[内訳書一括印刷]**アイコンから一括で印刷することもできます。

※勘定科目内訳書のデータは、e-Taxソフトに取り込みが可能なCSVファイルとして出力が可能です。

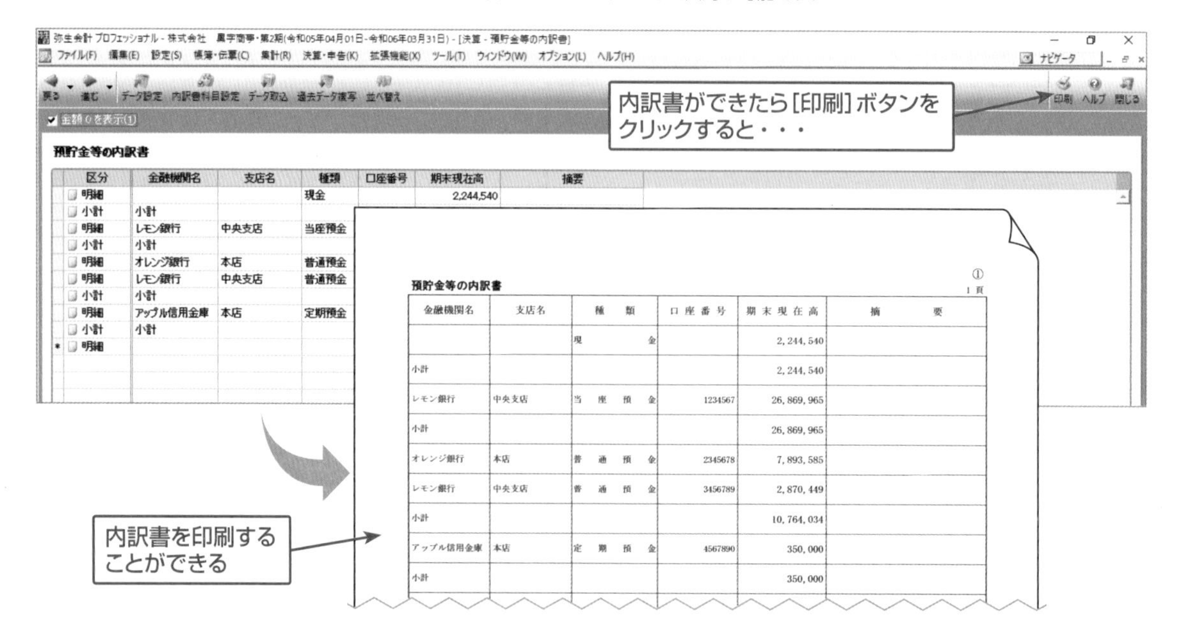

金融機関名	支店名	種類	口座番号	期末現在高	摘要
		現金		2,244,540	
小計				2,244,540	
レモン銀行	中央支店	当座預金	1234567	26,869,965	
小計				26,869,965	
オレンジ銀行	本店	普通預金	2345678	7,893,585	
レモン銀行	中央支店	普通預金	3456789	2,870,449	
小計				10,764,034	
アップル信用金庫	本店	定期預金	4567890	350,000	
小計				350,000	

ONE POINT データを取り込める勘定科目内訳書

各勘定科目内訳書は直接手入力で作成することもできますが、仕訳データや拡張機能からデータを取り込むことができます。また、補助科目を設定しておくと便利です。なお、データを取り込むことができない下記以外の内訳書は手入力します。

■ 仕訳データを取り込むことができる内訳書

- 預貯金
- 売掛金（未収入金）
- 仮払金（前渡金）
- 貸付金（受取利息は手入力）
- 買掛金（未払金・未払費用）
- 仮受金（前受金・預り金）

■ 拡張機能から取り込むことができる内訳書

- 受取手形
- 支払手形
- 固定資産
- 借入金及び支払利子

■法人事業概況説明書の作成方法 プロフェッショナル

弥生会計では法人税の申告書を作成することはできませんが、「法人事業概況説明書」の作成には、「弥生会計 23 プロフェッショナル」「弥生会計 23 ネットワーク」が対応しています。「法人事業概況説明書」とは、平成18年度の法人税法改正により提出が義務付けられている法人税申告書の添付資料です。基本設定の他、19項目を記入していきますが、事業所情報や仕訳データから取り込むことができる項目と、手入力していく項目があります。

法人事業概況説明書を作成するには、次のように操作します。

❶ クイックナビゲータの「決算・申告」メニューをクリックし、**[法人事業概況説明書]**アイコンをクリックします。

❷ **[設定項目(I)]**に表示された、「基本設定」とその下の19項目を1つずつ入力していきます。ツールバーの**[データ取込]**ボタンをクリックすると「データの取り込み」ダイアログボックスが表示されるので、取り込み対象を指定して[OK]ボタンをクリックすると、事業所情報や仕訳データを取り込むことができます。このとき、取り込むことができる項目すべてを一括して取り込みたい場合は、取り込み対象を「概況書全体」にします。

❸ 取り込んだデータは必要に応じて修正し、手入力が必要な部分の入力を行います。

❹ 入力が完了したら、ツールバーの**[印刷]**ボタンをクリックします。**[書式(F)]**は「A4/縦」「A4/OCR」「A4/縦/モノクロ」から選択し、[OK]ボタンをクリックします。

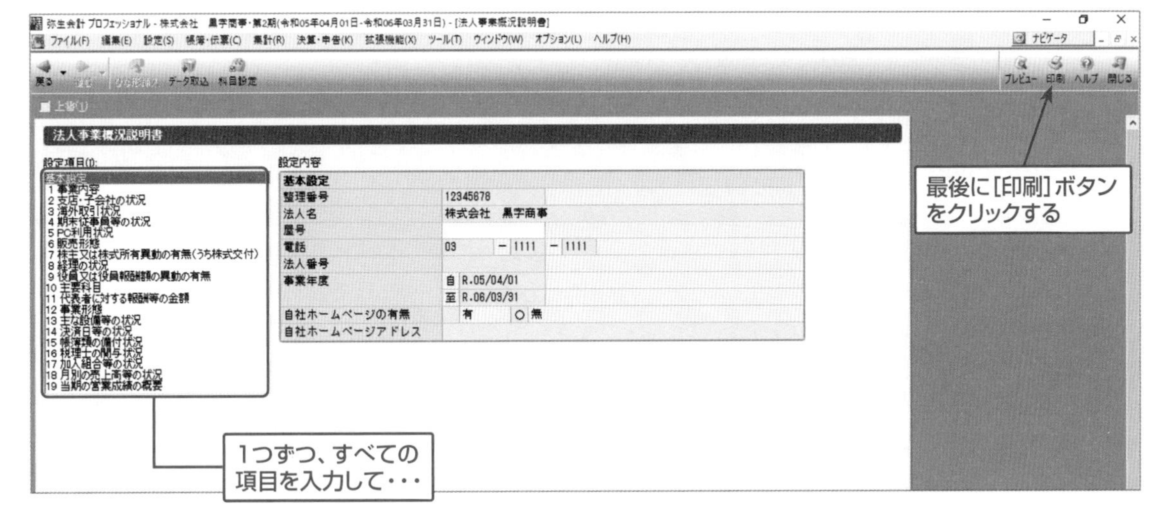

このような「法人事業概況説明書」を印刷することができる

法人事業概況説明書

別添「法人事業概況説明書の書き方」を参考に記載し、法人税申告書等に一部添付して提出してください。
なお、記載欄が不足する項目につきましては、お手数ですが、適宜の用紙に別途記載の上、添付願います。

整理番号 1 2 3 4 5 6 7 8

法人名	屋号( ) 株式会社 黒字商事 電話(03) 1111 - 1111	事業年度	自 令和 5 年 4 月 1 日	税務署処理欄
			至 令和 6 年 3 月 31 日	
		自社ホームページの有無	有 / ◎無	

1 事業内容	電子機器卸売業

2 支店・子会社の状況		
国内	支店・店舗数	0
海外	支店・店舗数	0
(2) 子会社 国内	国内子会社の数	0
海外	海外子会社の数	0

3 海外取引状況 (1) 取引種類 輸入 輸出 ◎無 取引金額(百万円)

4 期末従業員等の状況		
常勤役員		2
		0
		0
		0
		0
計		2
		0
		0

5 PC利用状況 (1) ◎有 (4) 会計ソフトの利用等 ◎有 (5) 会計ソフト名 弥生会計

8 経理の状況 (2) ◎毎月 (3) ◎給与 ◎報酬・料金

7 株主又は株式所有異動の有無 有 無　9 役員又は役員報酬額の異動の有無 有 ◎無

10 主要科目(単位:千円)			
売上(収入)高	176549	特別損失	
上記のうち兼業売上(収入)高		税引前当期損益	4794
売上(収入)原価	126292	資産の部合計	105072
期首棚卸高		現金預金	40228
原材料費(仕入高)	126292	受取手形	
労務費		売掛金	30355
外注費		棚卸資産(未成工事支出金)	3000
期末棚卸高		貸付金	
減価償却費		建物	9000
地代家賃		機械装置	
売上(収入)総利益	50257	車両・船舶	3500
役員報酬	6400	土地	
従業員給料	14570	負債の部合計	80577
交際費	742	支払手形	500

(兼業割合) %

13 主な設備等の状況

16 税理士の関与状況 (1) 氏名 税務 正 (3) 電話番号 03 - 5555 - 5555

17 加入組合等の状況 (役職名) (役職名) 営業時間 開店 時 閉店 時 定休日 毎週(毎月) 曜日(日)

入金額		外注費	人件費	源泉徴収税額		従事員数
千円	千円	千円	千円	円	千円	人
12,775		163	2,078			
18,778		168	2,146			
14,727		154	2,144			
16,567		161	6,039			
16,714		172	2,134			
17,459		805	2,124			
16,657		1,090	2,149			
11,810		1,086	2,154			

ONE POINT 「法人事業概況説明書」入力画面での色分けについて

画面上の色分けには、次のような意味があります。

■ 緑色の項目

「データ取込」から取り込むことができる項目(上書修正、直接入力可)

■ ピンク色の項目

自動計算項目(上書不可)

■ オレンジ色の項目

自動計算項目(上書のチェックボックスをクリックすると上書可)

■ 水色の項目

オレンジの項目を上書した項目

■ 白色の項目

手入力項目

ONE POINT 印刷前に表示されるメッセージについて

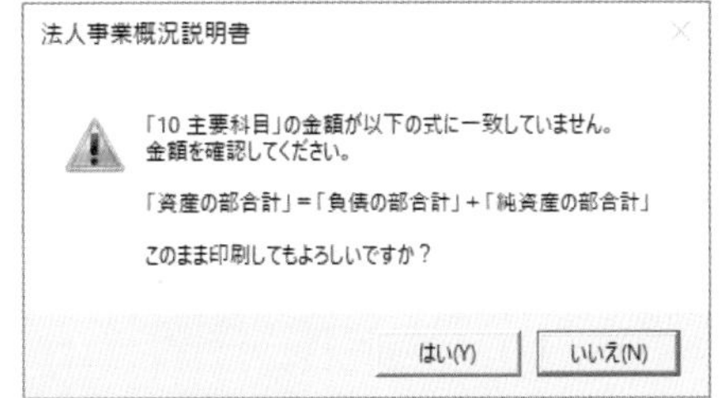

印刷を行う前に右のようなメッセージが表示される場合があります。これはデータ取込を行うと千円未満が切り捨てて計算されるので差額が発生するためです。

「10　主要科目」画面では、取り込んだデータを修正することができるので、残高試算表などを確認しながら修正してください。なお、「10　主要科目」と「18　月別の売上高等の状況」は、仕訳データからデータ取込を行います。弥生会計で設定してあるどの勘定科目をどこの項目に割り当てるかを設定する場合は、ツールバーの「科目設定」をクリックして設定します。

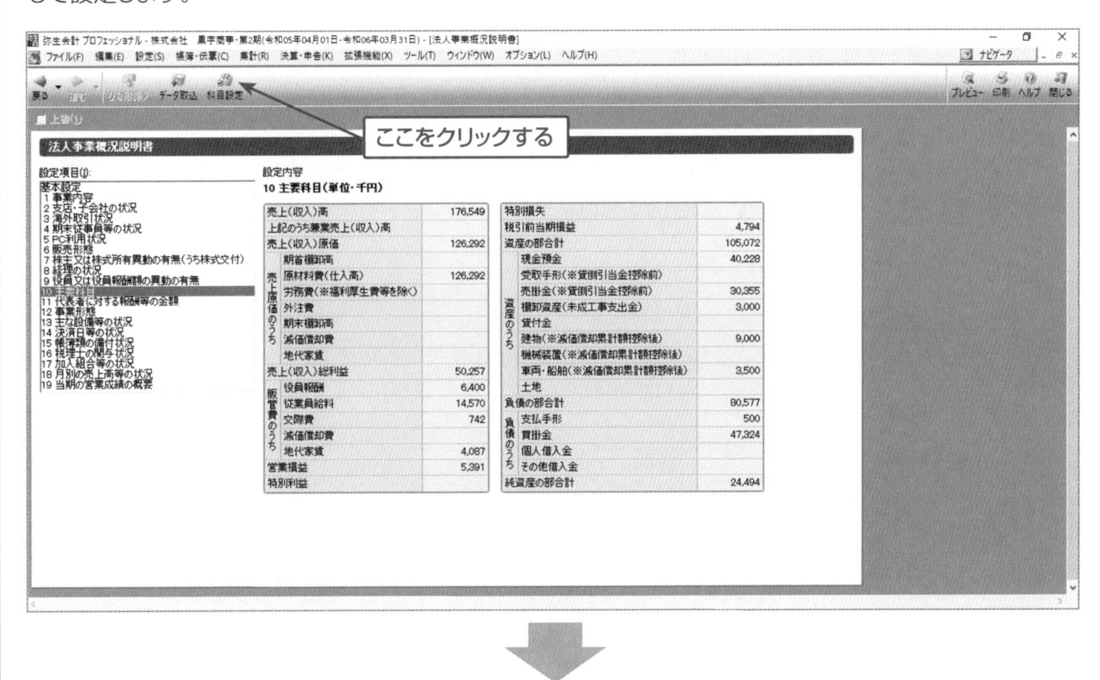

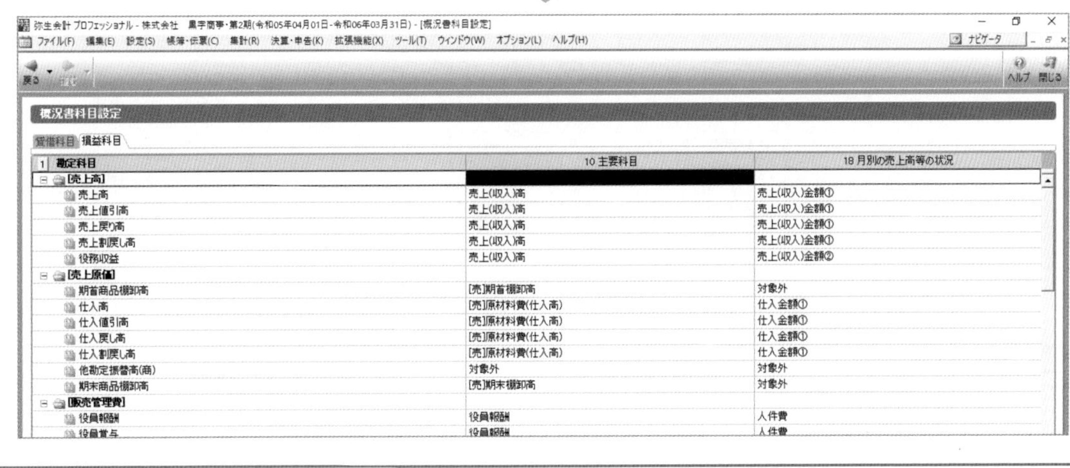

個人事業主の決算書を作成しよう

弥生会計の個人データでは、青色申告の場合は「青色申告決算書」、白色申告の場合は「収支内訳書」を作成します。1年間の取引を「青色申告決算書」や「収支内訳書」にまとめ、その決算書類をもとに確定申告を行います。弥生会計を使うと、決算処理から確定申告までの一連の作業を行うことができます。

決算書項目の確認について

決算書を作成する前に、決算書に表示する項目名称と弥生会計に設定してある勘定科目の結び付けを確認します。「青色申告決算書」や「収支内訳書」には、印字できる項目数が決まっています。弥生会計の勘定科目をすべて印字することはできないため、ある程度まとめて印字します。弥生会計に初期設定されている勘定科目は、決算書への表示項目があらかじめ設定されていますが、新しい勘定科目を追加した場合などは追加した区分により、弥生会計で割り振りを自動設定します。必ず設定を確認しておきましょう。

なお、経費に新しい勘定科目を追加すると、決算書項目は「その他経費」に集計されて印字するように設定されています。独立して表示したい場合は空いている項目を修正して設定してください（268ページ参照）。

◉青色申告決算書の例

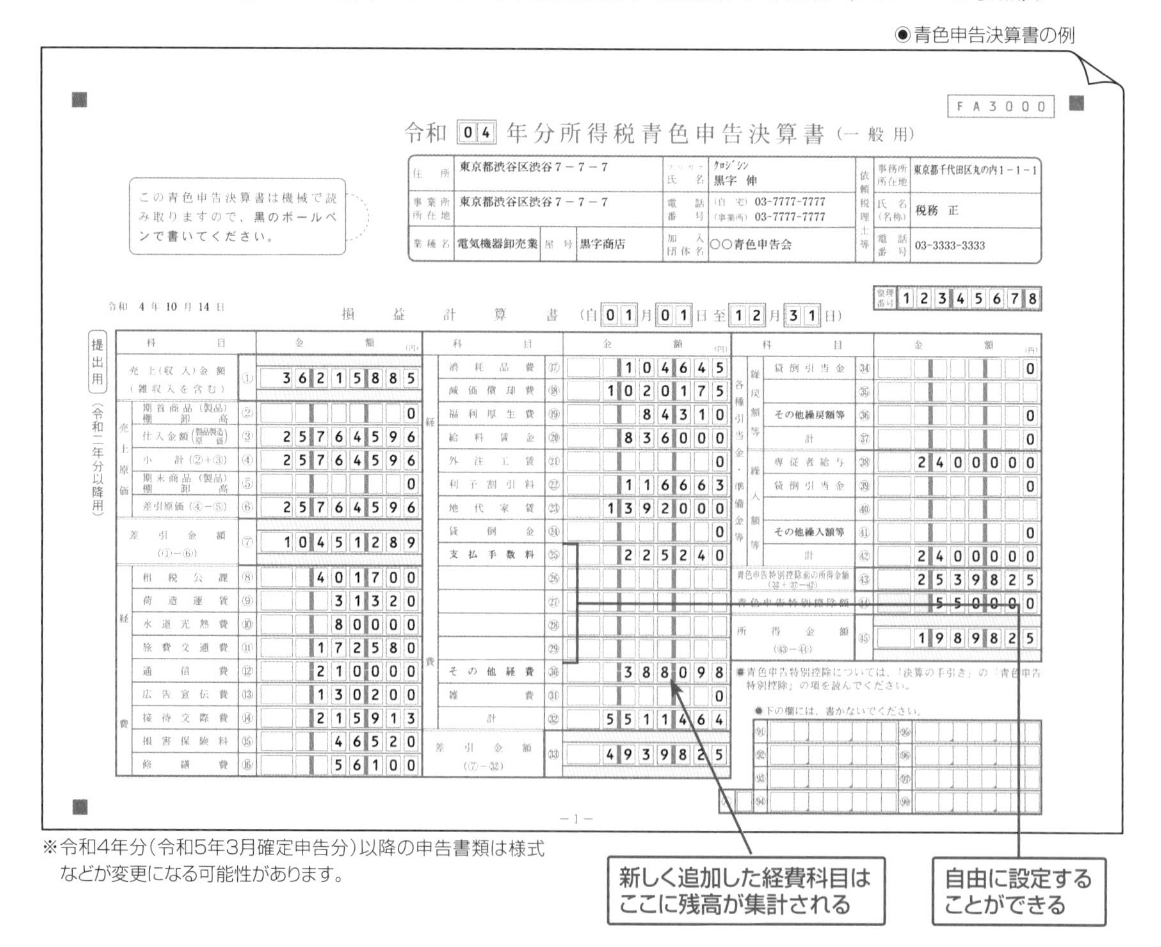

FA3000

令和 04 年分所得税青色申告決算書（一般用）

住所	東京都渋谷区渋谷7－7－7	フリガナ 氏名	クロジ シン 黒字 伸	依頼税理士等 事務所所在地	東京都千代田区丸の内1－1－1
事業所所在地	東京都渋谷区渋谷7－7－7	電話番号	（自宅）03-7777-7777 （事業所）03-7777-7777	氏名（名称）	税務 正
業種名	電気機器卸売業 屋号 黒字商店	加入団体名	○○青色申告会	電話番号	03-3333-3333

この青色申告決算書は機械で読み取りますので、黒のボールペンで書いてください。

令和 4 年 10 月 14 日

損益計算書（自 01 月 01 日 至 12 月 31 日）

整理番号 12345678

提出用（令和二年分以降用）

科目		金額（円）
売上（収入）金額（雑収入を含む）	①	36215885
売上原価 期首商品（製品）棚卸高	②	0
仕入金額（製品製造原価）	③	25764596
小計（②＋③）	④	25764596
期末商品（製品）棚卸高	⑤	0
差引原価（④－⑤）	⑥	25764596
差引金額（①－⑥）	⑦	10451289
経費 租税公課	⑧	401700
荷造運賃	⑨	31320
水道光熱費	⑩	80000
旅費交通費	⑪	172580
通信費	⑫	210000
広告宣伝費	⑬	130200
接待交際費	⑭	215913
損害保険料	⑮	46520
修繕費	⑯	56100

科目		金額（円）
経費 消耗品費	⑰	104645
減価償却費	⑱	1020175
福利厚生費	⑲	84310
給料賃金	⑳	836000
外注工賃	㉑	0
利子割引料	㉒	116663
地代家賃	㉓	1392000
貸倒金	㉔	0
支払手数料	㉕	225240
	㉖	
	㉗	
	㉘	
	㉙	
その他経費	㉚	388098
雑費	㉛	0
計	㉜	5511464
差引金額（⑦－㉜）	㉝	4939825

科目		金額（円）
各種引当金・準備金等 繰戻額等 貸倒引当金	㉞	0
	㉟	
その他繰戻額等	㊱	0
計	㊲	0
繰入額等 専従者給与	㊳	2400000
貸倒引当金	㊴	0
	㊵	
その他繰入額等	㊶	0
計	㊷	2400000
青色申告特別控除前の所得金額（㉝＋㊲－㊷）	㊸	2539825
青色申告特別控除額	㊹	550000
所得金額（㊸－㊹）	㊺	1989825

●青色申告特別控除については、「決算の手引き」の「青色申告特別控除」の項を読んでください。

●下の欄には、書かないでください。

－1－

※令和4年分（令和5年3月確定申告分）以降の申告書類は様式などが変更になる可能性があります。

■個人データの「決算・申告」メニューの画面について

「弥生会計 23」では、個人事業主の令和4年分の申告に対応した所得税確定申告モジュールが、あんしん保守サポートに加入しているユーザーに対し、令和5年1月以降に提供される予定です。書籍作成時点（令和4年10月）では、まだ提供されていないため、「弥生会計 23」確定申告版では一部画面が変更になる可能性があります。

※画面は令和3年申告（令和4年3月確定申告）用の画面に令和4年申告用のデータを入力している例です。

※ここでは、「個人/一般」の青色申告の設定でデータを作成し、勘定科目オプションを設定していない場合の画面例を表示しています。白色申告の場合や「個人/不動産」「個人/農業」を選択している場合、勘定科目のオプションを設定している場合などは、決算書の様式などが異なる場合があります。入力する内訳の内容などが変わる場合がありますが、基本的な操作方法はほとんど変わりません。

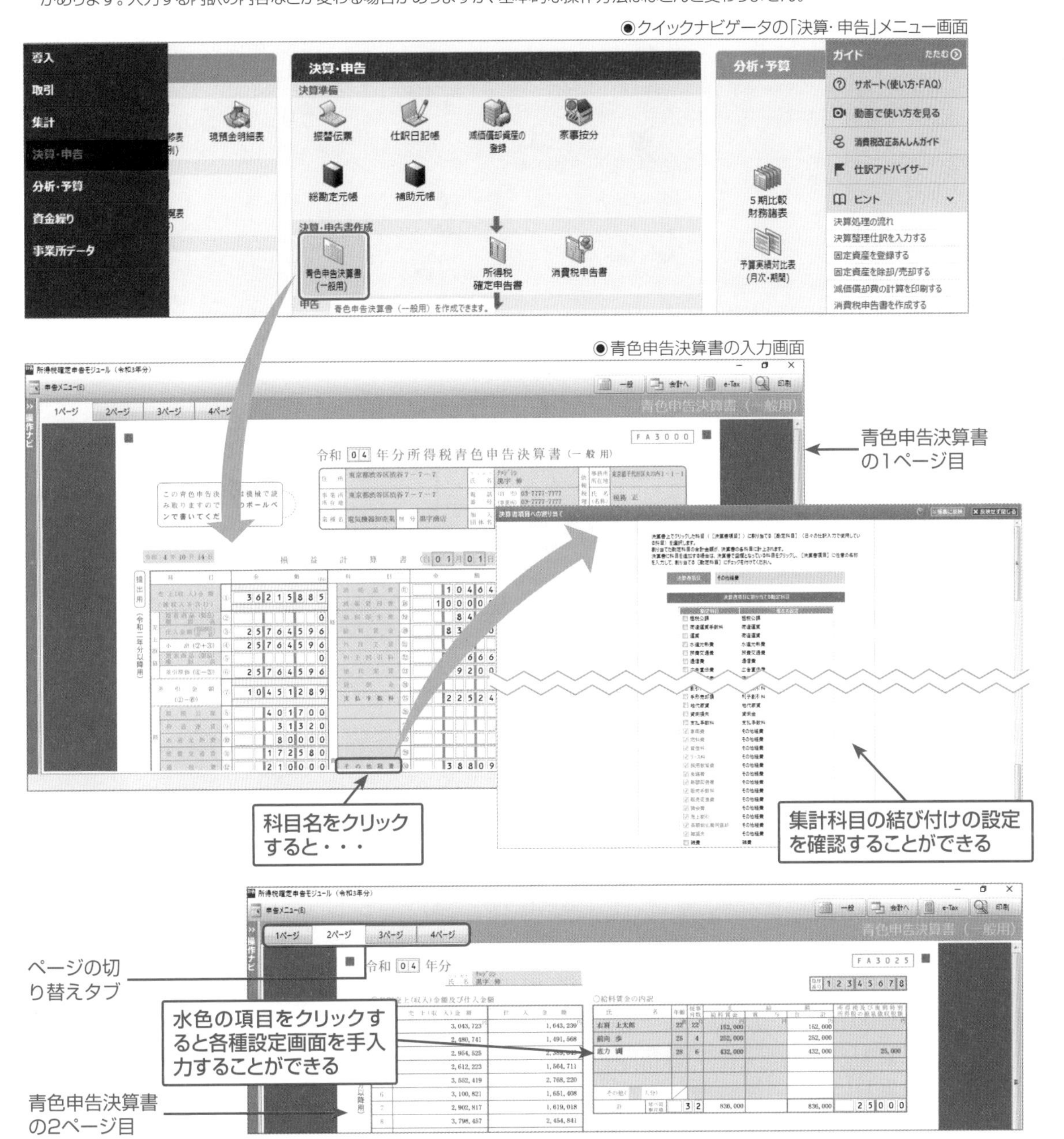

42-1 青色申告決算書を表示する

青色申告決算書を表示するには、次のように操作します。

※「弥生会計 23」確定申告版では、一部画面や操作方法が変更になる可能性があります。

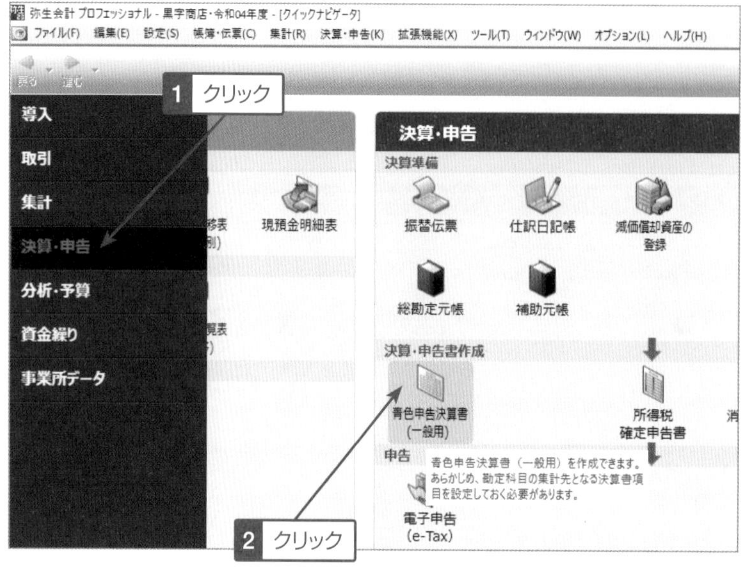

1 クイックナビゲータの「決算・申告」メニューをクリックし、**[青色申告決算書(一般用)]**アイコンをクリックします。所得税確定申告に関するお知らせが表示されるので、内容を確認し、閉じる ボタンをクリックします。

事業所得(一般)以外の所得がある場合は、「青色申告決算書(不動産所得用)」や「青色申告決算書(農業所得用)のそれぞれの画面で確認します。

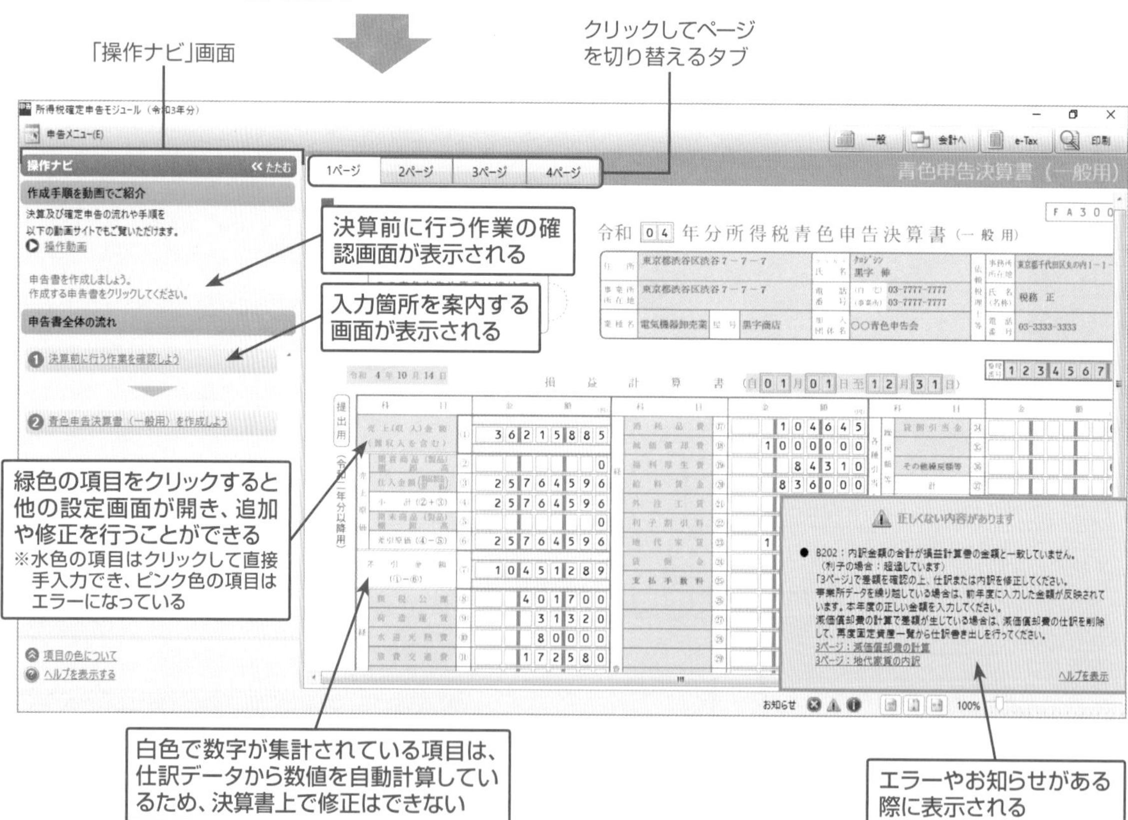

42-2 青色申告決算書の設定を確認・修正する

青色申告決算書の1ページ目は事業所情報と損益計算書が表示されています。ここでは、事業所情報を確認しましょう。

※「弥生会計 23」確定申告版では、一部画面や操作方法が変更になる可能性があります。

1 操作ナビは、決算書作成の流れを確認したいときや、入力箇所や操作がわからないときに順番にクリックしていくと、必要な操作をガイドしてくれる機能です。«たたむボタンをクリックすると非表示にすることができます。操作方法がわかっている場合は、設定が必要な箇所を直接クリックして設定を行います。ここでは、住所欄をクリックして、事業所情報を設定します。

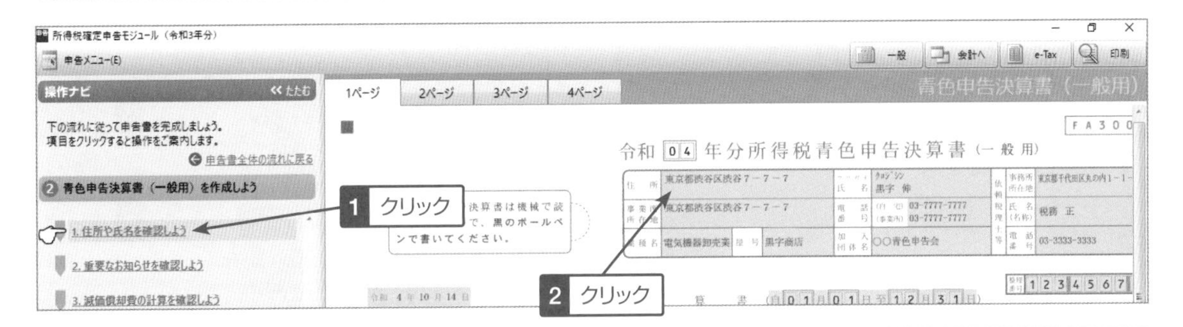

青色申告決算書の画面を表示する方法は、前ページを参照してください。

2 「表示設定」「事業主」「事業所」「依頼税理士」「控除額」「環境設定」の内容を確認し、必要に応じて入力していきます。まず、「表示設定」の右側の≫開くクリックして各項目を展開し、必要に応じて修正します。

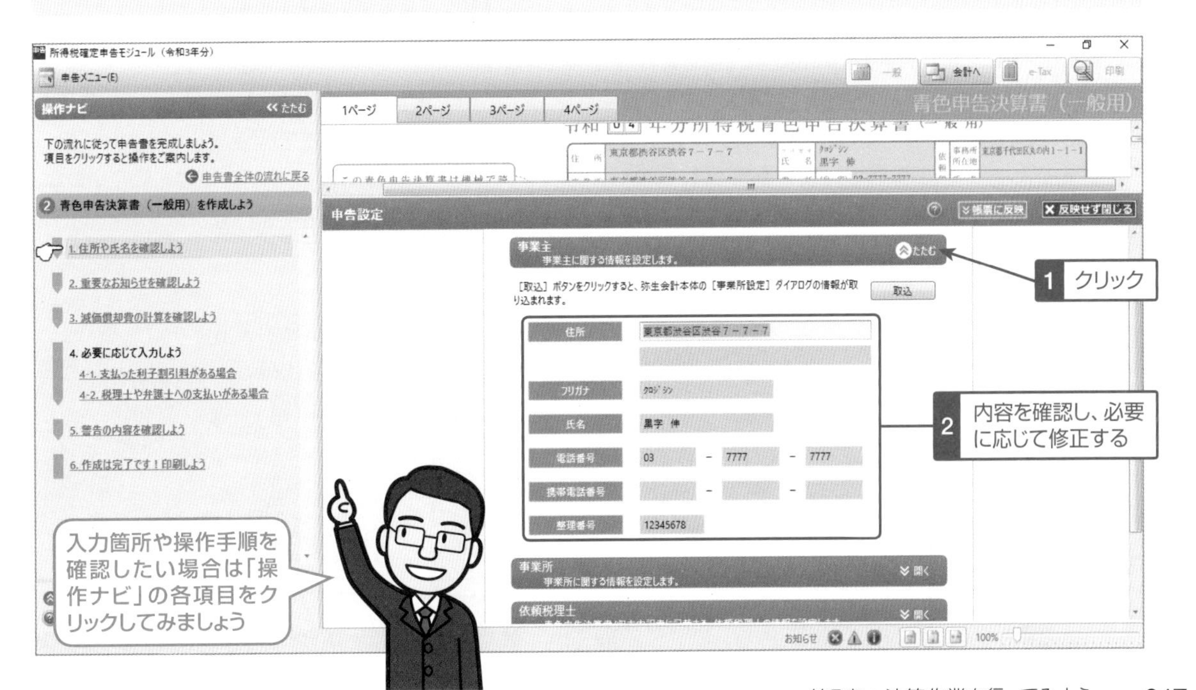

3 残りの項目についても右側の をクリックすると、詳細内容が表示されるので、内容を確認し、必要に応じて入力します。「控除額」では、550,000円が初期値となっています。令和2年分の所得税確定申告から、最大650,000円だった青色申告特別控除額が550,000円に引き下げられていますが、e-Taxによる電子申告または電子帳簿保存を行うと、引き続き650,000円の控除を受けることができます。該当する方は、「65万円の青色申告特別控除を受ける」を選択します。設定が完了したら 帳票に反映 ボタンをクリックして申告書画面に戻ります。

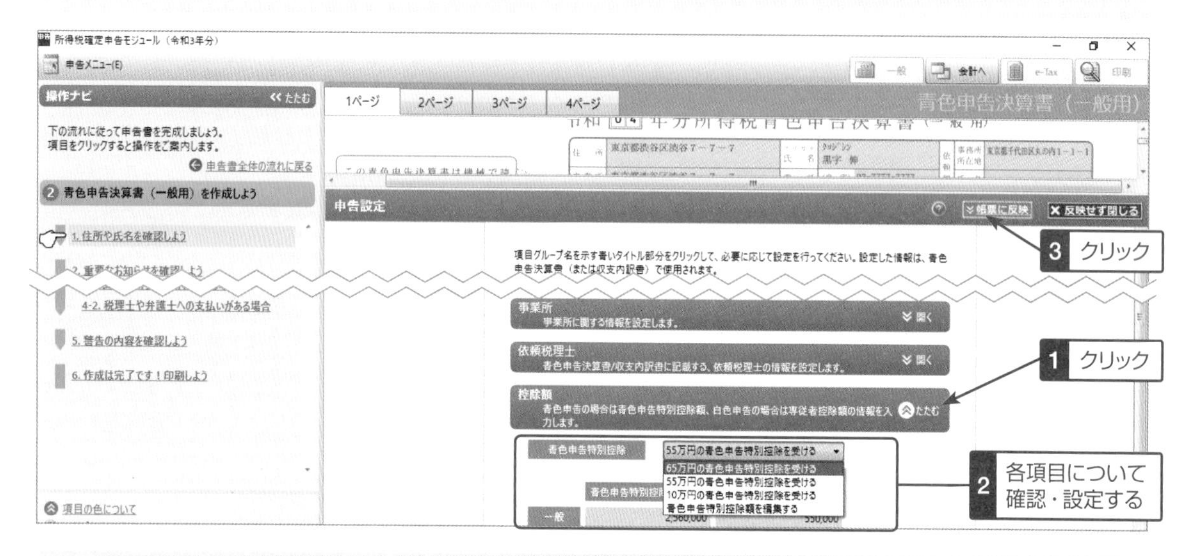

クイックナビゲータの「導入」もしくは「事業所データ」メニューの**[事業所設定]**アイコンをクリックして表示される画面で住所情報などを登録してある場合は、 取込 ボタンをクリックすると、一部情報を取り込むことができます。

42-3 設定されている勘定科目と決算書への表示名称の結び付けを確認する

弥生会計では、勘定科目を追加したい場合、特に制限なく、いくつでも追加することが可能です。しかし、個人事業主の決算書ではフォーマットが決まっており、表示できる項目数に制限があるため、ある程度科目を集約して表示する必要があります。決算書を作成する際には、初期設定されている結び付けを確認し、必要に応じて修正します。ここでは、「貸倒金」の下に「支払手数料」という決算書項目を追加し、「支払手数料」勘定を割り当ててみましょう。

※「弥生会計 23」確定申告版では、一部画面や操作方法が変更になる可能性があります。

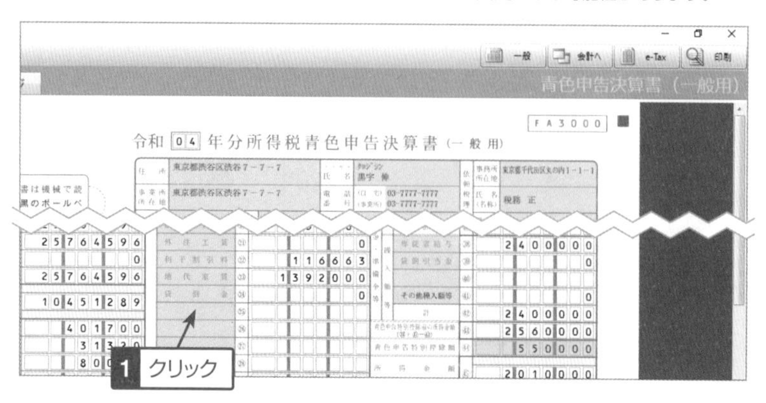

1 「貸倒金」の下の空欄をクリックします。

青色申告決算書の画面を表示する方法は、266ページを参照してください。

2 **[決算書項目名称]**に「支払手数料」と入力し、**[割り当て勘定科目]**で**[支払手数料]**をONにして ≚帳票に反映 ボタンをクリックします。

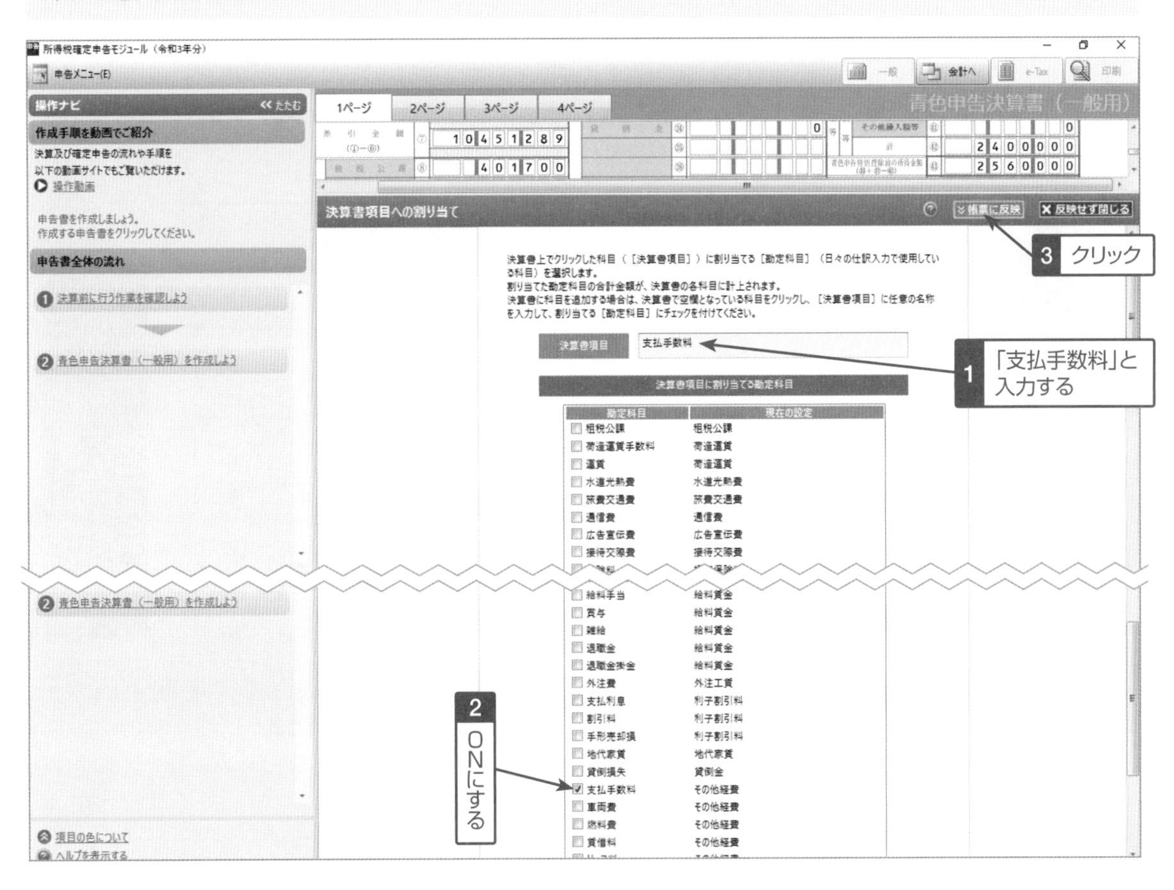

一般　会計へ　e-Tax　印刷

青色申告決算書（一般用）

FA3000

令和 04 年分所得税青色申告決算書（一般用）

住所	東京都渋谷区渋谷7－7－7	フリガナ 氏名	クロジシン 黒字 伸	依頼税理士等 事務所所在地	東京都千代田区丸の内1－1－1
事業所所在地	東京都渋谷区渋谷7－7－7	電話番号	(自宅) 03-7777-7777 (事業所) 03-7777-7777	氏名(名称)	税務 正
業種名	電気機器卸売業 屋号 黒字商店	加入団体名	○○青色申告会	電話番号	03-3333-3333

機械で読 ボールペ

整理番号 12345678

損益計算書（自 01 月 01 日 至 12 月 31 日）

金額(円)	科目		金額(円)	科目		金額(円)
36215885	消耗品費	⑰	104645	貸倒引当金	㉞	0
0	減価償却費	⑱	1000000		㉟	
25764596	福利厚生費	⑲	84310	その他繰戻額等	㊱	0
25764596	給料賃金	⑳	836000	計	㊲	0
0	外注工賃	㉑	0	専従者給与	㊳	2400000
25764596	利子割引料	㉒	116663	貸倒引当金	㊴	0
10451289	地代家賃	㉓	1392000		㊵	
401700	貸倒金	㉔	0	その他繰入額等	㊶	0
31320	支払手数料	㉕	225240	計	㊷	2400000
80000		㉖		青色申告特別控除前の所得金額 (㉝+㊲−㊷)	㊸	2560000
		㉗		青色申告特別控除額	㊹	550000
		㉘		所得金額 (㊸−㊹)	㊺	2010000
			388098			

●青色申告特別控除については、「決算の手引き」の「青色申告

お知らせ　100%

1 支払手数料が割り当てられたことを確認する

3 支払手数料が割り当てられたことを確認します。

損益計算書の設定が終わったら、「4ページ」タブをクリックし、同様に貸借対照表画面についても決算書項目の割り当てを確認しておきましょう。

42-4 内訳を手入力する

青色申告決算書の2～3ページでは、「給料賃金」「専従者給与」「地代家賃」など、内訳を明示する必要のある項目（水色の項目）について手入力を行います。

1 青色申告決算書の2ページ目の画面を開き、「給料賃金の内訳」「専従者給与の内訳」「貸倒引当金繰入額の計算」「青色申告特別控除額の計算」について確認し、必要に応じて入力します。

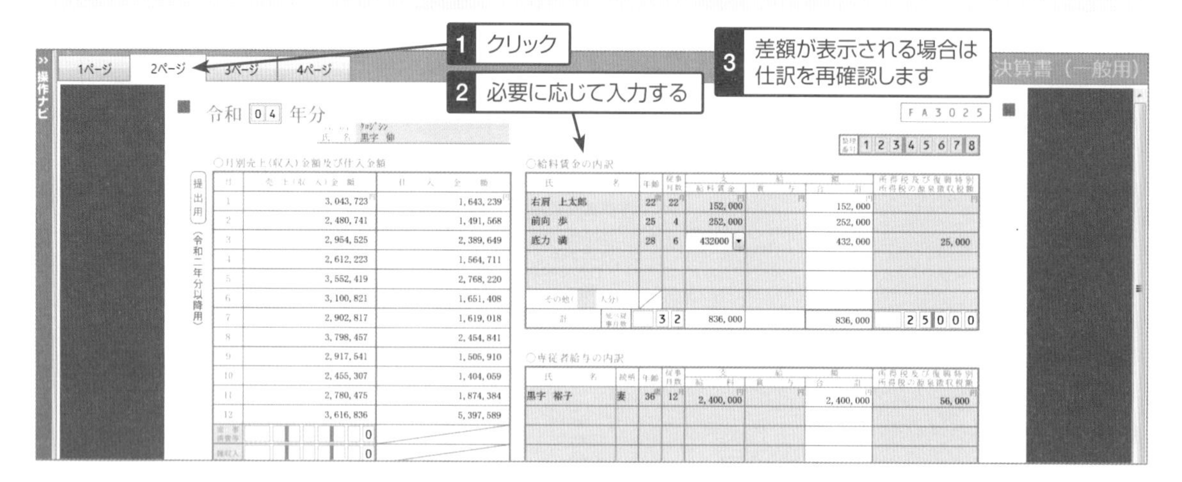

損益計算書との差額が表示される場合は、仕訳入力した給与賃金の合計金額と、ここで手入力する内訳金額に相違があります。内容を確認して合計額を一致させるようにします。仕訳入力した金額は、画面右上の**[会計へ]**ボタンをクリックして弥生会計本体に戻り、「総勘定元帳」画面等で内容を確認します。

2 3ページ目に画面を切り替え、減価償却費の計算を確認します。必要に応じて「利子割引料の内訳」「地代家賃の内訳」「税理士・弁護士等の報酬、料金の内訳」「本年度における特殊事情」を入力します。

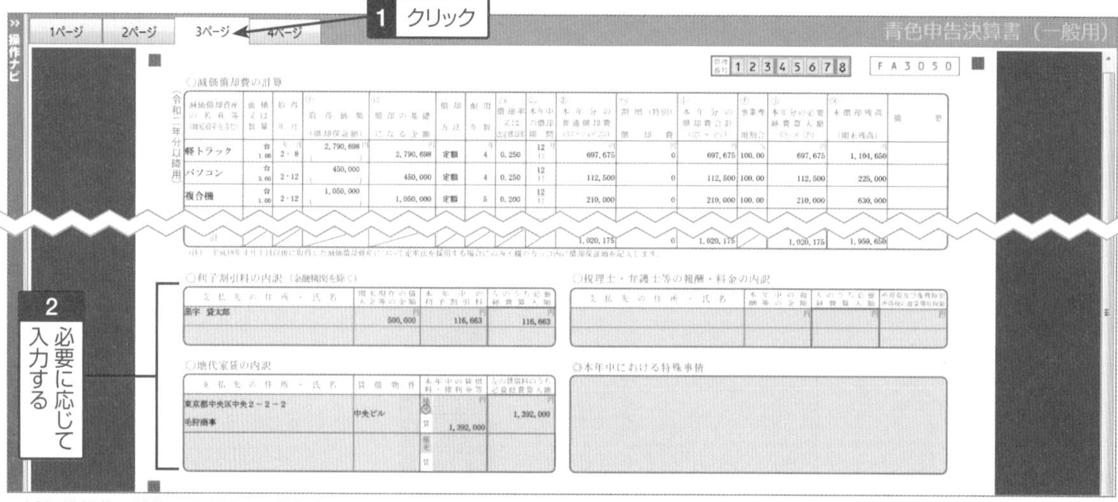

※減価償却費の計算は固定資産の登録（212ページ参照）を行うと、自動集計されます。

3 4ページ目が貸借対照表となります。1月1日(期首)と12月31日(期末)の資産と負債の残高を確認します。マイナスになっているところがないか、固定資産については3ページ目の減価償却費の計算の表の未償却残高(期末残高)と一致しているか等を確認します。

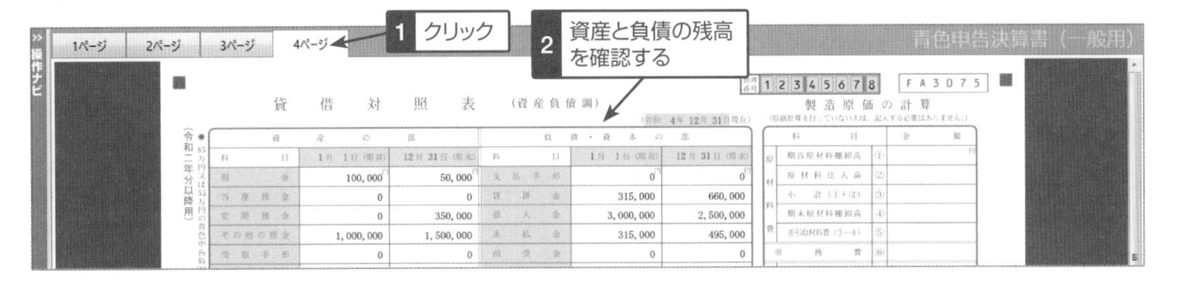

42-5 決算書を印刷する

決算書に関する設定作業が終了したら、決算書を印刷します。ここでは、「青色申告決算書(一般用)」を作成してみましょう。

※「弥生会計 23」確定申告版では、一部画面や操作方法が変更になる可能性があります。

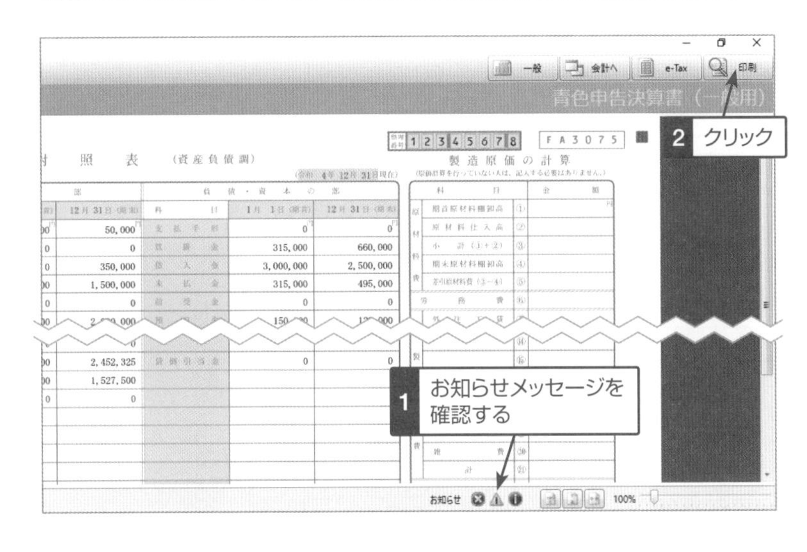

1 「青色申告決算書(一般用)」の画面の各ページの内容を確認したら、エラーメッセージやお知らせが表示されていないか、再度確認し、ツールバーの**[印刷]**ボタンをクリックます。

メッセージが表示されている場合は、**[印刷]**ボタンをクリックした後も再度確認のメッセージが表示されます。

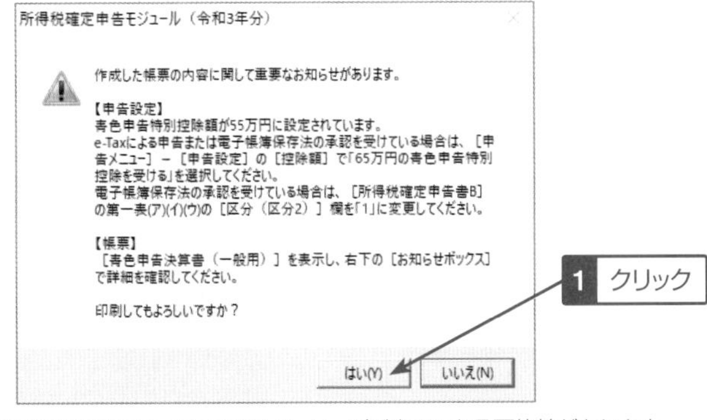

※令和4年分確定申告版以降では、表示されるメッセージが変更になる可能性があります。

2 内容を確認し、[はい(Y)]ボタンをクリックます。

この画面が表示されない場合は、操作例**3**へ進んでください。

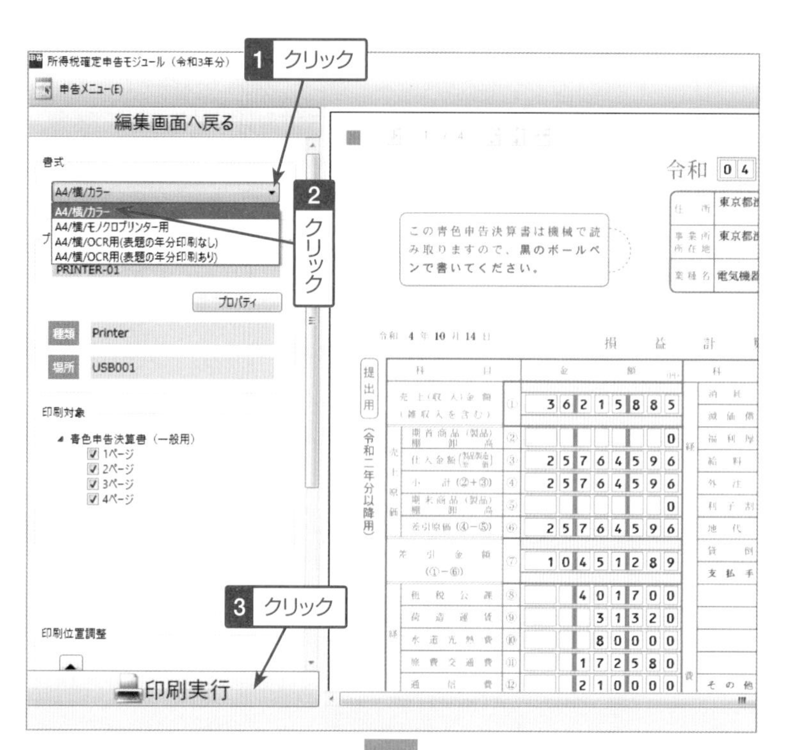

3 **[書式]**で印刷する書式を選択し［印刷実行］ボタンをクリックします。

「A4/横/カラー」の書式は通常のA4用紙に印刷する書式になります。税務署からOCR用紙が送られてきている場合は、「A4/横/OCR（表題の年分印刷なし、もしくはあり）」を選択して、余白（印刷開始位置）などを確認します。また、開業初年度で期間が1年間に満たない場合は、操作ナビの申告設定（267ページ参照）で会計期間を設定することができます。

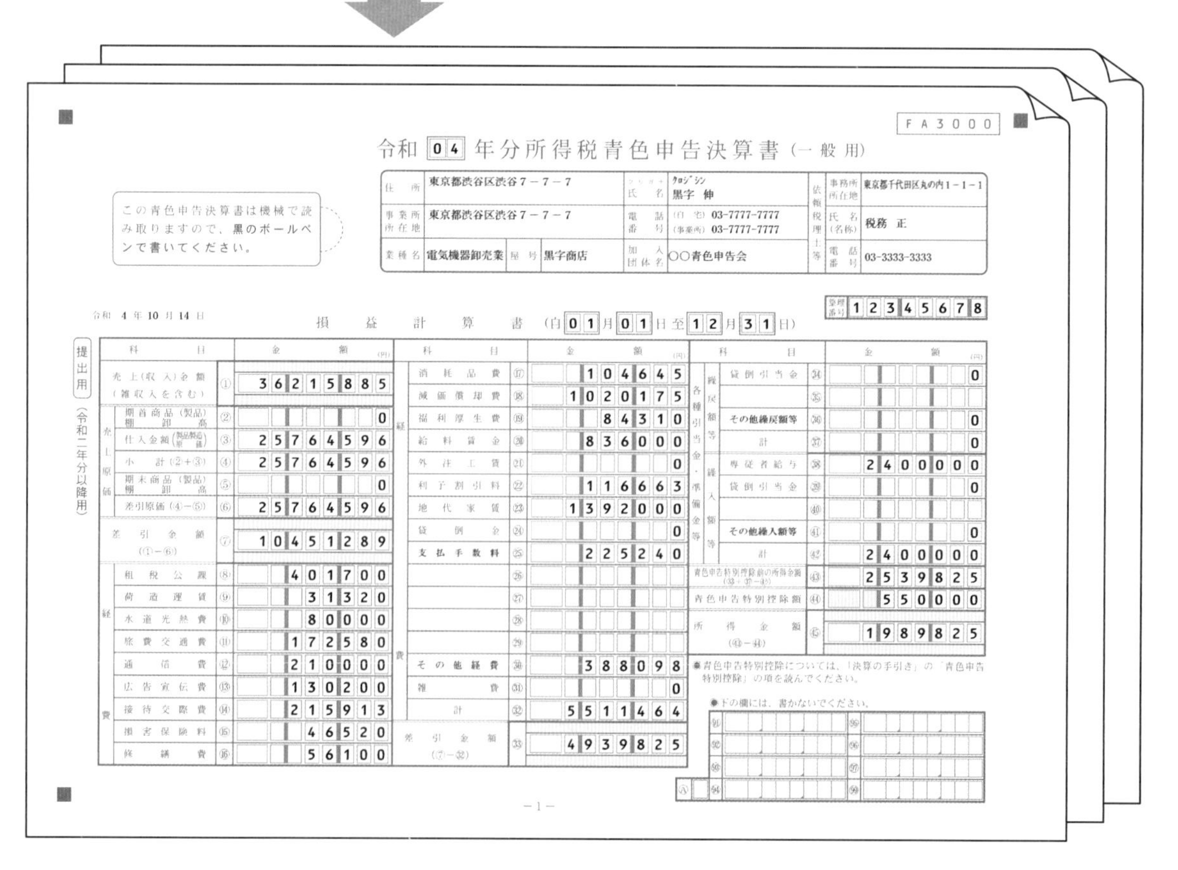

FA3000

令和 04 年分所得税青色申告決算書（一般用）

この青色申告決算書は機械で読み取りますので、黒のボールペンで書いてください。

項目	内容	項目	内容	依頼税理士等	
住所	東京都渋谷区渋谷7－7－7	フリガナ／氏名	クロジ シン／黒字 伸	事務所所在地	東京都千代田区丸の内1－1－1
事業所所在地	東京都渋谷区渋谷7－7－7	電話番号	(自宅) 03-7777-7777 (事業所) 03-7777-7777	氏名(名称)	税務 正
業種名	電気機器卸売業	屋号	黒字商店	電話番号	03-3333-3333
		加入団体名	○○青色申告会		

令和 4 年 10 月 14 日

損益計算書（自 01 月 01 日 至 12 月 31 日）　整理番号 12345678

科目		金額(円)
売上(収入)金額(雑収入を含む)	①	36215885
期首商品(製品)棚卸高	②	0
仕入金額(製品製造原価)	③	25764596
小計(②+③)	④	25764596
期末商品(製品)棚卸高	⑤	0
差引原価(④−⑤)	⑥	25764596
差引金額(①−⑥)	⑦	10451289
租税公課	⑧	401700
荷造運賃	⑨	31320
水道光熱費	⑩	80000
旅費交通費	⑪	172580
通信費	⑫	210000
広告宣伝費	⑬	130200
接待交際費	⑭	215913
損害保険料	⑮	46520
修繕費	⑯	56100
消耗品費	⑰	104645
減価償却費	⑱	1020175
福利厚生費	⑲	84310
給料賃金	⑳	836000
外注工賃	㉑	0
利子割引料	㉒	116663
地代家賃	㉓	1392000
貸倒金	㉔	0
支払手数料	㉕	225240
	㉖	
	㉗	
	㉘	
	㉙	
その他経費	㉚	388098
雑費	㉛	0
計	㉜	5511464
差引金額(⑦−㉜)	㉝	4939825
各種引当金・準備金等 繰戻額等 貸倒引当金	㉞	0
	㉟	
その他繰戻額等	㊱	0
計	㊲	0
繰入額等 専従者給与	㊳	2400000
貸倒引当金	㊴	0
	㊵	
その他繰入額等	㊶	0
計	㊷	2400000
青色申告特別控除前の所得金額(㉝+㊲−㊷)	㊸	2539825
青色申告特別控除額	㊹	550000
所得金額(㊸−㊹)	㊺	1989825

●青色申告特別控除については、「決算の手引き」の「青色申告特別控除」の項を読んでください。

●下の欄には、書かないでください。

—1—

SECTION-43　スタンダード　プロフェッショナル

総勘定元帳を印刷しよう（法人・個人事業主共通）

決算作業が終了したら、「総勘定元帳」を印刷します。帳簿や領収書等の書類については、保存期間を定めています。会社法では10年、税法上は法人か、個人か、また事業規模や消費税の納税義務の有無により5年～7年の規定があります。税法の規定にかかわらず、決算書や総勘定元帳については10年間は保存しておきましょう。電子帳簿保存を行わない場合、紙での保管が必要となります。印刷した総勘定元帳は、勘定科目ごとに科目名インデックスをつけて、1冊にファイルしておきましょう。

43-1 総勘定元帳を印刷する

ここでは、総勘定元帳を印刷してみましょう。

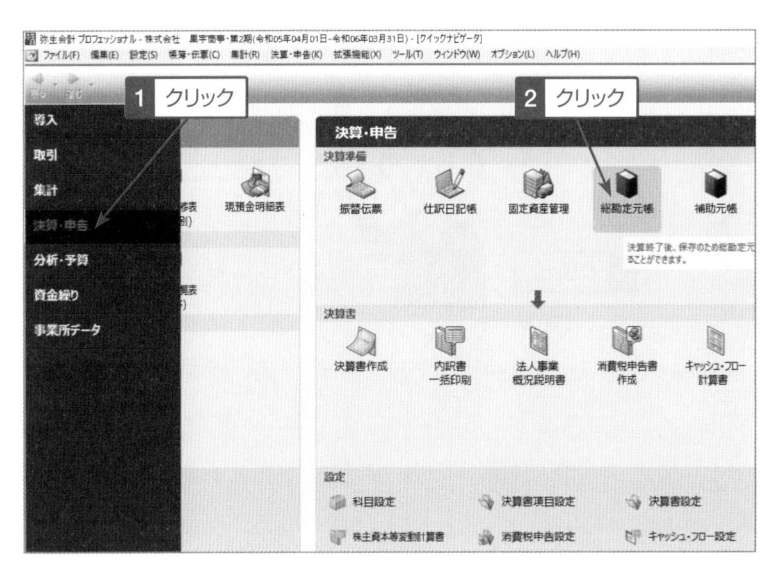

1 クイックナビゲータの「決算・申告」メニューをクリックし、**[総勘定元帳]**アイコンをクリックします。

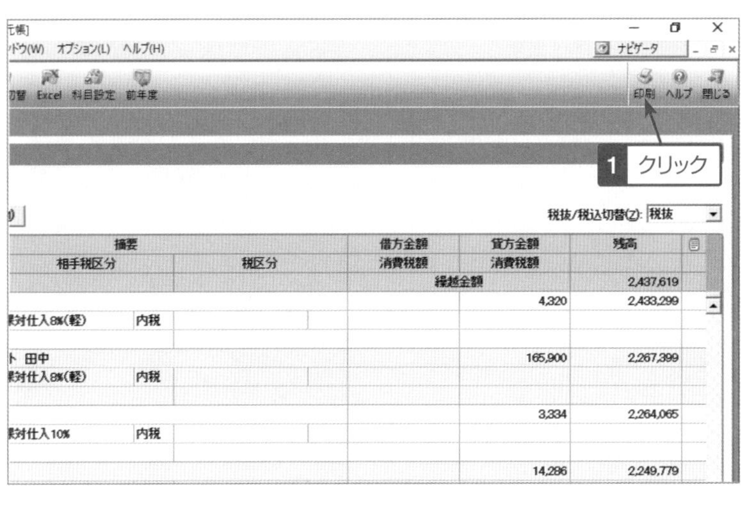

2 ツールバーの**[印刷]**ボタンをクリックします。

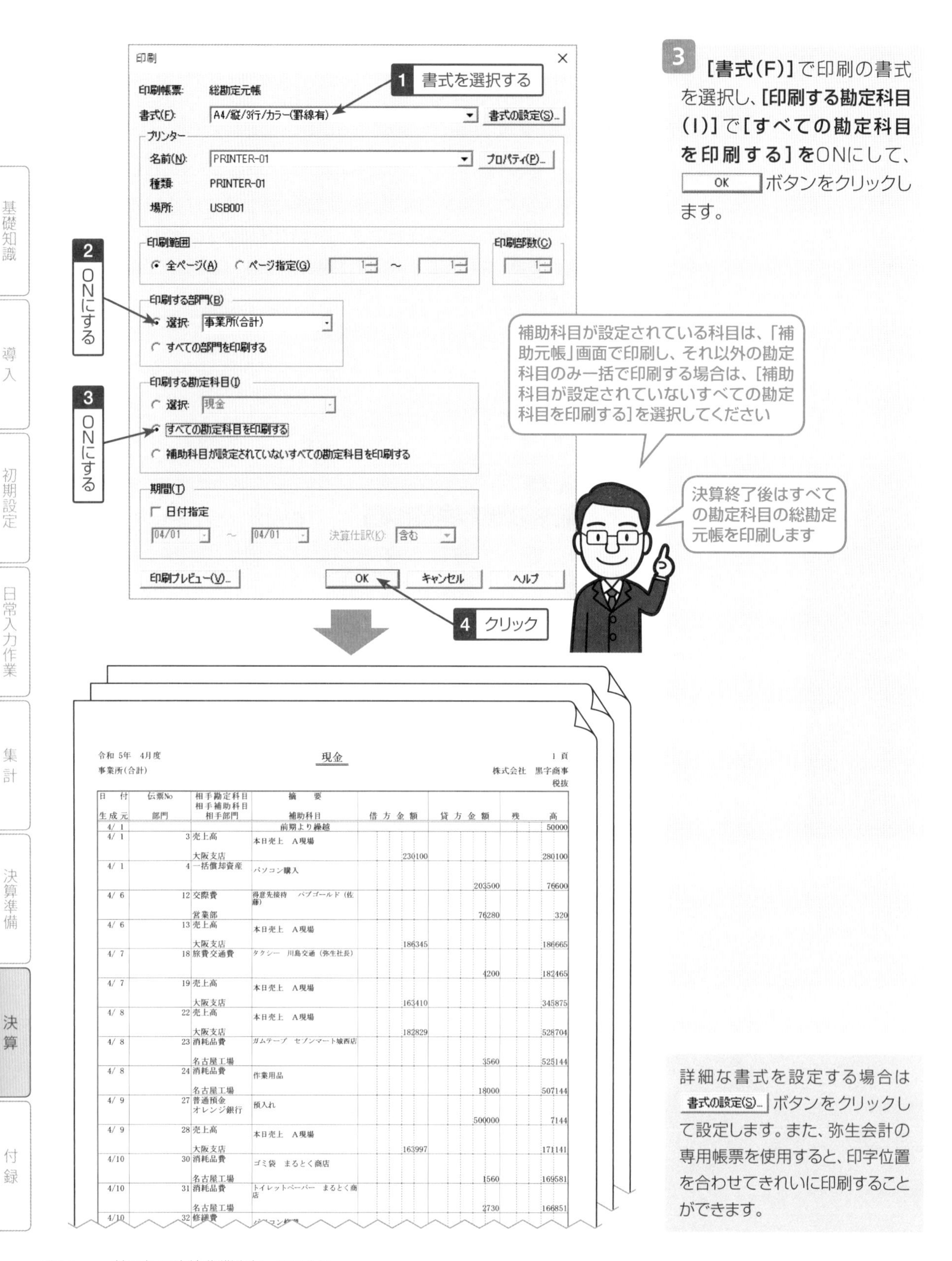

令和 5年　4月度　　**現金**　　1 頁

事業所(合計)　　株式会社　黒字商事

税抜

日付 生成元	伝票No 部門	相手勘定科目 相手補助科目 相手部門	摘要 補助科目	借方金額	貸方金額	残高
4/ 1			前期より繰越			50000
4/ 1	3	売上高 大阪支店	本日売上　A現場	230100		280100
4/ 1	4	一括償却資産	パソコン購入		203500	76600
4/ 6	12	交際費 営業部	得意先接待　パブゴールド（佐藤）		76280	320
4/ 6	13	売上高 大阪支店	本日売上　A現場	186345		186665
4/ 7	18	旅費交通費	タクシー　川島交通（弥生社長）		4200	182465
4/ 7	19	売上高 大阪支店	本日売上　A現場	163410		345875
4/ 8	22	売上高 大阪支店	本日売上　A現場	182829		528704
4/ 8	23	消耗品費 名古屋工場	ガムテープ　セブンマート城西店		3560	525144
4/ 8	24	消耗品費 名古屋工場	作業用品		18000	507144
4/ 9	27	普通預金 オレンジ銀行	預入れ		500000	7144
4/ 9	28	売上高 大阪支店	本日売上　A現場	163997		171141
4/10	30	消耗品費 名古屋工場	ゴミ袋　まるとく商店		1560	169581
4/10	31	消耗品費 名古屋工場	トイレットペーパー　まるとく商店		2730	166851
4/10	32	修繕費				

3 **[書式(F)]**で印刷の書式を選択し、**[印刷する勘定科目(I)]**で**[すべての勘定科目を印刷する]**をONにして、OKボタンをクリックします。

詳細な書式を設定する場合は書式の設定(S)...ボタンをクリックして設定します。また、弥生会計の専用帳票を使用すると、印字位置を合わせてきれいに印刷することができます。

電子帳簿保存

令和3年に税制改正により、令和4年1月より改正電子帳簿保存法が施行されています。電子帳簿保存とスキャナ保存の要件が緩和されるとともに、紙を介さずにやり取りされる電子取引については、紙の保存ではなく電子データのまま保存することが義務化されましたが、2年間の猶予期間が設けられています。令和6年1月より会社の規模を問わず必ず適用されますので、早めに準備をしておきましょう。

「電子取引」に該当するのは以下の7項目とされています。

- 電子メールにより請求書や領収書等のデータ(PDFファイル等)を受領
- インターネットのホームページからダウンロードした請求書や領収書等のデータ(PDFファイル等)又はホームページ上に表示される請求書や領収書等の画面印刷(いわゆるハードコピー)を利用
- 電子請求書や電子領収書の授受に係るクラウドサービスを利用
- クレジットカードの利用明細データ、交通系ICカードによる支払データ、スマートフォンアプリによる決済データ等を活用したクラウドサービスを利用
- 特定の取引に係るEDIシステムを利用
- ペーパーレス化されたFAX機能を持つ複合機を利用
- 請求書や領収書等のデータをDVD等の記録媒体を介して受領

これらの取引の電子データを保存するツールはいろいろなものが提供されていますが、弥生会計のあんしん保守サポート契約者であれば、電子データをクラウド上で保存・管理できるサービスを利用することができます。詳細は弥生株式会社のホームページ(https://www.yayoi-kk.co.jp/products/smart/shohyokanri.html)をご参照ください。

電子帳簿保存(基本は紙保存) JIIMA 認証を受けたシステムで作成した帳簿・書類を紙に印刷せずデータのまま保存することができます。		スキャナ保存 紙で受領した書類をスキャンして画像データとして保存し、原本を破棄することができます。		電子取引に係るデータ保存
国税関係書類				
帳簿	決算関係書類	取引関係書類		
		自社で作成する書類	取引先より受領する書類	
総勘定元帳 仕訳帳 売上台帳 仕入台帳 現金出納帳 固定資産台帳 など	貸借対照表 損益計算書 棚卸表 など	見積書(控) 契約書(控) 請求書(控) 領収書(控) 注文書(控) 検収書(控)	見積書 契約書 請求書 領収書 注文書 検収書	EDI 取引 電子メール取引 クラウド取引 インターネット取引 など

この部分のうち、電子データでやり取りしたものは、紙に印刷して保存ではなく、電子データのまま保存しなければいけない

※JIIMA認証は、市販されているソフトウェアが電子帳簿保存法の要件を満たしているかをチェックし、法的要件を満たしていると判断したものに認証が付与されています。

SECTION-44 会計データの繰越処理を行おう

スタンダード　プロフェッショナル

1年間の入力が終わると、新年度の仕訳入力を行うことができる状態にするために「繰越処理」を行います。繰越処理については、決算処理が終了しなくても先に行うことができます。

弥生会計の繰越処理

決算が終了すると、翌年度への繰越処理を行います。繰越処理では勘定科目や補助科目の設定をはじめ、帳票の設定なども引き継がれます。手形管理などの拡張機能を使用している場合、その年度で終了している取引情報を次年度に引き継ぐかどうかを設定することができます。残高は、前年度末の貸借対照表の残高が翌年度の開始残高になります。前年度のデータを修正した場合は、「次年度更新」処理を行うと次年度に繰り越す残高を再集計して自動反映させます(282ページ参照)。

44-1 繰越処理を行う

ここでは、繰越処理を実行してみましょう。

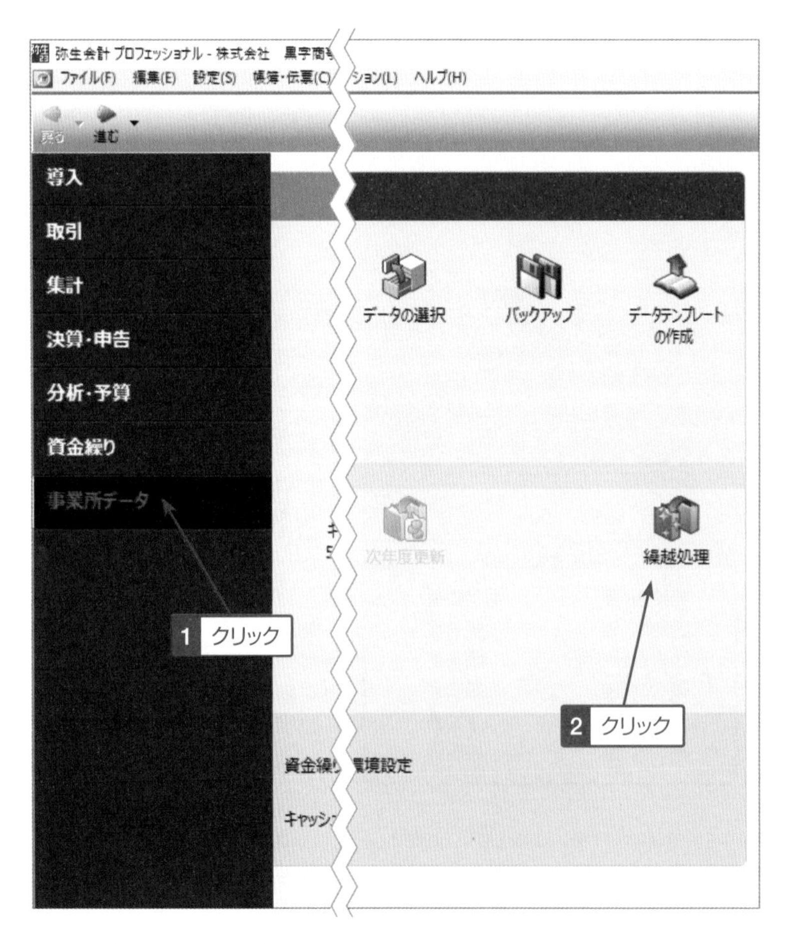

1 クイックナビゲータの「事業所データ」メニューをクリックし、**[繰越処理]**アイコンをクリックします。

前年度のデータに戻って作業をしている場合(280ページ参照)は、繰越処理を行うことができません。

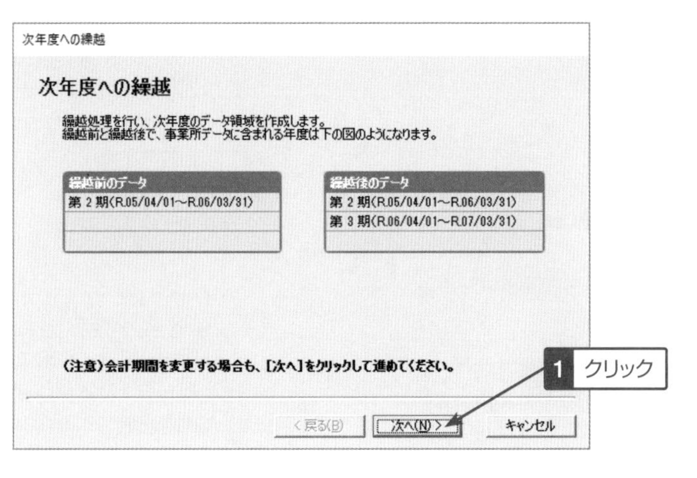

2 次へ(N) > ボタンをクリックします。

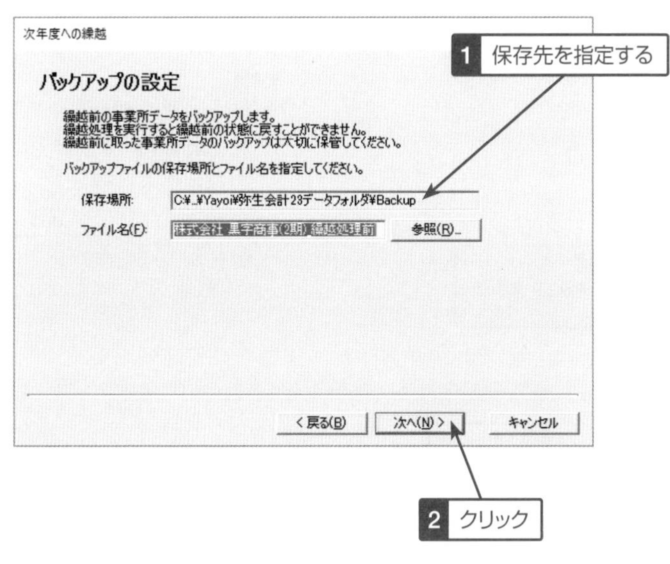

3 バックアップファイルを保存する場所を指定して、次へ(N) > ボタンをクリックします。

初期設定ではCドライブの中の「Backup」フォルダに保存するように設定されていますが、パソコンのハードディスクの故障に備えて、外付けのハードディスクにバックアップ先を変更したり、バックアップファイルを作成した後で外部のメディア(USBメモリなど)にコピーしておくとよいでしょう。保存場所を変更する場合は 参照(R)... ボタンをクリックし、任意の場所を設定します。

次年度への繰越

会計期間の変更

本年度の会計期間を短縮して、会計期間を変更することができます。
会計期間を短縮して繰り越す場合は、チェックを付けて次年度の期首日を指定します。
会計期間を変更しない場合は、チェックを付けずに[次へ]ボタンをクリックしてください。

□ 会計期間を変更する(K)

1 クリック

< 戻る(B)　次へ(N) >　キャンセル

4 会計期間を変更(短縮)しない場合は、次へ(N) > ボタンをクリックします(法人のみ)。

法人データの場合、会計期間を変更(短縮)して繰り越すことができます。決算月が変更になるような場合、必要に応じて**[会計期間を変更する(K)]**をONにして、変更後の翌期の期首日を設定してください。

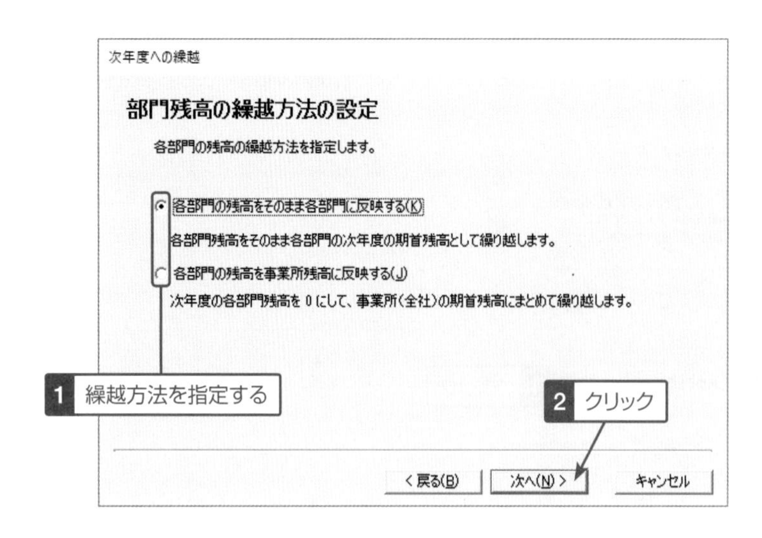

5 部門の残高を各部門に残すかどうかの設定を行います。繰越方法を指定して、次へ(N) > ボタンをクリックします。

この設定は、「弥生会計 23 プロフェッショナル」「弥生会計 23 ネットワーク」のみ行います。また、部門を設定していない場合は表示されません。

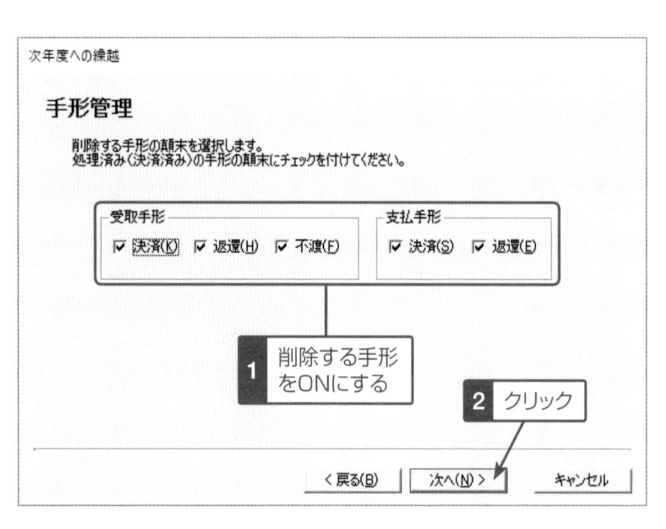

6 「手形管理機能」を使用している場合、決済済みの手形のデータを削除するかどうかを設定して、次へ(N) > ボタンをクリックします。

機能を使用していない場合は画面が表示されません。

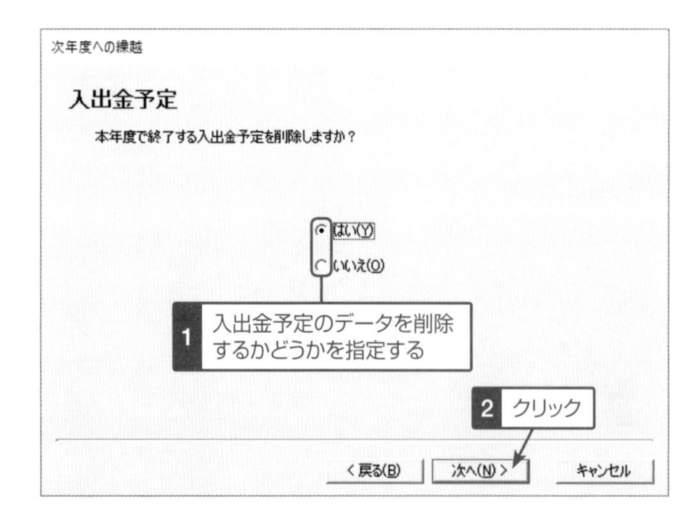

7 本年度で終了する入出金予定のデータを削除するかどうかを設定して、次へ(N) > ボタンをクリックします。

機能を使用していない場合は画面が表示されません。

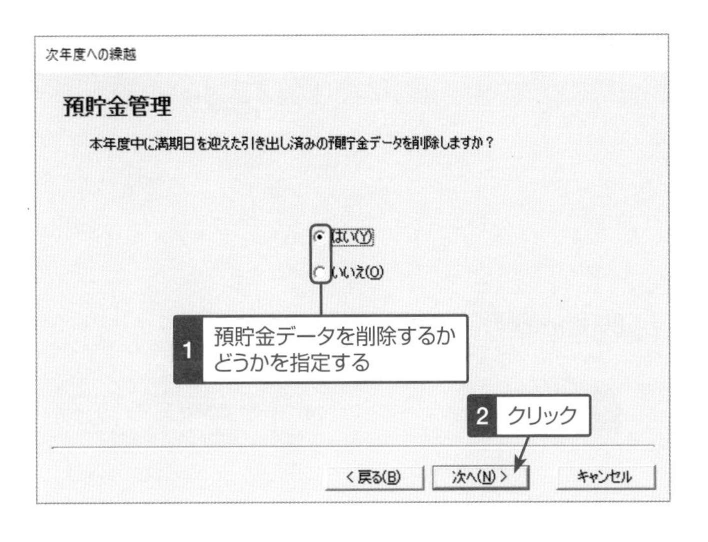

8 「預貯金管理」を使用している場合、すでに満期を迎えた引き出し済みのデータを削除するかどうかを設定して、次へ(N) > ボタンをクリックします。

この設定は、「弥生会計 23 プロフェッショナル」「弥生会計 23 ネットワーク」のみ行います。なお、機能を使用していない場合は画面が表示されません。

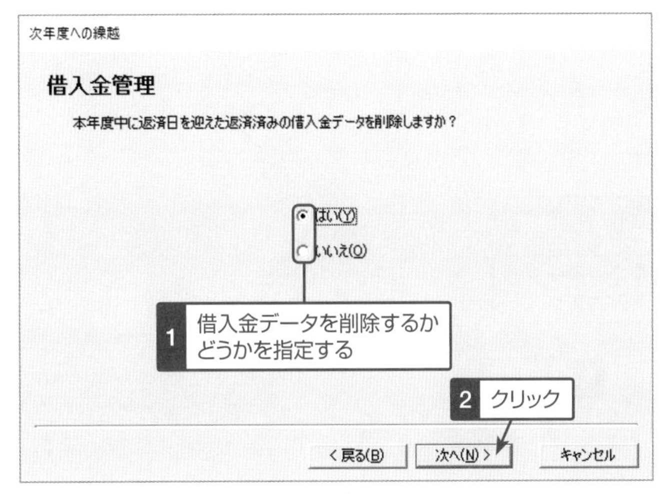

9 「借入金管理機能」を使用している場合、すでに返済日を迎えた返済済みのデータを削除するかどうかを設定して、次へ(N) > ボタンをクリックします。

この設定は、「弥生会計 23 プロフェッショナル」「弥生会計 23 ネットワーク」のみ行います。なお、機能を使用していない場合は画面が表示されません。

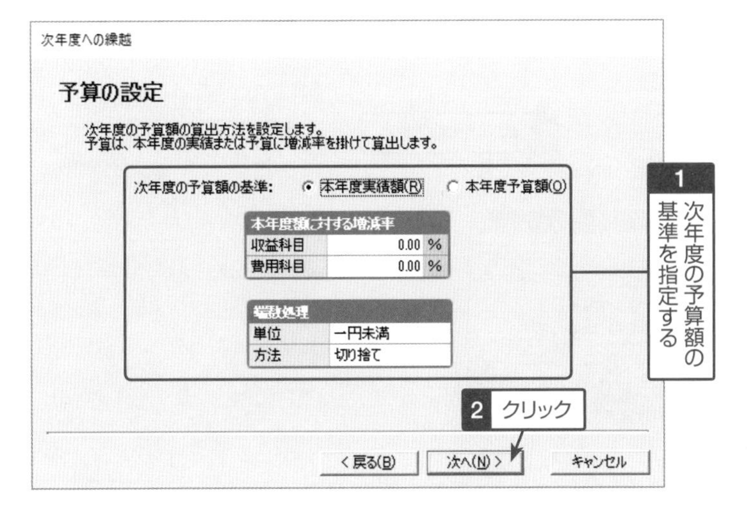

10 翌年度の予算を設定する際に、本年度の予算と実績のどちらをもとにするかを選択して、その数字に一定の掛け率をかけて算出するかどうかを指定し、次へ(N) > ボタンをクリックします。

この設定は、「弥生会計 23 プロフェッショナル」「弥生会計 23 ネットワーク」のみ行います。また、予算についての他の設定は繰越後の予算設定の画面で手入力します。

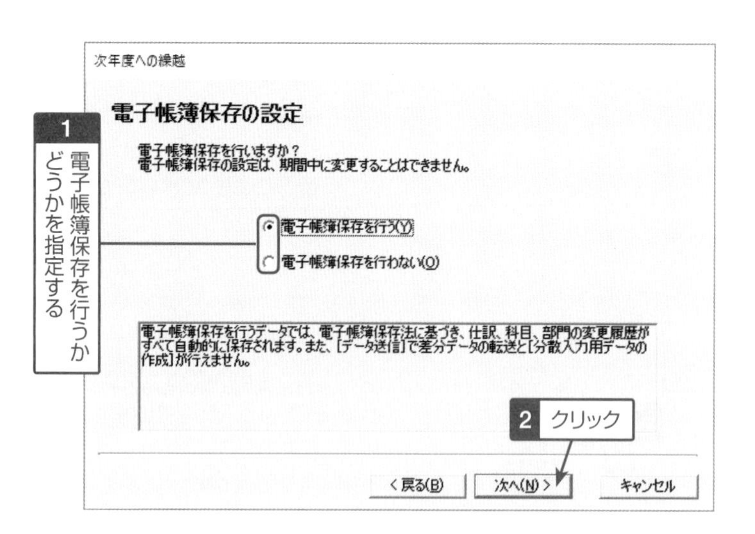

11 電子帳簿保存を行うかどうかを設定して、次へ(N)＞ボタンをクリックします。

個人事業主で不動産に関する科目を使用している場合は、この操作の前に設定画面が出ます。

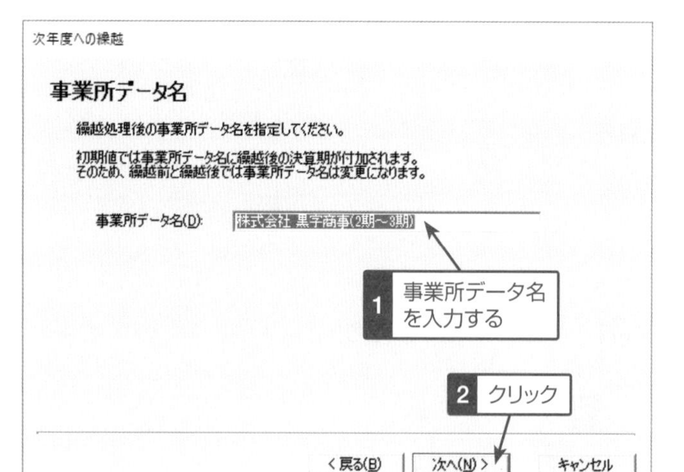

12 繰越処理後の事業所データ名を入力し、次へ(N)＞ボタンをクリックします。

初期設定されているデータ名は何期分（何年分）のデータが設定されているかが表示されているので、必要に応じて修正します。

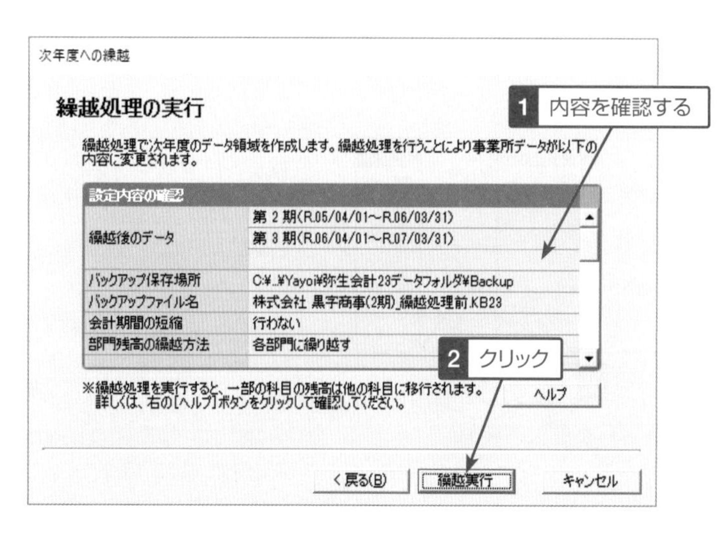

13 ウィザードで設定した内容が一覧表示されるので、内容を確認し、繰越実行ボタンをクリックします。

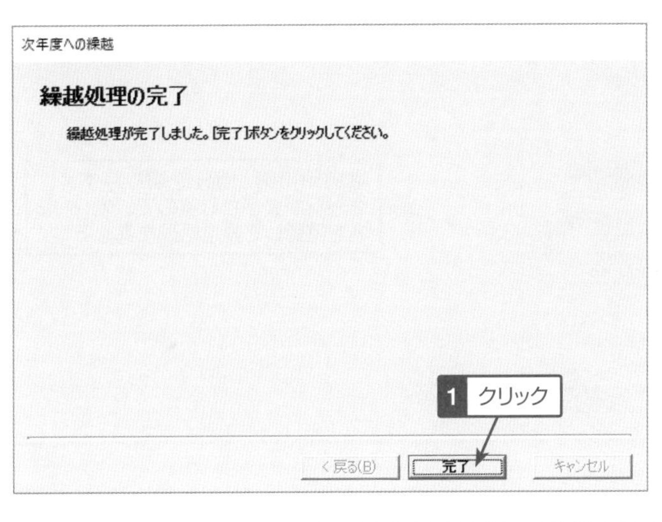

14 完了 ボタンをクリックします。

繰越処理の実行が完了すると、すぐに次年度の日常の作業を行うことができます。タイトルバー(画面の一番上の部分)の表示が翌年度に切り替わっていることを確認しましょう。

※会計期間終了後も繰越処理を行わない状態で弥生会計を起動すると、繰越処理を行うかどうかの通知メッセージが表示されます。通知メッセージを非表示にして、繰越処理をしないままその年度の処理を継続することも可能ですが、処理している年度を間違えて入力することを避けるためにも、必ずタイトルバーの年度を確認するようにしましょう。

ONE POINT 弥生会計のデータの保存方法

弥生会計では、3年分(3期分)のデータが1つのファイルに入るようになっています。繰越処理を行うと、次年度分のスペースが追加され、導入後3年間(3期)分は、データが蓄積していきます。4年目(4期目)に繰越を行うと、初年度分のデータを別ファイルとして切り離します。繰越処理を行うときには必ずバックアップファイルを作成するようにしましょう。

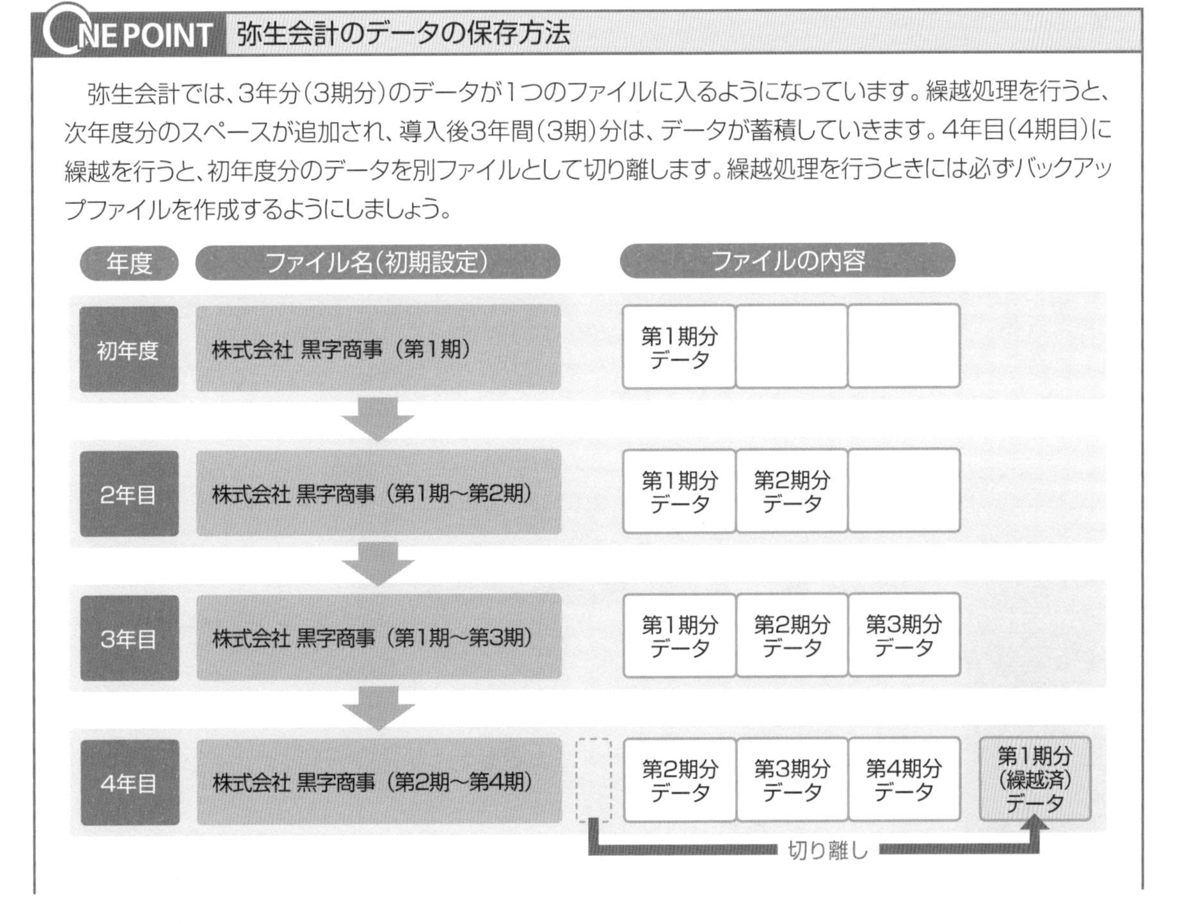

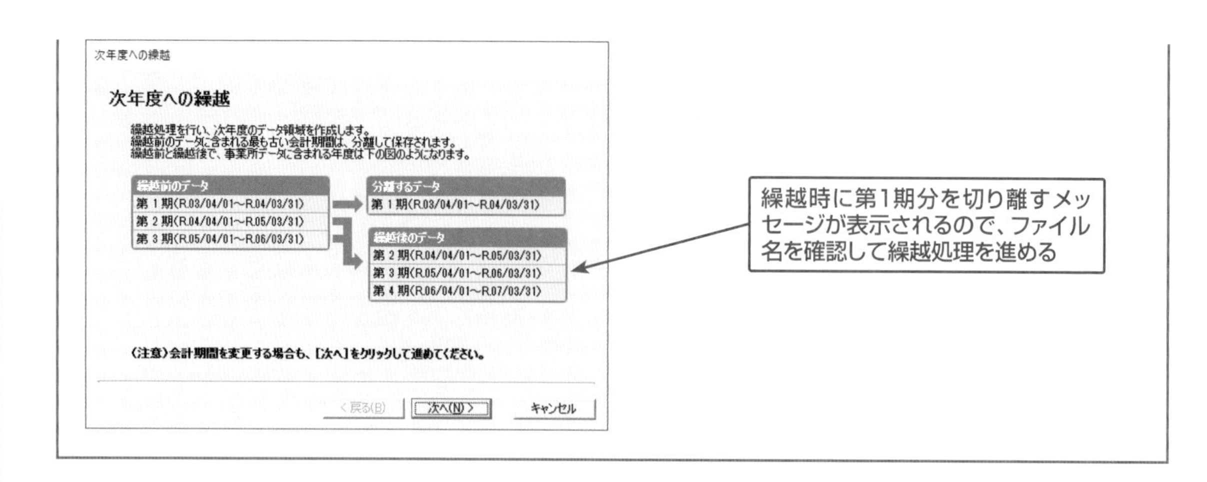

ONE POINT 繰越処理を行えない場合の対処法

次のような場合、エラーメッセージが表示され、「繰越処理」を行うことができません。

■「未確定勘定」勘定を使用している場合

適切な科目へ振り替えてください。

■「複合」勘定に残高がある場合

残高が「0」になるように仕訳を修正してください。

■「貸借バランス」が「0」になっていない場合

「科目残高入力」画面で「貸借バランス」が「0」になるように、ツールバーの**[貸借調整]**ボタンをクリックしてください。

44-2 前年度のデータを修正する

決算処理が終了する前に繰越処理を実行した場合など、前年度のデータを修正する必要がある場合は、「年度切替」を行い、前年度に戻って作業を行います。この**「次年度更新」**処理は何度でも行うことができます。ここでは、前年度の仕訳を修正してみましょう。

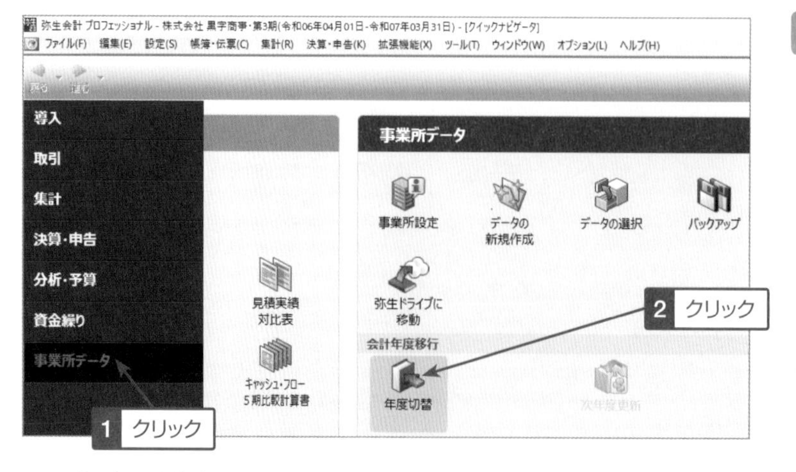

1 クイックナビゲータの「事業所データ」メニューをクリックし、**[年度切替]**アイコンをクリックします。

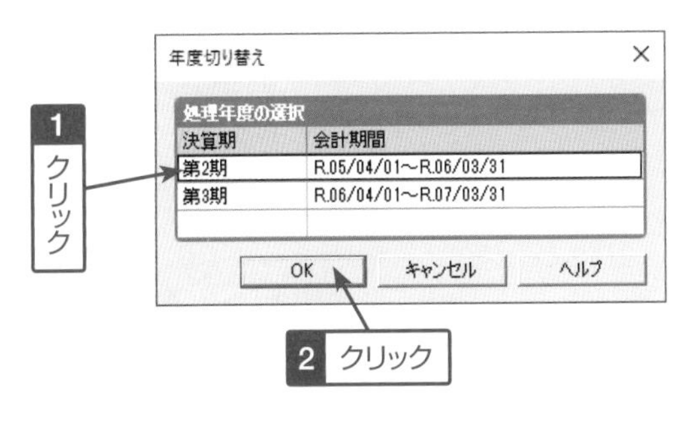

2 前年度データを選択し、OK ボタンをクリックします。

前年度データに切り替わったかどうかはタイトルバーで確認します。

3 必要な仕訳の修正を行います。

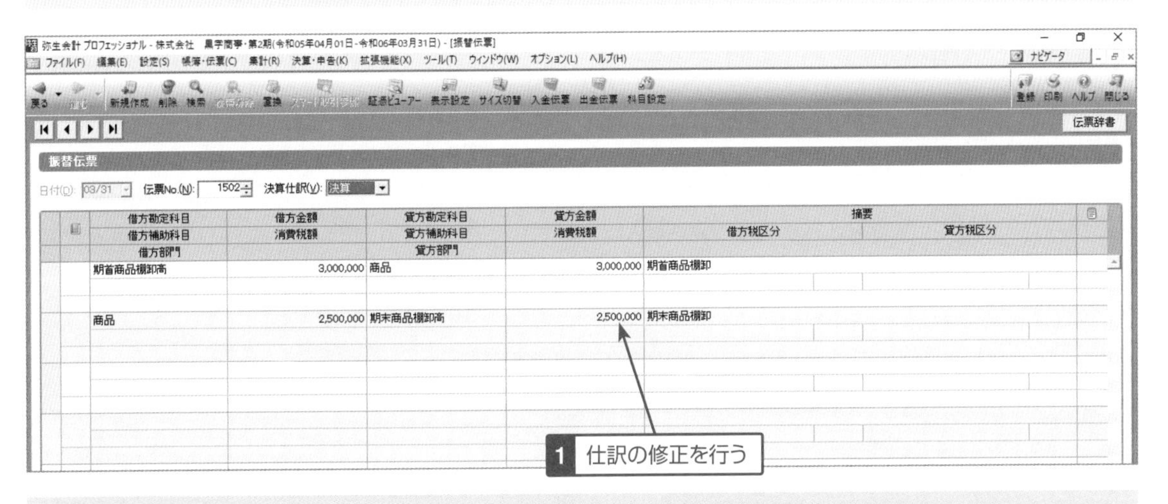

ここでは期末在庫の棚卸の仕訳(207ページ参照)を修正し、決算時の「商品」在庫金額を2,000,000円から2,500,000円に修正した処理の振替伝票画面を表示しています。この後、登録して画面を閉じます。

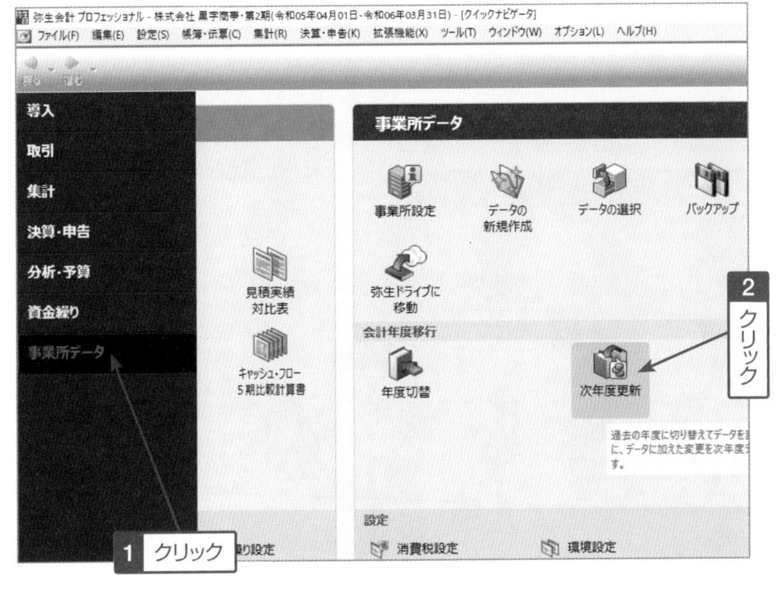

4 クイックナビゲータの「事業所データ」メニューをクリックし、**[次年度更新]**アイコンをクリックします。

前年度の仕訳を修正した場合、データの修正の結果、変更になった翌年度期首の残高を正しく計算し直す必要があります。

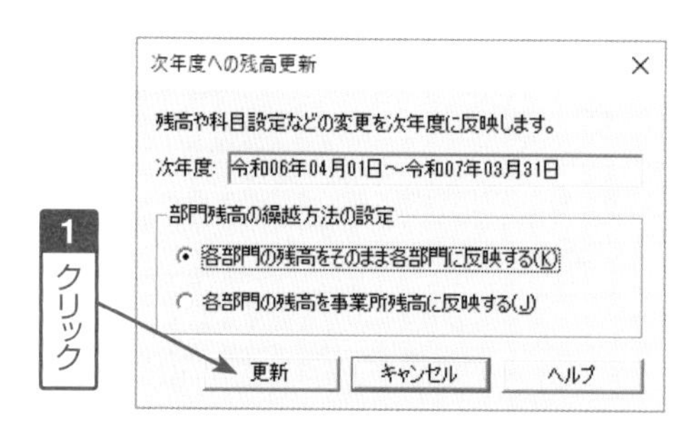

5 更新 ボタンをクリックします。

再計算が行われ、次年度に反映されます。

■確定申告書の作成(個人事業主)

確定申告書は毎年変更があります。弥生会計の最新年度の確定申告モジュールは、例年1月に改訂され、あんしん保守サポート(有償年間保守)に加入しているとオンラインアップデートで提供されます。また、あんしん保守サポート契約期間中に次期製品が発売された場合は、無償バージョンアップ版が提供されます。確定申告書画面から作成できる帳票は次の通りです。

- 所得税確定申告書(第一表・第二表・第三表・第四表)
- 扶養控除の内訳(控除対象になる扶養親族を5人以上設定した場合の別紙明細、16歳未満の扶養親族、事業専従者)
- 損益の通算の計算書(損益通算が発生した場合に自動計算し、印刷することができる)
- 内訳書や明細書(所得の内訳書、医療費の明細書)、添付書類台紙
- 付表(株式等に係る譲渡所得等の金額の計算明細書など)

44-3 確定申告書を作成する

ここでは、確定申告書を作成してみましょう。

※確定申告書には本人と扶養家族のマイナンバーの記載が必要です。確定申告書の様式は毎年変更になりますが、書籍作成時(令和4年10月現在)ではまだ令和4年分以降の所得税確定申告モジュールが提供されておりません。以下の説明は「弥生会計 23」の令和3年度確定申告版を用いた令和3年分のサンプルデータの入力手順なので、「弥生会計 23」の確定申告対応版では画面が変更になる可能性があります。

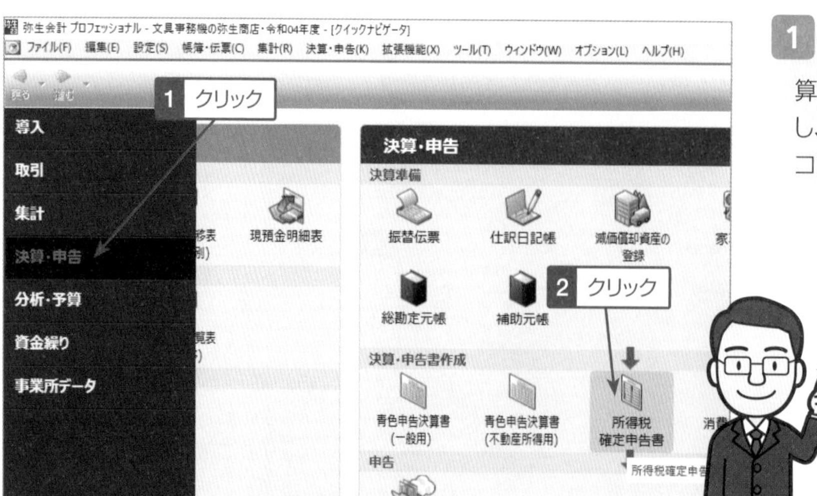

1 クイックナビゲータの「決算・申告」メニューをクリックし、**[所得税確定申告書]**アイコンをクリックします。

2 青色申告決算書画面で確認した事業所情報や決算データで連動できるものはすでに取り込まれた状態になっています。事業所得や不動産所得以外の所得の情報や、所得控除などを確認しながら入力していきます。左側の「操作ナビ」画面は、決算前に行う作業の確認、及び青色申告決算書の作成部分は青色申告決算書作成画面の操作ナビと共通です（267ページ参照）。はじめての方は、操作ナビの**［所得税確定申告書を作成しよう］**をクリックします。内容がわかっている方は、右側の入力画面で直接各項目を入力することができます。

3 各項目を確認しながら、質問に答えていくと、入力が必要な画面を案内してくれます。

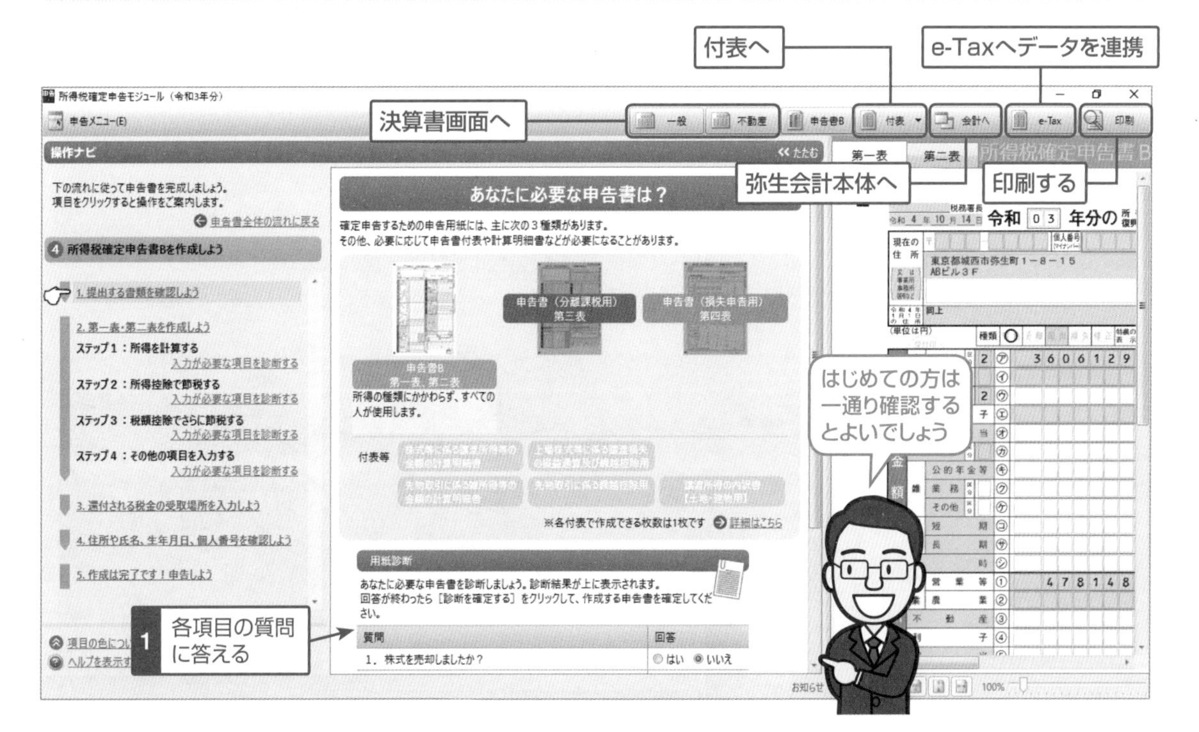

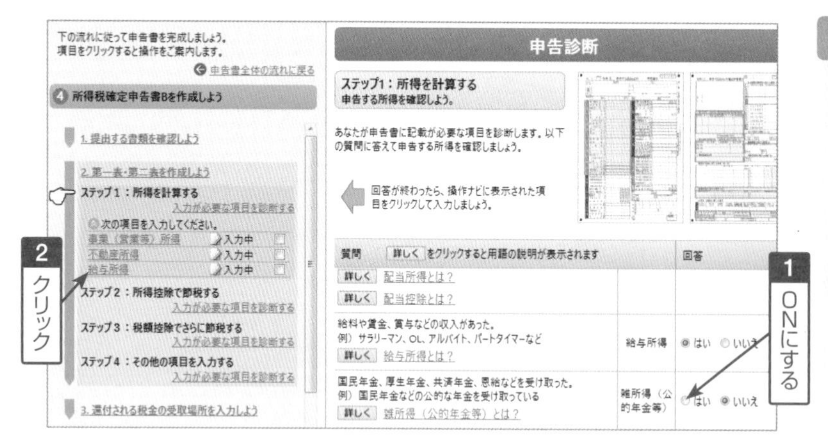

4 この画面は事業所得、不動産所得の他に給与所得がある場合の例です。質問で給与所得欄の「はい」をONにすると左側に「給与所得　入力中」と表示されるので、この青字の「給与所得」の文字をクリックします。

5 ハイライトで表示された第二表の緑色の項目部分をクリックすると、所得の内訳の入力画面が表示されます。入力が必要な所得ごとにデータを入力していきます。入力後 帳票に反映 ボタンをクリックし、ナビの画面の**[次へ]**ボタンをクリックすると、画面が第一表に切り替わります。

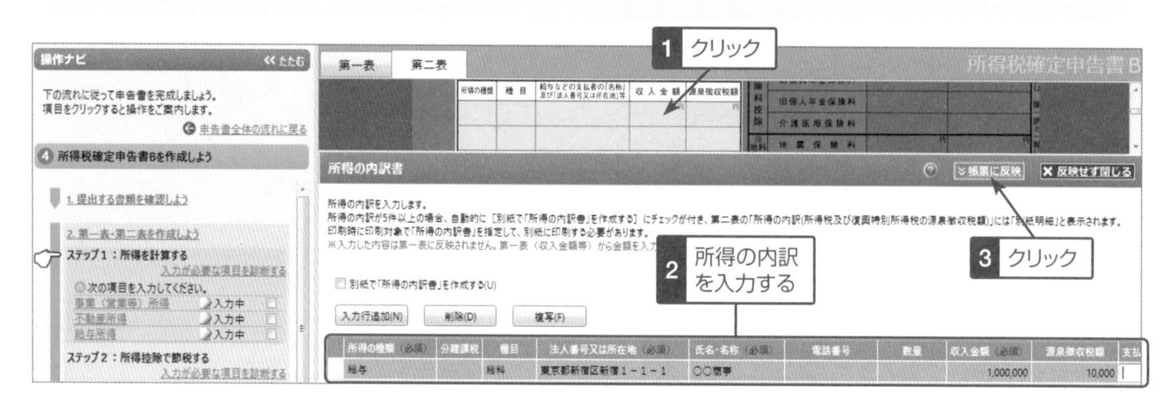

6 第一表の収入金額の給与の緑色の項目部分をクリックすると給与所得等の金額入力欄が表示されます。第二表で入力した所得の内訳から給与の合計収入金額をA欄に入力します。特定支出控除を受ける場合は入力します。給与所得額は自動計算されます。入力後 帳票に反映 ボタンをクリックし、第一表の収入金額等欄と所得金額欄を確認します。確認後ステップ1の所得項目のチェックボックスをクリックし、完了します。

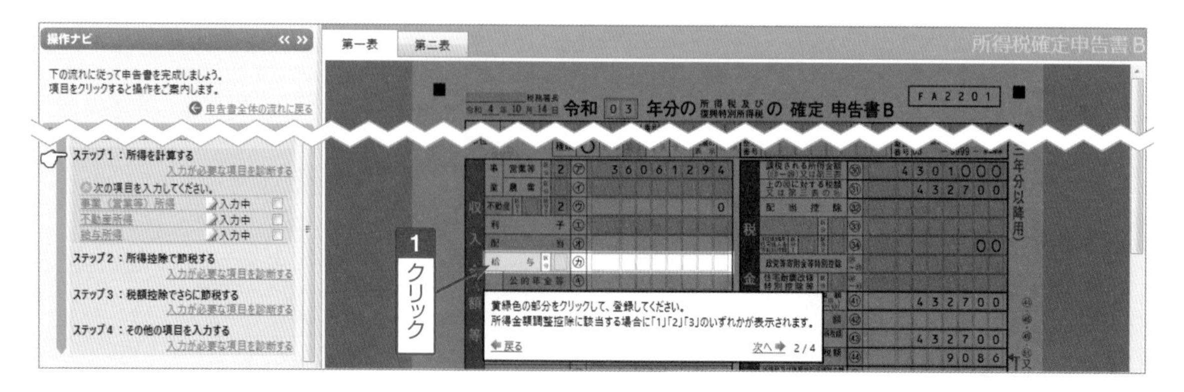

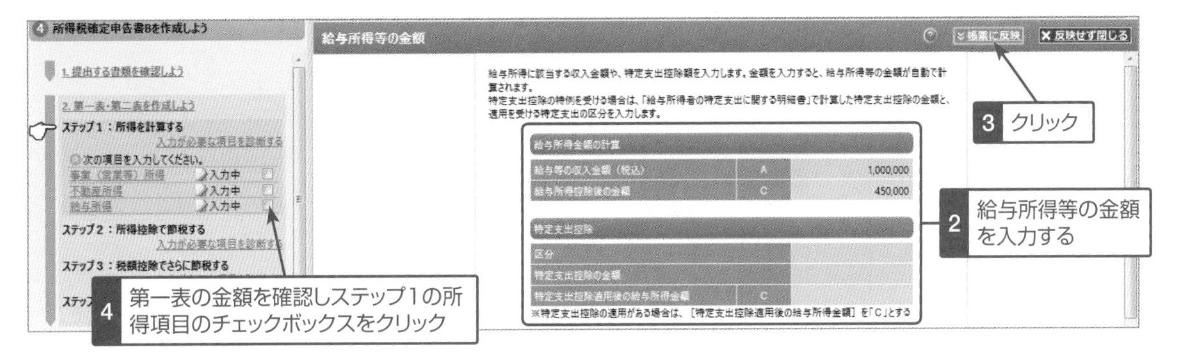

7 操作例 4 ～ 6 と同様に、順番にステップ2から4の入力が必要な項目を確認し、入力します。入力が必要な項目を診断し、項目名をクリックすると必要な入力画面が案内されます。基本的には第二表から入力し、第一表への反映を確認します。還付の場合の受取口座の情報や、住所情報、個人番号なども確認しましょう。

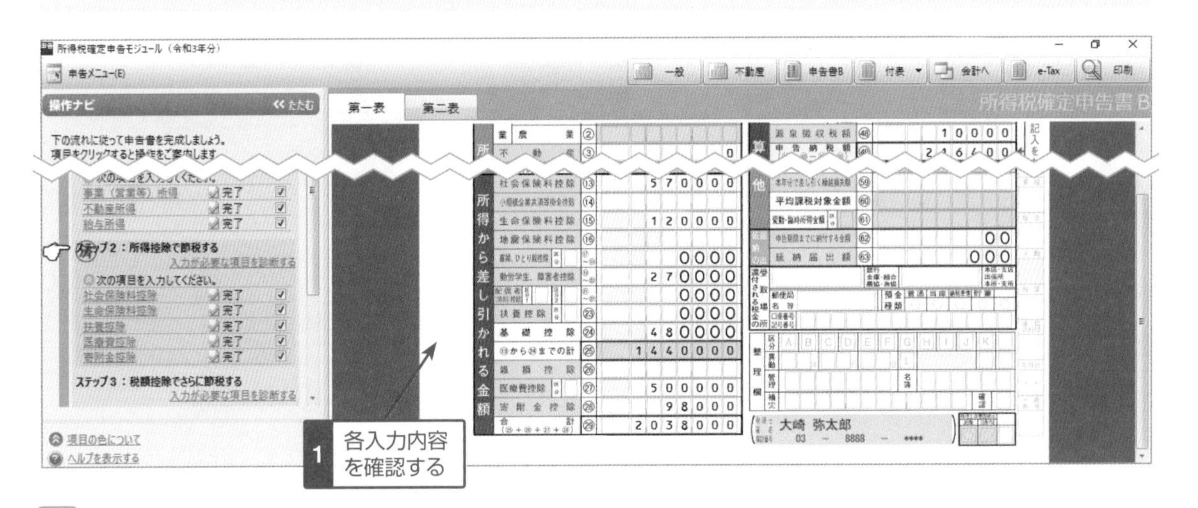

8 必要な事項の入力がすべて終了したら、**[作成は完了です！ 申告しよう]** をクリックします。第一表の内容をさらに全体的に確認する場合は、グレーになっている入力箇所をクリックすると追加入力や修正が可能な画面に戻ります。印刷する場合は画面右上の 印刷 ボタンをクリックします。

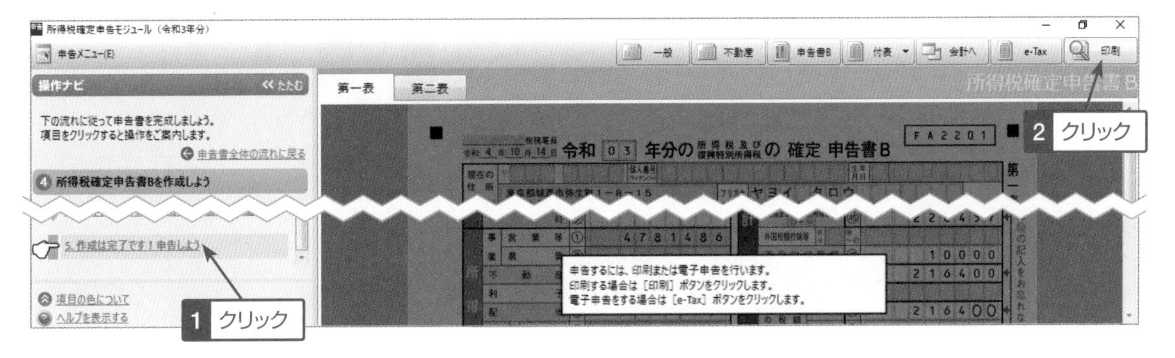

基礎知識
導入
初期設定
日常入力作業
集計
決算準備
決算
付録

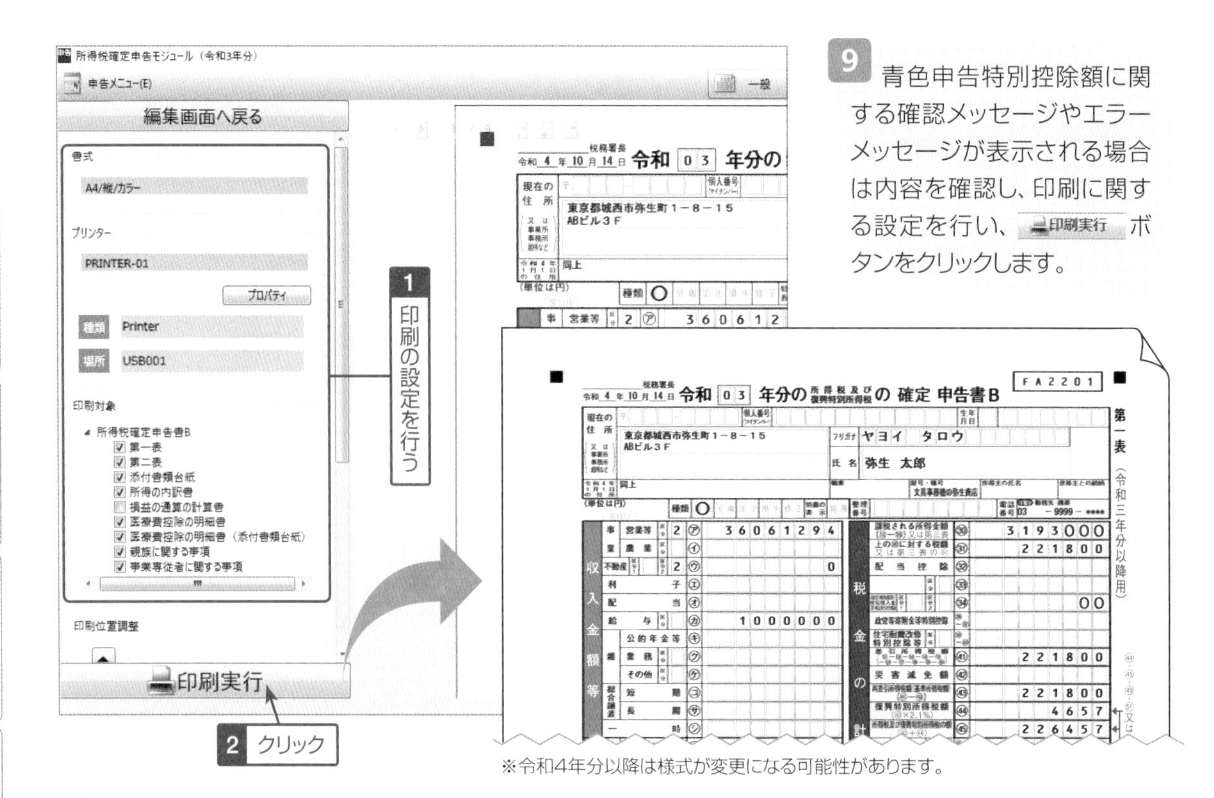

9 青色申告特別控除額に関する確認メッセージやエラーメッセージが表示される場合は内容を確認し、印刷に関する設定を行い、印刷実行ボタンをクリックします。

※令和4年分以降は様式が変更になる可能性があります。

10 付表を作成する場合は、右上の付表ボタンをクリックして必要な付表を選択し入力を行います。

■「e-Tax」の利用について(個人事業主)

「e-Tax」とは、国税庁が提供する電子申告・納税システムです。弥生会計の個人データでは、e-Taxに直接連動して簡単に申告を行うことができます。

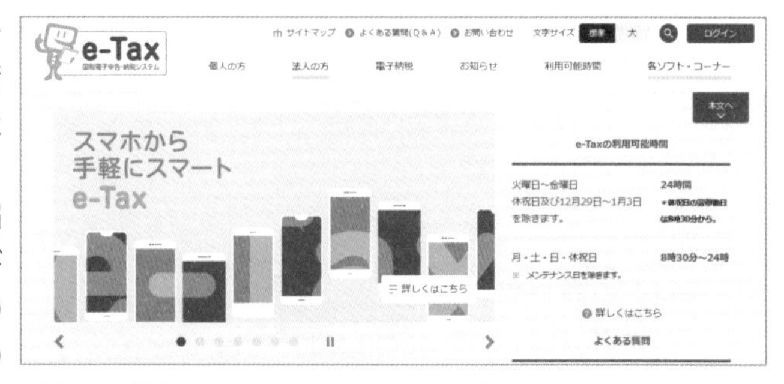

弥生会計からe-Taxを利用するには、事前に届出が必要となり、マイナンバーカードやICカードリーダーまたは、マイナンバーカードの読み取りに対応したスマートフォンを用意する必要があります。詳しくは、最寄りの税務署にお問い合せいただくか国税庁のe-Taxのホームページ(https://www.e-tax.nta.go.jp/)をご参照ください。

※確定申告 e-Tax オンラインでは、確定申告書や青色申告決算書、消費税申告書等を送信することができます。送信できない書類は郵送などにより提出が必要となります。詳細は、クイックナビゲータの「決算・申告」メニューの**[電子申告(e-Tax)]**アイコンをクリックすると表示される弥生会計の製品サポートページを参照してください。

44-4 e-Taxで申告する

ここでは、弥生会計のデータを直接e-Taxに連携させて申告を行う手順を確認しましょう。

※書籍作成時（令和4年10月現在）ではまだ令和4年分以降の所得税確定申告用の最新画面が提供されていません。以下の説明は「弥生会計 23」の令和3年度確定申告版を用いた令和3年分のサンプルデータの入力手順なので、「弥生会計 23」の確定申告対応版では画面が変更になる可能性があります。

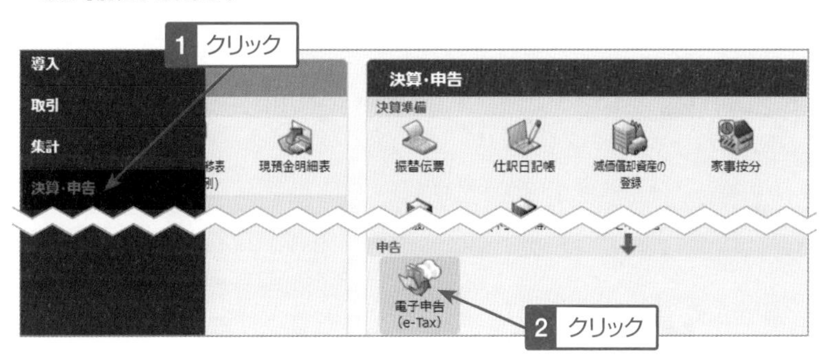

1 クイックナビゲータの「決算・申告」メニューの**[電子申告(e-Tax)]**アイコンをクリックするか、確定申告書画面の e-Tax ボタンをクリックします。

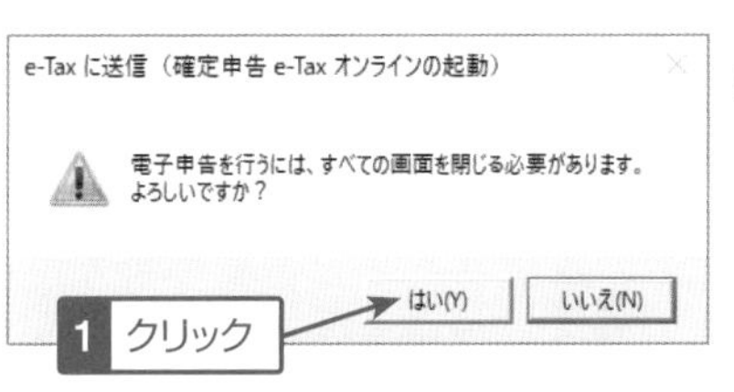

※「作成した帳票の内容に関して重要なお知らせがあります。」というメッセージが表示される場合は、内容を確認します。 はい(Y) ボタンをクリックするとすべての画面を閉じるメッセージが表示されるので、さらに はい(Y) をクリックします。

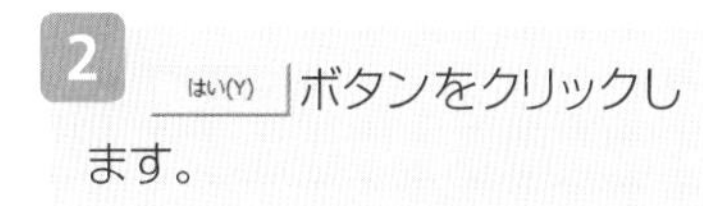

2 はい(Y) ボタンをクリックします。

3 e-Tax 情報設定(S)... ボタンをクリックします。

4 必要事項を入力して、 OK ボタンをクリックします。e-Taxに送信（確定申告 e-Tax オンラインの起動）を行う旨の確認メッセージが表示されるので はい(Y) ボタンをクリックします

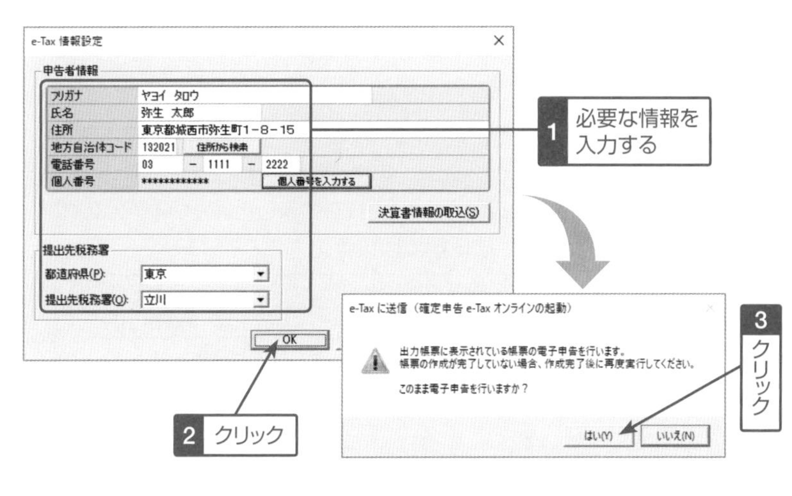

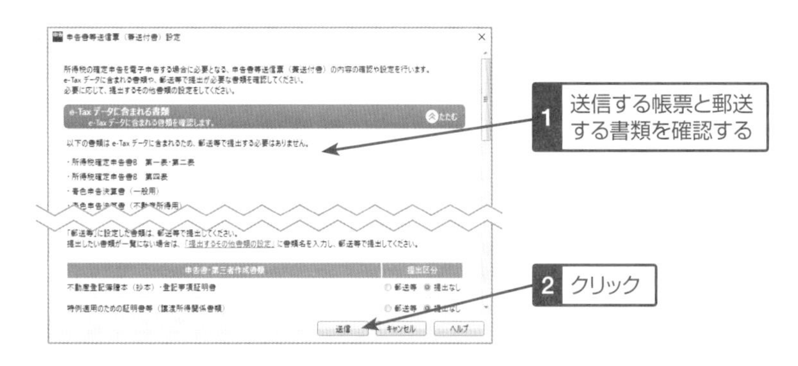

5 申告書等送信票(兼送付書)設定が開きます。送信する帳票と郵送する書類を確認し、必要に応じて入力を行い、[送信]ボタンをクリックします。

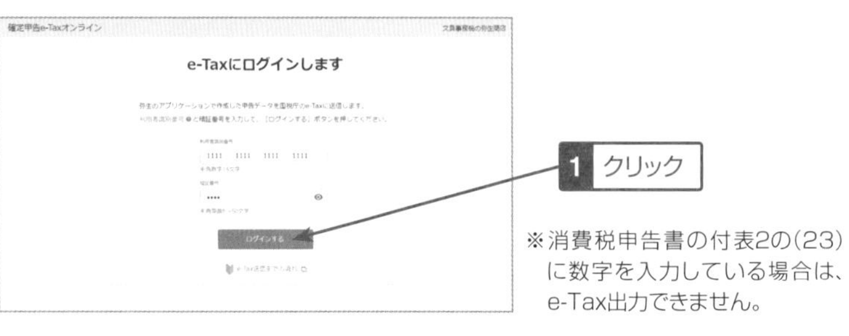

※消費税申告書の付表2の(23)に数字を入力している場合は、e-Tax出力できません。

6 e-Taxにログインします。マイナンバーカードをICカードリーダーにセットし、[ログインする]ボタンからログインし、画面のメッセージに従って送信を行ってください。

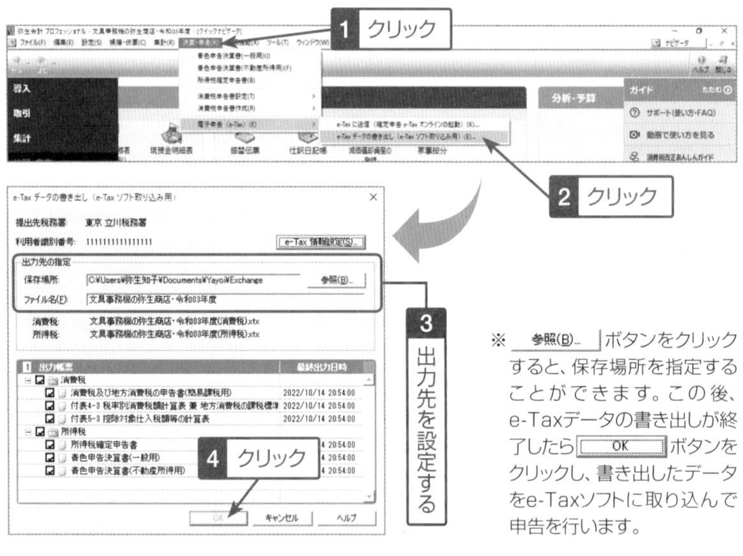

※ [参照(B)...]ボタンをクリックすると、保存場所を指定することができます。この後、e-Taxデータの書き出しが終了したら[OK]ボタンをクリックし、書き出したデータをe-Taxソフトに取り込んで申告を行います。

7 出力帳票にない帳票を使用して電子申告する場合など、直接連動せずにデータを書き出してe-Taxソフトに取り込んで申告を行う場合は、メニューバーの**[決算・申告(K)]→[電子申告(e-Tax)(E)]→[e-Taxデータの書き出し(e-Taxソフト取り込み用)(E)]**をクリックし、**[保存場所]**と**[ファイル名(F)]**を指定し、[OK]ボタンをクリックします。

ONE POINT 平成30年税制改正

平成30年の税制改正で、青色申告特別控除額と、基礎控除額が変更になりました。令和2年分の所得税確定申告(令和3年3月申告分)から適用になります。主な変更点は以下の通りです。

青色申告特別控除額が引き下げられる(青色申告決算書)	基礎控除額が引き上げられる(確定申告書)
現行 650,000円 → 改正後 550,000円	現行 380,000円 → 改正後 480,000円

※何もしなければトータルプラスマイナスゼロですが、e-Taxによる申告(電子申告)(288ページ参照)または電子帳簿保存(届出が必要)(30ページ参照)を行うと、今まで通り650,000円の青色申告特別控除が受けられます。詳細は国税庁のホームページ(https://www.nta.go.jp)でご確認ください。

付　録

付録1　知って得する知識と機能

税金の申告について

個人事業主や会社に関係する税金にはさまざまな種類があり、税金の分類方法も何種類かあります。個人事業主や法人にかかる税金と消費税の申告について学んでいきましょう。

● 個人事業主や法人にかかる税金

個人事業主や会社に関係する税金にはさまざまな種類があり、税金の分類方法も何種類かあります。

国に対して納める税金を「国税」、県や市町村に納める税金を「地方税」と言いますが、人や会社などに対して直接かかる「直接税」と納税する人と税を負担する人が異なる「間接税」という分類方法もあります。

日常業務でよく出てくる税金については、印紙税や事業用の資産にかかる固定資産税、事業用車両にかかる自動車税など「租税公課」として経費で処理するケースがほとんどですが、決算時に関わってくる税金を図に表すと次のようになります。

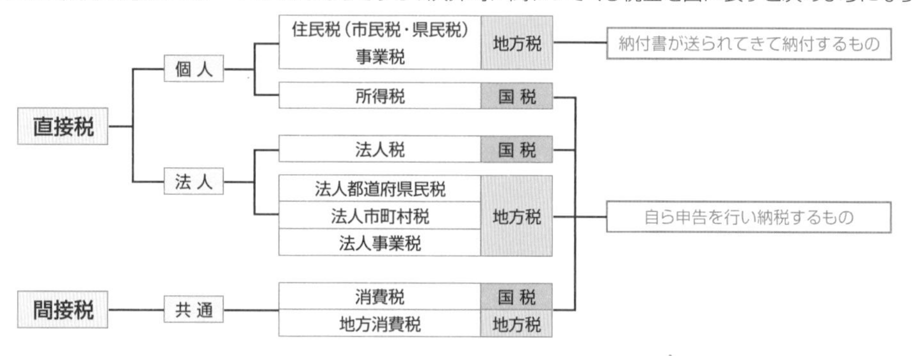

● 個人事業主の確定申告

個人で事業を営んでいる場合、所得税の確定申告を行います。弥生会計で計算できるのは「事業所得（一般・農業）」「不動産所得」です。

これらの所得は、弥生会計の決算書から確定申告書（284ページ参照）へ連動させることができます。確定申告書では、事業所得、不動産所得以外の所得がある場合は手入力します。計算された所得から、所得控除（配偶者控除、社会保険料控除など）を手入力し、最終的な所得計算と所得税の納付額を計算します。

また、納付する所得税や住民税など、事業主個人に対して課税される税金は経費に入れることはできず（事業税は経費になる）、「事業主貸」勘定で処理をします。

● 法人税の申告

法人が負担する税金には、会社が事業活動を行った結果生じた利益に対して課税される税金や、事務所などが存在することに対してかかる税金などがあります。上の図のように、法人税、住民税、事業税などがありますが、納付する各税を計算するにあたり、注意しなければならない点があります。

たとえば、法人税については、計算された「所得」に対して課税されますが、その「所得」は弥生会計上で計算された「利益」とは一致しません。それはなぜでしょうか。

決算書の損益計算書を見ると、利益の計算は「収益」−「費用」で計算されます。しかし、法人税法上の利益の計算は、「益金」−「損金」で計算するのです。似たような名前ですが、「収益」と「益金」、「費用」と「損金」は「=」にはなりません。

損益計算書は、会社法や金融商品取引法の規程により、企業会計原則（慣習）に基づいて計算されています。会社法は債権者保護を目的としており、金融商品取引法は投資家の保護を目的としているため、会社に関する判断材料としての正確な経営成績や財政状態を報告することを求めています。これに対し、法人税法では課税の公平を基本理念としているため、収益・費用に対する考え方が異なっています。会計上の損益計算書では費用として計上しているものが、法人税法上損金として認められないという場合があるのです。そのため、法人税上の利益を計算するために、会計上の損益計算書で計算された利益から「税務調整」という作業が必要となります。

弥生会計では、「弥生会計 23 プロフェッショナル」と「弥生会計 23 ネットワーク」で「勘定科目内訳書」と「法人事業概況説明書」を作成することができますが、法人税申告書の作成には対応していません。法人税申告書作成の詳細は税理士の先生に相談するか、自分で申告を行う場合は、税務署で入手できる「法人税申告の手引き」を熟読の上、決算書と総勘定元帳を準備して最寄りの税務署に相談してみてください。

● 消費税の申告

消費税の申告に関する作業は初期設定を行い、日常の仕訳をきちんと入力していれば弥生会計で消費税を自動計算し、消費税申告書の作成を行うことができます。また、仕訳入力時は取引日付から税率の初期値が自動判定されます。ここでは、消費税の基礎的な知識を確認してみましょう。

■ 消費税がかかる取引

国内取引において消費税が課税される要件は、次の項目すべてに該当する取引です。

- ▶事業者が事業として行うものであること
- ▶国内において行うものであること
- ▶対価を得て行うものであること
- ▶資産の譲渡等(資産の譲渡・貸付及び役務の提供)であること
  ※役務の提供とはサービス提供のことです。

※国外からの事業者向け電気通信利用役務の提供(広告の配信等)を、国内で事業者(課税売上割合95%未満)が提供を受けた場合には、その国内の事業者が、課税仕入とともに納税義務を負うことになりました(リバースチャージ方式)。

■ 消費税の仕組み

「消費税」の名前の通り、消費税を負担するのは消費者です。商品を購入したり、サービスの提供を受けた場合、令和元年10月現在10%の消費税を支払っています。言い換えれば、商品を売ったり、サービス提供を行う事業者はその消費税分を預っていることになります。その預り分をすべて納付するわけではなく、自社でも仕入や経費の支払時に消費税を支払っていますから、「売上時に預った消費税」と、「経費等の支払時に支払った消費税」の差額を計算し、消費者の代わりに納付を行うのです。

※支払った消費税の計算方法については、実際は細かい規定があります。

ここで、事例をもとに考えてみましょう(消費税率10%の場合)。

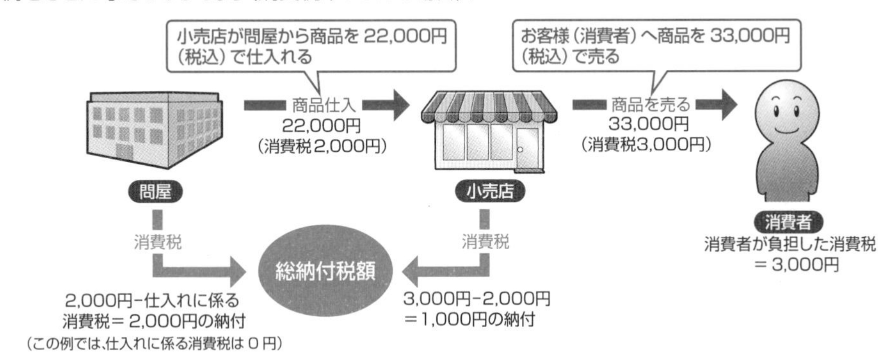

解説

- 問屋は小売店へ売り上げた商品の売上のうちの消費税分2,000円から仕入時の消費税を控除して納付する
- 小売店は、問屋へ支払った消費税分2,000円とお客様へ売上げたうちの消費税分3,000円の差額「1,000円」を納付する
- お客様(消費者)は買い上げた商品の消費税分3,000円を支払う
- 問屋、小売店が納める消費税の合計額と、消費者が負担した消費税額は同額となる

■ 消費税の税率

消費税の税率は、令和元年10月に10%に引き上げられました。この内訳は次のようになります。

- 7.8%分の国税（消費税）
- 2.2%分の地方消費税（国税に22/78を乗じて計算）

この2つを総称して「消費税等」と呼びます。消費税計算も、7.8%の国税と2.2%の地方消費税を分けて計算します。

◉税率表

適用開始日（経過措置あり）	消費税率	地方消費税率	合計
平成26年3月31日以前	4%	1%	5%
平成26年4月1日（旧税率）	6.3%	1.7%	8%
令和元年10月1日以降（軽減税率）	6.24%	1.76%	8%
令和元年10月1日以降	7.8%	2.2%	10%

消費税申告の計算上、国税分と地方税分に分けて計算する必要があるため、同じ8%の税率でも国税と地方税の内訳が違う旧税率8%（令和元年9月30日まで適用）と軽減税率8%はきちんと区分する必要があります。

■ 軽減税率

消費税の標準税率が10%に引き上げられると同時に、一部の品目については軽減税率8%が適用されます。

●軽減税率の対象品目

軽減税率が適用される品目は、「酒類・外食・医薬品、医薬部外品を除く飲食料品、定期購読に基づく週2回以上発行される新聞」になります。

● 酒類

アルコール度数1%以上のものが酒類です。ノンアルコールビールやみりん風調味料(アルコール分1度未満)は軽減税率対象ですが、酒類は標準税率(10%)です。

● 外食

「外食」とは、飲食店業等の事業者がテーブルやいすなど飲食に用いられる設備のある場所で、飲食料品を飲食させる役務(サービス)の提供をいい、相手方が指定した場所において調理、加熱、盛り付けを行う飲食料品の提供(ケータリング)も、標準税率(10%)となります。

● 医薬品・医薬部外品

市販薬や栄養ドリンクなど「医薬品」「医薬部外品」の表示があるものは標準税率(10%)となります。「医薬品」「医薬部外品」に該当しない特定保健用食品(トクホ)などは軽減税率(8%)の対象です。

● 定期購読の新聞

定期購読契約に基づく週2回以上発行される新聞は軽減税率(8%)の対象です。駅の売店やコンビニエンスストアなどで購入する場合は軽減税率の対象になりません。

● 一体資産

お菓子とおもちゃのセットや、お茶とティーカップのセットなどの一体資産は、税抜き価額が10,000円以下で且つ食品の価額が2/3以上の場合は軽減税率(8%)対象となります。

軽減税率の対象かどうかご自身で判断がつかない場合は、「消費税軽減税率電話相談センター」(フリーダイヤル:0120-205-553 土日祝除く9時～17時)にお問合せいただくか、税理士または税務署へご相談ください。

■ 経過措置の取り扱い

令和元年10月1日以降の取引については消費税率が10%に引き上げられますが、一定の条件により経過措置として旧税率が適用される取引があります。

● 工事の請負や資産の貸付(リース契約など)等

指定日(平成31年4月1日)より前に締結した一定の契約については、引渡日が令和元年10月1日以降であっても経過措置により旧税率8%が適用されます。

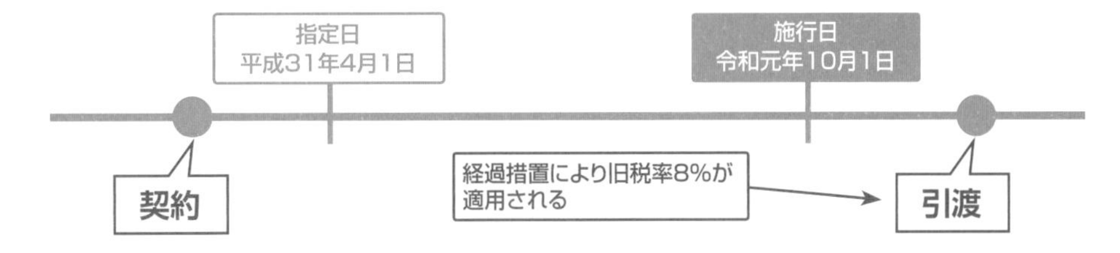

■ 価格の表示方法

価格の表示は税込価格を記載する「総額表示」が義務付けられています。税込価格が明瞭に表示されていれば、消費税額や税抜価格を併せて表示することも可能です。

国税庁HPに記載されている具体例は以下の通りです。(消費税率10%の商品税込11,000円の表示例)

- 11,000円
- 11,000円(税込)
- 11,000円(税抜価格10,000円)
- 11,000円(うち消費税額等1,000円)
- 11,000円(税抜価格10,000円、消費税額等1,000円)
- 11,000円(税抜価格10,000円、消費税率10%)
- 10,000円(税込価格11,000円)

■ 消費税の課税事業者に求められる記帳方法

消費税が免税の事業者については、すべて消費税込みの金額で消費税分を意識することなく処理してかまいませんが、消費税の納税義務のある課税事業者の場合は、以下のポイントを確認しましょう。

本則課税の場合

売上・雑収入だけでなく仕入や経費も税率ごとに区分して記帳します。

●仕入税額控除の要件

課税事業者は、預かった消費税から支払った消費税を控除(仕入税額控除)できる要件として、記載事項の要件を満たす請求書等をきちんと保存の上帳簿を備えて必要事項を記帳し、定められた期間(その課税期間の末日の翌日より2月を経過した日から7年間)この帳簿を保存しておく必要があります。電子取引の場合は、令和6年1月より電子データでの保存が義務化されます。

例)令和5年3月決算の会社

令和4年4月～令和5年3月の期の帳簿保存期間 → 令和5年6月1日から7年間

簡易課税の場合

売上や雑収入を税率ごと(経過措置の旧税率8%、軽減税率8%、標準税率10%)、簡易課税事業区分ごとに分けて記帳します。

■ 消費税がかからない取引

消費税がかからない取引には、次の3つがあります。

不課税取引

不課税取引とは、消費税の課税対象の要件(293ページの「消費税がかかる取引」を参照)から外れている取引をいいます。一般的には「課税対象外取引」と呼ばれています。

(例)国外取引、保険金、寄付金、祝い金など

非課税取引

非課税取引とは、本来、消費税の課税対象の要件に合致している取引ですが、消費に負担を求める税としての性格から見て課税の対象にすることになじまないものや、社会政策上課税すべきでないものが限定的に規定されています。

❶ 消費税の性格上、課税対象とすることになじまないもの

▶土地の譲渡・貸付など

▶社債・株式などの譲渡・支払手段の譲渡など

▶利子・保証料・保険料など

▶郵便切手・印紙などの譲渡(譲渡に係る手数料は課税対象)

▶住民票・戸籍抄本などの行政手数料など

▶国際郵便為替・外国為替など

▶商品券・プリペイドカードなどの譲渡(譲渡に係る手数料は課税対象)

❷ 特別の社会政策的な配慮に基づくもの

▶社会保険医療など

▶一定の介護サービス・社会福祉事業など

▶助産(お産費用など)

▶埋葬料・火葬料など

▶一定の身体障害者用物品の譲渡・貸付など

▶一定の学校の授業料・入学金など

▶教科書図書の譲渡

▶住宅家賃

免税取引

免税取引は、一般的に輸出取引等として行う課税資産の譲渡等のことをいいます。免税取引は課税されないのではなく、税率0%の消費税の課税取引です。つまり、税率を掛ける際に「0」を掛けるので0円にはなりますが、課税・免税業者の判定や、簡易課税制度の適用の可否を判断する際などには、この免税取引の金額を含めて計算するため、注意が必要です。

※輸出物品販売場(免税店)を経営する事業者が、外国人旅行者などの非居住者に対して免税対象物品を一定の方法で販売する場合には、消費税が免除されます。詳細は国税庁ホームページをご参照ください。

■ 消費税が免除される事業者

消費税の納税が免除される事業者(この事業者を免税事業者という)の要件は次の通りです。

● 基準期間(個人事業主はその前々年、法人は前々事業年度)の課税売上高が1,000万円以下の事業者

ただし、当課税期間の基準期間における課税売上高が1,000万円以下であっても、当課税期間の前年の1月1日(法人の場合は前事業年度開始の日)から6カ月間の課税売上高が1,000万円を超えた場合、当課税期間においては課税事業者となります。なお、課税売上高に代えて、給与等支払額の合計額により判定することもできます。ご不明な場合は最寄りの税務署にお問い合わせください。

※6カ月間の判定期間(「特定期間」といいます。)

個人事業者の場合はその年の前年の1月1日から6月30日までの期間、法人の場合は、原則として、その事業年度の前事業年度開始の日以後6カ月の期間となります。

※課税売上高とは、消費税が課税される取引の売上金額(税抜※)と輸出取引等の免税売上金額の合計額からこれらの売上にかかる売上返品・売上値引などにかかる金額(税抜)を控除した残額をいいます。輸出取引が絡んでいるところに注意しましょう。

※注1)基準期間において免税事業者であった場合には、その基準期間中の課税売上高には、消費税が含まれていませんから、基準期間における課税売上高を計算するときには税抜きの処理は行いません。

■ 消費税の課税方式

消費税の納税額は「預った消費税」から「支払った消費税」を差し引いて計算するのが基本ですが、実際には、「本則課税方式」と「簡易課税方式」の2類の方式が存在します。

※「本則課税方式」、「簡易課税方式」のいずれも、適用される税率が違う取引が混在する場合は、税率ごとに区分した仕訳入力が必要です。

本則課税方式

「預った消費税」から「支払った消費税」を差し引いて計算する原則的な方式です。通常はすべての事業者がこの方式により計算します。この「預った消費税」から差し引く「支払った消費税」を「仕入控除税額」といいます。令和5年10月1日より適用されるインボイス制度では、この仕入税額控除として認められる請求書の様式に要件が追加されます(299ページ参照)

簡易課税方式

「預った消費税」の計算は本則課税方式と同様ですが、「支払った消費税」の計算は一切せず、その代わり「預った消費税」に一定率(みなし仕入率)を掛けて算出した額を「支払った消費税」とみなして、簡便的に納税額を計算する方式です。「預った消費税」のみ集計すれば計算できるので、本則課税方式よりも「簡易」な方式です。

簡易課税方式は中小事業者の事務負担を軽減しようという目的で導入されたため、中小事業者(基準期間の課税売上高が5,000万円以下)の事業者にのみ認められた方式です。簡易課税方式を選択したい場合には、その選択したい課税期間開始日の前日までに「簡易課税制度選択届出書」を提出する必要があります(設立事業年度または事業開始年の場合にはその事業年度又はその年の末日までの提出となる)。また、いったん簡易課税制度を選択したら、2年間は必ず適用しなければなりません。

なお、簡易課税制度の適用をやめる場合には、そのやめたい課税期間開始日の前日までに「簡易課税制度選択不適用届出書」を提出する必要があります。基準期間の課税売上高が5,000万円を超えた場合には自動的に本則課税方式に変更となりますが、「簡易課税制度選択不適用届出書」が提出されない限り、「簡易課税制度選択届出書」の効力は生き続けるため、基準期間の課税売上高が5,000万円以下となった場合には再び簡易課税方式で計算することになります。

簡易課税制度を用いて消費税を計算する場合のポイントは、「みなし仕入率」の適用です。

(計算の考え方)預った消費税が100万円だった場合

・卸売業の場合　100万円×90%が支払った消費税とみなす(=90万円)　→　納税額は10万円

・小売業の場合　100万円×80%が支払った消費税とみなす(=80万円)　→　納税額は20万円

このように、営んでいる事業の内容によって「みなし仕入率」が変わります。みなさんが営んでいる事業がどの区分に該当するのか、確認しましょう。(下表参照)不明点は税理士や最寄りの税務署にお問い合わせください。実務的には、複数の事業を営んでいる事業者も多く、たとえばサービス業(第5種)を営んでいる会社が車両を下取り(売却)した場合には、資産の売却は第4種になるため、複数の事業区分の取引が存在することになります。このような場合には、弥生会計上で「税率別に事業区分ごとに売上を区分して記録しておく」ことで複雑な計算を行い、消費税申告書は最も有利な方法で計算を行ってくれるのです。

◉事業区分ごとのみなし仕入率

<table>
<tr><th colspan="2">事業の種類</th><th>みなし仕入率</th></tr>
<tr><td>卸売業</td><td>購入した商品の性質・形状を変更せず他の事業者に販売する事業</td><td>第一種(90%)</td></tr>
<tr><td>小売業</td><td>購入した商品の性質・形状を変更せず消費者に販売する事業
※製造小売業は第3種事業となる</td><td>第二種(80%)</td></tr>
<tr><td>製造業等</td><td>農業、林業、漁業、鉱業、採石業、砂利採取業、建設業、製造業、製造小売業、電気業、ガス業、熱供給業、水道業
なお、加工賃等を受け取り、役務を提供する事業は第4種となる
※令和元年10月1日を含む課税期間(同日前の取引は除く)からは、農業、林業、漁業のうち、消費税の軽減税率が適用される飲食料品の譲渡に係る事業区分が第3種事業から第2種事業へ変更される</td><td>第三種(70%)</td></tr>
<tr><td rowspan="2">その他事業</td><td>飲食業、その他の事業</td><td>第四種(60%)</td></tr>
<tr><td>金融業及び保険業</td><td rowspan="2">第五種(50%)</td></tr>
<tr><td rowspan="2">サービス業等</td><td>運輸通信業、サービス業(飲食店業を除く)</td></tr>
<tr><td>不動産業</td><td>第六種(40%)</td></tr>
</table>

■ 消費税改正でやらなければいけないこと

●事業者すべてが対象

仕入税額控除できる請求書の表示方法が段階的に変更になるため、要件を満たす請求書やレシートに対応する必要があります。

● 令和元年10月1日～　「区分記載請求書等保存方式」

今までの請求書に求められていた記載内容(取引の相手方の名前、年月日、取引内容、金額)に加え、以下の項目の記載が必要になります。

- 軽減税率対象品目に「※」などを記載
- 税率ごとに合計した金額(税込)を記載(軽減税率対象分とそれ以外の請求書を2枚に分けて作成してもよい)
- 「※」が軽減税率対象品目であることを示す旨の表示

● 令和5年10月1日～　「適格請求書等保存方式(インボイス制度)」

適格請求書等保存方式(インボイス制度)が始まると、税務署に登録した課税事業者である適格請求書発行事業者が交付する適格請求書を保存することが仕入税額控除の要件になり、免税事業者が発行する請求書は仕入税額控除できなくなります(経過措置があります)。

■ インボイス制度への対応

令和5年10月1日より、消費税の仕入税額控除の方式として、「適格請求書等保存方式（インボイス制度）」が始まります。仕入税額控除できる要件として、現在求められている区分記載請求書等保存方式の記載条件に加えて、適格請求書発行事業者の氏名及び登録番号（インボイス番号）と消費税額等が記載された適格請求書（インボイス）を保存することが必要になります。

● インボイスの記載事項

① インボイス発行事業者の氏名又は名称及び登録番号
② 取引年月日
③ 取引内容（軽減税率の対象品目である旨）
④ 税率ごとに区分して合計した対価の額（税抜き又は税込み）及び適用税率
⑤ 消費税額等（端数処理は一インボイス当たり、税率ごとに1回ずつ）
⑥ 書類の交付を受ける事業者の氏名又は名称

※簡易インボイスの記載事項は①から⑤となり（ただし、「適用税率」「消費税額等」はいずれか一方の記載で足ります）⑥の「書類の交付を受ける事業者の氏名又は名称」は記載不要です。

※現行の区分記載請求書保存方式に追加される部分は①と⑤の部分です。

このインボイスを発行するためには、まず課税事業者が税務署長に「適格請求書発行事業者の登録申請書」を提出し、登録番号を取得する必要があります。

現在免税事業者の場合は、課税事業者にならなければインボイスを発行することができず、取引先から課税事業者になってインボイスを発行するように求められたり、値下げや取引の停止を求められる場合がありますので、今後どう対応すべきなのか、早めに検討しておきましょう。

※インボイス制度が導入された後でも、免税事業者からの請求書は令和11年（2029年）9月30日まで段階的に一定割合の仕入税額控除を認める猶予期間があります。

売り手側は、請求書発行システムの見直しなど、要件を満たすインボイスを作成するための準備を確認し、早めの対策を行いましょう。

- ▶ **インボイス番号の準備**
- ▶ **インボイスの要件を満たした項目の表示対応**
- ▶ **消費税転嫁のタイミング（現在明細単位や伝票単位で消費税転嫁している場合は、請求書単位（1つのインボイス単位）で税率ごとの転嫁に変更が必要です）**

買い手側は、取引先が適格請求書発行事業者なのかを確認し、記帳する必要があります。現行の仕入税額控除の要件として、税込支払額が30,000円未満の場合には、請求書等の保存を要せず、法定事項が記載された帳簿の保存のみでよいこととされていますが、インボイス制度が始まると少額でもインボイスの保存が必要になります。電子帳簿保存等も合わせて対応を検討しましょう。

- ▶ **取引先のインボイス番号の確認**
- ▶ **証憑の保存方法の確認**

※鉄道運賃や自販機での飲み物の購入、通常認められる出張日当や通勤費など、インボイスが免除されるものやインボイスの交付を受けることが困難な一部のケースでは帳簿のみの保存で仕入税額控除が認められます。

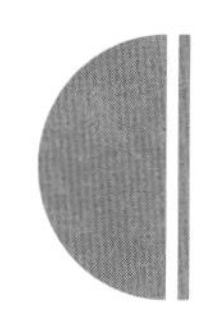

手形管理機能について

スタンダード
プロフェッショナル

手形管理機能では、手形の受け取りと支払い、およびその後の顛末（手形の処理）を一覧で管理します。さらに、仕訳を自動作成することができます。また、法人データの場合、「勘定科目内訳書」に期末の残高データを取り込むことができます。

● 手形とは

手形とは、代金を「誰が」「いつ」「いくら」支払うのかを記載している有価証券の1つです。手形は「手形法」で手厚く保護されており、企業間の取引（信用取引）で決済に用いられています。非常に便利である反面、手形が「不渡り」（銀行の残高不足で支払えない状態）になるなど企業自体の信用を傷付けるような行為があると、その企業は銀行取引停止処分となり、会社は事実上倒産します。便利だからと安易に考えず、取り扱いは慎重にしましょう。

なお、手形にはいくつか種類がありますが、商取引には約束手形が使われるのが一般的です。

◉約束手形の例

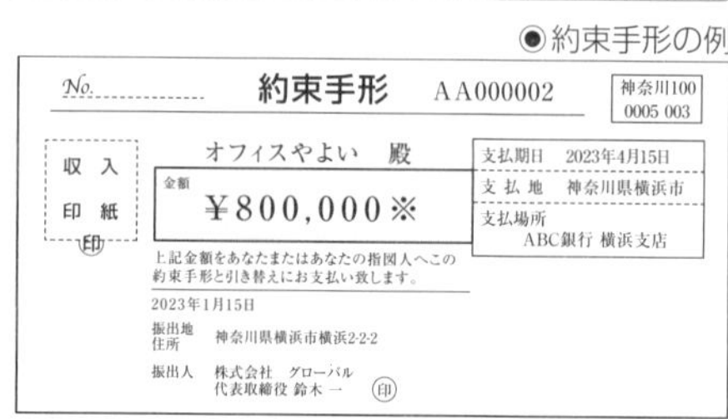

No.
約束手形　AA000002
神奈川100
0005 003
オフィスやよい　殿
収入印紙
金額
¥800,000※
支払期日　2023年4月15日
支払地　神奈川県横浜市
支払場所
ABC銀行 横浜支店
上記金額をあなたまたはあなたの指図人へこの約束手形と引き替えにお支払い致します。
2023年1月15日
振出地 住所　神奈川県横浜市横浜2-2-2
振出人　株式会社 グローバル
代表取締役 鈴木 一

◉手形の仕組み

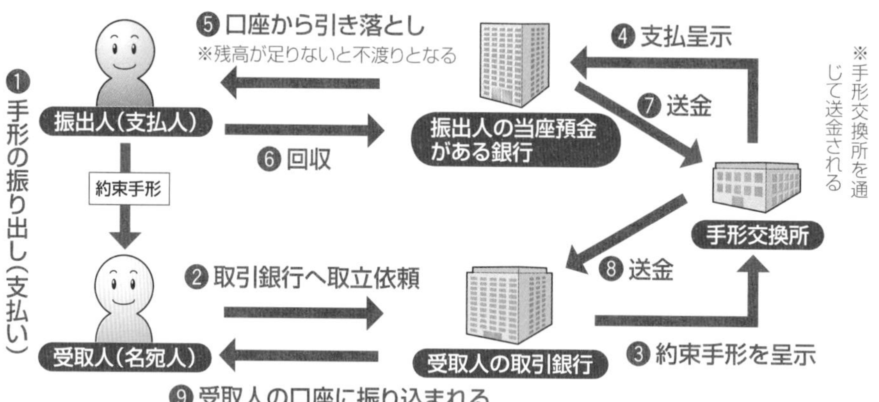

● 手形管理の仕訳設定を確認するには

手形を受け取った場合、弥生会計の「受取手形一覧」画面で登録を行うと、手形の受け取りから、割引や裏書譲渡などその後の一連の顛末を管理し、そのつど仕訳を自動作成することができます。まずは、自動作成の仕訳の初期設定をあらかじめ確認しておきましょう。**[拡張機能(X)]→[手形管理(T)]→[仕訳設定(J)]**を選択して表示される「手形仕訳設定」ダイアログボックスで確認することができます。手形の割引や裏書時の仕訳を「直接法」で処理するのか、「間接法」で処理するのかを選択し、「受取手形」「支払手形」の顛末ごとに仕訳を作成する際の勘定科目の設定を行います。

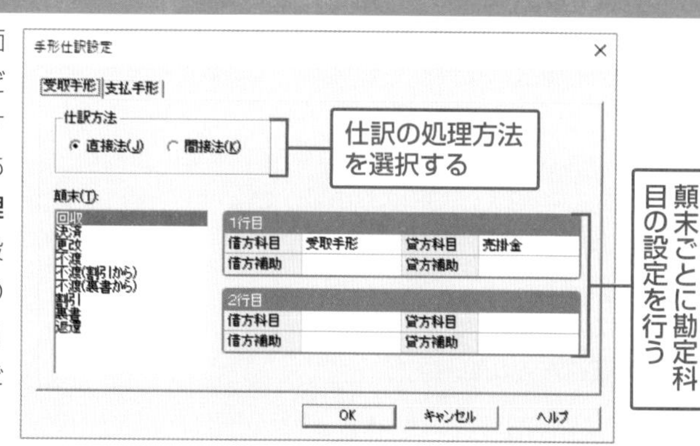

※仕訳の処理方法については、右ページを参照してください。

手形を割引いた場合や裏書譲渡した場合の仕訳については「直接法」「間接法」の2つの方法があります。割引や裏書を行うと、手形はもう手元にはありません。しかし、無事に決済されるまでは、その手形が不渡りになった場合の保証債務（その手形の額面金額を支払う義務）が残っています。

■ 直接法

「保証債務」は考慮せず、直接「受取手形」勘定を減らす方法です。

■ 間接法

「保証債務」を考慮し、決済されるまでは「受取手形」勘定を減らさない方法です。
（割引時には「割引手形」勘定、裏書時には「裏書手形」勘定を使って仕訳します。決済され、保証債務が消滅したら、「割引手形」「裏書手形」から「受取手形」勘定に振り替えます。）

● 受取手形を登録するには

受け取った手形のデータを登録するには、次のように操作します。

❶ **[拡張機能(X)]→[手形管理(T)]→[受取手形一覧(U)]** を選択します。

❷「受取手形一覧」画面のツールバーの **[新規作成]** ボタンをクリックします。

❸「受取手形の新規登録」ダイアログボックスで、必要事項を入力して［登録］ボタンをクリックします。

❹ ツールバーの **[仕訳書出]** ボタンをクリックします。

❺「振替伝票」画面が表示され、仕訳が自動作成されるので、内容を確認して、ツールバーの **[登録]** ボタンをクリックします。

※仕訳を自動作成した手形は、「受取手形一覧」画面の「仕訳」欄で、仕訳作成済のチェックが付きます。「仕訳書出」は何度でも同じ仕訳を作成することができるので、二重にならないように注意してください。

● 登録済みの手形の顛末を変更するには

受け取った手形の顛末（てんまつ）を「回収」の状態から「割引」に更新するには、次のように操作します。ここでは、「受取手形を登録するには」の要領で、受取手形を登録してあることとします。

❶「受取手形一覧」画面で該当の手形をクリックして、ツールバーの **[編集]** ボタンをクリックします。

❷「受取手形の編集」ダイアログボックスの［更新(M)...］ボタンをクリックします。

❸ 顛末と日付を入力し、［OK］ボタンをクリックします。

※ここでは5/10に割引を行い、レモン銀行（当座預金）に入金されたこととしています。

❹ 決済銀行口座と割引料を入力し、［OK］ボタンをクリックします。

※「仕訳」欄のチェックが外れ、「顛末」欄が「割引」の状態になります。

❺「受取手形一覧」画面のツールバーの **[仕訳書出]** ボタンをクリックします。

❻「振替伝票」画面が表示され、仕訳が自動作成されるので、内容を確認して、ツールバーの**[登録]**ボタンをクリックします。

振替伝票

日付(D): 0510　伝票No.(N): 1503　決算仕訳(V):

借方勘定科目 / 借方補助科目 / 借方部門	借方金額 / 消費税額	貸方勘定科目 / 貸方補助科目 / 貸方部門	貸方金額 / 消費税額	摘要 / 借方税区分 / 貸方税区分
当座預金	100,000	受取手形	100,000	割引,期日:R.05/07/31,振出人:すずめ物産
割引料	1,000	当座預金	1,000	割引,期日:R.05/07/31,振出人:すずめ物産

● 期末の残高データを「受取手形の内訳書」に取り込むには

手形を登録して管理すると、期末の残高を勘定科目内訳書（受取手形の内訳書や支払手形の内訳書）に取り込むことができます。取り込むことができない内容は手入力してください。

たとえば、決算時に「受取手形の内訳書」に期末の残高データを取り込むには、次のように操作します。

※ライセンス認証をしていないと操作することができません。また、対応しているのは法人データの場合のみで、「弥生会計 23 スタンダード」では利用できません。

❶ **[決算・申告(K)]→[勘定科目内訳書(U)]→[受取手形の内訳書(2)]**を選択します。

❷ ツールバーの**[データ設定]**ボタンで必要事項を手入力し、**[戻る]**ボタンで戻った後、**[データ取込]**ボタンをクリックします。

❸「データ取込」ダイアログボックスで並べ替え項目を設定し、[OK]ボタンをクリックします。

● 支払手形を登録・変更するには

支払手形についても、受取手形と同様、**[拡張機能(X)]→[手形管理(T)]→[支払手形一覧(S)]**を選択し、「支払手形一覧」画面から振出手形を登録し、管理を行います。「受取手形一覧」画面と同様の操作方法です（300ページ参照）。

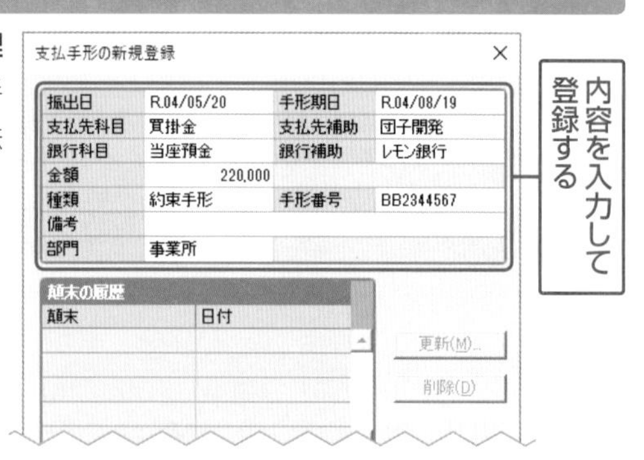

税理士からのコメント

電子記録債権（でんさい）とは

ここ最近、利用企業がずいぶん増えている印象がある「電子記録債権（でんさい）」は、「売掛金や受取手形を電子化したもの」ではなく、売掛金や受取手形のデメリットを克服した新しい金銭債権です。手形には郵送料や印紙税などのコストと紛失リスクがあり、売掛金は決済期日までは換金できず入金されない場合の取り立て等も大きなリスクとなります。「電子記録債権（でんさい）」は、「でんさいネット」を通じて電子化された債権をやり取りし、取引銀行の口座より自動決済が行われます。ペーパーレスで印紙税もかからず、必要な分だけ分割して譲渡や割引を行うことが可能になっています。でんさいネットを利用したい場合は、まず取引金融機関に相談してみるとよいでしょう。詳細は「でんさいネット」のホームページ（https://www.densai.net/）を参照ください。

手形よりも身近な小切手について

小切手とは、振出人が、その正当な所持人に対して一定金額の支払をすることを金融機関に委託する有価証券です。小切手には、大まかに「持参人払小切手」「指図式小切手」「線引小切手」「先日付小切手」の4種類があります。手形とは違い、期日はありませんのですぐに換金が可能です。

■ **持参人払小切手**

小切手を保有していれば、誰であっても支払を受けることができます。そのため、盗難には要注意です。

■ **指図式小切手**

受取人を指定している小切手です。「上記の金額をこの小切手と引き換えに…」という文章があります。

■ **線引小切手**

盗難防止・不正取得者への支払防止のための小切手です。小切手に二本の平行線を引き、そこへ「銀行渡り」などといった文字を記入するものです。これにより、持参人に直接渡すことなく持参人の口座に入金します。

■ **先日付小切手**

日付前には換金しない暗黙の了解のもとに、未来の日付を振出日として振り出す小切手です。手形の代用として用いられます。

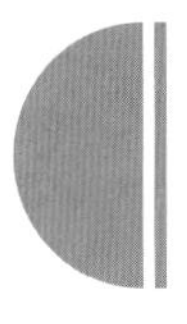

預貯金管理機能について

スタンダード
プロフェッショナル

預貯金管理機能では、「定期預金」「定期積金」の管理や利息予測ができます。また、預入・利払い・満期(引き出し)の仕訳を自動作成することができます。なお、法人データの場合、期末の残高を「勘定科目内訳書」(預貯金等の内訳書)に取り込むことができます。

● 定期積立の仕訳を自動作成するには

定期積立を登録し、仕訳を自動作成するには、次のように操作します。

❶ **[拡張機能(X)]→[預貯金管理(D)]→[預貯金一覧(L)]**を選択します。

❷「預貯金一覧」画面のツールバーの**[新規作成]**ボタンをクリックします。

❸「預貯金の新規登録」ダイアログボックスで、必要事項を入力し、登録 ボタンをクリックします。

預貯金の編集

預貯金名	オレンジ銀行 積立
金融機関	オレンジ銀行 本店
口座番号	9876543

預貯金科目設定

勘定科目	定期積金
補助科目	
期首残高	0 円

預金タイプ(T): ○ 定期預金 ◉ 定期積金

初回預入日	R.05/04/01
積立額	100,000 円
積立回数	60 回
平均利率(年利)	1.000 %
満期日	R.10/04/01

メモ(M):

必要事項を入力して登録する

❹ ツールバーの**[仕訳書出]**ボタンをクリックします。

❺「預貯金仕訳書出」ダイアログボックスで、**[取引の種類(T)]**から「預け入れ」を選択し、預け入れの情報を設定して、[OK]ボタンをクリックします。

❻ 振替伝票画面が表示され、自動仕訳作成が行われます。内容を確認して、ツールバーの**[登録]**ボタンをクリックします。

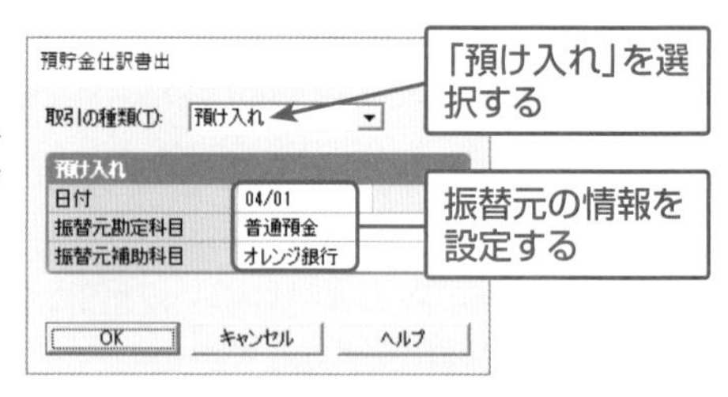

● 勘定科目と税率の確認

利払いの自動仕訳作成を行う前に設定を確認しておきましょう。設定を確認するには、**[拡張機能(X)]→[預貯金管理(D)]→[仕訳設定(S)]**を選択して、「預貯金仕訳設定」ダイアログボックスを表示します。受取利息の勘定科目(法人は「受取利息」、個人は「事業主借」が初期設定されている)、源泉の勘定科目(法人のみ)と税率を確認します。

● 利払い日の仕訳を書き出すには

預金利息の支払日における仕訳を自動作成するには、次のように操作します。

❶「預貯金一覧」画面のツールバーの**[仕訳書出]**ボタンをクリックします。

❷ **[取引の種類(T)]**から「中間利払い」を選択し、預け入れの情報(勘定科目・補助科目)を設定して、「受取利息額」欄に利息の発生額を入力し、[OK]ボタンをクリックします。

❸ ツールバーの**[登録]**ボタンをクリックします。

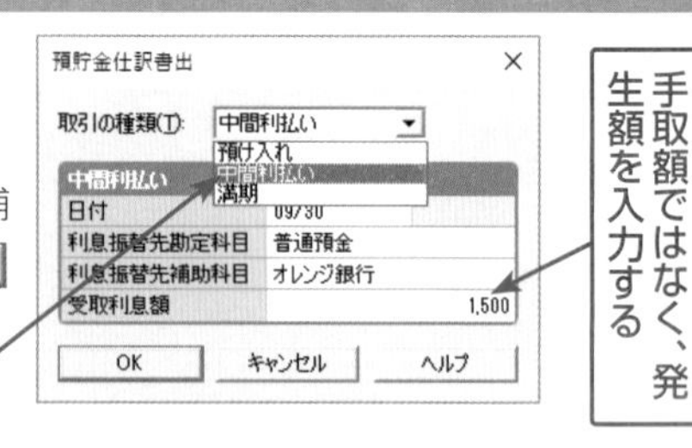

● 預貯金の明細と残高予測を確認するには

預貯金の「明細」と「残高予測」は、それぞれ専用の画面で確認することができます。「預貯金一覧」画面のツールバーの**[明細]**ボタンをクリックすると、「預貯金明細」画面が表示されて、今までに行った自動仕訳の履歴が表示されます。「預貯金一覧」画面のツールバーの**[残高予測]**ボタンをクリックすると、「預貯金残高予測」画面が表示されて、預入から満期までの残高の予測が表示されます。

◉「預貯金明細」画面例

預貯金明細

オレンジ銀行　積立

日付	元本増減	元本残高	利息	国税	地方税	手取利息
R.05/04/01	100,000	100,000	0	0	0	0
R.05/05/01	100,000	200,000	0	0	0	0
R.05/06/01	100,000	300,000	0	0	0	0
R.05/07/01	100,000	400,000	0	0	0	0
R.05/08/01	100,000	500,000	0	0	0	0
R.05/09/01	100,000	600,000	0	0	0	0
R.05/09/30	0	600,000	1,500	229	0	1,271

◉「預貯金残高予測」画面例

預貯金残高予測

オレンジ銀行　積立

日付	取引	増加	減少	残高	内利息
R.05/04/01	預入	100,000	0	100,000	0
R.05/05/01	利息	83	0	100,083	83
R.05/05/01	預入	100,000	0	200,083	83
R.05/06/01	利息	166	0	200,249	249
R.05/06/01	預入	100,000	0	300,249	249
R.05/07/01	利息	250	0	300,499	499
R.05/07/01	預入	100,000	0	400,499	499
R.05/08/01	利息	333	0	400,832	832
R.05/08/01	預入	100,000	0	500,832	832
R.05/09/01	利息	416	0	501,248	1,248
R.05/09/01	預入	100,000	0	601,248	1,248
R.05/10/01	利息	500	0	601,748	1,748
R.05/10/01	預入	100,000	0	701,748	1,748
R.05/11/01	利息	583	0	702,331	2,331
R.05/11/01	預入	100,000	0	802,331	2,331
R.05/12/01	利息	666	0	802,997	2,997
R.05/12/01	預入	100,000	0	902,997	2,997
R.06/01/01	利息	750	0	903,747	3,747
R.06/01/01	預入	100,000	0	1,003,747	3,747
R.06/02/01	利息	833	0	1,004,580	4,580
R.06/02/01	預入	100,000	0	1,104,580	4,580
R.06/03/01	利息	916	0	1,105,496	5,496

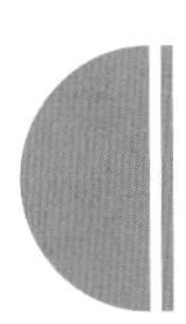

借入金管理について

スタンダード
プロフェッショナル

借入金管理機能では、借入のデータを登録し、利息の支払や返済の管理を行います。借入、利払い、返済の自動仕訳を作成することができます。また、法人データの場合、期末の残高を「勘定科目内訳書」(借入金及び支払利子の内訳書)に取り込むことができます。

● 借入金の管理を行うには

借入金を登録し、管理を行うには、次のように操作します。

❶ **[拡張機能(X)]**→**[借入金管理(L)]**→**[借入金一覧(L)]**を選択します。

❷「借入金一覧」画面のツールバーの**[新規作成]**ボタンをクリックします。

❸「借入金の新規登録」ダイアログボックスで、必要事項を入力して［登録］ボタンをクリックします。下の表のように、**[償還方法(P)]**の設定によって設定する内容が異なるので、画面を確認しながら入力しましょう。

❹ ツールバーの**[仕訳書出]**ボタンをクリックします。

❺「借入金仕訳書出」ダイアログボックスで、**[取引の種類(T)]**から「借入」を選択し、借入の情報を設定して、［OK］ボタンをクリックします。

❻ 振替伝票画面が表示され、自動仕訳作成が行われます。内容を確認して、必要に応じて摘要を入力し、ツールバーの**[登録]**ボタンをクリックします。

なお、操作❸で設定する**[償還方法(P)]**の内容は、次の表の通りです。

[償還方法(P)]	内 容
元金均等	元金の返済額を毎月(毎回)同額で計算
元利均等	元利(元本+利息)の返済額を毎月(毎回)同額で計算
アドオン	元金(元本)と利息の合計額を均等に分割
元利一括	元利(元本+利息)を一括して返済

● 借入金の明細と残高予測を確認するには

借入金の「明細」と「残高予測」は、それぞれ専用の画面で確認することができます。「借入金一覧」画面のツールバーの**[明細]**ボタンをクリックすると、「借入金明細」画面が表示されて、今までに行った自動仕訳の履歴が表示されます。「借入金一覧」画面のツールバーの**[残高予測]**ボタンをクリックすると、「借入金残高予測」画面が表示されて、借入から返済までの残高を予測します。なお、予想利息額は修正することができません(次ページ参照)。

●「借入金明細」画面例

借入金明細

レモン銀行 証書借入

日付	元本返済額	利息額	返済額	借入金残高
R.05/04/01	0	0	0	10,000,000
R.05/05/01	200,000	8,200	208,200	9,800,000
R.05/06/01	200,000	8,100	208,100	9,600,000
R.05/07/01	200,000	8,000	208,000	9,400,000
R.05/08/01	200,000	7,833	207,833	9,200,000

●「借入金残高予測」画面例

借入金残高予測

レモン銀行 証書借入

回次	日付	元本返済額	利息	返済額	借入金残高
0	R.05/04/01	0	0	0	10,000,000
1	R.05/05/01	200,000	8,219	208,219	9,800,000
2	R.05/06/01	200,000	8,166	208,166	9,600,000
3	R.05/07/01	200,000	8,000	208,000	9,400,000
4	R.05/08/01	200,000	7,833	207,833	9,200,000
5	R.05/09/01	200,000	7,666	207,666	9,000,000
6	R.05/10/01	200,000	7,500	207,500	8,800,000
7	R.05/11/01	200,000	7,333	207,333	8,600,000
8	R.05/12/01	200,000	7,166	207,166	8,400,000
9	R.06/01/01	200,000	7,000	207,000	8,200,000
10	R.06/02/01	200,000	6,833	206,833	8,000,000
11	R.06/03/01	200,000	6,666	206,666	7,800,000
12	R.06/04/01	200,000	6,500	206,500	7,600,000
13	R.06/05/01	200,000	6,333	206,333	7,400,000
14	R.06/06/01	200,000	6,166	206,166	7,200,000
15	R.06/07/01	200,000	6,000	206,000	7,000,000
16	R.06/08/01	200,000	5,833	205,833	6,800,000
17	R.06/09/01	200,000	5,666	205,666	6,600,000
18	R.06/10/01	200,000	5,500	205,500	6,400,000
19	R.06/11/01	200,000	5,333	205,333	6,200,000
20	R.06/12/01	200,000	5,166	205,166	6,000,000

● 支払利息額を修正するには

「借入金残高予測」画面で自動計算される支払利息は直接修正することができません。支払利息額を修正するには、次のように操作します。

❶ **[拡張機能(X)]→[借入金管理(L)]→[返済予定入力(H)]**を選択します。

❷「借入金返済予定入力」画面が表示されるので、ツールバーの**[データ取込]**ボタンをクリックし、[はい(Y)]ボタンをクリックします。

❸ 利息額を修正します。

◉「借入金返済予定入力」画面

必要に応じて「残高予測」から自動計算された利息を修正する

借入金返済予定入力

借入金名			4月度	5月度	6月度	7月度	8月度	9月度	10月度	11月度	12月度	1月度
借入日	返済期限											
借入総額	期首残高											
レモン銀行 証書借入		仕訳 返済日		05/01	06/01	07/01	08/01	09/01	10/01	11/01	12/01	01/01
令和05年04月01日	令和09年06月01日	元金返済	0	200,000	200,000	200,000	200,000	200,000	200,000	200,000	200,000	200,000
10,000,000	0	利息	0	820(	8,100	8,000	7,833	7,666	7,500	7,333	7,166	7,000

❹ **[拡張機能(X)]→[借入金管理(L)]→[借入金一覧(L)]**を選択します。

❺ ツールバーの**[仕訳書出]**ボタンをクリックします。

❻「借入金返済予定入力」画面で入力した返済予定のデータが表示されるので、内容を確認し、勘定科目・補助科目を設定して[OK]ボタンをクリックします。

❼「振替伝票」画面が表示され、自動仕訳作成が行われます。内容を確認し、ツールバーの**[登録]**ボタンをクリックします。

● 期末の残高データを「借入金及び支払利子の内訳書」に取り込むには

借入金を登録して管理すると、期末の残高を勘定科目内訳書(借入金及び支払利子の内訳書)に取り込むことができます。決算時には次のように操作して「借入金及び支払利子の内訳書」にデータを取り込むとよいでしょう。取り込むことができない内容については手入力してください。

※ライセンス認証をしていないと操作することができません。

❶ **[決算・申告(K)]→[勘定科目内訳書(U)]→[借入金及び支払利子の内訳書(D)]**を選択します。

❷ ツールバーの**[データ取込]**ボタンをクリックします。

❸「データ取込」ダイアログボックスで並べ替え項目を設定し、[OK]ボタンをクリックします。

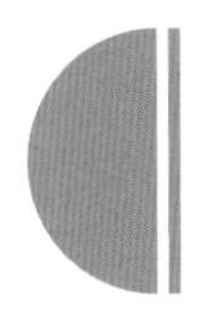

予算管理について

スタンダード

プロフェッショナル

弥生会計の予算管理機能では、損益科目や製造原価科目に予算を設定し、予算に対する実績を集計することができます。

● 予算を設定するには

予算を設定するには、次のように操作します。

❶ クイックナビゲータの「分析・予算」メニューをクリックし、**[予算設定]**アイコンをクリックします。

❷ 月別に予算額を入力していきます。なお、部門別の予算管理を行う場合は、**[部門(B)]**で予算設定する部門を選択し、各部門の予算を設定します。

なお、下位部門で設定した予算を上位部門に集計する機能はありません。また、予算設定したい勘定科目をクリックして、ツールバーの**[簡易設定]**ボタンをクリックすると、「予算簡易設定」ダイアログボックスが表示され、年間合計額や半期合計額を自動で月割計算して入力するか、月額を一括で入力することができます。

◉「予算設定」画面

予算設定

部門(B): 事業所

勘定科目	4月度	5月度	6月度	7月度	8月度	9月度	10月度	11月度	12月度	1)	当期累計
[売上高]											
売上高	2000000C	20,000,000	20,000,000	20,000,000	20,000,000	20,000,000	20,000,000	20,000,000	20,000,000	2	240,000,000
売上値引高	0	0	0	0	0	0	0	0	0		0
売上戻り高	0	0	0	0	0	0	0	0	0		0
売上割戻し高	0	0	0	0	0	0	0	0	0		0
役務収益	0	0	0	0	0	0	0	0	0		0
[売上原価]											
期首商品棚卸高	0	0	0	0	0	0	0	0	0		0

● 実績を集計するには

予算に対する実績は、日々の仕訳を入力するたびに自動集計されます。部門管理を行っている場合、各部門の実績は、「残高試算表(月次・期間)」や「残高試算表(年間推移)」の画面で部門を指定して確認することができますが、部門間に共通する経費は「部門共通費」として集計されています。

たとえば、右の図のような部門設定が行われていて、仕訳の際の部門を未設定で入力した場合は、「設計部」「営業部」「財務部」「総務部」「支店・工場」の共通費となっています。この「部門共通費」を設定された配賦基準で按分(各部門へ振り分け)した結果を集計表で確認することができます。

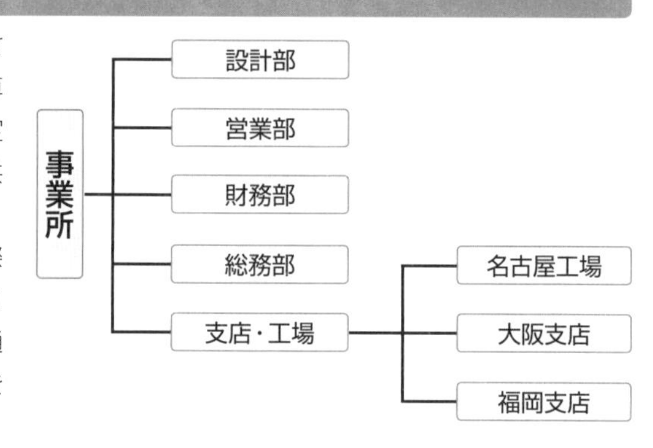

■ 配賦率の設定

部門共通費を配賦する基準と配賦率を設定します。部門共通費を、各部の人数で振り分ける「人数基準」と、各部の床面積で振り分ける「面積基準」を登録するには、次のように操作します。

❶ クイックナビゲータの「分析・予算」メニューをクリックし、**[配賦率設定]**アイコンをクリックします。

❷ ツールバーの**[新規作成]**ボタンをクリックします。

❸ 「配賦基準設定の新規登録」ダイアログボックスで**[配賦基準名]**に「人数基準」と入力し、[登録]ボタンをクリックします。

❹ 各部に所属する人数を配賦率として入力します。

◉「人数基準」の設定例

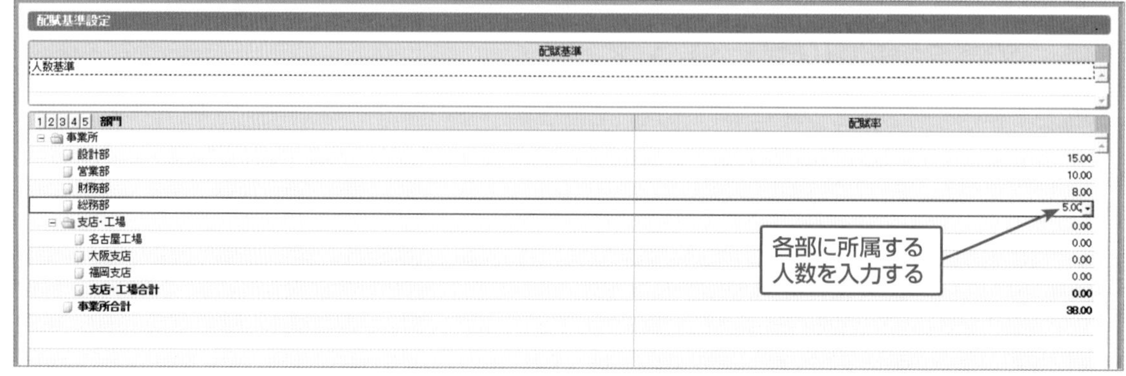

❺ 操作❷〜❹と同様に、「面積基準」を設定します。

※比率で按分するため、合計が100%になる必要はありません。

◉「面積基準」の設定例

配賦基準設定

配賦基準
人数基準
面積基準

1 2 3 4 5 部門	配賦率
事業所	
設計部	15.00
営業部	12.00
財務部	20.00
総務部	8.00
支店・工場	0.00
名古屋工場	0.00
大阪支店	0.00
福岡支店	0.00
支店・工場合計	0.00
事業所合計	55.00

各部の面積比率を入力する

■ 配賦先の設定

上記で設定した配賦基準で振り分ける勘定科目を設定するには、次のように操作します。

❶ クイックナビゲータの「分析・予算」メニューをクリックし、**[配賦先設定]**アイコンをクリックします。

❷ 目的の勘定科目の「使用配賦基準」欄で、使用する配賦基準を選択します。

◉「配賦設定」画面

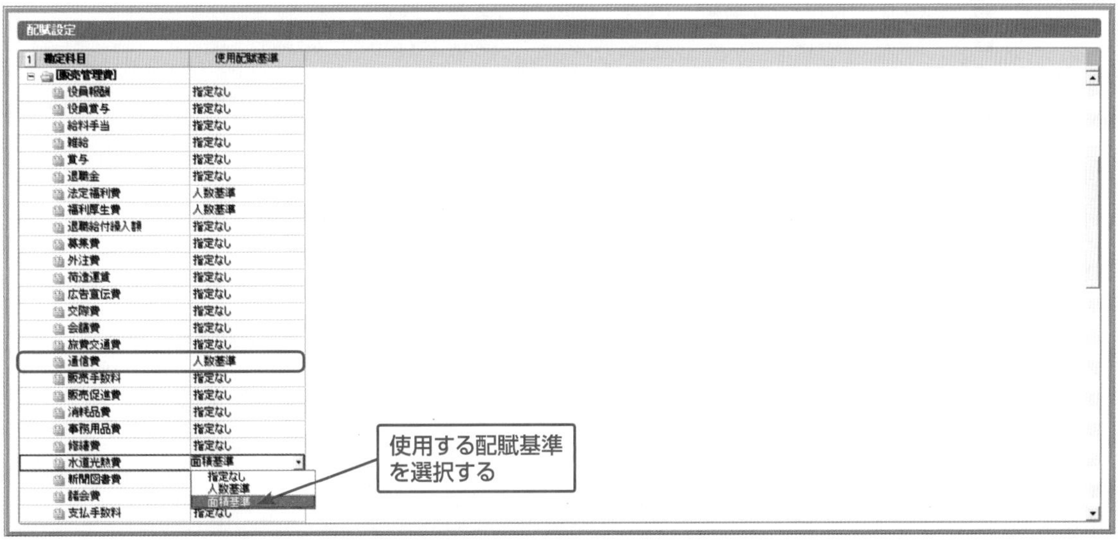

配賦設定

1 勘定科目	使用配賦基準
[販売管理費]	
役員報酬	指定なし
役員賞与	指定なし
給料手当	指定なし
雑給	指定なし
賞与	指定なし
退職金	指定なし
法定福利費	人数基準
福利厚生費	人数基準
退職給付繰入額	指定なし
募集費	指定なし
外注費	指定なし
荷造運賃	指定なし
広告宣伝費	指定なし
交際費	指定なし
会議費	指定なし
旅費交通費	指定なし
通信費	人数基準
販売手数料	指定なし
販売促進費	指定なし
消耗品費	指定なし
事務用品費	指定なし
修繕費	指定なし
水道光熱費	面積基準
新聞図書費	指定なし / 人数基準 / 面積基準
諸会費	
支払手数料	指定なし

使用する配賦基準を選択する

なお、ツールバーの**[一括設定]**ボタンをクリックすると、「配賦基準一括設定」ダイアログボックスが表示されるので、「収益」科目と「費用」科目の配賦基準を一括で設定することができます。配賦基準を一括設定した後で、個別の勘定科目で設定を変更することもできます。ただし、「部門共通費の配賦」は「水道光熱費」や「通信費」など、発生した時点で金額を部門ごとに分けにくい勘定科目に対して、合計額を各部門へ配賦するための機能です。このため、すべての勘定科目で配賦の設定を行うよりも、配賦が必要な勘定科目に絞った方がよいでしょう。

● 予算実績対比表について

設定した予算に対する実績を確認します。予算実績対比表は「月次・期間」「年間推移」「部門対比」の3種類の帳票で確認することができます。「予算実績対比表（部門対比）」では、設定された配賦基準で按分された結果の部門別予算実績比較を行うことができます。それぞれの画面を表示するアイコンは、クイックナビゲータの「分析・予算」メニュー内にあります。

◉ 予算実績対比表（月次・期間）

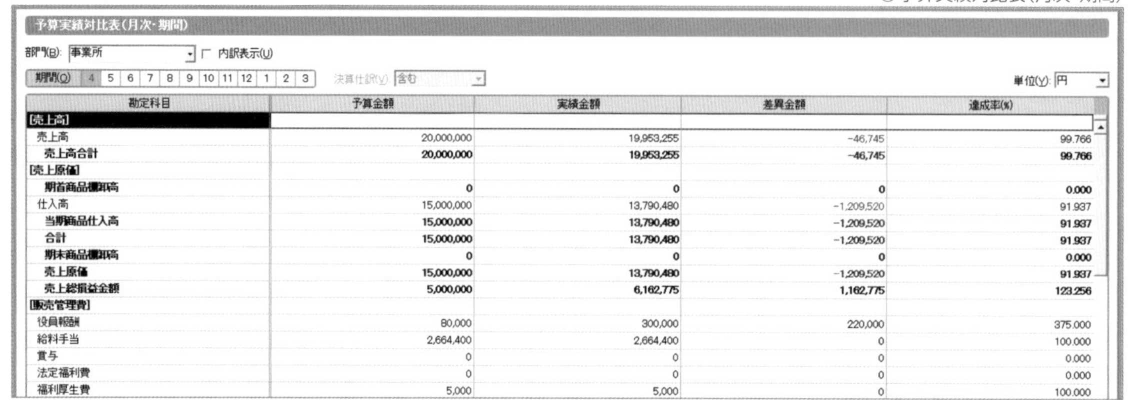

勘定科目	予算金額	実績金額	差異金額	達成率(%)
[売上高]				
売上高	20,000,000	19,953,255	-46,745	99.766
売上高合計	20,000,000	19,953,255	-46,745	99.766
[売上原価]				
期首商品棚卸高	0	0	0	0.000
仕入高	15,000,000	13,790,480	-1,209,520	91.937
当期商品仕入高	15,000,000	13,790,480	-1,209,520	91.937
合計	15,000,000	13,790,480	-1,209,520	91.937
期末商品棚卸高	0	0	0	0.000
売上原価	15,000,000	13,790,480	-1,209,520	91.937
売上総損益金額	5,000,000	6,162,775	1,162,775	123.256
[販売管理費]				
役員報酬	80,000	300,000	220,000	375.000
給料手当	2,664,400	2,664,400	0	100.000
賞与	0	0	0	0.000
法定福利費	0	0	0	0.000
福利厚生費	5,000	5,000	0	100.000

◉ 予算実績対比表（年間推移）

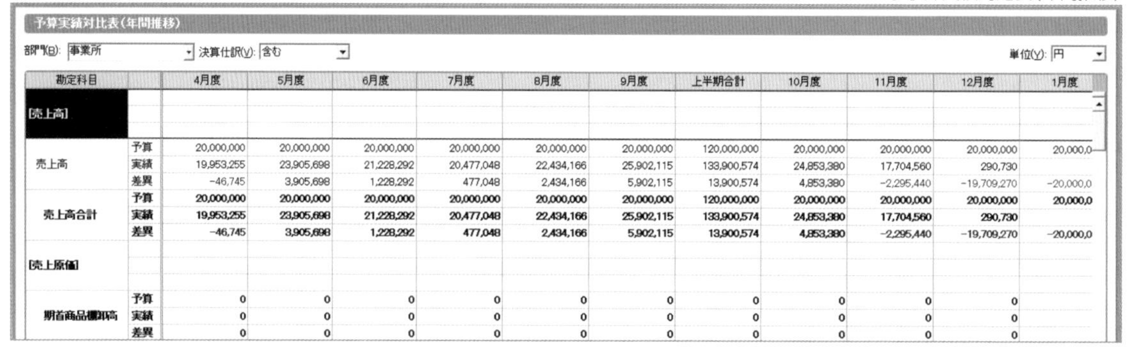

勘定科目		4月度	5月度	6月度	7月度	8月度	9月度	上半期合計	10月度	11月度	12月度	1月度
[売上高]												
売上高	予算	20,000,000	20,000,000	20,000,000	20,000,000	20,000,000	20,000,000	120,000,000	20,000,000	20,000,000	20,000,000	20,000,0
	実績	19,953,255	23,905,698	21,228,292	20,477,048	22,434,166	25,902,115	133,900,574	24,853,380	17,704,560	290,730	
	差異	-46,745	3,905,698	1,228,292	477,048	2,434,166	5,902,115	13,900,574	4,853,380	-2,295,440	-19,709,270	-20,000,0
売上高合計	予算	20,000,000	20,000,000	20,000,000	20,000,000	20,000,000	20,000,000	120,000,000	20,000,000	20,000,000	20,000,000	20,000,0
	実績	19,953,255	23,905,698	21,228,292	20,477,048	22,434,166	25,902,115	133,900,574	24,853,380	17,704,560	290,730	
	差異	-46,745	3,905,698	1,228,292	477,048	2,434,166	5,902,115	13,900,574	4,853,380	-2,295,440	-19,709,270	-20,000,0
[売上原価]												
期首商品棚卸高	予算	0	0	0	0	0	0	0	0	0	0	
	実績	0	0	0	0	0	0	0	0	0	0	
	差異	0	0	0	0	0	0	0	0	0	0	

◉ 予算実績対比表（部門対比）

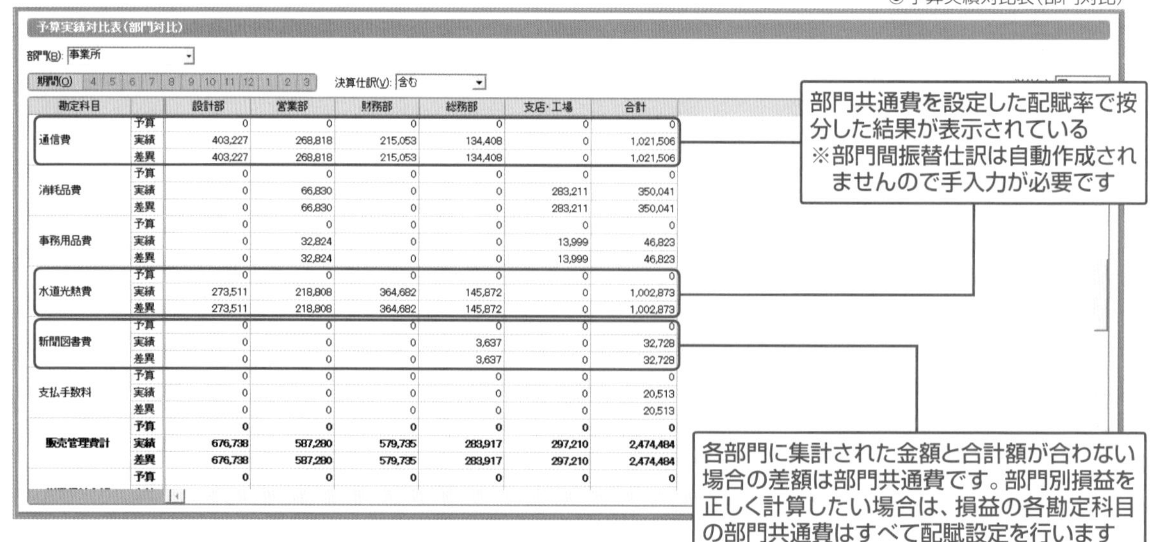

勘定科目		設計部	営業部	財務部	総務部	支店・工場	合計
通信費	予算	0	0	0	0	0	0
	実績	403,227	268,818	215,053	134,408	0	1,021,506
	差異	403,227	268,818	215,053	134,408	0	1,021,506
消耗品費	予算	0	0	0	0	0	0
	実績	0	66,830	0	0	283,211	350,041
	差異	0	66,830	0	0	283,211	350,041
事務用品費	予算	0	0	0	0	0	0
	実績	0	32,824	0	0	13,999	46,823
	差異	0	32,824	0	0	13,999	46,823
水道光熱費	予算	0	0	0	0	0	0
	実績	273,511	218,808	364,682	145,872	0	1,002,873
	差異	273,511	218,808	364,682	145,872	0	1,002,873
新聞図書費	予算	0	0	0	0	0	0
	実績	0	0	0	3,637	0	32,728
	差異	0	0	0	3,637	0	32,728
支払手数料	予算	0	0	0	0	0	0
	実績	0	0	0	0	0	20,513
	差異	0	0	0	0	0	20,513
販売管理費計	予算	0	0	0	0	0	0
	実績	676,738	587,280	579,735	283,917	297,210	2,474,484
	差異	676,738	587,280	579,735	283,917	297,210	2,474,484
	予算	0	0	0	0	0	0

回収予定表・支払予定表について

スタンダード
プロフェッショナル

得意先ごとの回収条件や仕入先ごとの支払条件を登録し、回収予定表や支払予定表を作成することができます。ここでは、回収予定表・支払予定表を作成してみましょう。

● 回収条件や支払条件を設定するには

回収条件を設定するには、次のように操作します。

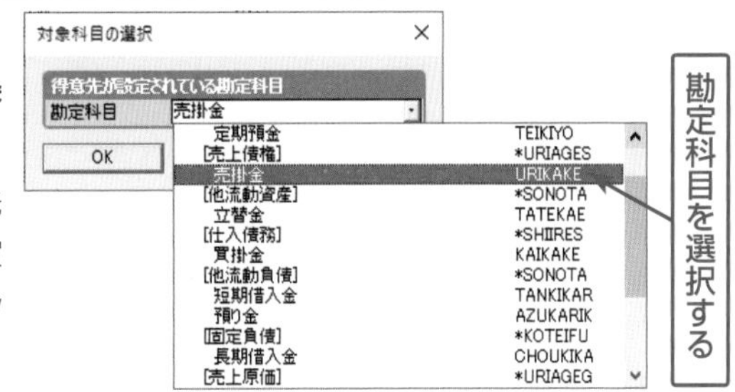

❶ クイックナビゲータの「資金繰り」メニューをクリックし、**[回収条件設定]**アイコンをクリックします。

❷ 初期値では、「売掛金」勘定に設定されている補助科目を得意先として表示し、末締・翌月末振込として設定されています。勘定科目を変更する場合は、ツールバーの**[対象科目]**ボタンをクリックし、勘定科目を変更して OK ボタンをクリックします。勘定科目は複数選択することはできません。

❸ 回収条件を修正する場合は、修正したい得意先をダブルクリックするか、クリックしてツールバーの**[編集]**ボタンをクリックします。

❹「回収条件設定」ダイアログボックスが表示されるので、必要に応じて修正し、 OK ボタンをクリックします。**[詳細設定(E)]**をONにすると、より詳細に設定することができます。

◉「回収条件設定」ダイアログボックス

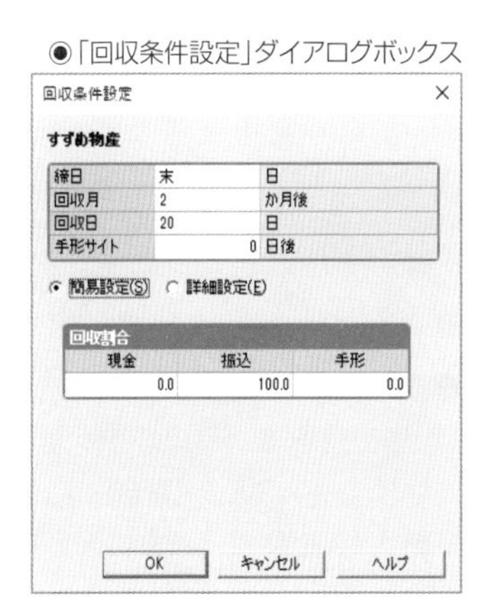

なお、支払条件を設定するには、クイックナビゲータの「資金繰り」メニューで**[支払条件設定]**アイコンをクリックし、回収条件の設定と同様に操作します。

● 回収予定表や支払予定表を作成するには

設定した回収条件をもとに回収予定表を作成するには、次のように操作します。

❶ クイックナビゲータの「資金繰り」メニューをクリックし、**[回収予定表]**アイコンをクリックします。

❷ 集計 ボタンをクリックし、**[月度(O)]**を選択すると、入力されている仕訳データと、設定した回収条件を計算して、回収予定日や回収予定金額が表示されます。

なお、支払予定表を作成するには、クイックナビゲータの「資金繰り」メニューで**[支払予定表]**アイコンをクリックし、回収予定表と同様に操作します。

◉「回収予定表」画面

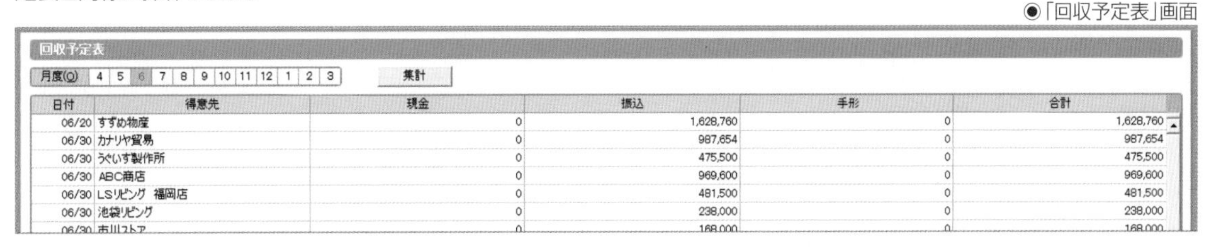
回収予定表

月度(O) 4 5 6 7 8 9 10 11 12 1 2 3 集計

日付	得意先	現金	振込	手形	合計
06/20	すずめ物産	0	1,628,760	0	1,628,760
06/30	カナリヤ貿易	0	987,654	0	987,654
06/30	うぐいす製作所	0	475,500	0	475,500
06/30	ABC商店	0	969,600	0	969,600
06/30	LSリビング 福岡店	0	481,500	0	481,500
06/30	池袋リビング	0	238,000	0	238,000

資金繰りシミュレーターについて

スタンダード　プロフェッショナル

資金繰りシミュレーターを利用すると、仕訳データ・借入金返済予定・回収予定表・支払予定表のデータに加え、登録した入出金予定のデータを集計し、設定した「本日の日付」から2カ月間の資金残高をシミュレーションすることができます。

● 入出金予定を登録するには

入出金予定を登録するには、次のように操作します。

❶ クイックナビゲータの「資金繰り」メニューをクリックし、**[入出金予定]**アイコンをクリックします。

❷ ツールバーの**[新規作成]**ボタンをクリックします。

❸「入出金予定の新規登録」ダイアログボックスで、定期的な入出金の取引を入力し、[登録]ボタンをクリックします。

◉「入出金予定の新規登録」ダイアログボックス

入出金予定の新規登録

定期的な取引名	家賃の支払い		
取引期間			
取引開始日	R.05/04/01		
取引サイクル	毎月		
資金の増減金額			
この取引で資金が	100,000 円	減少	する

この取引の終了条件を設定する(E)

終了条件設定	
終了条件	回数で指定する
取引回数	0

登録　キャンセル　ヘルプ

● 資金繰りシミュレーションを行うには

資金繰りシミュレーションを行うには、次のように操作します。

❶ クイックナビゲータの「資金繰り」メニューをクリックし、**[資金繰りシミュレーター]**アイコンをクリックします。

❷ **[今日の日付(D)]**を設定し、[集計]ボタンをクリックします。設定した日付以降2カ月間の入出金の予定と資金残高が表示されます。「今日の日付」は、過去の日付でも会計期間内であれば設定することができます。

なお、ツールバーの**[警告設定]**ボタンをクリックし、資金残高の警告を表示したい金額を設定しておくと、資金推移欄に警告金額ラインを表示し、資金が不足する時点の取引予定日付に警告マークを表示することができます。

◉「資金繰りシミュレーター」画面(「残高推移」タブ)

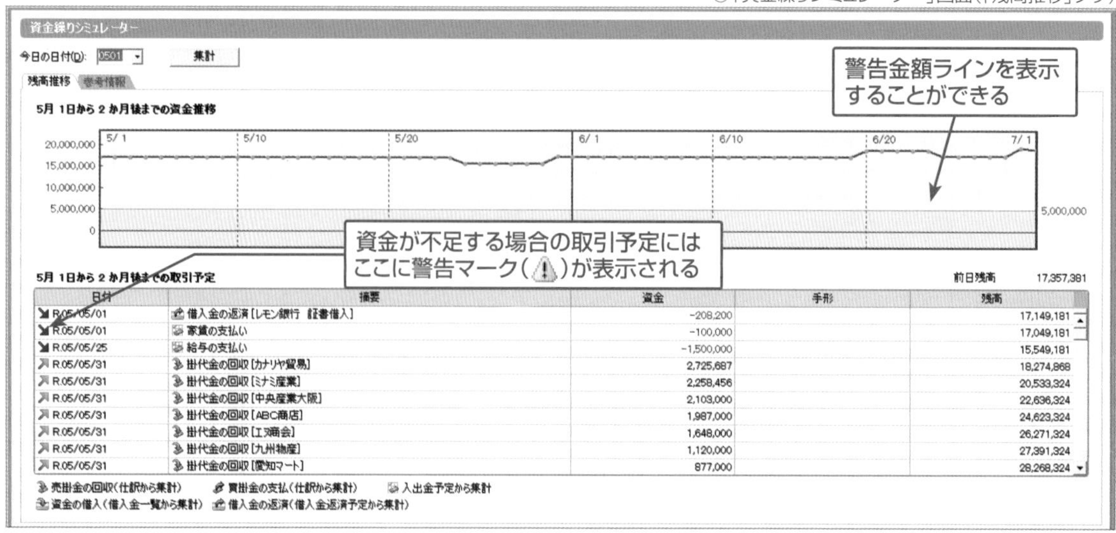

日付	摘要	資金	手形	残高
R.05/05/01	借入金の返済［レモン銀行　証書借入］	-208,200		17,149,181
R.05/05/01	家賃の支払い	-100,000		17,049,181
R.05/05/25	給与の支払い	-1,500,000		15,549,181
R.05/05/31	掛代金の回収［カナリヤ貿易］	2,725,687		18,274,868
R.05/05/31	掛代金の回収［ミナミ産業］	2,258,456		20,533,324
R.05/05/31	掛代金の回収［中央産業大阪］	2,103,000		22,636,324
R.05/05/31	掛代金の回収［ABC商店］	1,987,000		24,623,324
R.05/05/31	掛代金の回収［エヌ商会］	1,648,000		26,271,324
R.05/05/31	掛代金の回収［九州物産］	1,120,000		27,391,324
R.05/05/31	掛代金の回収［愛知マート］	877,000		28,268,324

また、「資金繰りシミュレーター」画面の「参考情報」タブでは、指定した日付の現金・預金残高と、「回収予定表」と「支払予定表」の指定日以降3カ月分のデータが表示されます。

●「資金繰りシミュレーター」画面（「参考情報」タブ）

※資金繰りシミュレーターでは、手形決済の情報は反映されません。また、入出金予定に登録されていない入出金予定も考慮しません。

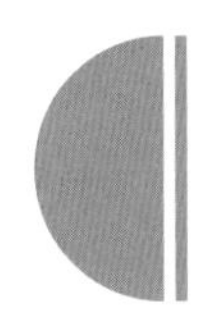

資金繰り表について

スタンダード
プロフェッショナル

「損益計算書」では、「収益」と「費用」の差額から、「利益」を計算します。損益計算書上で「利益」が出ていたとしても、支払日までに実際動かせるお金がないと、資金が行き詰まってしまいます。「資金繰り表」では、「収益」と「費用」ではなく、「収入」と「支出」で資金を管理していきます。

● 弥生会計の資金繰り機能について

弥生会計の資金繰り機能では、次の3つの資料を作成することができます。

- **見積資金繰り表**

「回収予定表」「支払予定表」「手形管理」「預貯金管理」「借入金管理」の各機能で設定した情報を集計します。

- **実績資金繰り表**

「資金繰り項目設定」（次ページ参照）で設定された集計条件で、入力した仕訳を指定した月度で集計します。

- **見積実績対比表**

「見積資金繰り表」データと「実績資金繰り表」データを指定した月度で並べて表示し、比較した集計表です。

なお、見積資金繰り表と資金繰りシミュレーターの違いは、集計される情報が違う点と、見積資金繰り表では項目を手入力したり、集計された後に金額を修正することができる点です。

●見積資金繰り表と資金繰りシミュレーターの違い

	単　位	集計項目	手入力
見積資金繰り表	会計期間の月単位（1年間）	回収予定表 支払予定表 見積資金繰り表 預貯金管理 借入金管理 現預金残高	可
資金繰りシミュレーター	指定日から日毎（2カ月間）	借入金返済予定 回収予定表 支払予定表 入出金予定表	不可

● 見積資金繰り表を作成するには

見積資金繰り表では、「回収予定表」「支払予定表」「手形管理」「預貯金管理」「借入金管理」の各機能で設定した情報を集計し、データを取り込みます。前述の5項目が関わるデータ以外は、手入力して資金繰りの推移を予測します。

見積資金繰り表を作成するには、次のように操作します。

❶ クイックナビゲータの「資金繰り」メニューをクリックし、**[見積資金繰り表]**アイコンをクリックします。

❷ ツールバーの**[データ取込]**ボタンをクリックし、取り込み月度を選択して、[OK]ボタンをクリックします。

なお、表示された金額は直接修正することができますが、修正した場合は翌月以降の月初資金に反映されません。翌月以降の月初資金を手入力して修正する必要があります。

●見積資金繰り表

見積資金繰り表

1 資金繰り項目	4月度	5月度	6月度
[経常収入]			
現金売上	2,500,000	0	0
売掛金回収	125200000	17,257,153	24,032,311
受取手形期日取立	0	0	0
(受取手形受入高)	0	0	0
受取手形割引	0	100,000	0
前受金入金	0	0	0
金融収益	0	0	0
その他経常収入	0	0	0
<経常収入合計>	127,700,000	17,357,153	24,032,311
[経常支出]			
現金仕入	0	0	0
買掛金支払	6,600,000	15,349,461	20,391,050
支払手形決済	0	0	0
(支払手形振出)	0	0	0
人件費支出	0	0	0
諸経費支出	0	0	0
金融費用支出	13,200	8,200	8,100
租税公課	0	0	0
未払金・前払金	0	0	0
その他経常支出	0	0	0
<経常支出合計>	6,613,200	15,357,661	20,399,150

● 資金繰り項目設定を確認するには

実績資金繰り表では、入力されている仕訳データから、資金繰りの実績を集計します。帳票を作成する前に、資金繰り項目を確認しておくとよいでしょう。

「資金繰り項目設定」を確認するには、次のように操作します。

❶ クイックナビゲータの「資金繰り」メニューをクリックし、**[資金繰り設定]**アイコンをクリックします。

❷ 設定を確認し、必要であれば変更してください。特に、新しい勘定科目を追加した場合は確認しておくとよいでしょう。

●「資金繰り項目設定」画面

資金繰り項目設定

貸借科目　損益科目

1 勘定科目	貸借	借方項目	貸方項目
[現金・預金]			
現金	借方	資金科目	資金科目
小口現金	借方	資金科目	資金科目
当座預金	借方	資金科目	資金科目
普通預金	借方	資金科目	資金科目
定期預金	借方	固定性預金預入	固定性預金引出
通知預金	借方	資金科目	資金科目
定期積金	借方	固定性預金預入	固定性預金引出
郵便貯金	借方	資金科目	資金科目
[売上債権]			
受取手形	借方	受取手形期日取立	受取手形期日取立
不渡手形	借方	その他経常支出	その他経常収入
売掛金	借方	売掛金回収	売掛金回収
貸倒引当金(売)	借方	その他経常支出	その他経常収入
[有価証券]			

● 実績資金繰り表を作成するには

実績資金繰り表を作成するには、次のように操作します。

❶ クイックナビゲータの「資金繰り」メニューをクリックし、**[実績資金繰り表]**アイコンをクリックします。

❷ ツールバーの**[集計]**ボタンをクリックします。入力された仕訳データから、実績値が集計されます。

◉実績資金繰り表

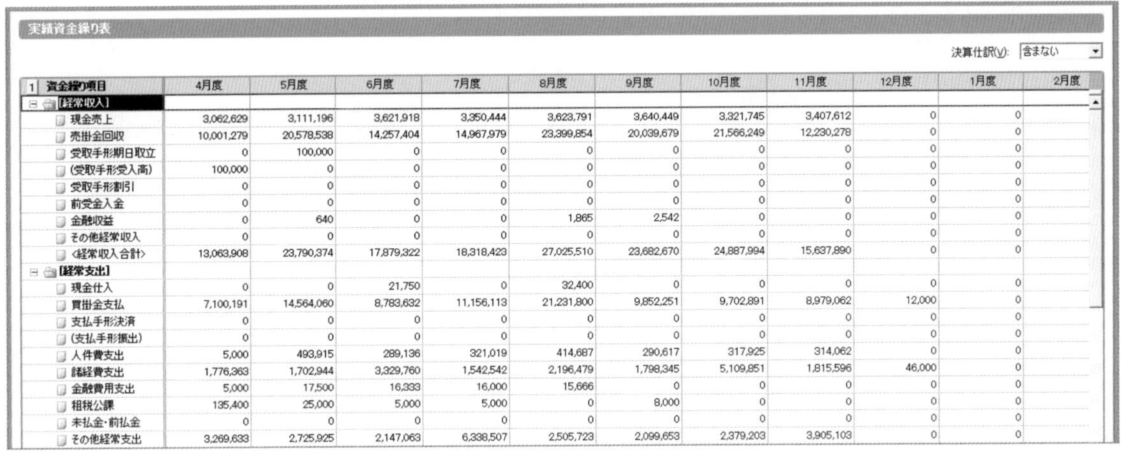

実績資金繰り表

決算仕訳(V): 含まない

1 資金繰り項目	4月度	5月度	6月度	7月度	8月度	9月度	10月度	11月度	12月度	1月度	2月度
[経常収入]											
現金売上	3,062,629	3,111,196	3,621,918	3,350,444	3,623,791	3,640,449	3,321,745	3,407,612	0	0	
売掛金回収	10,001,279	20,578,538	14,257,404	14,967,979	23,399,854	20,039,679	21,566,249	12,230,278	0	0	
受取手形期日取立	0	100,000	0	0	0	0	0	0	0	0	
(受取手形受入高)	100,000	0	0	0	0	0	0	0	0	0	
受取手形割引	0	0	0	0	0	0	0	0	0	0	
前受金入金	0	0	0	0	0	0	0	0	0	0	
金融収益	0	640	0	0	1,865	2,542	0	0	0	0	
その他経常収入	0	0	0	0	0	0	0	0	0	0	
<経常収入合計>	13,063,908	23,790,374	17,879,322	18,318,423	27,025,510	23,682,670	24,887,994	15,637,890	0	0	
[経常支出]											
現金仕入	0	0	21,750	0	32,400	0	0	0	0	0	
買掛金支払	7,100,191	14,564,060	8,783,632	11,156,113	21,231,800	9,852,251	9,702,891	8,979,062	12,000	0	
支払手形決済	0	0	0	0	0	0	0	0	0	0	
(支払手形振出)	0	0	0	0	0	0	0	0	0	0	
人件費支出	5,000	493,915	289,136	321,019	414,687	290,617	317,925	314,062	0	0	
諸経費支出	1,776,363	1,702,944	3,329,760	1,542,542	2,196,479	1,798,345	5,109,851	1,815,596	46,000	0	
金融費用支出	5,000	17,500	16,333	16,000	15,666	0	0	0	0	0	
租税公課	135,400	25,000	5,000	5,000	0	8,000	0	0	0	0	
未払金・前払金	0	0	0	0	0	0	0	0	0	0	
その他経常支出	3,269,633	2,725,925	2,147,063	6,338,507	2,505,723	2,099,653	2,379,203	3,905,103	0	0	

● 見積実績対比表を作成するには

見積実績対比表は、「見積資金繰り表」と「実績資金繰り表」を対比させた集計資料です。見積実績対比表を作成するには、次のように操作します。

❶ クイックナビゲータの「資金繰り」メニューをクリックし、**[見積実績対比表]**アイコンをクリックします。

❷ 集計 ボタンをクリックし、**[期間(O)]**を選択します。

◉見積実績対比表

見積実績対比表

期間(O) 4 5 6 7 8 9 10 11 12 1 2 3 集計

決算仕訳(V): 含まない

1 資金繰り項目	見積	実績	差異
[経常収入]			
現金売上	2,500,000	3,062,629	562,629
売掛金回収	12,520,000	10,001,279	−2,518,721
受取手形期日取立	0	0	0
(受取手形受入高)	0	100,000	100,000
受取手形割引	0	0	0
前受金入金	0	0	0
金融収益	0	0	0
その他経常収入	0	0	0
<経常収入合計>	15,020,000	13,063,908	−1,956,092
[経常支出]			
現金仕入	0	0	0
買掛金支払	6,600,000	7,100,191	500,191
支払手形決済	0	0	0
(支払手形振出)	0	0	0
人件費支出	0	5,000	5,000
諸経費支出	0	1,776,363	1,776,363
金融費用支出	13,000	5,000	−8,000
租税公課	0	135,400	135,400
未払金・前払金	0	0	0
その他経常支出	0	3,269,633	3,269,633

● 資金繰り表がうまく集計できない場合の対処法

実績資金繰り表では、「資金繰り設定」で「資金科目」に設定してある科目の相手方勘定科目の数字を集計します。「借方」と「貸方」が1対1にならない複合仕訳を入力していると、正しい項目で表示されず、「その他経常支出」欄や「その他経常収入」欄に金額が集計される場合があります。仕訳の入力方法と、「資金繰り設定」をもう一度確認してみましょう。

経営分析について

スタンダード
プロフェッショナル

「弥生会計 23 プロフェッショナル」「弥生会計 23 ネットワーク」で作成できる経営分析帳票は、「5期比較財務諸表」「損益分岐点分析」「比率分析」「ABC分析」の4つです。それぞれ、クイックナビゲータの「分析・予算」メニューにアイコンがあります。

● 5期比較財務諸表について

「貸借対照表」「損益計算書」などの財務諸表5年分を一覧にした帳票です。クイックナビゲータの「分析・予算」メニューをクリックし、**[5期比較財務諸表]** アイコンをクリックして表示します。毎年、繰越処理を行うごとに、前年分データを自動で設定していきますが、前年度データがない場合、過去データを手入力することができます。手入力する場合は、ツールバーの **[名称設定]** ボタンをクリックして、年度の名称を設定し、各項目を手入力します。

ツールバーの **[構成]** ボタンをクリックすると、各財務諸表の構成グラフが表示されます。グラフ表示は「比率」「金額」から選択します。

推移を確認したい科目をクリックして、ツールバーの **[推移]** ボタンをクリックすると、残高推移を表示することができます。グラフ表示は「棒グラフ」「折れ線グラフ」から選択することができます。

◉5期比較財務諸表

5期比較財務諸表

貸借対照表　損益計算書　製造原価報告書

貸借対照表と損益計算書、製造原価を使用している場合は製造原価報告書を切り替えることができる

勘定科目	平成31年度	令和 2年度	令和 3年度	令和 4年度	当期
[売上高]					
売上高	178,025,842	170,907,912	204,643,249	216,081,594	176,749,244
売上値引高	0	0	0	0	0
売上戻り高	0	0	0	0	0
売上割戻し高	0	0	0	0	0
役務収益	0	0	0	0	0
売上高合計	**178,025,842**	**170,907,912**	**204,643,249**	**216,081,594**	**176,749,244**
[売上原価]					
期首商品棚卸高	200,000	300,000	0	0	0
期首商品棚卸高	**200,000**	**300,000**	**0**	**0**	**0**
仕入高	130,285,903	120,700,437	145,561,402	145,561,402	128,750,209
仕入値引高	0	0	0	0	0
仕入戻し高	0	0	0	0	0
仕入割戻し高	0	0	0	0	0
当期商品仕入高	**130,285,903**	**120,700,437**	**145,561,402**	**145,561,402**	**128,750,209**
合計	**130,485,903**	**121,000,437**	**145,561,402**	**145,561,402**	**128,750,209**
他勘定振替高(商)	0	0	0	0	0
期末商品棚卸高	300,000	150,000	0	0	0
期末商品棚卸高	**300,000**	**150,000**	**0**	**0**	**0**
商品売上原価	**130,185,903**	**120,850,437**	**145,561,402**	**145,561,402**	**128,750,209**
期首製品棚卸高	0	0	0	0	0
期首製品棚卸高	**0**	**0**	**0**	**0**	**0**
当期製品製造原価	**0**	**0**	**0**	**0**	**0**
合計	**0**	**0**	**0**	**0**	**0**
他勘定振替高(製)	0	0	0	0	0

◉構成グラフ(損益計算書)

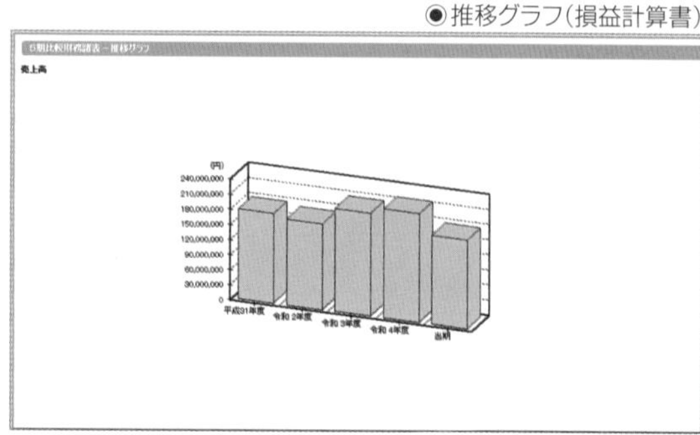

◉推移グラフ(損益計算書)

● 損益分岐点分析を行うには

損益分岐点分析とは、目標とする利益を獲得するためにはどれくらいの売上が必要なのか、など短期利益計画のための分析を行う集計資料の1つです。「売上高」－「変動費」－「固定費」＝0になる売上高を「損益分岐点売上高」といい、利益も損失も出ない、会社にとっての採算点を表します。

「損益分岐点売上高」＝固定費÷限界利益率（売上高に対する限界利益の比率）で計算されます。

※「限界利益」とは、「売上高」－「変動費」で計算され、とりあえず必要となる変動費をまかなうことができる利益を表します。限界利益を割り込むということは、売っても売っても赤字になる状態を示し、事業自体の見直しを急がないといけない状態と言えます。

たとえば、現在の状態で、利益が10,000,000円になるためにはいくらの売上高が必要か、損益分岐点分析を行うには、次のように操作します。

❶ クイックナビゲータの「分析・予算」メニューをクリックし、**[損益分岐点分析]** アイコンをクリックします。

❷「損益分岐点分析」画面のツールバーの **[分析設定]** ボタンをクリックします。

❸ 各勘定科目の「区分」と固定費、変動費比率の設定を確認します。勘定科目を追加している場合は設定がされていません。この設定が損益分岐点分析のポイントです。できるだけ正しく設定しましょう。設定が終わったら 閉じる ボタンをクリックします。

❹ **[期間(O)]** で期間を設定し、 集計 ボタンをクリックします。

❺ ツールバーの **[試算]** ボタンをクリックします。

❻「試算」ダイアログボックスの「利益」欄に「10000000」と入力し、 OK ボタンをクリックします。シミュレーション結果は「試算」欄に表示されます。

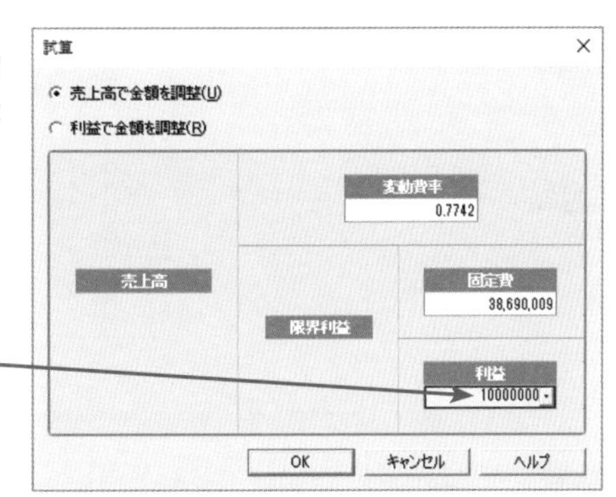

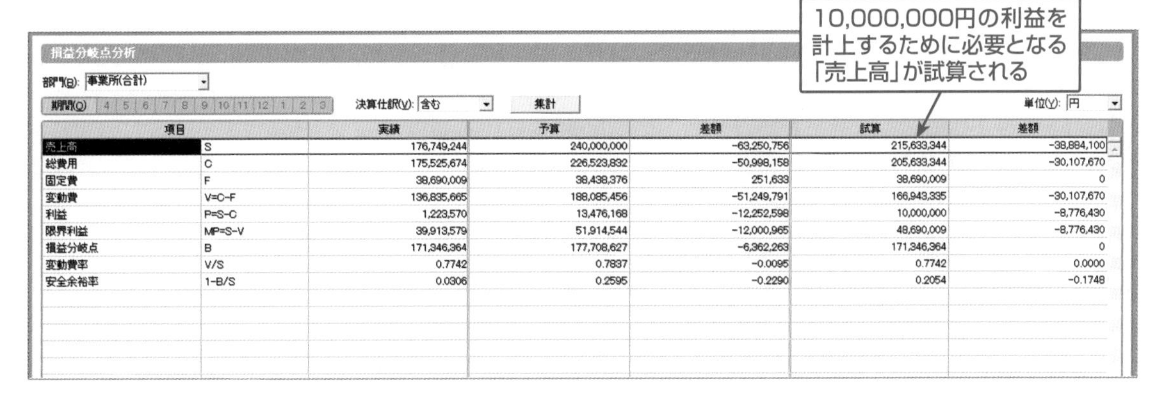

項目		実績	予算	差額	試算	差額
売上高	S	176,749,244	240,000,000	-63,250,756	215,633,344	-38,884,100
総費用	C	175,525,674	226,523,832	-50,998,158	205,633,344	-30,107,670
固定費	F	38,690,009	38,438,376	251,633	38,690,009	0
変動費	V=C-F	136,835,665	188,085,456	-51,249,791	166,943,335	-30,107,670
利益	P=S-C	1,223,570	13,476,168	-12,252,598	10,000,000	-8,776,430
限界利益	MP=S-V	39,913,579	51,914,544	-12,000,965	48,690,009	-8,776,430
損益分岐点	B	171,346,364	177,708,627	-6,362,263	171,346,364	0
変動費率	V/S	0.7742	0.7837	-0.0095	0.7742	0.0000
安全余裕率	1-B/S	0.0306	0.2595	-0.2290	0.2054	-0.1748

● 比率分析を行うには

会社の成績表とも言える貸借対照表や損益計算書などの財務諸表は、得意先、株主、債権者、国や地方自治体、銀行など色々な立場の人に開示されており、その会社が今どういう状態なのかを判断する材料となります。判断をする場合、同業他社との比較や、過去との比較などがありますが、たとえば、「売上高」を比較する際に、会社の規模が違ったら、単純に金額だけを比較してもあまり意味がありません。そこで、「資本に対する売上高」など、比率で比較する比率分析の手法を用いると、規模の違う会社でも、比較することができるのです。

比率分析の計算式は、あらかじめ弥生会計に設定されています。比率分析項目計算式一覧は、メニューバーの**[ヘルプ(H)]**→**[サポート(使い方・FAQ)(S)]**をクリックし、弥生株式会社のホームページの「弥生製品・業務サポート」より検索して確認することができます。比率分析を行うには、次のように操作します。

❶ クイックナビゲータの「分析・予算」メニューをクリックし、**[比率分析]**アイコンをクリックします。

❷ ツールバーの**[分析設定]**ボタンをクリックし、各タブの設定を行います。「分析項目」タブでは、各項目に集計する勘定科目を結び付ける設定を行います。「対比データ」タブでは、実績と対するデータを選択します。「集計基準」タブでは、貸借対照表科目の集計基準と人件費集計のための人員数を入力します。設定が終わったら、[OK]ボタンをクリックします。

❸ **[期間(O)]**を設定し、[集計]ボタンをクリックすると、集計結果が表示されます。

◉「比率分析」画面

比率分析

期間(O) 4 5 6 7 8 9 10 11 12 1 2 3　決算仕訳(V): 含む　集計

分析項目		前年度データ	実績値	
[収益性指標]				
総資本営業利益率	%	5.71	2.00	↘
総資本経常利益率	%	5.74	1.28	↘
自己資本経常利益率	%	10.55	5.75	↘
自己資本当期純利益率	%	7.52	5.75	↘
売上高売上総利益率	%	25.34	27.16	↗
売上高営業利益率	%	4.97	1.09	↘
売上高経常利益率	%	5.00	0.70	↘
売上高当期純利益率	%	3.57	0.70	↘
総資本売上回転率	回	1.15	1.83	↗
総資本売上総利益回転率	回	0.29	0.50	↗
資本回収率	%	4.53	1.27	↘
[生産性指標]				
平均人員数	人	10.00	10.00	―
一人当りの売上高	円	0	17,674,924	↗
一人当りの経常利益金額	円	0	123,357	↗
一人当りの当期純利益金額	円	0	123,311	↗
付加価値労働生産性	円	0	3,051,284	↗
売上高付加価値率	%	21.25	17.26	↘
労働分配率	%	59.64	78.13	↗
一人当りの人件費	円	0	2,383,981	↗
労働装備率	円	0	1,448,500	↗
一人当りの加工高	円	0	17,294,560	↗
加工高比率	%	90.00	97.85	↗
売上高人件費率	%	0.00	13.49	↗

● ABC分析を行うには

ABC分析とは、経営管理手法の1つで、取引先や商品をABCの3つにランク分けをして分析します。たとえば、「売掛金」勘定科目に設定された補助科目(得意先)ごとに「売上高」を集計してランク付けをしたり、「買掛金」勘定に設定された補助科目(仕入先)ごとに「仕入高」をランク付けして、今後の営業活動に活かすための資料として確認することができます。

弥生会計では、「得意先別売上高」と「仕入先別仕入高」が初期設定されています。追加項目を設定する場合は、分析したい勘定科目に補助科目を設定しておく必要があります。

ABC分析を行うには、次のように操作します。

❶ クイックナビゲータの「分析・予算」メニューをクリックし、**[ABC分析]**アイコンをクリックします。

❷ **[分析項目(M)]**を選択し、**[期間(O)]**を設定して、[集計]ボタンをクリックします。

❸ ツールバーの**[グラフ]**ボタンをクリックすると、ABC分析グラフが表示されます。

なお、分析項目に集計される勘定科目の設定を変更する場合は、ツールバーの**[分析設定]**ボタンから操作します。

◉「ABC分析」画面

ABC分析

分析項目(M): 得意先別売上高

期間(O) 4 5 6 7 8 9 10 11 12 1 2 3　決算仕訳(V): 含む　集計

ランク	範囲	金額／構成比(%)		件数／構成比(%)		平均金額
A	0 ～ 75	129,568,259	77.5	13	31.7	9,966,789
B	75 ～ 95	29,365,333	17.6	11	26.8	2,669,576
C	95 ～ 100	8,346,842	5.0	17	41.5	490,991
	合計	167,280,434	100.0	41	100.0	4,080,011

順位	ランク	得意先	金額	構成比(%)	
1	A	カナリヤ貿易	18,490,353	11.1	11.1
2	A	エヌ商会	15,918,625	9.5	20.6
3	A	中央産業大阪	14,939,800	8.9	29.5
4	A	愛知マート	14,237,115	8.5	38.0
5	A	ABC商店	10,408,800	6.2	44.2
6	A	ミナミ産業	9,359,371	5.6	49.8
7	A	九州物産	7,808,525	4.7	54.5
8	A	すずめ物産	7,442,870	4.4	58.9
9	A	有限会社ミナミ	6,635,300	4.0	62.9
10	A	田中栄作	6,500,000	3.9	66.8
11	A	越後屋百貨店	6,157,500	3.7	70.5
12	A	近藤商会	6,150,000	3.7	74.2
13	A	斎藤涼子	5,520,000	3.3	77.5
14	B	佐藤角栄	5,280,000	3.2	80.6
15	B	中野産業	3,816,409	2.3	82.9
16	B	うぐいす製作所	3,146,275	1.9	84.8
17	B	ハマ屋	2,652,300	1.6	86.4
18	B	川崎ホームショップ	2,508,057	1.5	87.9

◉ABC分析のグラフ

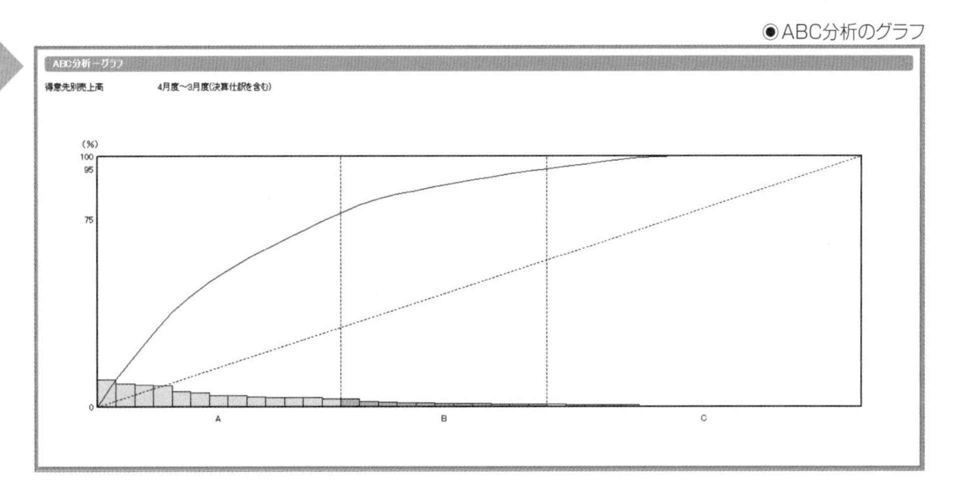

経営分析は身近な健康診断指標

皆さんは毎年健康診断をしますよね？　そのときにさまざまな分析とその数値が結果として出てきます。コレステロールとか尿タンパクとか肝機能とか・・・。皆さんはご自分の体だから数値をとても気にします。そして、その結果を見て生活習慣や食生活を改め、日々の生活をより健康に過ごそうとします。でも、ご自分の会社の健康診断にはあまり関心のない方が意外に多かったりもします。

会社の健康診断にもっともっと興味を持ちましょう。会社の健康診断、それは「弥生会計 23 プロフェッショナル」「弥生会計 23 ネットワーク」にある機能「経営分析」が該当します。今の会社の健康状態がどうなのか、動脈硬化を起こしていないか？(キャッシュ・フローが健全か？)、肥満体質ではないか？(資産が水ぶくれを起こしていないか？)など、身近な問題として捉えることができるのです。

ご自分の体のように、ご自分の会社の健康状態にも、もっと気を配りたいものです。会社の健康診断は弥生会計でもできますし、また税理士に依頼すれば、より専門的に検査をしてくれますよ。そして、その指標を元に、より健全な経営体質になるように改善を図っていきましょう。

給与明細書について

スタンダード
プロフェッショナル

弥生会計の給与明細書作成機能では、簡易給与計算を行うことができます。給与計算、賞与計算を入力し、給与の仕訳を自動作成します。なお、給与明細書作成機能には制限も多いため、給与規則や規定による細かい管理をしたい場合や機能が不足する場合は同じ弥生シリーズの「弥生給与」の導入をお勧めします。

● 給与明細書作成機能の制限事項

弥生会計での給与計算には、次のような制限事項があります。

▶ 登録できる従業員は12名まで

▶ 給与計算に使用できる項目は最大で、勤怠・単価7項目、支給・控除は各10項目まで

▶ 合計項目のみ自動計算で、あとの項目はほぼ手入力で行う

▶ 源泉税を自動計算したり、社保の料率を設定して自動計算することはできない

▶ 作成できる帳票は給与明細書と、給与明細の一覧表のみ

▶ 年末調整や社会保険の算定処理には対応していない

● 給与明細書を作成するには

簡易給与計算を行い、明細書を印刷するには、次のように操作します。

❶ **[拡張機能(X)]→[給与明細書(M)]→[給与明細(M)]**を選択します。

❷ 初めて使用するときには「給与データ作成」画面が表示されるので、支給日を設定し、OKボタンをクリックします。

❸ ツールバーの**[明細項目]**ボタンをクリックします。

❹「明細項目設定」ダイアログボックスの「勤怠・単価」「支給」「控除」の各タブをクリックして表示し、給与計算に使用する項目を確認して、必要であれば設定を行います。初期設定されている項目以外に追加する場合は、「状況」欄を「使用」にし、名称を入力します。設定が完了したらOKボタンをクリックします。

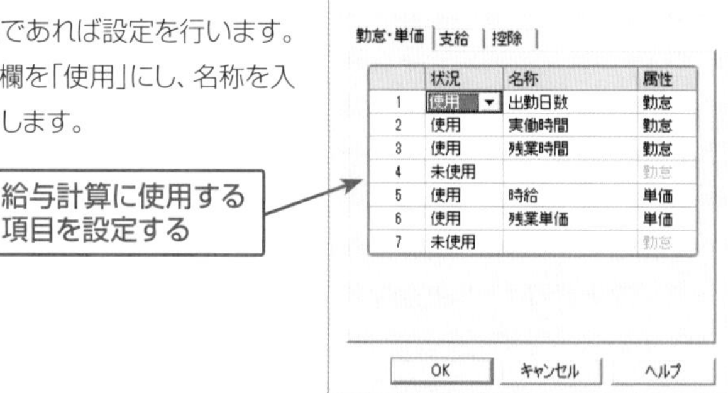

❺ 従業員の設定を行う場合は、ツールバーの**[従業員]**ボタンをクリックします。

❻ 従業員を追加する場合は、「従業員設定」ダイアログボックスの追加(A)...ボタンをクリックします。

❼「従業員の新規登録」ダイアログボックスで、従業員の「コード」「氏名」を入力し、登録ボタンをクリックします。

❽ 閉じるボタンをクリックします。

❾ 給与明細の数値を入力し、**[支給日(D)]**を確認して、ツールバーの**[印刷]**ボタンをクリックします。自動計算されるのは「支給合計」「控除合計」「差引支給額」「現金支給額」の項目のみです。「現金支給額」は、「差引支給額」－「振込支給額(手入力)」で計算されます。

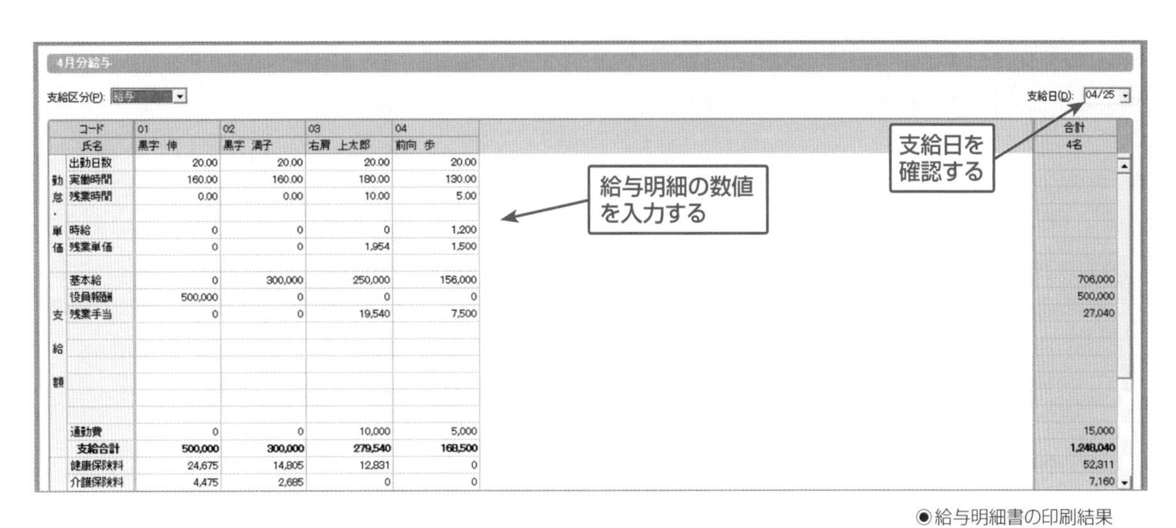

	コード	01	02	03	04	合計
	氏名	黒字 伸	黒字 満子	右肩 上太郎	前向 歩	4名
勤怠・単価	出勤日数	20.00	20.00	20.00	20.00	
	実働時間	160.00	160.00	180.00	130.00	
	残業時間	0.00	0.00	10.00	5.00	
	時給	0	0	0	1,200	
	残業単価	0	0	1,954	1,500	
支給額	基本給	0	300,000	250,000	156,000	706,000
	役員報酬	500,000	0	0	0	500,000
	残業手当	0	0	19,540	7,500	27,040
	通勤費	0	0	10,000	5,000	15,000
	支給合計	500,000	300,000	279,540	168,500	1,248,040
	健康保険料	24,675	14,805	12,831	0	52,311
	介護保険料	4,475	2,685	0	0	7,160

❿ **[書式(F)]** で印刷の書式を選択し、 OK ボタンをクリックします。

※詳細な書式を設定する場合は 書式の設定(S)... ボタンをクリックして設定します。

◉給与明細書の印刷結果

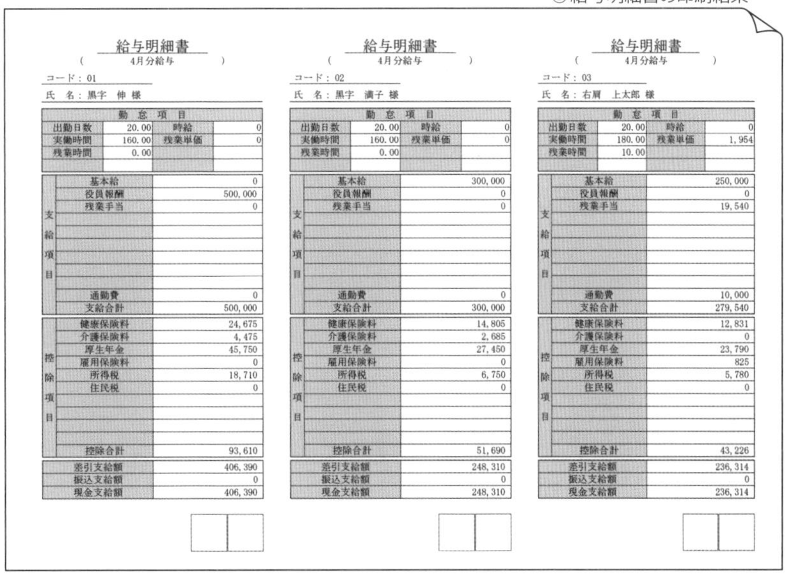

給与明細書（4月分給与）

	コード: 01 黒字 伸 様	コード: 02 黒字 満子 様	コード: 03 右肩 上太郎 様
出勤日数	20.00	20.00	20.00
実働時間	160.00	160.00	180.00
残業時間	0.00	0.00	10.00
時給	0	0	0
残業単価	0	0	1,954
基本給	0	300,000	250,000
役員報酬	500,000	0	0
残業手当	0	0	19,540
通勤費	0	0	10,000
支給合計	500,000	300,000	279,540
健康保険料	24,675	14,805	12,831
介護保険料	4,475	2,685	0
厚生年金	45,750	27,450	23,790
雇用保険料	0	0	825
所得税	18,710	6,750	5,780
住民税	0	0	0
控除合計	93,610	51,690	43,226
差引支給額	406,390	248,310	236,314
振込支給額	0	0	0
現金支給額	406,390	248,310	236,314

● 給与の仕訳を作成するには

給与の仕訳を作成するには、次のように操作します。なお、2回目以降は仕訳の設定を行う必要がないため、操作❶〜❷を行う必要はありません。

❶ **[拡張機能(X)]→[給与明細書(M)]→[仕訳設定(I)]** を選択します。

❷ 設定してある給与の支給項目と控除項目すべてに当てはまる勘定科目を選択し、 OK ボタンをクリックします。すべての項目に勘定科目を結び付けておかないと、仕訳書出の際にエラーメッセージが表示されます。

❸ **[拡張機能(X)]**→**[給与明細書(M)]**→**[給与明細(M)]**を選択します。

❹ ツールバーの**[仕訳書出]**ボタンをクリックします。

❺ 給与仕訳作成の設定を確認し、 OK ボタンをクリックします。

❻「振替伝票」画面が表示されるので、仕訳内容を確認し、必要に応じて摘要を入力して、ツールバーの**[登録]**ボタンをクリックし、**[閉じる]**ボタンをクリックします。

伝票辞書

振替伝票(新規作成)

日付(D): 0425 伝票No.(N): 1517 決算仕訳(V):

借方勘定科目 / 借方補助科目 / 借方部門	借方金額 / 消費税額	貸方勘定科目 / 貸方補助科目 / 貸方部門	貸方金額 / 消費税額	摘要 / 借方税区分	貸方税区分
給料手当	733,040	預り金	190,251		
役員報酬	500,000	立替金	1,249		
旅費交通費	15,000 (1,363	現金	1,056,540	課対仕入10% 内税	

❼ ツールバーの**[月変更]**ボタンをクリックします。ここでは、給与計算が終了したので、次の月の給与計算ができる状態に変更します。

❽「処理月変更」ダイアログボックスが表示されるので、 次の月へ(N) ボタンをクリックします。

❾ 今月の明細データをコピーするかどうかを選択します。コピーする場合は、 はい(Y) ボタンをクリックします。

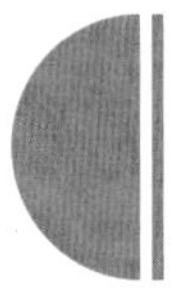

キャッシュ・フロー計算書について

スタンダード
プロフェッショナル

ここでは、本当の意味での会社の力「キャッシュを生み出す力」を知ることができる財務諸表「キャッシュ・フロー計算書」の作成方法を紹介します。会社においてキャッシュは「血液」と言い換えることができます。血液の流れ(キャッシュ・フロー)を知ることで今の会社の現状を把握することができます。

※キャッシュ・フロー計算書に関する各操作は、ライセンス認証をしていないと行うことができません。

● キャッシュ・フロー計算書とは

キャッシュ・フロー計算書とは、国際会計基準の導入に伴い、平成12年3月より日本でも制度化され、上場企業には開示が義務付けられている財務諸表の1つです。

損益計算書では、「収益」から「費用」を差し引いて「利益」を求めます。しかし、すべて現金で商売している会社でない限り、計算された「利益」に相当するお金があるとは限りません。

キャッシュ・フロー計算書の「キャッシュ」とは、「現金及び現金同等物」のことを指します。具体的には、手許現金の他に、すぐに引き出せる預金と3カ月以内に現金化できる短期投資を含めたものをいいます。このキャッシュが期首にいくらあり、1年間の「収入」と「支出」によりどう流れて(フロー)、期末にどれだけのキャッシュが残せたかを計算した結果がキャッシュ・フロー計算書です。「収入」と「支出」は活動区分別に表示します。

「資金繰り表」も「キャッシュ・フロー計算書」も、「利益」ではなく「現金の収支」により会社の状態を捉えるという点では同じですが、大きな違いは、その作成目的と作成期間です。「資金繰り表」は、会社の内部資料として作成するため、決まったフォームはなく、作成の頻度はその会社独自です。短い期間で資金の流れを予測し、コントロールするために事前に作成するものです。これに対し、「キャッシュ・フロー計算書」は、資金をどう運用し、どう増やしたかの結果を開示する必要があるため、定められた書式で作成します。半期や1年ごとに資金管理の結果として作成されます。

キャッシュ・フロー計算書には、次のような特徴があります。

▶ **会社のキャッシュを生み出す力がわかる**

▶ **キャッシュの出入りとその出所がわかる**

▶ **入出金の差額により、債務の返済や配当の支払能力がわかる**

▶ **粉飾決算がしにくい**

貸借対照表や損益計算書と合わせて見てみると、会社の状態がとてもよくわかります。

● キャッシュ・フロー計算書の構成

キャッシュ・フロー計算書は「営業活動によるキャッシュ・フロー」「投資活動によるキャッシュ・フロー」「財務活動によるキャッシュ・フロー」の3つの部から構成されています。それぞれが特別の意味を持ち、この3つのキャッシュ・フローのバランスが大切になります。本来の営業活動によりどれくらいキャッシュを生み出したか、またそれが投資活動や財務活動にどう関わっているかを確認することができます。

■ 営業活動によるキャッシュ・フロー

会社本来の事業の販売や仕入、製造活動などによりキャッシュがどうなったかを確認します。一般的にキャッシュがプラスになっていることは必要不可欠条件です。営業キャッシュ・フローが2期連続マイナスであると、経営が急に悪化してきたりします。早急に対応が必要です。

■ 投資活動によるキャッシュ・フロー

設備投資や投資によりキャッシュがどうなったかを確認します。資金を投資に回せばマイナスになります。

■ 財務活動によるキャッシュ・フロー

借入や社債の発行、増資などによる資本金の増加などによりキャッシュがどうなったかを確認します。プラスになっている場合、借入金や株式の発行で資金を調達していることがわかります。

● キャッシュ・フロー設定を確認するには

キャッシュ・フロー計算書を作成する前に、キャッシュ・フローの設定を確認します。

❶ クイックナビゲータの「資金繰り」メニューをクリックし、**[キャッシュ・フロー設定]** アイコンをクリックします。

❷「キャッシュフロー科目設定」画面左上の **[集計方法(Q)]** で集計方法を選択します。新しい勘定科目を追加した場合は集計項目の設定が必要です。集計項目を新規に追加したり修正する場合にはツールバーの **[項目設定]** をクリックします。

❸ キャッシュ・フローに関する項目を確認し、 閉じる ボタンをクリックします。なお、集計項目を追加する場合は、 追加(A)... ボタンをクリックして設定します。

● キャッシュ・フロー計算書の集計方法の違いについて

キャッシュ・フロー計算書の集計方法には、「営業活動によるキャッシュ・フロー」部分の表示方法の違いによる「直接法」と「間接法」があります。どちらで計算しても計算結果は同じになります。

■ 直接法

主要取引ごとに資金の収入と支出額を総額で表示し、キャッシュ・フローを計算する方法です。

■ 間接法

税引前当期純利益からスタートして、キャッシュ・フロー調整項目を加減する方法で、損益計算書で計算される利益とキャッシュ・フローの関係を明確に表します。

● キャッシュ・フロー計算書を作成するには

実際にキャッシュ・フロー計算書を作成するには、次のように操作します。

❶ クイックナビゲータの「資金繰り」もしくは「決算・申告」メニューをクリックし、**[キャッシュ・フロー計算書]** アイコンをクリックします。

❷ **[期間(O)]** を設定し、 集計 ボタンをクリックします。必要に応じて「調整金額」に調整額を手入力します。なお、設定が正しく行われていない科目がある場合には、メッセージが表示されます。

キャッシュ・フロー計算書

期間(O) 4 5 6 7 8 9 10 11 12 1 2 3 決　集計

キャッシュ・フロー項目(間接法)	集計金額	調整金額	金額
Ⅰ営業活動によるキャッシュ・フロー			
税引前当期純利益(損失)金額	1,223,570	0	1,223,570
受取利息及び受取配当金	-6,001	0	-6,001
支払利息	706,132	0	706,132
その他非資金損益項目の増加(減少)額	2,080,000	0	2,080,000
売上債権の増加(減少)額	-27,284,919	0	-27,284,919
仕入債務の減少(増加)額	51,538,305	0	51,538,305
その他資産の増加(減少)額	-17,262,440	0	-17,262,440
その他負債の減少(増加)額	18,025,357	0	18,025,357
小計	**29,020,004**	**0**	**29,020,004**
利息及び配当金の受取額	6,001	0	6,001
利息の支払額	-706,132	0	-706,132

● 5期比較キャッシュ・フロー計算書を作成するには

5期比較キャッシュ・フロー計算書を作成する際に、過去年度の会計データがない場合、金額を直接手入力することもできます。また、繰越処理を行うと、前年データ分は自動設定されます。表示される金額は、「キャッシュ・フロー計算書」の調整後の金額で表示されます。

5期比較キャッシュ・フロー計算書を作成するには、次のように操作します。

❶ クイックナビゲータの「資金繰り」メニューをクリックし、**[キャッシュ・フロー 5期比較計算書]** アイコンをクリックします。

❷ ツールバーの **[集計]** ボタンをクリックします。ここでは、「当期」の左に、1期前のキャッシュ・フローが表示されていますが、年は自動で表示されないので、ツールバーの **[名称設定]** ボタンをクリックし、過年度の名称を手入力して設定するとよいでしょう。

1期前のキャッシュ・フロー

5期比較キャッシュ・フロー計算書

キャッシュ・フロー項目(間接法)	平成31年度	令和 2年度	令和 3年度	令和 4年度	当期
Ⅰ営業活動によるキャッシュ・フロー					
税引前当期純利益(損失)金額	3,200,579	2,482,303	11,713,278	23,151,623	1,223,570
減価償却費	1,113,312	788,499	0	0	0
受取利息及び受取配当金	-12,000	-13,000	-8,128	-8,128	-6,001
支払利息	83,207	114,449	46,580	46,580	706,132
その他非資金損益項目の増加(減少)額	0	0	0	0	2,080,000
売上債権の増加(減少)額	-5,299,166	-4,979,861	-37,590,460	-2,090,000	-27,284,919
棚卸資産の増加(減少)額	0	0	0	-3,000,000	0
仕入債務の減少(増加)額	30,780,661	30,790,695	32,371,968	1,160,000	51,538,305
その他資産の増加(減少)額	0	0	-11,237,033	0	-17,262,440
その他負債の減少(増加)額	0	0	21,400,529	1,130,000	18,025,357
小計	**29,866,593**	**29,183,085**	**16,696,734**	**20,390,075**	**29,020,004**

キャッシュ・フロー計算書の捉え方

キャッシュ・フローは人間で言うならば「血液の流れ」を表します。キャッシュは企業活動においてなくてはならない大切なもの。その流れを追うことで、その会社の現状がよくわかります。キャッシュはその会社の「真実」なのです。ごまかしはききません。キャッシュはその会社の「企業力」そのものです。なぜなら、企業活動における源泉がキャッシュなのですから。

たとえば、企業の利益を考えてみてください。利益の中には少なからず「現金化できていないのに利益として計上されているもの」があります。いわゆる「売掛金」や「在庫商品」の存在です。売掛金や適正な在庫については別にその存在自体が悪いわけではありませんが、現金化できていないことには変わりがありません。現金化されてこそ、その後の企業活動にプラスになるのであり、未回収や在庫品のままでは、その利益は「絵に描いた餅」に過ぎないわけです。

企業はいくら赤字を出しても、資金が続く限りつぶれません。逆に成長企業であっても、資金繰りに失敗すれば倒産します。よく最近では「キャッシュ・フロー経営」という言葉を耳にしますが、難しいことは1つもありません。昔ながらの「銭儲け」の観点からいろいろ考えていこうという当たり前のことを言っているまでです。

現金を生み出す力を明確に示す「キャッシュ・フロー計算書」をもっともっと重要視しましょう。実際には「フリー・キャッシュ・フロー」を意識した経営を目指していくとよいでしょう。

フリー・キャッシュ・フローとは、「営業キャッシュ・フロー ＋ (－投資キャッシュ・フロー)」で計算できます。

営業キャッシュ・フロー・・・+10
投資キャッシュ・フロー・・・-3

フリー・キャッシュ・フロー
=10+(-3)=7

営業キャッシュ・フロー・・・+10
投資キャッシュ・フロー・・・+3

フリー・キャッシュ・フロー
=10+(+3)=13

フリー・キャッシュ・フローが多いほど、経営状態のよい企業と判断されます。逆に、フリー・キャッシュ・フローが少ないほど、経営状態の悪い企業と判断されます。

ただし、好況で多額の設備投資を行っている時は投資キャッシュ・フローがマイナスとなりますので、結果としてフリー・キャッシュ・フローは減りますが、ここに過敏になりすぎて将来の利益を生み出す機会を逸することはかえってマイナスとなります。

企業の身の丈を無視した過大な投資は論外としても、適切な金額での設備投資は必要です。

「スマート取引取込」について

スタンダード
プロフェッショナル

インターネット経由の銀行取引明細や、連携する外部サービスからデータを取得し、弥生会計で受入可能な仕訳の形式に変換して仕訳を自動作成することができる機能を紹介します。

※「スマート取引取込」の操作画面は、令和4年10月現在の画面です。

● 弥生会計に仕訳を取り込むことができる画面

仕訳を取り込むことができる画面として、クイックナビゲータの「取引」メニューに**[仕訳日記帳] [スマート取引取込] [弥生シリーズ仕訳取込]**アイコンが用意されています。

■ 仕訳日記帳

弥生会計に取込(インポート)できる形式に設定した仕訳データを取り込むことができます。インポートの形式の詳細は、メニューバーの**[ヘルプ(H)]→[サポート(使い方・FAQ)(S)]**をクリックし、弥生株式会社のホームページの「弥生製品・業務サポート」より検索して確認することができます。

■ スマート取引取込

スキャナーで読み取った領収書等のデータや、インターネット経由で銀行明細やクレジットカード等の取引データを取得し、弥生会計の仕訳に取込む機能です。オンライン版と同じ機能になります。

■ 弥生シリーズ仕訳取込

弥生給与や弥生販売で作成された仕訳データを弥生会計の仕訳データとして取込むことができます。あらかじめ弥生給与や弥生販売側で、弥生会計との連動設定を行い仕訳を出力しておく必要があります。

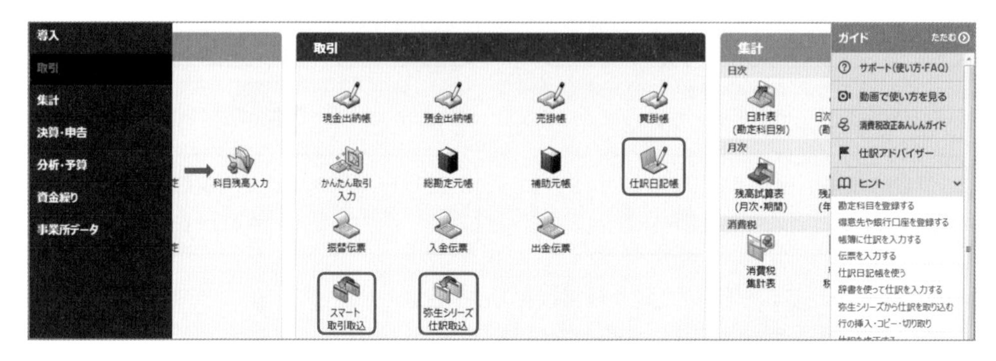

● 「スマート取引取込」を使うための前提条件

「スマート取引取込」を利用するためには、次のような環境・条件が必要です。

▶ **インターネットへの接続環境**　※弥生会計の動作条件に加え、ブラウザは以下に対応しています。

・Microsoft Edge　・Google Chrome　・Mozilla Firefox

▶ **ユーザー登録を行い、「あんしん保守サポート」への加入が必要**

▶ **弥生IDを取得し、マイポータルに弥生IDでログインする**

※弥生IDとは、ユーザー登録とは別に弥生の「マイポータル」や「スマート取引取込」を利用するためのアカウントです。

▶ **連動する外部サービス側の設定が必要**

※「スマート取引取込」は、「Misoca」「Zaim」「Moneytree」など、パソコン版やスマートフォンアプリと連動します。連動させたい外部サービスでの事前設定が必要です。

※スキャンデータの取込を行う場合、スキャナー等の設定が別途必要です。

●「スマート取引取込」の環境設定

環境設定の連携サービスの設定（102ページ参照）によって、「スマート取引取込」の起動や取込の操作方法が異なります。

初期設定では、**[取引データを弥生会計に直接取り込む(P)]**にチェックが付いていない状態ですが、「スマート取引取込」から取り込んだ仕訳が存在する場合は、の拡張付箋が付いた仕訳がある場合にエラーメッセージが表示され、決算書出力や繰越処理などができない設定になっています。設定による仕訳、推論、自動の仕訳に付箋を付けずに取り込みたい場合は、**[設定しない付箋(G)]**で設定することができます。

詳細は、画面右下の ヘルプ ボタンをクリックし、表示されるブラウザの製品サポート画面から確認してください。

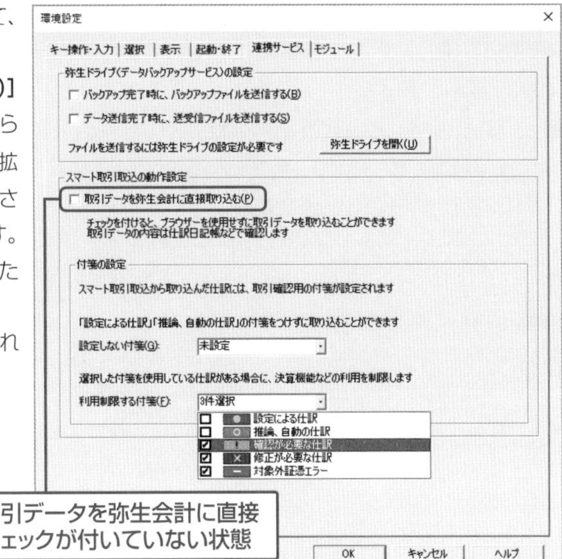

■「取引データを弥生会計に直接取り込む(P)」にチェックを付けていない場合（初期設定）

クイックナビゲータの「取引」メニューの**[スマート取引取込]**アイコンよりブラウザで「スマート取引取込」画面を立ち上げ、確定した取引から弥生会計に仕訳を取り込みます。

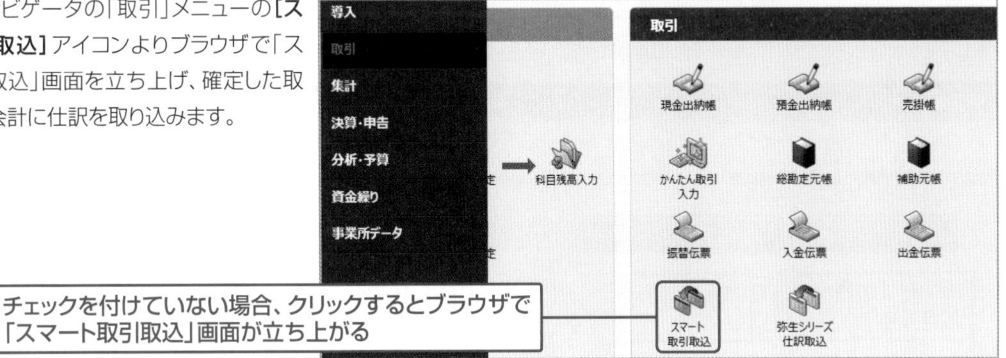

■「取引データを弥生会計に直接取り込む(P)」にチェックを付けた場合

クイックナビゲータの「取引」メニューの**[スマート取引取込]**アイコンをクリックすると、ブラウザで「スマート取引取込」を表示せずに弥生会計に直接取り込む画面が表示されます。ブラウザの「スマート取引取込」を起動したい場合は、メニューバーの**[ファイル(F)]→[スマート取引取込(S)]→[スマート取引取込(Web)の起動(W)]**から起動します。

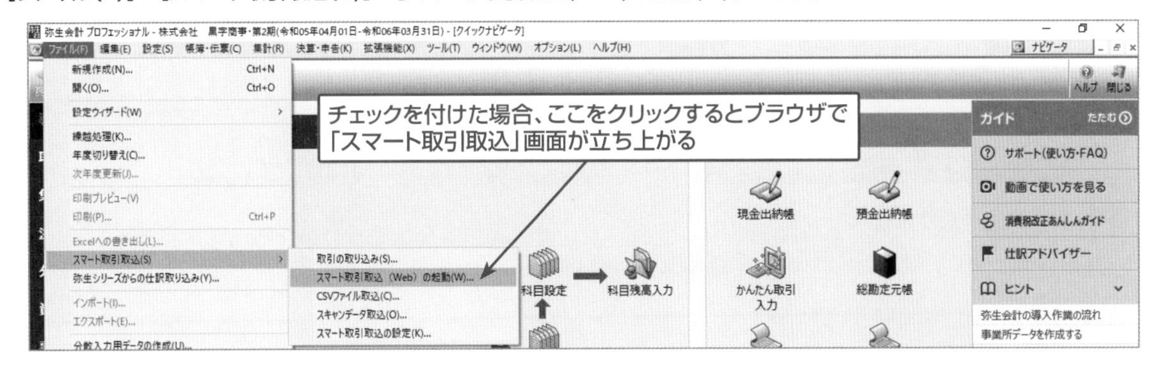

●「スマート取引取込」の操作手順

ここでは、環境設定のデータ連携の設定画面で**[取引データを弥生会計に直接取り込む(P)]**にチェックを付けていない場合の、「スマート取引取込」の操作手順を説明します。

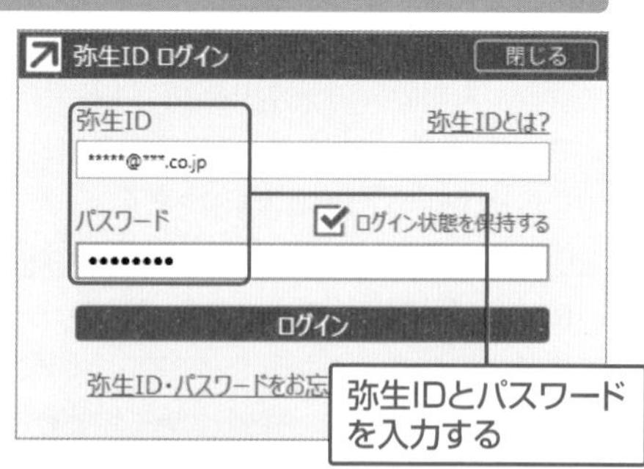

❶ 弥生会計のクイックナビゲータの「取引」メニューから、**[スマート取引取込]**アイコンをクリックします。すべての画面を閉じる必要がある旨のメッセージが表示されるので、はい(Y)ボタンをクリックします。

※弥生IDでログインしないとスマート取引取込機能は使用することができません。ログイン画面の**[弥生IDとは?]**のリンクをクリックして、弥生IDの設定を行ってください。

❷ 弥生IDとパスワードを入力し、ログインします

❸ はじめてログインするときには、ようこそ「スマート取引取込」への画面が表示されるので、今すぐ使ってみるボタンをクリックします。

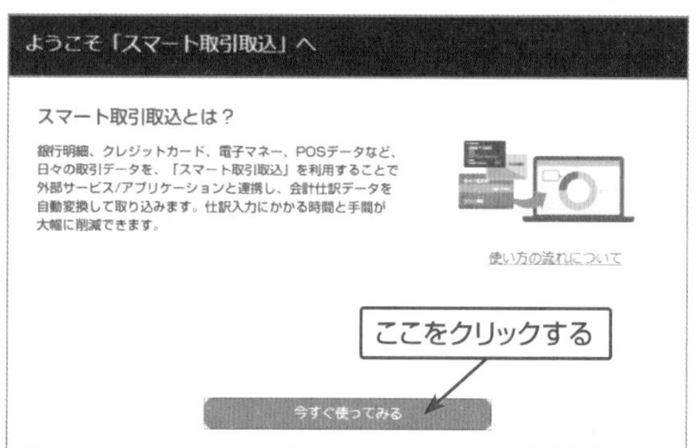

❹「スマート取引取込」の「はじめに」画面が表示されるので、各アイコンをクリックして、流れを確認します。

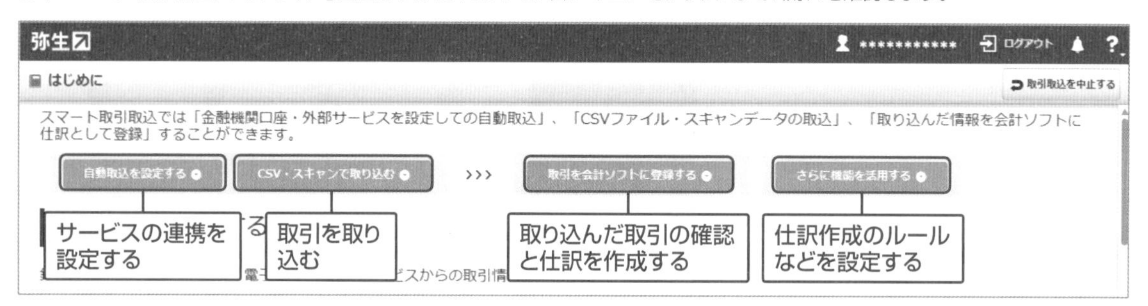

● 自動取込を設定する

連携するサービスの設定や自動で仕訳を作成するときのルールを設定します。

❶ **[はじめに]**の**[自動取込を設定する]**をクリックし、連携したいサービスの設定を行います。

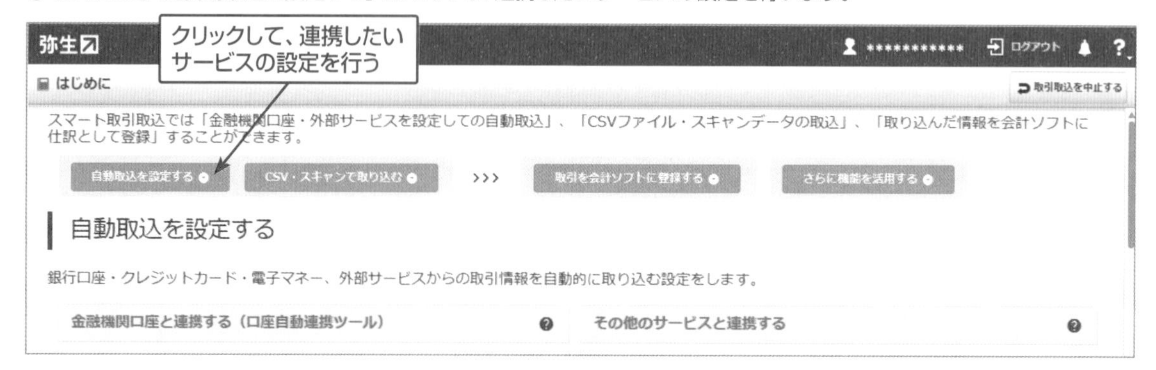

❷ 口座連携の設定を行う場合は、画面左側の「口座連携の設定」から ⚙設定 ボタンをクリックして必要な設定を行います。口座連携の設定では、インストール版とクラウド版を選択することができ、API公式連携により取引明細を正確、かつ安全に取得できます（一部API連携に未対応の金融機関があります）。口座連携以外のサービスの設定も行いたい場合は、「その他のサービスと連携する」の ⚙設定 ボタンをクリックすると、口座の連携設定以外にも連携できる各種サービスの設定画面のショートカットアイコンが表示されます。

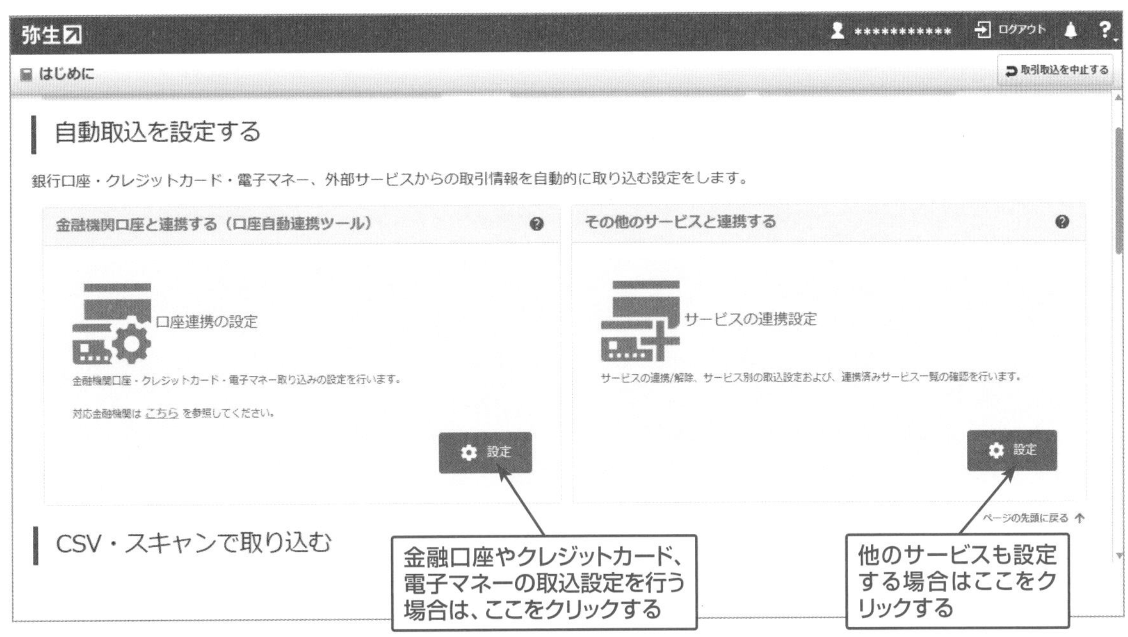

❸ 口座連携の設定の**[設定]**をクリックすると、ログインが必要となります。ログイン後、外部サービス連携確認画面で 同意の上連携する ボタンをクリックすると、新規口座の登録画面が表示されますので、手順を確認の上設定を行ってください。

※その他のサービスについても、連携したいサービスごとにあらかじめ初期設定が必要となりますので、各サービスの設定方法を事前にご確認ください。

❹ 登録した口座の明細情報を取得する場合は、→明細取得へ ボタンをクリックし、次に表示される画面で →明細取得開始 ボタンをクリックします。

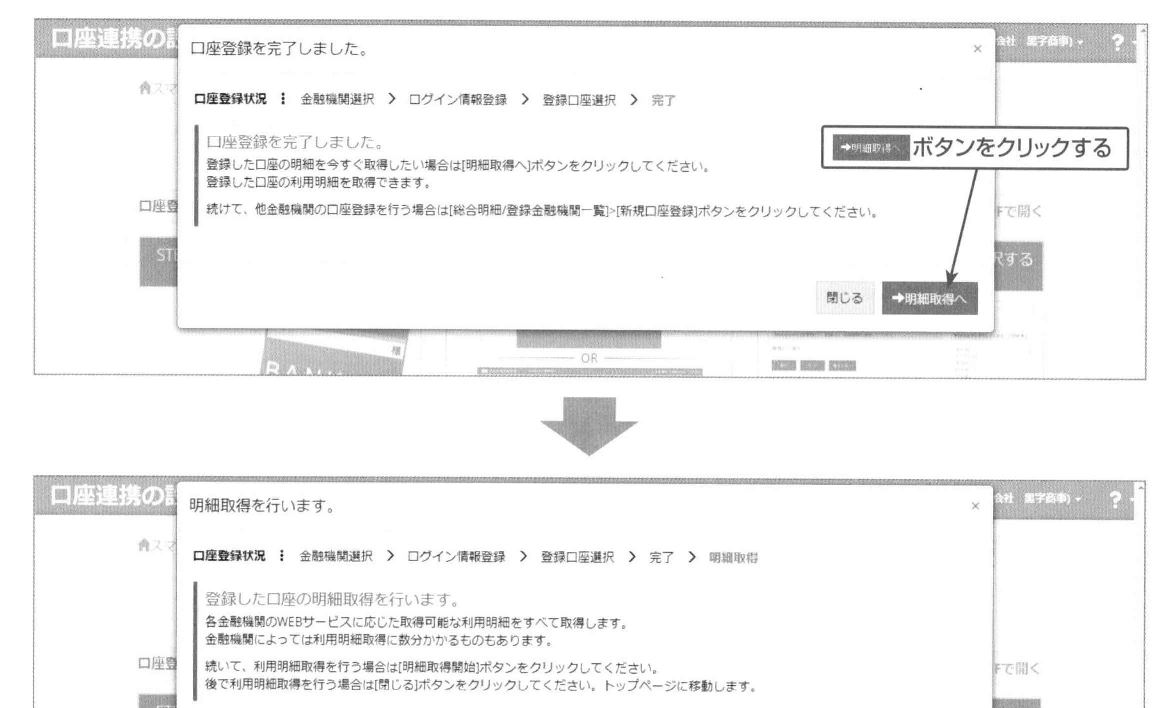

❺ 明細取得が完了すると、自動更新時間の設定画面が表示されますので、必要に応じて設定してください。**[スマート取引取込]** をクリックすると、連携済みのサービス一覧に口座連携情報が表示されます。

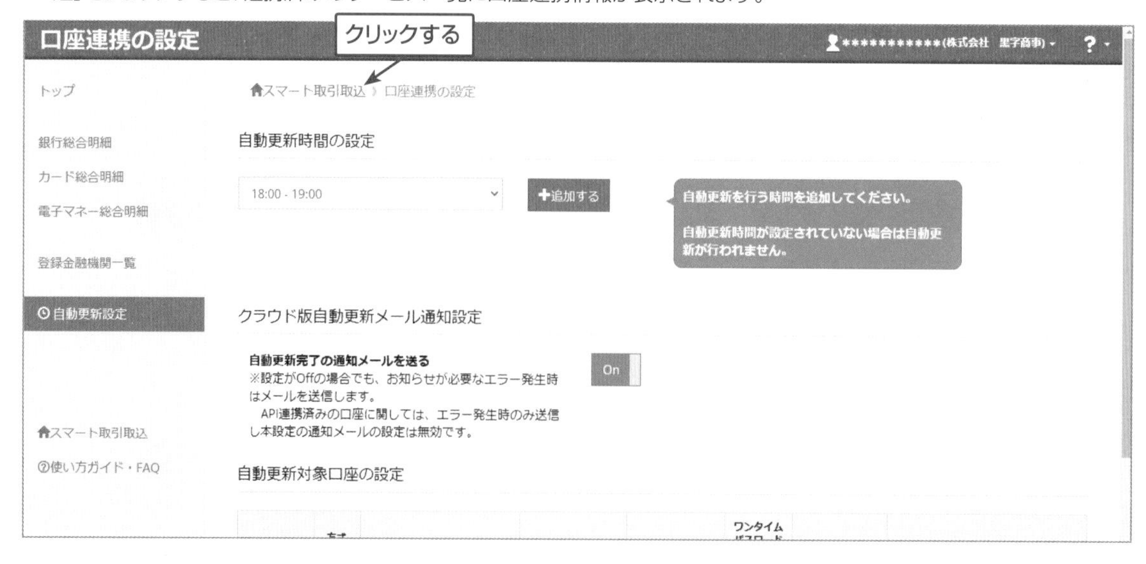

❻ 連携済みのサービス一覧画面の「取引の取得に必要な準備が完了していません」と赤く表示されている部分をクリックし、取引手段（預金口座の勘定科目）を設定し、保存する ボタンをクリックします。

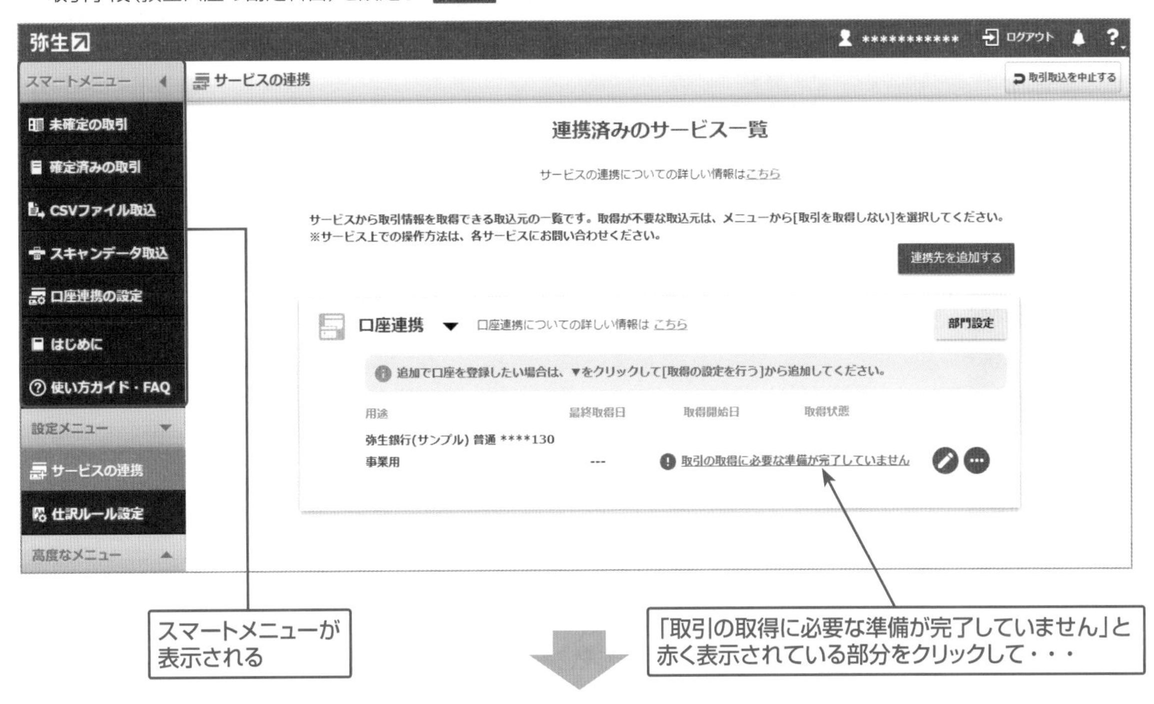

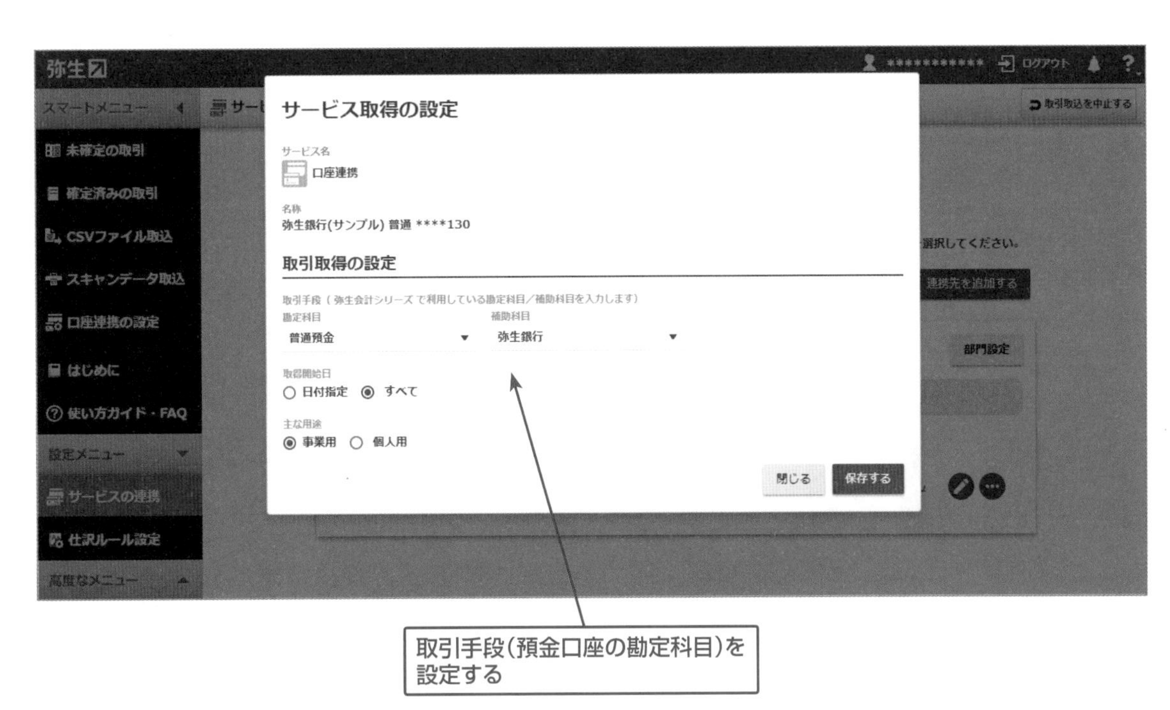

❼ 保存が完了すると、連携済みのサービス一覧に表示されます。スマートメニューの **[未確定の取引]** をクリックすると、自動取込みが開始されます。

● 連携サービスやスキャンデータの取込手順

事前に連携の設定を行っているサービスは、「スマート取引取込」画面を立ち上げると自動で取り込みを行います。ここではスキャンデータの取込手順を説明します。

❶ スマートメニューの **[スキャンデータ取込]** をクリックします。

❷ レシート、領収書をスキャンしたファイルをドロップするかクリックしてファイルを選択します。なお、購入した店名や金額など読み込めずに確認が必要な画像は「⚠確認が必要な画像を表示する」をクリックして、内容を確認します。

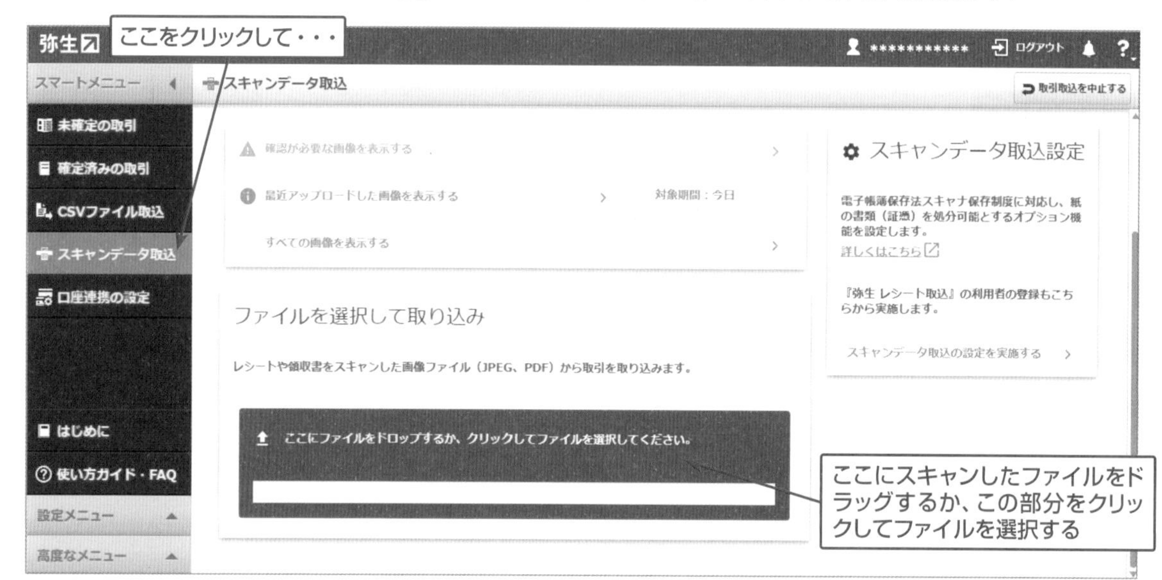

❸ 画像をドラッグもしくはクリックして、ファイルを指定すると画面が立ち上がり、金額や店名など読み取り可能な情報を解析して画像がアップロードされます。

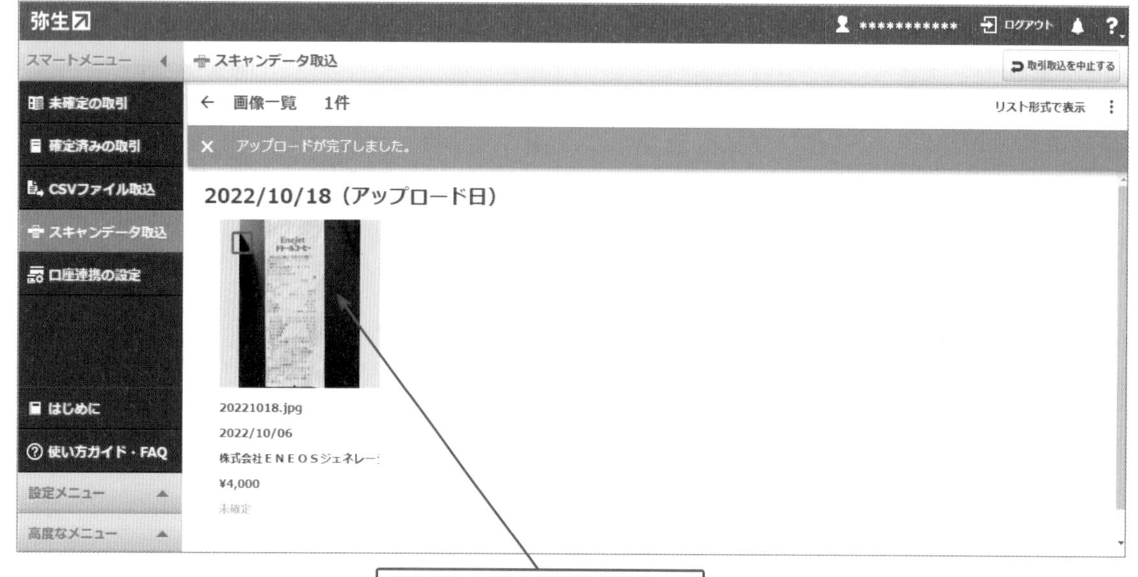

❹ 画像部分をクリックすると画面が表示されます。摘要や軽減税率対象かどうかのチェックが自動で取り込まれている場合は内容を確認し、必要に応じて修正します。自動で取り込まれていない場合は手入力して 保存 ボタンをクリックします。

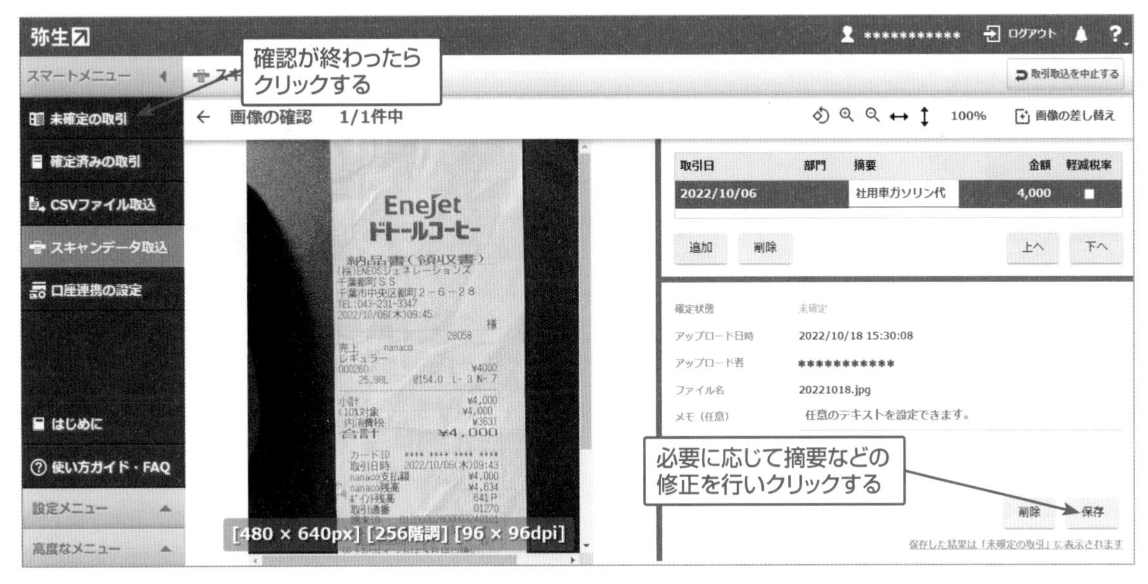

❺ 確認が終わったら、画面左上のスマートメニューの**[未確定の取引]**をクリックします。

● 取り込んだデータの確認と仕訳変換

連携サービスやスキャンデータなどから取り込んだ取引は、「未確定の取引」画面から確認し、確定させます。確定した取引の中から、仕訳登録を**[する]**と設定した取引が、弥生会計の仕訳として連動します。

❶ スマートメニューの**[未確定の取引]**をクリックすると取り込んだ取引を一覧で確認することができます。最新の情報に更新するには 更新 ボタンをクリックします。

❷ スマート取引取込が判断した勘定科目があっているかを確認し、必要に応じて修正します。摘要も必要に応じて修正します。（手修正した部分は黄色く表示されます。）

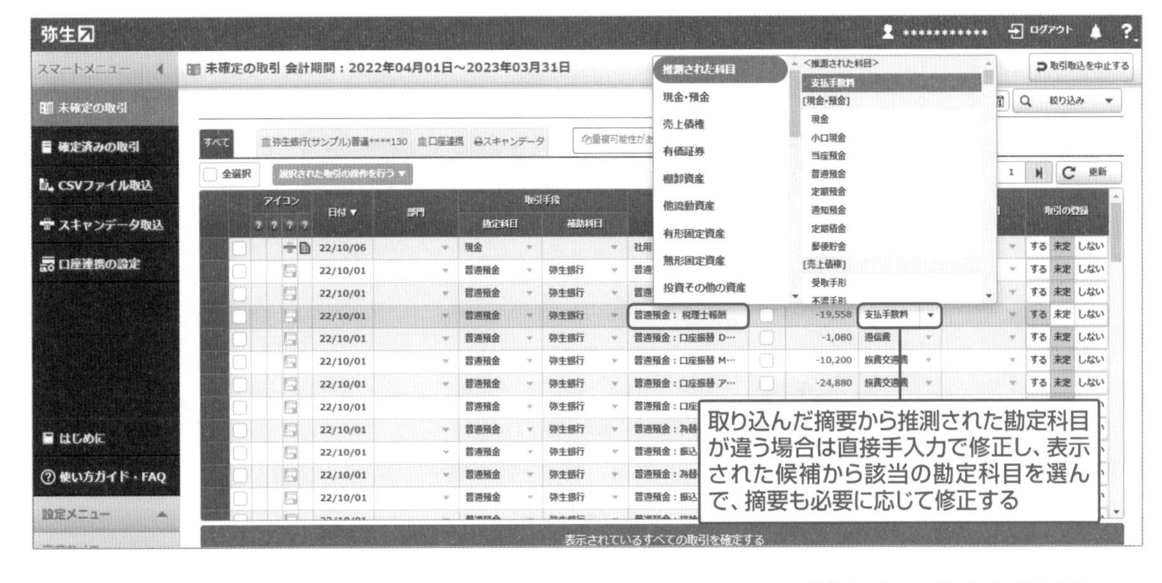

❸ 取り込んだ取引を仕訳データに登録するかどうかを確認します。チェックボックスにチェックをつけた取引に対する操作を選択し、一括で確定させることができます。なお、新しい補助科目を手入力しておくと、弥生会計に仕訳を取り込む際に自動で補助科目が追加される

❹ 取引を確定すると、取引の登録を[する]とした仕訳が自動で作成されます。

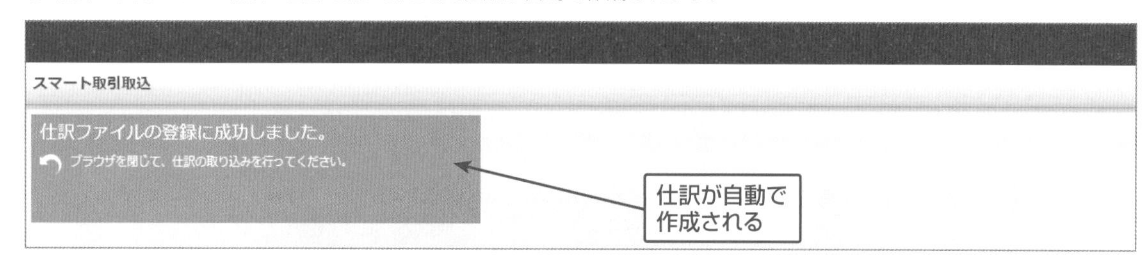

❺ ブラウザを閉じると、仕訳取込の画面が表示されます。必要に応じてバックアップの設定を行い、仕訳を取り込みます。

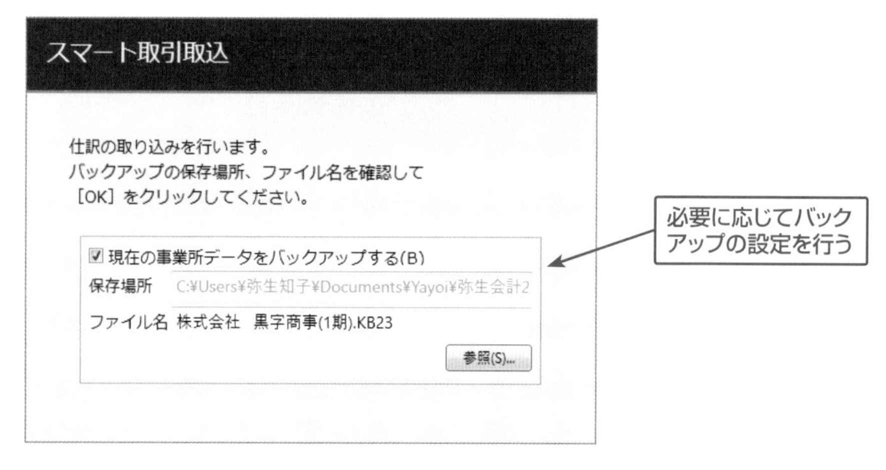

❻ 取込完了のメッセージが表示されますので、 OK ボタンをクリックします。

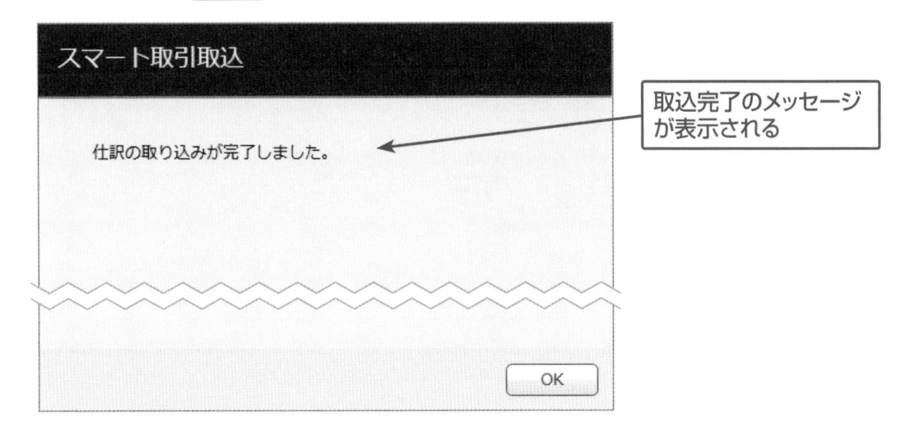

❼ 仕訳日記帳が起動し、取り込んだ仕訳が表示されますので、必要に応じて修正を行います。付箋1には、拡張付箋が設定されます。特に、注意が必要な ! ✕ ー の付箋が設定された場合は内容を確認しましょう。なお、これらの拡張付箋が設定されていると決算書出力や繰越処理などができない初期設定になっています。

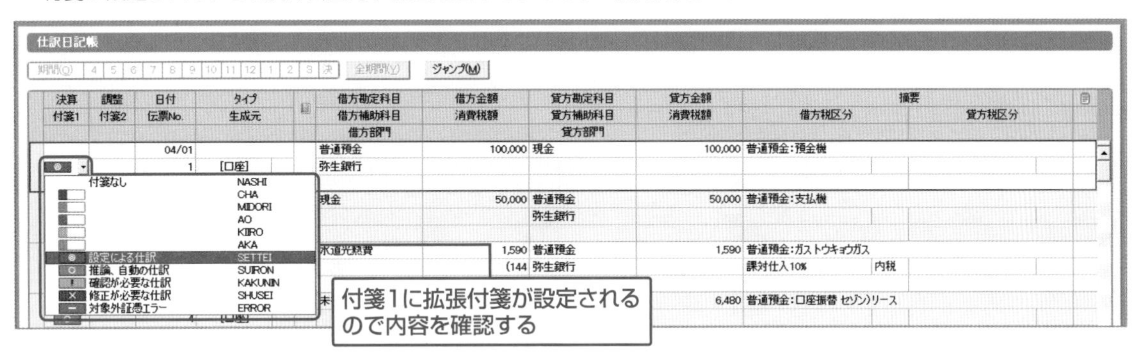

❽ 複合仕訳の場合は、振替伝票に変換して修正します。

例)令和4年10月1日　社会保険料の引き落とし(弥生銀行普通預金)は、会社負担分(未払金)と従業員からの預かり分(預かり金／社会保険料)を合算して支払っていたため、複合仕訳として振替伝票に変換後修正します。

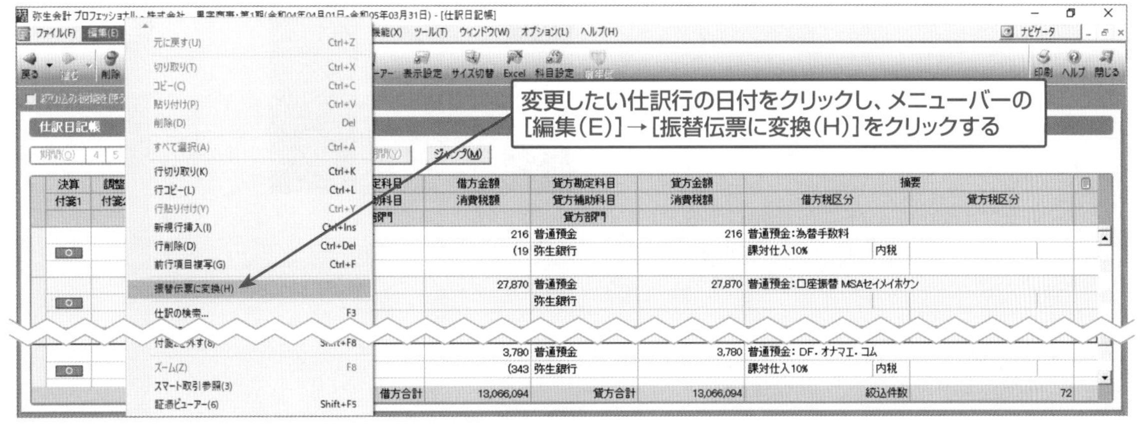

❾ スキャンデータ取込から取り込んだ仕訳については、行を選択してツールバーの**[証憑ビューアー]**ボタンをクリックすると、「スマート取引取込」画面を立ち上げずに証憑を確認することができます。「スマート取引取込」を立ち上げて確認したい場合は、ツールバーの**[スマート取引参照]**ボタンをクリックしてください。「スマート取引取込」から作成された仕訳は連携したサービスに応じて[口座][スキャン]などと表示されます。

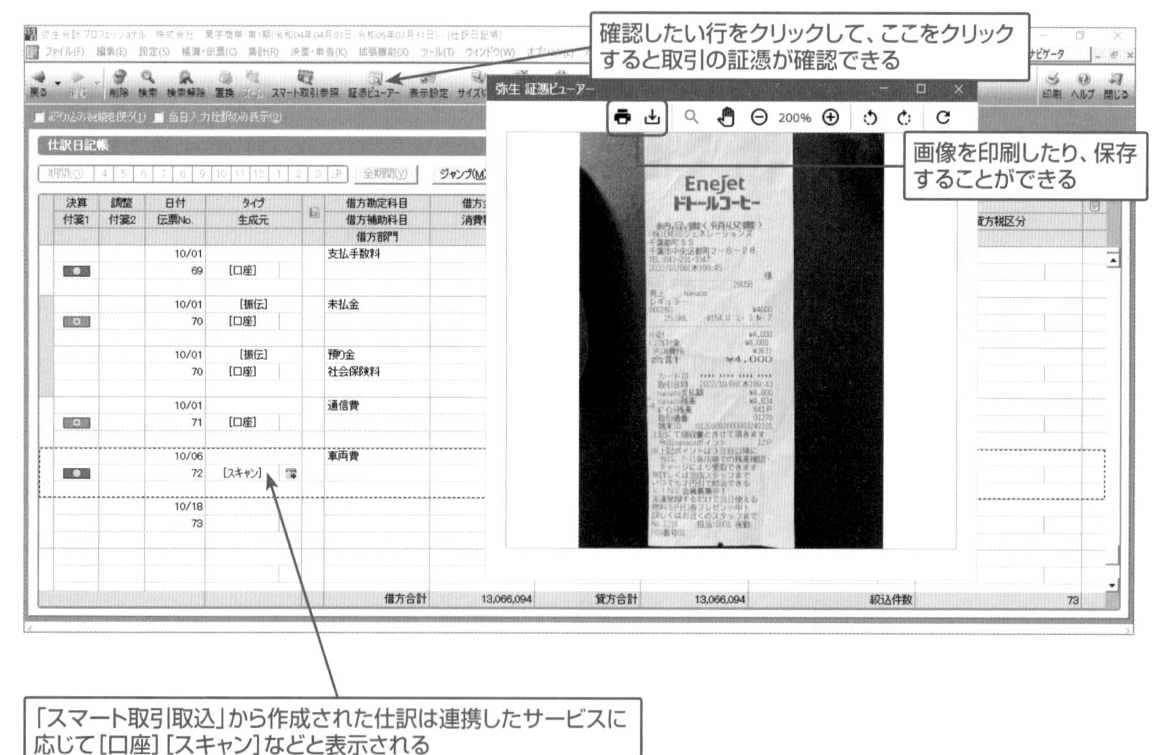

❿ 弥生会計に登録した取引は、スマート取引取込画面の「確定済みの取引」画面に保存されているので、何度でも登録し直すことが可能です（登録した仕訳が上書きされる）。

分散入力とデータ送受信機能について

スタンダード
プロフェッショナル

本社と支店など、弥生会計を複数台のパソコンで入力したい場合、「弥生会計 23 ネットワーク」へアップグレードするという方法もありますが、あまりお金をかけずに運用したい場合は、分散入力機能やデータ送受信機能を使って入力作業を分担し、後でデータを統合するという処理を行うこともできます。ただし、「電子帳簿保存」(56ページ参照)を設定していると分散入力やデータ送受信の差分データの送受信はできません。

● 分散入力機能とは

支店や営業所など他のパソコンで仕訳入力を行いたい場合に、本社にある元データから「分散入力用データ」を作成して支店や営業所にデータを送り、そのデータを用いて仕訳入力を行ってもらうことができます。この「分散入力用データ」は、あくまでも入力用にのみ使用するデータで、残高や元データに入力されてある仕訳などは入っていない状態です。このため、試算表を確認するなど、入力以外の機能を使用することはできません。また、繰越処理時には、本社の元データからもう1度、新しい年度の分散入力用データを作成する必要があります。

分散入力機能を利用するには、次の条件を満たしている必要があります。

- 元データがあるパソコンには「弥生会計 23 プロフェッショナル」か「弥生会計 23 ネットワーク」、仕訳入力のみを行うパソコンには「弥生会計 23 スタンダード」「弥生会計 23 プロフェッショナル」「弥生会計 23 ネットワーク」のいずれかがインストールされている

※弥生会計のライセンスはパソコン1台につき1ライセンスが必要です。

- データを弥生会計から直接メールで送信する場合は、Microsoft Outlook 2013以降が通常使用するメールソフトとして設定されている必要がある(ファイルに保存して別のメールソフトやUSBメモリなどのメディアでのやり取りも可能)

● 分散入力の運用例

ここでは、部門設定(85ページ参照)を行っており、これまでは本社ですべての取引を入力していた会社が、大阪支店の現預金取引と売掛取引のみ、大阪支店で入力してもらうという事例をもとに、分散入力機能の運用例を説明します。

■ 本社側の操作(1)

本社で分散入力用データを作成し、メールで大阪支店に送ります。

❶ 弥生会計のメニューバーから、**[ファイル(F)]→[分散入力用データの作成(U)]**を選択します。

❷ 部門とメールアドレス、暗証番号の設定を行い、OK ボタンをクリックします。なお、暗証番号を使用しない場合は、**[暗証番号を設定する(G)]**をOFFにします。暗証番号は数字だけでなく、8文字以内の半角英字が使用できます。

❸ 新規メールに分散入力用データが添付された状態でメールの作成画面が表示されるので、必要であれば本文を入力してメールを送信します。

❹ メールの送信が完了したら、OK ボタンをクリックします。

■ 大阪支店側の操作

受信したメールに添付されている分散入力用データを弥生会計に取り込み、仕訳を入力して本社にメールで送ります。

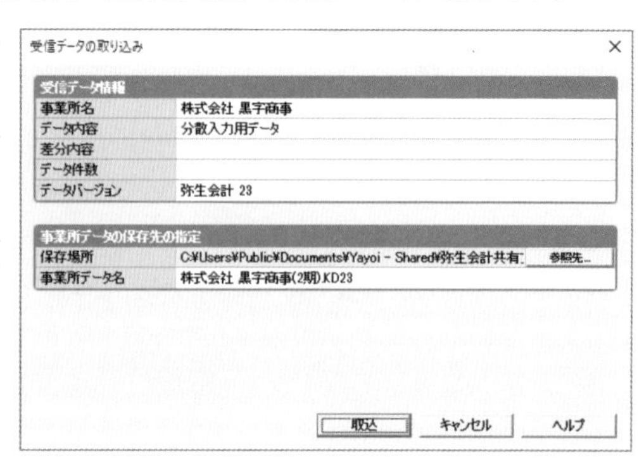

❶ 受信したメールの添付ファイルをデスクトップなどのわかりやすい場所に保存します。

❷ ファイルをダブルクリックしてデータを開き、保存場所と事業所データ名を確認して、[取込]ボタンをクリックします。

※弥生会計のメニューバーで**[ファイル(F)]→[開く(O)]**を選択すると表示される事業所データ選択画面で、「データ種別」を「受信データ」に設定し、同様の画面を表示させることができます。

❸ 本社で分散入力用データを作成する際に暗証番号を設定していた場合には、この後、暗証番号を入力する画面が表示されるので暗証番号を入力し、[OK]ボタンをクリックします。

❹「受信データの取り込みは正常に終了しました。」と表示されたら[OK]ボタンをクリックし、「受信取り込みを行った事業所データを開きますか?」と表示されたら[はい(Y)]ボタンをクリックします。

❺ 分散入力用データが表示されるので、仕訳を入力します。なお、分散入力用データでは「取引」「事業所データ」メニューしか表示されず、使用できる機能が限られます。

❻ 入力したデータを本社に送る際は、クイックナビゲータの「取引」メニューの左下の**[データ送信]**アイコンをクリックするか、メニューバーの**[ファイル(F)]→[データ送信(D)]**を選択します。なお、メールで送るタイミングは、毎週末など、定期的に送るように決めておくとよいでしょう。

大阪支店側で入力したデータを本社に送る場合はここをクリックします

❼ メールアドレスと暗証番号の設定を行い、[OK]ボタンをクリックします。なお、暗証番号を使用しない場合は、**[暗証番号を設定する(G)]**をOFFにします。暗証番号は数字だけでなく、8文字以内の半角英字が使用できます。

❽ 新規メールに入力データが添付された状態でメールの作成画面が表示されるので、必要であれば本文を入力してメールを送信します。

❾ メールの送信が完了したら、[OK]ボタンをクリックします。

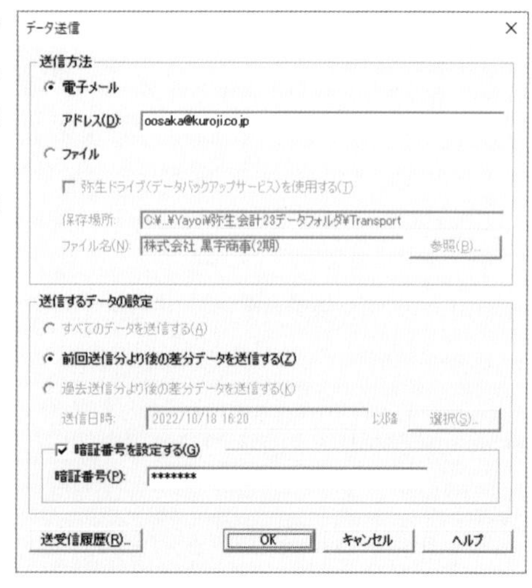

■ 本社側の操作(2)

本社では、大阪支店から送られてきた入力データを取り込み、取り込んだデータが正しいかどうかを確認します。

❶ 受信したメールの添付ファイルをデスクトップなどのわかりやすい場所に保存します。

❷ ファイルをダブルクリックしてデータを開きます。

❸「受信データの取り込み」ダイアログボックスの**[バックアップ先の指定]**の**[ファイル名(N)]**に現在の事業所データをバックアップするファイル名を入力して、取込ボタンをクリックします。なお、バックアップ先の設定を行わないと、先に進むことはできません。

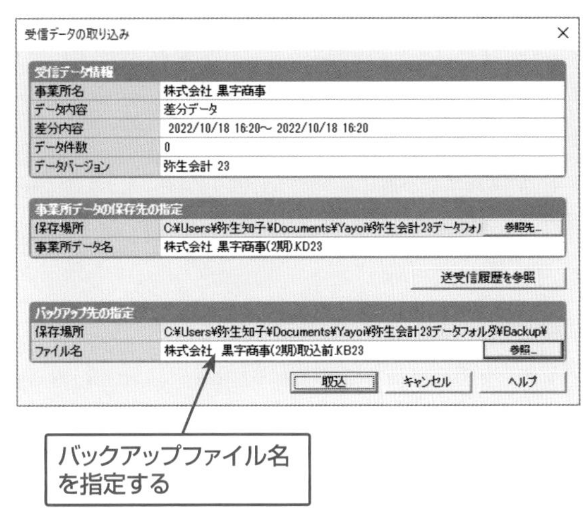

❹ データの上書きに関するメッセージが表示されるので、内容を確認して、はい(Y)ボタンをクリックします。なお、暗証番号を設定していた場合には、この後、暗証番号を入力する画面が表示されるので暗証番号を入力し、OKボタンをクリックします。

❺ 取り込みが完了したらOKボタンをクリックします。

❻「仕訳日記帳」画面などで、取り込んだデータを確認します。

● データ送受信機能について

データ送受信機能は、分散入力機能(337ページ参照)と似ていますが、大きく違う点があります。

「分散入力用データ」は、仕訳の入力と、自分で入力した仕訳の確認しかできません。また、入力したデータの送信は支店から本社への一方通行です。

これに対し、データ送受信機能では、会計事務所とデータのやり取りを行いたい場合など双方向で送受信を行い、仕訳データだけでなくすべてのデータを双方でやり取りすることができます。データ送受信機能を使用する前には、科目の追加をどちらで行うか、サーチキーの設定は何を使用するか、データの送受信はいつ行うかなど、あらかじめきちんとしたルールを決めておく必要があります。

データ送受信機能を利用するには、次の条件を満たしている必要があります。

▶ 双方のパソコンに弥生会計がインストールされている

※弥生会計のライセンスはパソコン1台につき1ライセンスが必要です。また、「弥生会計 23 スタンダード」「弥生会計 23 プロフェッショナル(2ユーザー含む)」「弥生会計 23 ネットワーク」のいずれかであれば、どのグレードでもやり取りは可能ですが、バージョンが違う場合はデータ送受信を行えません。

▶ データを弥生会計から直接メールで送信する場合は、Microsoft Outlook 2013以降が通常使用するメールソフトとして設定されている必要がある(ファイルに保存して別のメールソフトやUSBメモリなどのメディアでのやり取りも可能)

● データ送受信の運用例

ここでは、会社（黒字商事）が会計事務所と顧問契約を結び、会計事務所にデータを送信して確認してもらい、仕訳の修正や追加を行ってもらうという事例をもとに、データ送受信機能の運用例を説明します。

■ 運用ルールの設定

データの運用に関するルールをあらかじめ設定しておきます。ここでは、次のようなルールで運用することとします。ルールを守って運用しないとデータを誤って上書きしてしまったり、正しいデータがわからなくなってしまうことがあります。特に受信時には細心の注意が必要です。

- ▶黒字商事のデータを親データとし、科目の登録、補助科目の設定、繰越処理は黒字商事で行う
- ▶サーチキーは、黒字商事では「サーチキー英字」、会計事務所では「サーチキー数字」を使用する
- ▶会計事務所側で修正した仕訳には「付箋2」の茶色の付箋を付ける
- ▶月曜日の朝に前週分のデータを、黒字商事から会計事務所へ送信する。木曜日までに会計事務所はデータを確認し、追加修正があれば黒字商事へデータを送信する

■ 黒字商事側の操作(1)

黒字商事から、会計事務所へ全データをメールで送信します。

❶ 弥生会計のメニューバーから、**[ファイル(F)]→[データ送信(D)]**を選択します。

❷ メールアドレスと暗証番号の設定を行い、OK ボタンをクリックします。なお、暗証番号を使用しない場合は、**[暗証番号を設定する(G)]**をOFFにします。暗証番号は数字だけでなく、8文字以内の半角英字が使用できます。

❸ 新規メールに送信データが添付された状態でメールの作成画面が表示されるので、必要であれば本文を入力してメールを送信します。

❹ メールの送信が完了したら、OK ボタンをクリックします。

■ 会計事務所側の操作

受信したメールに添付されているデータを弥生会計に取り込み、必要に応じて仕訳の修正・削除を行い、黒字商事にメールで送ります。操作方法は338ページの「大阪支店側の操作」とほぼ同様ですが、送られてきたデータですべての操作を行えるところが異なります。また、黒字商事に送信するデータは「すべてのデータ」ではなく、前回受信したデータと異なっている部分のみを送ります。すべてのデータを送らないように注意が必要です。

338ページの操作❼の画面は、データ送受信機能の場合は次のようになります。なお、差分データを送ると、前回受け取ったデータとの違いは解消されますが、この間に、黒字商事の側で新しい仕訳を追加するなど、データに変更を加えていることもありえます。黒字商事側が親データ（最新データ）であることを忘れないようにしましょう。

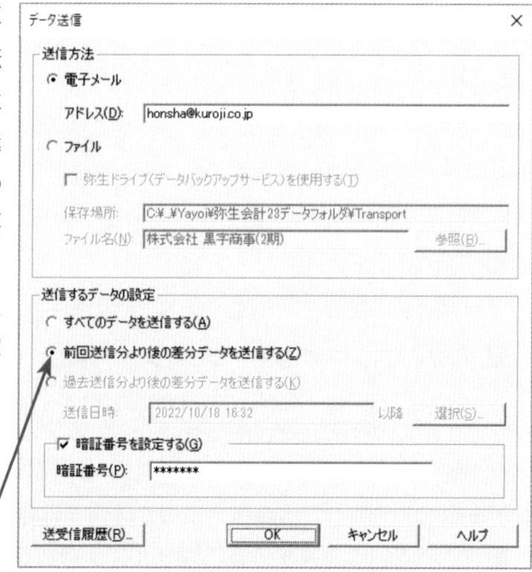

■ 黒字商事側の操作(2)

339ページの「本社側の操作(2)」と同様にして、送られてきたデータを弥生会計に取り込みます。
この後、あらかじめ定めた運用ルールを元に、繰り返し黒字商事と会計事務所でデータをやり取りしていきます。

ONE POINT データ共有サービスの利用

弥生ドライブに共有フォルダを作成して弥生会計データを保存し、共有の設定を行うことにより、同時に入力することはできませんが、弥生ドライブ上でデータを共有することができます。共有する相手もあんしん保守サポートに加入し、弥生IDでログインしている必要があります。

データを共有するには、弥生ドライブ上に新しいフォルダを作成して、そのフォルダに弥生会計のデータをアップロードします。フォルダを選択した状態でメニューバーの**[共有]**をクリックし、共有したい相手の弥生IDを追加します。

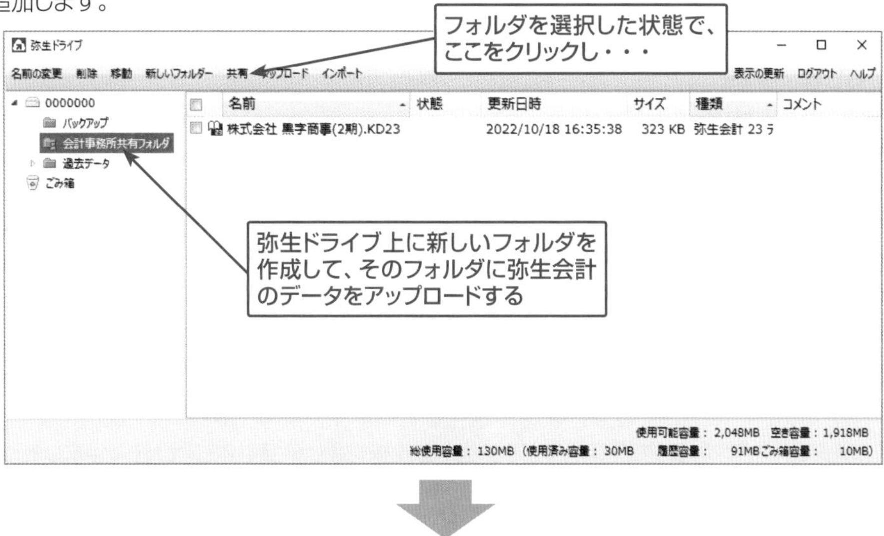

ユーザー登録について

スタンダード
プロフェッショナル

ここでは、ユーザー登録とあんしん保守サポートのメリットについて解説します。

● ユーザー登録について

ユーザー登録が行われていない場合、ライセンス認証完了後や弥生会計の起動時に、ユーザー登録画面が表示されます。ユーザー登録は無料で、登録を行うと下記のようなメリットがあります。

ユーザー登録するメリット

▶ あんしん保守サポートの一部を一定期間利用できる

あんしん保守サポート(弥生会計の有料年間サポート)の一部サービスをお試し利用(無料導入サポート)できます。利用できる期間は、最大3カ月です。

▶ 弥生カスタマーセンターよりメール配信

法令改正への対応や製品に関する重要なお知らせがメールで配信されます。

● ユーザー登録の方法

ユーザー登録の方法は3種類あります。まず、パッケージ版の場合は、同梱されている文書、ダウンロード版の場合は、購入時の電子メールに記載されている「製品シリアルNo」を確認してください。

▶ インターネットで登録

弥生会計の画面から、もしくは弥生株式会社のホームページから登録を行います。

▶ 電話で登録

弥生カスタマーセンターへ電話して登録します。受付は、弥生株式会社の指定休日(土日祝、年末など)を除く平日の9:30〜17:30(12:00〜13:00を除く)です。

TEL 050-3388-1000(IP電話)

▶ FAXで登録

弥生株式会社のホームページからユーザー登録用紙をダウンロードして、必要事項を記入の上、FAXで送信します。

● 会社で使うならあんしん保守サポートは必須!

無料導入サポートの期間が終了した後もサポートを継続する場合は、有償の「あんしん保守サポート」に申し込みましょう。「あんしん保守サポート」は、導入から日々の運用までの基本的なサービスを受けられる「ベーシックプラン」と、「ベーシックプラン」のサービスをさらに充実させた「トータルプラン」、「ベーシックプラン」から一部のサポートを除いて加入料金を抑えた「セルフプラン」が用意されています。

税法の改正などに対応して、最新のプログラムが提供されます。ユーザー登録とともに加入しておくことをお勧めします。あんしん保守サポートに未加入のまま、バージョンが古くなってしまった場合、7世代前までならデータを変換して継続利用が可能ですが、プログラムは新規にご購入いただく必要があり、バージョンアップ優待価格はありません。

■「ベーシックプラン」のサービス内容

※「やよいの青色申告」では、サポート内容が異なります。

サービス名	サービスの種類	内　容
製品保守サービス	プログラム保守	バージョンアップ製品無償提供
		法令改正対応
		郵便番号辞書更新
		製品アップグレード割引
	操作サポート	電話・メールサポート
		画面共有サポート
		サポート対応時間延長(電話・メール)
	データ保守	破損データ復元サービス
	情報提供・サプライ用品割引	法令改正案内サービス
		情報誌「弥報(やっほー)」
		サプライ用品割引
製品活用サービス	クラウドサービス	スマート取引取込
		データバックアップサービス
		データ共有サービス
業務ヘルプデスク	業務相談	仕訳相談
		経理業務相談
		確定申告相談(個人)
		マイナンバー相談
		消費税改正業務相談
業務支援サービス	情報システム支援	PC周辺アップグレードサービス
		ハードディスクデータ復旧サービス
	人事・総務支援	福利厚生サービス
		法令・ビジネス文書ダウンロード
		セミナー動画視聴
	経理・財務支援	一括振込サービス

■「トータルプラン」のみのサービス内容

サービスの種類	内　容
プログラム保守	プログラムディスク提供(トータルプラン以外はオンラインアップデートによる提供)
	破損／紛失ディスク・マニュアル再発行
操作サポート	訪問指導(弥生塾)無料　※オペレーターからの提案より利用可
情報システム支援	PC・ネットワークサポート・周辺ソフトウエアサポート
その他	トータルプラン専用フリーダイヤル

■「セルフプラン」のサービス内容

「ベーシックプラン」から操作サポート、業務相談、情報誌「弥報(やっほー)」を除いたプランです。

※サービス内容や、やよいの青色申告のサポート内容の詳細については、弥生株式会社のホームページ(https://www.yayoi-kk.co.jp/yss/)をご参照ください。

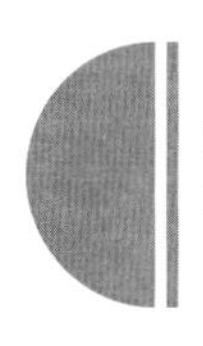

弥生会計の練習問題

ここでは、弥生会計を使った会計作業に慣れるための、練習問題を用意しました。この練習問題をもとに、弥生会計の導入設定を行い、1カ月分の取引を入力してみましょう。すべての入力が終わったら、355ページの要領で解説・解答をダウンロードして、合っているか確認してみましょう。

① 事業所データの作成の練習

まず事業所データを作成しましょう。自社に該当するデータを作ります（特に指定がないところは初期値のままで可）。

消費税の設定は今回、右の表のように設定します。しかし、この他の設定で消費税を設定した場合でも、355ページの要領で入力結果の事業所データをダウンロードして検証することができるので、自社の運用に合わせて設定してみてもよいでしょう。

会社名		オフィスやよい
本店	郵便番号	123-4567
	住所	東京都中央区中央1-1-1
	電話番号	03－1111-2222
代表者	役職	代表取締役
	氏名	弥生　太郎
資本金（法人のみ）		3,000,000円
会計期間		2023年1月1日　から　2023年12月31日　（2023年度）
決算期（法人のみ）		第3期
申告区分（個人のみ）		青色申告
消費税設定		課税（本則）　税抜経理

② 補助科目の設定の練習

取引銀行の残高や得意先への掛代金などを、補助元帳で補助科目別に確認することができます。作成したデータに補助科目を右の表のように設定しましょう。

勘定科目	補助科目	サーチキー
当座預金	ABC銀行　中央支店 No.1111111	ABC
普通預金	ABC銀行　中央支店 No.1234567	ABC
	ZYX銀行　本店　No.987654	ZYX
得意先（売掛金）	株式会社グローバル	GURO-BAL
	ネットワーク株式会社	NETTO
仕入先（買掛金）	情報商事株式会社	JYOUHOU
	有限会社リスク	RISK
預り金	源泉所得税	GENSEN
	住民税	JYUUMIN
	社会保険料	SHAKAI
	雇用保険料	KOYOU

③ 開始残高の設定の練習

現金・預金		仕入債務	
現金	50,000	買掛金（補助あり）	330,000
当座預金（補助あり）	1,000,000	情報商事（株）	220,000
ABC銀行	1,000,000	（有）リスク	110,000
普通預金（補助あり）	2,500,000	他流動負債	
ABC銀行	2,000,000	短期借入金	3,000,000
ZYX銀行	500,000	預り金（補助あり）	31,850
売上債権		源泉所得税	9,500
売掛金（補助あり）	440,000	住民税	9,350
（株）グローバル	165,000	社会保険料	0
ネットワーク（株）	275,000	雇用保険料	13,000
棚卸資産		資本（純資産）	
商品	2,000,000	資本金	3,000,000
有形固定資産		繰越利益（自動計算）	7,628,150
建物	5,000,000		
車両運搬具	2,500,000		
工具器具備品	500,000		
資産合計（借方合計）	13,990,000	負債・資本合計（貸方合計）	13,990,000

個人事業主の場合、ここを「元入金」に置き換える（自動計算）

開始残高を設定します。左の表のように残高を登録しましょう。ここでは、期首導入であることとして入力してみましょう。

④ 取引の入力準備の練習

導入作業が終わったら、入力する資料の準備を行います。

4-1 弥生会計への入力順の練習

弥生会計へ取引を入力する際、基本的なパターンとして「現金出納帳」「預金出納帳」「売掛帳」「買掛帳」など「帳簿」の画面から入力する方法と、「伝票」の画面から入力する方法がありますが、入力しやすい画面を利用して作業を行ってください。

入力が終わったら、結果を各帳簿で確認していきます。2つ以上の画面から入力できる取引は、右の表のように運用上のルールを作成し、入力の優先順位を定めておくことが大切です。なお、転記は弥生会計が自動で行うので、優先順位を定めておかないと同じ取引を2重に登録してしまうこともありえるので（これを「二重仕訳」または「二重転記」という）注意が必要です。

◉優先順位の例

	伝票入力の場合	帳簿入力の場合
現金に関する取引	入出金伝票	現金出納帳
売掛・買掛取引	振替伝票	売掛帳・買掛帳
その他の取引	振替伝票	預金出納帳、他

4-2 資料の準備

前項で弥生会計へ入力する優先順位を定めました。次に仕訳を行う前に伝票や領収書を整理します。会計ソフトは自動で転記を行うので資料を日付順に並べたりすることは必要ないように思えますが、二重仕訳を防ぎ、ファイリングしやすいように、ざっとでも資料の内容を確認し整理しておきましょう。

4-3 仕訳

資料の準備が終わったら、いよいよ実際に資料を見ながら仕訳をしていきます。取引を証明する領収書や請求書などの証憑書類に基づいて正確に伝票入力もしくは帳簿入力を行います。証憑書類がない取引については、ルールを決めてきちんと管理をしましょう。

運用の例

- 領収書のない出金(Suica(スイカ)で支払った電車代など) ➡ 支払証明書や、エクセルなどで明細を作成する
- 前払や仮払いのもの(経費、出張仮払など) ➡ 前払(仮払)申請書を発行する
- 立替払いの場合 ➡ 出金伝票の摘要に詳細を記入し、領収書等があればコピーを添付する
- 証憑書類のない入金 ➡ 入金伝票の摘要に詳細を記入する
- 預金の引き出しや預入で取扱明細書のないもの ➡ 該当伝票や帳簿の摘要に詳細を記入する

4-4 ファイリング

仕訳と伝票の整理が終了したら、ファイリングしていきます。ファイリングには特に決まりはありませんが、取引の証拠となる領収書や請求書等は、きちんと整理して保管しましょう。

ファイルの例

- 仕訳伝票綴り
- 領収書綴り
- 仕入注文書・請求書綴り
- 売上納品書・請求書綴り
- 給与明細書控え(給与台帳)
- 手形管理帳
- 借入金管理帳
- 当座照合表
- 現金照合表

⑤ 1月の取引の入力の練習

ここでは、取引例の証拠となる資料例を掲載しました。次の表の「取引内容」欄と、表の「資料No」欄に該当する資料(348～354ページ)を見比べながら、仕訳を入力してみましょう。

日付	取引内容	参考資料	資料No
2023年1月5日	売掛金(グローバル(165,000円)、ネットワーク(275,000円))がZYX銀行普通預金に入金された。	普通預金通帳	②
2023年1月5日	ABC銀行より60万円を借り入れた。(ABC銀行普通預金へ入金)	融資計算書、普通預金通帳	①④
2023年1月5日	佐藤印刷より、会社案内パンフと得意先配布用ボールペンの請求書が届いた。(支払は1/末予定)	請求書	⑤
2023年1月5日	情報商事(株)の12月分買掛金(220,000円)をABC銀行普通預金より振り込んだ。	普通預金通帳	①④
2023年1月7日	お茶のやよい園にて、お茶を現金にて購入した。(1,674円)	領収書	⑥
2023年1月7日	ビックリカメラ本店にてプリンタを1台現金にて購入した。	領収書	⑦
2023年1月7日	社員渡辺が結婚し、結婚祝い5,000円を現金にて支払った。	届出書	⑧
2023年1月7日	情報商事(株)から仕入分の請求書を受け取った。	請求書	⑨
2023年1月8日	手許現金用に普通預金のZYX銀行より10万円引出した。	普通預金通帳	②
2023年1月8日	青葉郵便局にて、切手・印紙を現金にて購入した。	領収書	⑩

2023年1月9日	宅急便代を現金にて支払った。	宅急便控	⑪
2023年1月9日	社長出張のため、40,000円を仮払いした。	仮払請求書	⑫
2023年1月10日	駐車場を契約し、敷金(1か月分)と1月分駐車料を現金にて支払った。	領収書	⑬
2023年1月10日	得意先(株)グローバルに納品し、請求書を作成した。	請求書控	⑭
2023年1月10日	仕入先(有)リスクより、商品をネットワーク(株)宛に直送した旨の連絡を受け、請求書を受領した。	請求書	⑮
2023年1月10日	12月分給与の源泉税と住民税を支払った。(現金)	納付書	⑯⑰
2023年1月12日	社長が出張より戻り、仮払していた経費を精算した。差額は現金で戻した。	領収書	⑱⑲
2023年1月15日	(株)グローバルに集金に行き、売掛金を手形にて回収した。	手形	⑳㉑
2023年1月15日	火災保険料を現金にて支払った。	領収書	㉒
2023年1月15日	12月分電話料金がABC銀行普通預金より引き落とされた。	口座振替領収書、普通預金通帳	㉓①
2023年1月15日	12月分電気代がABC銀行普通預金より引き落とされた。	口座振替領収書、普通預金通帳	㉔①
2023年1月19日	プリンタの修理代として、町のパソコン屋さんに現金で支払った。	領収書	㉕
2023年1月19日	(株)クリーンより玄関マットを購入し、現金で支払った。	領収書	㉖
2023年1月24日	給与支払用他に普通預金(ABC銀行)から現金100万円を引き出した。	普通預金通帳	①
2023年1月24日	得意先接待のため、和風ダイニング田舎での会食代を現金にて支払った。	領収書	㉗
2023年1月25日	1月分給与支給(12/21～1/20分)現金支給	給与明細一覧	㉘
2023年1月26日	スタミナ弁当が1月分従業員弁当代の集金に来たため現金で支払った。	出金伝票	㉙
2023年1月28日	1/15に回収した(株)グローバルの手形のうち、165万円を割引いた。(ABC銀行当座預金に入金)受取手形勘定を直接減らす処理をする。	手形割引計算書、当座勘定照合表	㉚③
2023年1月28日	佐藤印刷の未払分を当座預金ABC銀行より振り込んだ。	当座勘定照合表	③
2023年1月31日	社会保険料が普通預金ABC銀行より引き落とされた。	引落通知書、普通預金通帳	㉛①
2023年1月31日	1月分家賃を現金にて支払った。	領収書	㉜
2023年1月31日	情報商事(株)に対する買掛金支払のため、小切手を振り出した。	小切手、当座勘定照合表	㉝③
2023年1月31日	ネットワーク(株)分売上末締処理を行い、請求書を発行した。	請求書控	㉞
2023年1月31日	パソコンのリース料が普通預金ABC銀行から引き落とされた。	リース契約書、普通預金通帳	㉟①
2023年1月31日	(有)リスクの12月分買掛金(110,000円)をZYX銀行普通預金より振り込んだ。	普通預金通帳	②
2023年1月31日	(株)日出新聞社に1月分新聞代を現金にて支払った	領収書	㊱

※「資料No」欄に該当する資料は、次ページ以降にあります。

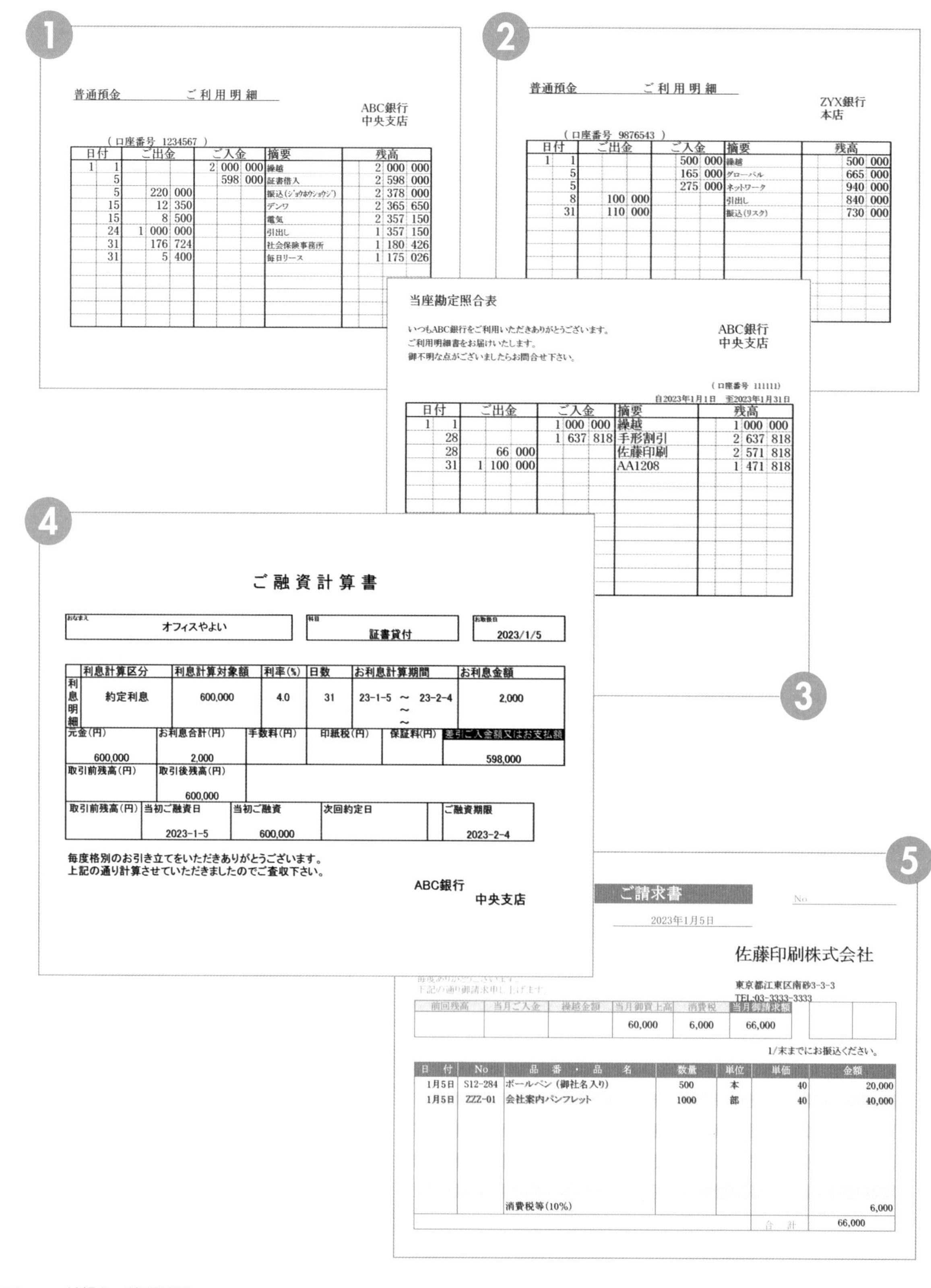

❶

普通預金　　ご利用明細

ABC銀行
中央支店

（口座番号 1234567 ）

日付		ご出金	ご入金	摘要	残高
1	1		2 000 000	繰越	2 000 000
	5		598 000	証書借入	2 598 000
	5	220 000		振込(ジョウホウショウジ)	2 378 000
	15	12 350		デンワ	2 365 650
	15	8 500		電気	2 357 150
	24	1 000 000		引出し	1 357 150
	31	176 724		社会保険事務所	1 180 426
	31	5 400		毎日リース	1 175 026

❷

普通預金　　ご利用明細

ZYX銀行
本店

（口座番号 9876543 ）

日付		ご出金	ご入金	摘要	残高
1	1		500 000	繰越	500 000
	5		165 000	グローバル	665 000
	5		275 000	ネットワーク	940 000
	8	100 000		引出し	840 000
	31	110 000		振込(リスク)	730 000

❸

当座勘定照合表

いつもABC銀行をご利用いただきありがとうございます。
ご利用明細書をお届けいたします。
御不明な点がございましたらお問合せ下さい。

ABC銀行
中央支店

（口座番号 111111）
自2023年1月1日　至2023年1月31日

日付		ご出金	ご入金	摘要	残高
1	1		1 000 000	繰越	1 000 000
	28		1 637 818	手形割引	2 637 818
	28	66 000		佐藤印刷	2 571 818
	31	1 100 000		AA1208	1 471 818

❹

ご融資計算書

おなまえ	科目	お取扱日
オフィスやよい	証書貸付	2023/1/5

	利息計算区分	利息計算対象額	利率(%)	日数	お利息計算期間	お利息金額
利息明細	約定利息	600,000	4.0	31	23-1-5 ～ 23-2-4 ～ ～	2,000

元金(円)	お利息合計(円)	手数料(円)	印紙税(円)	保証料(円)	差引ご入金額又はお支払額
600,000	2,000				598,000

取引前残高(円)	取引後残高(円)
	600,000

取引前残高(円)	当初ご融資日	当初ご融資	次回約定日		ご融資期限
	2023-1-5	600,000			2023-2-4

毎度格別のお引き立てをいただきありがとうございます。
上記の通り計算させていただきましたのでご査収下さい。

ABC銀行
中央支店

❺

ご請求書

No

2023年1月5日

佐藤印刷株式会社

東京都江東区南砂3-3-3
TEL:03-3333-3333

毎度ありがとうございます。
下記の通り御請求申し上げます。

前回残高	当月ご入金	繰越金額	当月御買上高	消費税	当月御請求額
			60,000	6,000	66,000

1/末までにお振込ください。

日付	No	品番・品名	数量	単位	単価	金額
1月5日	S12-284	ボールペン（御社名入り）	500	本	40	20,000
1月5日	ZZZ-01	会社案内パンフレット	1000	部	40	40,000
		消費税等(10%)				6,000
					合計	66,000

6

領 収 書

オフィスやよい　様　No

★　¥1,674-

但　お茶代として

2023 年　1 月　7 日　上記正に領収いたしました。

内　訳	
税抜金額	1,550
消費税額(軽減8%)	124

収入印紙

お茶のやよい園
東京都中央区中央1-35-4
TEL:03-1234-00

7

領収書

ビックリカメラ本店
03-0000-1111

毎度ありがとうございます。
またのご来店をお待ちしております。

お買上

LTBS-45981577

プリンタ 1点	30,000
小計	30,000
消費税 10%	3,000
合計	33,000

2023/1/7 15:40 担当:白井

8

届 出 書

以下の通り届出いたします。

区別	結婚及び有給休暇申請の届出
事由	1月7日に中央グランドホテルにて挙式予定です。1月8日から10日まで、新婚旅行のため有給休暇を申請いたします。
備考	渡辺裕子(H4.6.6) 控除対象配偶者
添付書類	

申請日　2023年1月5日
氏名　渡辺 直也

9

2023年1月7日
2023年1月5日締分

ご 請 求 書

オフィスやよい　様

東京都中央区東銀座3-28-4
情報商事株式会社
TEL:03-5174-****

商品名	単位	数量	単価	金額
ビーグル社製 オフィスデスクセット	個	10	100,000	1,000,000

税抜額	消費税額10%	合計金額
1,000,000	100,000	1,100,000

10

毎度ありがとうございます
青葉郵便局
2023年1月8日

収入印紙	2枚	¥400
切手	20枚	¥1,680

11

お客様控え

2023年1月9日

ご依頼主	東京都中央区中央1-1-1 オフィスやよい	お届け先	群馬県高崎市高崎3-*-** 高崎検査株式会社

お問合せNo.　68-IY-872147　1個　Kg

品名等	精密部品

引渡予定日　集荷・持込　領収書

料金	700円
消費税	
保険料	
合計	700円込

内消費税額
63円

毎度ありがとうございます。
ヤマヤ運輸株式会社

12

仮払･前払申請書

社長	経理担当者

仮払日　R5年1月9日
仮払金　¥40,000
精算日予定　R5年1月12日

提出日　R5年1月9日
名　前　弥生 太郎

使用目的 :(具体的に記載の事)
新規取引先へ訪問のため

月　日	内　容	支払予定先	金額
1月9日	東京-福島 交通費	北関東鉄道他	12,000
1月10日	宿泊代	訪問地近隣ホテル	20,000
	予備費		8,000
		合計	¥40,000

備 考

13

領 収 書

オフィスやよい　様　No

★　¥10, 500-

但　駐車場敷金 ￥5,000　1月分駐車料 ￥5,500(税込)
2023 年　1 月　10 日　上記正に領収いたしました。

収 入

内 訳

税抜金額	10,000
消費税額(10％	500

長谷川不動産
東京都台東区浅草橋5-*-**
03-5813-****

14

2023年 1月 10日

請求書(控)

株式会社 グローバル　様

東京都中央区中央1-1-1
オフィスやよい

ZYX銀行 本店
普通預金 №.987654

摘要	数量	単価	金額
ビーグル社製 オフィスデスクセット	15	200,000	3,000,000
消費税10%			300,000
	合計		3,300,000

15

2023/1/10

請求書

2022年1月10日締分

オフィスやよい　様

神奈川県川崎市高津区溝口1-1-1
有限会社　リスク
TEL:044-888-****

商品名	単位	数量	単価	金額
ダックス製 パーテーションセット D-SP-01 ネットワーク(株)様直送分 消費税等10%	セット	10	80,000	800,000 80,000
				880,000

16

領収済通知書

国税収納資金 納付書　**税務署

	年 月 日	人	支給額 円	納税額 円
俸給･給与等	0 4 1 2 2 5	3	6 5 0 0 0 0	9 5 0 0
損金処分賞与				
退職手当等				
税理士等の報酬				
			年末調整による不足税額	
			年末調整による超過税額	▲
			合計額	9 5 0 0

納付の目的
年 月 日
0 4 1 2

領収日
2023/1/10
ABC銀行

東京都中央区中央 1-1-1
オフィスやよい

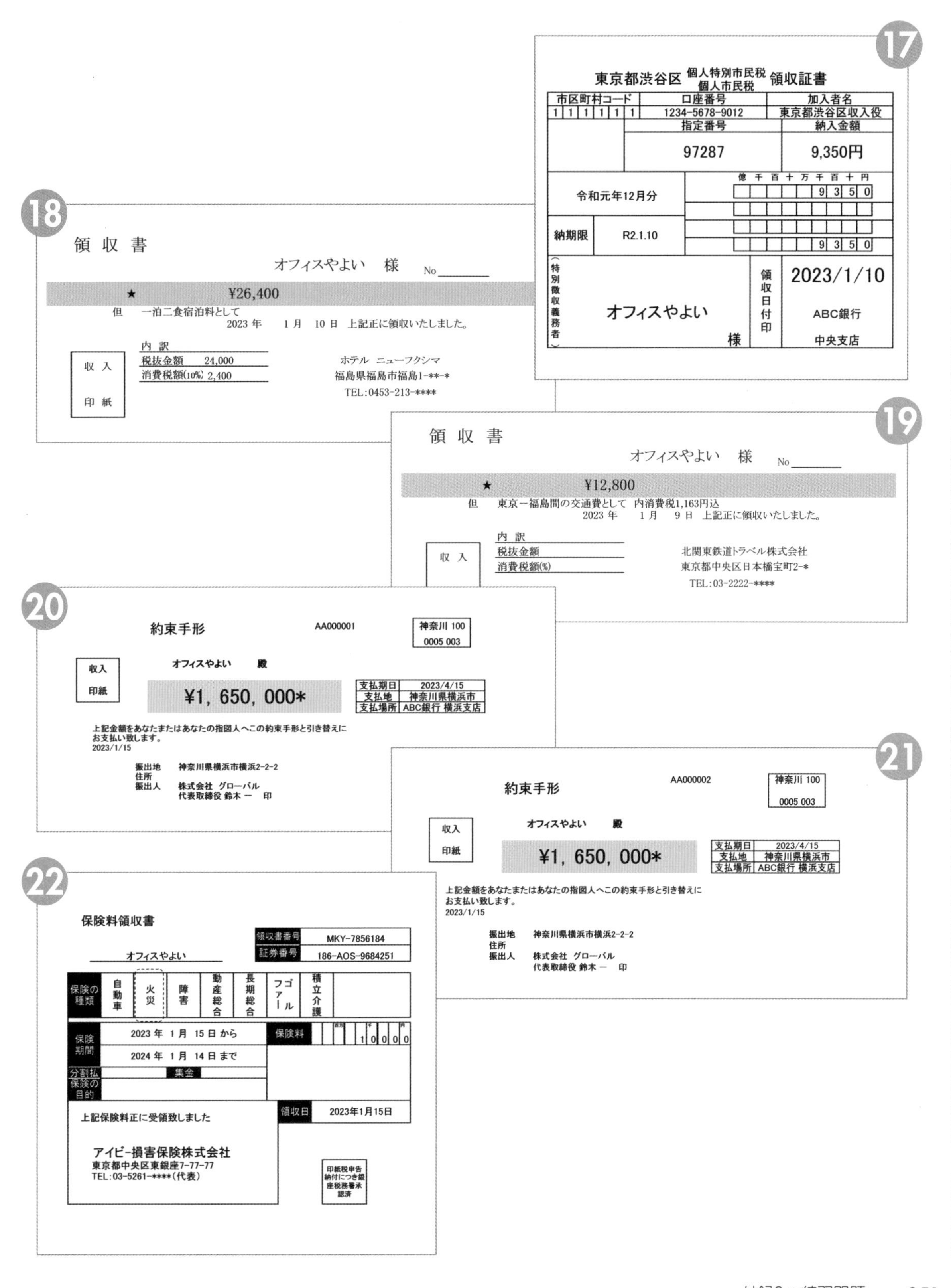

17

東京都渋谷区 個人特別市民税 個人市民税 領収証書

市区町村コード	口座番号	加入者名
111111	1234-5678-9012	東京都渋谷区収入役
	指定番号	納入金額
	97287	9,350円

	億千百十万千百十円
令和元年12月分	9350
納期限 R2.1.10	9350

（特別徴収義務者）オフィスやよい 様

領収日付印 2023/1/10 ABC銀行 中央支店

18

領収書

オフィスやよい　様　No

★　¥26,400

但　一泊二食宿泊料として
2023 年　1 月　10 日　上記正に領収いたしました。

収入印紙

内訳
税抜金額　24,000
消費税額(10%) 2,400

ホテル ニューフクシマ
福島県福島市福島1-**-*
TEL:0453-213-****

19

領収書

オフィスやよい　様　No

★　¥12,800

但　東京－福島間の交通費として 内消費税1,163円込
2023 年　1 月　9 日　上記正に領収いたしました。

収入

内訳
税抜金額
消費税額(%)

北関東鉄道トラベル株式会社
東京都中央区日本橋宝町2-*
TEL:03-2222-****

20

約束手形　AA000001　神奈川 100 0005 003

収入印紙

オフィスやよい　殿

¥1, 650, 000*

支払期日	2023/4/15
支払地	神奈川県横浜市
支払場所	ABC銀行 横浜支店

上記金額をあなたまたはあなたの指図人へこの約束手形と引き替えにお支払い致します。
2023/1/15

振出地住所　神奈川県横浜市横浜2-2-2
振出人　株式会社 グローバル
代表取締役 鈴木 一　印

21

約束手形　AA000002　神奈川 100 0005 003

収入印紙

オフィスやよい　殿

¥1, 650, 000*

支払期日	2023/4/15
支払地	神奈川県横浜市
支払場所	ABC銀行 横浜支店

上記金額をあなたまたはあなたの指図人へこの約束手形と引き替えにお支払い致します。
2023/1/15

振出地住所　神奈川県横浜市横浜2-2-2
振出人　株式会社 グローバル
代表取締役 鈴木 一　印

22

保険料領収書

領収書番号	MKY-7856184
証券番号	186-AOS-9684251

オフィスやよい

保険の種類：自動車　火災　障害　動産総合　長期総合　ゴルファー　積立介護

保険期間：2023 年 1 月 15 日 から　2024 年 1 月 14 日 まで

保険料：10000

分割払　集金

保険の目的

上記保険料正に受領致しました

領収日　2023年1月15日

アイビ-損害保険株式会社
東京都中央区東銀座7-77-77
TEL:03-5261-****(代表)

印紙税申告納付につき銀座税務署承認済

23

領収書

オフィスやよい　御中

領収金額	12,350円
(うち消費税等)	1,122円
金融機関名	ABC銀行
支店名	中央支店
口座番号	1234567
口座名義	オフィスやよい

毎度ありがとうございます。
右記料金を　1月　15日に
ご指定の口座より振替させていただきました。

印紙税申告納付につき銀座税務署承認済

北関東電信電話株式会社

24

オフィスやよい　御中

電気料金 領収書

2022年12月（12/1～12/31）

電灯	今月針計	先月針計	今月使用量
電灯	2,180	1,987	193
動力	2,002	1,192	810

A　基本料　＝　4,000　円

B　使用量　＝　4,500　円

A ＋ B　＝　8,500　円

（うち消費税等相当額　772円）

上記の電気料金を　1月　15日　ご指定の口座から振替させていただきました。

金融機関名	ABC銀行
支店名	中央支店
口座番号	1234567
口座名義人	オフィスやよい

関東電力株式会社

25

領 収 書

オフィスやよい　様　No

★　¥6,600-

但　パソコン修理代として

2023 年　1 月　19 日　上記正に領収いたしました。

内 訳	
税抜金額	6,000
消費税額(10%)	600

収 入 印 紙

町のパソコン屋さん
東京都台東区上野1-1-1
TEL:03-1222-****

26

発行日:　2023/1/19

伝票番号	担 当
03-100	清水 清子

〒123-4567
東京都中央区中央
1-1-1
オフィスやよい　御中

納品書兼領収書

株式会社 クリーン
埼玉県さいたま市浦和区浦和3-4-*
電 話:043-289-****

下記の通りご納品申し上げます。

商品番号・商品名	数量	単価	金額	備考
01365-847 玄関用マット　60×80	1	1,000	¥1,000	

合計	税 抜	消費税10%	総 額
	1,000	100	¥1,100

27

領 収 書

オフィスやよい　様　No

★　¥30,800-

但　飲食代として

2023 年　1 月　24 日　上記正に領収いたしました。

内 訳	
税抜金額	28,000
消費税額(10%	2800

収 入 印 紙

和風ダイニング 田舎
東京都中央区日本橋1-1-1
TEL:03-4416-****

29

出金伝票 No

2023年 1月 26日

承認印 | 係印

コード | 支払先 スタミナ弁当 様

勘定科目	摘要	金額
立替金	従業員弁当代	3600
合	計	¥3600

28

給与明細一覧表 オフィスやよい
1月度給与

項目名	01 弥生太郎	02 渡辺直也	03 岡部礼子	合計
出勤日数	20.00	20.00	15.00	55.00
実働時間	160	160	75:00	395.00
普通残業時間		15:00		15:00
深夜残業時間		5:00		5:00
弁当申込		8	4	12.00
基本給	350,000	200,000	75,000	625,000
家族手当		10,000		10,000
皆勤手当		10,000		10,000
普通残業手当		24,610		24,610
深夜残業手当		9,844		9,844
非課税通勤費		13,500	4,200	17,700
支給合計	350,000	267,954	79,200	697,154
健康保険料	17,658	11,772		29,430
介護保険料	2,952			2,952
厚生年金保険	32,940	21,960		54,900
雇用保険料		1,339	396	1,735
所得税	8,250	3,860		12,110
住民税	6,820	2,530		9,350
食事代		2,400	1,200	3,600
控除合計	68,620	43,861	1,596	114,077
差引支給合計	281,380	224,093	77,604	583,077

科目	金額
役員報酬(弥生太郎分)	350,000
給料手当	329,454
旅費交通費	17,700
預り金(社会保険料)	87,282
預り金(雇用保険料)	1,735
預り金(源泉所得税)	12,110
預り金(住民税)	9,350
立替金(弁当代)	3,600
現金	583,077

30

割引料・割引手形計算書

お名前 オフィスやよい　お取引日 2023年1月28日

実行日	手形金額	割引料	取立手数料	印紙代	保証料
2023/1/28	1,650,000	12,182			

番号	お取引	差引きご入金額またはお支払額
1-1025863	明細設定済　実行	1,637,818

割手番号	手形金額	手形期日	計算日数	割引利率	割引料	取立手数料
00001	1,650,000	2023/4/15	77	3.50	12,182	
合計	1,650,000				12,182	

毎度格別なるお引き立てをいただきありがとうございます。
上記の通り計算させていただきましたのでお確かめ下さい。　ABC銀行

31

東京都中央区中央1-1-1
オフィスやよい 御中

保険料納入通知額通

あなたの今月分の保険料は下記の通りです。
尚、納入通知書を指定金融機関に送付しましたから
指定振込日までに振替されるようお願い致します。

指定金融機関 ABC銀行 中央支店 普通預金 No.1234567

事業所整理番号	8348*.*	事業所番号	81***
納付目的年月	2022年12月	納付期限	2023年1月31日

健康勘定	年金勘定	業務勘定
健康保険料	厚生年金保険料	子ども・子育て拠出金
64,764	109,800	2,160
合計額	176,724	

2023年1月10日
歳入徴収官
東京中央社会保険事務所長

32

領 収 書

オフィスやよい 様　No 11

★ ¥110,000

但 1月分事務所 賃借料として
2023 年 1 月 31 日 上記正に領収いたしました。

収入印紙

内 訳
税抜金額 100,000
消費税額(10%) 10,000

マリン不動産
東京都港区芝浦1-2-3
TEL:03-0213-****

33

番号
AA12345
振出日
2023年1月31日

金額
1,100,000
渡先
情報商事(株)
摘要
1/5納品分
残高

小 切 手

AA1208
支払地 東京都中央区銀座1-22-***

ABC銀行 中央支店
金額 ¥1, 100, 000*

上記金額をこの小切手と引換
に持参人にお支払い下さい
2023年1月31日

東京都中央区中央1-1-1
オフィスやよい
代表取締役 弥生 太郎 印

34

2023年 1月31日

請求書(控)

ネットワーク株式会社 御中

東京都中央区中央1-1-1
オフィスやよい

ZYX銀行 中央支店
普通預金 №987654

摘要	数量	単価	金額
ダックス製 パーテーションセット	10	200,000	2,000,000
D-SP-01			
消費税等10%			200,000
	合計		2,200,000

35

発行日: 2019年1月1日

口座振替のお知らせ

オフィスやよい 御中

毎日リース株式会社

東京都世田谷区三軒茶屋1-1-1

毎度ありがとうございます。
ご契約内容は以下の通りになります。

ご契約№	15814-S-397514
リース物件	デスクトップ パソコン2台
リース開始日	2019年1月1日
リース期間	リース開始日より5年間
リース料	毎月5,400円(内消費税400円)
振替金融機関	ABC銀行 中央支店 普通預金 1234567
引落日	毎月末日

36

領収書

区域001 全戸0123 お問合せNo.01234

お名前 オフィスやよい 様

2023年1月分

	銘柄	部数	本体	消費税 8%(軽減)	合計
1	日出新聞	1	3,800	304	4,104
2					
3					
	合計	4,104円			

◇左記の通り領収致しました

(株)日出新聞社

領収日 2023年1月31日

解答例のダウンロード方法

練習問題の解答は、著者である株式会社スリーエスのサイト「スリーエスネット」の専用サポートページからダウンロードすることができます。ダウンロードできるデータは、詳しい解説のPDFファイルと、練習問題のデータを入力した後の事業所データです。

お使いのパソコンのブラウザを開き「スリーエスネット(https://www.3sf-net.jp/)」のサイトにアクセスするか、C&R研究所の「はじめて使う 弥生会計 23　読者の広場」のページに、サイトへのリンクがありますので、次のように操作してください。

❶ ブラウザで次のURLを入力します。

URL　https://www.c-r.com/reader/yayoi23.html

❷「練習問題の解答データをダウンロードするには」の **[詳しくはこちら ▶]** ボタンをクリックします。

❸「スリーエスネット」のサイトが表示されるので、スクロールして、ページ下部の **[はじめて使う 弥生会計 23 サポート]** の **[>]** ボタンをクリックし、サポートページからダウンロードします。

なお、この練習問題に関するご質問は、「スリーエスネット」のサポートページから、お問い合わせフォームを用いて、メールでご質問ください。

索引

記号・英数字

あ行

か行

さ行

た行

な行

は行

ま行

や行

ら行

わ行

■著者紹介

嶋田（しまだ） 知子（ともこ）　株式会社スリーエス　コンサルティング事業本部　ソリューション事業部　アウトソーシンググループグループ長。株式会社日立製作所を経て平成13年に同社入社。弥生シリーズをはじめとした業務ソフトウェアの提案・導入・指導・アフターフォローまでをすべて担当。また会計実務にも精通していることから、会計実務やそのアドバイスも担当をする。また、国税局をはじめとした各種セミナー担当の講師としても活躍。今まで担当してきた企業数は500社を超えるスーパーインストラクターとして企業担当者はもとより経営者からの信頼も厚い。活動エリアは日本全国。

■監修者紹介

前原（まえはら） 東二（とうじ）　株式会社スリーエス　会長　税理士法人スリーエス　代表社員　税理士。個人法人合わせ1000社を超えるクライアントに対し、きめ細かい税務会計相談・申告業務・経営コンサルティングなどの各種サービスを提供している。また、公共団体や企業などでの企業経営セミナー講師やフィリピンでの複式簿記の普及活動を行うなどグローバルに活躍。さらにNPO法人を立ち上げ、若手起業家のサポートを無料で行ったり、国内の中高生に対し奨学金を提供している。

●執筆協力　長谷川（はせがわ） 剛（たけし）　株式会社スリーエス　常務取締役

編集担当：西方洋一 ／ カバーデザイン：秋田勘助（オフィス・エドモント）

はじめて使う 弥生会計 23

2022年12月1日　初版発行

著　者　嶋田知子

監修者　前原東二

発行者　池田武人

発行所　株式会社　シーアンドアール研究所
本　　社　新潟県新潟市北区西名目所4083-6（〒950-3122）
電話　025-259-4293　FAX　025-258-2801

印刷所　株式会社　ルナテック

ISBN978-4-86354-394-2 C3055